KB273032

정보System

신뢰성 공학

Reliability engineering of an Information system

임 무 생 지음

RELIABILITY ENGINEERING OF AN INFORMATION SYSTEM

정보System 신뢰성 공학

한국학술정보㈜

머리말

　기술이 경제력을 좌우하는 가장 결정적인 요소이다. 선진국에 비해 절대적으로 열세에 있는 기술 개발 투자로 선진국들의 앞선 기술을 따라잡고 나아가 그들을 능가하려 한다면 무엇인가 우리만이 내세울 수 있는 독특함이 있어야 한다. 정보 system의 신뢰성 공학을 결합함으로써 신뢰성 관리의 조직은 성장단계별로 최고경영자 역할도 달리해야 한다. 일을 멋지게 하는 방법은 조직 내에서 창의력과 과학적 사고를 발휘하여 고참사원과 신참사원이 적절히 배분되도록 구성해야 한다. 지식과 경험의 접목이란 단지 최적화에 최대 목표를 둔 총합이라야 한다.

　품질관리에서 공정중심으로 품질의 유지라는 점이 중요시되며, 시간적 유지에 역점을 두는 것은 아니었다. 즉 QC의 관심은 특정치를 관리한계 내에 유지되도록 하는 것이며, 신뢰성관리는 시험이나 실제 사용 Data를 토대로 언제 고장이 나는지의 원인을 추구하고, 사전에 System 공학적인 설계를 중심으로 시간적 품질 보증을 목표로 하고 있다. 즉 QC와의 차이점은 시간적 품질 보증이라는 점이며, 따라서 사전에 설계 단계에서 합리적이며 경제적인 품질을 보증하는 것이다.

　신뢰성에서는 설계기술, 수명시험, 고장검지 해석, 보전기술 등 오랜 동안에 축적된 고유기술이 뒷받침되어야 한다. 따라서 Designers는 기기로써 필요한 기능을 안정적으로 확보할 수 있는 설계(Safety design), 병렬구조나 대기구조로 설계하여 기기 전체로써는 기능불량을 일으키지 않도록 하는 설계(Redundancy design), 기능문제가 발생해도 인적, 물적 손해로 연결되어 안전사고로 확대되지 않도록 설계(Robust design)를 하여 PL과 Clame에 대한 일들을 없애기 위해서는 신뢰성 공학의 필요성을 명확히 할 필요가 있다.

　신뢰성공학의 필요성은 System과 제품의 복잡화, 조직의 복잡화 등, System의 복잡화에 의해 이와 관련된 인간의 신뢰성이 중요해지고 있다. 인간은 실수를 범하기 쉬운 존재로서 이를 제거하는 정보system의 신뢰성 공학설계가 필요하다. 신뢰성과 보전성을 어울리게 조화시킴으로써 부품과 제품(신뢰성＋보전성)의 Function stabilization design에 가까워질 수 있다.

한국과학기술정보연구원 ReSEAT프로그램 전문연구위원

저자 임무생 배상

목 차

1-1. 품질보증과 신뢰성

○ 신뢰성의 확률이 수학적으로 취급하게 된 것은 미국의 우주개발 추진으로 Wemer Von Braun박사 그룹이 독일에서 로켓개발을 실시했을 때에 로켓의 신뢰도를 75%로 산출, 또한 신뢰성을 공학으로서 조직적으로 계통화한 것은 미국이다. 미국 국방성의 신뢰성 전문기관인 AGREE(Advisory–Group on Reliability of Electronic Equipment)가 1952년 8월에 설치되어 1957년에 유명한 AGREE리포트(전자기기 신뢰성 전문위원회 보고서)가 제출된 중에서 미국군은 정량화된 신뢰성을 병기 구입의 기본으로 한다고 선언한 후 1962년경까지 리포트에 준하여 MIL SPEC(군시방서) 추가, 개정을 실시, 신뢰성 관련 시방서의 체계를 완성시켰다.

○ 신뢰성기술의 필요성은 시스템과 제품의 복잡화, 조직의 복잡화 등, 급속하게 증대하고 있으며 아폴로위성은 710만 개의 부품수로 이루어져 있다. 시스템의 복잡화, 고기능화와 함께 시스템 가격도 올라간다. 따라서 만약 고장이 일어난 경우에는 막대한 손실이 발생한다. 최근에는 기술개발의 템포가 급속해지고 한번 제품을 시장에 출하한 후, 발생한 문제나 클레임을 천천히 다시 고칠 수는 없다. 시스템의 복잡화에 의해 이와 관련된 인간의 신뢰성이 중요해지고 있다. 인간은 본질적으로 실수를 범하기 쉬운 존재로서 이를 제거하는 신뢰성설계가 필요하다. 신뢰성과 보전성을 어울리게 조화시킴으로써 제품의 최적설계에 가까워질 수 있다. 또한 제품을 가동시키는 데 필요한 비용에는 제품 제작비, 운전비, 보전비 등이 있으며 제품을 폐기할 때에는 폐기비용이 발생한다. 제품의 라이프사이클에서 라이프사이클 비용을 최소로 하고자 하는 입장을 Life Cycle Costing이라 한다.

○ 신뢰성, 신뢰도는 Reliability라고 하지만 추상적, 정성적인 표현이며, 신뢰도는 정량적 표현이다. 신뢰성은 2가지 요소로 이루어진다. 고장 나지 않는다. 고장 나

더라도 고칠 수 있다는 것으로 첫 번째가 좁은 의미의 신뢰성, 신뢰도이며 두 번째가 보전성, 보전도이다. 신뢰성이 높고, 낮다고 해도, 이느 정도인지를 수량적으로 표현하지 않으면 명확해지지 않는다. 신뢰성의 척도로서 세계 공통의 것이 필요하다. 이를 크게 분류하면 다음과 같다. ① 확률로 측정하는 것, ⓐ 신뢰도, ⓑ 보전도, ⓒ Availability 등이 확률로서 주어진 것이며 Availability는 신뢰도와 보전도를 포함한 것이다. ② 시간으로 측정하는 것, ⓐ MTBF(Mean time between failures), ⓑ MTTF(Mean time to failure), ⓒ MTTR(Mean time to repair), ⓓ MDT(Mean down time), MTBF는 평균고장간격, MTTR은 평균수리시간, MDT는 평균고장시간으로 Chamber와 같이 수리하면서 사용하는 것에 적용되는 척도이다. MTTF는 평균수명으로 전구 등과 같이 수리하지 않는 부품 등에 적용되는 척도이다. ③ 확률로 측정하는 것, ⓐ 불량률, ⓑ 성공률, ⓒ 고장률, ⓓ 사고율 등이 원료에 대한 제품비율과 같이 일종의 QC적인 척도이다.

○ 신뢰성 용어
　－신뢰성(Reliability)＝계열, 기기, 부품 등의 기능이 시간적 안정성을 표현하는 정도, 또는 성질, 고장이 일어나기 어려운 것을 신뢰성이 높다고 한다. 계열, 기기, 부품 등을 아이템(Item)이라 하는 경우가 많다.
　－신뢰도(Reliability)＝계열, 기기, 부품 등이 규정조건에서 의도하는 기간 중에 규정기능을 수행하는 확률, 신뢰도는 수치로 정량적으로 표현, 조건도 명확하게 정해져 있다. 아폴로의 신뢰도는 99.9999999%(nine－nine이라 한다)라고 하는데 지상에서 발사되어 다시 지상으로 되돌아오기까지의 사이를 예정대로 비행할 때의 신뢰도이다.
　－고장(Failure)＝계열, 기기, 부품 등이 전 기능을 상실하는 것, 고장이란 규정기능을 상실하는 것으로서 외관적으로 흠집 나는 것으로는 고장이 아니다. 저항이나 콘덴서 등에서는 그 값이 얼마나 변화하면 고장인지를 명확히 해 두지 않으면 신뢰성시험 결과를 바르게 평가할 수 없다.
　－초기고장(Initial Failure, early failure)＝사용 후에 비교적 빠른 시기에 설계, 제조 결함, 혹은 사용 환경과의 부적합에 의해 발생하는 고장, 납입 시에 클레임과 같은 고장이다. 초기고장 시간은 어느 정도인지는 제품, 부품종류에 따라 다르지만 Platanus의 경우에 약 1000시간 정도로 규정된다.

- 우발고장(Random Failure, Chance Failure)＝초기고장기간을 지나 마모고장기간
  에 이르기 이전시기에 우발적으로 발생하는 고장, 신뢰성에서 중요시하는 고
  장이다.
- 마모고장(Wear out failure)＝피로, 마모, 노화현상 등에 의해서 시간과 함께 고
  장률이 높아지는 시기의 고장, 제품과 부품수명이다. 송풍기의 베어링, Compressor
  등이 주로 기계적인 부분에서 발생한다.
- 파국고장(Catastrophic Failure)＝돌연적으로 발생하여 기능이 완전하게 상실되
  는 고장
- 열화고장(Degradation Failure)＝특성이 점차적으로 열화해서 발생하는 고장, 알
  루미늄전해 콘덴서는 전해질 증발에 의해 용량누락이 일어난다. 이와 같은 것
  을 열화고장이라 한다.
- 파급고장, 2차 고장(Secondary Failure)＝다른 부분의 고장이 원인이 되어 발생
  하는 고장.
- 간헐고장(Intermittent Failure)＝어느 시간 고장상태를 나타내지만 자연적으로
  본래의 기능을 회복하여 이를 반복하는 고장, 가장 서비스 적으로 애를 먹이
  는 고장이다.
- 고장모드(Failure Mode)＝고장상태의 형식 분류. 예를 들면 단선, 단락, 파손,
  특성열화 등, 릴레이 고장모드는 용착에 의한 도통불량상태와 코일 단선 또는
  콘택트 면 불량에 따른 도통불량이란 2가지 고장모드가 있다.
- 고장판정기준(Failure Criterion)＝고장인지, 아닌지를 판단하는 기준이 되는 기
  능의 한계치, 제품이 전혀 동작하지 않으면 고장이란 것은 명백하지만 온도낙
  하속도가 약간 느린 경우 등은 고장판정기준이 애매모호해진다.
- 고장률(Failure Rate)＝어느 시점까지 동작해 온 계열, 기기, 부품 등이 계속해
  서 단위기간 내에 고장을 일으키는 비율, 일반적으로 고장률에는 순간 고장률
  과 평균고장률이 있지만 단 고장률이란 경우에는 전자를 가리킨다. 순간고장
  률이다. 평균고장률은 그 기간 중의 총 고장률
- 총 동작시간＝제품을 납입한 후에 5년간(총 동작시간을 20,000시간으로 함)에
  고장이 10회 발생했다고 한다면 평균 고장률은 $1/2000(\mathrm{hr}^{-1})$이 된다. 순간고
  장률은 시간과 함께 변화하고 그 프로파일은 서양식의 욕조형태를 닮았다고
  해서 욕조곡선(Bath-tub curve)이라 한다. 우발고장기간에서는 고장률이 일정

하며 신뢰도 함수가 지수분포에 따른다고 알려져 있기 때문에 간단한 계산으로 MTBF나 고장률을 구할 수 있다. 보전을 동반하지 않는 계열, 기기, 부품 등의 전형적 고장률$\lambda(t)$은 시간적 추이를 더듬어 초기고장, 우발고장, 마모고장의 3가지 기간으로 분류할 수 있다. 고장률 단위로는 [1 / hr], [% / 1000hr], [fit] 등이 있다. Fit(Failure unit)$=10^{-9}$/ hr

- 고장률수준(Failure Ratelevel)＝고장률을 몇 가지 군, 즉 수준으로 구분해서 기호를 붙인 편의적인 고장률 구분, 예를 들면 고장률 1% / 103시간을 M수준이라 한다.

- MTBF, 평균고장간격(Mean time between failures)＝수리하면서 사용한 계열, 기기, 부품 등의 인접하는 고장 간 동작시간의 평균치, 고장간격이 지수분포에 따르는 경우에는 어느 기간을 취하더라도 고장률은 일정하며 MTBF는 고장률의 역수가 된다. MTBF는 총 동작시간을 그 기간 중의 총 고장수로 나눈 값으로 구할 수 있다.

- MTTF, 고장까지의 평균시간(Mean time to failure)＝수리하지 않는 계열, 기기, 부품 등 고장까지의 동작시간의 평균치, 밀폐형 압축기와 같이 고장 난 경우에 수리하지 않는 것에 적용된다. 이른바 평균수명이 된다.

- MTTFF, 최초 고장까지의 평균시간(Mean time to first failure)＝수리하면서 사용하는 계열, 기기, 부품 등 초기고장까지의 동작시간의 평균치, 납입 시 클레임만 발생하는 제품은 MTTFF가 수 시간이 된다.

기호	고장률 (% / 10^{-3}h 또는 10^{-6} / 회)	기호	고장률 (% / 10^{-3}h 또는 10^{-6} / 회)
L	5	R	0.01
M	1	E	0.005
N	0.5	S	0.001
P	0.1	H	0.0005
Q	0.05	T	0.0001

- 보전(Maintenance)＝수리 가능한 계열, 기기, 부품 등의 신뢰성을 유지하기 위해 실시하는 처치.

- 보전성(Maintainability) = 수리 가능한 계열, 기기, 부품 등에 구비되는 보전의 용이성을 나타내는 정도 또는 성질.
- 보전도(Maintainability) = 수리 가능한 계열, 기기, 부품 등이 규정조건에서 보전이 실시될 때 규정 기간 내에 보전을 종료하는 확률, 24시간 서비스 체제를 취한 회사라면 이 보전도를 사용해서 24시간 이내에 수리를 종료할 확률은 98%이라고 말할 수 있다.
- 예방보전(Preventive Maintenance) = 정해진 순서에 의해 계획적으로 점검검사, 시험, 재조정 등을 실시하여 사용 중 고장을 미연에 방지하기 위해 실시하는 보전, PM이라 불리는 경우가 있다.
- 사후보전(Corrective Maintenance) = 고장이 발생한 후에 실시하는 보전, 고장수리로서 드물게 CM이라 불리는 경우도 있다.
- Availability = 수리 가능한 계열, 기기, 또는 부품 등이 어떤 특정한 순간에 기능을 얼마나 보존하고 있는가의 확률, Availability(A)는 다음 식으로 구하는 경우가 많다. A = 가동가능시간 / {(동작가능시간) + (동작불가능시간)}, 일반적으로 가동률이란 역어가 사용된다.
- 환경(Environment) = 계열, 기기, 부품 등이 놓인 주위조건
- 스트레스(Stress) = 계열, 기기, 부품 등의 기능에 영향을 주는 요인. 예를 들면 온도, 전압, 진동, 충격 등 환경인자라는 것도 있다.
- 엄격한(가혹한) 계수(Sevenity Ractor) = 어떤 환경에서 고장률을 기준으로서 대상으로 하는 환경에서의 고장률을 추정 또는 산정할 때에 이용하는 계수, 지상에서 온난한 환경을 1이라 했을 때 전투기 등에서는 가혹한 계수가 25라고 한다. 이 경우 고장률이 25배가 된다는 것이다.
- 부하경감(Derating) = 신뢰성을 개선하기 위해서 계획적으로 내부 스트레스를 경감하는 것, 일반적으로 저항은 정격전압의 50% 이하로 사용한다. 이와 같은 것을 부하경감을 실시한다고 한다.
- 용장성(Redundancy) = 규정기능을 수행하기 위해 요소 또는 수단을 여분으로 부가해서 그 일부가 고장 나더라도 전체로서는 고장이 되지 않는 성질, 4발의 엔진을 적층한 항공기 등은 용장성을 취한 사례이다.
- 상용용장(Active Redundancy) = 규정기능을 상시 수행하도록 구성된 용장성
- 대기용장, 예비용장(Stand-by Redundancy) = 어떤 요소 또는 수단이 규정기능

을 수행하고 있는 사이에 다른 요소 또는 수단이 고장 시에 교체되는 상태로 대기상태에 있는 용장성

- 병렬용장(Parallelredundancy)＝2가지 이상의 요소 또는 수단에 의해 부하를 분담해서 동작하는 용장성
- 디버깅(Debugging)＝초기고장을 경감하기 위해 계열, 기기, 부품 등을 사용개시 전, 또는 사용개시 후에 초기로 동작시켜 결점을 검출해 제거하고 수정하는 것, Bug란 벌레로서 Debug는 벌레를 내쫓는 일, 그래서 결함을 제거하는 것을 Debugging이라 한다.
- 신뢰도시험(Reliability Test)＝계열, 기기, 부품 등의 신뢰도를 평가, 해석하기 위한 시험
- 환경시험(Environment Test)＝계열, 기기, 부품 등에 대한 환경영향을 조사하는 시험
- 가속시험(Accelerated Test)＝시험시간을 단축하는 목적으로 기준보다 가혹한 조건에서 실시하는 시험, 평가가 유효하기 위해서는 가속에 의한 고장모드 및 원인이 변하지 않도록 하는 것이 요구된다.
- 가속계수(Acceleration Factor)＝기준조건으로 실시한 시험과 가속시험에서 같은 누적고장 백분비에 달하기까지의 시간비율(기준조건에서의 시간 / 가속조건에서의 시간)로 표현된다.
- 스텝, 스트레스 시험(Step Stress Test)＝샘플에 대해 시간적으로 단계적으로 시험조건의 가혹함을 변화시키면서 실시하는 시험
- 한계시험(Marginal Test)＝사용할 수 있는 한계를 확인하기 위해 실시하는 시험
- 동작시간(Operating Time)＝계열, 기기, 부품 등이 규정기능을 다하는 시간
- 동작가능시간, 업 타임(Up Time)＝계열, 기기, 부품 등이 규정기능을 다할 수 있는 상태에 있는 시간
- 동작불가능시간, 다운 타임(Down Time)＝계열, 기기, 부품 등이 규정기능을 다할 수 있는 상태에 없는 시간, 보전시간, 보급지연시간, 관리시간으로 이루어진다.
- 평균동작가능시간, 평균 업 타임, MUT(Mean Up Time)＝동작가능시간의 평균치
- 평균동작불가능시간, 평균다운타임, MDT(Mean Down Time)＝동작불가능시간의 평균치

- 평균수리시간, MTTR(Mean Time to Repair) = 사후보전에 필요한 시간의 평균치
- 보전시간(Maintenance Time) = 보전에 필요한 시간, 보전시간은 현장에서 준비, 고장탐색, 부품입수, 수리, 교환, 조정, 교정, 점점, 주유, 청소, 검사, 시험 등에 필요한 시간으로 이루어진다.
- 보급지연(지체)시간(Supply Delay Time) = 보전에 필요한 부품, 재료를 바로 입수할 수 없기 때문에 보전작업을 실시할 수 없는 시간
- 관리시간(Administrative Time) = Down Time 중 보전시간 보급지연시간을 제외한 시간
- 달력시간(Calender Time) = 달력상에서의 경과 년, 월, 일 또는 시간의 총계치
- 총 동작시간(Total Operating Time) = 계열, 기기, 부품 등에 대해 규정된 개개의 동작시간의 총계치
- 총 시험시간(Total Testing Time) = 계열, 기기, 부품 등에 대해 규정된 개개의 시험시간의 총계치
- 성분시간, 유닛시간(Component Hour, Unit Hour) = 계열, 기기, 부품 등에 대해 규정된 개개의 동작시간 또는 시험시간의 총계치.

1-2. 신뢰성의 기술

1. 신뢰성의 개념

○ 신뢰성 기술 도입의 필요성은 System이나 제품기능상의 요구를 실현하려면 경제적이나 기술적으로도 합리적인 신뢰성 기술이 필요하게 된다. 기술개발의 속도가 빨라져 새로운 기술, 재료 등이 나타나 평가되지 않는 분야가 넓어짐에 따라 불신뢰, 불안전의 요인이 되고 있다. 따라서 제조공정의 관리 이전에 사전평가와 예측을 수반하는 설계 중심의 시간 지연 없이 보증할 수 있는 기술이 요구된다. 제품의 품질(시간적 품질)을 보증하려면 기술의 축적과 그것의 적극적인 활용을 통해 여러 기술을 유기적으로 종합할 수 있는 관리가 필요하게 된다.

○ 신뢰성의 정의는 System이나 제품에 신뢰성이 있다는 것은 사용자가 어떤 사용

상태에서 기대하는 기간 동안 만족스럽게 기능을 발휘한다는 뜻이다.
- 신뢰도: (A) 고장이 나지 않도록 한다.
- 보전도: (B) 고장(불만족한 상태)이 나면 고친다.
- 가동성: (C) 전체가 만족한 상태에 놓여 있다.

$$C = A + B = 넓은\ 뜻의\ 신뢰도$$

- 신뢰도(Reliability)는 System, 제품 또는 부품이 어떤 규정의 조건 아래서 의도하는 기간 중, 규정의 기능을 고장 없이 수행할 수 있는 확률,
  - 신뢰성의 대상(제품, 부품, 사람의 관여정도 등)의 범위를 명확하게 규정해야 함.
  - 고장의 정도와 상태를 뚜렷하게 정의해 두어야 한다.
  - 사용개시부터 목적을 달성하기까지의 시간으로 이는 대상물의 종류, 목적에 따라 다르다.
  - 동작횟수, 반복횟수 Cycle, 거리 등으로 표시함.
  - 규정의 사용조건은 사용상태(온도, 습도, 기압, 진동 등 환경인자), 사용방법 등의 규정을 명확히 함.
  - 보전성(Maintainability)은 보전이 가능한 제품이나 System이 규정 조건에서 보전을 실시할 때, 일정 시간 내에 보전을 마칠 확률(고장 검지용이성, 수리용이성, 호환성, 수리부품입수용이성), 보전 서비스의 3요소는 제품(System) 자체의 보전성 품질, 수리 기술자의 능력(인간요소), 주변시설, 서비스 조직의 질.
  - 가동성(Availability)은 보전 가능한 System이나 제품이 어떤 사용 조건에서 규정 시간에 기능을 유지(정상상태)하고 있는 확률.

○ 고유신뢰성과 사용신뢰성
- 고유신뢰성은 제품 본래의 신뢰성이며, MAKER측에서 보충하는 것, 과거의 경험을 살려서 사용 상태를 고려한 제품설계가 되어야 함.
- 사용신뢰성은 제품의 사용 전반에 걸치는 여러 가지 요인과 관계가 있다. 포장, 수송, 보관, 설치환경, 취급조작, 보전기술, 보전방식 등.

구분	관련요소	중요성비율	비고
고유신뢰성	1. 부품(외주관리, 수입검사, SCREENING 시험 등)	30%	
	2. 설계(Derating, Redundancy 방식, 신뢰성예측, 신뢰성시험, DESIGN REVIEW)	40%	
	3. 제조(제조방식, 작업자의 기능, 공정에서의 SCREENING 등)	10%	
사용신뢰성	4. 사용(포장, 수송방식, 사용환경, 조작, 취급, 보전방법 및 기술, 인간공학, SERVICE 등)	20%	

○ 품질관리와 신뢰성

- 품질관리에서 공정중심으로 품질의 유지라는 점이 중요시되며, 시간적 유지에 역점을 두는 것은 아니었다. 즉 QC의 관심은 특정치를 관리한계 내에 유지되도록 하는 것이며, 신뢰성 시험은 시험이나 실제 사용 DATA를 토대로 언제 고장이 나는지의 원인을 추구하고, 사전에 SYSTEM 공학적인 설계를 중심으로 시간적 품질 보증을 목표로 하고 있다. 즉 QC와의 차이점은 시간적 품질 보증이라는 점이며, 따라서 사전에 설계 단계에서 합리적이며, 경제적인 품질을 보증하는 것이다. 신뢰성에서는 설계기술, 수명시험, 고장검지해석, 보전기술 등 오랫동안에 축적된 고유기술이 뒷받침되어야 함.

품질관리와 신뢰성 비교

구분	품질관리	신뢰성
품질	규정된 품질 수준에 일치시킴	설계단계에서 신뢰성 확보
개념	규정품질의 유지 및 공정관리 상태에서 일정관리 한계 내에 유지되도록 함.	시장(소비자의 사용 중)에서 일정시간 이상 원하는 성능을 발휘토록 설계함
수명	출하시점($t=0$)에서 제품 성능의 양부판정	소비자의 사용 중에 얼마나 오랫동안 원하는 성능을 발휘하는가에 관심
결함 및 시정조치	부품 및 제조관정의 결함 색출 및 통계적 관리	부품자체 고유품질, 수준 및 결함의 성질에 주목
사용되는 분포	정규분포(μ, σ)	지수분포(MTBF)
관련부서	제조, 검사부문	설계, 영업부문

○ 신뢰성 척도는 신뢰성을 계수적으로 객관화시키는 도구
  - 신뢰도(Reliability)는 어떤 제품의 신뢰도란 시간 t=0에서 사용하기 시작한 제품이 임의의 시간 t에서 고장이 나지 않고 남아 있는가를 나타내는 잔존율 R(t)+F(t)=1(R(t): 신뢰도 함수, F(t): 불신뢰도 함수)
  - MTBF(Mean Time Between Failure)는 수리하여 가면서 사용하는 동종 System의 작동 시점으로부터 고장이 나기까지의 시간을 평균한 값. 신뢰성을 대표하는 중요한 Parameter.
  - MTTF(Mean Time To Failure)는 수리하지 않는 동종의 기기 또는 System, 부품 등이 작동하기 시작하여 고장이 나기까지의 평균시간- 부품, 재료.
  - 고장률(Failure Rate)은 어느 시점(t)까지 고장 없이 동작하여 오던 (R(t))시스템, 기기 등이 이 시점에서 순간적으로 고장을 일으키는 (f(t)) 비율

$$\lambda(t) = \frac{f(t)}{R(t)}$$

  - 내용(유효)수명은 고장률이 규정의 값보다 낮은 기간의 길이
  - 보전도(Maintainability)는 수리하여 가면서 사용하는 system, 기기, 부품 등이 규정된 조건에서 보전될 때, 규정된 시간 내에 보전이 완료될 확률
  - MTTR(Mean Time To Repair)은 평균 수리 복구 기간, 사후보전에 필요한 시간의 평균치.
  - 가동률(Availability)은 수리하여 가면서 사용하는 System, 기기 또는 부품 등이 어떤 특정된 순간에 기능을 유지하고 있을 확률, 가동률=신뢰도+보전도.

2. 신뢰성 함수와 고장률. MTBF

○ 각종 함수의 정의
  - 고장 밀도 함수: 특정시점 t에서 발생하는 고장의 빈도수를 표시하는 함수이며, 이 함수를 t까지 적분한 값

$$N(t) = \int_{\infty}^{t} n(X)\,dx \cdots\cdots t \text{ 까지의 누적 고장수}$$

  - 고장 확률 밀도 함수 f(t): 특정 시점 t에서 발생하는 고장의 빈도수를 전체 모집단에 대한 점유비율(확률)로 표시하는 함수

$$F(\infty) = \int_{-\infty}^{\infty} f(t)\, dx \cdots\cdots 1 \text{이 되는 특성}$$

- 누적 고장 확률 밀도 함수: F(t), $F(t) = \int_{-\infty}^{t} f(x)\, dx$ 누적확률 함수로 신뢰도 함수 R(t)에 대한 대비로서 불신뢰도함수라 함.
- 신뢰도 함수: R(t), 특정 시점 t까지 고장 없이 동작할 확률을 함수로 표시,
    R(t)+F(t)=1

○ 신뢰도 함수와 고장률 함수
- 고장률 함수(λ(t))는 일정 시점 t까지 고장 없이 동작하여 (R(t))오던 기기 중에서, 그 시점에서 순간적으로 고장(f(t))나는 비율로 정의되며, 연속 분포에서는 순간 고장률을 의미한다.
- 고장밀도 함수를 f(t)라고 하면, 이 기기가 0시간에서 t시간 사이에 고장 날 확률 F(t)는 다음과 같다.

$$F(t) = \int_{0}^{t} f(t)\, dt \rightarrow f(t) = \frac{d}{dt} F(t) \cdots\cdots\cdots\cdots (1)$$

- 순간 고장률: (고장시간 분포) $\lambda(t) = \dfrac{f(t)}{R(t)}$ $\cdots\cdots\cdots\cdots (2)$
- 고장 확률 밀도 함수

$$f(t) = \lambda(t)\, e^{-\int_{\infty}^{t} \lambda(t)}\, dt \cdots\cdots\cdots\cdots (3)$$

- 신뢰수 함수

$$R(t) = e^{-\int_{0}^{1} \lambda(t)}\, dt \cdots\cdots\cdots\cdots (4)$$

- λ(t)=λ라면

$$R(t) = e^{-\lambda t} \cdots\cdots\cdots\cdots\cdots\cdots (5)$$

$$f(t) = \lambda . e^{-\lambda t} \cdots\cdots\cdots\cdots\cdots\cdots (6)$$

○ 평균 수명(MTBF, MTTF)과 고장률
- 어떤 부품이 정해진 기능을 성공적으로 수행하는 기대시간(평균수명시간)

$$E(t) = \int_0^\infty t.f(t)\, dt \quad\cdots\cdots\cdots\cdots\cdots\cdots (7)$$

$$= \int_0^\infty R(t)\, dt \quad\cdots\cdots\cdots\cdots\cdots\cdots (8)$$

$$= \int_0^\infty e^{-\lambda t}\, dt = \frac{1}{\lambda} \quad\cdots\cdots\cdots\cdots\cdots\cdots (9)$$

즉 평균수명은 고장 확률 밀도 함수인 지수 분포의 모수(Parameter) $\frac{1}{\lambda}$ 과 같다.

－고장 확률 밀도 함수가 지수 분포를 한다면

$$\lambda(t) = \frac{f(t)}{R(t)} = \frac{\frac{1}{\theta} e^{-\frac{1}{\theta}}}{e^{-\frac{1}{\theta}}} = \frac{1}{\theta}$$

즉 고장 확률 밀도 함수가 지수분포이면 고장률 함수는 평균 수명(MTBF 또는 MTTF)의 역수가 되며 시간에 관계없이 일정함

3. 제품의 고장 PATTERN

○ 고장률의 기본적인 형태는 다음 3가지가 있다.

－감소형(DFR, Decreasing Failure Rate): 처음에는 고장률이 높으며 시간이 지날수록 고장이 감소되는 형태, Aging을 실시하여 초기의 높은 고장을 제거(Debugging, Burn－in).

－일정형(CFR, Constant Failure Rate): 어떤 시각에서도 고장률 $\lambda(t)$가 일정함, 시간당 고장이 일어나는 비율은 일정하나 어떤 시점에서 고장이 일어나는지는 예측이 불가능함.

$$R(t) = e^{-\lambda t} = e^{-t/0} \left(t_0 = \frac{1}{\lambda}\right)$$

○ 고장이 발생하여도 수리해서 쓸 수 있는 제품: $t_0 = 1/\lambda = MTBF$(평균고장간격)

○ 고장이 발생되면 수명이 없어지는 제품: $t_0 = 1/\lambda = MTTF$(고장까지의 평균시간)

－증가형(IFR, Increasing Failure Rate): 마모나 노화에 의해 어떤 시점에서 집중적으로 고장이 발생함, 사전에 부품교환을 통해(예방보전) 고장을 방지할 수 있음.

고장률의 3가지 기본형

고장률의 기본형	신뢰도R(t)	고장밀도함수 f(t)	고장률 $\lambda(t)$	Feibull 분포의 형상모수 m	보전효과
① 감소형 DFR	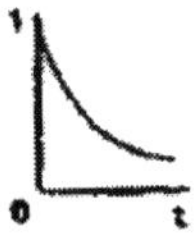		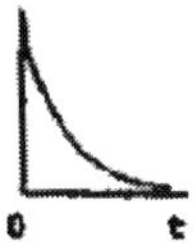	m<1	예방보전은 하지 않음. 디버깅(Debugging)이 유효함.
② 일정형 CFR	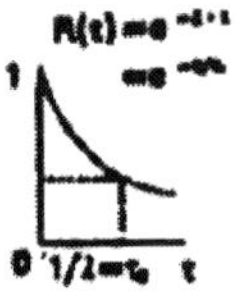	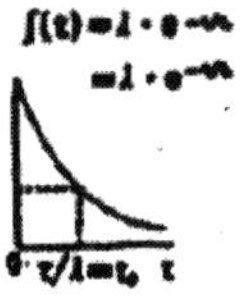	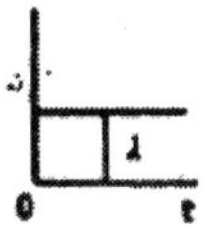	m = 1	예방보전(Preventive maintenance)은 효과 없음
③ 증가형 IFR	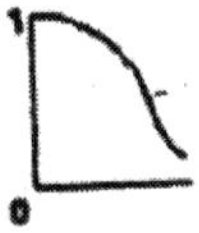	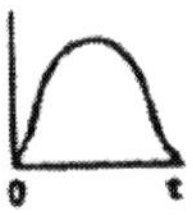		m>1	고장이 집중적으로 일어나기 전에 예방보전으로 교환하면 유효함.

－제품의 전형적인 고장 Pattern: 여러 가지 특성을 가진 부품으로 구성된 제품에 있어서는 고장 Pattern이 앞서 언급한 3가지의 기본형이 혼합되어 나타나는 욕조곡선(Bath－Tub Curve) 형태로 나타난다.

－초기 고장기간(Debugging기간)－DFR

　　○ 설계미비나 공정 불량으로 인한 초기고장 발생기간

　　○ 제품에서는 고장이 감소하는 기간임

－우발고장기간(Random Failure Period)－CFR

　　○ 고장률이 시간적으로 거의 일정하게 나타남

　　○ 제품의 고장률이 가장 낮고 안정되어 있음(내용(유효)수명).

－마모고장기간(Wear Out Periode)－IFR

　　○ 부품의 마모나 노화에 의해 고장이 발생

　　○ 예방보전을 통해 내용 수명기간 연장이 가능함

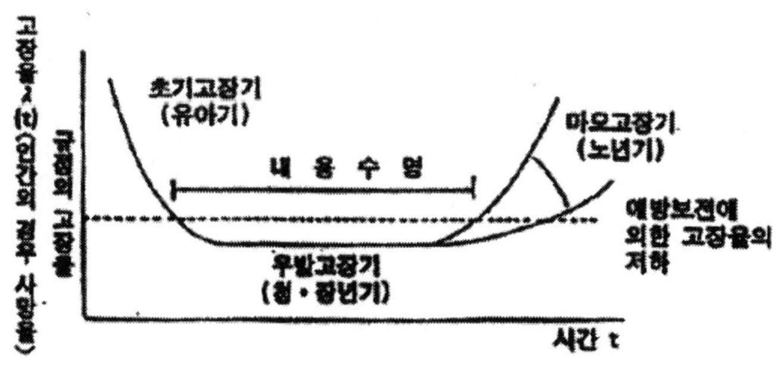

욕조곡선으로 나타나는 고장률 패턴

4. 신뢰도의 응용

○ 신뢰도 활용 부분
  - 신제품 및 양산 제품에 대한 신뢰도 예측 및 평가를 통한 제품 신뢰성 제고
  - 제품 보증기간의 선정
  - A / S용 자재 비축률 계산
  - 신제품의 개발기간 단축 및 신뢰도 향상
  - 적절한 Warranty Cost의 산출
  - 예방보전 및 사후 보전 비용 비축
○ 신뢰성과 가동성, 보전성
  - 신뢰성은 사용시간의 경과에 따라 저하된다(피로, 마모, 노화, 부식 등).
  - 마모, 열화현상에 대하여 수리 가능한 SYSTEM을, 사용 또는 운용 가능한 상
    태로 유지시키고, 고장이나 결함을 회복시키기 위한 제반 조치 및 활동을 "보
    전"이라 한다.
○ 예방 보전(PM, Preventive Maintenance): 결함의 발생을 미연에 방지하기 위해 계
  획적으로 일정한 시간마다 보전을 실시하여 상시 또는 정기적으로 고장 또는 결
  함을 사전에 검출한다.
○ 사후보전(CM, Corrective Maintenance): 고장이나 결함이 발생한 후 이것을 수리
  하여 회복시킴.
  - 고장이 났을 때 수리 가능한 SYSTEM에서는 고장의 확률뿐만 아니라 수리 능
    력까지도 포함한 신뢰성을 생각하는 것이 유효하다.

○ 보전성: 주어진 조건에서 규정된 시간에 보전을 완료할 수 있는 성질
○ 보전의 척도: MTTR(Mean Time To Repair, 평균수리시간)

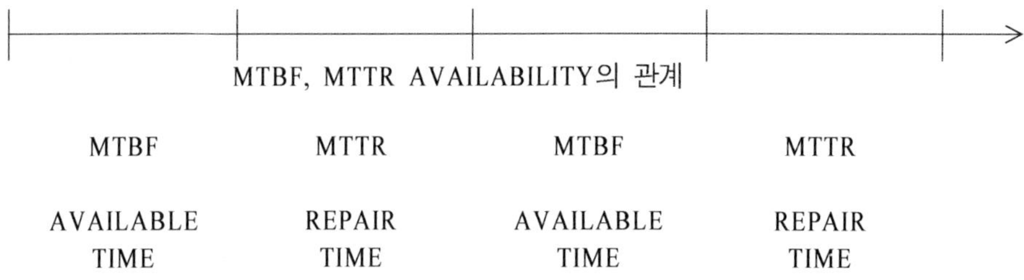

○ 가동성: 총 운용시간 중에서 정상 가동 시간이 차지하는 비율

$$A = \frac{MTBF}{MTBF + MTTR}$$

5. 신뢰성 보증활동의 개요

○ 신제품개발에서 신뢰성활동은 개발, 설계, 생산, 판매, 애프터서비스 등, 기업 활
동으로 일련 프로세서에 걸친 종합 활동이다. 특히 설계기술자에게 있어서는 제
한된 일정조건을 바탕으로 기능, 성능, 비용과 동시 병행한 신뢰성 구축이 요구
되며 신제품개발 프로그램에 신뢰성 프로그램의 형태로 행해진다. 기본적인 신
뢰성활동 요소를 정리하면 ① 신뢰도 설계 활동, ② 설계 심사 활동, ③ 신뢰성
평가 활동, ④ 시장 신뢰성 보증활동, ⑤ 신뢰성 기준화 활동 5가지 항목이 된
다. 이러한 일련의 신뢰성활동을 초기부터 같은 레벨에서 병행하여 행해졌던 것
은 아니다. 초기에는 Top-down관리가 중심으로, 문제가 발생할 때마다 개선하
는 대응방식이었으나 이런 방식은 손실비용도 일정낭비도 클 뿐만 아니라, 신뢰
성으로의 대응 향상과 함께 Bottom-up관리방향으로 강화가 행해져 왔다. 특히
신뢰성 평가, 신뢰성 시험은 최종단계에서 QC부문에 의해 행해지며 그 결과를
기반으로 설계개선이 이루어져 왔지만, 평가나 시험에는 한계가 있다. 반면, 엄
격한 시험에 합격해도 잇따른 문제가 발생하거나 또 그 개선을 위해 금형 변경
등이 필요하게 되어 일정의 낭비도 크다. 때문에 보다 적은 문제를 사전에 예지

하기 위한 설계심사(DR)가 도입되었다. 또, 설계 심사 제도를 더 진전시켜, 그것을 보완하는 유효한 방법으로써 ①의 신뢰도 설계 활동이나 ⑤의 신뢰성기준화 활동이 전개되어 왔다. 이러한 ①~⑤의 활동은 상호 관련되어 서로 보완하는 것으로 일부뿐만 아니라 이것을 통합하여 관리 경영하는 것이 신뢰성 향상에 필요하다. 거꾸로 일정 부족이나 일손 부족 등의 이유로 어딘가의 활동이 생략되면 뒤이은 문제를 일으키지 않는다고 말할 수 없다.

(1) 신제품개발 단계(step)의 관계: 그림에 나타나는 것처럼 개발설계 단계에 병행해서 각 신뢰성활동이 실시된다. 따라서 신제품개발 기본 일정, 상세 일정이 정해진 때에는 신뢰성활동설계도 동시에 스케줄화되어 있어야 한다.

(2) 신뢰성활동의 진전 레벨: 신뢰성활동의 진전 레벨을 요약하면 표에 나타나는 것처럼 3가지 단계로 나뉜다. 제1단계는 평가활동을 중심으로 한 초기 레벨로 신뢰성관리부문, 또는 QC부문이 중심이 되어 신뢰성 방식이 행해진다. 제2단계는 설계심사활동을 중심으로 기술설계부문과 신뢰성관리부문이 공동으로 대응하고 있는 단계이다. 제3단계는 기술설계부문이 중심이 되어 신뢰도설계를 채택, 활동하고 있다. 신뢰성관리부문은 신뢰성평가나 설계심사활동에 참가해 협력하고 있는 관계에 있다.

신뢰성활동의 진전 단계

순	신뢰성활동 단계	중점 활동 내용	활동의 중심부문
1	제1단계 (초기 단계)	신뢰성평가활동 시장신뢰성보증활동	신뢰성관리부문
2	제2단계 (중기 레벨)	설계심사활동 신뢰성평가활동	신뢰성관리부문 기술설계부문
3	제3단계 (충실기)	신뢰도설계활동 신뢰성기준화활동	기술설계부문

(3) 신뢰성활동과 도구: 신뢰성 활동과 신뢰성도구의 관계에서 이러한 신뢰성의 도구는 고도화되어 있기 때문에 부수의 활동에 효과적으로 활용하는 것이 중요하다. 특히 신뢰노설계는 시작품이 존재하지 않는 시점부터 대응하기 위해 예측,

시뮬레이션, 신뢰성설계기법 등이 중심이 된다.

신뢰성활동과 신뢰성

신뢰성 보증 활동 / 신뢰성 방법	체크리스트	신뢰성시험	고장분석	고장물리	FTA / FME (C)A	고장률예측	용장설계 등 신뢰성설계기법	시뮬레이션
신뢰도설계활동	-	-	-	○	○	○	○	○
설계심사활동	-	-	○	○	○	○	-	-
신뢰성평가활동	○	○	○	△	△	△	-	-

6. 신뢰도 설계활동

○ 신뢰성 설계는 기기의 제품설계와 병행해서 고장의 요인이나 안전사고의 가능성
을 제로가 되도록 설계하고, 한편으로는 생산이나 판매, 서비스에 대한 활동 중
에 사전대책으로써 고려해야 할 항목을 설계하는 것이다. 특히, 달성해야 할 신
뢰도 목표를 정해서 그 수직목표를 지향하고, 위의 신뢰성설계를 보다 구체적으
로 진행시키는 방법을 더하여 신뢰도 설계라고 기술하고 신뢰성설계라고 구별
한다.

(1) 신뢰도 설계의 기본 단계: 신뢰도 설계에 있어서, 신뢰도 목표치의 설정에서 대
량생산화 승인을 얻을 때까지 기본단계가 그림에 나타나 있다. 이 신뢰도 설계
의 주된 목표는 다음과 같다. ① 설계 착수 전에 구체적인 목표신뢰도를 정하고
설계초기보다 통계적인 신뢰성활동을 실시하여 소정의 신뢰도를 실현한다. ②
목표신뢰도와의 사이에 간격이 생긴 경우, 새로운 재료, 새로운 시스템을 개발
하여 목표신뢰도가 실현할 수 있도록 진행시킨다. ③ 신뢰도 설계활동을 통해서
신뢰성기술의 적용방법을 배우고, 설계프로세스를 혁신한다.

(2) 비용, 일정, 신뢰도와의 비교: 본래 고장제로를 목표로 하는 신뢰성활동을 일상
설계업무로 하기 위해서는, 제품설계에서 필요한 비용, 일정과의 관계를 명확히
하는 것이 중요하다. 일반적으로 비용, 일정은 그 추구에 맞게 우선 그 목표를

설정하고 그것을 부분에 배분 예측하여 초기에 설정한 목표를 실현할 수 있도록 여러 가지 수단을 이용해 설계한다. 신뢰도에 관해서도 마찬가지로 우선 목표를 설정하고 부분으로 배분하여 그것을 실현해가기 위한 설계활동, 신뢰성활동을 행하는 것이 신뢰도설계의 순서이다. 일반적으로 개발설계에 있어서는 비용, 일정, 신뢰도를 동시 병행적으로 진행시킬 필요가 있고, 그 접근방법이 목표설정, 배분계획, 해석, 개선, 실증의 사고로 기본적으로 같은 처리 프로세스이다. 이 3가지 추구순서의 비교표가 표이다.

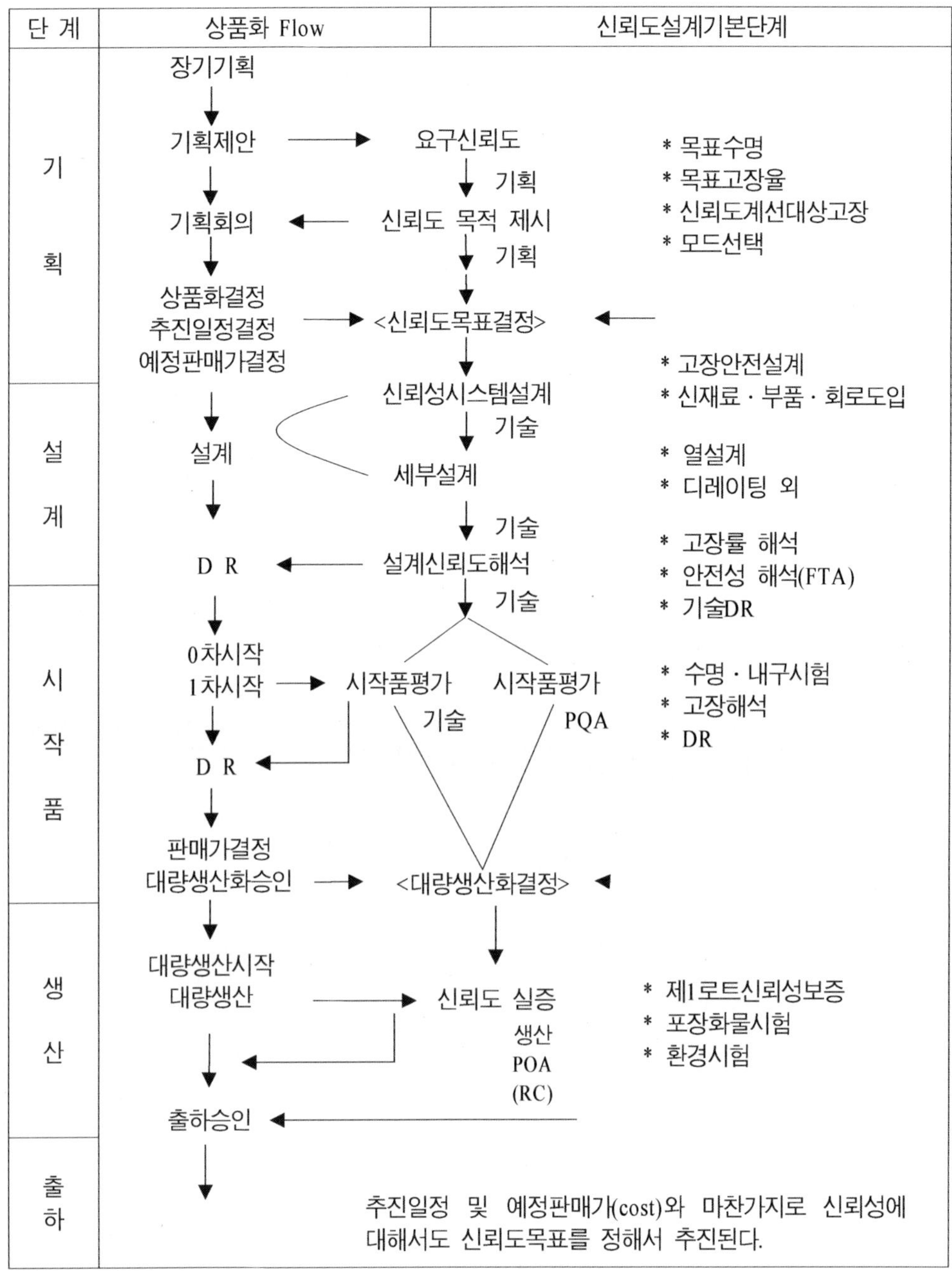

단 계
상품화 Flow
신뢰도설계기본단계

기 획

장기기획
기획제안
요구신뢰도
기획
신뢰도 목적 제시
기획회의
기획
상품화결정
추진일정결정
예정판매가결정
<신뢰도목표결정>
* 목표수명
* 목표고장율
* 신뢰도계선대상고장
* 모드선택

설 계

신뢰성시스템설계
기술
세부설계
설계
기술
설계신뢰도해석
D R
기술
* 고장안전설계
* 신재료·부품·회로도입
* 열설계
* 디레이팅 외
* 고장률 해석
* 안전성 해석(FTA)
* 기술DR

시 작 품

0차시작
1차시작
시작품평가
기술
시작품평가
PQA
D R
판매가결정
대량생산화승인
<대량생산화결정>
* 수명·내구시험
* 고장해석
* DR

생 산

대량생산시작
대량생산
신뢰도 실증
생산
POA
(RC)
출하승인
* 제1로트신뢰성보증
* 포장화물시험
* 환경시험

출 하

추진일정 및 예정판매가(cost)와 마찬가지로 신뢰성에
대해서도 신뢰도목표를 정해서 추진된다.

7. 설계심사(DR)활동결과를 각 부문으로부터 선출된 심사 멤버가 종합적으로 재평가하는 활동을 설계심사(DR)라 하며 각 설계단계에 실시한다.

(1) DR의 종류와 시기: 신제품개발의 진행에 따라서 DR시기를 결정한다. DR종류나 시기는 신제품의 신규성에도 의존한다. 표에 DR의 한 예를 나타냈다.

(2) 실시순서: DR은 위원회형식을 취하고 다음의 순서로 실시한다. ① 심사 자료를 관계부문이 분담해서 준비, 멤버에게 사전에 배포한다. ② 멤버는 자료를 사전에 체크하고 체크결과를 위원장에게 제출한다. ③ 체크결과를 정리하고, 심의항목을 결정한다. ④ DR위원회를 개최해 대응방침을 결정한다. ⑤ 결과를 의사록에 정리하고 처치·대책을 follow한다.

DR의 종류와 시기

단계	DR의 명칭	실시시기	신규성 랭크A 신규개발상품, 신기술을 대폭으로 채택한 상품	신규성 랭크B 랭크 A와 랭크 B의 중간상품	신규성 랭크C 과거의 경험기술을 사용, 신뢰성상의 문제가 되지 않는 상품
1	기본성능심의회	기획결정 회의 후	0	–	DR 실시하지 않음
2	제1차 DR	방침결정 후, 기술연락회 전	0	0	
3	제2차 DR	0차 시작 후	0	0	
4	제3차 DR	1차 시작 후	0	0	
5	최종 DR	출하결정 회의 전	0	0	
6	DR 반성회	원칙으로써 제1로트 출하 후 1개월 이내	0	0	

기본단계		(C)비용계획	(D)개발일정계획	(Q)신뢰도확보계획
기획	ⓐ 목표설계	① 타사 / 자사가격분석 ② 예정판매가 결정	① 장기계획, 표준일정 ② 발매예정일의 결정	① 시장요구, 신규기술 ② 신뢰도목표의 결정
계획 (기능설계) (비용설계) (신뢰도설계)	ⓑ 배분설계	③ 비용계획 ④ 부품·유니트 비용배분	③ 개발기본계획 ④ 개발 스케줄	③ 신뢰도달성계획(신뢰성시스템설계) ④ 부품·유니트 신뢰도 배분
	ⓒ 해석 (목표비교)	⑤ 부품·생산비용의 견적 ⑥ 비용집계(목표비교)	⑤ 요소개발 진척확인 ⑥ 개발일정 진척관리	⑤ 부품신뢰도, 생산품질 해석 ⑥ 신뢰도집계(설계신뢰도해석)
	ⓓ 개선	⑦ 비용감소의 추진 ⑧ 재설계	⑦ 일정추진 ⑧ 입고일정 조정	⑦ 신뢰도개선(신재료·신시스템의 도입) ⑧ 재설계
대량생산	ⓔ 실증 (승인)	⑨ 매결신청(매결)	⑨ 입고결정	⑨ 신뢰도실증 ⑩ 출하승인

(3) 리뷰자료의 준비와 검토항목: 리뷰자료는 표에 표시된 리뷰항목에 대응해 도큐먼트(document)를 지정된 부문이 준비하고 멤버에게 배포한다. 멤버는 표에 지정되어 있는 항목을 중심으로 사전에 체크한다.

리뷰 항목과 자료의 작성

리뷰 항목	담당부문								
	기획	기술	생산	QA	RC	포장	자재	디자인	서비스
1. 제품개요·기본시방	●	○	○	○	○	–	–	○	–
2. 제품시방(사용성의 검토 포함)	●	●	–	○	○	○	–	–	–
3. 신규부품·신기술 및 종래와의 변경 부분	○	●	○	○	○	–	○	–	–
4. 생산성의 검토	–	●	○	○	○	–	–	–	–
5. 서비스성의 검토	–	●	–	○	○	–	–	–	○
6. 소모부품	–	●	–	○	○	–	–	–	○
7. 과거 문제에 대한 검토	●	●	●	●	●	○	–	○	○
8. 안전규격·법규제 관계	–	●	–	○	○	–	–	–	–
9. 지적 재산권	○	●	–	○	○	–	–	–	–
10. 일정	○	●	○	○	○	–	–	–	–
11. 개발체제	–	●	–	–	–	–	–	–	–

●: 자료작성부문 ○: 자료체크 담당부문

8. 신뢰성평가활동은 신제품 신뢰성관리의 PDCA는 Plan이 목표신뢰도나 설계에 고려해야 할 신뢰성기준도 포함한 설계구상이고, Do가 DR도 포함한 설계활동이다. 따라서 Check는 신뢰성평가가 된다. 이러한 신뢰성평가활동에는 다음의 3가지 분야가 있고, 일부는 설계심사활동 중에서도 실시된다.

(1) 시작품의 신뢰성시험: 신뢰성평가활동으로써 가장 대표적인 것이 부품, 유니트, 시작품에 의한 각종 신뢰성시험이다. 이 신뢰성시험은 그 시기와 샘플의 상태, 목적, 장소, 결과의 판정 등에 의해 계획되지만 보통의 시험 사례로써 ① 신뢰성시험(고장률시험, 한계시험, 파괴시험, 수명시험 등), ② 환경시험(온도시험, 습도시험, 감압시험, 충격시험 등), ③ 안전성시험(이상시험, 쇼트시험 등) 등이 있고 부수의 설계프로세스 가운데 0차시작품, 1차시작품, 대량생산시작품 등의 설계완성도 레벨마다 각각의 목적을 정하여 시험을 실시한다.

(2) 심사 또는 Assessment: 시험용 샘플이 없어도 설계구상이나 설계자와의 대화를 통해서도 평가할 수 있기 때문에 정해진 체크리스트를 기반으로 심사 또는 Assessment를 실시한다. 예를 들면 ① 환경Assessment(폐기성, 재생성 등), (2) PLP 심사(PL문제의 종합적인 발생예방), ③ 신뢰성 프로세스 심사, 신뢰도 설계의 계획이나 그 실시상황의 프로세스심사.

(3) 예측과 시뮬레이션: 신뢰도설계를 실시해 나갈 경우, 목표신뢰도(고장률)를 배분하지만, 그것이 현실에 가능한가의 여부를 설계가 완성하기까지 예측하고 또 시뮬레이션 할 필요가 있다. 특히, 전자회로관계에 있어서는 MIL-HDBK-217(FNotice1) 등에 의해 신뢰도(고장률)예측을 하고 실현성과 개선점평가를 실시한다. 또 스트레스 등에 의한 비틀림이 문제가 되는 구조의 해석이나 메이커, 성형품의 결함이 사용 중의 변질이나 열화에 의한 영향을 평가하기 위해 시뮬레이션기법을 이용한다. 또 FME(C)A나 FTA도 치명적인 고장예지평가로서 활용된다. 이러한 평가방법은 (1)의 신뢰성시험보다는 (2)의 심사 또는 Assessment가, (2)보다는 (3)의 예측이나 시뮬레이션의 방법이 설계의 흐름에서 보면 보다 빠른 시점에서 작용 가능하다. 그러나 동시에 보다 전문적이 되기 위해서 기술자의 깊은 경험과 보다 고도한 지식이 요구된다. 이것은 신뢰성평가활동에 대한 설계기술자의 역할이 늘고 또한 신뢰성기술자는 시삭품이 완성되고 나서 계획

참여나 참가를 해서는 시기를 놓치기 때문에 이후에 기술하는 CE에 필적하는 평가기술자도 설계활동에 참가해서 보다 넓은 신뢰성 기술이나 신뢰성설계기법을 설계자와 공동으로 적용해 간다.

9. 대량생산품의 신뢰성 평가는 대량생산품에 대해서는 기본적으로 시작품에서 신뢰성시험을 확인시험으로써 실시하지 않으면 안 된다. 그러나 이 시점에서는 출하를 바로 앞에 대기하고 있어서 장시간을 요하는 시험은 실시할 수 없기 때문에 대량생산시작품에 의해 필요한 시험을 실시하는 경우가 많다. 단, 최종 대량생산품이 아니면 할 수 없는 시험, 대량생산품에서 실시하지 않으면 의미가 없는 시험도 있고, 신뢰성관리의 입장에서 선행생산을 행하고 거기에 필요한 선행생산일정과 신뢰성시험일정을 미리 확보하여(경우에 따라서 출하일정을 조정해서) 시험을 실시한다. ① 신뢰도설계의 실증시험으로써, ② burn-in(엔진테스트)으로써, ③ 초기고장 screening으로써 대량생산품에 대해서는 전수(생산로트가 적은 경우) 도는 제1로트 중에서 적어도 100대 단위의 제품을 샘플링, 실사용을 원칙으로 한 시험을 실시한다.

10. 시장신뢰성활동은 신제품 출하 후의 신뢰성활동에는 시장에서의 신뢰성활동과 고객에 대한 품질보증활동, 2가지의 활동이 있다.

(1) 시장에서의 신뢰성평가: 시장에서 사용자가 실사용 시, 공장에서 예상하지 못했던 사용법도 있을 수 있고 예측 이외의 트러블이나 고장이 일어나는 경우가 있다. 또, 공장 내에서의 시험 조건과 다르기도 하고 경우에 따라서 깜빡한 실수가 원인이 되어 고장이 되는 경우도 있다. 이러한 것들을 초기에 공장으로 피드백하기 위해 시장고장데이터를 파악하는 여러 가지 방법이 행해진다. 예를 들면, ① 서비스에서의 정보 활용(컴퓨터화), ② 초기고장제품의 계획적 회수, ③ 고장부품의 회수가 있다. 특히 중요한 신제품 중 초기고장품의 척 부품에 관해서는 일정 기간 또는 일정 대수(예를 들면 100대)를 정하여 발생 때마다 무조건으로 고장으로 회수하여, 즉시 분석처치(설계대책 등)를 행하는 제도도 있다. 마찬가지로 중요한 부품이나 고액 유니트에 대해서 특정장소나 사용자를 정해 그

곳에서 발생한 것은 전부 공장으로 직접 회수하여 분석하는 것도 행해진다.

(2) 고객에 대한 품질보증: 시장에서 신뢰도활동은 고객에게의 품질보증으로써 보전이나 수리시스템이 필요하다. 여기에 서비스체제를 확립하고 필요한 서비스교육이나 서비스 기술정보를 제공하므로 구입한 고객에 대한 직접적인 품질보증활동을 제공하는 것이다. 이러한 보전이나 서비스에는 기본적으로 다음 3가지의 방법이 있다. ① 고장이 발생할 때마다 고장부품을 교환하고 재조정한다. ② 규정된 개소를 점검하고 고장에 이르지 않더라도 그 열화, 손상의 상황을 판단하여 부품을 교환 또는 재조정한다. ③ 고장유무에 관계없이 일정사용기간(또는 사용 횟수)마다 점검하고, 규정 부품을 교환한다. 지금까지 일반가정용 전기, 전자기기에서는 주로 ①의 고장발생 시 처리방법을, 사무용 OA기기(예를 들면, 사진기 등)에서는 ③의 정기 보전방식을 원칙으로 채택하고 있으나, 가정용기기에 대해서는 생활에서의 역할 중요성에 의해 ②나 ③의 방법이 보급되고 있다. 예를 들면 홋카이도(Hokkaido)나 동북 지방 등의 겨울 한랭지에서는 난방기의 보전이나 정기적인 overhole이 행해지고 있다. 또 여름 에어컨에 대해서도 season중, 갑작스런 고장의 피해를 생각해 season off 시기에 점검을 의뢰하는 분위기가 서서히 확산되고 있다.

11. 신뢰성 기준화 활동은 신뢰성에 관한 과거의 실패 경험을 근거로 하여 rule 또는 금지사항 등을 미리 기준화해 둔 것으로, 항상 그 기준을 다시 보고 철저히 주지해가는 활동이다. 이것은 신뢰도설계를 실시하는 데 있어서 하나의 밑거름이 되기도 한다. 전자, 전기기기에서 사례를 나타낸다.

(1) 안전설계기준: 이것은 제품의 안전성확보를 위한 기본적인 기준으로, 국가나 공적인 안전성기준과는 별도로 그것을 포함한 더욱 엄격한 자주기준으로써 정한 것, 특히 PL법의 제정과 더불어 안전성의 재고를 꾀하는 것이 기업에게 있어서 상당히 중요하며 최우선이 되어야 할 기준이다. 이 기준의 내용은 주로 준수사항, 금지사항, 강화사항 3가지로 구성된다.

(2) 신뢰성기준: 이것은 신뢰성설계를 행하기 위해 필요로 하는 각종 설계조건, 예를 들면 사용 환경조건, 사용 스트레스조건 등을 과거 경험 데이터에 입각해서

설계기준으로서 정해 놓은 것이다. 더욱이 각종 신뢰성시험법, 부품의 인정시험법, 디레이팅을 위한 설계 마진의 기준 등, (1)의 안전설계기준과는 별도로 기준화하고 정리한다.

12. 연구개발 업무 flow 및 연구개발효율

(1) 종래의 개발 flow와 향후의 연구개발 flow

● 개발 flow

제품기획→의장설계→제품설계→부품제작→신뢰성시험→시험생산→대량생산

● 향후 연구개발 flow

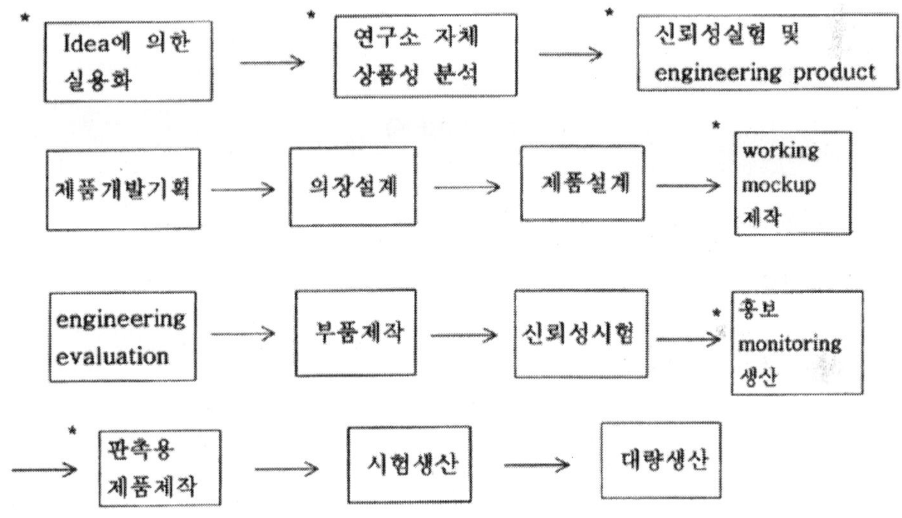

● 연구개발 효율
① 신제품: 신기술을 포함하는 제품
② 신제품 비율: $\dfrac{\text{신제품의 종류수}}{\text{전제품의 종류수}} \times 100$

③ 신제품 매상 기여율: $\dfrac{\text{신제품의 매상고}}{\text{전제품의 매상고}} \times 100$

④ 연구개발의 효율 $= \dfrac{\text{신제품 비율}}{\text{신제품 매상 기여율}} \geq 1 = \dfrac{\dfrac{\text{신제품의 종류수}}{\text{전제품의 종류수}} \times 100}{\dfrac{\text{신제품의 매상고}}{\text{전제품의 매상고}} \times 100}$

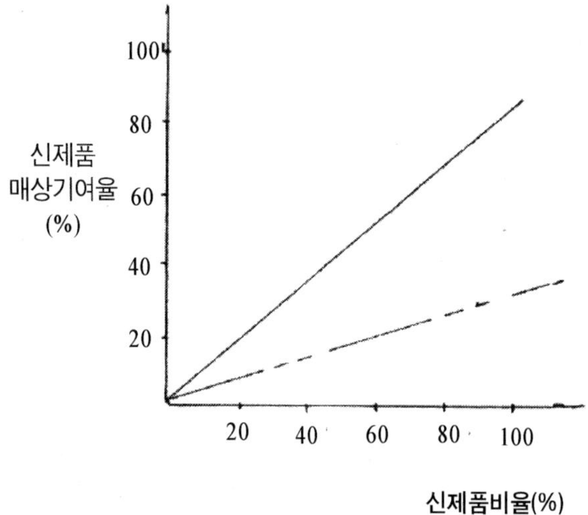

지역별 손익계획

• 자산손실률 $= \dfrac{\text{장부가 자산} - \text{실사후 자산}}{\text{장부가 자산}}$

• 자재손실률 $= \dfrac{\text{장부가 자재구매액} - \text{제품화한 자재 액}}{\text{장부가 자재구매액}}$

• 공장 line 효율 $= \dfrac{\text{생산매출액} - \text{투입한재료비}}{\text{감가상각비} + \text{인건비}}$

1-3. 신뢰성의 특성수치

1. 신뢰도예측

(1) 신뢰도예측은 아이템의 신뢰성 특성치를 설계 시에 정량적으로 어림잡는 일로서 광의적으로 생각하면 앞서 서술한 FMEA, FTA 등도 포함되지만 보통은 설계에 의해서 제작되는 제품의 신뢰도를 부품, 기능, 운용환경 및 상호관계에서 계산한다.>이다. 신뢰도예측으로 인해 신뢰성 특성치를 얻음으로써 다음과 같은 검토에 도움이 된다. ⓐ 필요한 신뢰도레벨로 설계를 일치시킬 수 있을지 그 가능성을 알 수 있다. ⓑ 시스템 전체의 신뢰도 예측이 실시되기 전에 각 서브시스템 예측이 실시되므로 특정 서브시스템의 부적당한 설계나 부품선택으로 인해 고장률이 이상하게 높아지는 곳이 있다는 것을 발견하는 데 도움이 된다. ⓒ 설계초기단계에서 어느 부분이 약한지를 나타내고 대책을 세울 수 있다. ⓓ 신뢰도 목표를 정할 때 합리적으로 실현 가능한 값으로 하기 위해 실시한다. ⓔ 부품선택을 실시할 때 도움이 된다. ⓕ 신뢰도와 기타 파라미터(수량, 치수, 비용, 보전도 등)와의 균형을 잡는 데 도움이 된다. ⓖ 매우 큰 시스템으로 전부를 조립해서 실제로 신뢰도 시험을 실시할 수 없는 것에 대해서는 신뢰도예측을 이용해서 부분부분 시험 데이터를 조합하여 총합시스템의 신뢰도를 계산함으로써 개발단계의 최종적인 신뢰도평가로 한다. ⓗ 부품이나 서브시스템의 신뢰도에서 보수용 재고량을 결정한다. ⓘ 시스템의 신뢰도에서 서비스체제를 검토하고 정비한다. 신뢰도예측은 시기별로 보면 a) 예비설계, 초기단계에서의 예측 b) 중간예측 c) 최종설계예측으로 분류할 수 있다. 초기에서는 정밀한 예측을 실시하기 위한 충분한 데이터가 없지만 가능성 검토나 대체안의 비교검토 등에 중요한 역할을 한다. 중간예측은 설계안의 세부검토에 사용된다. 최종예측은 데이터도 충분히 갖추어져 가장 정밀한 예측으로서 서비스제도 검토 등에 도움이 된다. 또한 최종적 예측에서 의도하는 신뢰도를 얻을 수 없는 경우에는 설계변경 등의 처치가 필요하다. 신뢰도 예측에는 신뢰도(잔존도) 그 자체 예측 외에 고장률예측, MTBF예측, MTTR예측, MTBM(Mean Time Between Maintenance, 수리계와 인접한 보전-사후보전과 예방보전 간의 동작시간의 평균치) 예측, Availability

예측 등 여러 가지 예측이 있다.

2. 신뢰도예측 방법은 신뢰도 예측(특히 고장률, MTBF예측)에는 이하에 서술한 여러 가지 방법이 있다.

(1) 부품고장률의 누적에 의한 방법: 시스템을 구성하는 각 부품레벨의 고장률을 구하고 이들이 직렬계이면 고장률을 더해 전체 고장률을 구한다. 용장구성이면 이와 같은 논리모형을 가진 신뢰도계산을 실시한다. 시스템의 MTBF는 전체 고장률의 역수를 취해서 구한다.
(2) 경험별에 의한 방법: 설계초기단계 등에서 시스템에 사용하는 전 부품의 상세사양을 모르더라도 신뢰성을 좌우하는 중요부품 수를 알 수 있으면 지금까지의 경험상 대략적인 수치는 예측할 수 있다. 이와 같은 방법 중 한 가지 사례로서 진공관 사용기기가 있다. 진공관의 사용본수N을 알 수 있으면 그 시스템의 MTBF $T(hr)$는 $T = C / N[hr]$로 표현된다. C는 사용 환경에서 결정되는 상수로서 미국군의 경험에서 다음과 같은 값이 주어진다. $C = 1.8 \times 10^4$→지상시설기기, $C = 0.4 \times 10^4$→항공기탑재기기, $C = 0.5 \times 10^4$→선박용, $C = 0.8 \times 10^4$→차량탑재기기
(3) 심리적 방법에 의한 예측: 시스템 등 몇 가지 부분에 대해서 알고 있는 데이터가 없는 경우 이와 유사한 것에 대한 지식이나 경험이 있는 사람(복수)에게 평가를 실시시키는 방법이다. 이것은 경험이 있는 사람들이 갖고 있는 지식을 활용함으로써 이미 알고 있는 신뢰도 제품에 대해 이와 같은 방법을 실시하면 심리적 방법과 관련지어 과학적인 평가도 가능하다.

3. 신뢰도예측 사례는 부품고장률을 누적해서 회로전체의 신뢰도를 예측한 사례를 표에 나타낸다. 또한 직렬 블록도를 사용한 신뢰도예측 사례를 표에 나타낸다.

회로설계에서의 MTBF 예측사례

회로구성부품	사용개수	고장률 (1000hr 당%)	전체 부품고장률 (1000hr 당%)
트랜지스터	93	0.03	27.90
다이오드			
금속피막저항기	87	0.15	13.05
	112	0.04	4.48
	29	0.20	5.80
	63	0.04	2.52
권선저항기	17	0.50	8.50
필름 콘덴서	13	0.20	2.60
탄탈 콘덴서	11	0.14	1.54
변압기	512	0.01	5.12
유도자			
솔더 조인트 및 리프선			

시스템 전체고장률 =71.51

직렬 블록도에 의한 신뢰도예측 사례

번호	블록 명	수량	신뢰도(%)
1	원발진기	1	99.78
2	리미터 / 필터	1	99.60
3	전원 / 코먼트	1	99.54
4	출력필터	1	99.89
5	변조 / 저배	1	99.65
6	전력증폭	1	99.66
서브시스템의 신뢰도			98.14

4. MIL—HDBK—217에 의한 신뢰도예측은 신뢰도예측에는 상기에서 서술했듯이 여러 가지 방법이 있지만 MIL-HDBK-217(military standardization handbook, reliability prediction of electronic equipment)이다. MIL-HDBK-217에 따르면 신뢰도를 예측하는 방법에는 3가지 있는데 첫 번째는 부품스트레스 해석법이고 또 다른 한 가지는 부품점수법이다. 양쪽 모두 예측의 기본적인 사고방식은 대상으로 하는 시스템, 기기의 구성요소, 부품 중 하나라도 고장 났을 때에 시스템, 기기가 고장상

태가 된다는 직렬계 모델로 각 구성요소, 부품의 고장률은 일정(지수분포)하다. 따라서 기기전체의 고장률은 각 부품의 고장률 종합으로 표현된다.

(1) 부품스트레스 해석법: 부품스트레스 해석법은 대부분의 설계가 완료되어 회로 사용부품과 그 스트레스가 명확해진 시점에서 적용된다. 예측 모델은 소자(부품)의 기초고장률에 보정계수를 거는 방법을 취하고 있으며 부품종류에 따라 달라진다.

(2) 부품점수법: 부품점수법은 제품의 계약시기와 초기설계단계에서 실시되는 대략적인 예측방법이다. 설계초기에서 시스템을 구성하는 부품점수의 개략치를 구하고 그들의 고장률 총합을 갖고 전체 고장률(신뢰도)을 구하는 것이다.

5. 신뢰성의 요구조건

(1) 성능 신뢰성 요구조건: 소비자가 제품의 신뢰성을 판단하는 기준

소비자	대상 제품	성능 신뢰성 요구 척도
항공회사	항공기	일정(Schedule)신뢰성
병원	의료장비	가용도 & 안전(Safety)
소비자	자동차	수리 빈도
군대	무기	임무 신뢰도
건설회사	다리	내용수명(Service Life)

(2) 정량적 성능 신뢰성 요구조건

Mean Time Between Maintenance (MTBM)	MMBM: 트럭회사 MCBM: Hydraulic Lifts
Mean Time Between Service Calls (MTBSC)	복사기, 가전제품, 통신 시스템
Schedule Reliability	항공기, 철도
Warranty Returns	가전제품

(3) 신뢰성분야의 발전과정

The Evolution of the Reliability Field

Period	Main Features	Domain
1945~1960	Normal tests on finite products Collection of reliability data Failure analysis	Final inspections
1960~1975	Accelerated life tests Statistical process control(SPC) Physics of failure Reliability prediction	Control
1975~1990	Failure prevention Process reliability Screening strategies Testing −in reliability	Assurance
After 1990	Total quality management(TQM) Concurrent engineering(CE) Building −in reliability Acquisition reform	Management

Source; T.I.Bajenescu, M.I.Bazu, Reliability of Electronic Components, Springer, 1999.

(4) 신뢰성의 기술발전

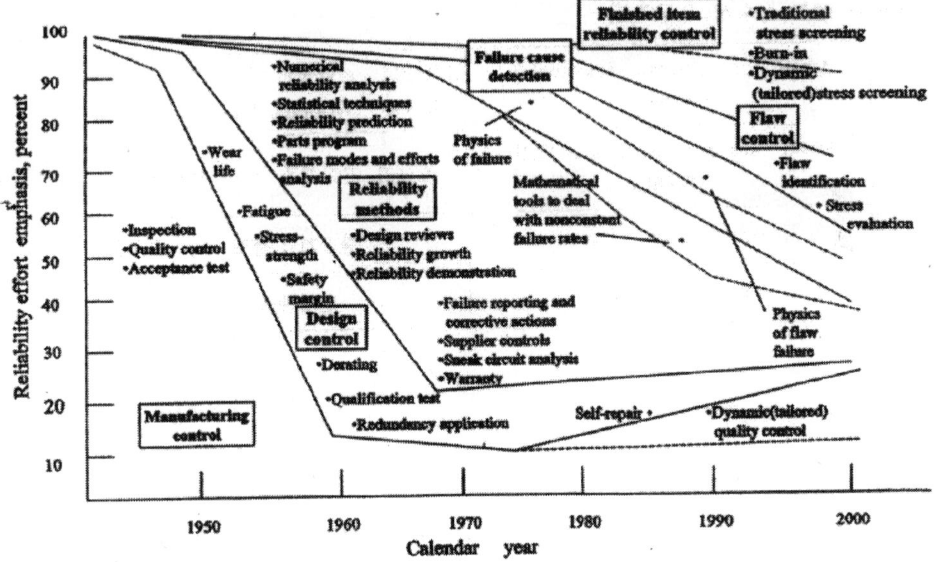

Distribution of reliability emphasis with respect to calendar year

(5) Failure Rate Curve of No-Good Product

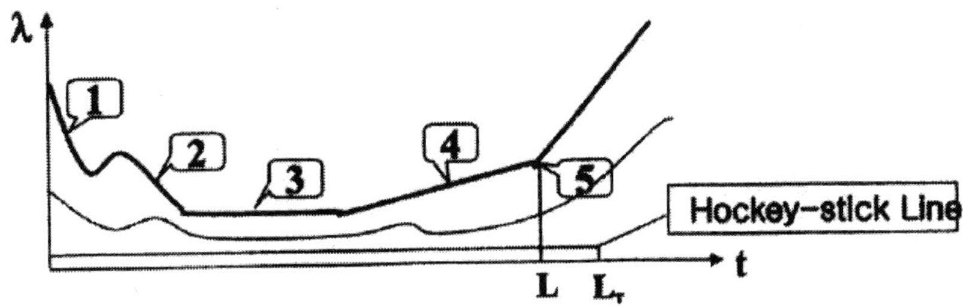

1 Initial failure: Environmental Overstress failure mechanism Defect-induced Overstress failure mechanism
2 Roller coaster: Defect-induced short-term Wear-out failure mechanism
3 Constant Failure: Overstress failure mechanism
4 Slanted line in use: Middle-term Wear-out Failure Mechanism
5 Lifetime: Long-term Wear-out Failure Mechanism

(6) 설계＋제조＋부품

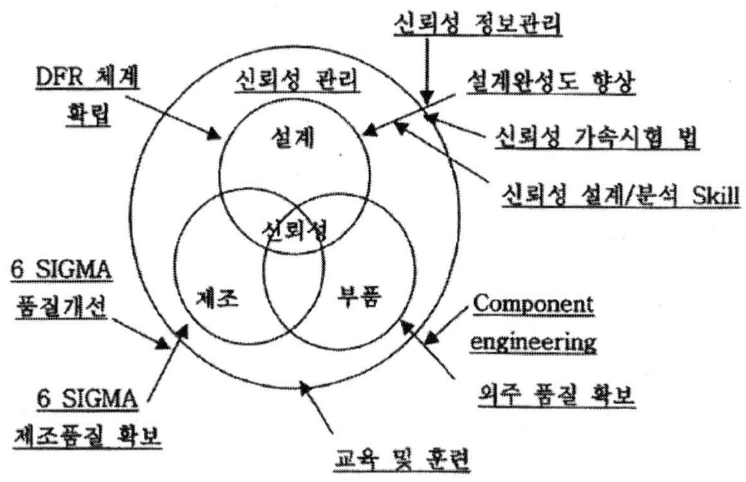

(7) 정보관리

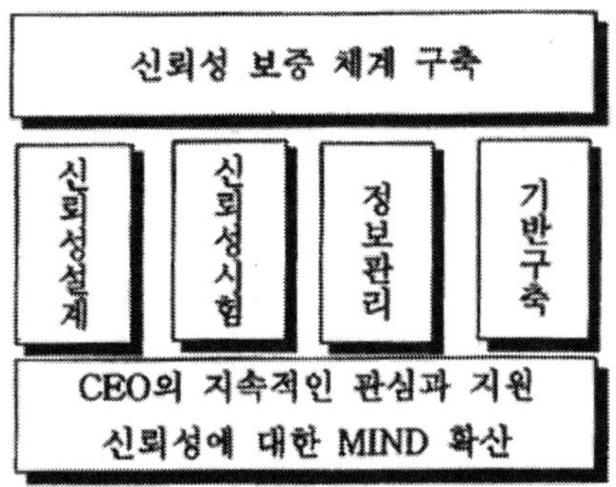

(8) Reliability failure & Quality defect(통계상의 차이)

	Quality defect	Reliability failure
Concept	Non−conformance to Specification	Failure in the Future
Dimension	None	1 / hour
Unit	% ppm	% / year(Annual failure rate) $\mathrm{Fit}(1 \times 10^{-9}/\mathrm{hour})$
Probability Function	Normal Distribution $$f(x) = \frac{1}{\sigma\sqrt{2\pi}} e^{-\frac{(x-\mu)^2}{2\sigma^2}}$$	Exponential Distribution $$F(t) = 1 - R(t) = 1 - R(t) = 1 - e^{-\mu} \fallingdotseq \lambda t$$

(9) Reliability Failure and Quality Defect(추진체계의 차이)

	Reliability Failure	Quality Defect
Approach	Identifying root cause	Inspection and screening
People	Team members: related developer & failure analyzers	Manufacturing employees
Who's in charge	R&D team chief	Factory director (QC team manager)
Procedure	Find failure mode & failure site Analyze failure Determine failure mechanism Assess failure rate and product life Propose corrective resolutions	Enumerate quality characteristics Confirm process capability(Cp) Decide the kind of inspection and sampling Determine inspection position
Results	Alter design and manufacturing specifications	Rearrange quality inspection system Training of inspector

(10) 품질보증과 신뢰성보증

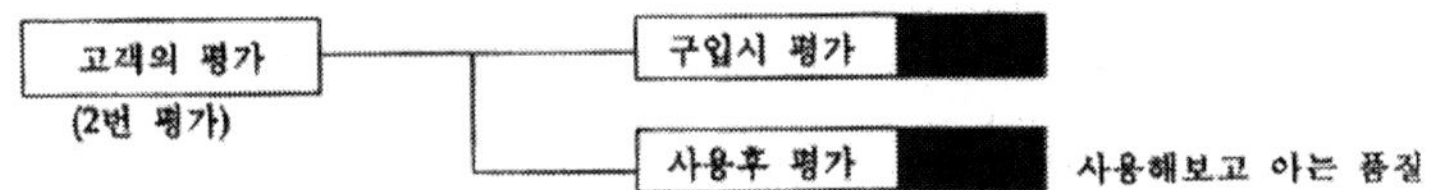

(11) 신뢰성과 품질관리

품질관리: 기업 내 품질	신뢰성(RM): field 품질
샘플: n	샘플: n
불량: r	고장: r
불량률: p(=r / n)	고장률: λ(=r / n · t)
단위: $\% \Rightarrow 10^{-2}$	단위: $\%/h \Rightarrow 10^{-2}/h$
실단위: $\pm 3\sigma(3 / 1.000)$ $\pm 4\sigma(1 / 10.000)$ $\pm 5\sigma \Rightarrow 10^{-6}\,(ppm)$ $\pm 6\sigma \Rightarrow ppb(=10^{-9})$	실단위: $\%/1000h \Rightarrow 10^{-7}/h$ $fit(10^{-9}/h)$ 평균수명: MTBF / MTTF 신뢰도, 보전성, MTTR
QC · QM · TQM · ISO 9001 ISO 16949	t: 시간, 사이클 / (h), 월, 년 km / (h)

(12) 항목별 품질과 신뢰성과의 비교

항목	신뢰성	품질
평가결과	수명, 고장률	합격, 불합격
발생의 근원	고장	산포
거동중심	설계중심	공정중심
품질요소	미래품질보증	완성시점의 품질
환경조건	공정, 운반, 저장, 사용환경	공정환경
시험방법	고장이 발생할 때까지 시험	규격 적합여부 시험
software, Hardware	soft와 hard가 유기적인 결합이 요구	software
중점예측	미래	현재
사고방식	통합적, 시스템	해석적
개선방법	한계를 파악하여 조치	산포를 좁힌다.
가치기준	미래품질에 대한 평가	현재품질에 대한 평가
조직	엔지니어, 고장분석, 신뢰성시험	품질관리, 독립적
시간적 개념	동적	정적
평가대상	수명, 고장률추가	품질, 성능

6. 신뢰성관리와 품질관리에서 신뢰성관리(Reliability management, RM)와 품질관리(Quality control, QC)가 어떤 관계인지에 대해 신뢰성의 광의와 협의, 어디에서 이러한 분류가 생겨난 것일까. 물건은 수명에 한계가 있다. 언젠가는 고장나버리게 되는 것이다. 고장 났을 때에는 버릴 것인가, 또는 수리해서 재사용할 것인가의 두 가지 길이 있다. 전자를 일회용품이라 하며 후자를 수리가능 부품이라 부른다. 간단하게 말하자면 일회용품 경우의 신뢰성은 협의의 신뢰성 또는 신뢰성이고 수리 가능한 물건의 신뢰성은 광의의 신뢰성이다. 광의의 신뢰성은 수리 가능한 물건의 신뢰성 경우는 광의의 신뢰성이라 했으나 수리 재사용을 생각할 때는 고장 나지 않는 성질이란 협의의 신뢰성 이외에 고장 났을 때의 수리의 편리성, 즉 보전성을 포함시켜 생각해야 한다. 고장 나더라도 어쩔 수 없다. 그러나 그때, 재빨리 고치면 좋다는 사상이다. 즉 광의의 신뢰성이란 식으로 신뢰성(협의)＋보전성＝광의의 신뢰성이 된다(유럽에서는 dependability, 확실성이라 부른다). 알기 쉬운 단어로 서술하면 수리 가능한 물건이 사용 중은 고장을 일으키지 않고 만약 고장 났을 때도 쉽게 수리할 수 있어 언제라도 사용할 수 있는 성질이 된다. dependability＝availability 성능 및 이에 영향을 주는 요인, 즉 신뢰성 성능, 보전성 성능 및 보전지원 능력을 기술

하기 위해 이용되는 포괄적인 용어이다.

(1) 품질관리: 품질이란 사전에 의하면 물건의 성질, quality이다. 물건의 좋음을 뜻
    한다. 품질관리란 문자 그대로 품질을 관리하는 것을 의미, quality control, QC
    이다. 품질목표를 정하여 이것을 달성하기 위해 PDCA의 고리를 돌리는 것이라
    고도 할 수 있다. 물론, 품질관리는 통계적 방법을 선택하고 있기 때문에 통계
    적 품질관리(statistical quality control, SQC)에 속한다. QC라 말할 때는 SQC를
    가리킨다. 원래 품질관리는 불량을 방지하고 편차를 줄여 좋은 제품을 만드는
    방법에서 출발하였고 제조품질을 대상으로 한 것으로 이것을 협의의 품질관리
    라 한다. 일반적으로 품질관리를 가리킨다. 한편, 품질관리의 범위를 확대하여
    기업에서 설계, 제조, 사용이라는 수명 사이클에 미치는 것을 종합적 품질관리
    (total quality control, TQC)라 하며 또한 전체 품질관리 또는 광의의 품질관리라
    고도 한다. 이는 시장품질(기획품질, 설계품질, 제조품질을 포함)에 대조되어 기
    업 내 전체부문이 도입하고 있다. QC의 7대 도구는 (1) 그래프, (2) 체크시트,
    (3) 히스토그램, (4) 산포도, (5) 팔레트도표, (6) 특성요인도, (7) 관리도표의 도
    구를 말한다.

품질관리(QC)

명칭		QC Quality Control 품질관리	TQC Total Quality Control 종합적 품질관리
why(왜)	목적	불량결점을 방지하고 편차를 방지하여 좋은 제품을 만듦 (품질유지, 개선을 위해)	소비자의 요구를 만족시키는 품질을 달성하기 위해
what(무엇을)	품질목표	제조품질(물품) 별명: 편차의 품질, 또는 적합품질	시장품질(물품, 서비스) 기획품질, 설계품질, 제조품질 포함
where(어디에)	실시단계	제조	수명 사이클
who(누가)	담당	품질관리부문	전체 회사 부문
when(언제)	실시시기	제조공정	수명 사이클
how(어떻게)	방법	통계적 방법 (주로 관리도표, 추출검사를 중심으로)에 의한 PDCA	통계적 방법 ※(QC의 7가지 도구)에 의한 PDCA 방식

(2) 신뢰성관리와 품질관리는 출발점이 다르다. 역사적으로 보아도 품질관리는 제조현장 공정에서 제조품질을 대상으로 생겨났다. 그리고 제2차 세계대전 중에 좋은 품질을 만들기 위하여 품질관리는 미국 군용규격 AWS로 제정되었다. 확실히 좋은 물품을 만들 수 있었으나 진공관의 고장다발은 미국공군의 가동을 격감시켰다. 그리고 SQC만으로는 진공관의 고장을 방지할 수 없다는 것을 알았다. 그 후 신뢰성이라는 품질특성을 발견한 것이다. 신뢰성관리의 대상은 시장품질이며 기술은 신뢰성기술이라는 독특한 것이다. 신뢰성관리와 품질관리를 역사로 보면 출발점이 다른 신뢰성 관리와 품질관리는 각각 다른 길을 걸어왔다. 그러나 미국에서는 1960년대에 시작한 소비자 운동(consumerism)에 의한 품질보증과 함께 PL(제품책임) 문제 등에 의해 신뢰성관리와 품질관리는 품질보증(QA)라는 목표를 향해 같은 길을 걷게 되었다.

(3) 신뢰성관리와 품질관리의 비교에서 양자에는 재미있는 역사적 과정의 유적이 있다. 품질관리는 제조공정의 품질컨트롤이 출발점이기 때문에 명칭은 quality control 즉, control 통제라는 단어가 남아 있다. 한편 신뢰성관리는 전체 수명 사이클 범위에서 출발한 관리의 일종이었다. 때문에 reliability management(RM)라 하며 control이라고는 일반적으로는 쓰지 않는다.

QC와 신뢰성관리

quality control(QC) 품질관리(협의)	5W 1H	reliability management(RM) 신뢰성관리
불량을 방지하고 편차를 방지하여 좋은 제품을 만들기 위해	why(왜) – 목적	신뢰성목표의 달성
제조현장	where(어디서) – 현장	수명 사이클
제조품질 (시간품질 또는 정적품질)	what(무엇을) – 항목	시장품질 (시간품질 또는 동적품질)
제조 시	when(언제) – 시기	수명 사이클
품질관리부문	who(누가) – 담당	신뢰성관리부문 및 기업 내의 전체 관계부문
계통적 방법으로 PDCA방식	how(어떻게) – 방법	신뢰성기술로 PDCA방식

(4) 신뢰성관리와 품질보증: 품질보증이란 품질보증(quality assurance, QA)이다. 품질이 소정의 수준에 있다는 것을 보증하는 것이라 하고 소비자가 요구하는 품질에 완전히 충족하고 있다는 것을 보증하기 위해 생산자가 실시하는 품질관리활동의 체계라고 규정하고 있다. 이것은 시장품질의 보증을 의미하며 품질정의의 확대에 따른 범위의 확대이다. 품질보증은 고객이 안심하고 살 수 있고 또한 만족하여 사용할 수 있다고 확신하는 것이다. 고객(소비자)과 제조업체의 약속이다.

(5) 신뢰성관리와 QC, TQC, QA, PL: 제품책임(제조물책임)은 제품에 대한 기업의 책임을 의미, product liability, PL이다. 판매한 결함품의 사용에 대한 기업의 책임을 의미한다. 제품책임이란 제품은 구매한 사용자 및 주위의 사람 혹은 환경에 피해를 미치지 않아야 하며 이들에 관해 기업이 갖고 있는 책임을 말한다. 신뢰성관리와 QC, TQC, QA, PL의 관계에서 신뢰성관리는 품질특성의 하나인 신뢰성, 보전성을 포함한 광의의 신뢰성을 대상으로 하고 있다. 이 점이 TQC의 유효한 수단이 되는 이유이다.

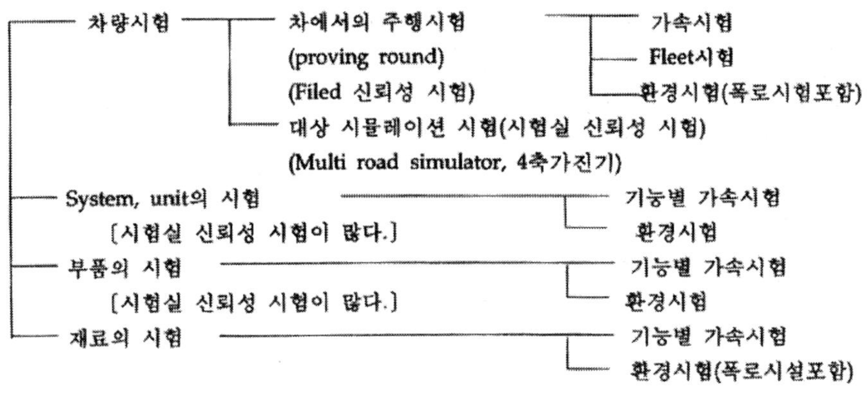

신뢰성 시험 종류

자동차용 plastic 부품의 신뢰성 시험의 종류

시험명	시험목적
고온시험	차량이 고온하에서 노출됐을 때의 변형 등을 평가
열 사이클시험	사계절 한란에 노출됐을 때의 변형 등을 평가
내약품성시험	고객의 세정, 제조 등의 약품에 대한 영향 평가
내후성시험	태양빛(특히 자외선)에 의한 표면변색, 퇴색 등 평가
내마모성시험	도장, hot stamp 등의 표면처리 평가

(6) 신뢰성 분석 및 추정

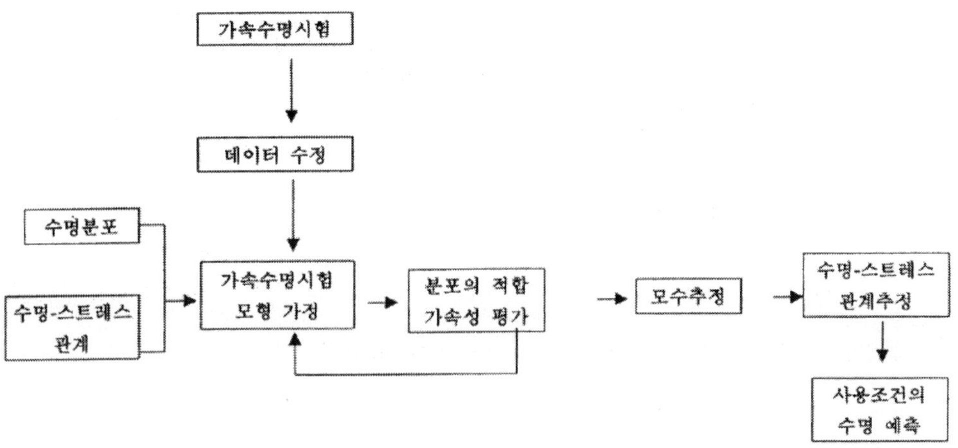

(7) 신뢰성 방법론

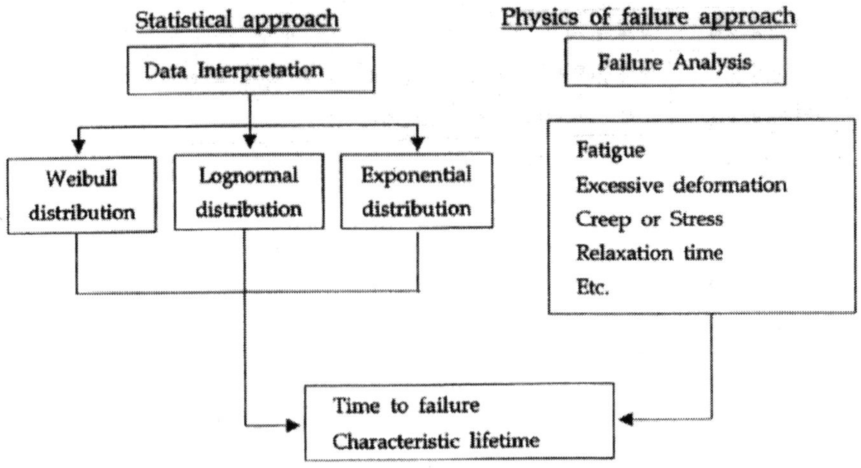

(8) 가속시험의 효과는 짧은 시간 내에 수명에 관한 더 많은 정보를 수집할 수 있음, 사용 조건에서의 수명을 빠른 시간 내에 추정하여 신뢰성을 보증, 개발 검증 및 양산 검증 시험의 평가 납기 단축, 신속한 신뢰성 평가 및 확인, 잠재적 고장모드, 설계상의 weak point, 중요부품의 확인, weak point를 드러나게 하는 중요 스트레스의 확인.

가속시험의 실시 단계별 분류

구분	목적	적용 단계
Accelerated test for life estimation	수명 예측	제품 설계
Accelerated test for design qualification	설계 검증	Prototype 검증
Accelerated test for manufacturing qualification	양산 검증	양산 전 시제품 개발
Accelerated test for screening defectives	불량 선별	제품 양산
Accelerated test for improving defectives	고장 재현을 통한 불량 개선	시장 출하 후 발생 고장 해결

㉑ 환경 조화형 제품의 적용에 의해 시장에서의 비교적 우위인 전개 등의 직접 메리트, ② ISO 14000 시리즈는 ISO 9000 시리즈와 같게 인증 시스템, 이미 규격이 완성되어 있는 ISO 14001(환경 매니지먼트 시스템)의 인증이 제3기관에 의해 실시되고 있다.

12. TS 16949는 IATF, International Automative Task Force가 작성 LATF는 미국의 자동차 Big 3회사(다임러 크라이슬러, GM, 포드)와 유럽의 자동차회사(푸조, 르노, 폭스바겐, 피아트, BMW 등), 미국과 유럽의 자동차 협회 등이 참여하여 결성되었다. 자동차 관련 품질시스템 요구사항(설계, 개발, 생산, 설치 및 서비스)으로 유럽과 미국을 통합하는 글로벌 규격으로 탄생.

규격 비교

구 분	QS 9000	TS 16949	TS 16949
적용회사	포드, GM, 다임러 크라이슬러	포드, GM, 다임러 크라이슬러, BMW, PSA, 푸조, 피아트, 시에트론, 르노 SA, 폭스바겐	Big 3의 유럽의 주요 자동차가 채택함.
인증기관 지정	각국 인정기관에서 인증기관 지정	IATF가 직접 인증기관 지정	ISO / TS16949의 경우 IATF가 인증기관, 직접승인 및 감독함으로써 세계 자동차 메이커와의 연계성 강화
ISO 9000:2000	계획 없음	IATF가 개정 예정임	IATF와 TC176의 협력 -ISO 9000:2000 개발에 참여 -ISO / TS 16949 자동차 분야규격과의 조화 -자동차 부문 공급자의 품질시스템 요구사항의 기본으로 ISO 9000 채택

13. 화학물질 관리 촉진법의 지정 화학물질의 법적 한계: 화학물질 관리 촉진법(PRTR 법, Pollutant Release and Transfer Register)은 특정 화학 물질의 환경에의 배출량 등의 파악 및 관리의 개선의 촉진에 관한 법률로 화학물질의 배출량 등의 신고의 의무 부여(PRTR 제도)

No	물질 그룹명	법적 한계	해당 법과 규칙
1	Polychlor inated biphenyls (PCBs)	의도적 사용 금지	화학물질법, EU위험물질 규칙, ChemG
2	석면	0.11 중량%(ChemG)	EU위험물질 규칙, ChemG, 산업안전법
3	규정된 유기 주석화합물	0.11 중량 %	EU위험물질 규칙, ChemG, 산업안전법
4	Short-chain parafifin chloride(C10-13)	의도적인 사용금지	EU위험물질 규칙
5	규정된 브롬-기반 화염방지제(PBBs, PBDEs)	0.11 중량 %	EU위험물질 규칙, 독일 다이옥신법령
7	규정된 아민을 만드는 아조계 염료와 안료 *2	30㎎/㎏(30ppm)(규정된 아민)	독일 소비자 상품 버병, ChemG, EU위험물질 규칙
8	Polychloronaphthalene(3가 이상)	의도적인 사용금지	화학물질법
19	카드뮴과 그 화합물	75ppm 100ppm(포장물질)	EU위험물질 규칙, ChemG, Chemical Regs(네덜란드, 덴마크), EU포장&포장 쓰레기 지침
20	납과 그 화합물	100ppm(포장물질)	EU위험물질 규칙
21	6가 크롬 화합물	100ppm(포장물질)	EU포장 & 포장 쓰레기 지침
22	수은과 그 화합물		EU포장 & 포장 쓰레기 지침
23	규정된 아민 화합물	0.11 % 중량	EU위험물 규칙화학물질법, 산업안전법
24	오존-파괴 물질	의도적인 사용금지	오존층법, 몬트리올 의정서
25	포름알데히드	0.1ppm(ChemG) 0.15㎎/m3(Formalin Act) 규칙에 의해 사용 가능	ChemG, Formalin Act(덴마크)

* 포장 소재의 법규: 포장 소재에 함유된 중금속 물질(납, 카드뮴, 수은과 6가 크롬)의 전체 중량을 100ppm 이하로 줄이기 위한 요구 조건
* 플라스틱, 페인트 또는 잉크에서의 허용 가능한 카드뮴 농도는 75ppm(0.0075 중량 %) 또는 그 이하임. 카드뮴 도금은 금지됨.

2-1. 사회성 척도

◦ 신뢰성 척도의 효력

신뢰성 척도의 편리함과 효능은 확실하다. ① 신뢰성을 눈으로 확인 가능하다. ② 제품의 수명이 판명된다. ③ 제품의 신뢰성 양부에 대한 고장발생의 관계를 알 수 있다. ④ 가동 중, 제품의 장래가동상황을 예측할 수 있다.

◦ 신뢰성 척도 및 관계

신뢰성을 정량적인 값으로 표현하는 수치를 신뢰성 척도라 한다. 여기서는 신뢰성 척도에 대하여 살펴본다. 그림은 신뢰성 척도와 그들 간의 관계를 나타낸 것이다.

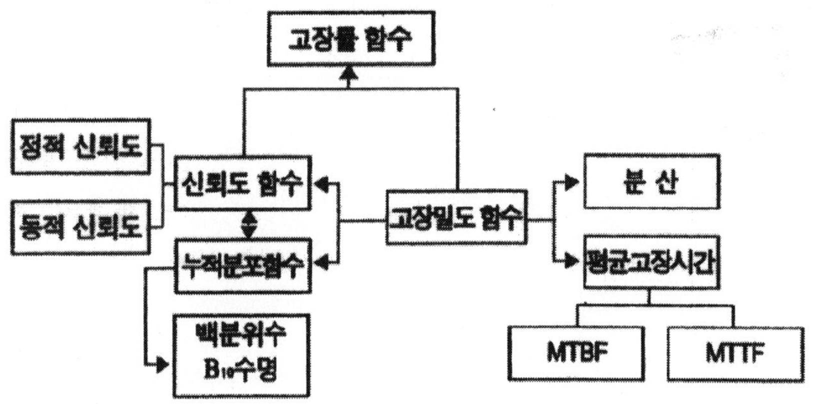

수명(life)은 생물의 생명존속기간으로 보통 사고나 병에 의하지 않는 자연사까지의 연한을 말한다. 그러나 신뢰성 공학에서는 수리불가능 아이템이 고장 날 때까지의 시간 또는 수기가능아이템이 더 이상 수리할 수 없는 고장이 발생할 때까지의 기간을 수명이라 부른다. 어떤 사람이 동일한 조건에서 만들어진 제품을 같은 장소에서 사용하더라도 제품들이 고장나는 시간은 다르다. 즉, 우리가 알지 못하는 원인들에 의하여 제품의 수명은 달라진다. 하물며, 사용·환경조건과 사용방법이 다르면 제품이 언제 고장 날지 알 수가 없다. 따라서 신뢰성 공학에서는 불확실성을 내포하고 있는 수명을 확률변수(random variable)로 정의한다. 수명을 나타내는 일반적인 단위는 시간이지만 제품의 특성에 따라 사이클, 거리 등을 사용하기도 한다. 예를 들어, 자동차의 경우, 주행거리와 사용기간을 시간으로 볼 수 있고, 배터리와 커패시터는 충·방전 사이클을 단위로 사용한다. 고장밀도함수(failure density function, 수명밀도함수)는 단위시간당 고장 나는 제품의 비율을 나타내는 함수 f(t)로 다음과 같은 성질을 갖는다.

- $f(t) \geq 0$
- $\int_0^\infty f(t)dt = 1$

즉, 고장밀도함수는 고장시간의 상대도수 히스토그램의 극한 개념으로 정의할 수 있다. 여기서 극한개념이란 무한히 많은 데이터를 가지고, 히스토그램의 계급간격을 0에 가깝게 아주 작게 잡는 것을 의미한다.

- 고장밀도 함수로부터 특정 기간에 고장날 확률을 구할 수 있다. 기간[a, b] 사이에 고장 나는 제품의 비율(확률)은 다음과 같다.

$$P a \leq T \leq b = \int_a^b f(t)dt$$

- 대표적인 고장밀도 함수는 지수, 와이블, 정규, 대수정규분포가 있다.
  예1: 아래의 표와 같이 고장이 발생하였다. [0, 10] 사이에 발생한 고장의 상대도수는 5 / 100 = 0.05이다. 따라서 단위시간당의 상대도수 값은 구간길이

10으로 나누어 0.005를 얻을 수 있다. 이와 같이 계산된 함수 f(t)가 고장 밀도 함수이다. 고장밀도함수에서 함수 아래의 면적은 1이며, 특정 구간의 면적이 그 기간 동안 고장 나는 제품의 비율을 의미한다. 즉, [0, 20] 사이에서 고장나는 제품의 비율은 0.005×10＋0.010×10＝0.15이다.

기간	고장개수	f(t)
[0, 10]	5	0.005
[10, 20]	10	0.010
[20, 30]	35	0.035
[30, 40]	30	0.030
[40, 50]	15	0.015
[50, 60]	2	0.002
[60, 70]	2	0.002
[70, 80]	1	0.001
계	100	−

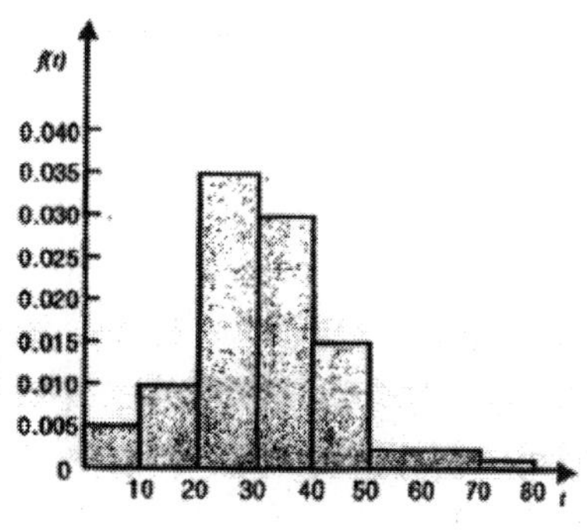

신뢰도 함수(reliability function)에서 신뢰도는 아이템이 주어진 기간 동안 주어진 조건에서 요구 기능을 수행할 수 있는 확률로 정의된다. 즉, 특정 시간(t)까지 아이템이 고장나지 않을 확률이다.

- 신뢰도: 특정시간(t)까지 아이템이 고장나지 않을 확률

- 수학적 정의: $R(t) = P(T > t) = \int_{t}^{\infty} f(x)dx$, 여기서 f(x): 고장밀도함수

  예1: R(1,000)＝0.95는 다음과 같은 의미를 갖는다. 1,000시간까지 고장나지 않을 확률이 95% 전체아이템 중 95%는 1,000시간까지 고장나지 않고, 5%만이 고장

- 모든 생물과 아이템은 시간이 지남에 따라 노화 또는 열화되어 수명을 다하게 된다. 따라서 신뢰도는 시간이 지남에 따라 감소하는 시간의 함수이며 다음과 같은 특성을 갖는다.

$$R(0)=1: \ R(\infty)=0$$

R(t): 시간에 따라 감소

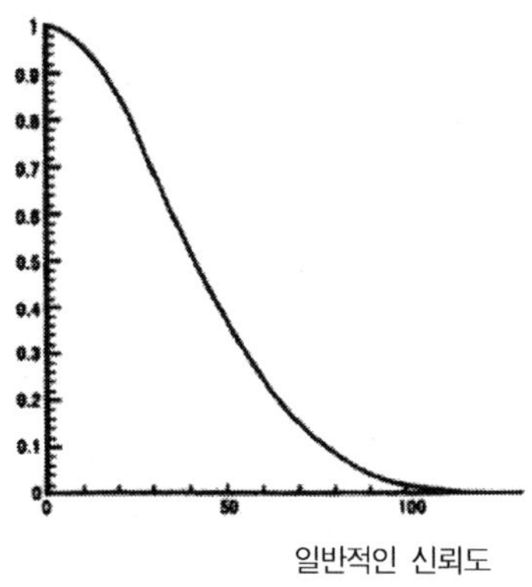

일반적인 신뢰도

함수의 모양

- 신뢰도함수는 시간에 따라 값이 변하므로 동적 신뢰도(dynamic reliability)라 부른다. 한편, 아이템의 목표 수명에서의 신뢰도, 또는 특정상황에서 일회적으로 동작하는 에어백, 화재경보기(이들을 일회용 제품(one shot device)이라 부름) 또는 짧은 기간 동안만 기능을 수행하면 되는 미사일 발사체의 배터리 등 아이템의 특성상 시간 개념을 적용하기 어려운 경우 또는 정해진 시점에서의 신뢰도를 정적 신뢰도(static reliability)라 한다.

- 신뢰도함수를 생물학, 의학 분야에서는 생존함수(survival function)라고도 부른다.
  예1: 아래와 같이 고장이 발생하였다. 이때, t=10에서의 신뢰도는 100개 중에 95개가 고장 나지 않았으므로 95 / 100 =0.95이다.

기간	고장개수	R(t)
[0, 10]	5	0.95
[10, 20]	10	0.85
[20, 30]	35	0.50
[30, 40]	30	0.20
[40, 50]	15	0.05
[50, 60]	2	0.03
[60, 70]	2	0.01
[70, 80]	1	0.00
계	100	–

(구간 우측 값 기준)

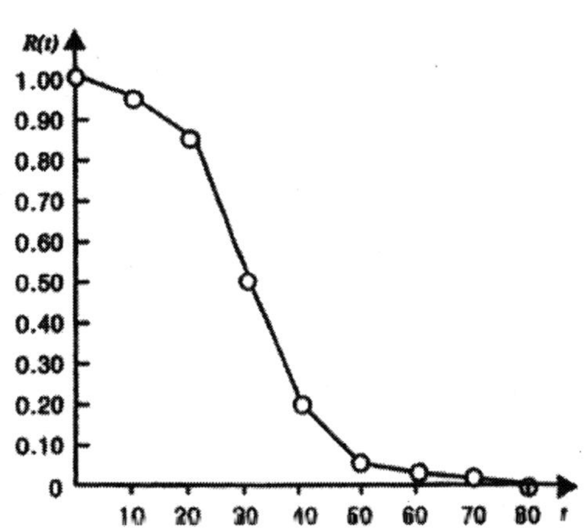

누적분포함수(cumulative density function)는 아이템이 특정 시간까지 고장날 확률을 나타내는 함수이다.

- 누적분포함수: 특정시간(t)까지 아이템의 누적고장률
- 수학적 정의: $F(t) = P(T \leq t) = \int_0^t f(x)dx$, 여기서 f(x): 고장밀도함수

    예1: 가전제품의 무상보증기간은 1년이다. F(1)=0.03(단위: 년)은 다음과 같은 의미를 갖는다. 판매된 가전제품 중 1년 이내에 고장날 확률이 3%, 10,000대를 판매하였으면 1년 이내에 300대 수리요청.

- 누적분포함수는 시간에 따라 증가하는 함수이며 다음과 같은 특성이 있다.
- F(t)=1－R(t)
- F(0)=0, F(∞)=1
- F(t): 시간에 따라 증가
- 누적분포함수를 불신뢰도 함수(unreliability function) 또는 분포함수라고도 부른다.

- 기업에서 중요하게 관리하고 있는 무상보증기간의 A／S율은 누적분포함수 값이다.
    예1: 다음과 같이 고장이 발생하였다고 하자. 이때, t=10에서의 불신뢰도(누적분포함수의 값)는 100개 중 5개가 고장 났으므로 5／100=0.005이다.

기간	고장개수	누적고장개수	F(t)
[0, 10]	5	5	0.05
[10, 20]	10	15	0.15
[20, 30]	35	50	0.50
[30, 40]	30	80	0.80
[40, 50]	15	95	0.95
[50, 60]	2	97	0.97
[60, 70]	2	99	0.99
[70, 80]	1	100	1.00
계	100		－

(구간 우측 값 기준)

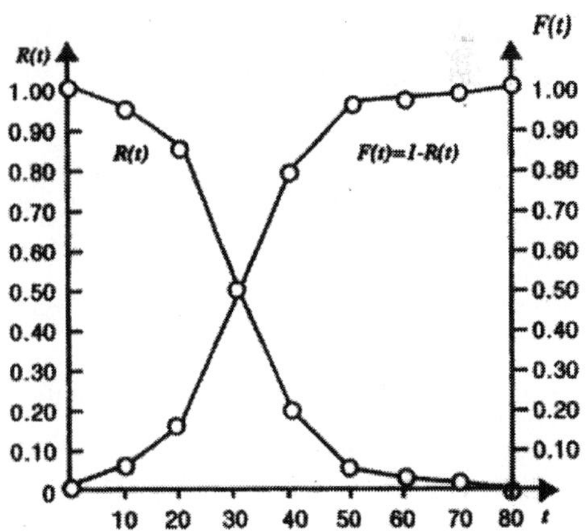

　100p번째 백분위수(100pth percentile) t_p는 전체 자료 중에 100×p%는 t_p보다 작고 100×(1−p)%가 t_p보다 크거나 같게 되는 값으로서 다음과 같이 정의된다. 100p번째의 백분위수: 아이템의 누적고장률이 100p%가 되는 시점.

　수학적 정의로는 $F(t_p) = P(T \le t_p) = P$를 만족하는 t_p, $F(t)$: 누적분포함수

　예1: 10% 백분위수 $t_{0.10} = 1,000$은 다음과 같은 의미를 갖는다. 누적고장확률이 10%인 시간이 1,000시간, 1,000시간까지 고장날 확률 10%, 1,000시간에서의 신뢰도가 90%.

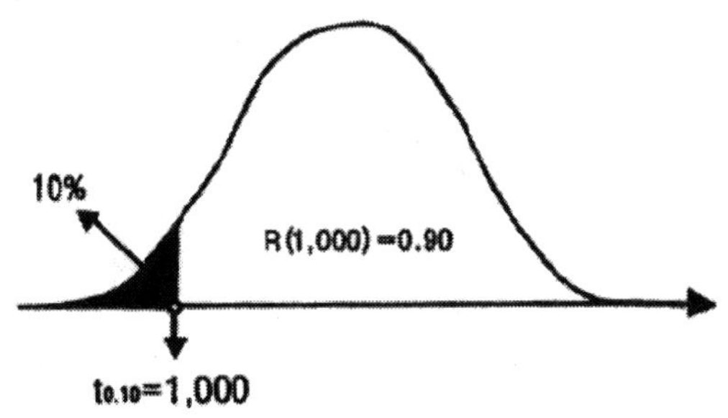

　B수명(B life)은 특정비율의 제품이 고장 나는 시간으로 백분위수를 달리 표현하고 부르는 것이라고 할 수 있다. 예를 들어, B_{10} 수명은 누적고장확률이 10%인 시간, 즉 10% 백분위수 $t_{0.1}$과 같다. 일반적으로 100p%가 되는 시점을 B_{100p}라고 쓸 수 있으며, 'B_{100p}수명'이라고 부른다. $B_{100p} = t_p$인 관계가 있다. B_{10}수명: 아이템의 누적고장확률이 10%가 되는 시점, B_5수명: 아이템의 누적고장확률이 5%가 되는 시점, $B_{100p} = t_p$(100p번째 백분위 수)

　예1: B_{10} 수명이 1,000시간이라면, $B_{10} = t_{0.10}$(10% 백분위 수), 누적고장확률이 10%인 시간이 1,000시간, 1,000시간까지 고장날 확률 10%, 1,000시간까지 신뢰도가 90%.

- B수명의 B는 독일어Brucheinzeleitet(initial fracture) 또는 Bearing에서 유래하였다고 한다. 베어링의 수명은 B_{10} 수명을 기준으로 평가하여, 베어링 업계에서는 L_{10}으로 표시한다. 보통 B_{10} 수명이 널리 사용되지만, 고장의 치명도와 신

뢰성 보증 수준 등에 따라 B_5, B_1 등 다른 수명 값을 사용할 수 있다. 예를 들어, 자동차부품의 신뢰성 목표를 B_{10} 수명의 10만 마일을 적용하다가, 신뢰성 향상을 위해 B_5 수명 10만 마일로 요구조건을 강화하였다면, 이는 부품의 신뢰성 수준을 50% 향상하겠다는 의미로 볼 수 있다. 중앙수명(median life)은 전체 아이템 중 50%가 고장 나는 시간인 B_{50} 수명이다. 고장률함수(hazard function)는 주어진 구간 (t, t+Δt)의 시점까지 고장 나지 않은 아이템이 순간적으로 고장날 조건부 확률로서, 고장 메커니즘에 관한 정성적 해석에 중요한 척도이다. 즉, 고장률 함수가 증가하면 시간이 지남에 따라 고장이 많이 발생하는 마모고장이 발생한다고 볼 수 있고, 일정한 상수이면 우발적으로 고장이 발생한다고 해석할 수 있다.

- 고장률함수: 특정 시간(t)까지 고장 나지 않은 아이템 중에서 순간적으로 고장 나는 아이템의 비율
- 수학적 정의:

$$\lambda(t) = \lim_{\Delta t \to 0} \frac{1}{\Delta t} \frac{F(t+\Delta t) - F(t)}{R(t)} = \frac{f(t)}{R(t)}$$

여기서 f(t): 고장밀도함수, R(t): 신뢰도 함수.

예1: 1,000시간에서 고장률이 0.1%라는 것은 다음과 같은 의미를 갖는다. 1,000 시간 직전까지 고장 나지 않은 제품 중에 0.1% 1,000시간이 되는 순간에 고장 날 가능성이 있다.

- 고장률함수의 형태에 따라 다음과 같이 구분한다. 일반적인 고장률함수는 이들이 결합된 욕조형(bathtub)이다. ① IER(Increasing Failure Rate): 고장률이 시간에 따라 증가, ② DFR(Decreasing Failure Rate): 고장률이 시간에 따라 감소, ③ CFR(Constant Failure Rate): 고장률이 시간에 따라 일정.

◦ 신뢰도의 산출사례

(문) 전구가 3개 있고 각각 가동 2, 6, 10시간으로 고장 났다. 가동 1, 5, 15시간에
서 신뢰도를 구하라.

(적용공식)
$$R(x) = \frac{N - r}{N}$$

여기서, R(x): 가동시간(x)에 있어서 신뢰도(%)
N: 시스템과 제품의 대상총수
r: 가동시간(x)까지의 고장 수

(답) 가동 1시간에서는 전구는 3개 중 3개 점등해 있으므로
$$신뢰도 \ R(1) = \frac{3}{3} \times 100 = 100\%$$

가동 5시간에서는 전구는 3개 중 2개 점등해 있으므로
$$신뢰도 \ R(5) = \frac{2}{3} \times 100 = 67\%$$

가동 15시간에서는 전구는 3개 중 3개 모두 꺼져 있으므로
$$신뢰도 \ R(15) = \frac{0}{3} \times 100 = 0\%$$

◦ MTBF의 산출사례

(문) 전기스탠드가 80시간 가동했을 때, 다음 항의 그림에 나타냈듯이 전구는 가동
10시간에서 고장 났으므로 바로 전구를 교체, 다음에 가동 25시간에서 고장 났
으므로 바로 전구를 교체, 그 다음으로는 가동 30시간에서 고장 났으므로 전구
를 바로 교체했으나 또 새로운 전구도 가동 15시간에서 고장 났다. 이 전기스
탠드의 MTBF를 구하라.

(적용공식)

$$MTBF = \frac{x_1 + x_2 + \cdots + x_i + \cdots x_r}{r}$$

여기서 MTBF: 평균고장간격시간

x_i: 각 고장발생까지의 가동시간(h)

r: 고장발생 수

(답) 전기스탠드 전구의 총 가동시간은 각 고장간격시간의 합이며 또 고장난 전구합계가 4개이다. 전기스탠드의 MTBF는 $MTBF = \dfrac{10 + 25 + 30 + 15}{r} = 20(시간)$

◦ MTTF의 산출사례

(문) 전구가 3개 있고 각각 가동 5, 6, 7시간에서 고장났다. 이 전구의 MTTF를 구하라.

(적용공식)

$$MTTF = \frac{x_1 + x_2 + \cdots + x_i + \cdots + x_r}{r}$$

여기서, MTTF: 고장까지의 평균시간(h)

x_i: 각 고장발생까지의 가동시간(h)

r: 고장발생 수

(답) 전구의 고장발생까지의 총 가동시간은

$$5 + 6 + 7 = 18시간$$

도, 고장총수는 3, 따라서

$$MTTF = \frac{18}{3} = 6시간$$

◦ 고장률의 산출사례

(문) 전구가 3개 있고 각각 가동 2, 4, 6시간에서 고장났다. 가동 2시간마다의 고장률을 구하라.

(적용공식)

$$\lambda(t) = \frac{f_t}{N_t} \times \frac{1}{\Delta_t}$$

여기서, $\lambda(t)$: t시간에서의 고장률 % / h

f_t: t시간에 이은 Δ_t 시간 사이에 일어나는 고장 수

N_t: t시간에서의 제품 잔존 수

Δ_t: t시간에 이은 사용시간

(답) 가동 2시간에서는 전구는 3개 중 1개 고장 났으므로

$$\text{고장률} = \frac{1}{3} \times \frac{1}{2} = 17\%/h$$

가동시간 4시간에서는 전구는 이미 1개가 고장 났으며 더욱이 남은 2개 중에서 1개가 고장 났으므로

$$\text{고장률} = \frac{1}{2} \times \frac{1}{2} = 20\%/h$$

가동 6시간에서는 전구는 이미 2개 고장 났으며 더욱이 남은 1개 중에서 1개가 고장 났으므로

$$\text{고장률} = \frac{1}{1} \times \frac{1}{2} = 50\%/h$$

여기에서 고장이란 순간고장률을 말한다.

2-2. 고장제로를 목표

◦ 신뢰성 사고방식

형태가 있는 것은 반드시 망가지는 것이 자연의 법칙이다. 그러나 기술의 진보와 발전에 의해 망가지지 않는 물건, 분해나 열화, 부식하지 않는 물건이 늘어나고 있지만 자연을 파괴하지 않는다고는 말할 수 없다. 신뢰성 사고방식은 기본적으로 망가지는 것, 고장 나는 것을 전제로 생각해야 한다. 문제는 그 고장의 형태나 정도가 인간생활에 받아들여지고 경제적으로도 허용되는 레벨이 되어야 한다. Life Cycle Cost(LCC)라는 사고방식이 있다. 제품의 모든 수명에 걸쳐서 신뢰성, 보전성 비용의 경제적 관점에서 가장 고장 나기 쉬운 정도(최적 신뢰도)가 존재하고, 그것을 표적으로 설계하는 것이다. 이것은 제품비용이나 신뢰도 레벨을 구하는 것이다. 이 기술적인 진보에 의해 신뢰성 작성 비용은 내려갔으나, 한편으로 간이제품에 대한 의존도가 높아지거나 신뢰성 높은 상품의 사회적인 가치가 올라가게 되어 고장에 의한 손실이나 보전비용이 상승하여 최적신뢰도의 레벨은 큰 폭으로 올라가게 되어 고장현상에는 반드시 원인이 있다. 우발적인 고장이라고 여겨지는 것도 추적해 보면 원인이 있고, 그 원인이라고 여겨왔던 것도 물리학이나 화학 등의 과학적 원리에 의해 해명되어 기술적인 대책이 행해져 왔던 것도 많다. 적절한 기술을 적용하면 고장은 한없이 제로에 가까워질 수 있는 것이다.

◦ 발생요인에서의 고장

기기의 고장이라 하면 과거에는 대부분 부품의 고장 원인이었다. 기기 고장 실태를 보면 부품의 단순한 고장은 적고 다음과 같은 상당히 폭넓은 원인에 걸쳐 있다. ① 부품 선택의 적합원인, ② 접속, 결합 설계의 원인, ③ 기능의 안정화 설계원인, ④ 사용자 사용원인, ⑤ 기기의 보전, 수리요인, 이 원인들은 모두 독립된 것이 아닌 상호간 서로 연관되어 있는 요인도 있다. 예를 들면 접속요인이 원인이 되는 경우의 부품고장은 접속의 문제인 것이다. 이러한 5가지 요인의 중요도 또는 고장의 고유분포는 상품에 따라서도 채택되는 데이터가 3가지 고장기간, 즉 초기고장, 우발고장, 마모고장 중에서 어느 기간에 해당하는가에 의해서도 크게 다르다. 이 점유분 포는 수리결과를 기록한 데이터에 의하지만 아무래도 부품고장에 치우친 결과가 되기 때문에 주의가 필요하다. 고장제로를 목표로 한다는 것은 이런 각각의 요인에 대해 신뢰성기술을 적용해 신뢰성을 관리하는 것이다.

◦ 고장모드와 Bath-tub Curve

고장발생시간은 시간에 관계된 수로서 여러 가지의 고장모드를 적용한 이론식이 고안되어 있지만, 기기나 시스템의 가장 전형적인 고장발생 패턴으로 Bath-tub Curve를 채택한다. 이 고장발생패턴은 다음 3가지의 기본적인 고장모드(고장기간)로 부터 성립된다.

고장모드와 주요원인

순	고장모드	주요원인
1	초기고장	생산, 작업의 편차
2	우발고장	전자제품 외 사용기간
3	소모고장	소모부품 외 사용횟수(시간)
4	열화고장	설계미비, 오버스트레스
5	수명고장	한계수명

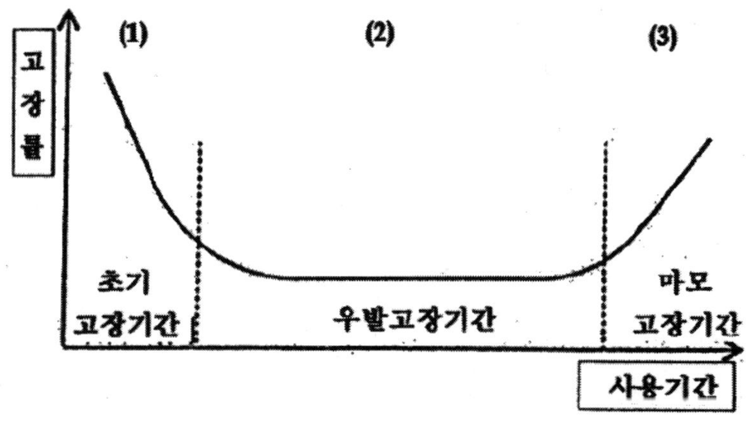

(1) 초기고장모드

주로 생산상의 작업 편차, 공정조건의 변동, 재료 편차, 혼합 편차 등의 편차가
원인으로 발생하는 것이다. 단, 품질관리의 대상이 되는 초기불량과는 달리, 고장에
서 양품(정상제품)으로서 취급되어 출하된 것이다. 이런 고장을 감소시키기 위해서
초기고장기간에 상당하는 실사용 엔진(통전동작시험)을 출하 전에 실시하여 공장 내
에서 debugging을 행하는 경우가 많다.

(2) 우발고장모드

초기 고장기간이 지나 고장발생이 거의 안정된 기간을 우발고장기간이라고 하며
그 고장모드를 우발고장모드라고 한다. 일반적으로 이 기간은 고장률이 가장 낮고
안정되다.

(3) 마모고장모드

전지나 베어링 등, 기기수명(life)과 동등 수명을 보증할 수 없고 거의 정 사용횟
수나 사용기간 내, 그 기능을 잃은 것으로 반드시 고장현상이라고 불리지 않는 경
우도 있다. 이 고장의 경우는 설계 시에 미리 교환을 생각해서 사용자교환인지, 보
전교환인지를 정하고 교환하기 쉽게 설계하는 것이 행해진다. 그러나 사용자의 기
대에 반해 소모가 빠르다거나 설계 의고대로가 아닌 소모에 의한 기능정지는 고장
이라고 간주한다.

(4) 열화고장모드

강도에 대해 물리적(또는 화학적) 스트레스가 지나쳐서 비교적 단기간에 고장에
이르는 것으로 명백한 신뢰성기술 부족에 의한 것이 많다. 이런 고장모드의 전형적
인 패턴은 기본적인 것만으로 수십 종류가 있고, 설계기술자가 기초지식으로써 배
워야 하는 부분이다. 또한 후기의 접속, 결합의부정합도 이 열화고장모드에 속하는
내용이 많다.

(5) 수명고장모드

일반적으로 말하는 마모고장모드에서 소모형과 열화형을 제외한 나머지의 고장은
거의 설계에서 의도했던 수명이라고 말할 수 있다. 이것이 욕조곡선(Bath-tub Curve)

에서 표시되어 있는 것처럼 우발고장기간(내용수명) 후에 오는 고장모드이다. 소모고장은 그 소모 부품을 교환하는 것, 또는 열화고장은 설계미비를 고치는(설계변경) 것에 의해 고장을 줄일 수 있지만, 수명고장을 방지하기(수명을 연장하기)에는 기본적인 설계사상이나 사용재료로 거슬러 올라가 다시 고치는 것이 필요하게 된다.

◦ 신뢰성 예측방법

제품의 신뢰성을 확보하기 위해서는 고장을 예방하면 된다. 예방하기 위해서는 고장발생을 예측하는 것을 신뢰성에서는 신뢰성예측 또는 신뢰도 예측이라 한다. 예측하는 장치는 과거의 정보 또는 데이터이다. 신뢰도예측의 경우는 주로 신뢰도의 모든 수치(MTBF 등)가 이용된다. FMEA의 순서는 만약 이 부품이 고장발생하면 어떤 고장이 일어날 것인가, 이것은 조립품에 어떤 영향을 주는가, 이것은 제품에 어떤 영향을 주는가, 이것은 얼마나 중요한 문제인가, 그러면 예방대책을 세워야 하는가, 이와 같은 추측은 고장이 일어날 만한 부품기입란을 시작으로 하여 차례차례 FNEA 기입용지의 각 항목에 기입하는 것이다. 그러므로 FMEA란 'FMEA 기입용지를 사용하여 실시하는 해석'이라고도 정의할 수 있다. FMEA와 비슷한 것에는 아래와 같은 것이 있다. ① FMA(failure mode analysis), ② FMECA(failure mode, effect and criticality analysis), ③ FMPA(failure mode probability analysis), ④ REMA(reliability figure of merit analysis), ⑤ FHA(fault hazard analysis), ⑥ EMEA(error mode and effect analysis), ⑦ EMECA(error mode, effect and criticality analysis) 모두 계통적인 해석방법이다. EMECA(failure mode, effect and criticality analysis)로서 고장모드 영향해석과 치명도 해석을 의미한다. 이것은 고장모드를 해석(FMEA)할 때에 ⑤번 기입란 분석에 영향해석을 기입하는 대신에 치명도(criticality)해석을 기입하는 것이다. FMECA = FMEA + CA라고도 할 수 있다.

◦ FMEA의 이용

고도의 시스템 개발에 대해 미국 국방성은 FMEA(MIL_STD_785A), 항공우주국 NASA는 FMECA(NHB 5300, 4 [1A])의 실시를 개발수주업자에게 요구하고 있다.

또한 기업의 생산 부분에서도 각종 생산 공장, 검사공정 등의 결정과 개선에 응용되고 있다.

- FTA(fault tree analysis, 고장해석나무)는 안전해석을 위해 현상의 원인탐구용으로 개발되었으나 현재에는 FMEA의 보조적인 수단으로 FMEA와 함께 사용되고 있다. 간단히 말하면 고장의 원인이 무엇인가에 대한 사고법으로 제품의 고장을 나무형태의 그림으로 그려 어느 부품이 고장의 원인 되었는지 밝혀내는 해석방법이다. FTA의 순서는 기호 및 제품구성도(신뢰성 블록도)의 소도구가 갖춰지면 FTA는 간단하다. ① 제품(시스템)의 고장을 선정한다. ② 제품 구성도를 참고하면서 고장의 원인을 서브시스템, 부품까지 전개한다. ③ 위에서 얻은 고장과 원인의 인과 관계를 논리게이트를 이용하여 연결한다. ④ 해석 평가한다. 그리하여 고장나무가 완성된다.
- FMEA와 FTA에서 FMEA는 기입용지의 기입에 의한 차트 해석법이며, FTA는 나무형태에 의한 도식해석법으로 해석도구의 형태가 다르다. 또한 FMEA가 부품의 고장에서 제품전체의 고장을 예측하는 것이고 FTA는 제품의 고장에서 고장원인의 부품을 추측하는 것이다. 즉, FMEA는 bottom up 방식코스를 FTA는 top down 방식코스를 취하고 있기 때문에 양자는 서로 역코스가 된다. FTA의 효과와 활용은 FTA의 효과는 고장원인의 이유를 FT도를 통해서 일목요연하게 알 수 있다는 점이다. 이 방법은 아래의 경우에 효과적으로 활용된다. ① FTA는 원래 안전성해석에서 출발한 방법으로 지금도 사용되고 있다. ② FMEA의 보조수단에 사용한다. ③ 종래부터 있는 고장해석의 결과 검토용에도 사용한다. 사용 신뢰성 척도는 고객은 사용 신뢰성의 합격·불량을 보기 위해 보전성의 척도는 물론, 그 이외에 다양한 척도를 고안하여 사용하고 있다. 보통은 다음 3가지로 크게 구별할 수 있다. ① 종합효율에 의한 것, ② 비용유효성에 의한 것, ③ 보전성 척도에 의한 것.

◦ 고유기술과 관리기술

제품의 품질이 설계요구사항에 완전히 합치된다는 것을 보증하기 위해서 제품검사를 엄중히 하여 완전한 제품만을 시장에 출하하는 방법만으로 부족하므로 모든 가공공정, 처리공정과 마무리 공정이 안정되어 기능을 다할 수 있도록 관리기구가 필요하고, 생산 전 단계, 생산단계 및 출하단계를 통하여 효과적으로 기능하는 품질관리프로그램이 확립된 것이다. 설계는 Plan이고, 생산은 Do, 검사는 Check에 해당하며, 제조 시에 발생하는 결함품, 시장에서의 클레임정보를 생산과정에 피드백시키면서 품질문제를 제거하는 Plan-Do-Check-Action의 데밍·사이클을 반복하여 회전시키므로 품질을 높여가는 것이 품질관리의 개념이다. 이에 비해 설계시방서, 설계도면을 아무리 충실하게 규격대로 만든 제품이라도 사용자가 만족할 정도로 계속 동작한다고는 장담할 수 없다. 아주 신규로 개발된 장치나 복잡한 시스템 등에서 어떻게 예지하지 못했던 고장이 발생하므로 대부분의 경우는 사용실적에 따라 하는 수없이 개선을 하여 안정화, 안전화를 도모하는 경향이 있다. 이러한 미봉책으로는 본격적인 신뢰성을 확보할 수 없다. 신뢰성보증은 주로 서례, 개발단계에서는 효과적으로 고려해야 한다고 주장되어 왔고, 신뢰성의 관리 기술적 측면이 강조되고 있다. 이러한 의미에서 볼 때 신제품개발요구가 Plan이 되고, 설계는 행위, 즉 Do이며, 심사가 Check에 해당된다. 이러한 요구-설계-심사의 피드백 사이클이 신뢰성관리 기술의 가장 중요한 부분이 되고 있다.

- Debugging: 초기고장을 줄이는 방법 중 하나이다. debugging을 다음과 같이 정의하고 있다. 초기고장을 경감시키기 위해 아이템(주: 계열, 기기, 부품 등)을 사용전 또는 사용 후 초기로 동작시켜서 결점을 검출·제거하여 시정하는 일, 수리가능품을 주된 대상으로 하고 있다. 실제 사용상태 또는 그 나름대로 높은 부하로 동작시키는 것도 의미하는 것이다. 그래서 재빨리 결함을 찾는 것이다. 벌레잡기(debugging), debug의 bug는 벌레이다. 즉 결함을 의미하는 것으로 debug는 벌레를 쫓아내는 것, 즉 결함을 없애는 것이다. 초기고장은 debugging으로 인해 고장이 감소해 가므로 debugging 기간이라고 부른다.
- Screening: 초기고장의 제거방법 중 하나이다. 출하 전에 일어날 수 있는 고장원인을 제거하는 것을 말한다. screening(선별), Screening은 제품을 만드는 생산 공정 사이 및 완성품에 대하여, 육안, 누설, 고온보관, x ray 장시간 작동 등의 비파괴 시험을 전수에 대해 실시하여 결함 있는 물건을 발견하여 제거하는 일을 가리킨다. Screening은 전자분야 특히 대규모의 시스템용 전자부품이나 반도체 디바이스 등에 대해서는 엄중하게 실시되고 있다.

◦ 초기고장대책의 정통파 루트: 초기고장의 대책방법 사례로서 debugging, screening, 모두 출하직전의 대책으로서 특히 유효하다는 것은 확실하다. 반면 서두르지 않고 좀 더 앞서 대책을 세울 수 있지 않을까 하는 것이 그러한 방법은 있다. 초기고장대책을 미리 계획적으로 진행시키면 좋다. 대책내용은 신뢰성 기술에 의하고 대책의 계획적 실시는 신뢰성관리에 의하는 것이다. 이와 같은 것을 orthodox(정통파)대책이라 생각해도 좋다.

2 - 3. 고장률과 평균수명

◦ 신뢰성 기술에 관한 개념

고장률이란 어느 시각 t까지 고장 나지 않았던 제품이 그 후의 단위시간 내에 고장나는 확률을 말하는데 어느 연령에 있어서의 인간의 사망률과 같은 정의가 된다. 어떠한 형식의 제품고장률을 실측하려 한다면 어느 정도의 필요한 개수, 예를 들면 n개의 제품에 대한 수명시험을 할 필요가 있다. 지금 시험주에 발생한 고장을 순서대로 고장시간을 $t_1, t_2, \ldots\ldots t_r$ 이라 하자. 단 r≦n이며, 전수가 고장날 때까지 측정하지 않아도 좋다. 이때의 고장률 λ는, 최대적 추정법에 의하면

$$\frac{r}{t_1 + t_2 + \cdots + t_r + (n-r)t_r}$$

으로 계산된다. 고장률의 단위는 [고장수 / 시간]이며, 시간단위를 10^9시간으로 했을 때는 Fit를 사용한다. 한편

$$\frac{t_1 + t_2 + \cdots + t_r + (n-r)t_r}{r}$$

은 평균수명을 나타낸다. 단위는 [시간]이다. 수리가 가능하여 신품과 같이 수복되는

기기, 시스템에 대해서는 MTBF(평균고장간격, 총 동작시간을 그 시간 중에 발생한 고장의 총수로 나눈 값)가 사용된다. 다수로 구성된 소자로 되어 있는 기기의 경우는 MTBF와 수명을 동의어라고 생각해도 좋다. 신뢰도 함수가 지수함수로서 규정되어 있는 제품의 경우는 평균수명, 또는 MTBF는 고장률의 역수가 된다.

2-4. 고장현상의 필연성

1. 고장발생의 필연성

통계상 드물게 일어나는 사상을 우연사상으로 처리해 버리는 일이 종종 있기는 하지만 고장형상을 잘 조사해 보면 모든 고장은 무엇인가의 원인에 의해 어느 한 자연의 법칙성·원리에 따라 필연적으로 발생된 것인지 우연히 일어났다고는 볼 수 없다. 물질반응을 포함한 각종 변화는 일반적으로 열역학적으로, 보다 안정된 평형상태로 변화한다는 루셔트리에 법측에 기준한 것이다. 고장이 법측에 따라 발생되었다면 기기에 따라서는 상황이 나쁜 현상을 고장현상이라고 특별시하고 있는 것에 지나지 않는다. 고장현상이라는 특별한 것이 있어서가 아니라 일어날 만한 것이 발생하고 있는 현상인 것이다.

2. 고장현상의 표리

하나의 현상을 보면 어느 경우에는 좋은 방향으로 작용하지만, 다른 국면에서는 나쁜 방향으로 작용하는 인간과 같은 성격을 가지고 있음을 알 수 있다. 두 금속을 고온으로 압축하여 접합해 방치해두면, 서로의 금속원자가 다른 금속원자 속으로 들어가 확산현상이 일어난다. 이러한 현상은 금속끼리의 접합력을 강화하는 데 도움이 되므로 접합공정으로 자주 사용되고 있다. 그러나 이렇게 결합시킨 금속부분은 기기를 사용하는 중에 고온의 조건하에서는 경시변화가 일어나고 확산이 진행되어, 금속의 종류나 확산층의 두께에 따라서는 결합력이 약해져 끊어지는 수가 있다. 2종류의 금속의 양끝을 접합시켜 한쪽 끝을 고온으로 또 한쪽 끝을 저온에 놓고 온도차를 주면, Seebeck효과에 의해 이들 2종류의 금속선 끝에 열기전력이 발생하여 전류가 흐르는 현상은 열전으로서 온도측정에 널리 이용되고 있다. 그러나 일반적인 회로에서 2종류의 금속선으로 된 링의 양 끝에 온도차가 생기는 조건이 주어지면 열기전력이 발생하여 설계 시에 의도한 것과는 다른 전류가 흘러, 특히 미소전류회로에서는 노이즈가 발생하여 문제를 일으킨다. PCB(폴리클로로비페닐)는 열안정성이 좋아 열매체로서 뛰어난 재료이다. 또 카드뮴이엘로우는 내열적으로 안정된 착색, 특히 황색에서는 타의 추종을 불허하는 휘도를 가지고 있다. 아스베스트는 타지 않으므로 난연제 혹은 성형할 때에 탐 현상을 개선하는 조제로 사용되고 있다. 그러나 이들은 모두 안정성이 너무 강하기 때문에 마이너스 효과의 결과로 된다. PCB, 카드뮴, 아스베스트는 사람의 체내에 들어가면 직접 인체에 악영향을 미치며, 프레온은 성층권의 오존층까지 분해되지 않고 상승되어 태양광선과 반응함으로 오존을 파괴해 자외선을 투과시키기 때문에 간접적으로 인체에 악영향을 주게 되어 있다. 자연법칙이나 원리에 따라 일어나는 현상은 그것을 보는 방향에 따라 훌륭한 기능으로 보는 경우와 고장현상으로 보는 두 가지 속성을 동시에 가지고 있는 것이다. 일반적으로 설계라 함은 기능 면에서 여러 현상을 주목하는 것으로부터 시작된다. 그때, 설계 작업에는 기능 면뿐만 아니라, 동시에 고장 면도 대책을 세워야 한다는 것에 주의해야만 한다. 으로도 나타낼 수 있다. 설계기술자는 이들 고장이 상품의 특성에 방해가 되지 않도록 연구할 필요가 있다. 고장신뢰성상품으로서 신뢰도를 향상시키기 위해서는 고장현상을 알아야만 한다는 것은, 어느 면에서는 역설적인 것처럼 보이지만, 고장을 알지 못하면 신뢰도를 알 수 없다는 사실은 $R(t)=1-F(t)$라는 신뢰도의 기본적인 관계에서 보더라도 명확하다. 이처럼 신뢰도는 고장의 함수이기 때문에 잠재적인 고장현상을 알지 못하는 기술자는 신뢰도가 1이 되었다고 안심하고 있을 때, 이미 상품의 고객의 손에 넘겨진 후 고장이 발생되었을 때는 비싼 대가를 지불해야만 된다. 따라서 신규설계상품에서 일어날 수 있는 고장현상을 사전에 알아두는 것이 신뢰성 확보의 첫걸음이라 할 수 있는데, 또 그를 위해서는 상품의 사용 환경과 사용스트레스파악이 불가결하다. 이 사실을 모르면 아무리 신뢰성 수법을 잘 사용할 수 있는 능력이 있어도, 상품의 신뢰도가 향상되지 않는다. 위의 식의 $F(t)$는 그 형식의 제품고장발생 양상을 나타내고 있으며, 그 형식의 제품특유의 것이지만 다행히 고장현상은 제품고유의 것이 아니라 여러 제품에 공통되는 것이기 때문에, 보다 많은 고장현상을 알아 신규설계의 상품으로 전개하여 고장을 없애는 것이 중요하다. 다시 지적하지만, 어떠한 고장모드이더라도 반드시 원인이 있어 발생하는 것이다.

$$상품특성 = [\Sigma 기온형상] + [\Sigma 고장현상]$$

3. 고장원인의 종류

고장원인의 발생 메커니즘은 다양하지만, 크게 분류하면 다음의 3가지로 생각된다.

(1) 스트레스보다 내력이 작다.
구성품의 내력보다 스트레스가 강하기 때문에 고장나는 경우, 고장은 외부부터의 스트레스나 구속의 반대 측에서 인가된 스트레스가 그 스트레스를 받는 부위의 내력을 넘어버리기 때문에 고장나는 경우이다. 즉, 내력이상의 충격력이 인가되어 양이 깨어졌다든지, 대전류가 흘러 트랜지스터가 소손되는 일이 자주 일어나는데 이러한 스트레스 혹은 내력을 잘못 예측함으로써 문제가 생긴다.

(2) 반응에 의한 열화
구성품의 재료가 변질되어 초기의 기능을 발휘하지 못하는 경우, 고장은 어떤 물리·화학법측의 발생원인이 갖추어져 예상하지 못한 부위에 변태나 화학반응이 발생하여 고장에 이르는 경우로 자주 경험하는 것이다. 예를 들어 고온으로 인해 통상적으로는 일어나지 않는 화학반응이 발생되어 변질되고 수명이 짧아진다든지 어떤 환경이나 실장했을 때의 조합에 의해 용해, 분해, 국부전지, 열기전력, 확산, 응력부식크랙 등이 발생한다든지 자기 변태하여 금속변태, 고분자결정화, 연화, 용해 등의 기본적 현상이 발생되어 이것이 제품특성에 변화를 주는 경우가 있다.

(3) 비요구동작
기기는 정상적으로 동작하지만 외란이나 인간의 착오로 불필요한 동작을 하는 경우, 고장은 동작신호가 필요하지 않은데도, 어떠한 형태로든 제품에 Imput되는 경우에 불요전파나 전원에 중첩된 노이즈나 써지가 정규의 전기신호로서 작동하는 경우를 들 수 있다. 그 발생원으로는 방송국의 안테나, 주변을 지나는 자동차의무선전파, 또는 정전기방전 등을 생각할 수 있다. 또 이외에도 더 기본적인 문제로서는 인간의 착상이나 소프트웨어의 미스로 동작신호가 시스템에 Imput되기 쉬워지므로, 어떤 종류의 오작동이나 전혀 생각지 못한 이상 현상을 일으키는 예가 대두되고 있다. 이처럼 생각해 보면 우발적으로 고장이 발생했다 할지라도, 시장에 제품을 제공할 때까지 디자인 레뷰나 시험을 충분하게 하지 않아 그 원인을 예측·평가·발견하지 못했기 때문에 방지하지 못하고 고장에 이르게 하는 일이 있다. 그래서 이러한 고장을 왜 발견하지 못했을까 하고 생각을 해보면, 다음과 같은 항목을 알 수 있다. 즉 깜박 잊어서 실수를 한 것, 알리기 어려운 요인에 의한 것, 책이나 논문 등에 이미 알려져 있는 고장 메커니즘을 알지 못한 지식부족에 의한 것이다.

2-5. 제품의 신뢰성 예측

1. 제품의 신뢰성 예측

- MIL-HDBK-217에서 MTBF 예측 방법은 민간 기업에서 자체적으로 제품의 MTBF(Mean Time Between Failure, 고장 간 평균시간)을 예측하는 몇 가지 방법이 있으나 정립되지 않았고, 미군용에서 시스템의 MTBF를 예측하는 방법은 5가지가 있으며 이 방법들은 세계적으로 널리 이용되고 있다.
- 유사제품 비교방식(Similar Item method)은 신제품을 개발하였을 때 외관이나 기능이 유사하여 시장고장data의 충분한 확보로 인하여 MTBF가 정립되어 있는 기존 제품의 MTBF를 이용하는 방법이다. 이 방법을 이용하기 위해서 아래의 비교 항목을 충분히 고려하여야 한다.

유사성 비교 항목

a. 외관 및 기능의 유사성	b. Design의 유사성
c. 제조방법의 유사성	d. 서비스 방법의 유사성
e. Program 및 Project의 유사성	f. 신뢰도 평가 증명

예1. C / TV의 MTBF가 3만 시간이었다면 Color Monitor의 MTBF는 위의 조건을 만족한다면 3만 시간으로 추정된다. 유사회로 비교방법(Similar Circuit method): 신제품을 개발하였으나 제품차원에서 비교가 곤란할 때에 MTBF가 정립되어 있는 기존 제품의 특정회로에 대한 MTBF를 이용하는 방법이다. 이 방법을 이용하기 위해서는 유사제품 비교방법과 마찬가지로 표의 비교항목을 충분히 고려하여야 한다.

예2. B / W TV의 Power단 MTBF가 5만 시간이었고, B / W Monitor가 B / W TV의 Power단과 비교할 때의 조건을 만족한다면 B / W Monitor Power단위 MTBF는 5만 시간으로 추정된다. 능동소자 그룹방법(Active Element Group Method)은 부품의 고장은 주로 능동소자에서 발생한다는 고장이력(Failures History)을 바탕으로 하여, 과거의 고장 data를 통계적으로 처리한 각 능동소자의 고장률을 이용하여 제품의 MTBF를 예측하는 방법으로 이 방법은 미해군에서 이용하고 있다. 부품점수 방법(Parts Count method)은 설계초기단계 및 입찰 단계에서 이용하는 방법으로 부품종류, 부품수, 사용환경조건, 부품 품질 수준만 알면 각 부품들의 고장률이 산출되고 궁극적으로는 제품의 MTBF예측이 가능한 방법이다. 부품 Stress분석 방법(Parts Stress Analysis Method)은 각 부품별 전기적·열적 Stress, 부품품질 수준, 사용환경, 최대 정격치 등, 다량의 정보를 알고 있어야만 고장률 및 MTBF 예측이 가능하며 현재까지 알려진 방법 중에서 가장 정확하다.

종류의 능동소자 고장률(AEG방법 적용)

능동소자종류	가중치(고장률)(f. / 10^6hr)
TR	2.0
DIODE	0.01
IC	1.0

MIL－BDBK－217은 미국방성에서 30여 년 동안 축척된 부품의 Field 고장률 data를 바탕으로 하여 구사용 전자기기 및 System의 고장률(혹은 MTBF) 예측용으로 발행한 책으로서, 정밀화 추세로 치닫고 있는 각종 정밀 산업용 전자기기에 활

용 범위가 확대되어 가고 있다. 제품의 신뢰성 예측(제품의 고장률 및 MTBF예측) 방법이 두 가지로 나누어 기술되어 있는데 상세한 내용은 추후에 설명하기로 하고 여기서는 두 가지 방법의 차이점을 간단하게 나타내었다.

PCM 및 PSA의 차이점

항목＼방법	Parts Count method	Parts Stress Analysis Method
적용시점	설계초기 및 입찰단계	설계완성
정확성 여부	부정확	정확
고장률 산출식	부품종류에 관계없이 일정	부품종류에 따른 다름
필요 data	부품종류, 환경조건, 품질조건	부품종류, 환경조건, 품질조건, Stress, 정격치

2-6. 신뢰성 함수

신뢰도란 시스템, 기구, 부품 등이 규정의 조건하에서 의도하는 기간 중 소정의 기능을 수행하는 확률로서 정의하며 정확히 신뢰성을 나타내기 위해서는 (1) 소요의 제품기능 혹은 고장을 명확히 정의할 것, (2) 제품의 사용조건 및 환경조건을 규정할 것, (3) 시간 또는 시간 기타에 상당한 측정(반복횟수 등)에 대한 확률로서의 표현할 것 등 조건이 필요하게 된다. 신뢰도의 정의에 따라 고장까지의 시간의 확률 분포를 수학적으로 표현하면 신뢰도 함수를 R(t), 불신뢰도를 F(t)로 표시한다.

$$R(t) = \frac{dF(t)}{dt} = \frac{-dR(t)}{dt}$$

단위 시간에 몇 %가 고장이 되는가의 확률로서 (t)로 표시(순간 고장률)한다.

$$(t) = \frac{f(t)}{R(t)} = \frac{-dR(t)ldt}{R(t)} = \frac{dR(t)}{dt} \cdot \frac{1}{R(t)}$$

(4) 신뢰성에 있어서의 확률분포

지수분포(고장률 일정형)는 우발고장형의 분포이며 지수분포의 고장밀도 함수 f(t)
불신뢰성

$$f(t) = \lambda_e^{-\lambda} \ (t \geq 0), \ f(t) = 1 - e^{\mu}$$

−Weibull분포는 고장률이 일정, 증가 등, 여러 가지로 변화할 때에 적용할 수 있는
분포로서

$$f(t)\frac{mt^{m-1}}{\eta}e-(\frac{t}{\eta})^m \ (t \geq 0, \eta > 0, m > 0)$$

$$f(t) = 1 - e - (\frac{t}{\eta})^m$$

여기서 m: Shape parameter

η: Scale parameter

$$(t) = \frac{mt^{m-1}}{\eta^m}$$

또, m>1, m=1, m<1에 따라서 고장의 발생상태가 고장률 증가형(마모형), 고장
률 일정형(우발형), 고장률 감소형(초기고장형)과 같이 구별할 수 있다. m=0.5, 1
및 그의 경우 f(t), R(t), 및 λt의 시간적 변화를 나타내며 m=1의 경우 지수분포와
일치하고 있으며 m=0.5의 경우 λt은 시간에 따라 감소하는 초기고장형 분포를 나
타낸다. 반도체 Device의 수명시험은 m<1의 분포를 나타내는 것이 일반적이고
Weibull분포의 Parameter m의 추정은 Weibull확률을 이용하여 비교적 용이하게 구
할 수 있다.

−대수정규 분포는 수명시간 t를 대수로 취한 LNT가 정규분포에 따를 때 이것을
대수 정규분포라고 하며 고장밀도 함수 f(t)를

$$f(t) = \frac{1}{\sqrt{2\pi \cdot t}}e-\frac{(\iota nt-u)2}{2^2} \quad t \geq 0$$

$$=0$$

(5) 수명예측

- 고장률은 일정한 시각 t에 작동하고 있을 확률을 나타내는 신뢰도 R(t)는 고장률 함수(Failure rate) λt에 의해 나타내진다.

어느 공장의 같은 증류기기 100개에 대한 수명평가 결과 다음과 같다.

t =0(Unit: HR)	n =100(잔존수)	r =0(고장수)
t =10	n =90	r =10
t =20	n =85	r =5
t =30	n =83	r =2
t =40	n =80	r =3
t =50	n =77	r =3
t =60	n =73	r =4
t =70	n =68	r =5
t =80	n =65	r =3
t =90	n =55	r =10
t =100	n =40	r =15

구간번호 i	시간 t1	샘플수(잔존 수) m1	고장 수 n	평균고장률 $=\dfrac{\text{고장수}}{\text{잔존수}}\cdot\dfrac{1}{\Delta t}$
	0	100		
1	10	90	10	$\dfrac{10}{100}\cdot\dfrac{1}{10}=0.01/HR$
2	20	85	5	$\dfrac{5}{90}\cdot\dfrac{1}{10}=\dfrac{1}{100}$
3	30	83	2	$\dfrac{2}{85}\cdot\dfrac{1}{10}=\dfrac{1}{425}$
4	40	80	3	$\dfrac{3}{83}\cdot\dfrac{1}{10}=\dfrac{3}{830}$
5	50	77	3	$\dfrac{3}{80}\cdot\dfrac{1}{10}=\dfrac{3}{800}$
6	60	73	4	$\dfrac{4}{77}\cdot\dfrac{1}{10}=\dfrac{2}{985}$
7	70	68	5	$\dfrac{5}{73}\cdot\dfrac{1}{10}=\dfrac{1}{146}$
8	80	65	3	$\dfrac{3}{68}\cdot\dfrac{1}{10}=\dfrac{3}{680}$
9	90	55	10	$\dfrac{10}{65}\cdot\dfrac{1}{10}=\dfrac{1}{65}$
10	100	40	15	$\dfrac{15}{55}\cdot\dfrac{1}{10}=\dfrac{3}{110}$

고장수는 일정시간 $\Delta T = 10(HR)$ 동안 고장의 개수를 뜻한다. 위의 보기에서 평균고장률에 대하여 보면 t1 시간에 생존해 있는 개수 n(t1)에 대한 시간 t1와 Δt 사이에 고장개수 $r(t_1, t_1 + \Delta t)$비를 시간에 대하여 고려한 것으로서, 시각 t_i와 $t_i + \Delta t$ 사이의 평균변화율은

$$\lambda(ti, ti + \Delta t) = \frac{r(t_i, t_i + \Delta t)}{n(t_i)} \cdot \frac{1}{\Delta t} \text{----}(1)$$

로서 정의되는 것이다. 이 정의의 의미를 살펴보면

$$\lambda(ti, ti + \Delta t) = \frac{r(t_i, t_i + \Delta t)/n}{n(t_i)/n} \cdot \frac{1}{\Delta t} \text{----}(1) \quad (n = 시각\ t=0에서의\ 잔존\ 수)$$

- 초기고장예방은 이 기간 동안은 높은 고장률은 나타내며 고장률은 급속히 감소된다. Bath-tube curve(수명곡선)에서 초기고장에 해당되는 구간으로 Burn-in 또는 적절한 Stress를 인가하여 Screen할 수 있다. Burn-in test condition, Signal: Dynamic or Static clock, Voltage: VDDmax(Vcc max), Temperature: Ta=Tj(max), Time: max168HR(Burn-in time은 After 48HR에서 0.1% 수준이면 만족). 제품의 특성, 신뢰도에 따라서 B/I TIME의 변경이 가능하다.

- 평균수명(Mean time to failure, MTTF): 수명연장을 위해서는 CFR(우발고장구간)의 가정하에 평균수명이 얼마나 되는가를 미리 알 수 있다면 그에 대응하는 시기에 각 부품의 고장 여부를 검토한다든가 또는 미리 필요한 부품을 적절한 시기에 구입해 두어 수명을 연장할 수 있다. 평균수명은 두 가지로 구분한다. ① MTTF (Mean Time To Failure): 수리가 불가능한 제품(반도체), ② MTBF(Mean Time Between Failure): 수리가 가능한 제품(일반 SET)

$$\text{MTTF(또는 MTBF)} = \int_0^\infty R(t)dt$$

즉 MTTF는 수명시간의 기대치 또는 평균치이다. 이에 대응하는 것으로 보존도의 경우 수리에 소요되는 평균시간을 평균수리 시간으로 MTTR(Mean Time To Repair)로 나타낸다. 평균수명시간과 평균수리시간을 합한 시간, 즉 공정 전체에 대한 평균시간 중 평균시간의 비율로 나타낸다. 즉, 가동성은

$$가동성 = \frac{MTTF(MTBF)}{MTTF(MTBF) + MTTR}$$

− 고장률의 계산(Failure rate calculation)

고장률을 계산하기 위해서는 시간의 함수임을 이해해야 한다. Failure rate ($\lambda(t)$): 고장률 함수 Reliability(R(t)): 신뢰도 함수, Cumulative failure(F(t)): 누적고장률 함수

− 신뢰도 함수의 계산 예제

HOPL 2000HR 시험결과 (S / S = 45EA)

시간	고장수	F(t)	R(t)	f(t)	$\lambda(t)$
48HR	20	20 / 45 = 0.44	25 / 45 = 0.55	20 / 45÷48HR = 0.009 / HR	20 / 25÷48HR = 0.017 / HR
168HR	10	30 / 45 = 0.66	15 / 45 = 0.33	10 / 45÷120HR = 0.0055HR	10 / 15÷120HR = 0.005 / HR
500HR	5	35 / 45 = 0.77	10 / 45 = 0.22	5 / 45÷332HR = 0.0023 / HR	5 / 45÷332HR = 0.0015 / HR
1000HR	5	40 / 45 = 0.88	5 / 45 = 0.11	5 / 45÷500HR = 0.0017 / HR	5 / 5÷500HR = 0.002 / HR
2000HR	5	45 / 45 = 1.0	0 / 45 = 0	5 / 45÷1000HR = 0.0001 / HR	0 / 5÷1000HR = ? / HR
계	45	F(t) + R(t)		f(t) = dF(t).dt	f(t) / R(t)

F(t): 누적고장률함수, R(t): 신뢰도 함수, f(t): 고장밀도함수, $\lambda(t)$: 고장률함수

− 고장률 산출방법(순간고장률$\lambda(t)$): 우발고장지대의 고장률분포는 지수함수(EXPONE-NTIAL)로 분포함으로 고장률 $\lambda(t)$는 일정한 상수로 나타난다. 그러므로 지수함수 분포를 이용하면 고장률은 아래와 같이 구해진다. 고장률(Failure rate)계산의 예로서

$$F.R = \frac{N}{D.H}$$

N: Number of Rejects

D: Total Sample Size

H: Test Hours

단위: % / HR, % / 1000HR, FIT로 나타낸다.$\left(\mathrm{FIT} = 10^{-9}/\mathrm{HR}\right)$ (0.0000001 / HR = 0.00001% / HR = 0.01% / 1000HR = 100FIT)

2 - 7. 신뢰성 시험 조건과 목적

1. 신뢰성 시험방법: 신뢰성 시험은 제품의 용도, 시험목적 등에 의해 적절한 시험법, 시험조건의 선정, 판정기준 설정이 되지 않으면 안 된다. 즉, 부품의 한계를 보기 위한 시험과 어떤 기준에 합격, 불합격하는가를 보는 시험은 신뢰성 시험계획이 틀리게 될 수 있다. 즉, 부품구조 Process 사용조건들을 고려하여 Stress를 선정하게 되며 Stress 단일의 경우와 복합의 경우가 있다. 신뢰성 시험을 실시하는 데서 중요한 일은 적절한 예측과 제품의 신뢰성 향상에 기여하는 일이므로 Feedback에 의한 신뢰성 향상을 위해 고장해석, 신뢰성 예측기술 등의 끊임없는 연구가 필요하다.

신뢰성 시험법

시험항목	시험사항 및 조건	비고
고온동작 수명시험 (HOPL / HTRB) 번인 (BURN -IN)	• 고온, 고압상태에서 CHIP의 내구성을 시험하여 제품의 수명(LIFE)을 예측 • 주위온도: 정격온도 Ta =75~150℃ 공급전원: 최대전압 & 전류(제품에 따라 다름) • 시험회로 구성 & 단위 제품별 동작(DYNAMIC / STATIC)	수명계산
고온보관 수명시험 (HTS)	• CHIP(소자)가 장기간 고온에서 보관되는 경우의 영향을 판정 • 주위온도: Ta =125~150℃(NO BIAS) • 통산 TSTG MAX에서 시험 시험종료 후 2시간 이상 상온에 방치	
고온 고습동작 수명(WHOPL / WHTRB)	• 고온 고습하에서 장기간 사용하는 때의 신뢰성을 판정 • 주위온도 및 습도: Ta =85℃, 85% • 공급전원: 정상전압 & 전류의 정적인 바이어스	
온도 순환시험 (T / C)	• 고온과 저온 간의 온도변화에 대한 소자의 신뢰성을 판정 • 주위온도: -65℃⇌150℃ (10분) (10분) • 공기순환방식의 고온조와 저온조(AIR TO AIR)	( )속은 유지 시간
열 충격시험(T / S)	• 온도의 급변에 대한 소자의 강도 판정 • 주위온도: -65℃ ⇌ 150℃ (5분)10초 이내 (5분) • 예상방식의 고온조와 저온조(LIQUID TO LIQUID)	()속은 유지 시간
전력단속 동작시험 (IOPL)	• 연속시험과 동일회로이며 ON / OFF에 의한 온도 변화로써 전기적 기계적 성능을 판정 ON / OFF 시간은 개별규격으로 규정 • 주위온도: Ta =25℃ • 공급전원: Vcc(max), Pd(max)	
POWER CYCLING (P / C)	• 다이접합에 대한 열적 결함의 여부를 검출하기 위한 시험 • 연속시험과 동일한 회로이며 전력의 ON / OFF에 의한 온두변하루서 전기적, 기계적 성능판정 조건의 SETTING • 공급전원: Pd(max). Vcc(max)	

시험항목	시험사항 및 조건	비고
증기압시험(PCT)	• 습기침투에 대한 제품의 내구성 여부 검출 • 주위조건: Ta = 121℃±2℃, 100% 수증기 2기압 • 시험시간: 제품별 및 목적별에 따라 다름	
납땜 내열시험 (S / H)	• 납부착 작업 중에 받는 열에 대한 신뢰성 판정 • Pb:Sn = 4:6 • 260±5℃ 납땜조 속에서 10±1초간 침적(ONCE WITH FLUX) • PACKAGE가 납속에 침적되지 않도록 LEAD를 PACKAGE보다 1~1.5㎜ 뗀다.	
납땜 부착성 시험 (S / A)	• 납땜할 때 단자의 납부착성을 판정 • Pb:Sn = 4:6 • 단자를 FLUX 속에 담근 뒤 245℃±5℃의 납땜조에 5±0.5 sec 담근다. • 담근 부분의 90% 이상 납땜되어야 함.	
염수 분무시험 (S / S)	• 주로 소자 PACKAGE 표면과 LEAD의 부식성을 판정 • 노즐로부터 염수분무가 가능하며 온도조절이 가능한 시험조 • 연수는 Nacl의 5%±1%(중량) 수용액 염수 및 시험조 내 온도는 35℃±2℃	

2. 시험목적 및 검출내용: 시험의 목적에 맞도록 시험대상의 조건을 파악하여 신뢰성 시험의 조건, 시간을 결정하고 검토내역은 아래와 같다.

시험명	항목설명 및 목적
1. 고온동작 수명시험 (HOPL / HTRB)	고온, 고압 상태에서 다이(DIE)의 내구성을 시험하는 것으로써 칩 자체의 안정성의(옥사이드, 메탈, 폴리실리콘 등) 공정능력 및 설계 등의 문제점이 검출될 수 있다.
2. 고온보관 수명시험 (HTS)	패키지 및 다이 자체의 내구성을 시험하는 것으로 이온 오염에 대한 민감도 여부 및 본드 결함여부 등이 발견된다.
3. 고온고습 동작수명 시험 (WHOPL / WHTRB)	고온, 고습 상태에서 교번된 핀에 정적인 바이어스를 공급함에 의해 고장 메커니즘(부식) 진행을 가속시키는 시험으로 습기 침투에 대한 다이의 저항성 여부를 시험할 수 있다.
4. 온도 순환시험(T / C)	패키지된 제품의 환경에 대한 내구성을 시험하는 것으로 특히 본드 와이어 및 다이어태치 상의 결함이나 메탈 / 폴리실리콘의 마이크로 크랙 등이 검출될 수 있다.
5. 열 충격 시험(T / S)	패키지된 제품에 대해 다이와 패키지 간 접합상의 결함여부를 검출하기 위한 시험으로 특수 용액이 사용된다.
6. 전력 순환시험(P / C)	다이 접합에 대한 열적 결함 여부를 검출하기 위한 시험으로 ON상태에서는 소비전력에 의해 열이 발생하며, OFF상태에서는 냉각되는 원리를 이용한다. 본딩상의 결함 역시 검출될 수 있다.
7. 증기압시험(PCT)	습기침투에 대한 제품의 내구성 여부를 검사하는 시험으로 고압, 고온, 고습의 용기가 사용된다.
8. 납조, 열충격시험 (S / H)	FIELD에서 납땜 시 열에 의해 발생될 수 있는 제품특성의 저하 등을 사전 확인하기 위한 시험이다.
9. 염수 분무시험 (SALT SPRAY)	제품 자체의 결함으로 염기 등의 성분에 의해 발생될 수 있는 고장모드를 사전에 검출하기 위한 시험임.

시험 항목별 검출 내용

FAILURE CAUSE		DIFFUSION	OXIDE	MATALI ZATION	WIRE BONDING	PACKAGE ENVIRO- NMENT	PACKAGE SEAL	LEAD FALIGUE	SOLDERA BILITY	MARK	DIE BONDING
ITEMS	TEST CONDI TION	• CONTA- MINATI ON • CRYSTAL DEFECT • PHOTO- RESIST REJECT									
TC											
TS											
MOISTURE RESISTANCE											
VIBRATION FATIGUE											
CONSTANT ACCELERA TION											
MECHANICAL SHOCK											
LEAD INTEGRITY											
MARKING											
SOLDERA BILITY											
SALT SPRAY											
OPL											
IOPL											
HTRB											
HTS											
WHTS											
WHTRB											

POINT AT WHICH A RELIBILITYINFLU-ENCING VARIABLE IS INTRODUCED	FAILURE MECHANISM	FAILURE MODE	FAILURE DETECTION METHOD
SLICE PREPARATION	DISLOCATIONS AND STACKING FAULTS	DEGRADATION OF JUNCTION CHARACTERISTICS	INITIAL ELECTRICAL TEST: OPERATIONAL -LEVEL TEST:
	NONUNIFORM RESISTIVITY	UNPREDICTABLE COMPONENT VALUES	INITIAL ELECTRICAL TEST:
	IRREGULAR SURFACE	IMPROPER ELECTRICAL PERFORMANCE AND / OR SHORTS, OPENS, ETC	INITIAL ELECTRICAL TEST: OPERATIONAL -LEVEL TEST:
	CRACKS, CHIPS, SCRATCHES(GENERAL HANDING DAMAGE)	OPENS, POSSIBLE SHORTS IN SUBSEQUENT METALLIZATION	INITIAL, ELECTRICAL TEST: VISUAL(PRE -CAP): THERMAL CYCLING
	CONTAMINATION	DEGRADATION OF JUNCTION CHARACTERISTICS	VISUAL(PRE -CAP): THERMAL CYCLING: HIGH -TEMPERATURE STORAGE: REVERSE BIAS
PASSIVATION	CRACKS AND PIN HOLES	ELECTRICAL, BREAKDOWN IN XOIDE LAYER BETWEEN MERALLIZATION AND SUB STRATE: SHORTS CAUSED BY FAULTY OXIDE DIFFUSION MASK	HIGH -TEMPERATURE STORAGE: THERMAL CYCLING: HIGH -VOLTAGE TEST: OPERATING -LIFE TEST: VISUAL(PRE -CAP)
	NONUNIFORM THICKNESS	LOW BREAKDOWN AND IN CREASED LEAKAGE IN THE OXIDE LAYER	HIGH -TEMPERATURE STORAGE: THERMAL CYCLING: HIGH -VOLTAGE TEST: OPERATING -LIFE TEST: VISUAL(PRE -CAP)
MASKING	SCREA TCHES, NICKS, BLEMISHES IN THE PHOTO MASK	OPENS AND / OR SHORTS	VISUAL (PRE -CAP): INITIAL ELECTRICAL TEST
	MISALIGNMENT	OPENS AND / OR SHORTS	VISUAL (PRE -CAP): INITIAL ELECTRICAL TEST
	IRREGULARITIES IN PHOTO -RESIST PATERNS(LINE WIDTHS, SPACES, PINHOLES)	PERFORMANCE DEGRADATION CAUSED BY PARAMETER DRIFT, OPENS, OR SHORTS	VISUAL (PRE -CAP): INITIAL ELECTRICAL TEST
ETCHING	IMPROPER REMOVAL OF OXIDE	OPENS AND / OR SHORTS OF INTERMITTENTS	VISUAL (PRE -CAP): INITIAL ELECTRICAL TEST OPERATING -LIFE TEST
	UNDERCUTTING	SHORTS AND / OR OPENS IN METALLIZATION	VISUAL (PRE -CAP): INITIAL ELECTRICAL TEST
	SPOTTING(ETCH SPLASH)	POTENTIAL SHORTS	VISUAL (PRE -CAP): THERMAL CYCLING: HIGH -TEMPERATURE STORAGE: OPERATING -LIFE TEST

	CONTAMINATION(PHO TO -RESIST. CHEMICAL RESIDUE)	LOW BREAKDOWN: IN -CREASED LEAKAGE	VISUAL (PRE -CAP): THERMAL CYCLING: HIGH -TEMPERATURE STORAGE: OPERATING -LIFE TEST, REVERSE BIAS
DIFFUSIONS	IMPROPER CONTROL OF DOPING PROFILES	PERFORMANCE DEGRADATION RESUL THING FORM UNSTABLE AND FAULTY PASSIVE AND ACTIVE COMPONENTS	HIGH -TEMPERATURE STORAGE: THERMAL CYCLING: OPERATING -LIFE TEST INTIAL ELECTRICAL TEST
METALLIZATION			
DIE SEPARATION			
DIE BONDING			
WIRE BONDING			
WIRE BONDING (CONTINUED)			
FINAL SEAL			

고장현상	모델 관계식	명칭
콘덴서의 수명	$L_2 = L_1 \left(\dfrac{V_1}{V_2} \right)^n 2^{\frac{T_1 - T_2}{k}}$	N승 법칙, k도 법칙
수지, 반도체 수명의 온도 의존성	$L_2 = L_1 \exp\left\{ -\dfrac{Ea}{k}\left(\dfrac{1}{T_1} - \dfrac{1}{T_2} \right) \right\}$	아레니우스 모델
수지, 반도체 수명의 습도 의존성	$K = a\dfrac{kT}{h} exp\left(-\dfrac{Ea}{kT} \right) \cdot \exp\left\{ f(s)\left(c + \dfrac{d}{T} \right) \right\}$	아이링 모델
금속재료의 피로파괴	$\sum Ni \cdot Si = 1$	Miner 선형손상법칙
수지, 반도체 수명의 습도 의존성	$L_2 = A \cdot \exp\left(\dfrac{Ea}{kT} \right) \cdot \exp\left(\dfrac{B}{RH} \right) \cdot \dfrac{C}{V}$	Lycoudes 관계
금속재료의 피로파괴	$\Delta r_r \cdot N^a = $ 일정	Coffin−Manson 관계
금속, 수지재료의 크립현상	$T(20/1nt_3) = $ 주어진 σ에 대한 일정	Larson−Miller 식
흡습, 확산현상	$\sqrt{t}$ 의존성	1/2 승 법칙
재료의 파괴응력과 크립길 이의 관계	$\sigma_c = \dfrac{kc}{\sqrt{\pi a}}$	Griffith 식
Al Electro 마이그레이션	$MTTF = \dfrac{wt}{\int n} exp\left(\dfrac{\Phi}{kt} \right)$ $MTTF = ad^n$ (a는 결정입경)	Electro 마이그레이션

고장모델과 가속계수 계산

예: 아레니우스 모델의 경우

$$수명 L_2 = L_1 \exp\left\{ -\dfrac{Ea}{k}\left(\dfrac{1}{T_1} - \dfrac{1}{T_2} \right) \right\}$$

$$가속계수 = L_1 / L_2 = a_r = \exp\left\{ \dfrac{Ea}{k}\left(\dfrac{1}{T_1} - \dfrac{1}{T_2} \right) \right\}$$

2-8 신뢰성의 각종 계산

1. 고장률과 신뢰도

사례(1) 우발고장기간에서의 운전시간이 12000[hr]으로 그 사이에 3고장이 있었다. 이 기기의 고장률을 구하라.

풀이) $3/12000 = 1/1,000 = 2.5 \times 10^{-4}(hr^{-1})$, 우발고장기간에서의 신뢰도는 지수분포에 따른다고 알려져 있으며 신뢰도를 R(t)라 하면

$$R(t) = \exp(-\lambda t) \quad\cdots\cdots\cdots\cdots\cdots\cdots (1)$$

$$\lambda : 고장률\,(hr^{-1})\quad t : 시간\,(hr)$$

이 된다. 결국 운전시간 t(hr)가 짧아지면 그 사이의 신뢰도는 높게 1에 가까워진다. 반대로 시간 운전하고자 한다면 그 사이의 신뢰도(고장 없이 운전할 수 있는 확률)는 낮아진다. 그리고 그 신뢰도가 운전시간(혹은 운전기간이란 표현이 보다 알기 쉬울지도 모르겠다)에 의해서 어떻게 변화하는지는 지수 함수적이다.

사례(2) 사례3의 기기를 1000[hr]운전할 때의 신뢰도를 구하라.

풀이 직접 계산으로 구하는 방법

식에서

$$R(1000)\exp\left[2.5 \times 10^{-4} \times 1000\right] = \exp\left[-0.25\right] \fallingdotseq 0.778$$

따라서 신뢰도는 77.9[%]이다.

사례(3) 사례의 기기를 신뢰도90%로 운전할 수 있는 시간을 구해보자.

풀이 ① 그림3.1을 사용하는 방법

$\exp[-X] = 0.9$가 되는 X값을 그래프에서 읽으면 $X \fallingdotseq 0.1$

따라서 $\lambda t = 0.1$

$t = 0.1/\lambda = 0.1/(2.5 \times 10^{-4}) = 400\,[hr]$ 이다.

풀이 ② 계산으로 구하는 방법

(3.1) 식을 t에 대해서 풀면

$$t = -(1/\lambda)1\text{n}R(t)$$

수치를 대입해서

$$t = -(1/2.5 \times 10^{-4})1n(0.9) = -(1/2.5 \times 10^{-4}) \times (-0.105) \fallingdotseq 420[hr]$$ 이
된다.

상용대수밖에 사용할 수 없는 전자탁상기계 경우에는

$$t = -(2.5/\lambda)1\text{og}_{10}R(t)$$ 을 사용한다.

2. MTTF, MTBF, MTTFF, MUT, MDT, MTTR

사례(4) 백열전구 5개의 수명시험을 실시한바 3400, 4800, 2900, 6400, 5200[hr]로
필라멘트를 잘랐다. 이 백열전구의 MTTF를 구해보자.

풀이 $(3400 + 4800 + 2900 + 6400 + 5200) / 5 = 4540(hr)$

사례(5) 어떤 제품의 Service Karte를 조사한바 이하와 같았다. 이 제품의 MTBF,
MDT를 구해보자.(적산(누계)시간은 우발고장기간의 운전시간으로 한다.)

고장횟수	적산시간(hr)	Down time
1	3,420	6
2	7,510	4
3	10,815	2
4	14,000	18
5	18,265	36

풀이 $\text{MTBF} = 18265 / 5 = 3653[hr]$

$\quad \text{MDT} = (6 + 4 + 2 + 18 + 36) / 5 = 13.2[hr]$

2-9. Test methods

1. Mechanical test methods

http://www.ttc.bayermaterialscience.com/bpo/bpo_ttc.nsf/id/home_en

The Thermoplastics Testing Center can carry out the following mechanical tests

Mechanical test methods	Standards
Tensile test with E modulus	DIN EN ISO 527
	DIN EN 20527
	DIN 53455 / 53457
	DIN EN 61
	ASTM D638
High speed tensile test	in-house standard
Bending test with E modulus	DIN EN IOS 178
	DIN EN 20180
	DIN 53452 / 53457
	DIN EN 63
	ASTM D790
Izod flexural impact test and notched flexural impact test	DIN EN IOS 180
	DIN EN 20179
	ASTM D256
Charpy flexural impact test and notched flexural impact test	DIN EN ISO 179
	DIN EN 20179
	DIN 53453
	ASTM D256
Penetration test	DIN EN ISO 6603-2
Ball indentation hardness	DIN EN ISO 6603-2
	DIN 53456
Rockwell hardness	DIN EN ISO 2039-2
	ASTM D785
Shore A and Shore D	DIN EN ISO 868
	DIN 53505
Tensile impact test	DIN EN ISO 8256
	DIN EN 28256
	DIN 53448
Tear propagation / separation / take-off tests	DIN 53515
	DIN 53363
	DIN 53356
	DIN 53507
	DIN ISO 34-1
	ASTM D1004
	ASTM D1938
Compression test with E-modulus(up to max. 10kN)	DIN EN ISO 604
	DIN EN 20604
	DIN 53454 / 53457
	ASTM D1938
Shear test	ASTM D732
Taber abrasion test	ISO 9352
	DIN 53754
	ASTM D1044
Tensile creep test	DIN EN ISO 899-1
	DIN 53444
	ASTM D2990
Flexural creep test	DIN EN ISO 899-2
	DIN 54852
	ASTM D2990

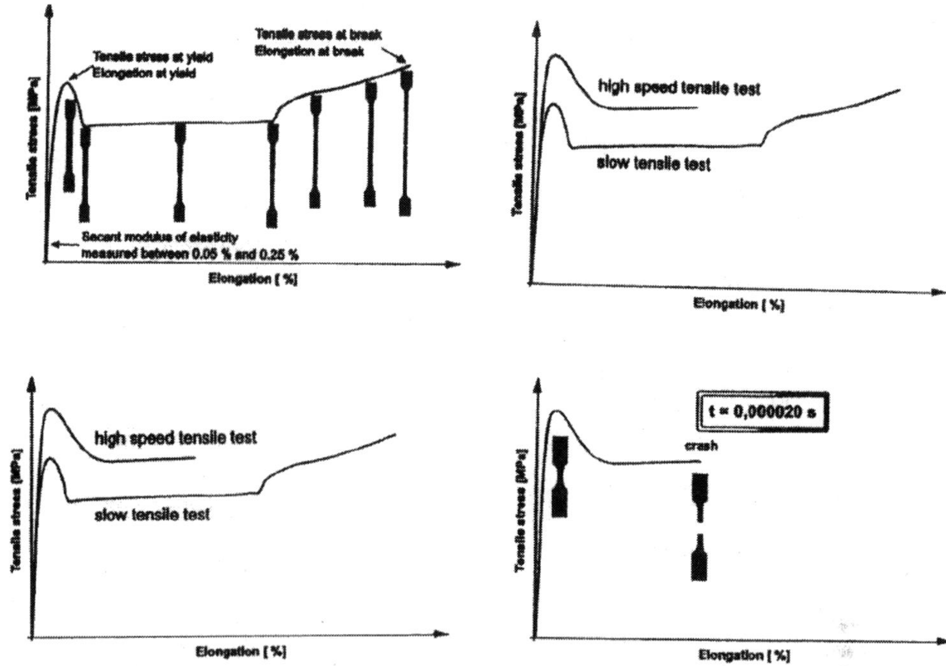

hide characteristic curve of high speed tensile test show characteristic curve of slow tensile test

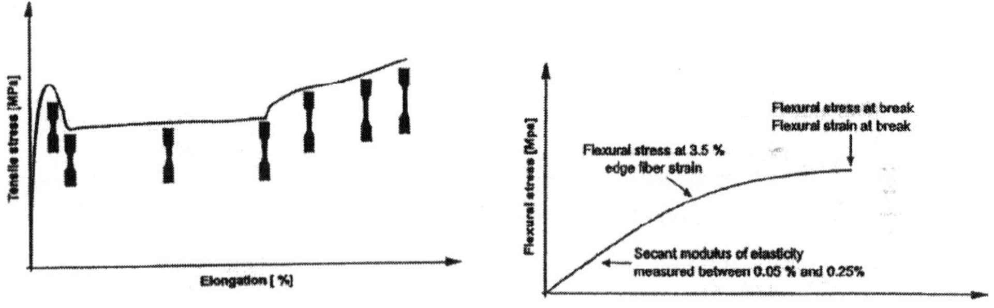

show characteristic curve of high speed tensile test

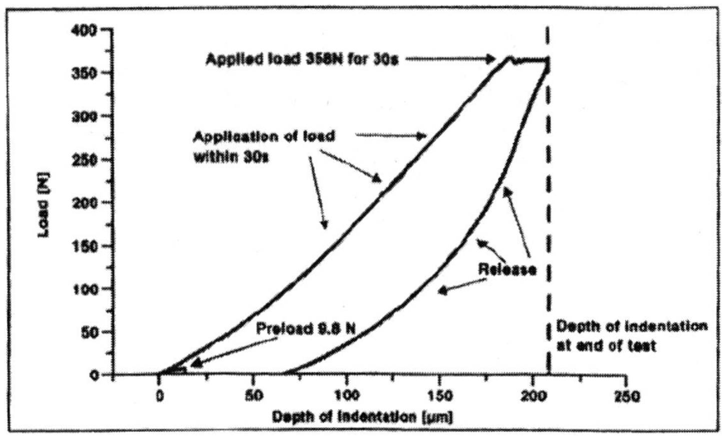

Ball indentation hardness

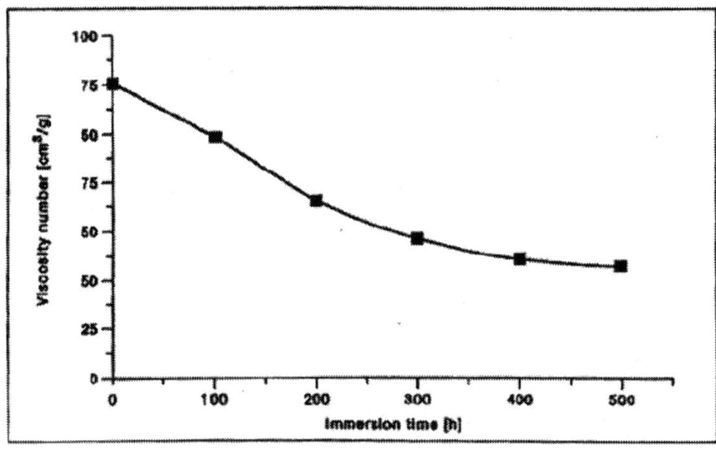

Immersion of PC water at 100℃
DIN 51562/ISO 1628

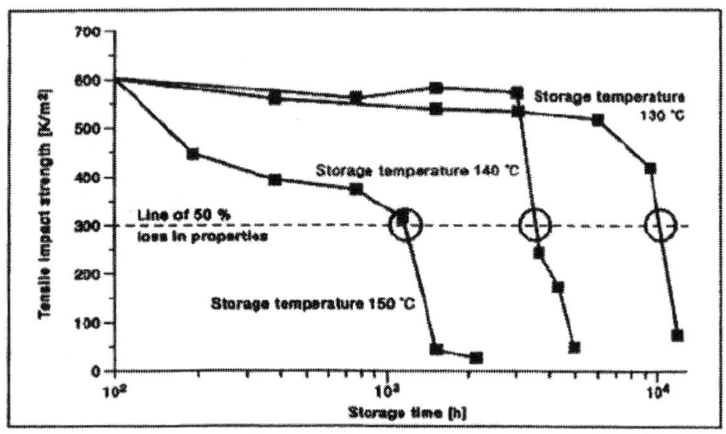

Tensile impact TI with polycarbonates

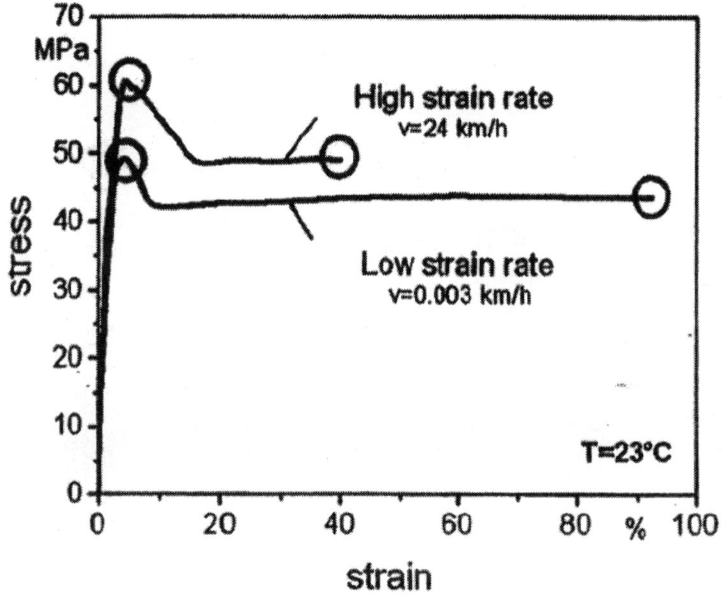

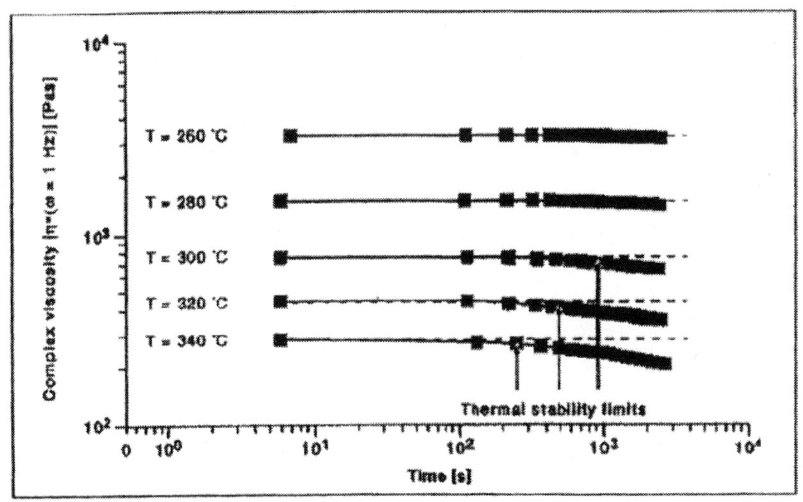

Polycarbonate/ISO 6721−10

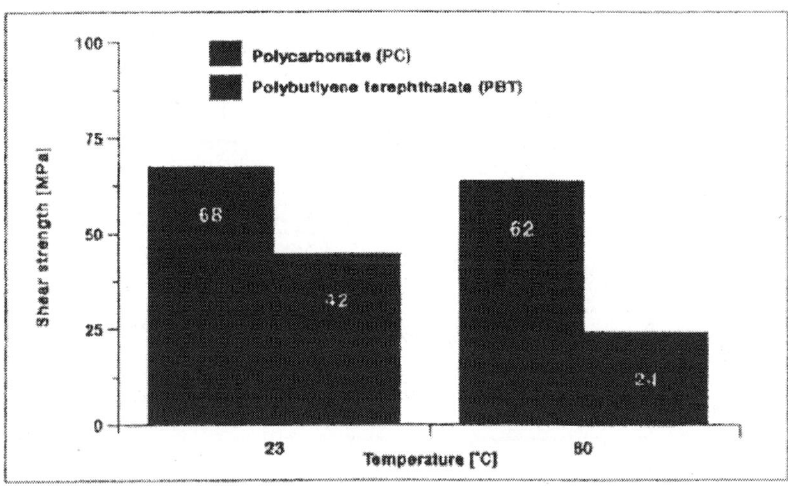

Shear strength

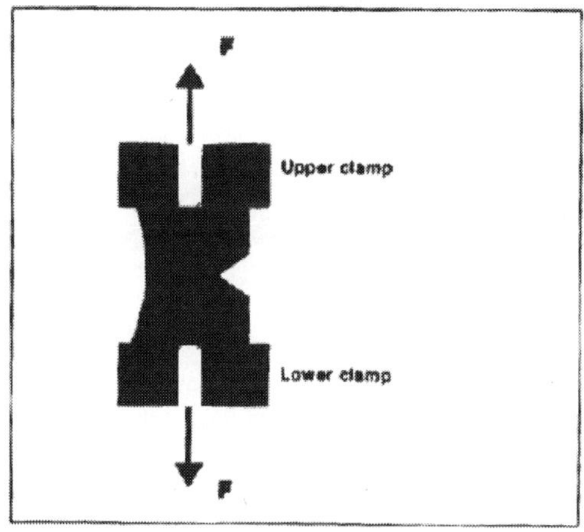

Tear propagation resistance

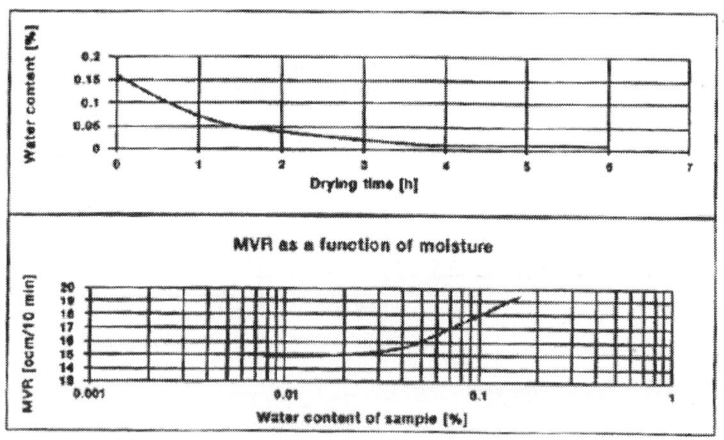

Drying series PC+ABS blend 100℃ in vacuum cabinet

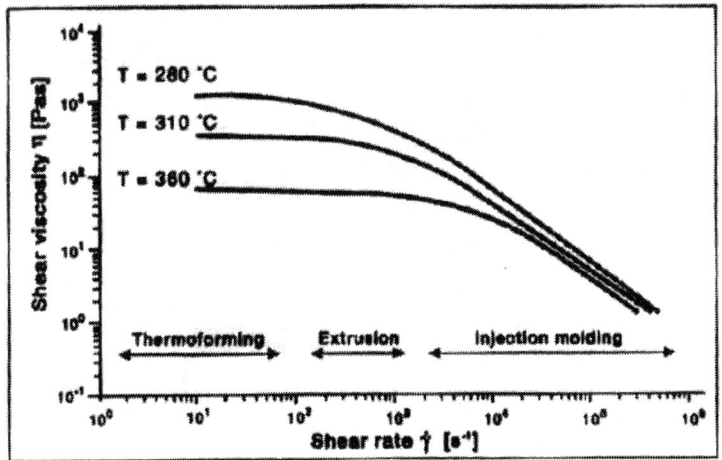

Melt viscosity to ISO 11443

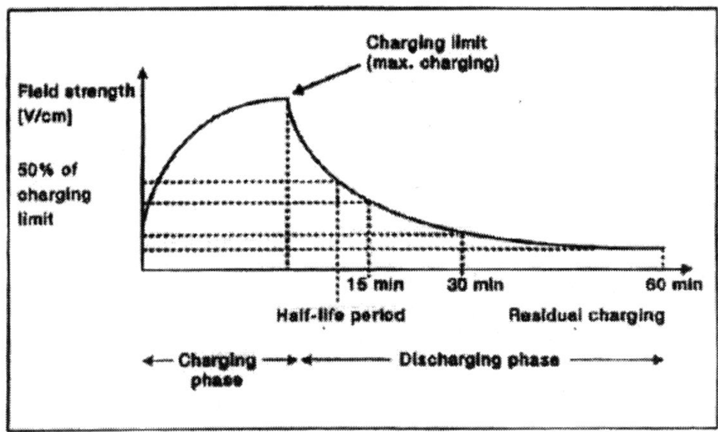

Electrostatic charging

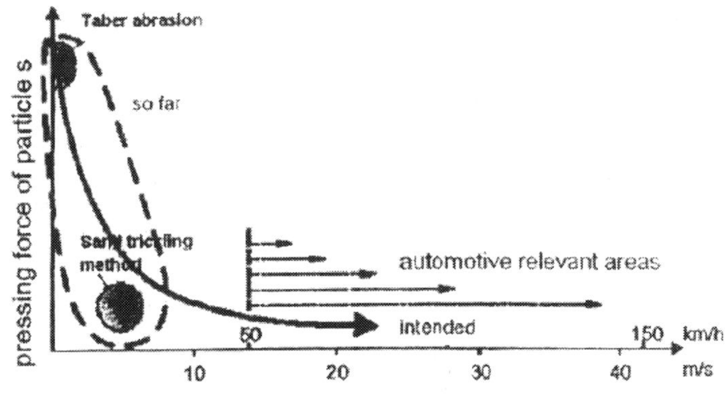

particle speed at impact on surface

3-1. 수명분포

1. 지수분포(Exponential distribution)

지수분포는 고장률이 아이템의 사용기간에 영향을 받지 않는 일정한 수명분포로, 고장이 과부하 또는 우발적인 원인에 의하여 발생하는 욕조형(bathtub) 고장률함수의 우발고장기간을 설명하는 데 적합한 확률분포이다.

지수분포는 고장의 발생이 포아송과정을 따라 발생할 때 고장이 발생할 때까지의 시간(수리불가능 아이템) 또는 고장발생 사이의 간격(수리가능 아이템)을 나타내며, 전통적 신뢰성공학 이론의 개발과정에서 전자장비의 신뢰도 예측, 신뢰성시험의 설계(합격판정 기준 및 샘플 크기의 결정) 등 중요한 역할을 수행하였다.

- 적용: 지수분포는 다음과 같은 아이템의 수명분포로 적용할 수 있다.
  ① 고장률이 시간에 따라 크게 변하지 않는 아이템
  ② 중복설계가 많이 되지 않은 복잡하고 수리 가능한 아이템
  ③ 번인을 통하여 초기고장이 제거된 아이템 등

- 확률밀도함수: 지수분포의 확률밀도함수는 다음과 같다:

$$f(t) = \lambda \exp(-\lambda t), \quad t \geq 0, \quad \lambda > 0.$$

여기서, λ는 지수분포를 결정하는 모수(parameter)인 고장률이다. λ 대신에 $\theta(=1/\lambda)$를 이용하여 확률밀도함수를 다음과 같이 표현하기도 하며,

$$f(t) = \frac{1}{\theta}\exp(-\frac{t}{\theta}),\ t \geq 0,\ \theta > 0,$$

여기서, θ는 지수분포의 평균으로 특성수명이라고 부르기도 한다.

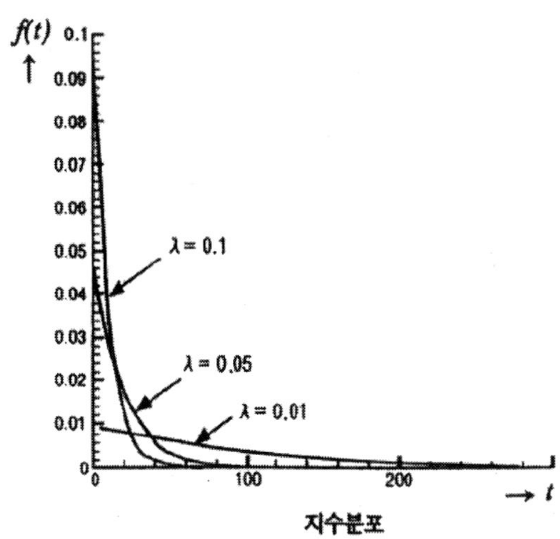

- 신뢰성 척도: 지수분포의 분포함수, 신뢰도함수, 고장률함수, 평균수명 및 분산, 백분위수와 B_{10} 수명을 요약하면 다음과 같다.

신뢰성 척도	지수분포
분포함수	$F(t) = 1 - \exp(-\lambda t)$
신뢰도함수	$R(t) = \exp(-\lambda t)$
고장률함수	$\lambda(t) = \lambda$
평균수명	$E(T) = 1 / \lambda = \theta$
분산	$Var(T) = (1 / \lambda)^2$
$100p^{th}$ 백분위수	$t_p = -(1 / \lambda)\ln(1 - p)$

※ B_{in} 수명은 $100p^{th}$ 백분위수에서 $p = 0.1$인 경우임

- 장점: 지수분포를 사용할 때의 장점은 다음과 같다:
  ① 모수 λ의 추정을 포함하여 수학적으로 다루기 쉽다.
  ② 비교적 적용범위가 넓다.

③ 가법성(additivity)을 갖는다. 즉, 서로 독립인 지수분포를 따르는 확률변수들의
합은 지수분포를 따른다.

예제: 어떤 전자부품의 수명은 고장률이 0.01인 지수분포를 따른다.

1) 이 부품이 30시간 동안 고장나지 않을 확률은?
30시간 동안 고장나지 않을 확률(30시간에서의 신뢰도)은
$R(30) = \exp(-0.01 \times 30) = \exp(-0.3) = 0.74$이다.

2) 이 부품의 평균수명은?
지수분포에서 평균수명은 고장률의 역이므로 $\theta = 1/\lambda = 100$이다.

3) 10%가 고장나는 시점은?
10%가 고장나는 시점은 B_{10} 수명(10th 백분위수)이다.
따라서 $B_{10} = t_{0.10} = -(1/0.01)\ln(1-0.1) = 10.54$이다.

특성수명(characteristic life)

지수분포와 와이블분포에서 누적고장확률이 63.2%인 시점을 특성수명(characteristic life)이라고 한다. 즉, 특성수명은 $B_{63.2}$ 수명(또는 신뢰도가 36.8%인 시점)으로, 지수분포의 평균, 와이블분포의 척도모수가 특성수명에 해당한다. 일반적으로 그리스 문자 θ를 사용하여 표시한다.

2. Weibull distribution

와이블분포는 스웨덴 물리학자 Waloddi Weibull이 1937년 재료의 파괴강도를 분석하면서 고안한 확률분포로, 금속 및 복합재료의 강도, 전자 및 기계부품의 수명분포를 나타내는 데 적합한 확률분포로 알려져 있다. 와이블분포는 형상(shape), 척도(scale) 및 위치(location)모수의 값에 따라 다양한 분포를 표현할 수 있어 신뢰성데

이터분석에 가장 널리 사용된다.

- 확률밀도함수

  형상모수 β, 척도모수 η를 갖는 와이블분포(2모수 와이블분포라고 한다)의 확률밀도함수는 다음과 같다.

$$f(t) = (\frac{\beta}{\eta})(\frac{t}{\eta})^{\beta-1} \cdot \exp[-(\frac{t}{\eta})^{\beta}],\ t \geq 0,\ \beta,\ \eta \geq 0$$

- 형상모수 β는 분포의 모양을 결정한다. 즉, β의 값에 따라 와이블분포는 다음과 같은 여러 분포의 형태를 가질 수 있다.

  - β<1: 감마분포
  - β=1: 지수분포
  - β=2: Rayleigh분포
  - β=3.5: 정규분포(근사적으로)

지수분포(exp(θ))

고장밀도함수	신뢰도함수	고장률함수
• $f(t) = \frac{1}{\theta}e^{-\frac{t}{\theta}}$, $t > 0$ • $E[T] = \Theta$ • $Var[T] = \theta^2$	• $R(t) = \int_{t}^{\infty} f(t)dt = e^{-\frac{t}{\theta}}$	• $\lambda(t) = \frac{f(t)}{R(t)} = \frac{1}{\theta}$

−Ex1) 1000시간 사용 시 신뢰도 90% 유지하기 위한 요구 고장률은?

$$R(t=1000) = e^{-1000\lambda} = 0.9$$

$$-1000\lambda = \text{In } 0.9$$

$$\lambda = 105 \times 10^{-6} / hr$$

−Ex2) 평균고장률이 0.001 / hr인 제품의 <u>신뢰도가 0.9가 되기 위한 사용시간은?</u>

⇧

| B10 수명 |

$$R(t) = e^{-0.001t} = 0.9$$

$$t = 105hr$$

- 척도모수는 데이터의 척도와 관련이 있는 모수이다. 예를 들어, 형상모수가 동일하고 척도모수가 각각 100과 200인 두 와이블분포에서, 척도모수가 200인 와이블분포의 독립변수 값에 1/2을 곱하여 척도를 조정하면 두 분포는 동일하게 된다. 따라서 가속수명시험과 같이 시간이 일정하게 가속되는 상황에서 척도모수의 값이 변하게 된다.

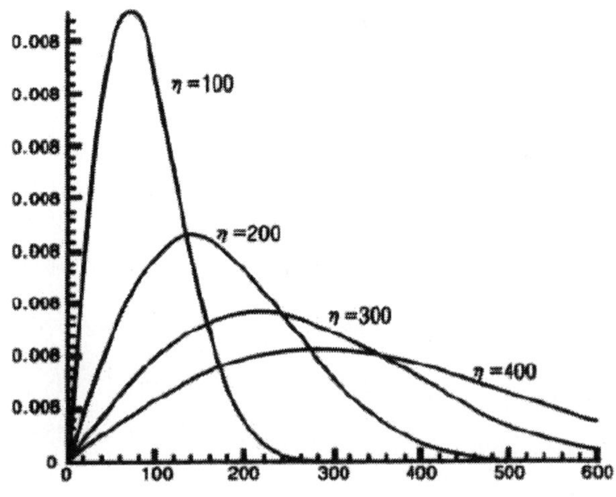

와이블분포(β = 2, η = 100, 200, 300, 400)

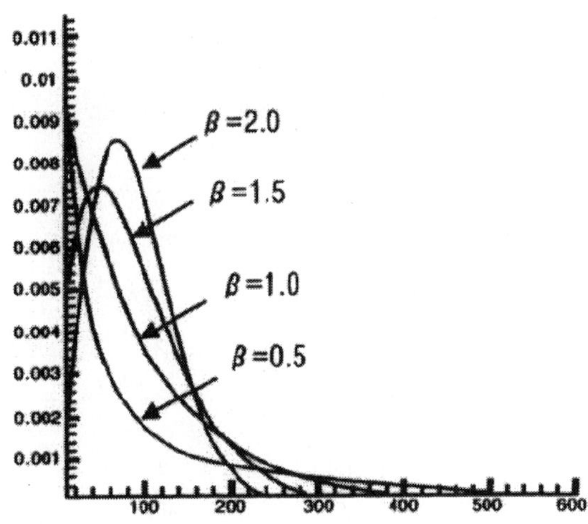

와이블분포(β = 0.5, 1.0, 1.5, 2.0, η = 100)

● 와이블분포의 형상모수와 척도모수는 아이템의 신뢰성에 관한 정보를 제공하는 중요한 모수들이다. 특정 아이템의 형상모수와 척도모수 값은 신뢰성시험을 통하여 추정해야 한다. 여기서는 일반적으로 알려진 와이블분포의 형상모수와 척도모수의 값들을 소개한다.

와이블 데이터베이스

부품	와이블 형상모수			와이블 척도모수(특성수명)		
	최소	대표	최대	최소	대표	최대
Ball bearing	0.7	1.3	3.5	14,000	40,000	250,000
Roller bearings	0.7	1.3	3.5	9,000	50,000	125,000
Sleeve bearing	0.7	1.0	3.0	10,000	50,000	143,000
Belts, drive	0.5	1.2	2.8	9,000	30,000	91,000
Bellows, hydraulic	0.5	1.3	3.0	14,000	50,000	100,000
Bolts	0.5	3.0	10	125,000	300,000	100,000,000
Clutches, friction	0.5	1.4	3.0	67,000	100,000	500,000
Clutches, magnetic	0.8	1.0	1.6	100,000	150,000	333,000
Couplings	0.8	2.0	6.0	25,000	75,000	333,000
Couplings, gear	0.8	2.5	4.0	25,000	75,000	1,250,000
Cylinders, hydraulic	1.0	2.0	3.8	9,000,000	900,000	200,000,000
Diaphragm, metal	0.5	3.0	6.0	50,000	65,000	500,000
Diaphragm, rubber	0.5	1.1	1.4	50,000	60,000	300,000
Gaskets, hydraulics	0.5	1.1	1.4	700,000	75,000	3,300,000
Filter, oil	0.5	1.1	1.4	20,000	25,000	125,000
Gears	0.5	2.0	6.0	33,000	75,000	500,000
Impellers, pumps	0.5	2.5	6.0	125,000	150,000	1,400,000
Joints, mechanical	0.5	1.2	6.0	1,400,000	1,500,000	10,000,000
Knife edges, fulcrum	0.5	1.0	6.0	1,700,000	2,000,000	16,700,000
Liner, recip, comp, cyl	0.5	1.8	3.0	20,000	50,000	300,000
Nuts	0.5	1.1	1.4	14,000	50,000	500,000
"O"－rings, elastomeric	0.5	1.1	1.4	5,000	20,000	33,000
Packings, recip, comp, rod	0.5	1.1	1.4	5,000	20,000	33,000
Pins	0.5	1.4	5.0	17,000	50,000	170,000
Pivots	0.5	1.4	5.0	300,000	400,000	1,100,000
Pistons, engines	0.5	1.4	3.0	20,000	75,000	170,000

와이블 데이터베이스

부품	와이블 형상모수			와이블 척도모수(특성수명)		
	최소	대표	최대	최소	대표	최대
Pomps, lubricators	0.5	1.1	1.4	13,000	50,000	125,000
Seals, mechanical	0.8	1.4	4.0	3,000	25,000	50,000
Shafts, cent, pumps	0.8	1.2	3.0	50,000	50,000	300,000
Springs	0.5	1.1	3.0	14,000	25,000	5,000,000
Vibration mounts	0.5	1.1	2.2	17,000	50,000	200,000
Wear rings, cent, pumps	0.5	1.1	4.0	10,000	50,000	90,000
Valves, recip comp.	0.5	1.4	4.0	3,000	40,000	80,000
Machinery Equipment						
Circuit breakers	0.5	1.5	3.0	67,000	100,000	1,400,000
Compressors, centrifugal	0.5	1.9	3.0	20,000	60,000	120,000
Compressor blades	0.5	2.5	3.0	400,000	800,000	1,500,000
Compressor vanes	0.5	3.0	4.0	500,000	1,000,000	2,000,000
Diaphgram couplings	0.5	2.0	4.0	125,000	300,000	600,000
Gas turb. comp. blades / vanes	1.2	2.5	6.6	10,000	250,000	300,000
Gas turb. blades / vanes	0.9	1.6	2.7	10,000	125,000	160,000
Motors, AC	0.5	1.2	3.0	1,000	100,000	200,000
Motors, DC	0.5	1.2	3.0	100	50,000	100,000
Pumps, centrifugal	0.5	1.2	3.0	1,000	35,000	125,000
Steam turbines	0.5	1.7	3.0	11,000	65,000	170,000
Steam turbine blades	0.5	2.5	3.0	400,000	800,000	1,500,000
Steam turbine vanes	0.5	3.0	3.0	500,000	900,000	1,800,000
Transformers	0.5	1.1	3.0	14,000	200,000	14,200,000
Instrumentation						
Controllers, pneumatic	0.5	1.1	2.0	1,000	25,000	1,000,000
Controllers, solid state	0.5	0.7	1.1	20,000	100,000	200,000
Control valves	0.5	1.0	2.0	14,000	100,000	333,000
Motorized valves	0.5	1.1	3.0	17,000	25,000	1,000,000
Solenoid valves	0.5	1.1	3.0	50,000	75,000	1,000,000
Transducers	0.5	1.0	3.0	11,000	20,000	90,000
Transmitters	0.5	1.0	2.0	100,000	150,000	1,100,000
Temperature indicators	0.5	1.0	2.0	140,000	150,000	3,300,000

와이블 데이터베이스

부품	와이블 형상모수			와이블 척도모수(특성수명)		
	최소	대표	최대	최소	대표	최대
Pressure indicators	0.5	1.2	3.0	110,000	125,000	3,300,000
Flow instrumentation	0.5	1.0	3.0	100,000	125,000	10,000,000
Level instrumentation	0.5	1.0	3.0	14,000	25,000	500,000
Electro-mechanical parts	0.5	1.0	3.0	13,000	25,000	1,000,000
Static Equipment						
Boilers, condensers	0.5	1.2	3.0	11,000	50,000	3,300,000
Pressure vessels	0.5	1.5	6.0	1,250,000	2,000,000	33,000,000
Filters, strainers	0.5	1.0	3.0	5,000,000	5,000,000	200,000,000
Check valves	0.5	1.0	3.0	100,000	100,000	1,250,000
Relief valves	0.5	1.0	3.0	100,000	100,000	1,000,000
Service Liquids						
Coolants	0.5	1.1	2.0	11,000	15,000	33,000
Lubricants, screw compr.	0.5	1.1	3.0	11,000	15,000	40,000
Lube oils, mineral	0.5	1.1	3.0	3,000	10,000	25,000
Lube oils, synthetic	0.5	1.1	3.0	33,000	50,000	250,000
Greases	0.5	1.1	3.0	7,000	10,000	33,000

주1 – 표 4.1의 와이블 데이터베이스는 Barringer & Associates, Inc.의 인터넷 홈페이지 (http://www.barringer1.com/wdbase.htm)에 교육용으로 제공된 것으로, 특정상황(아이템의 특성, 시험조건 등)에 대한 이해 없이 맹목적으로 데이터를 적용하지 말 것을 경고하고 있다.
주2 – 이탤릭체로 짙게 표시된 데이터는 유효성이 의문시되는 값이다.

- 위치모수 $\gamma(>0)$를 포함한 3모수 와이블분포의 확률밀도함수는 다음과 같다:

$$f(t) = (\frac{\beta}{\eta})(\frac{t-\gamma}{\eta})^{\beta-1} \cdot \exp[-(\frac{t-r}{\eta})^{\beta}]$$

- 위치모수는 2 모수 와이블분포를 오른쪽으로 γ만큼 평행 이동한 효과를 주며, γ 기간 동안 고장이 발생하지 않는 무고장기간(failure-free period)이 있는 제품의 수명 분포를 분석할 때 유용하다. 따라서 마모에 의하여 일정기간이 지난 후부터 고장이 발생하기 시작하는 기계류 부품의 고장 데이터를 분석할 때 3 모수 와이블분포를 적용할 수 있다.

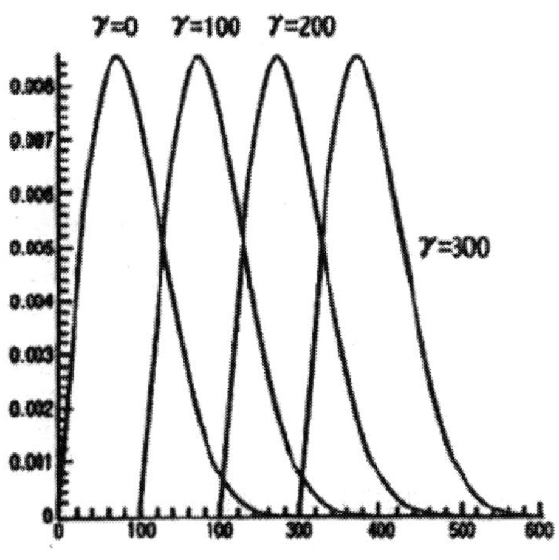

와이블분포($\beta = 2.0$, $\eta = 100$, $\gamma = 0$, 100, 200, 300)

- 신뢰성 척도: 와이블분포의 분포함수, 신뢰도함수, 고장률함수, 평균수명, 분산, 백분위수와 B_{10} 수명을 요약하면 다음과 같다.

신뢰성 척도	2 모수 와이블	3 모수 와이블
분포함수	$F(t) = 1 - \exp[-(\frac{t}{\eta})^{\beta}]$	$F(t) = 1 - \exp[-(\frac{t-r}{\eta})^{\beta}]$
신뢰도함수	$R(t) = \exp[-(\frac{t}{\eta})^{\beta}]$	$R(t) = \exp[-(\frac{t-r}{\eta})^{\beta}]$
고장률함수	$\lambda(t) = (\frac{\beta}{\eta})(\frac{t}{\eta})^{\beta-1}$	$\lambda(t) = (\frac{\beta}{\eta})(\frac{t-r}{\eta})^{\beta-1}$
평균수명	$E(T) = \eta\Gamma(1+\frac{1}{\beta})$	$E(T) = r + \eta\Gamma(1+\frac{1}{\beta})$
분산	$V(T) = \eta^2[\Gamma(1+\frac{2}{\beta}) - \Gamma(1+\frac{1}{\beta})^2]$	$V(T) = \eta^2[\Gamma(1+\frac{2}{\beta}) - \Gamma(1+\frac{1}{\beta})^2]$
백분위수	$t_p = \eta[-\ln(1-p)]^{1/\beta}$	$t_p = r + \eta[-\ln(1-p)]^{1/\beta}$

※ B_{10} 수명은 $100p^{th}$ 백분위수에서 p =0.1인 경우임
　 $\Gamma(\alpha)$는 감마함수를 나타냄.

3. 감마함수(gamma function)

감마함수 $\Gamma(\alpha)$의 정의와 성질은 다음과 같다:

○ 정의: $\Gamma(\alpha) = \int_0^\infty Y^{(\alpha-1)} e^{-y} dy$

○ 성질: 1) $\Gamma(\alpha) = (\alpha-1)\Gamma(\alpha-1)$ 2) α가 자연수이면, $\Gamma(\alpha) = (\alpha-1)!$

○ 예: $\Gamma(3.15) = (2.15) \times (1.15) \times \Gamma(1.15)$

감마함수에서 α가 자연수가 아니면 함수 값을 직접 계산할 수 없다. 이때, 수치적분에 의해 계산된 다음의 표를 이용하여 감마함수의 값을 구할 수 있다.

n	$\Gamma(n)$	n	$\Gamma(n)$	n	$\Gamma(n)$	n	$\Gamma(n)$
1.00	1.00000	1.25	0.90640	1.50	0.88623	1.75	0.91960
1.01	0.99443	1.26	0.90440	1.5	0.88659	1.76	0.92137
1.02	0.98884	1.27	0.90250	1.52	0.88704	1.77	0.92376
1.03	0.98355	1.28	0.89972	1.53	0.88757	1.78	0.92623
1.04	0.97844	1.29	0.89904	1.54	0.88818	1.79	0.92877
1.05	0.97350	1.30	0.89747	1.55	0.88887	1.80	0.93138
1.06	0.96874	1.31	0.89600	1.56	0.88964	1.81	0.93408
1.07	0.96415	1.32	0.89464	1.57	0.89049	1.82	0.93685
1.08	0.95973	1.33	0.89338	1.58	0.89142	1.83	0.93969
1.09	0.95546	1.34	0.89222	1.59	0.89243	1.84	0.94261
1.10	0.95135	1.35	0.89115	1.60	0.89352	1.85	0.94561
1.11	0.94739	1.36	0.89018	1.61	0.89468	1.86	0.94869
1.12	0.94359	1.37	0.88931	1.62	0.89592	1.87	0.95184
1.13	0.93993	1.38	0.88854	1.63	0.89724	1.88	0.95507
1.14	0.93642	1.39	0.88785	1.64	0.89864	1.89	0.95838
1.15	0.93304	1.40	0.88726	1.65	0.90012	1.90	0.96177
1.16	0.92980	1.41	0.88676	1.66	0.90167	1.91	0.96523
1.17	0.92670	1.42	0.88636	1.67	0.90330	1.92	0.96878
1.18	0.92373	1.43	0.88604	1.68	0.90500	1.93	0.97240
1.19	0.92088	1.44	0.88580	1.69	0.90687	1.94	0.97610
1.20	0.91817	1.45	0.88565	1.70	0.90864	1.95	0.97988
1.21	0.91558	1.46	0.88560	1.71	0.91057	1.96	0.98374
1.22	0.91311	1.47	0.88563	1.72	0.91258	1.97	0.98768
1.23	0.91075	1.48	0.88575	1.73	0.91466	1.98	0.99171
1.24	0.90852	1.49	0.88595	1.74	0.91683	1.99	0.99527

○ 와이블 확률용지(Weibull probability paper)

　형상모수 β, 척도모수 η인 와이블분포는 누적고장확률 F와 F×100% 백분위수 t_F 사이에 다음과 같은 관계가 성립한다:

$$\ln[-\ln(1-F)] = \beta \cdot \ln(t_F) - \ln(t_0), \ \ t_0 = \eta^\beta$$

　즉, $\ln[-\ln(1-F)]$와 $\ln(t_F)$는 기울기가 β, 절편이 $-\ln(t_0)$인 직선의 관계가 존재한다. 따라서 시간척도는 자연대수(ln), 누적고장확률은 F의 타점위치가 $\ln[-\ln(1-F)]$가 되도록 눈금을 조정하여 와이블분포의 누적고장확률과 그에 대응하는 백분위수가 직선으로 나타나도록 척도를 조정한 용지를 와이블 확률용지라 한다.

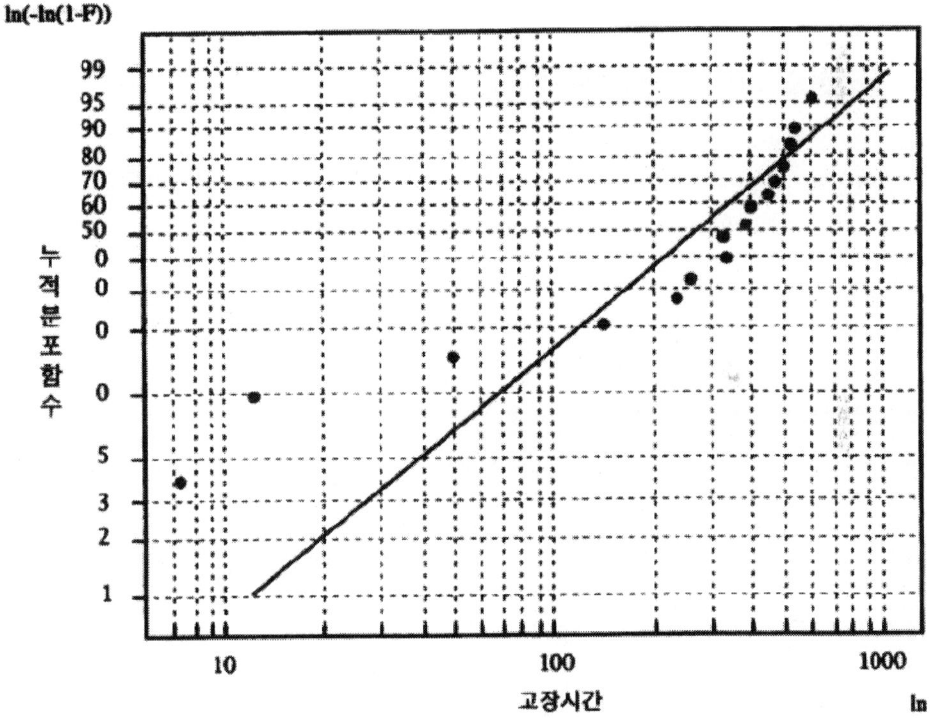

Weibull 분포

-DFR, CFR, IFR 모형화 가능
-Three parameter(m: 형상 모수, η: 척도 모수, r: 위치 모수)

고장밀도 함수	신뢰도 함수	고장률 함수
$\bullet \ f(t) = \frac{m}{\eta}(\frac{t-r}{\eta})^{m-1}\exp[-\left(\frac{t-r}{\eta}\right)^{m}]$, $t > 0$		$\bullet \ \lambda(t) = \frac{m}{\eta}(\frac{t-r}{\eta})^{m-1}$
$\bullet \ E[T] = \eta\Gamma(1+\frac{1}{m})$	$\bullet \ R(t) = \exp(-(\frac{t-r}{\eta})^2)$	$m < 1$: DFR
		$m = 1$: CFR
$\bullet \ Var[T] = \eta^2\{\Gamma(1+\frac{2}{m}) - \Gamma^2(1+\frac{1}{m})\}$		$m > 1$: IFR

[참고]: 감마함수 $\Gamma(\alpha) = \int_0^\infty x^{\alpha-1}e^{-x}dx$ 단, $\Gamma(n) = (n-1)!$

$\Rightarrow$ r = 0: Two Parameter
- η: 특성 수명 (B63) $\Leftarrow$ F(t = η) = $1 - e^{-1}$ = 0.632

4. 정규분포 normal distribution

자연현상에 대한 관측자료, 자연과학·공학 실험자료 또는 사회·경제현상에 대한 조사자료들은 일반적으로 정규분포를 따르는 것으로 알려져 있다.

또한, 자료들이 정규분포를 따르지는 않더라도 많은 자료(보통 30 이상)들의 평균은 정규분포에 가깝게 되는 성질(이를 중심극한정리라 한다)이 있으므로, 정규분포는 우리가 접하는 여러 확률분포 중에서 가장 널리 사용되는 분포라 할 수 있다.

정규분포는 통계적 추론(추정과 가설검정)의 근간이 되며, 품질관리 등 많은 분야에 응용되고 있다. 그러나 신뢰성공학에서 정규분포를 수명분포(고장밀도함수)로 사용하는 것은 극히 제한되며, 즉 오랜 시간을 사용한 후에 마모에 의하여 고장나는 제품의 수명분포로 정규분포를 사용할 수는 있지만 일반적인 수명분포로는 자주 사용되지 않는다.

- 확률밀도함수

확률변수 T가 평균이 μ, 표준편차 σ인 정규분포를 따를 때, $T \sim N(\mu, \sigma^2)$라고 표시

하며, 확률밀도함수는 다음과 같다:

$$f(t) = \frac{1}{\sqrt{2\pi}\,\sigma}\exp[-\frac{(t-\mu)^2}{2\sigma^2}], \quad -\infty < t < \infty, \quad -\infty < \mu < \infty, \quad \sigma > 0$$

- 정규분포의 특징
  ① 정규분포는 종 모양(bell-shaped)의 확률밀도함수를 갖는다.
  ② 평균(μ)과 표준편차(σ)에 의하여 분포가 결정된다. 즉, 평균과 표준편차가 같은 서로 다른 두 개의 분포는 존재하지 않는다.
  ③ 평균을 중심으로 좌우대칭이며, 평균 주위의 값을 많이 취한다. 또한, 평균으로부터 멀어지면, 즉 평균으로부터 좌우로 표준편차의 3배 이상 떨어진 값은 거의 취하지 않는다.

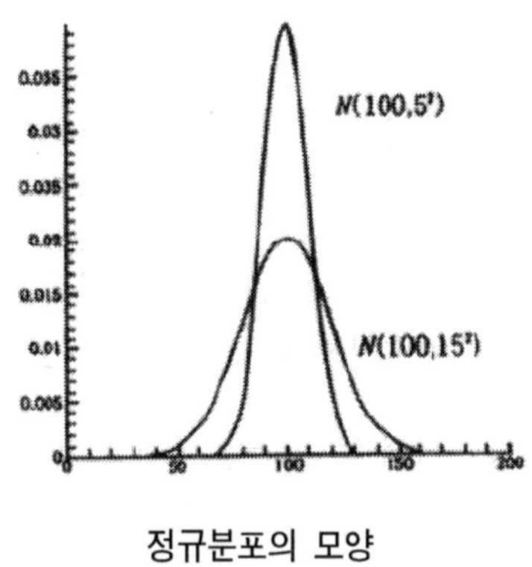

정규분포의 모양

- 표준정규분포(standard normal distribution)
  $\mu=0$, $\sigma=1$인 정규분포를 표준정규분포라고 한다. 표준정규분포의 확률밀도함수를 $\varphi(t)$와 분포함수 $\Phi(t)$는 다음과 같다.

$$\phi(t) = \frac{1}{\sqrt{2\pi}}\exp(-\frac{t^2}{2}), \quad -\infty < t < \infty: \ \phi(t) = \int_{-\infty}^{1}\phi(y)dy$$

주-표준정규분포의 $\Phi(t)$값은 부록 A.1을 참조.

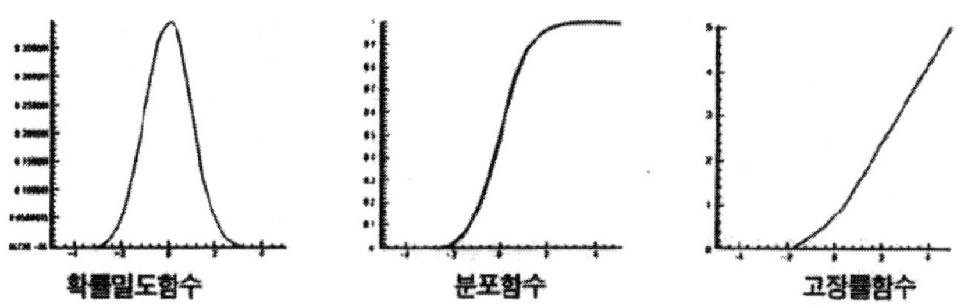

표준정규분포의 확률밀도함수, 분포함수, 고장률함수

신뢰성 척도	정규분포
분포함수	$F(t) = \phi(\dfrac{t-\mu}{\sigma})$
신뢰도함수	$R(t) = 1 - \phi(\dfrac{t-\mu}{\sigma})$
고장률함수	$\lambda(t) = \dfrac{\phi(\dfrac{t-\mu}{\sigma})}{\sigma[1 - \phi(\dfrac{t-\mu}{\sigma})]}$
평균수명	$E(T) = \mu$
분산	$Var(T) = \sigma^2$
$100p^{th}$ 백분위수	$t_p = \mu + z_p\sigma$

※ B_{10} 수명은 $100p^{th}$ 백분위에서 $p = 0.1$인 경우임.
※ $Z_P = \Phi^{-1}(p)$는 표준정규분포의 $100p^{th}$ 백분위수이다.

- 정규분포에서 신뢰도, 분포함수, 고장률 등을 구하기 위해서는 확률계산을 해야한다. 그런데 정규분포의 확률계산은 수치적분을 통해서만 가능하다. 따라서 다음과 같은 정규분포의 성질과 표준정규분포 표를 이용하여 확률 계산을 한다(정규분포에 대한 상세 내용은 통계 서적을 참고하기 바란다.).

○ 평균이 μ, 표준편차 σ인 정규분포를 따르는 확률변수 T를 표준화하면(평균을 빼고, 표준편차로 나누면), 표준화된 확률변수 $Z = (t - \mu) / \sigma$는 표준정규분포를 따른다.

$$T \sim N(\mu,\ \sigma^2) \Rightarrow Z = \frac{T - \mu}{\sigma} \sim N(0,\ 1)$$

○ 따라서 T가 (a, b) 사이에 있을 확률은 다음과 같이 계산할 수 있다.

$$P\{a < T < b\} = P\{\frac{\alpha - \mu}{\sigma} < Z < \frac{b - \mu}{\sigma}\}$$

$$= \phi(\frac{b - \mu}{\sigma}) - \phi(\frac{a - \mu}{\sigma})$$

예제: microwave transmitting tube 수명은 $\mu = 5,000$, $\sigma = 1,500$(단위: 시간)인 정규분포를 따른다. 이 tube를 4,100시간 이상 사용할 확률(신뢰도)은?

$$R(4,100) = P\{Z > \frac{4,100 - 5,000}{1,500}\} = P\{Z > -0.6\}$$

$$= 1 - \Phi(-0.6) = 0.73$$

○ 정규분포의 확률밀도함수는 $(-\infty, \infty)$에서 정의된다. 고장시간(수명)은 0보다 큰 값을 갖는 변수이므로, 수학적으로 정규분포는 고장밀도함수로 적합하지 않다. 그러나 수명이 0보다 작을 확률이 충분히 작으면(대략 $\mu > 3\sigma$)이면 사용이 가능하다고 알려져 있다.

○ 정규분포의 고장률함수 $\lambda(t)$는 시간(t)에 따른 증가함수임을 보일 수 있다. 따라서 정규분포는 마멸 등의 마모 메커니즘에 의하여 고장률이 시간이 지남에 따라 증가하는 아이템의 수명분포로 적절하다고 할 수 있다.

3-2. 정규분포($N(\mu, \sigma^2)$)

고장밀도 함수	신뢰도 함수	고장률 함수
• $f(t) = \dfrac{1}{\sqrt{2\pi}\,\sigma} \exp[-\dfrac{1}{2}\left(\dfrac{t-\mu}{\sigma}\right)^2]$ • $E[T] = \mu$	• $F(t) = \displaystyle\int_0^t f(t)dt$ $= \phi(\dfrac{t-\mu}{\sigma}) = \phi(z)$	• $\lambda(t) = \dfrac{f(t)}{R(t)}$ $= \dfrac{\phi(z)}{\sigma \cdot R(t)}$
• $Var[T] = \sigma^2$	• $R(t) = 1 - F(t)$	where, $z = \dfrac{t-\mu}{\sigma}$

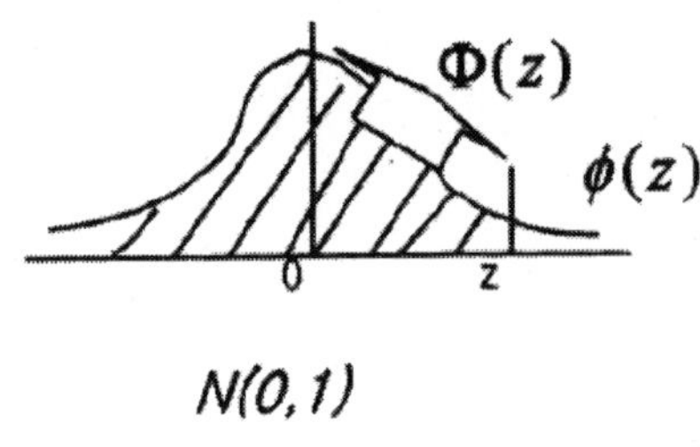

−Ex) $\bar{t}$＝20,000, $\hat{t}$＝2,000 cycle인 정규 수명분포에서 t＝19,000에서 신뢰도 함수 및 고장률 함수는?

$$z=\frac{t-\mu}{\sigma}=-0.5$$

$$\lambda(t)=\frac{\phi(z)}{\sigma\cdot R(t)}=0.000254 \,/\, cycle$$

$$R(t)=1-\Phi(-0.5)=1-.3085$$
$$=.6915$$

1. 대수정규분포(lognormal distribution)

대수정규분포는 와이블분포와 함께 신뢰성 데이터 분석에서 자주 사용되는 확률분포로, 금속재료의 피로수명(metal fatigue life), 전기 절연체의 수명분포 등에 널리 사용된다.

대수정규분포는 정규분포와 매우 밀접한 관계가 있다. 확률변수 T가 모수 μ와 σ를 갖는 대수정규분포를 따르면, T를 대수 변환한 ln(T)는 평균이 μ, 표준편차가 σ인 정규분포를 따른다. 대수정규분포의 확률밀도함수는 다음과 같다.

$$f(t)=\frac{1}{\sigma^2}\phi(\frac{\ln(t)-\mu}{\sigma}),\ t>0,\ -\infty<\mu<\infty,\ \sigma>0$$

여기서, $\phi(\cdot)$는 표준정규분포의 확률밀도함수이며, μ를 위치모수(location parameter), σ는 척도모수(scale parameter)라고 부른다.

신뢰성 척도	대수정규분포
분포함수	$F(t) = \phi(\dfrac{\ln(t) - \mu}{\sigma})$
신뢰도함수	$R(t) = 1 - \phi(\dfrac{\ln(t) - \mu}{\sigma})$
고장률함수	$\lambda(t) = \dfrac{\phi(\dfrac{\ln(t) - \mu}{\sigma})}{\sigma[1 - \phi(\dfrac{\ln(t) - \mu}{\sigma})]}$
평균수명	$E(T) = \exp(\mu + \sigma^2 / 2)$
분산	$Var(T) = E(T)^2[\exp(\sigma^2) - 1]$
$100p^{th}$ 백분위수	$t_p = \exp[\mu + z_{po}]$

※ B_{10}수명은 $100p^{th}$ 백분위에서 $p = 0.1$인 경우임

- $100p^{th}$ 백분위수에서, $p = 0.5$이면 $z_{0.50} = 0.0$이므로 $t_{0.50} = \exp(\mu)$이다. 즉, 중앙수명 (median life)은 $\exp(\mu)$이고, 위치모수 μ의 값은 $\ln(t_{0.50})$이 된다.

- 대수정규분포의 고장률함수 $\lambda(t)$는 대개 0에서 증가하여 최대에 도달한 후 서서히 감소하며, 0으로 수렴하는 모양을 갖는다.

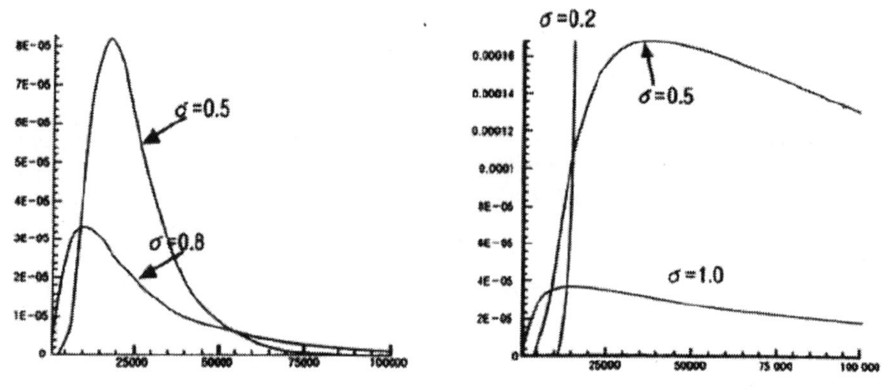

그림 4.7 대수정규분포의 확률밀도함수와 고장률함수

예제: 어떤 Class H 절연체의 수명은 $\mu=10.309$, $\sigma=0.505$인 대수정규분포를 따른다.

1) 목표 수명 40,000시간 동안 고장나는 제품의 비율은?

$$F(20,000)=\Phi\{[\log(40,000)-10.039]\,/\,0.505\}=\Phi(0.57)=0.7157$$

2) 이 절연체의 중앙수명과 B_1 수명은?

$Z_{0.5}=0$, $Z_{0.1}=2.326$이므로, 중앙수명은

$t_{0.5}=\exp[10.309-0\times0.505]=\exp[10.309]\approx30,000$이고,

$B_1=\exp[10.309-2.326\times0.505]=\exp[9.134]\approx9,268$이다.

2. 대수 정규분포 Lognormal(^{1}, $3/4^2$)

$$\ln\ t\sim N(\mu,\ \sigma^2)\ \Leftrightarrow\ t\sim \text{Lognormal}(\mu,\ \sigma^2)$$

고장밀도 함수	신뢰도 함수	고장률 함수
$\bullet\ f(t)=\dfrac{1}{\sqrt{2\pi}\sigma t}\exp[-\left(\dfrac{(\ln t-\mu)^2}{2\sigma^2}\right)]$	$\bullet\ F(t)=\phi(\dfrac{\ln\ t/T^{50}}{\sigma})$	
$\bullet\ E[T]=\exp(\mu+\dfrac{\sigma^2}{2})$	where, $T_{50}=e^\mu$ $\Rightarrow$B50(특성수명)	$\bullet\ \lambda(t)=\dfrac{f(t)}{R(t)}$
$\bullet\ \text{Var}[T]=\{\exp(\sigma^2)-1\}\times(\exp(2\mu+\sigma^2)$	$\bullet\ R(t)=1-F(t)$	

－ex) $T_{50}=5000$, $3/4=.7$인 대수정규 수명 분포에서 $R(t=2000)$은?

$$R(2000)=1-\Phi(\frac{\ln(2000/5000)}{0.7}))=0.905$$

3 - 3. 부품의 산포

1. 부품의 산포 관리

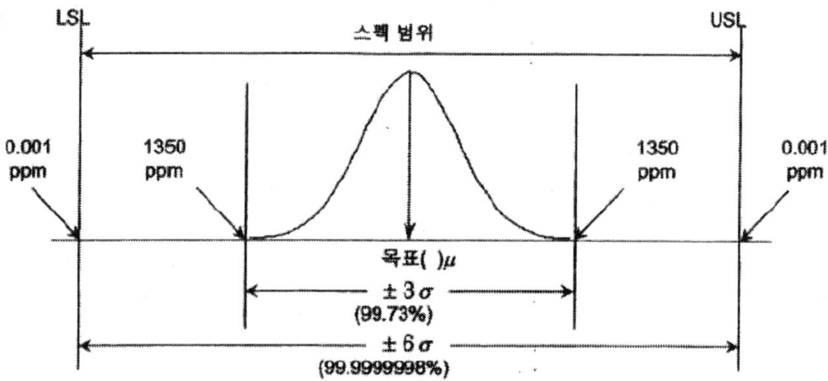

(자료: Mikel J. Harry, "The Nature of Six Sigma Quality," Motorola, Inc., 1988.)

Normal distribution theory for predicting defect rates

2. 부품의 산포 관리

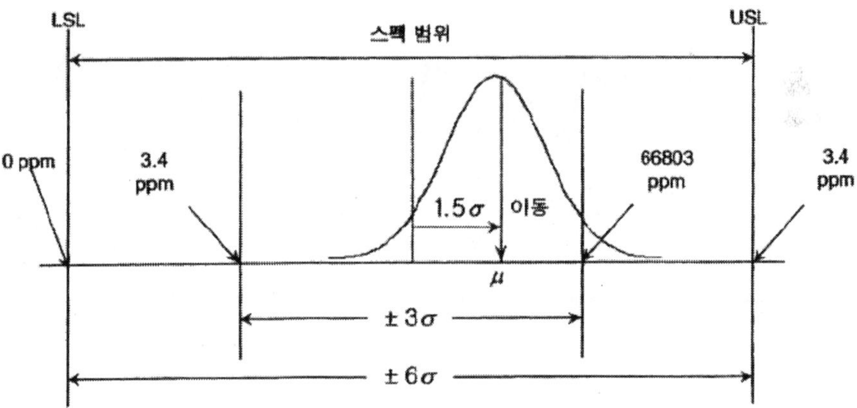

(자료: Peter J. Billington and Ahmadian, "Motorola's Six-Sigma Quality Improvement," Decision Science Institute, Nov., 1990)

3. HALT Margin Discovery Curves

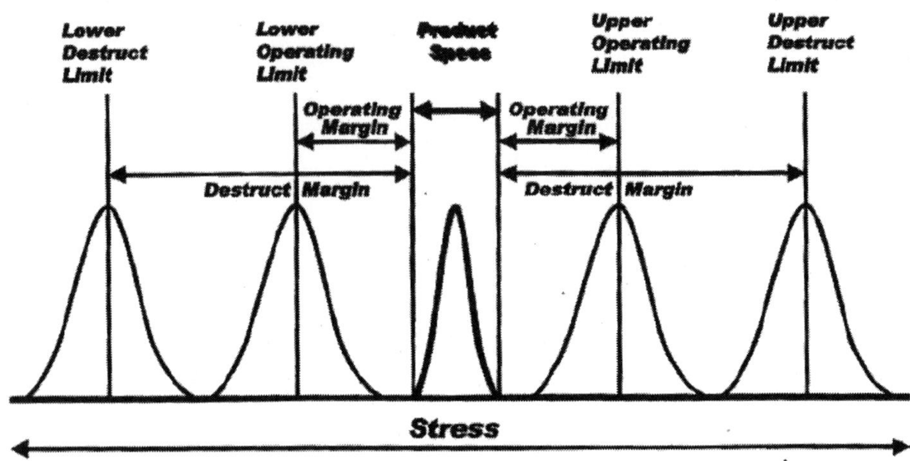

4. HALT process flow at Array Technology

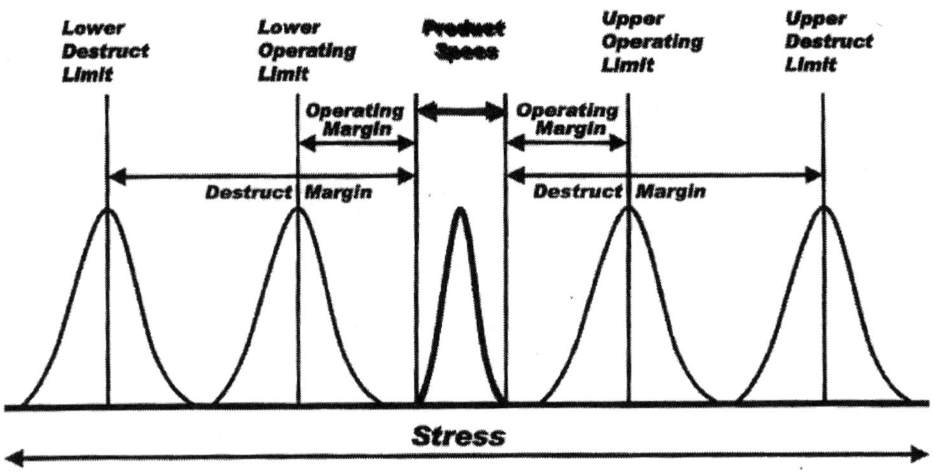

5. HASS process flow at Array Technology

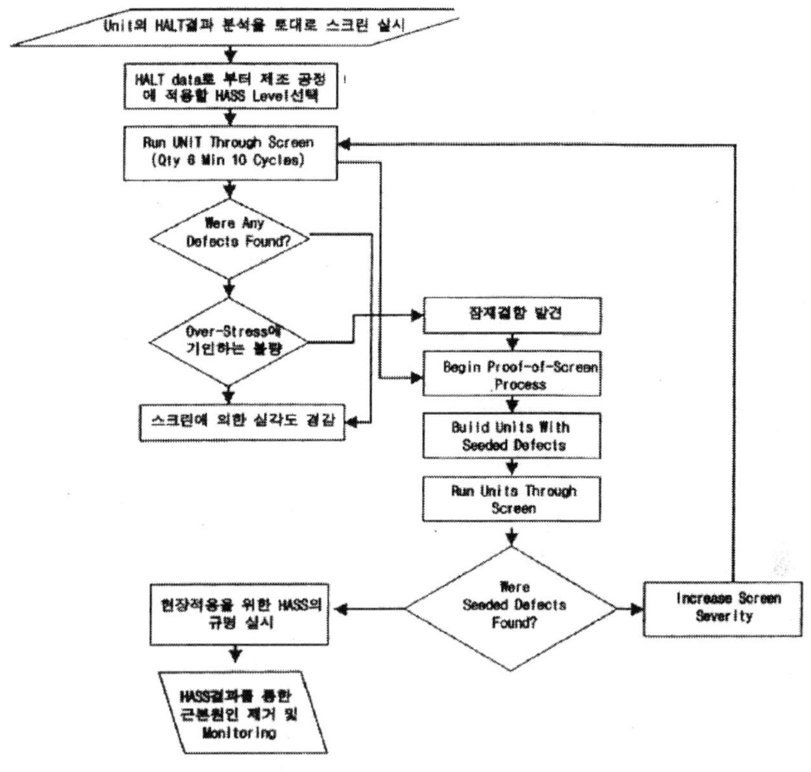

6. 시험결과에 대한 재현성 검증

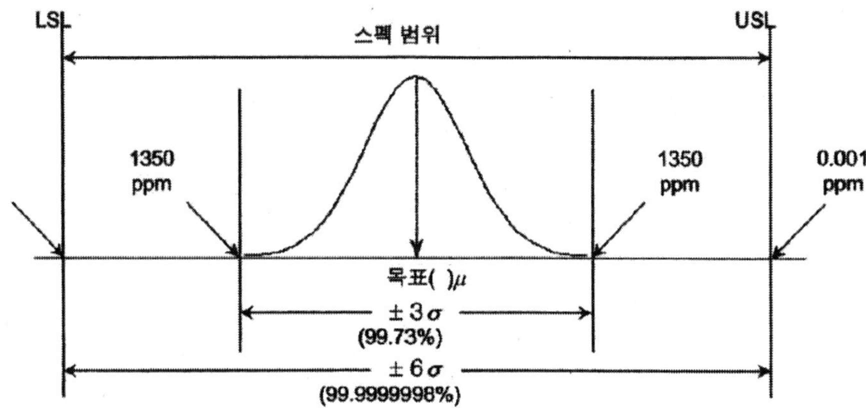

Normal distribution theory for predicting defect rates

7. 수명분포와 신뢰성 함수

분포 및 모수	고장밀도함수 f(t)	신뢰도함수 R(t)	고장률 함수 λ(t)	평균수명 E(t)	수명의 분산 $V(t)\sim\sigma^2$
지수분포 λ	$\lambda e^{-\lambda t}$	$e^{-\lambda t}$	λ CFR	$\theta\sim 1/\lambda$	$1/\lambda^2$
정규분포 형상(표준편차): σ 척도(평균): μ	$\frac{1}{\sqrt{2\pi}\sigma}\exp[-\frac{1}{2}\left(\frac{t-\mu}{\sigma}\right)^2]$	$1-\Phi(z)$	$\frac{\psi(z)}{\sigma\cdot R(t)}$ IFR	μ	σ^2
와이블 분포 형상: m 척도: η	$\frac{m}{\eta}(\frac{t}{\eta})^{m-1}\exp[-\left(\frac{t}{\eta}\right)^m]$	$\exp(-(\frac{t}{\eta})^2)$	$\frac{m}{\eta}(\frac{t}{\eta})^{m-1}$	$\eta\Gamma(1+\frac{1}{m})$	$\eta^2\{\Gamma(1+\frac{1}{m})-\Gamma^2(1+\frac{1}{m})\}$

8. 부품 및 제품의 STRESS별 고장유형 분석

환경 형태별 제품의 STRESS TYPE

Environmental Type	Thermal Environment (1)	Vibration Environment (1)
Office	0 to 40℃	Little or no vibration
Office with User	0 to 40℃	Vibration only from equipment user
Vehicle	−40 to 75℃	1−2 Grms vibration, 0−200 Hz frequency
Field	−40 to 60℃	Little or no vibration
Field with User	−40 to 60℃	Vibration Only from equipment user
Airplane	−40 to 75℃	1−2 Grms vibration, 0−500 Hz frequency

3-4. 환경 stress 영향

1. 열스트레스

1) 가열−온도상승을 동반하는 경우

온도상승을 동반하는 열스트레스에 의해 생기는 사상으로는, 연화, 용융, 승화, 증발, 점도 저하, 팽창, 전이 등 순 물리적인 것 외에도, 산화, 분해, 가수분해, 반응속도의 증가와 같은 화학적인 대응을 동반하는 경우가 있다.

- 가열은 물질의 점도를 저하시켜 재료의 연화를 촉진시키고, 봉지기능을 약하게 하는 구조적인 고장·기계적인 고장을 발생시켜 전기적인 품질을 저하시킨다.
- 가열은 물질을 용융시킨다. 특히 수지를 유리 전이점 이상으로 가열하면, 변형에 대한 저항이 작아져, 지지력을 잃게 된다. 더욱이 온도가 용융점 가까이에 달하면 원형을 유지하기 어렵게 된다.
- 가열은 열에이징이 될 뿐 아니라, 물리적인 파괴를 유발하여, 봉지된 내부의 기능

소자의 전기적인 기능을 저하시켜 고장을 발생시킨다.

- 가열은 재료를 팽창시키므로 열팽창계수의 차가 있으면 구속된 상대재료 간에 문제를 발생시켜 변형을 일으킨다.
- 가열에 따른 온도상승은 화학반응을 촉진시키며, 화학적인 고장을 발생시킨다. 또 승화·증발에 의해 수지 중의 미반응물질이나 재료 중의 분해반응생성물이 기화되어 외부에 방출되므로, 제품 자신의 강도나 타 물질에 부식을 일으키는 원인이 된다.

2) 냉각 - 온도강하를 동반하는 경우

냉각은 일반적으로 가열스트레스로 생기는 사상과는 역의 사상인 경우가 대부분이다.

- 냉각은 구성재료의 개별화를 촉진하며, 분자의 자유운동을 속박하고 파쇄와 같은 구조적인 고장을 발생시키거나, 전기적인 성능을 노화시킨다.
- 저온에서의 대부분의 수지는 강도가 현격히 저하되며, 약해지고 특히 충격에 매우 약하다. 이로 인해 크랙이 유발되고 봉지기능을 저하시켜 구조적인 고장이 초래되고, 전기적인 품질을 저하시킨다.
- 냉각은 재료의 점도를 증가시키고 윤활제의 기능을 저하시켜 마찰에 따른 기계적 고장을 발생시킨다.

3) 열확산과 금속간화합물

IC에서 칩 위의 알루미늄 배선 종단에서 외부접속단자까지 접속할 때 금선을 사용하는 수가 많다. 이러한 종류의 IC를 고온하에 방치하거나, 연속동작을 시키면 불량이 발생한다. 더욱이 발생장소가 그림 3.1과 같이 알루미늄(A L)배선과 금(Au)의 접합부에서 불량이 발생된다. 이러한 고장현상은 발생부위가 보라색이기 때문에 퍼플 프레이그(적색 역병)3.1)라 한다.

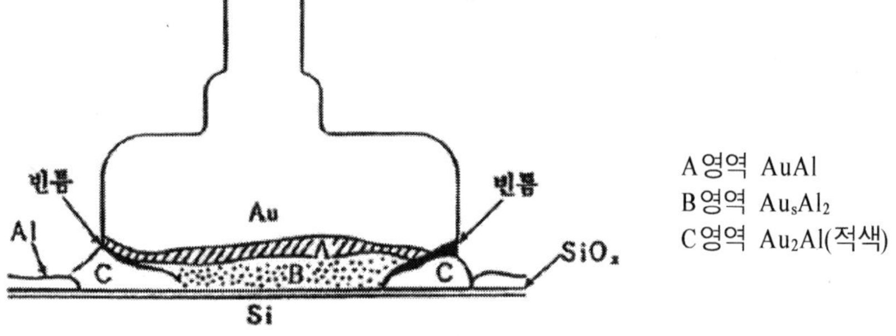

그림 3.1 A*l* −Au열압착접속부의 금속간화합물3.1)

일반적으로 AL−Au접합에서 상호확산에 따라, 몇몇 금속간화합물이 생기는데 알루미늄이나 금에 비해 약한 금속간화합물에 카켄달 공동이 생기고, 나아가 가열·냉각 사이클이 반복되면 크랙이 발생하여 파단에 이르게 된다.

이처럼 2종류의 금속 접합 면에서 양금속의 상호확산과 금속간화합물 생성현상이 일어난다. 더욱이 AL−Au의 경우에 사용할 시에 고온에 놓이게 되면 상호확산과 금속간화합물 생성이 촉진되어 그림 3.1과 같이 확산속도가 큰 쪽에 공동이 생겨 고장이 나므로 주의하여야 한다.(제2장 2.5절 참조할 것)

4) 열열화(열에 의한 산화반응촉진)

플라스틱은 거의가 열에 약하기 때문에 내열성은 매우 중요한 특성 중의 하나이다. 그러나 일반적으로 사용되고 있는 내연성이란 열에 대한 안정성의 총칭으로서 그 내용을 크게 나누면 2종류가 된다. 그 하나는 열크립, 열변형온도, 용해온도 등 온도라는 물리적 인자에 의한 물성의 변화이며, 다른 하나는 E종 절연재료라 불리고 있는 내열수명온도와 같이 장시간 동안 공기 중의 산소에 의해 산화열화라는 화학변화에 견딜 수 있는 재질·특성이다.

열열화란, 일반적으로 후자 쪽을 말하는데 사용환경온도에서 수지가 산화됨에 따라 열화되는 것을 말한다. 이 산화로 인한 열화는 수지의 분자고리를 절단하거나 이웃하는 분자와 가교반응을 발생시켜 기계강도의 저하나 약화현상을 일으킨다. 따라서 전기적 절연조직으로서는 내압노화나 절연열화와 관련되며 전기적으로는 단락현상의 원인이 된다.

이 반응은 반응속도의 변화에 대하여 제1장 1.5절에서 설명한 아레니우스모델을 적용할 수 있으며 절연재료나 전선, 코일, 트랜스, 모터 등 절연조직의 수명추정에 사용되고 있다.

$$1\mathrm{n}t \sim A + B / T$$

여기서

      t: 수명(시간)

      T: 온도(절대온도)

      A, B: 정수

이다.

이러한 개념은 IEC, IEEE, JIS에 규격화되어 있는데, 그림 3.2의 마그네트와이어의 내열수명커브와 같이 고온하에서의 시험데이터를 사용하여, 사용온도에서의 수명을 추정할 수 있도록 되어 있다.

5) 동해(열에 의한 산화반응 촉진)

부드러운 재료(그리스, 고무, 에라스토머 등)가 금속(특히 동)에 접촉해 있으면 분해되는 수가 있다. 폴리프로필렌과 같이 3급 탄소를 많이 함유한 것에 현저하게 나타나는데, 폴리에스테르에라스토머(방향족 폴리에스텔과 비결정성 지방족 폴리에스텔의 공중합체)나 그리스에서 경험하는 일이 있다.3.3)

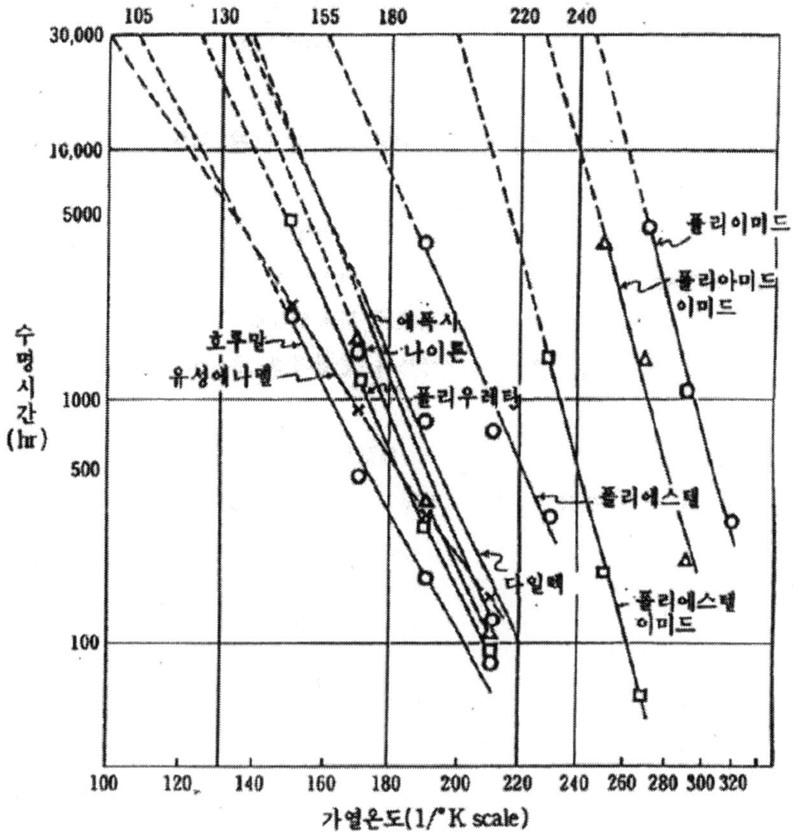

마그네트 와이어의 내열수명커브 예

폴리에스테르에라스토마에 관하여 시험한 예로서 시험의 방법과 수지의 강도 변화를 나타낸다. 샘플을 동판에 똑같은 힘으로 부착시키기 위해 유리판 사이에 끼워 넣고 위에 중추를 놓고, 항온조에 세트하였다. 결과는 고온일수록 노화가 현격한데, 노화 상태는 시료에 따라 다르므로, 그 내력에 차이가 있다는 것을 알 수 있다.

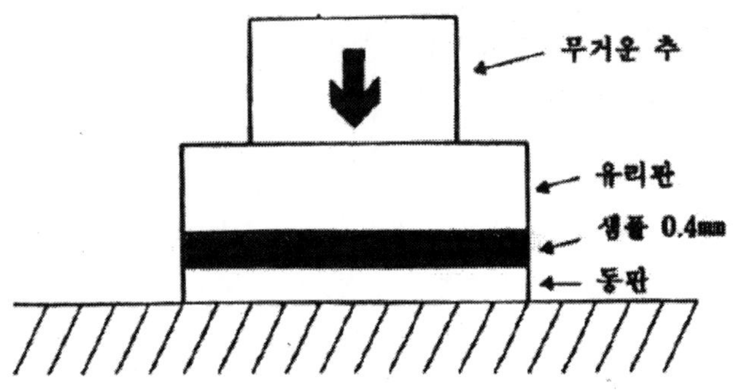

시료에 압력을 인가하는 방법

수지의 인장강도와 신장률의 시험결과

시료	초기치		70℃, 95%, 2월		120℃, 72시간		120℃, 3주간	
	인장강도 kg / ㎟	신장률 %	인장강도 kg / ㎟	신장률 %	인장강도 kg / ㎟	신장률 %	인장강도 kg / ㎟	신장률 %
A	170	750	120	390	210	740	0	0
B	220	810	440	640	210	720	0	0
C	150	400	140	400	150	390	145	360

이러한 현상은 원자가가 1개만 변화하는 다음과 같은 재료가 분해를 가장 활발히 한다.

$$Co_2O_3 \leftrightarrow CoO \qquad MnO_2 \leftrightarrow MnO \qquad Cu_3O \leftrightarrow CuO$$

$$Fe_2O_3 \leftrightarrow FeO \qquad CuCl_2 \leftrightarrow CuCl \qquad FeCl_3 \leftrightarrow FeCl$$

또 아래와 같은 천이금속은 원자가 변경으로 전자 2개가 방출, 흡수되므로 분해 시키는 힘은 1단계 아래의 그룹이 된다.

$$SnO_2 \leftrightarrow SnO \qquad PbO_2 \leftrightarrow PbO \qquad PbCl_4 \leftrightarrow PbCl_2 \qquad TiO_2 \leftrightarrow TiO$$

이처럼 대부분의 금속이 접촉분해 성질을 가지고 있지만, 이 현상을 특히 「동해」 라고 부르는 이유는 동은 다른 금속과 비교하여 널리 사용되고 있다는 것과, 범용

분위기와 가까운 60℃ 정도에서도 산화, 환원이 용이하며, 접촉분해를 발생시키기 쉬우며 발생사례도 많기 때문이다. 이 현상의 대책으로서는 이들 천이금속이 레독스 대응이라는 산화환원반응을 반복시키기 어렵게 하는 첨가제를 함유시키는 방법이 사용되고 있다.

2. 습도스트레스

습도라 함은 일반적으로 공기 중에 포함되어 있는 수증기량을 의미하는데 그 단위는 용량기준, 중량기준 및 물을 기준으로 크게 나뉜다. 이 중에서 환경조건이나 시험조건으로 일반적으로 사용되는 단위는 용량기준을 기준으로 한 상대습도인데, 다음 식으로 정의된다.

$$RH \sim (e\,/\,E) \times 100\ (\%)$$

단

RH: 상대습도
e: 일정체적의 공기 중에 실제로 포함되어 있는 수증기량
E: 포화수증기량으로 해당온도에 함유할 수 있는 최대수증기량

이다. 이 수증기량은 비례관계에 있는 수증기압으로 표시하는 경우가 많다. 그런데 장치, 부품, 재료에 대한 습도스트레스의 영향을 검토할 경우, 수증기(기상)뿐만 아니라, 물(액상), 얼음(고상)의 영향이나, 이들 상전이과정에서 발생하는 물리적 성질 변화의 영향도 함께 고려할 필요가 있다. 또 단독으로는 문제가 되지 않는 수준의 습도스트레스라 해도 다른 스트레스가 시간적으로 병열, 순차 또는 주기적으로 인가된 경우에는 복합환경스트레스에 의해 고장이 발생할 가능성도 있다. 따라서 습도스트레스와 다른 스트레스가 합쳐진 복합환경조건하에서 발생하는 물리현상, 화학현상에 대해서도 충분한 지식이 요구되고 있다.

(1) 습도스트레스의 특질과 고장의 형태

1) 결로

저온의 물체에 어느 수증기량을 함유한 공기가 접촉하면 공기의 온도가 급격히 강하한다. 일반적으로 공기의 온도가 노점, 즉 수증기의 포화상태 온도 이하로 내려 가면, 물체표면에 수증기가 응축된다. 이러한 물의 기상에서 액상으로 상전이되어 발생하는 현상을 결로라 부르고 있다.

2) 기화팽창

역으로 물(H_2O)이 가열되어 수증기로 되는 현상을 기화라 하는데, 이 액상에서 기상으로의 상전이과정에서는 체적팽창이 동반되는데, 이 현상을 기화팽창이라 부르 고 있다. 이 현상이 폐쇄된 시스템에서 일어나면, 내부압력과 온도 관계는 기체상태 의 방정식에 따라, 온도에 비례하여 내부압력이 증가한다. 단지 포화상태에 달하면 다른 증기압곡선에 따른다.

[계산 예] 0℃, 1기압하에서 1㎤의 물이 기화하면 1.24 L, 즉 1240배의 체적을 차지 한다.

이것을 다음과 같이 나타낼 수 있다. 즉 기체의 상태방정식

$$PV \sim nRT$$

에

$$P \sim 1[atm], \quad R \sim 0.082[atm \cdot 1 / ℃ \cdot mol],$$
$$T \sim 273[℃], \quad d_{H20} \sim 1[g / ㎤]$$
$$v_{1120} \sim 1[㎤], \quad M \sim 18[g / mol]$$

의 값을 대입하여, $n \sim v_{1120} \times d_{1120} / M$을 사용 수증기의 체적 V를 산출하면

$$V \sim nRT / P$$
$$\sim (v_{1120} \times d_{1120} / M) \times R \times T / P$$
$$\sim (1 \times 1 / 18) \times 0.082 \times 273 / 1$$
$$\sim 1.23[L]$$

을 얻을 수 있다.

3) 응고팽창

물이 0℃로 냉각되어 얼음이 되는 현상을 얼음결정 또는 응고라 하며, 이러한 H_2O의 액상에서 고상으로의 상전이과정에서도 체적팽창이 일어난다. 응고에 의한 체적팽창은 기화팽창보다 작아, 온도의존성도 적다.

[계산 예] 0℃, 1기압하에서 1㎤의 물이 응고되면 1.09㎤ 즉 1.09배의 체적을 이룬다.

이 1.09란 값은 다음과 같이 하여 구할 수 있다. 0℃, 1기압하에서 물의 밀도는 $d_L \sim 1.000[g/㎤]$이므로, 체적 v_{1120}가 1㎤의 물의 중량 W_L은

$$W_L \sim v_{1120} \times d_L$$
$$\sim 1.000[g]$$

이 된다. 이 물이 응고되면, 0℃, 1기압하에서 얼음의 밀도 $ds \sim 0.917[g/㎤]$에서 그 체적 V_S는

$$V_S \sim W_L / ds$$
$$\sim 1.000 / 0.917$$
$$\sim 1.09[㎤]$$

7) 결로현상

결로는 특질의 항에서 설명했듯이 원리적으로 공기의 온도가 결점, 즉 포화상태의 온도 이하로 내려가면 물체표면에 수증기가 응축되는 현상이다. 이러한 현상의 발생은 다음의 5종류로 크게 나눌 수 있는데 모두 유의할 필요가 있다.

1. 사물이 온습도환경의 급격한 변화를 받을 경우
   - 차가운 것을 따스한 환경으로 옮겼을 때
   - 따스한 공기가 흘러나와, 차가운 것에 부딪혔을 때
2. 사물의 열용량이 커서 주야의 온습도환경변화에 따라갈 수 없을 경우
3. 상대습도가 100% 이하에서도 결로하는 경우
4. 미처 생각하지 못했던 장소, 시기에 결로하는 경우
5. 호흡작용과 연동하는 경우

각각의 현상의 구체적인 내용을 알아본다.

① 사물이 온습도환경의 급격한 변화를 받았을 때

- 겨울에 운반 가능한 기기를 저온저습의 실외에서 난방이 잘되어 있는 고온 고습의 실내로 이동했을 때
- 여름에 소형기기를 냉방이 잘되어 있는 저온고습의 실내에서 고온고습의 실 외로 이동시켰을 때
- 발열·냉각기체나 수증기를 이용하는 기기, 예를 들어 난방기기, 에어컨, 스 팀·아이론 등에서 나오는 증기가 차가운 물체에 닿았을 때
- 용제가 부착된 사물이 건조과정에서 그 기화열로 인해 물품 자체의 온도가 주위의 환경보다 낮아졌을 때
- 고온고습조건(60℃, 90%)의 시험조의 문을 열었을 때, 외부의 공기가 조내부 에 있는 평가시료에 닿았을 때, 고온동작시험종료 시에 동작전원을 차단할 때도 같다.
- 기기 안에서의 온도분포가 클 때(전원부와 같은 발열부에서 떨어진 부분은 국부적인 상대습도가 높아 결로하기 쉽다.)

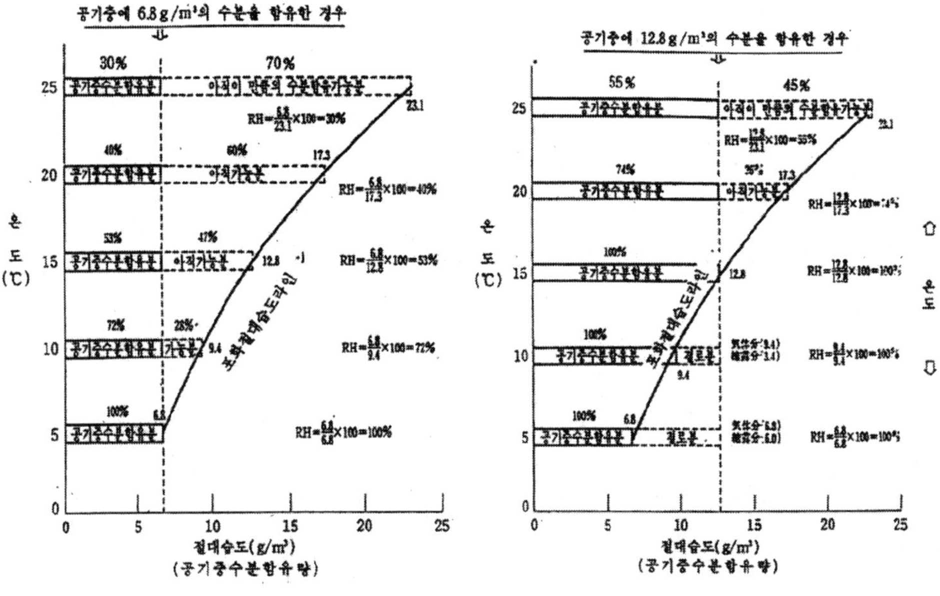

(a) 공기 중의 수분량이 6.8g / ㎥인 경우　　(b) 공기 중의 수분량이 12.8g / ㎥인 경우

온도 상대습도(RH), 결로량

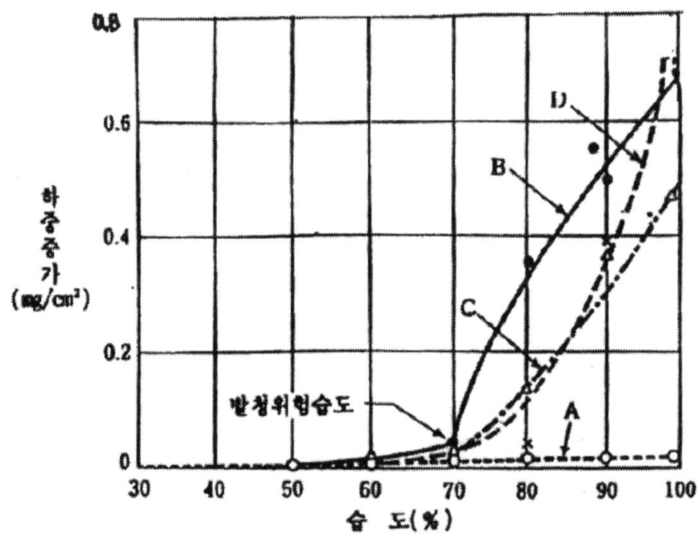

A: 순O공기, B: 0.01% SO_2 오염공기
C: 탄소입자함유공기, D: 탄소입자 SO_2오염공기

습도와 녹발생의 관련성

상대습도와 녹이 발생되는 관련을 나타낸 것인데 습도가 70% 정도에서 급격히 발생하기 쉽다는 것을 알 수 있다. 물은 상대습도 100%가 되지 않아도 어떠한 원인으로 인해 부식과 관련되어 있다는 것을 나타내고 있다. 결로는 상대습도가 100%에서도 다음과 같은 메커니즘에 의해 발생한다. 전자기기가 부식되었을 때 수분은 부식의 원인이 되며 결로가 반드시 일어난다 보아도 좋다.

● 시료표면의 거칠음이 일정하지 않을 때

다공질물질이나 모세관 등에서는 표면이 凹면을 이루어 경계면에 인장분력이 생기기 때문에 통상수평면에서의 포화수증기압 Po보다 작은 압력 P에서 평형에 달하고 결로되어 표면에 흡착된다. 이 관계는 켈빈 곡선에 의하면 직경 100Å의 모세관에서는 상대습도 90%에서 결로된다.

● 물에 소금이 용해되어 화학응축이 일어날 때

어떤 종류의 소금이 수용액과 공존하여 평형상태에 있는 기체의 수증기압은 용액의 종류, 농도, 온도로 결정되며, 평형수증기압(습도) 이상에서 결로한다. 포화식염수의 경우, 결로하는 평형습도는 76%RH가 된다.

● 고무로 피복할 때 봉지시 공기 중의 습도가 높을 때
　부품의 봉지조건을 설정하기 위하여 사용되는 방법으로 결로온도(결점)에서 공기 중에 함유되어 있는 수증기량(ppm단위)을 산출하는 방법이 있지만 이때에 사용하는 결점과 수분량의 관계가 노모그래프와 같다. 이 그림에서 0℃, 1기압의 대기 중에서 결로하는 공기에는 6000ppm(0.6%)의 수증기가 포함되어 있다는 것을 알 수 있다.

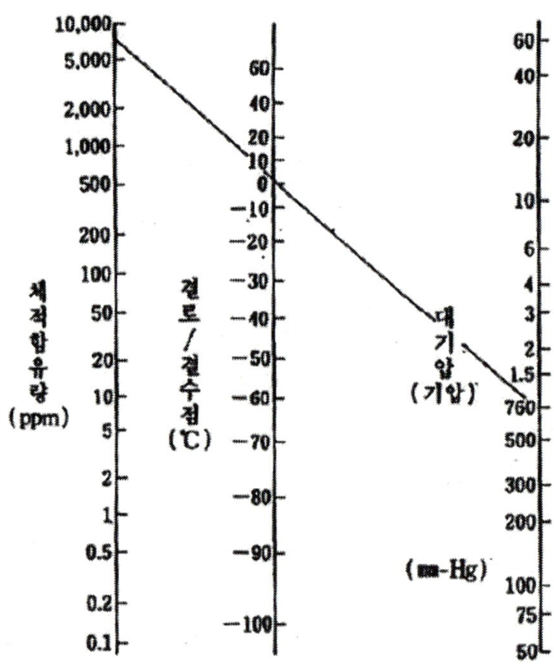

기압 · 노점 · 함수량의 모노그래프

　또 결점 측정은 시료냉각 시의 배선 간 용량변화를 기준으로 할 수 있고 이렇게 부품냉각방법이 종종 검토되고 있다. 캔 형태나 하메틱 형태의 부품에 대하여는 간편하며 고정밀도의 결로측정방법으로서 액체질소를 사용하는 방법이 제안되고 있다.
　그런데 그림과 같이 충분히 건조한 분위기 중에서 봉지된 정상품에서는 반도체

페레트 알루미늄 배선 간 용량은 온도변화에 대해 직선적으로 변화한다. 그러

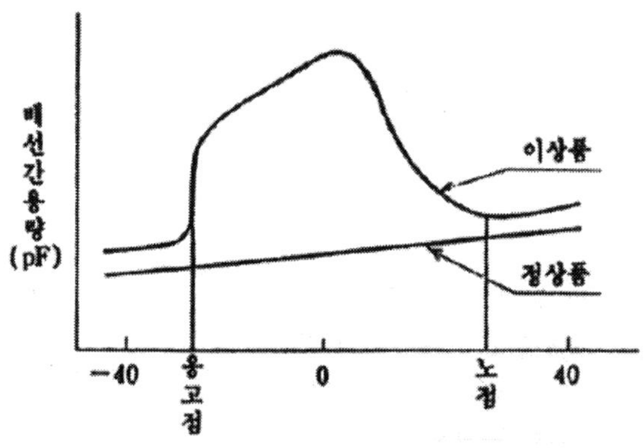

알루미늄 배선 간 용량의 변화[3.14)]

⑤ 호흡작용과 연동하는 경우

● 호흡작용은 용기이나 실내외의 수증기압 차에 의해 발생하지만, 이 작용에 다음 2
종류의 온도변화가 인가되면 진행한다.

* 외부분위기의 온도변화에 의해 사물이 가열, 냉각되어 외부변화형태

* 내부의 발열체, 예를 들어 코일, 파워 트랜지스터 등에 의해 사물이 가열, 냉각되
어 내부변화 형태

또 씰부를 사이에 두고 생기는 호흡작용은 씰 재료에 따라 투습률의 차에 큰 영
향을 주고 있다. 대표적인 프라스틱의 투과치는 표와 같다.

각종 프라스틱 픽 팀의 투과치(단위: g / ㎡ / 24hr / atm)

투과치 프라스틱명	H_2O	CO_2	O_2	N_2
폴리프로필렌	8~12	25~35	5~8	–
폴리에틸렌				
저밀도	16~22	70~80	13~16	3~4
고밀도	5~10	20~30	4~6	1~1.5
폴리카보네이트	40~50	1~7	0.1~1.5	–
폴리아미드	120~150	0.1	0.03	–
폴리부틸렌	20~30	0.08	0.1	–
텔레타레트				

[계산 예] 수증기압의 내부 차는 보일·샬의 법측을 이용하면 산출가능하다. 예를 들어 캐피러리나 씰부를 사이에 두고 20℃와 70℃의 온도 차를 주었을 때, 기체의 상태방정식을 이용 이하와 같이 계산하면 0.17kg / ㎡의 압력차가 내부와 외부 사이에서 발생한다는 것을 알 수 있다.

20℃, 1kg / ㎡의 기압에서 같은 체적 V인 2개의 용기를 가는 관을 넣어 연결하여 한쪽의 용기만을 70℃로 가열하면, 70℃의 용기내부의 압력 P_2는

$$P_2 = P_1 \times T_2 / T_1$$
$$= 1 \times 343 / 293$$
$$= 1.170[kg / ㎡]$$

가 되며, 압력 차 $\triangle P$는

$$\triangle P = P_2 - P_1$$

된다.

3. 응력스트레스

(1) 응력스트레스의 특질과 고장 형태

응력스트레스는 온도, 습도스트레스와 같이 기준치에 대해 마이너스방향의 스트레스, 즉 기준치보다도 경감된 레벨의 스트레스는 고장 요인으로 되기 어렵다는 것이 그 특징이다. 단지, 기압과 같은 압력스트레스는 여기서 다루지 않는다. 이하에 먼저 응력스트레스에 관한 기본적인 3가지 특질을 설명한다.

- 진동은 공진을 일으킨다든지 강제적으로 반복 응력을 인가한다든지 하여 재료를 피로하게 만들어 구조적인 고장이나 물리적인 파괴를 발생시킨다.
- 충격은 난시적으로 넓은 주파수에 걸쳐 진동을 유발하며, 공진으로 기계적인 고장이나 구조적인 고장과 같이 물리적 파괴를 발생시킨다.
- 응력이 장기간에 걸쳐 지속될 때에는 내력의 한계점에 있어서 구조적인 고장이나 물리적 파괴를 발생시킨다든지 하하저인 파괴 요인의 하나가 되어 열화나 고장을 발생시킨다.

일반적으로 진동은 상당한 시간을 지속함에 비해 충격은 생각지 못한 기회에 돌발적으로 비교적 단시간 사이에 종료하게 된다. 이들의 고장현상으로는 파손이나 파괴인데, 물리적으로 매우 명료하게 파악할 수 있다. 진동이나 충격의 경우, 제품 고유의 진동수와 공진하는 경우에는 복합스트레스가 매우 큰 특징이 있다. 그러나 사용 중에 파괴될 정도로 크지는 않지만 지속되는 스트레스를 받으면 파괴되는 경우가 있으므로 주의해야 된다. 응력스트레스 형태는 흡습, 탈습(건조)이나 냉각, 가열에 의한 수축의 반복에 의한 열피로에서 고장에 이르는 경우도 있다.

(2) 응력스트레스에 의한 주요 고장사례

1) 피로파괴

반복적으로 힘이 인가되는 부위는 정적인 강도보다 낮은 응력에서도 파괴되는 수가 있다. 이것은 수회의 응력이 반복적으로 작용하면 재료의 피로가 누적되어, 마침내 파괴에 이르는 현상으로 피로파괴라 한다. 이 경우 그림과 같이 응력 값이 클수록 적은 횟수에도 파괴되는데 종축에 응력(S), 횡축에 반복 횟수(N)를 잡아 실험데이터를 프롯트하여 얻을 수 있는 S-N곡선은 피로특성을 표현하고 있다.

일반적으로 비교적 작은 응력의 범위에서 S-N곡선은 횡축에 거의 평행하여 거의 무한회의 응력에 견딜 수 있다. 이 범위를 넘어 응력이 커지면 적은 횟수에도 급속히 파괴되는데 이때의 응력 한계치를 피로한도라 부르고 있다. 이 현상에서 알 수 있는 대략적인 횟수는 그림에서 볼 수 있듯이 $10^5 \sim 10^7$회이다.

① 피로파괴의 구체적 사례
- 스위치나 릴레이판 Spring의 피로파괴
- 땜납접속의 열피로파괴

  (온도 사이클에서 힘이 반복인가 되었을 때는 열피로라 한다.)

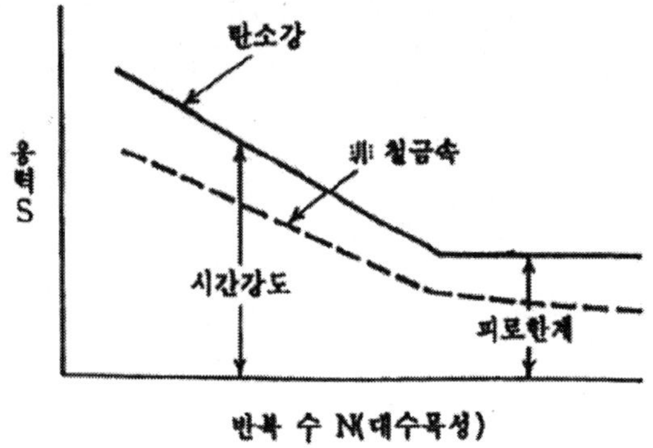

S-N곡선

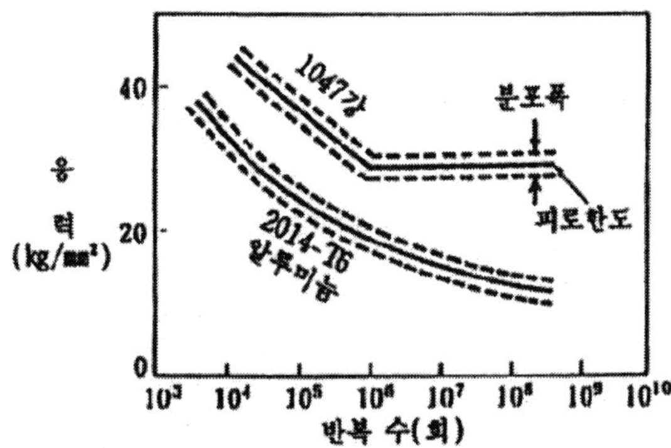

금속재료의 피로파괴 곡선[3.15]

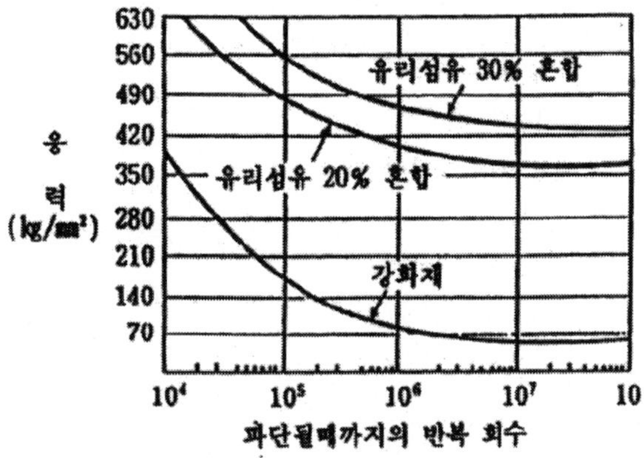

폴리카보네이트의 S-N곡선[3.16]

- 강축의 부식피로(부식에 따라 표면에 결합이 생겨 그곳에 반복 기계적응력이 인
  가되어 피로파괴를 일으키는 경우, 부식에 의한 흠집이 원인이므로 부식피로라 함)

② 피로파괴가 발생하기 쉬운 조건
- 반복응력, 변형되는 부품(단지 기계적응력만이 아니라 파워트랜스, 발광체 등의
  전원의 on-off나 주야의 온도변화를 열팽창차가 발생하는 반복 응력도 고려해야
  만 한다.)

③ 피로파괴가 발생하기 쉬운 재료

④ 주의사항
- 피로파괴 데이터는 재료 메이커가 가지고 있으므로 부탁하여 조사를 해보아야 하
  는데 평판에 관한 데이터가 대부분이므로 구멍이나 Bending 가공을 하는 부품은
  실물로 데이터를 뽑을 필요가 있다.

2) 크립파괴

일정한 힘이 장시간 작용되고 있는 부위는 정적인 강도보다 낮은 응력에서도 크
랙이 발생하여 파괴된다. 즉 단시간에는 견딜 수 있는 외력이라도 장시간 계속 인
가되고 있는 파괴, 장시간응력 동안에는 결정간이 늘어나, 즉 변형이 되어 외력을
제거해도 원형으로 돌아오지 않아 결국에는 파괴되고 만다. 어떠한 일정의 응력하
에서 종축변형, 횡축에 시간을 잡아 양자의 변화를 나타낸 곡선을 크립곡선이라 한
다. 큰 응력의 경우, 변형시간과 함께 점점 증가하는데 마침내는 파괴에 이른다. 어
떤 값 이하의 응력에서는 변형이 거의 증가됨이 없이 거의 횡축과 평행인 상태가
된다. 이 한계응력을 크립한계라 한다.

크립파괴의 구체적인 사례로는 인서트 형성품은 성형할 때 경화 시의 수축으로
상시인장 응력, 즉 변형이 되어 있는 상태이기 때문에 파괴된다고 알려져 있다. 또
수지몰드는 주입수지가 경화 시에 수축하여 내장부품을 기관에 압축하여 고정시키
므로 납땜 부위에 힘이 인가된 상태가 되어 크립 상태에 있는 것이 된다. 크립파괴
는 장시간 한 방향으로 인장이나 압축응력을 받으면 발생하는데 이러한 응력으로는
초기에 세트할 때 인가되는 것과 성형 등의 가공방법에 의해 인가되는 것, 또는 사

용 시의 힘이나 열에 의해 인가되는 것이 있다. 따라서 실제로 인가되는 온도, 응력 하에서 데이터를 평가할 필요가 있으며 데이터가 없을 때는 시험 아래에 금속과 플라스틱을 나누어 설명한다.

1. 금속의 크립현상

금속에서 일어나는 크립의 원인은 금속의 융점온도를 T_m으로 할 때에, $0.5T_m$ 이하의 온도에서는 결정 중의 전위나 입계 미끄럼이 지배적이다. $0.5T_{5m}$ 이상의 온도에서는 고체 내의 원자확산이 지배적이라 할 수 있다. 그림은 고온에서 재료에 일정의 하중이 걸리면 변형이 시간과 함께 변화하는 특성곡선을 나타내고 있다. 이 크립곡선은 1~3차의 3단계로 나누어진다.

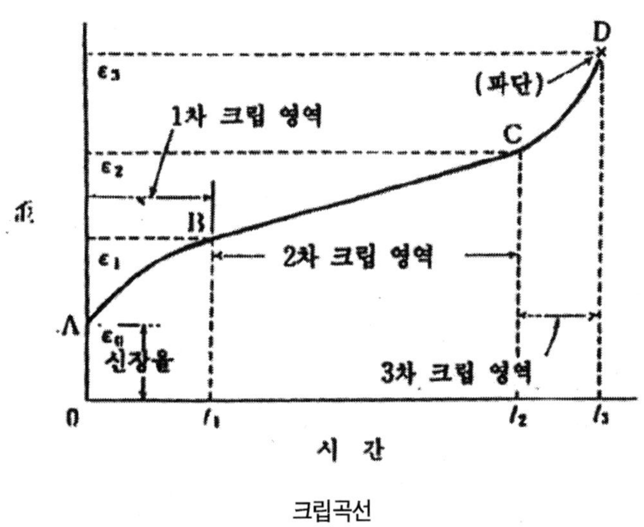

크립곡선

파단시간, 즉 크립수명의 온도의존성은 저명한 Larson-Miller의 공식으로 얻을 수 있고 온도가속시험에 의한 수명추정에 사용할 수 있다. 즉 인가된 응력을 σ라 할 때, 절대온도 T(°K)에 있어서의 크립 수명 t에 대하여 T(C+1nt)=일정하다는 관계가 성립한다. 그러나 C는 6에 의존하는 정수로 15~23의 값을 취하지만, 통상은 20으로 계산하는 경우가 많다.

크립현상은 금속의 융점 T_m에도 의존된다. 특히 합금인 경우는 파고들어가는 용매원자와 처음부터 존재하고 있는 용질원자와의 직경의 차가 클수록, 또 용질원자의 융점이 높을수록 크립파단강도가 증가한다고 알려져 있다.

그런데 일반적으로 금속을 가공하면 가공경화가 일어나는데 이렇게 가공한 금속을 $0.3 \sim 0.5T_m$ 이상의 온도에 가열하면 재결정되어 현격하게 부드러워지는 것을 알 수 있다. 이처럼 재결정온도 이상으로 가열한 후에는 항복력이 매우 낮아진다. 따라서 가공으로 고온상태에서 강도높이는 조작은 바람직하지 못하다. 또 고장해석이나 시험을 실시할 때 가공경화나 어떠한 형태든 열이력이 인가되는 것에 대해 주의하는 필요가 있다.

2. 플라스틱의 크립현상

플라스틱의 크립현상도 금속의 경우와 비슷하다. 즉 크립곡선도 금속크립복선과 유사한 것을 얻을 수 있다. 또 파단시간의 온도의존성에 대하여 Larson-Miller의 식의 성립한다. 그러나 신뢰성의 입장에서 보면 금속과 다른 점이 몇몇 존재한다. 즉 플라스틱의 경우에는 다음과 같은 특징이 있다.

① 크립 양이 매우 크다.
② 크립 양은 온도에 매우 민감하다.
③ 지연항복(delayed yield)을 나타낸다.
④ 크레이즈, 즉 균열이 발생한다.
⑤ 약품. 잔유응력 등에 의해 크립 양이 크게 영향을 받는다.

이상의 특징 중에서 특히 ①은 플라스틱의 경우 금속과 비교하여 크립에 대한 내력이 낮다는 것을 나타내고 있다. 예를 들어 성형품의 두께가 다르거나 예리한 코너가 있으면 응력집중이 되므로 크립 수명이 매우 짧아진다. 또 원형 성형품에 각이 있는 육각 너트를 삽입하는 것은 바람직하지 못하다. 삽입하는 금속에 바리가 있을 때는 바리가 크립파괴의 원인이 되기도 한다.

다음 ②는 크립이 상온에서도 일어날 수 있다는 것을 의미한다. 특히 열가소성수지는 주의해야 한다. ③에 대해서는 플라스틱 재료에 항복응력보다 낮은 하중을 장시간인가 했을 때 생기는 변형은 통상 크립에 의한 변형을 증가시키지만 어떠한 범위의 부가응력에서는 그림과 같이 부하 중에 돌연 일부가 잘록해져 항복이 일어나는 수가 있다. 이 현상은 지연항복 또는 동적항복이라 한다. 강도계산을 할 때에 일종의 파괴라 간주하여 지연파괴 가능성을 고려해 두어야 한다. 폴리아미드(PA), 폴리스틸렌(PS), 폴리카보네이트(PC), 폴리설폰(PSC)에 이러한 지연항복이 일어난다고 보고되고 있다. 응력이나 온도의 범위를 잡는 방법은 대부분 고분자재료에 공통되어 발생되는 현상으로 보아도 좋다. 지연항복으로 파괴가 발생할 때까지의 시간은 부하응력이 일정할 때 아레니우스의 공식이 적용되므로 온도를 변화시켜 가속추정을 할 수 있다.

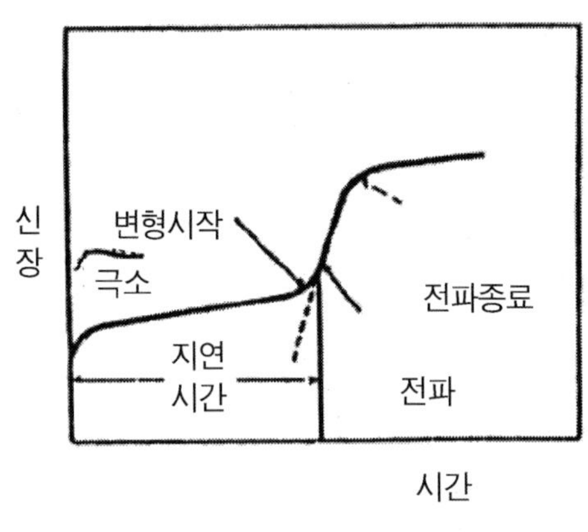

지연항복

④의 크레이즈란 플라스틱 재료의 표면상에 나타나는 크랙상의 흠집인데 크기는 거의 폭 100~250㎛, 깊이 수㎛~수㎜가 된다. 크레이즈는 고분재료에서 나타나기 쉬운 특유한 현상으로 단순한 크랙의 일종이 아니라, 그것이 미시적인 파괴와 항복의 중간적인 양상을 띠고 있고 거시적인 파괴의 전구현상이라 할 수 있다.

⑤에 대해서는 고분자재료가 기름이나 각종 약품의 액체나 증기에 접촉되었을 때 재료 안으로 침투 확산되는데, 특히 화학적 변질을 일으키는 약품을 경우는 분자사슬을 절단하거나 분자간가교에 변화를 일으킨다.

3) 응력완화

신축된다든지 변형되는 것을 목적으로 하여 만들어진 부품, 예를 들어 용수철, 벨트 등은 최대한 변형된 형상의 상태에서 장시간 경과되면 그 목적의 성능을 발휘하는 힘이 약해진다. 즉 물체에 어느 일정한 변형을 주어 변형된 상태를 유지시키면,

하중을 인가한 직후에는 그 변형량에 대응하는 응력을 나타내지만, 시간이 경과함에 따라 그 응력은 점차 감소하는 경향을 보인다. 장시간 일정한 변형을 받고 있는 중에 물질 내부의 물리적 변화로 결정간이 신장된 상태가 되어 응력이 감소, 완화해가는 현상으로 응력이완이라고도 한다.

① 구체사례
● 용수철은 휨으로 응력을 나타내는데, 고온에서는 응력완화에 의해 힘이 저하된다.
● 인장응력을 인가한 우레탐벨트를 세트했는데 2~3일 후에 인장응력이 낮아져, 토르크가 전달되기 어렵게 되었다.

② 발생하기 쉬운 조건
● 그림 3.20와 같이 Spring재의 온도가 높으면 높을수록 완화가 일어나기 쉽다.

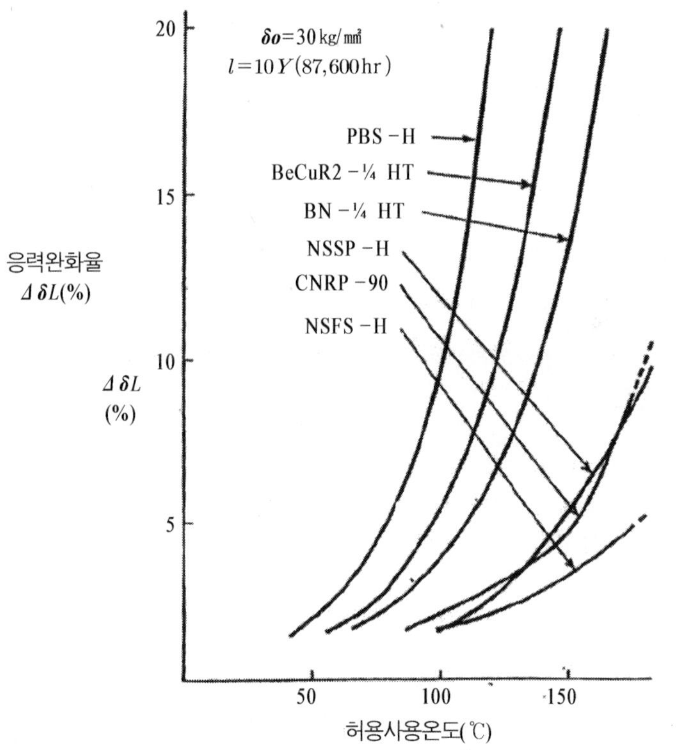

Spring의 온도와 응력완화율의 관계[3.17]

③ 발생하기 쉬운 재료
- 융점이 낮은 것, 내열온도가 낮은 것
- 스트레스−스트레인 곡선에서 명확한 항복점이 없는 재료
- 동합금이나 플라스틱

④ 주의사항
- 응력완화에 관한 데이터는 메이커가 가지고 있으므로 이용하면 된다. 그 예는 그림과 같다.

4) 응력집중

그림과 같이 형상적으로 구멍이나 잘려나간 부분은 단순한 응력계산결과의 수배에 해당하는 응력이 작용한다. 단면이 동일한 긴봉을 잡아당기면, 단면에 똑같은 응력이 작용한다.

잘려나간 아래쪽의 단면이 좁은 곳에서는 평균응력보다 큰 응력이 생긴다. 즉 응력집중이 일어나는데, 응력이 커지는 비율을 응력집중계수 또는 형상계수라 한다.

① 실례
- 축의 U형구, E링 구부에서 절손
- Spring재에서 바리를 떼어낸 부분은 잘려나간 부분에 응력이 집중된다.
  1μ와 5μ의 바리수명은 클수록 짧다.
- 코일 Spring부 가공 시에 흠이 있는 곳이 절손

② 발생되기 쉬운 조건
- 응력이 큰 부품에 구멍이나 잘려나간 부분은 가지고 있는 것

③ 발생하기 쉬운 재료
- 모든 재료

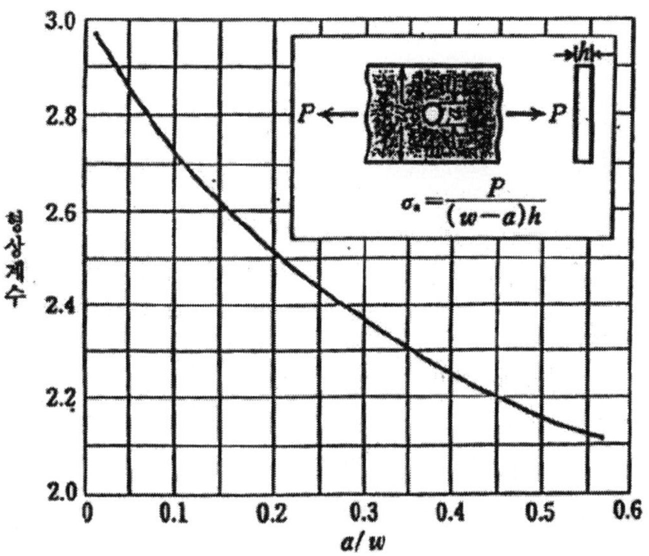

원공이 있는 대판의 형상계수

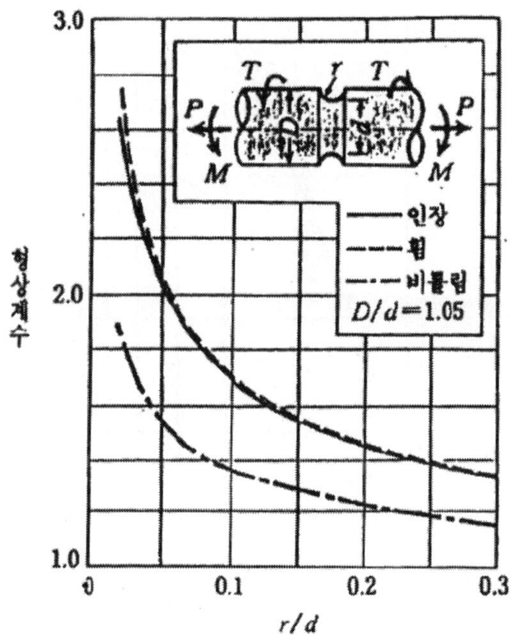

U형 환봉의 형상계수

5) 응력부식균열

환경과 재료의 특이한 조합에 의한 고장형태의 하나로 응력부식크랙이 있다. 일반적으로 잔유응력을 포함한 인장응력이 연속하여 작용하는 합금은 부식이온과 만나면 응력부식크랙이 발생 절손되는 수가 있다. 인장응력으로 합금이 늘어나면 표면의 부식에 대한 안정피막이 파손되기 쉽고 파손된 곳에 부식이온의 영향으로 일부결정이 끊어지는데, 이렇게 되면 응력집중이 매우 큰 예리한 크랙이 발생한다.

대량의 부식이온이 있으면 부식금속이 크랙을 방지하므로 부식은 진행되지만 크랙의 진전은 반대로 일어나기 어렵다. 이처럼 인장응력에서는 부식과의 상승작용에 의해 크랙이 진행되므로 메카노케미칼 응력이라 한다.

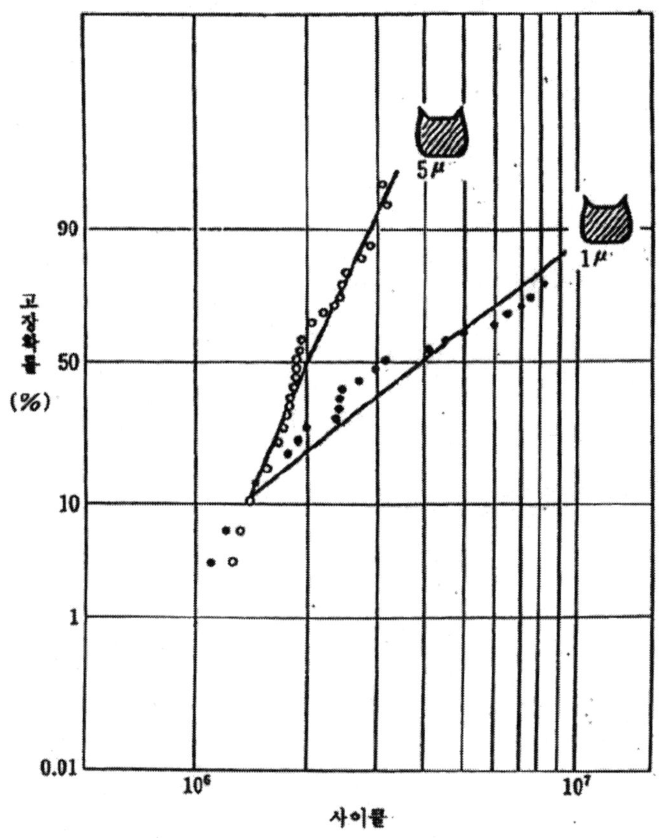

를 가진 Spring피로의 크기 분포

① 사례 Burr

- 황동단자가 페놀 일반재에서 암모니아 가스로 균열된
- 아황산가스 분위기에서 동합금이 균열된
- Be-Cu로 된 Spring이 페놀 일반재에서 암모니아 가스로 균열된
- Bending 가공하여 만든 스테인레스 용기 안에 염소분이 있는 수돗물을 사용하여 고온고습도 시험을 했더니 스테인레스 용기의 가공부가 균열

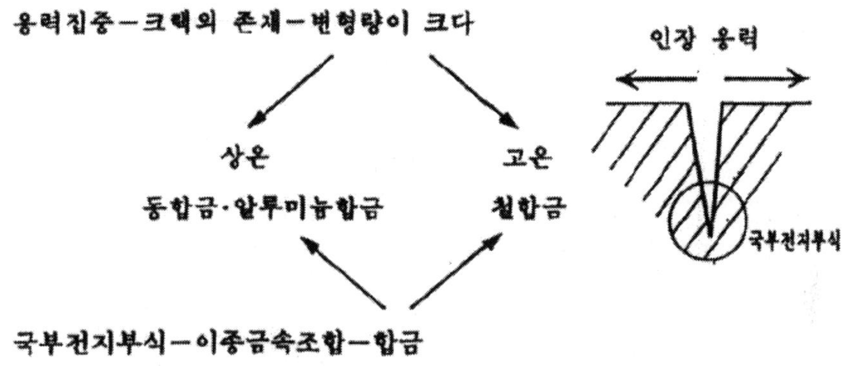

응력부식균열 개념도

고온고습 시험을 했더니, 스테인레스 용기의 가공부가 균열된 예

② 발생하기 쉬운 조건

- 그 금속을 부식하는 가스나 용액과 조합
- 인장응력이 작용하여 변형하기 쉬운 상태

발생하기 쉬운 조합

합금	분위기 또는 용액
탄소강	강알카리 용액(알카리포성)
탄소강	초산용액(초산염포성)
오스티나이트계 스테인레스	염소이온 분위기
알루미늄합금	염소이온 분위기
마그네슘합금	염소이온 분위기
황동	미량의 암모니아분위기

6) 수소위약성

수소가 발생하는 분위기, 도금과 같이 물의 전기분해 개소나 황화수소·비소화합물과 같은 곳에 방치한 금속은 인장 강도가 낮아져 파괴되는 수가 있는데, 이 현상을 수고위약성파괴라 부른다.

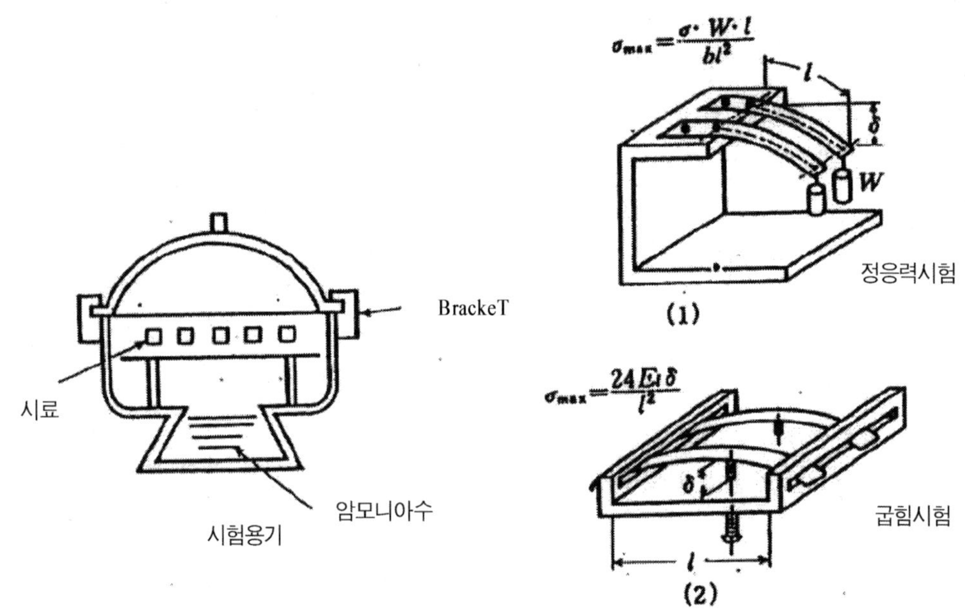

응력부식균열의 실험장치

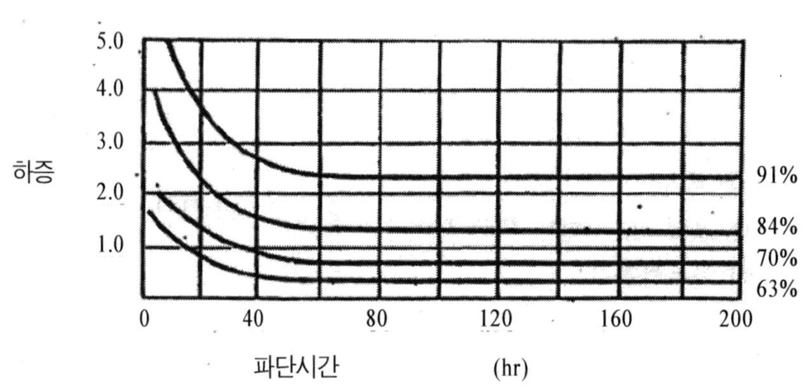

각종황동의 하중파단곡선

일반적으로 금속으로 파고들어가는 원자로서는 H, B, C, N, O 등이 있는데 소이외는 인공적으로 하지 않으면 들어갈 수 없다. 크기가 0.56 Å인 H+이온은 Å의 금속 결정간(격자 간)에 자연적으로 파고든다. 금속내부에서 H_2나 탄소강안의 탄소와 반응하여 CH_4와 같은 가스로 변한다. 이때 팽창하여 고압상태가 되면, 결정간에 인장응력이 작용한 것과 같은 것이 되기 때문에 인장응력에 대해 약하게 된다. 탄소강의 사례에서는 강도가 약 2/3~1/3 정도가 되므로 볼트, Spring 등의 고응력부에서 주의가 필요하다. 또 이 파괴는 응력이 작용하기 때문에, 일정 시간 경과 후 발생하는 자연파괴이므로, 세트할 때나 체결 작업 종료 시에는 알 수 없는 것이 복잡한 현상이다.

① 구체사례
- 재차 도금을 했다든지, 검은색으로 도장을 한 것처럼, 표면처리품을 단순히 염산으로 벗겨내 다시 도금한 것이어서 발생한 예
- 표백처리하기 위해 황화가스를 사용했는데 동합금이 균열된 예
- 아황산가스 분위기에서 동합금이 균열된 예
- 밤에 탄소강비스에 알루미늄이 부착된 부품에 국부전지가 생겨 H_2가스가 발생하여, 그것을 철비스가 흡장하여 파괴된 예

② 발생하기 쉬운 처리조건

수소이온이 흡장하는 조건으로는 산세정이나 전기 도금 중, 또는 황화수소와 같은 수소이온이 분리하기 쉬운데, 다음과 같은 처리를 할 수 있다.
- 도금을 장시간 산으로 세정처리
- 대전류로 무리한 도금(수소발생이 많은)처리
- 황화수소분위기·비소화합물과 합성하여 처리

③ 발생하기 쉬운 조건

고장력강·고탄소강으로 된 볼트나 용수철과 같이 고응력이 요구되어 재료강도한계까지 사용하는 것.

7) 환경응력균열

잔류응력을 포함한 인장응력이 연속적으로 작용하고 있는 수지는 온수, 가스용제,

그리스와 조합하면 크랙이 발생, 파괴(환경응력균열)되는 수가 있다. 인장응력이 작용하고 있을 때는 분자사슬이 신장되어 있는 상태이므로, 용해성 파라메터(SP)값에 맞는 용제가 팽윤이나 용해에 필요한 양보다 훨씬 적은 양일지라도 작용하면 고분자사슬 상호간의 응집력을 초월하기 쉬워, 차차로 분자사슬이 끊어져 크랙으로 진전해 간다. 이때 용제가 아닌 약품도 분자사슬을 파괴할 수 없는 소량으로 인장응력과의 상승작용이 일어나면 동일한 메커니즘이 일어나 크랙이 진전된다.

① 구체사례
- 밀폐용기 내에 폴리카보네이트와 페놀수지 일반재의 합성에 의한 폴리카보네이트수지에 크랙이 발생한다.
- ABS수지가 절삭유의 계면활성제에 의해 크랙이 발생한다.

② 발생하기 쉬운 조건
- 성형의 잔류인장 응력이 크다.
- 외력이나 열변형으로 큰 응력이 인가되고 있다.
- 고온일수록 반응이 빨라 발생하기 쉽다.

③ 발생하기 쉬운 재료
- 폴리카보네이트, ABS, 노릴, 폴리아미드, 폴리메타크리산메틸, 폴리에틸렌, 폴리옥시메틸렌

솔벤트크랙법에 의한 변형 검출

수지명	용제 또는 약품명
ABS	석산수용액
노릴	지브릴부티로스호네트
폴리카보네이트	에틸알콜수용액 사염화탄소 / n부탄놀
폴리아미드	염화아연수용액
폴리메타크릴산메틸	메틸알콜수용액
폴리에틸렌	노닐페놀폴리옥시에틸렌 · 에탄올 GAF사의 Igepal CO −630 일본유지사의 노니온 NS −210
폴리옥시메틸렌	염산수용액

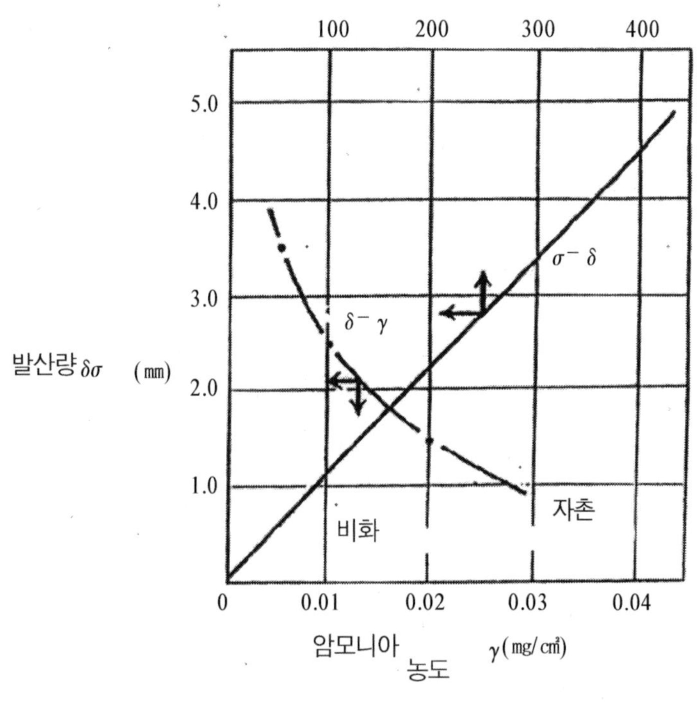

농도와 탄성의 관계

8) 미세습동마모로 인한 접점의 잡음발생

접점의 접촉경계면은 전 면적에 완벽하게 붙어 있는 것이 아니라, 양면에는 상호간에 미묘한 요철이 있어, 접촉압이 몇몇 접촉점에 항상 있게 마련이다. 이들 접촉점 중에서 몇몇은 기계적인 접촉압으로 인해 산화막이 제거되어 직접 금속면과 접촉하게 되는데, 한 금속면에 큰 접촉압이 인가되면 그 부분에 소성변형이 일어날 뿐이 아니라 응착, 즉 금속이 부드럽게 결합을 한다. 이러한 접촉면에 조금이라도 상대적인 어긋남, 즉 미습동이 인가되면 이 접촉점은 어긋나 다른 개소로 밀려, 최초의 접촉면은 급속히 산화되어 산화한 마모분이 발생한다. 이러한 상대미끄럼 운동이 제한된 진폭으로 주기적으로 일어나면 발생한 마모분이 제거되지 않고 접촉경계면에 퇴적되어 접촉저항을 증대시키게 된다.

이처럼 미습동마모현상이 발생되기 쉬운 조건으로는,

① 코스트 다운이나 은접점의 황화대책으로 귀금속접점을 주석이나 무른 하위금속으로 바꾸어 사용한 경우

② 진동을 받기 쉬운 구조

③ 수송 시나 스피커 부근에서 반복진동, 충격을 받을 가능성이 있는 경우

④ 열에 의한 팽창수축만이 아니라 습기의 흡탈에 의한 팽창, 수축으로 접촉부에 미습동이 인가되는 경우

⑤ 고온, 고습, 부식성가스 분위기 속에서 미습동이 인가되어 열화가 가속되는 경우

등이 생각된다. 한편 미습동마모 대한 대책으로는

ⓐ 접점의 금속재료를 귀금속, 또는 보다 강한 것으로 교체한다.

ⓑ 접점이 진동하지 않도록 고정을 확실하게 한다.

ⓒ 접촉부의 끝을 뾰족하게 하여, 가스다이트 형태로 한다.

4. 접점에 윤활유를 도포하여 금속이 직접 공기와 접하지 않도록 한다.

5. 평가를 한 안정된 코넥터를 사용한다.

등이 있다.

9) 이상적인 진동스트레스 평가시험

진동시험은 일반적으로 정현곡선의 파형을 가지며 크기가 변화하지 않는 단일주파수의 진동을 제품에 주어 평가하고 있다. 그러나 시장에서 제품이 받는 진동파형의 대부분은 여러 주파수가 동시에 작용하여 시간과 함께 그 크기가 변화하고 있다. 그림은 이를 진동을 비교한 것으로 그림은 실제의 진동 스펙틀을 나타내고 있다. 진동에 의한 고장을 생각할 때, 이 스펙틀의 차이에서, 일반적인 정현파로 시험하면 시장 환경에서의 평가가 되지 못하고 있다는 것을 알 수 있다. 즉, 고장은 어떠한 주파수에서 일어나는 공진이 큰 요인이 되는데, 단일주파수를 스이피해도 길이가 다른 부품은 동시에 공진하지 않으며, 이공진 주파수부품의 동시 공진에의 복합작용 재현은 있을 수 없다. 따라서 시장 스트레스를 그대로 시험실에 적용하여 검토하는 것이 좋은데, 일부에서는 이미 실시되고 있다. 일반적으로 랜덤 진동이라고 MIL 스펙틀화되어 있지만, MIL 규격의 랜덤 진동방식은 실제 환경에서 생기는 진동현상 중 일부만을 채택하고 있어, 필요한 진동 스펙틀을 수집하여 그것을 시험에 응용하는 것이 중요하다.

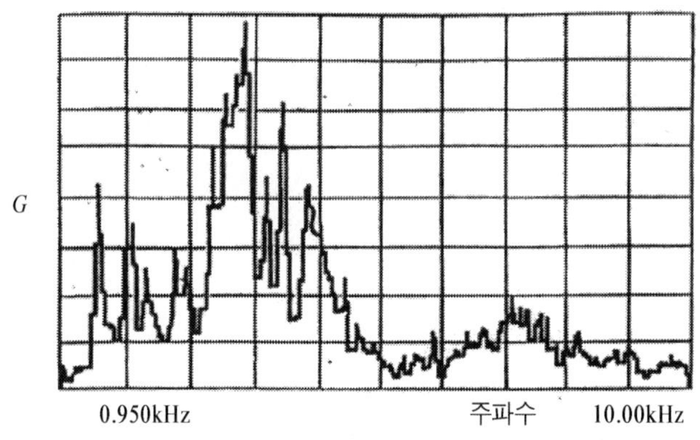

실제의 진동 스펙틀

4. 전기스트레스

(1) 전기스트레스의 특질과 고장 형태

전기적 스트레스의 종류에는 스트레스가 직접, 교류, 직류, 펄스의 형태로 인가되면 주울 열이나 아크와 같은 열적인자가 인가되는 경우와 같이 2가지가 있다. 이 중에서, 교류, 직류, 펄스로서 인가되는 것에는 주로 다음과 같은 것이 있다.

교류: 유전체내부의 보이드 방전에 의한 잡음 외에 방해잡음이나 방전이 일어나 화재로 연결될 수 있는 고장기구가 있다.

직류: 아크를 동반하는 경우는 화학적인 병화가 일어나 의외의 고장이 발생하기 때문에 주의를 필요로 한다.

펄스: 펄스는 전력적으로 작을지라도 순간적으로 전압이나 전류가 이상적으로 큰 경우가 많으며, 또 제품에 불균일한 약점부가 있으면 집중적으로 그 부분에 스트레스로 인가되므로 그 부분이 파괴도는 수가 많다. 정전기 장해는 그 좋은 예이다.

(2) 전기스트레스에 의한 주요 고장사례

1) 일렉트로 마이그레이션(전류스트레스)

금속박막이 어느 정도 이상, 예를 들어 10^5A / ㎠ 이상의 큰 전류가 흐를 때 일부 열적으로 활성화된 금속은 이온이 되어 자유롭게 박막내를 이동할 수 있도록 되어 있다. 그림과 같이 금속이온에는 전계에서 받는 힘(F_E: 음극방향)과 자유전자(전류)와의 충돌에 의해 받는 힘(F_e: 양극방향)이 작용한다. 금속이온의 주위는 전자가 에워싸고 있기 때문에, 전계에서 받는 힘(F_E)은 약해 자유 전자에서 받는 힘(F_e)이 지배적이다. 따라서 금속이온은 양극 측으로 이동하여 히특이나 호이스커를 형성한다. 한편이 금속이 빠져나온 곳은 보이드(공공)가 되어 단선하게 된다.

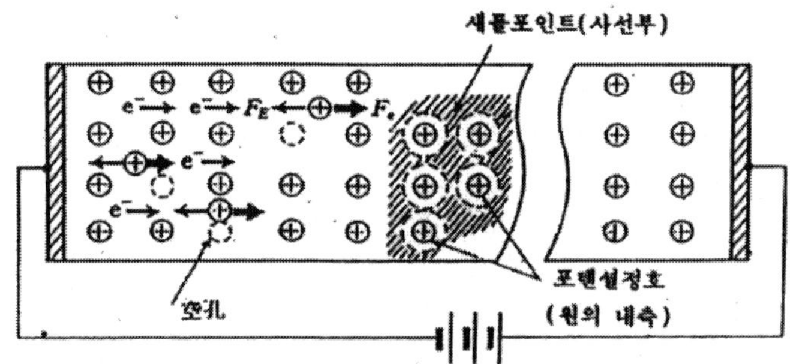

일렉트로 마이그레이션의 원리

이처럼 전류 스트레스 금속이 이동, 즉 질량을 전송하는 현상을 일렉트로마이그레이션이라 하는데 이 현상에 의한 평균수명(mean time to failure: MTTF)은 일반적으로 다음과 같이 구할 수 있다.

$$MTTF \propto j^2 \times \exp(-\varphi / kT)$$

여기서

    j: 전류밀도

    φ: 확산 활성화에너지 $-(0.5 \sim 0.8eV)$

    k: 볼츠만상수

    T: 절대온도

이다.

반도체집적회로의 알루미늄 배선막은 다결정구조를 하고 있기 때문에, 알루미늄 배선에서 발생하는 일렉트로마이그레이션 현상은 표면확산이나 격자확산에 비교 입계에 따라 금속원자가 전자의 이동방향으로 퍼지는 입계확산이 지배적이다. 그림은 다결정구조의 알루미늄 배선의 모식그림인데, 전자는 좌측에서 우측으로 알루미늄 입계를 따라 흐르고 있다. 입계가 하나가 되는 A점에서 알루미늄 원자가 모여 호이스커나 히로크가 형성되며, 흐름이 분기되는 B점에서는 알루미늄 원자가 부족하므로 쏠려진 모습으로 보이드(빈 구멍)가 형성된다.

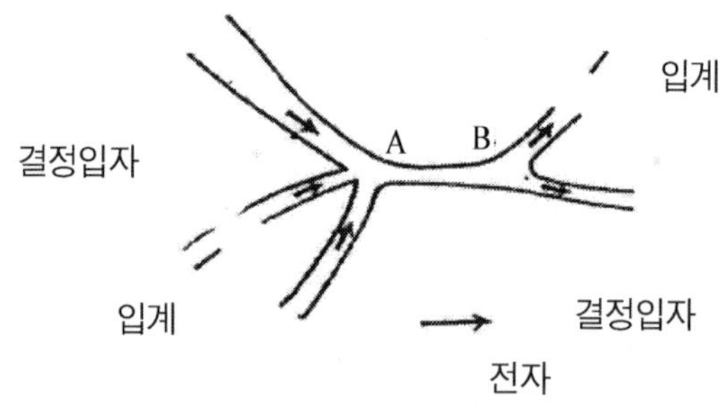

입계에서의 전자의 흐름

그런데 일렉트로마이그레이션의 대책으로는 입경을 크게 하여 입계밀도를 낮게 한다든지 타 원소를 첨가하는 방법이 있다. 전자는 배선폭이 $2 \sim 3 \mu m$ 이하로 되면, 온도사이클이나 고온처리와 같은 열적응력에 의해 입계에 따라 칼로 자른 모양으로 단선되는 경우가 발생한다(응력에서 연유하여 스트레스 마이그레이션이라고도 한다). 따라서 배선폭이 가늘어지면 입경을 크게 하는 방법이 반드시 타당하다고는 할 수 없다. 후자인 타 원소를 첨가하는 방법도 자주 시도되지만, Cu를 0.1% 정도 첨가한 경우가, 가장 효과가 있다고 한다.

반도체의 알루미늄 배선에 관한 일렉트로마이그레이션의 평가방법은 고온환경하에서 배선에 흐르는 전류밀도를 $10^6 A / cm^2$ 정도로 설정하고 동작시험을 실시하면 좋지만, 이때, 특히 가는 배선부나 배선두께의 얇은 단차부 상태를 관찰할 필요가 있다.

2) 정전기파괴(서지전압)

반도체부품은 정전기에 의한 서지 전압으로 오동작을 일으킨다든지, 페레트가 파괴되기도 한다. 시장에 있어서의 정전기에 의한 파괴현상 발생상황은 겨울철에 집중되고 있다. 겨울에는 공기가 건조하여, 사물과 사물이 스칠 때 발생하는 정전기는 중화되기 어려운 조건으로 되어 있다.

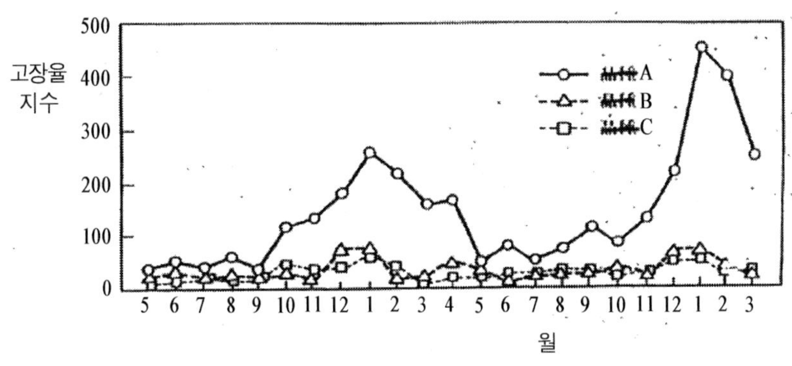

반도체부품의 월별고장률 추이

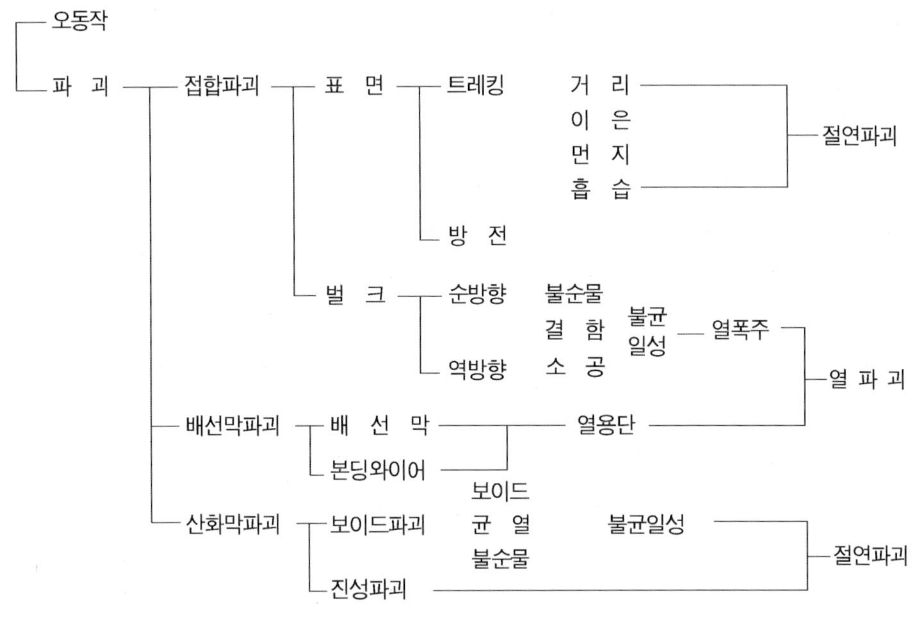

반도체부품의 정전기파괴기구

원래, 파괴현상에 관하여는 파괴 기구를 단순한 모델에 대해 고찰하는 일이 많은 데, 실제의 현상은 매우 복잡하고 천차만별이다. 정전기에 의한 반도체부품의 파괴는 PN접합부, 배선막부, 산화막부로 나눌 수 있다. 파괴기구는 발생부위에 따라 차이가 있지만, 일반적으로 열파괴(에너지파괴)와 절연파괴(전압파괴)로 나뉜다.

고장해석을 할 경우 알루미늄 배선의 부식과 다른 고장부위를 확인하는 것이 어렵기 때문에, 다음과 같은 고장을 발생하기 쉬운 부분에서 확인하는 방법이 바람직하다.

1. 정전기 임펄스를 그대로 받기 쉬운 곳
   - 입력회로, 출력회로
   - 임피던스가 높은 곳
2. 구조상, 정전기에 약한 곳
   - 열용량소 ── 칩면적소 ── 소신호·고주파용 트랜지스터
                          └── IC의 가는배선
              └── 얕은 접합부 ── 베이스-에미터 접합부

고장해석

규격	조건			
	$C_D(pF)$	$R_D(k\Omega)$	V(V)	인가횟수
IEC 47(CO)955	100	1.5	① 2000 ② 500	5회
MIL-STD 883 B 방법 3015.1	100	1.5	A 20~2000 B 2000 이상	5회
DOA-STD-1686	100	1.5	0~5000	
BS 9400	100	10	500	개별사양
MIL-M-38510 / 55C	100	1.5	1000	4회
EIAJ IC-121-1981 A	200	10	500	1회
B	100	10	개별	또는
C	200	0	150	5회
일반적 조건	200	0	개별	개별

을 때의 평가방법 등 전압파괴모델에 의한 평가방법을 제안할 수 있다. 한편 전자

기기에 대한 정전기시험법으로 상술한 콘덴서 방전법을 사용하는데, 이것은 방전형 시험을 하기 때문에 방전전압이 올라감에 따라 방전로가 길어져 방전저항이 커진다. 따라서 방전전압과 주입전류가 비례하지 않는 문제가 있는데, IEC에서 개량을 검토하고 있다. 또 정전기를 인가하는 경우, 모든 도전성 외부단자로는 아스, 샤시, 파넬부의 스위치를 포함한다고 정해져 있다. 또, 인체의 최대대전압은 10kV로 추정되어 있는데 이 데이터도 평가조건을 설정하기 위한 중요한 기초데이터가 된다.

3) 방전반응(기구계부품)

여기서는 금원현상과 트래킹 현상에 대해 설명한다.

1. 현상

목재의 표면을 따라 전기불꽃 즉 스파크를 낼 때, 이에 닿는 부분은 탄화한다. 스파크에 닿는 횟수가 점점 많아지면, 이 부분은 미세한 탄소의 결정집단, 즉 그라파이트를 형성한다. 이 그라파이트의 전기저항은 $10^{-3}\Omega \cdot cm$ 정도로 니크롬선의 10배 정도가 된다.

전선피복재료의 예를 소개한다. 유기절연체로 피복한 2개의 코드를 밀착시켜 놓고, 그 사이에 전압을 걸면서 그 일부분을 가열하면 그라파이트화한다. 이것이 원인이 되어 코드 전체에 그라파이트화가 진행된다. 유기절연체가 그라파이트화되면, 그 표면에는 가는 전기의 통로가 형성되어 전류가 흐른다. 이때 쥬울열에 의해 유기절연체도 그라파이트화되어 그 부분에도 전류가 흘러 결국에는 전체가 타게 된다.

$$
\cdot \text{크로로프렌고무} \cdots - [-\underset{\underset{H}{|}}{\overset{\overset{H}{|}}{C}} - \underset{\underset{Cl}{|}}{\overset{\overset{H}{|}}{C}} - \underset{\underset{H}{|}}{\overset{\overset{H}{|}}{C}} -]_n
$$

피복된 2개의 선간에는 100V의 전압이 인가되어 있다고 하자. 실온이 100℃라는 최악의 경우를 생각한다 해도, 크로로프렌고무는 발화될 위험성이 없다. 참고로 크로로프렌고무를 가열할 때 저항률변화를 가속화, 가열된 크로로프렌고무의 저항률은 낮아져, 보다 전류가 흐르기 쉬운 상태로 되어 있기 때문에 장시간 가열되면 발화 가능성이 생긴다. 그중에서도 발화할 위험성이 있는 것은 피복이 480℃ 이상으로 사전에 이상 가열되어 있을 때뿐이다.

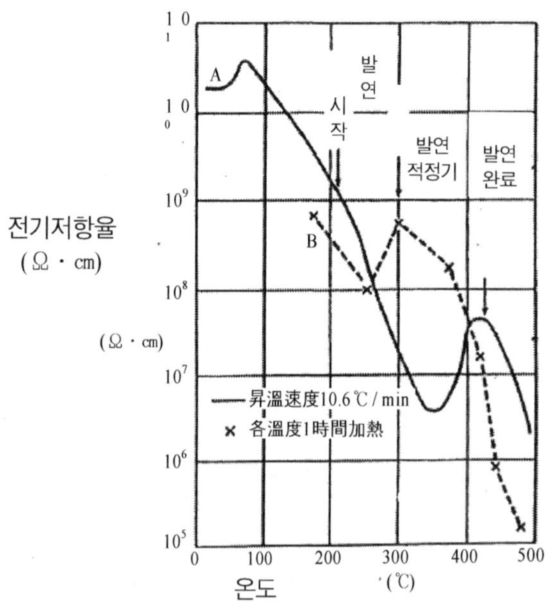

클로로프렌고무의 가열에 의한 저항률변화

따라서 이 현상에 대해 실사용상태에서 주의할 필요가 있는 것은 다음의 3종류의 경우이다. 또 이 3경우는 이상가열의 가능성이 있는 측면에서 검토한 것이다.

- 피복의 심선이 절단, 더욱이 양끝이 자주 붙었다 떨어졌다 하는 경우 떨어질 때마다 일어나는 스파크로 인해 절단된 부위의 피복이 그라피복트화된다. 종종 꺾었다 폈다 하면 절단되는 경우가 여기에 해당된다.
- 심선의 대부분이 절단되고, 소수의 심선만이 연결되어 있는 경우 남아 있는 몇 가닥 심선부에 집중으로 전류가 흐르기 때문에 이 부분에서 주울 열이 발생하여, 피복의 그라피복트화가 진전된다.
- 피복부가 전열기의 발열부로부터 열을 받는 경우
  전열부의 발열부, 예를 들어 니크롬선에 접해 있는 피복선은 그 열로 고온이 되기 때문에, 그라피복트화가 진전된다.

2. 트래킹 현상

절연물표면이 염분, 진애, 습윤, 화학약품분위기 등에 의해 오염, 손상을 받은 상태에서 전압이 인가되면 연면전류가 흘러 미소한 발광, 즉 신티레이욘을 일으켜 표면에 탄화도전경로, 즉 트래킹이 형성된다. 이것이 트래킹 현상이다. 이 트래킹 현상은 표면현상인데, 또한 탄화도전경로를 형성한다.

아크 방전에 의해 산소 부족 상태로 고온에 놓이면 도전성탄소(그라파이트)가 형성되어, 이것이 계속 유기고분자재료를 그라피복트화시킨다. 따라서 트래킹 현상과 金原현상의 상이점은 발생부위의 깊이에 있다. 표면의 경우가 트래킹 현상, 내부의 경우가 金原현상이라 구별할 수 있다. 그러나 일반적으로는 트래킹 현상은 金原현상의 초기단계라 생각하는 경우가 많다. 아무튼 트래킹에 의한 사고를 피하기 위해서는, 전기용품취급법 등을 참조하여 전극간격(연면, 공간)을 충분하게 하는 것이다. 또 장기간 사용하여 진애가 퇴적된다든지 전해액이 부착되지 않도록 주의 깊게 배려할 필요가 있다.

4) 주울발열

개폐기, 소케트, 콘센트, 전열기구 등이 전선(Cu)과 접촉하는 개소가 헐거우면 이 부분의 접촉저항이 증가해 주울 열($=I^2R$)을 발생시켜 화재가 나는 경우가 있다. 10A 이상의 전류가 흐르면 화재가 나는데, 1A 정도의 전류인 경우, 접촉저항이 증가한다는 것을 인정은 하지만, 화재발생의 위험성은 적다. 당연한 것이지만, 이 현상은 고온분위기중일수록 발생하기 쉽다.

5) 아산화동증식발열

아산화동의 증식에 의한 발열현상은 위의 4)에서 설명한, 단지 저항열만으로 주울 열이 발생하는 것이 아니라, 재질의 변화가 동반되는 것이다. 예를 들어, 직경 1.2㎜인 동선 2줄에 1A 정도의 전류를 흘려, 양쪽 끝을 가볍게 접촉시켜 파란 불꽃을 계속 발생시키면, 빨갛고 작은 불빛이 보이게 되는데, 이 상태를 계속하면 아산화동이 발생한다. 이처럼 아크등에 의해 발생한 아산화동과 동 사이에 장벽층을 넣은 P형 반도체정류기구에서는 전자설붕현상에 의해 1000℃ 이상의 고온을 발생하게 된다. 따라서 화재에 연결되지 않도록 주의할 필요가 있다.

다음 예를 소개한다.

- 교류의 경우

  접촉부에 전류가 집중적으로 흘러, 전자설붕현상 방향으로 아산화동이 증식한다.

1. Mechanical Properties

***Strength and Stiffness*_Dupont**

Tefzel® is less dense, tougher, stiffer, and exhibits a higher tensile strength and creep resistance than
Teflon® PTFE and *Teflon*® FEP fluoropolymer resins. It is, however, similarly ductile. *Teflon*® compositions display the relatively nonlinear stress−strain relationships characteristic of nearly all ductile materials.

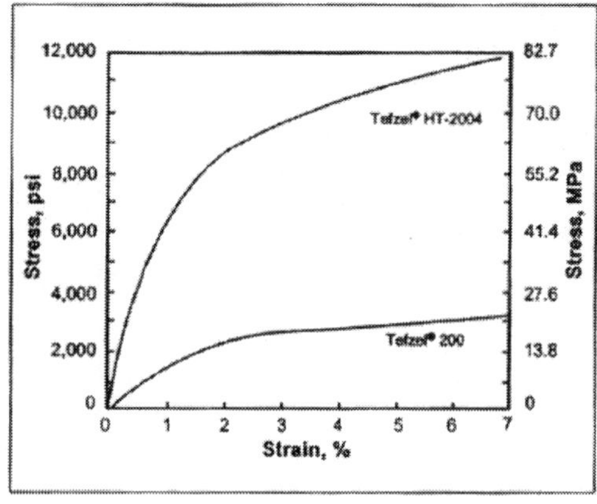

Tensile Stress vs. Strain

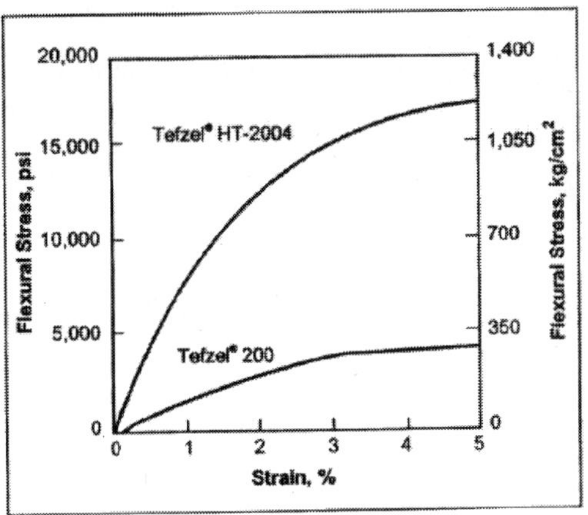

Flexural Stress vs. Strain— *Tefzel*® 200 and HT—2004. ASTM
D790; Room Temperature 23℃(73°F); Span 3″ (76㎜); Specimens
0.5″ (13㎜) Wide, 0.175″ (4㎜) High

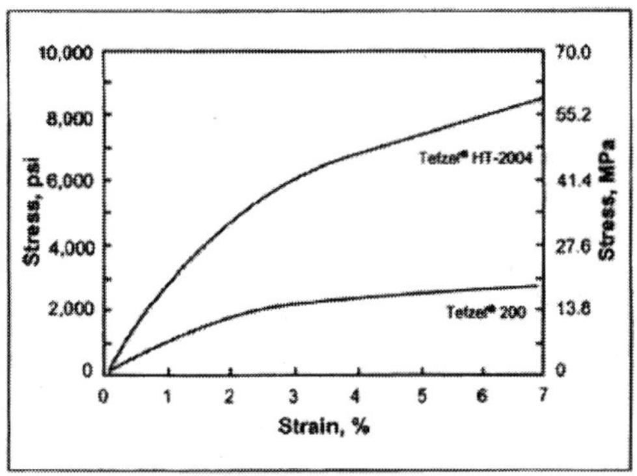

Compressive Stress vs. Strain

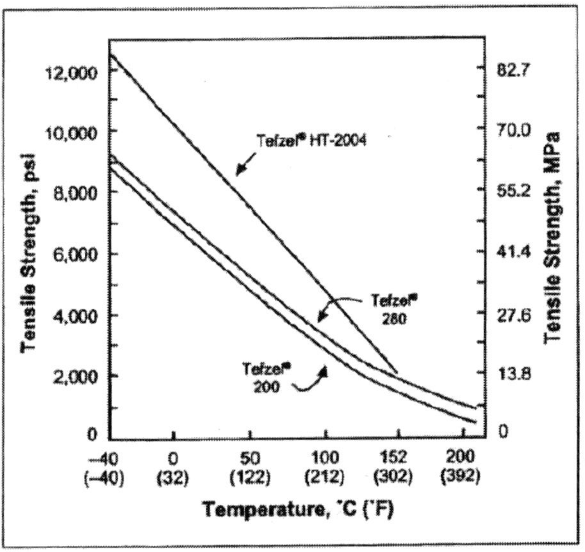

Tensile Strength vs. Temperature

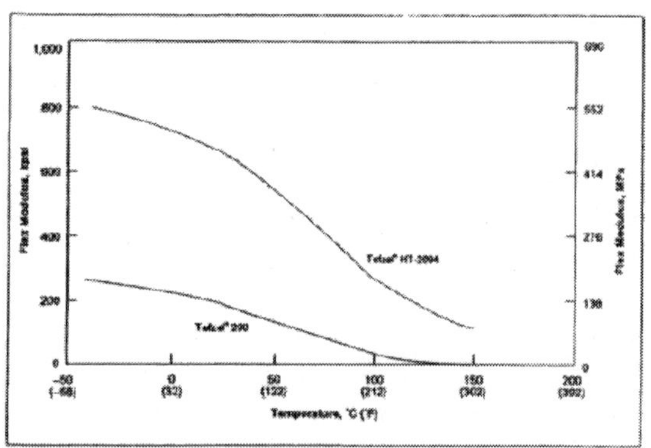

DuPont™ Tefzel® 200 and HT−2004−ASTM D790;
Flex Modulus vs. Temperature, 5″ ×0.5″ ×0.125″
Injection Molded Bars

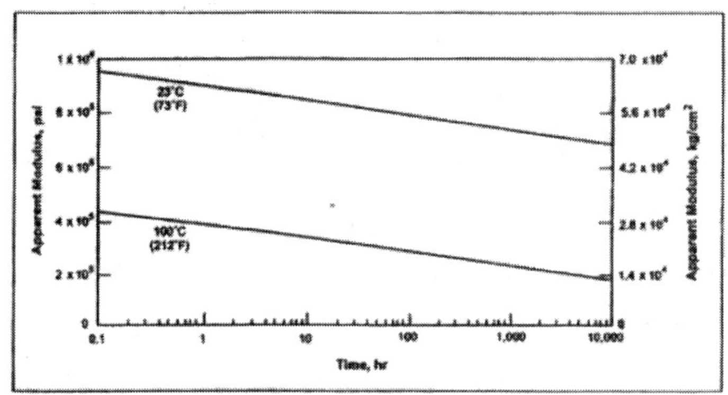

Creep—Apparent Flax Modulus vs. Time and Temperature by ASTM
D674, DuPont^{TM} Tefzel$^{®}$ HT—2004

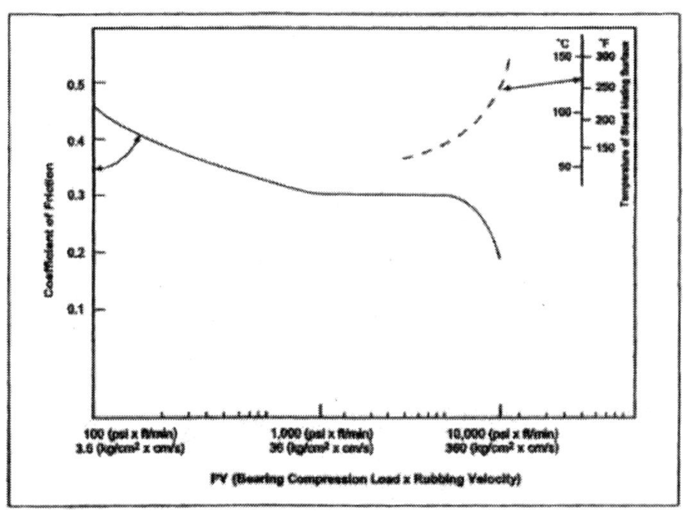

Frictional Behavior—DuPont^{TM} Tefzel$^{®}$ HT—2004 vs. Steel,
Thrust—bearing tester, nolubricant, mating surface AISI 1080 steel,
16AA. (Weartransltion temperature between
113° —150℃(235° —300°F))

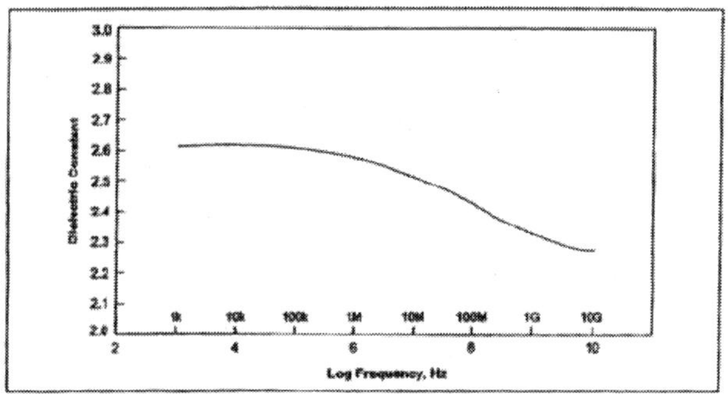

DuPont^{TM} Tefzel® 200 Dielectric Constant—Room Temperature

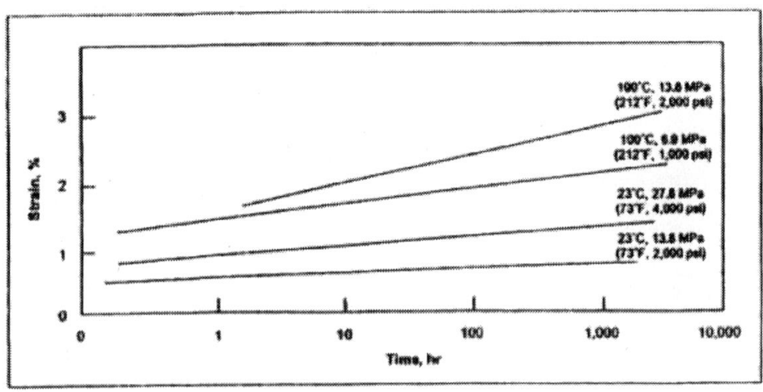

DuPont^{TM} Tefzel® HT—2004 Flexural Creep, 5″ ×0.5″ ×0.125″ Injection
Molded Bars

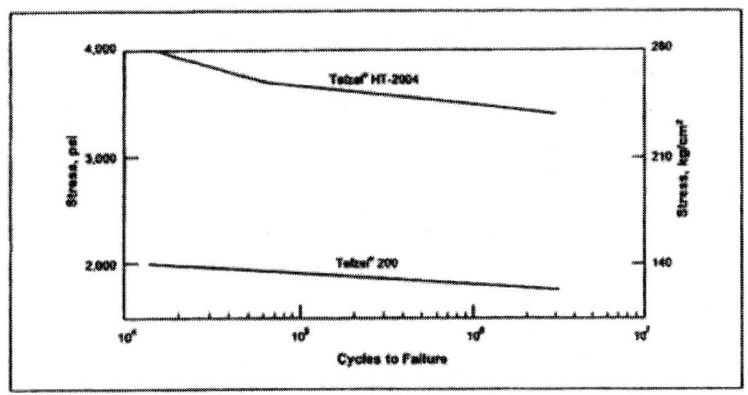

Flex Fatigue of DuPont^{TM} Tefzel$^{®}$ 200 and HT$-$2004, ASTM D671$-$Tension Compression; 1,800 Cycles / Minute, 23℃(73°F), 50% RH: Sample Type I. Small

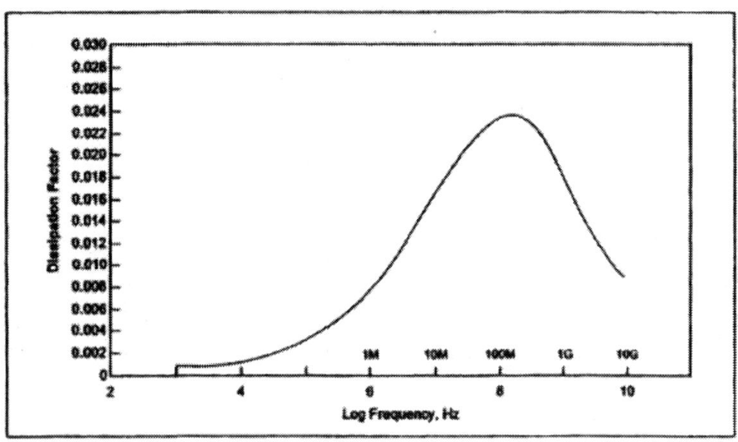

DuPont^{TM} Tefzel$^{®}$ 200$-$Dissipation Factor$-$Room Temperature

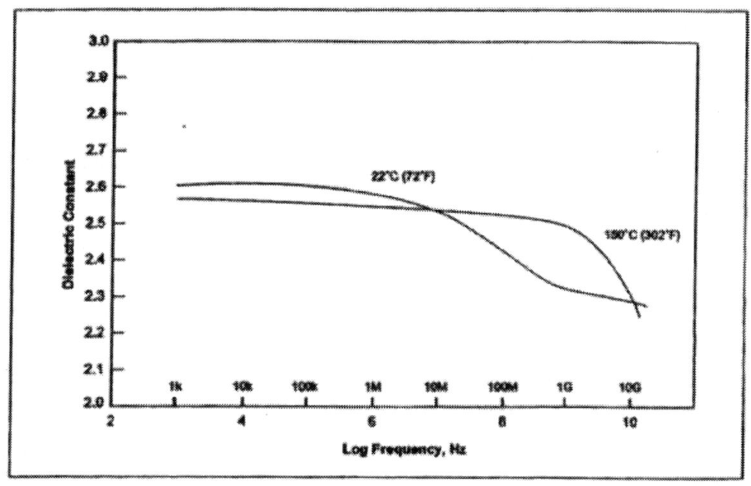

DuPont^{TM} Tefzel® 200—Dielectric Constant—Elevated Temperature

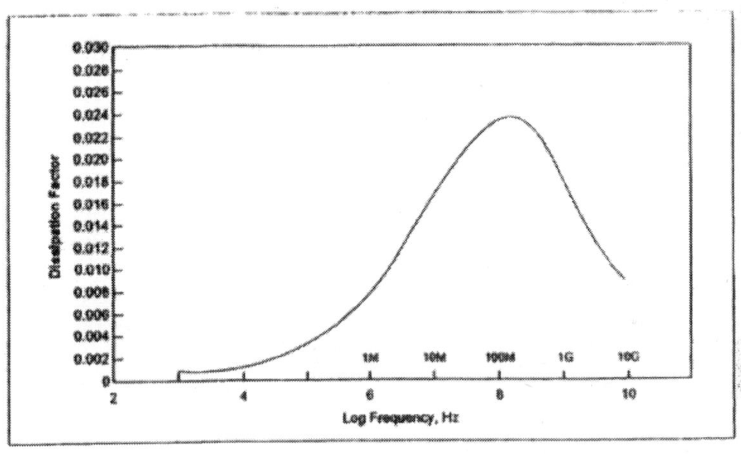

DuPont^{TM} Tefzel® 200—Dissipation Factor—Room Temperature

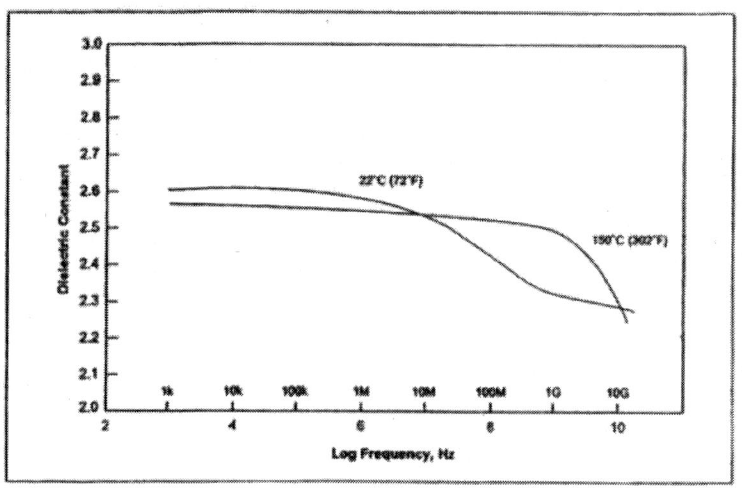

DuPont™ Tefzel® 200—Dielectric Constant—Elevated Temperature

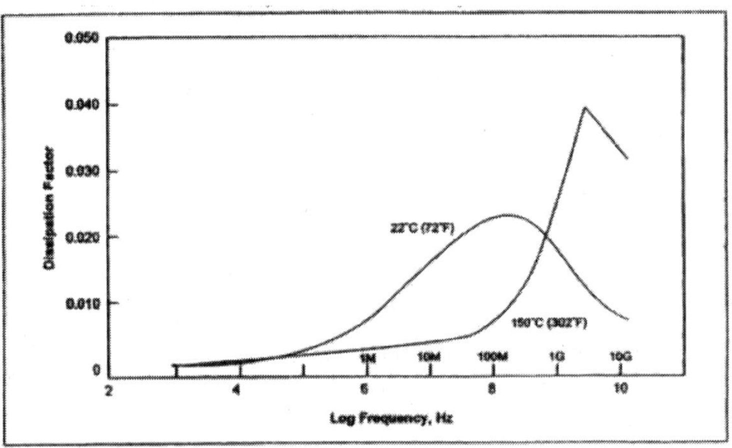

DuPont™ Tefzel® 200—Dissipation Factor—Elevated Temperature

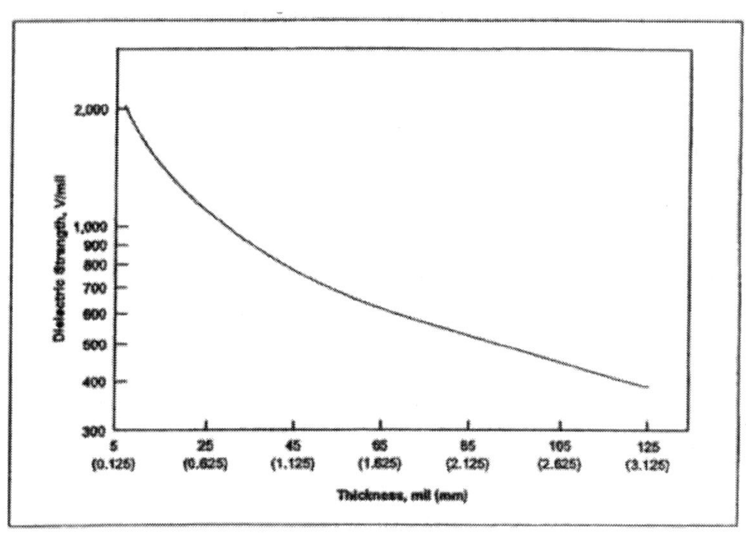

Dielectric Breakdown Strength at Various Thickness Levels for DuPont™
Tefzel® 200 and 280

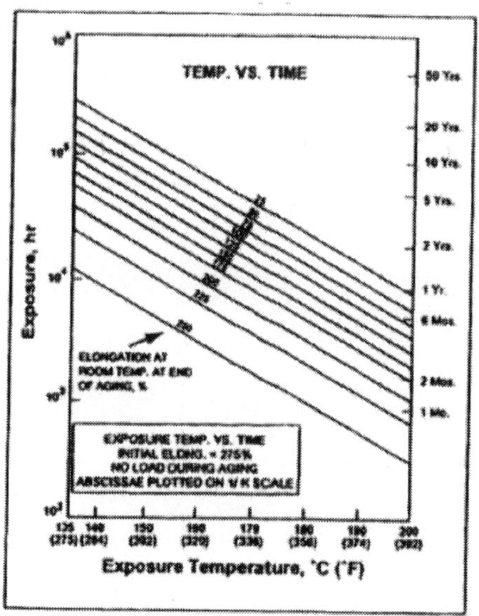

Retention of Room Temperature Tensile
Elongation After Aging—DuPont™ Tefzel® 200

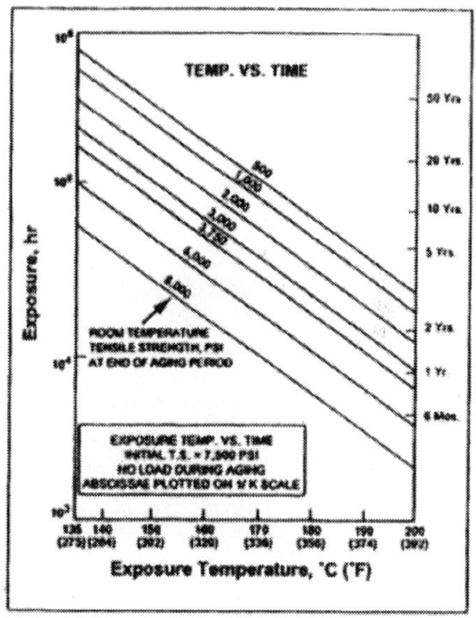

Retention of Room Temperature Tensile
Strength After Aging—DuPont™ Tefzel® 200

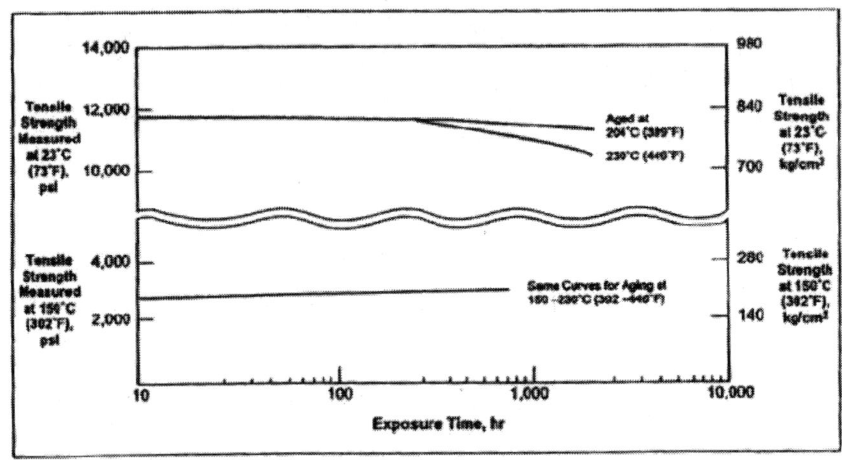

Effect of Heating of DuPont^{TM} Tefzel® HT-2004 (All values of elongation between 5 and 10% regardless of test temperature) (no load during aging)

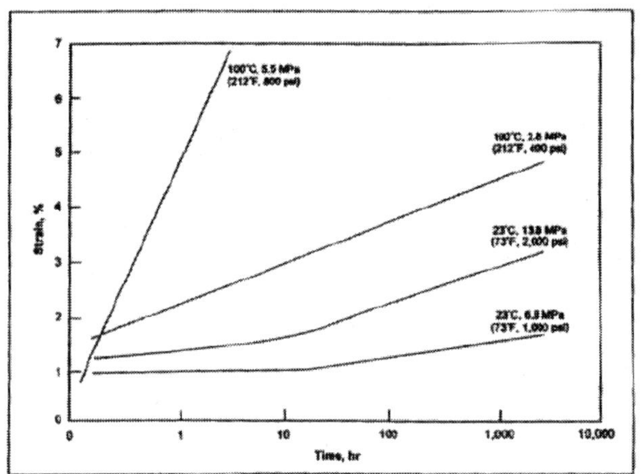

DuPont^{TM} Tefzel® 200Flexural Creep, 5″ ×0.5″ ×0.125″ Injection Molded Bars

Snap −Fit

The advantage of snap−fit joints is that the strength of the joint does not diminish with time because of creep. The lower ductility of *Tefzel*[R] HT−2004 suggests that other assembly methods be used for this product, although snap−fits are possible at low strains.

Two types of snap−fits are:

1. A cylindrical snap−fit for joining a steel shaft and a hub of *Tefzel*[R].

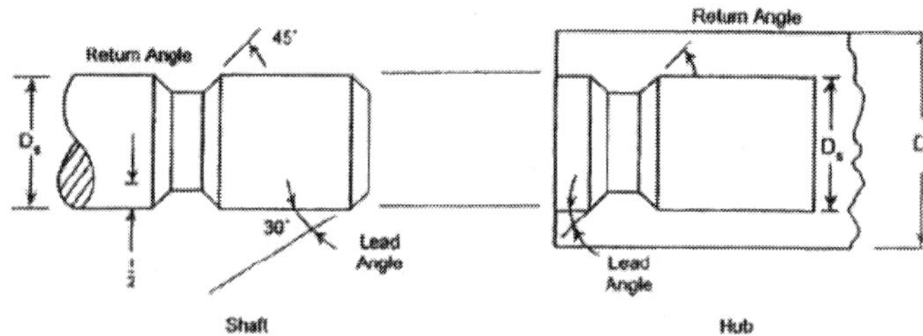

Cylindrical Snap−Fit Joint

2. A cantilevered lug snap−fit for inserting a *Teflon*[R] part into another part.

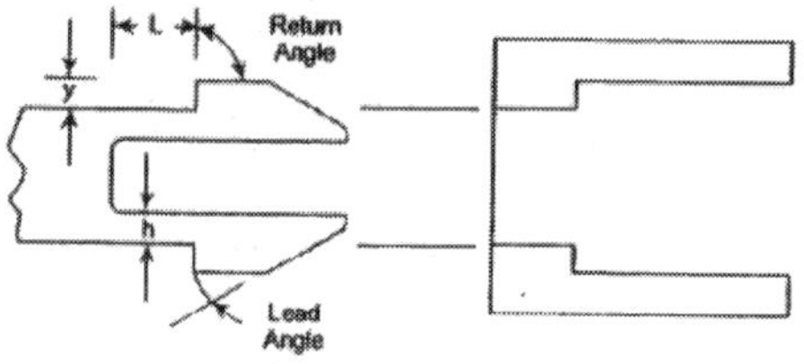

Cantilevered Lug Snap−Fit Joint

In a cylindrical snap−fit joint, the maximum strain at the inside of the hub is the ratio of interface(I) to diameter(D_s)(× 100 for precent).

A maximum strain of about 5% is suggested.

$$\text{Max. Strain} = I \,/\, D_s \times 100 - 5\%$$

For the cantilevered lug snap−fit joint, the maximum strain is expressed by the equation:

$$\text{Max. Strain} = 3Yh \,/\, 2L^2 \times 100 \leq 5\%$$

Again, a 5% maximum strain is suggested.

Press Fit

Press fit joints are simple and inexpensive, however, the holding power is reduced with time. Creep and stress relaxation reduce the effective interference as do temperature excursions particularly when materials with different thermal expansions are joined.

With *Teflon*[R] joined to *Teflon*[R], the press fit joint may be designed with an interference resulting in strains of 6∼7%.

$$\text{Strain} = \frac{\text{Interference}\,(\text{on diameter}) \times 100}{\text{Shaft Diameter}}$$

Schematic pressure (p), volume (v) and temperature (T) diagram

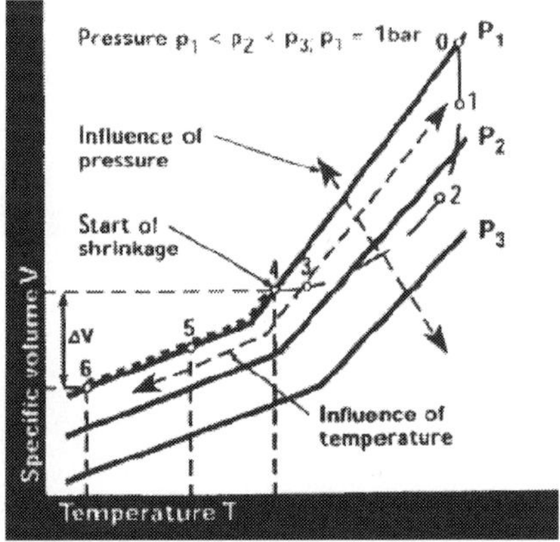

0 →1 volumetric filling
1 →2 compression
2 →3 action of holding pressure
3 →4 pressure reduction to ambient pressure
4 →5 cooling to demolding temperature(T_D)
5 →6 cooling to ambient temperature(T_A)

The pvT diagrams supply information on the volume shrinkage, S_V, from($\Delta V = V_{1bar} - V_A$) and show shrinkage potentials. Volume shrinkage is defined below:

$$S_V = \frac{V_C - V_P}{V_C}$$

V_C: volume of cold cavity

V_P: molded part volume

$S_V : = 1 - (1 - S_L)(1 - S_W)(1 - S_S)$

S_L: longitudinal shrinkage

S_W: shrinkage of width

S_S: shrinkage of thickness

When it comes to the practical layout of injection molds, however, it is the ***linear shrinkage*** that is more important.

$$S_I = \frac{I_W - I_F}{I_W}$$

S_I = linear shrinkage

I_W = dimension of cold cavity

I_F = dimension of molded part

Shrinkage is a relative value and is given in the form of a percentage.

The following shrinkage situation generally results from shrinkage that is due to the mold and internally obstructed shrinkage

- ***Shrinkage over thickness***
$$S_S = 0.9 - 0.95 * S_V$$
- ***Shrinkage over length or width***
$$S_{L/W} = 0.1 - 0.05 * S_V$$

S_V = volume shrinkage

S_S = shrinkage over thickness

$S_{L/W}$ = shrinkage over length or width

Change in a molded part dimension over time through shrinkage

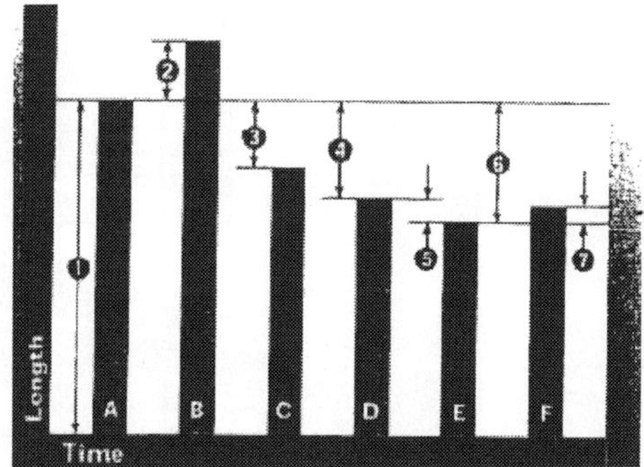

1 = Mold dimension; 2 = Thermal expansion of mold;
3 = Demolding shrinkage S_E; 4 = Molding shrinkage S_M
5 = Post −shrinkage S_P; 6 = Overall shrink. S_{total}; 7 = Potential
length increase through conditioning. e.g. for polyamides

A = Cold mold; B = Hot mold; C = Molded part after demolding;
D = Molded part after 24h in standard climate; E = Molded part
after a prolonged period or after storage in heat; F = Molded
part after water absorption, e.g. for polyamides

Molding shrinkage S_M

$$S_M = \frac{I_W - I_{F1}}{I_W}$$

Post shrinkage S_N

$$S_P = \frac{I_{F1} - I_{F2}}{I_W}$$

I_{F1} = molded part dimension before S_N

I_{F2} = molded part dimension after S_N

I_W = dimension of cold mold

The term ≫overall shrinkage≪ is defined as follows:

Overall shrinkage

= molding shrinkage + post shrinkage

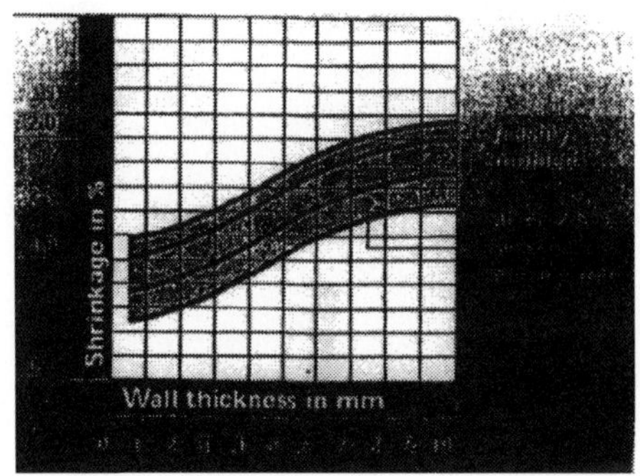

Durethan B 30 S(PA6, non−reinforced)

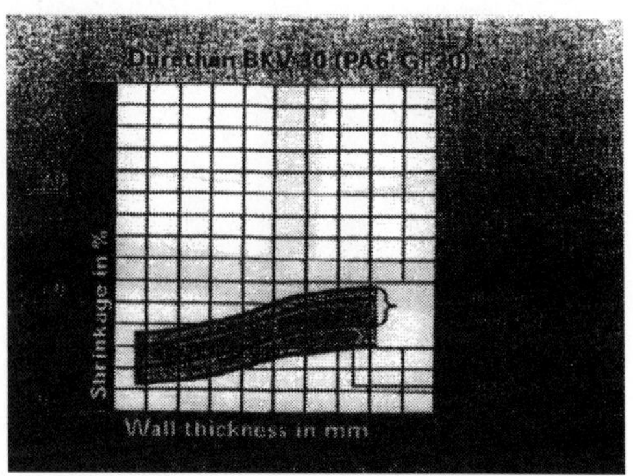

Durethan BKV 30(PA6, GF30)

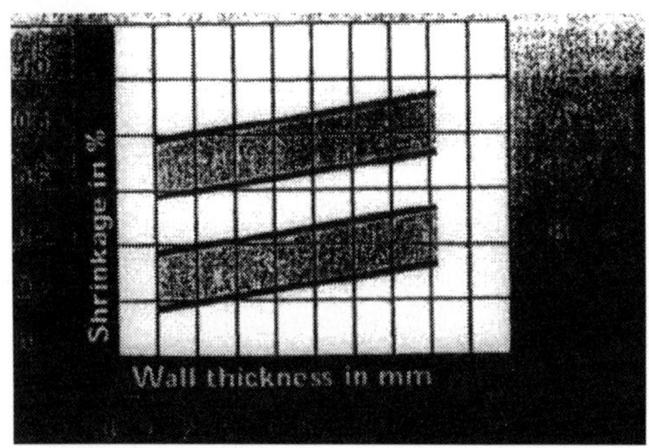

A: Makrolon$^{®}$ 2805(PC, non−reinforced)
B: Makrolon 8035 / 9425(PC, GF)

Novodur$^{®}$ P2H−AT und P2M
(ABS, non reinforced)

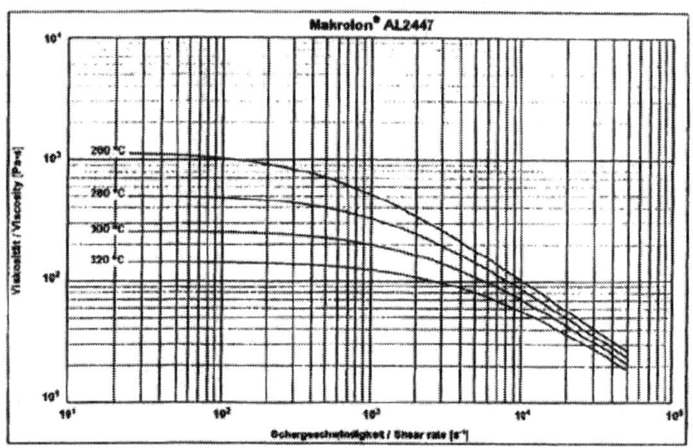

polycarbonate(PC) Bayer material(Makrolon AL 2447)
Melt viscosity as a function of shear rate(Makrolon® AL2447)

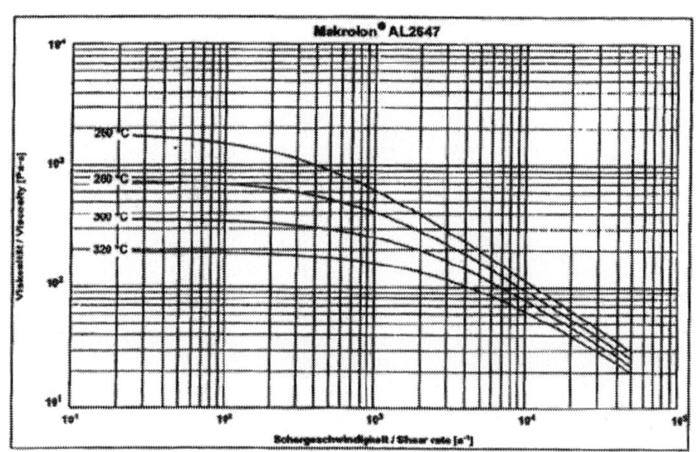

Melt viscosity as a function of shear rate(Makrolon® AL2647)

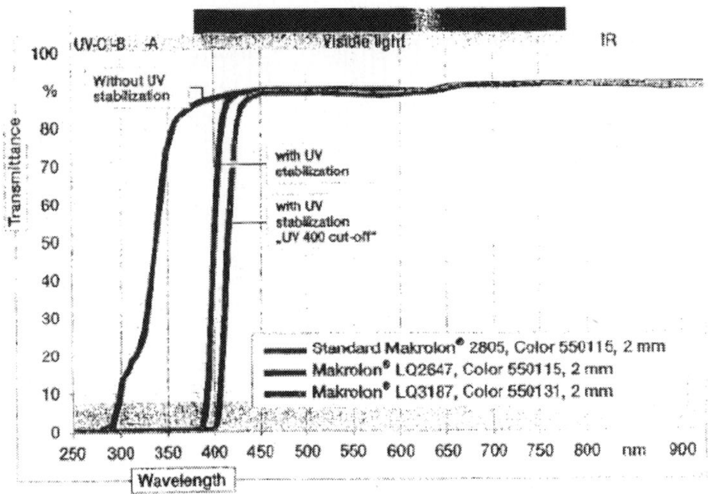

Transmission as a function of wavelength
(Makrolon® LQ2647 / LQ3147 and LQ2687 / LQ3187−UV 400 cut−off)

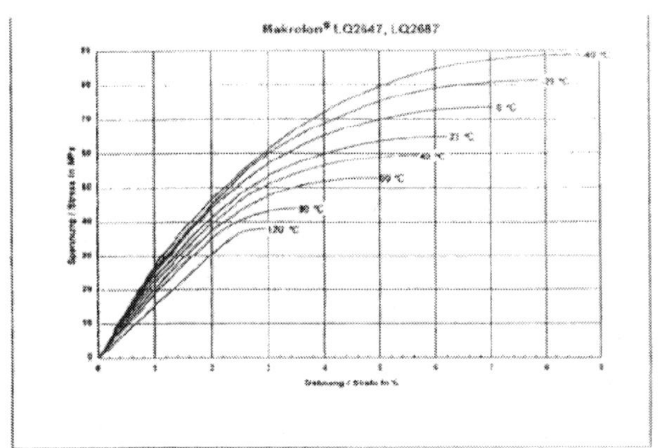

Isothermal stress−strain curves from the short−time tensile
test to ISO 527−1, −2(Makrolon® LQ2647, LQ2687)

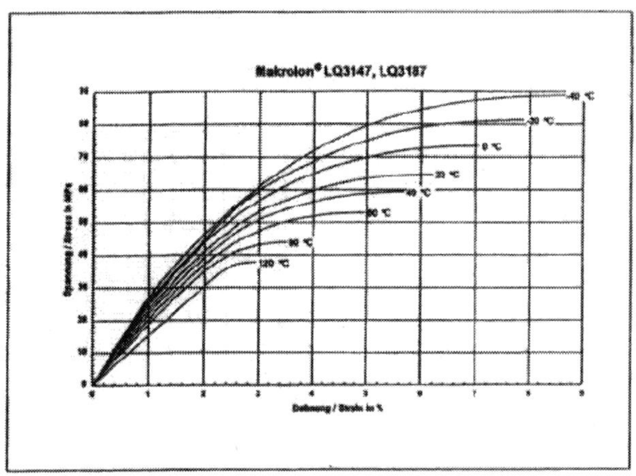

Isothermal stress−strain curves from the short−time tensile test to ISO 527−1, −2(Makrolon® LQ3147, LQ3187)

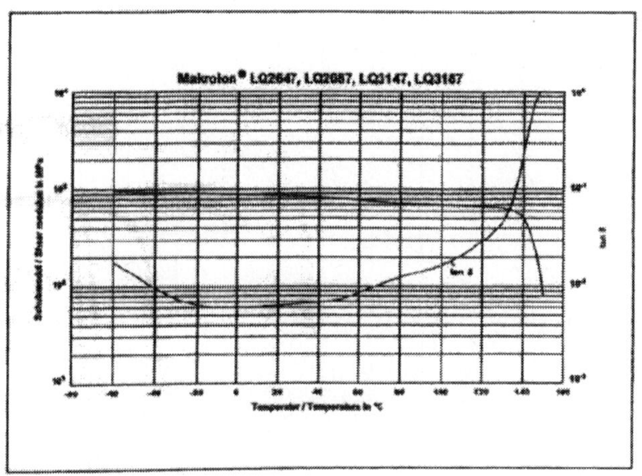

Shear modulus as a function of temperature to ISO 6721−1, −2(Makrolon® LQ2647, LQ2687, LQ3147, LQ3187)

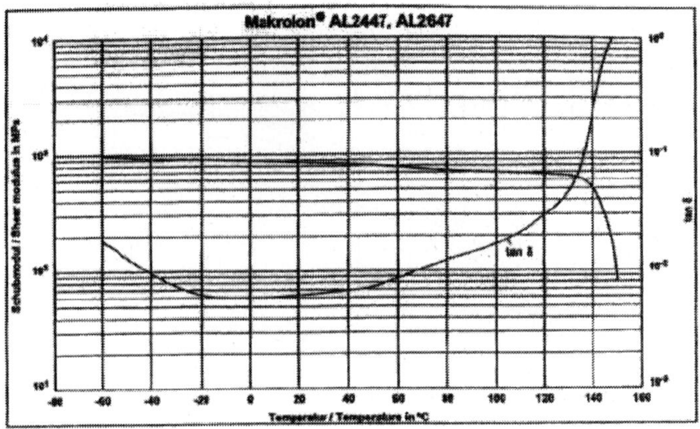

Shear modulus as a function of temperature to ISO 6721−1, −2(Makrolon® AL2447, AL2647)

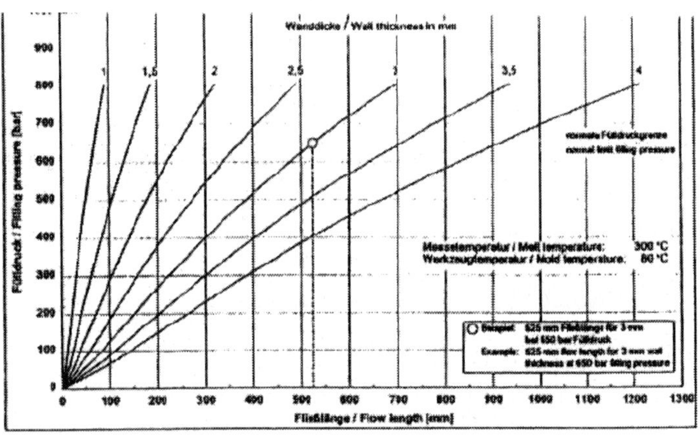

Flow behavior−calculated values(Makrolon® AL2447)

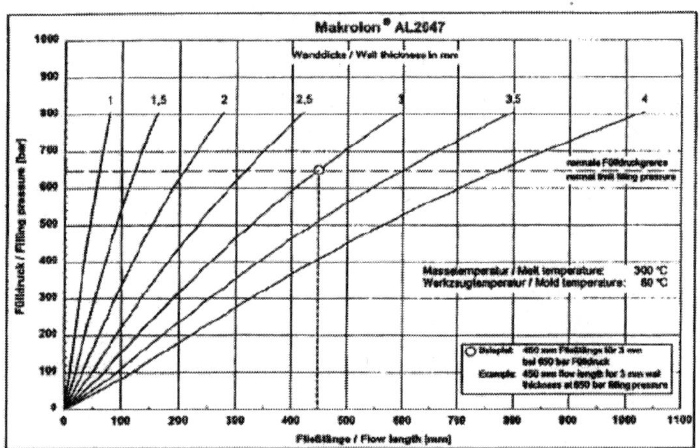

Flow behavior—calculated values(Makrolon$^{\circledR}$ AL2647)

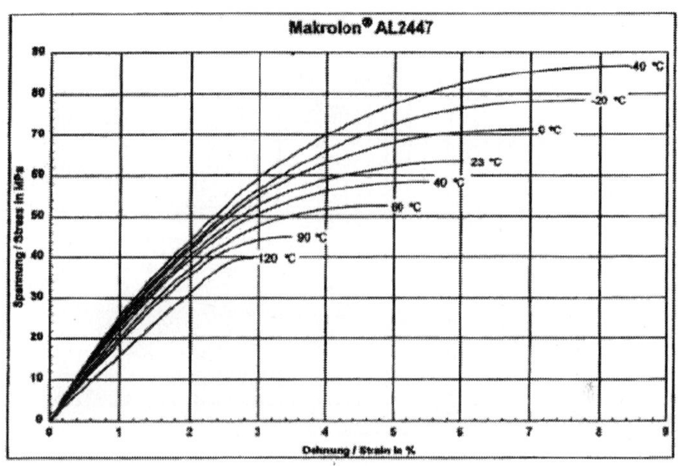

Isothermal stress—strain curves from the short—time tensile test to
ISO 527—1, —2(Makrolon$^{\circledR}$ AL2447)

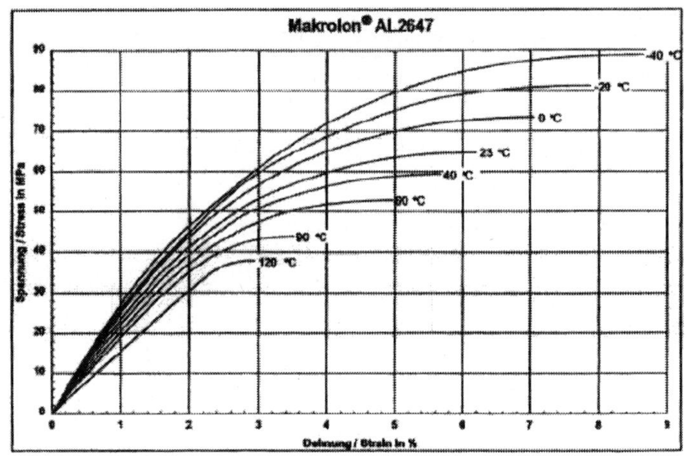

Isothermal stress−strain curves from the short−time tensile test to ISO 527−1, −2(Makrolon$^{®}$ AL2647)

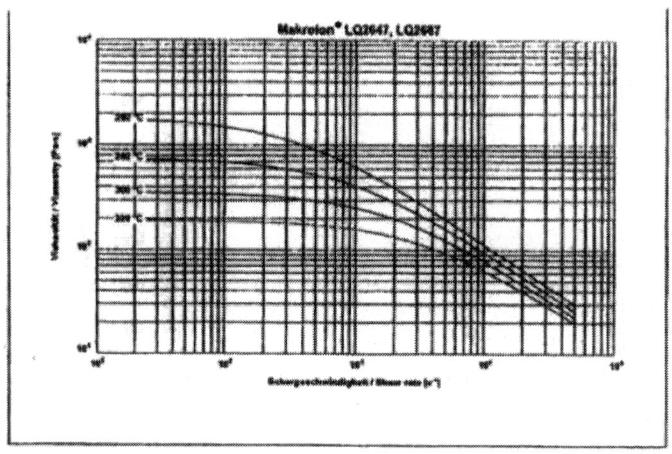

Melt viscosity as a function of shear rate(Makrolon$^{®}$ LQ2647, LQ2687)

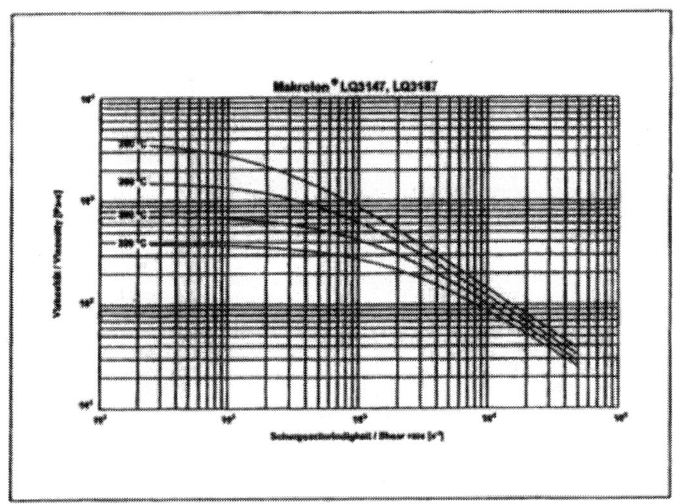

Melt viscosity as a function of shear rate(Makrolon® LQ3147, LQ3187)

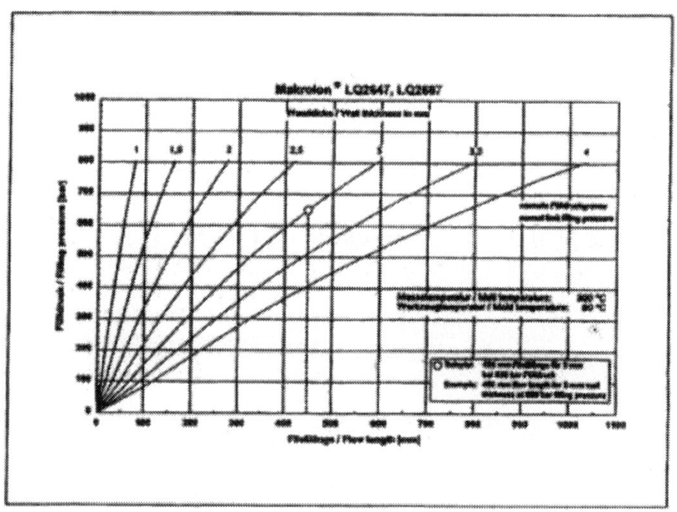

Flow behavior—calculated values(Makrolon® LQ2647, LQ2687)

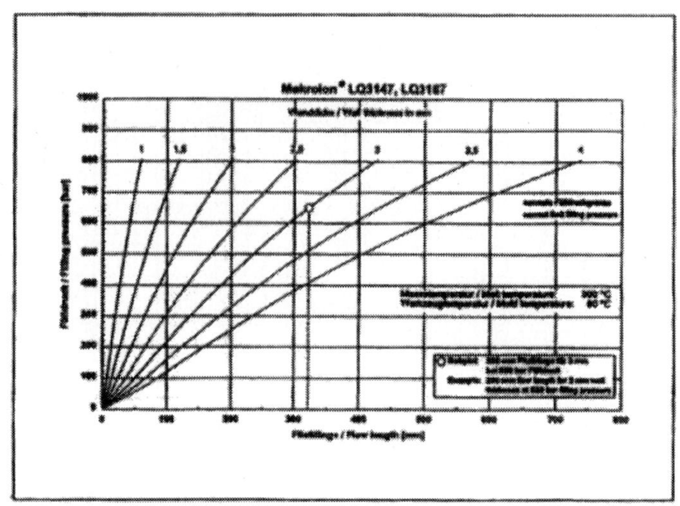

Flow behavior—calculated values(Makrolon$^{®}$ LQ3147, LQ3187)

5. 신뢰성 용어

(1) normal distribution

$$\text{확률밀도함수 } f(t) = \frac{1}{\sqrt{2\pi}\sigma}\exp\left[-\frac{1}{2}\left(\frac{t-\mu}{\sigma}\right)^2\right](-\infty < t < \infty)$$

$$\text{분포함수 } F(t) = \frac{1}{\sqrt{2\pi}\sigma}\int_{-\infty}\exp\left[-\frac{1}{2}(\frac{t-\mu}{\sigma})^2\right]dx$$

정규분포에서 기호 N(μ, σ2)을 이용하는 N(0, 12)의 경우

$$f(t) = \frac{1}{\sqrt{2\pi}\sigma t}\exp\left(-\frac{t^2}{2}\right) = \varphi(t)$$

$$F(t) = \int_{-\infty}^{t}\phi(\mu)d\mu = \varphi(t)$$

(2) logarithmic normal distribution

$$확률밀도함수 \ f(t) = \frac{1}{\sqrt{2\pi\sigma t}} \exp\left[-\frac{1}{2}\mathrm{let}\left(\frac{\ln t - \mu}{\sigma}\right)^2\right] (\infty < \mu < \infty, \ 0 < \sigma < \infty)$$

$$분포함수 \ F(t) = \varphi\left(\frac{\ln t - \mu}{\sigma}\right)$$

$$\lambda(t) = \phi\left(\frac{\ln t - \mu}{\sigma}\right)\bigg/ \sigma t\left[1 - \phi\left(\frac{\ln t - \mu}{\sigma}\right)\right]$$

$$MTTF = \exp\left(\mu + \frac{\sigma^2}{2}\right)$$

$$분산 = \exp(2\mu + \sigma^2)[\exp(\sigma^2) - 1]$$

관측수치 분포에 사용된다.

$$\sum_{k=0}^{n} P_r(X = k) = 1$$

(3) Poisson distribution

독립 시행을 반복했을 때에 어떤 사상의 k회 실현할 확률

$$P_r(X = k) = \exp(-\mu)\frac{\mu^k}{K!} \ (k = 0, \ 1, \ 2, \ \cdots\cdots)$$

① 이 분포는 평균치 μ에 의해 결정된다.
② 이항분포는 $\mu = np$ 또는 $n\lambda t$에서 n을 크게 하고 불량률 p 또는 고장률 λ와 시간 t와의 체적을 작게 하면 Poisson 분포에 가깝다.
③ 일정시간 내의 우발적인 사상, 우발고장 등의 개수는 포아손분포로 나타낸다.

(4) confidence level

지정구간에서 그 신뢰성 특성수치의 진짜 값이 존재할 확률
① 신뢰율(confidence coefficient)이라 한다.

② 신뢰성 적합시험에 있어서 로트고장률이 LTFR 이하인 것을 보증하는 확률을
  말한다.

(5) continuous distribution
  분포함수가 연속관수인 듯한 분포

$$\lambda(t) = 1, \ \text{MTTF} = \frac{1}{\lambda}, \ \text{분포} = \frac{1}{\lambda^2}$$

① 우발고장수명의 분포. 복잡한 구성을 가진 시스템에서는 이 형태의 분포를 가정
  하여 이용한다.
② CFR분포라고도 한다.

(6) Weibull distribution

$$\text{확률밀도함수 } F(t) = \frac{m}{\eta} \left(\frac{t - r\gamma}{\eta} \right)^{m-1} \exp\left[-\left(\frac{t-\gamma}{\eta} \right)^m \right] (\gamma \leq t < \infty)$$

$$\text{분포함수 } F(t) = 1 - \exp\left[-\left(\frac{t-\gamma}{\eta} \right)^m \right]$$

고장함수 이외에 대해서는

$$\lambda(t) = \frac{m}{\eta} \left(\frac{t-\gamma}{\eta} \right)^{m-1}$$

$$\text{MTTF} = \eta \cdot \Gamma\left(1 + \frac{1}{m} \right) (\lambda > 0, \ m > 0, \ t \geq 0)$$

$$\text{분산} = \eta^2 \left\{ \Gamma\left(1 + \frac{2}{m} \right) - \left[\Gamma\left(1 + \frac{1}{m} \right) \right]^2 \right\}$$

η을 척도파라미터, m을 형상파라미터, γ을 위치파라미터
  ① m ≤ 1, m = 1, m ≥ 1의 각각은 DFR분포, CFR분포, IFR분포에 대응한다.

② 신뢰도 데이터해석에서는 와이블 확률지 등도 함께 사용되고 있다.

(7) exponential distribution

$$\text{확률밀도함수 } f(t) = \lambda e^{\lambda e}(\lambda > 0)$$
$$\text{분포함수 } F(t) = 1 - e^{-\lambda e}$$

(8) constant failure rate distribution

　고장률함수 $\lambda(t)$가 t임에도 불구하고 일정한 분포, 즉 지수분포.

　IFR, DFR분포에도 속할 수 있다고 할 수 있다. 감마분포에서 k=1, 와이블분포에서 m=1인 경우이다.

(9) dereasing failure rate distribution

고장률함수 $\lambda(t)$가 t의 비감소함수인 분포

예: 감마분포($k \leq 1$), 와이블분포($m \leq 1$) 등

(10) increasing failuer rate distribution

고장률함수 $\lambda(t)$가 t의 비감소함수인 분포

예: 정규분포, 감마분포($k \geq 1$), 와이블분포($m \geq 1$) 등

(11) failure rate function

순간고장률을 나타내는 시간 t의 함수

$$\lambda(t) = \frac{f(t)}{1 - F(t)} = \frac{f(t)}{R(t)}$$
$$f(t) = \frac{dF(t)}{dt}$$

(12) reliability function

$R(t) = 1 - f(t)$로 나타내지는 함수

(13) dicrete distribution

이산형변수 수치에 대해 각각의 확률이 부여되는 듯한 분포

(14) mean time to repair

회복시간의 평균치

(15) repair time, time to repair, recovery time

아이템 고장에 대해, 회복작업을 시작한 시점에서 아이템이 운용 가능상태로 회복하기까지의 시간.

① 역(달력)시간으로 계산한다.

② 주된 아이템으로 바꾸어 벗겨진 구성품의 수리시간은 주된 아이템의 회복시간에는 맞지 않는다.

③ 회복작업은 현장에 있어서 준비·고장탐색·부품수입·수리·교환·조정·시험 등이 있다.

(16) total testing time(component hour, unit hour)

① 특히 아이템에 대해 측정한 개개의 총계치를 총 시험시간이라 한다.

② 아이템에 대해 측정한 개개의 동작시간 또는 시험시간이 총계치를 component 시간 또는 unit 시간이라 한다.

(17) reliability assessment, reliability evaluation

시험 및 필드데이터를 바탕으로 아이템의 신뢰성 특성수치를 추정하는 것.

(18) reliability assurance

아이템의 신뢰성이 규정수준에 있음을 보증하는 것.

(19) reliability program

신뢰성목표치 설계 및 그것을 실현하기 위한 기술적·관리적인 순서를 계획하는 체계

(20) reliability management

 품질보증 수단의 한 가지로서 신뢰성 프로그램을 작성, 실시 및 그 관리

(21) corrective action

 아이템의 결점이나 고장이 재발하지 않도록 설계·제조·검사·보전방법 등을 수정하는 것.

(22) design review

 아이템 설계단계에서 성능·기능·신뢰성 등을 가격, 납기 등을 고려하면서 설계에 대해 심사하여 개선을 도모하는 것. 심사에는 설계·제조·검사·운용 등 각 분야의 전문가가 참가한다.

(23) total operating time

 아이템 등에 대해 측정한 개개의 동작시간의 총계치

(24) operating time

 아이템이 동작 상태에서 규정기능을 다하는 시간.
시작시간도 포함하는 경우가 있다.

(25) mean time to first failure

 수리계열의 최초고장까지의 동작시간의 평균치

(26) mean time between failures

 수리계열에 인접하는 고장 간의 동작시간의 평균치
 ① 고장간격이 지수분포에 따른 경우에는 어떤 기간은 가장 고장률이 일정하며 MTBF는 고장률의 역수가 된다.
 ② 어느 특정기간 중의 MTBF는 그 기간 중의 총 동작시간을 총 고장으로 나눈 값이다.
 ③ MTBF 계산에는 최초 고장까지의 동작시간을 포함하여 계산한다.

(27) time between failures

　수리계열에 인접하는 고장 간의 동작시간

(28) mean time to failure

　비수리 아이템의 고장수명 평균수치 mean life라고도 한다.

(29) time to failure, failure time

　비수리 아이템이 사용시작 후에 고장을 일으키기까지의 시간

(30) useful life

　수리계열의 고장률이 현저하게 증가하여 경제적으로 수지가 맞지 않을 때까지의 기간

(31) wear-out failure period

　아이템 고장률이 급격히 증가하는 기간

(32) random failure period, chance failure period

　아이템의 고장률이 거의 일정하다고 가정한 기간

　초기고장 기간을 지나 마모고장 기간에 이르기 이전 시기에 우발적으로 고장이 발생하는 기간

(33) early failure period

　아이템을 운용하는 초기에 있어서 고장률이 급격히 감소하는 기간

　이 기간의 고장은 운용시작 후에 비교적 빠른 시기에 설계·제조상의 결함, 사용 방법의 부적절함 등에 의해 생긴다.

(34) initial failure, early failure

　사용시작 후에 빠른 시기에서 설계·제조의 결점, 사용 환경과의 불합치 등으로 일어나는 고장

(35) failure mechanism

물리적, 화학적, 기계적, 전기적, 인간적 원인 등에서 아이템이 고장을 일으키는 구조

(36) failure mode

고장상태의 형식에 의한 분류. 예를 들면 단선, 단락, 절손, 마모, 특성열화 등

(37) failure

아이템이 규정의 기능을 상실하는 것.

(38) gradual failure

특성이 순서대로 열화하여 사전검사 또는 감시에 의해 예치할 수 없는 고장
열화고장에서 한층 더 부분고장이 되는 것을 degradation failure이라 하는 경우가 있다.

(39) sudden failure

돌연 발생하며, 사전 검사 또는 감시에 의해 예측할 수 없는 고장
돌발고장에서 한층 더 완전고장이 되는 것을 catastrophic failure라 하는 경우가 있다.

(40) complete failure

아이템 기능을 완전히 잃어버리는 고장

(41) partial failure

아이템 기능을 완전하게 잃어버리지 않는 부분적인 고장

(42) misuse failure

설계에 있어서 부품·재료적용 실수 또는 시험·사용·보전 등이 계획·실시에 동반되는 실수에 의한 고장

(43) over-stress failure

아이템에 규정능력을 초과한 스트레스를 가함으로써 일어난 고장

(44) inherent weakness failure

규정능력 이하의 스트레스에 있어서 아이템 내의 고유결함에 의해 일어난 고장

(45) combined failure

두 가지 이상의 고장원인이 결합되어 생기는 아이템 고장

(46) single failure

단일 고장원인에 의한 아이템 고장

(47) secondary failure

다른 아이템 고장이 원인이 되어 생기는 고장. 파급고장이라고도 한다.

(48) primary failure

하나의 아이템의 고장으로서, 다른 아이템 고장에 의해 발생되지 않는 것.

(49) wear-out failure

피로·마모·노화현상에 의해 시간과 함께 고장률이 커지는 고장

(50) random failure, chance failure

초기고장 기간을 지나 마모고장 기간에 이르기 이전 기간에 우발적으로 일어난 고장

(51) reliability

아이템이 주는 조건으로 규정시기 중 요구된 기능을 달성할 수 있는 확률

(52) reliability engineering

아이템에 신뢰성을 부여하는 목적의 응용과학 및 기술

(53) reliability characteristics, reliability parameter

수량적으로 나타낸 신뢰성의 척도

신뢰도, 보전도, 고장률, 평균수명, MTBF, MTTF, MTTR 등

(54) reliability

아이템이 주는 조건으로 규정 시기 중, 요구된 기능을 달성할 수 있는 성질

(55) generic failure rate, basic failure rate

기준조건(예를 들면 지상, 실내, 실험실 등)에서의 고장률

(56) failure rate level

고장률을 몇 개의 수준으로 구분하여 기호를 붙인 편의적인 고장률의 구분. 예를 들면 고장률 $1\% / 10^3 h$를 M수준이라 부른다.

(57) failure rate

어느 시점까지 동작해 왔던 아이템이 계속하여 단위기간 내에 고장을 일으키는 비율

① 일반적인 고장률로서 순간고장률과 평균고장률을 사용하지만 단 고장률이라는 경우에는 순간고장률을 가리킨다. 실제로는 평균고장률을

$$평균고장률 = 기간\ 중\ 총고장률\ /\ 기간\ 중\ 총\ 동작시간$$

② 고장률 단위로서 $\% / 103h$, $FIT = 10 - 9 / h$ 등을 이용한다.

(58) failure criterion

고장인지, 아닌지를 판정하는 기준이 되는 기능의 한계치

(59) failure analysis

아이템의 잠재적 또는 현재적인 고장메커니즘 · 발생률 및 고장의 영향을 검토하여 시정처리를 결정하기 위한 계통적인 조사연구

(60) minor failure

경미한 고장으로 중고장이 되지 않는 고장

(61) major failure

규정능력을 수행하기 위해 상위 최소시킬 가능성이 있는 고장

(62) critical failure

인체에 장해를 주거나 자재에 중대한 손상을 줄 가능성이 있는 고장
고장(기능상실)만이 아닌 안전성에서 본 구별이다.

(63) relevant failure

시험결과를 해석하거나 신뢰성 특성수치를 계산할 때에 집계해야만 하는 고장.
그러기 위해 판정기준을 미리 명확히 해 두지 않으면 안 된다.

(64) intermittent failure

어느 시기인가 고장상태가 되지만 자연히 원래의 기능을 회복하여 그것을 반복하
는 고장

(65) item

신뢰성의 대상이 되는 시스템(계열), 서브시스템, 기기, 장치, 구성품, 부품, 소자,
요소 등의 총칭
이들 용어는 상위 아이템(시스템)에서 하위 아이템(요소)까지 계층적인 의미로 적
당히 사용되고 있다.

(66) burn-in

아이템의 융합을 좋게 하거나 특성을 안정시키기 위해 사용 전에 일정시간 동작
시키는 것. 또 이것은 스크린에도 도움이 된다.
불림(normalizing)이라고도 한다.

(67) debugging

초기고장을 경감하기 위해 아이템을 사용시작 전 또는 사용개시 후의 초기로 동작시켜서 결점을 검출·제거하여 시정하는 것.

(68) defect, fault

아이템 중에 존재하는 이상(규격에서 벗어남) 등. 고장의 원인이 되는 상태 또는 장소

(69) stress

결점, 고장, 파괴 등의 발생이 기동력이 되는 요인, 온도, 전압, 기계적 응력 등

기계적 응력은 외력에 저항하여 구조 내부에 생기는 힘으로 단위면적당으로 나타낸다. 일반적으로 이 수치가 재료의 강도를 초과한 곳에서 파괴가 생긴다.

(70) environemt

아이템의 주위조건

소정의 임무를 달성하기 위해 선정되어 배열되고 서로 연유하여 소프트웨어, 인간요소)의 결합.

필요에 따른 계열을 이용한다.

(71) life

아이템이 사용시작 후에 폐물처리에 이르기까지의 시기

시기는 시간·cycle·운용거리 등으로 나타낸다.

(72) degradation, deterioration

아이템 특성, 성능저하

(73) human engineering, ergonomics

아이템 설계방법, 작업방법, 작업환경 설정 등을 인간의 능력이나 한계에 맞도록 결정하는 기술

(74) safety

인간의 사상 또는 자재에 손실 혹은 손상을 부여할 만한 상태가 없는 것.

신뢰성에서는 임무대행을 위해 기능상 고장을 대상으로 하지만 안전성에서는 인간·자재에 손실·손상을 주는 위험한 상태를 대상으로 한다.

(75) screening

고장메커니즘에 준한 시험으로서 잠재결함을 포함한 아이템을 제거하는 것.

원칙으로서 비파괴적 수단에 의한 전수검사가 이용된다.

(76) poisson distribution

독립시행을 반복했을 때에 어떤 사상의 k회 실현할 확률이

$$P_r(X=k)=\exp(-\mu)\frac{\mu^k}{K!} \quad (k=0,\ 1,\ 2,\ \cdots\cdots)$$

로 표현되는 분포

① 이 분포는 평균치 μ에 의해 결정된다.

② 체적을 작게 하면 poisson 분포에 가깝다.

③ 일정시간 내의 우발적인 사상, 우발고장 등의 개수는 포아손 분포로 나타낸다.

(77) confidence level

지정구간에서 그 신뢰성 특성수치의 진짜값이 존재할 확률

① 신뢰율(conidence coefficient)이라 한다.

② 신뢰성 적합시험에 있어서 로트고장률이 LTFR 이하인 것을 보증하는 확률을 말한다.

(78) normal distribution

$$확률밀도함수\ f(t)-\frac{1}{\sqrt{2\pi}\sigma}\exp\left[-\frac{1}{2}\left(\frac{t-\mu}{\sigma}\right)^2\right](-\infty<t<\infty)$$

분포함수 $F(t) = \dfrac{1}{\sqrt{2\pi}\sigma} \displaystyle\int_{-\infty} \exp\left[-\frac{1}{2}\left(\frac{t-\mu}{\sigma}\right)^2\right] dx$

$$\sum_{k=0}^{n} P_r(X=k) = 1$$

(79) 고장해석순서

고장현상 파악	비파괴적 검사시험	반파괴적 검사시험	파괴적 검사시험
	외관검사	Package 봉투	단면계작
재 료	(오염, 손상, bending)	화학세정	(절단, 매립, 연마)
	X-ray 투시장치	내부검사	기계적 강도시험
부 품	Package 누설	누설 Test	표면, 재료분석
	전기적 특성	기기분석(1)	(조성, 구조, 상태)
장치(Unit)			
	지식, 식견		단점 검토
시스템	데이터, 평가법 ————	고장 메커니즘 ————	개량, 개선
		(모델 설정)	
		(모델 확정)	

4-1. 고장분석(failure analysis)

고장분석은 고장이 일어났을 때, 그 메커니즘(mechanism)을 밝히기 위하여 고장 발생 개소에 대하여 수행하는 물리적, 화학적 원인규명을 말한다.

MIL-STD-883에서는 「고장분석은 보고된 고장을 확인하고 고장모드 또는 메커니즘을 규명하기 위해, 전기적 특성, 물리·금속·화학적 최신 분석기술에 의하여 고장 발생 후에 고장원인을 조사를 하는 것이다」로 정의하고 있다.

한편, 고장분석은 협의적인 원인규명과 함께 설계, 제조 또는 사용 측면의 기술적인 면과 더불어 관리적인 측면까지, 고장이 발생한 원인을 분석하는 것을 일컫는 경우도 있다.

JIS Z 8115는 개발단계에서의 사전분석(prognosis)에서, 고장발생 후의 사후분석까지를 포함한 광의적 의미로 고장분석을 다음과 같이 정의하고 있다. 아이템(item)의 잠재적 또는 나타난 고장 메커니즘·발생률 및 고장의 영향을 검토하고 시정 조치를 검토하기 위한 계통적인 조사연구이다.

고장은 외부의 응력(stress) 및 사용·환경조건 변화에 따라 제품 내부에서의 물리적·화학적 변화로 인하여 발생하며, 제품의 외부의 전기적 특성 변화로 관찰된다. 고장분석을 위한 수단으로서는 전기적, 물리적, 금속학적, 화학적인 분석기술을 구사한다.

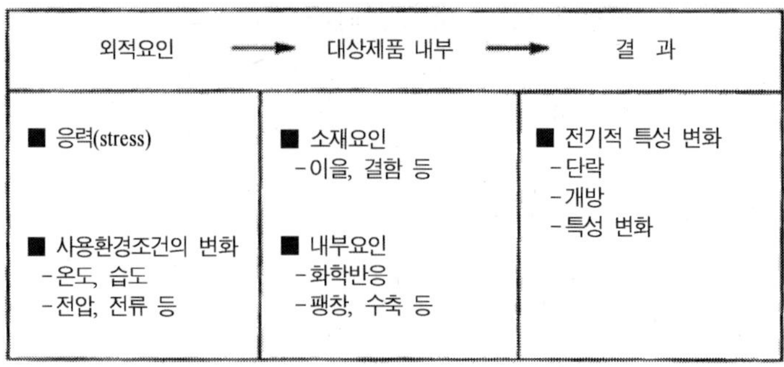

(1) 접근방법

고장이 나지 않고 영구적으로 사용하는 제품(부품)은 존재하지 않는다. 우리가 목표로 하는 것은 고장률의 저감, 수명의 연장이고 이것은 보전활동을 향상시켜 나아감으로써 서서히 가능하게 된다. 이를 실현하기 위한 아주 중요한 수단으로서는 고장분석이 있으며 결국 이것을 통해서 대상이 되는 시스템, 유닛, 부품의 신뢰성을 높일 수 있다. 다음은 고장분석에 대한 3가지 접근방법에 대한 설명이다.

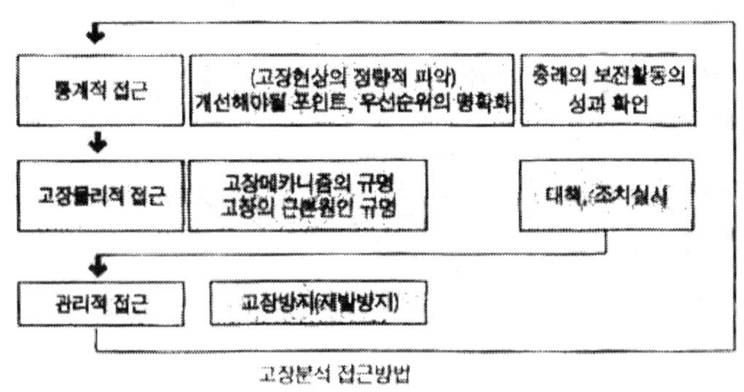

고장분석의 3가지 접근방법

고장분석의 접근방법 및 내용

접근방법	내용
통계적 접근	o 고장현상을 정량적으로 파악하고 개선포인트와 우선순위를 명확히 하기 위해 고장이 발생할 때마다 ① 발생일시, ② 제품(부품)명칭, ③ 고장상황, ④ 고장원인, ⑤ 조치, ⑥ 대책 등에 관한 데이터를 파악하고, 소정기간의 수집된 데이터를 통계적으로 분석 o 개선포인트와 우선순위가 명확하게 됨으로써, 효율적 보전활동의 전개가 가능하게 된다.
고장물리적 접근	o 고장 전의 상황(작업기록, 수리기록, 점검기록 등), 고장발생 시의 상황(제품동작기록, 고장전파상황 등), 고장 후의 상황(손상부품의 상세상황, 제품의 위치, 상태 등) 등 종합적인 데이터를 기초로 고장의 근본원인과 메커니즘을 규명 o 고장의 근본원인을 알게 되고 이를 토대로 대책을 적용할 때 확실한 성과로 연결됨. 그렇지 않으면 고장이 재발한다.
관리적 접근	o 고장방지를 위한 관리적 접근으로서 설계도면의 수정, 검사표준서, 점검표준서의 개정, 운전매뉴얼의 개정 등에 따라 고장의 재발을 확실하게 방지하는 수단을 강구하는 것. o 고장직후의 대책은 충분하게 실시되었지만 몇 년 경과한 후 동일한 고장이 발생된다면 충분한 방지 대책이라고 볼 수 없다.

(2) 고장분석 절차

고장분석 순서는 매우 중요하다. 제조공정을 다르게 하면 제품을 만들 수 없듯이 고장분석 순서를 다르게 하면 정확한 분석을 할 수 없다. 제품은 다시 만들 수 있지만 고장분석 순서가 잘못되면 목적하는 분석을 다시 할 수 없는 경우가 일반적이다.

그 이유는 고장원인, 메커니즘을 규명하는 작업은 기본적으로 불가역적인 파괴적 요소가 포함되어 있기 때문에 고장을 재현하는 것이 어렵게 된다.

- 고장분석 기술은 부품의 신뢰성향상에 매우 중요한 역할을 한다. 클레임에 대한 고장분석이나 부품을 구입할 때 양품분석을 통해 고장원인이나 고장메커니즘에 관한 자료와 정보를 축적함으로써 신뢰성 향상을 위한 대책을 수립하는 것이 중요하다.

- 개별 부품마다 고장분석 순서와 상세 사항은 다르지만 일반적인 전자부품의 고장분석 절차는 그림과 같다. 고장분석은 통상 고장 발생을 출발점으로 하여, 고장품 상태를 보존하면서 비파괴분석에서 파괴분석 순으로 실시한다.

실제는 이 분석순서에 과거 분석실적을 토대로 각 부품별 고유의 방법을 가미하거나 보다 효과적인 분석기기의 활용이 중요하다. 고장분석결과를 해석하면 현상, 원인을 밝히는 조사나 재현시험, 물리화학적 해석, 통계해석 등의 사후해석을 지칭하는 것이지만 사전, 사후를 포함한 조직적 대책을 지향하는 것으로 선택할 필요가 있다.

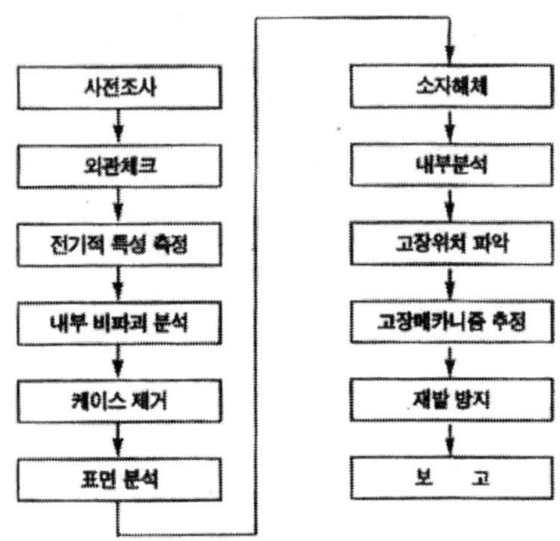

일반적인 전자부품의 고장분석 절차

고장분석 절차 및 내용

절 차	내 용
① 사전조사	제품의 사용환경(온도, 습도), 발생상태(수량, 발생시기, 로트 의존성), 고장재현성의 확인(불안정한 경우는 신중히)
② 외관 점검	실장상태(납땜, 역실장 유무), 단자부(오염, 플럭스 부착, 휘스커), 부품, 실장면 표면상태 확인
③ 전기적 특성측정	실사용 전압이하에서 측정(전압인가에 의한 회복 방지), 재현되지 않는 경우에는 온도를 변화시키면서 확인
④ 비파괴해석	이 단계에서 가능한 많은 정보를 수집, 고장내용에 맞는 각종 검사장비의 활용, 양품과 비교
⑤ 케이스 제거	소자의 영향을 최소한으로 하는 용해약품의 종류, 시간 등, 케이스 제거 후의 불량 확인
⑥ 표면분석	매크로(macro) 분석에서 마이크로(micro) 분석, 고장 내용에 맞는 각종장비 활용
⑦ 소자해체	부품구조, 재료의 사전 이해, 해체작업에 의한 소자 파괴 방지(국부해체 단면해체)
⑧ 내부분석	매크로 분석에서 마이크로 분석, 유효한 분석기기의 조사 및 활용, 양품과 비교
⑨ 고장위치 파악	양품과 다른 점 명확화(비교조사), 특정 개소를 제거하면 회복되는지, 과거 사례와 비교해서 동일한지 비교분석
⑩ 고장메커니즘 추정	과거 고장분석사례 조회, 고장메커니즘의 추정과 적합성 평가, 재현시험의 실시
⑪ 재발방지	재발방지 대책의 명확화, 고장원인으로 된 부문에 피드백

고장분석을 할 때 주의해야 할 점이 많이 있지만 고장품을 취급하는 데 있어서 중요하다고 생각되는 것을 열거하면 다음과 같다.

① 고장상태를 변화시키지 말아야 한다.
고장품은 하나이며, 고장에 관한 정보는 이것밖에 없다. 부주의한 취급으로 증거를 훼손시키지 말아야 한다.
② 상황을 명확히 하지 않고 다음 단계로 진행하지 말아야 한다. 고장분석은 파괴적이기 때문에 되돌릴 수 없다.
③ 각 단계에서의 이상상태에 관한 상황을 상세히 기록해야 한다.
무엇이 고장과 결부되었는지 최후까지 알 수 없다. 주의 깊게 관찰하고 기록해 놓는 것이 중요하다.
④ 양품과 다른 점을 주의 깊게 관찰할 것.
막연하게 조사를 하는 것만으로 이상을 발견할 수 없다. 정상상태를 잘 알고 정상품과 비교하면서 관찰할 필요가 있다.

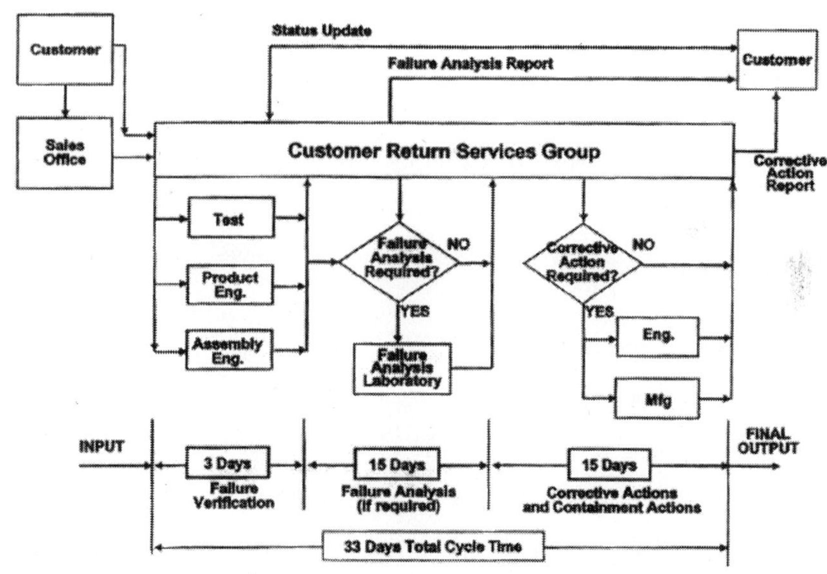

고장분석체계 Customer Return Flow Diagram

4-2. 고장모드영향분석(FMEA)

고장모드영향분석(FMEA: Failure Mode and Effect Analysis)은 1950년대 초 프로펠라 추진항공기가 제트엔진 항공기로 전환되면서 유압장치나 전기장치로 구성되는 복잡한 조종시스템을 가진 제트기의 신뢰성설계를 위해 사용된 것을 효시로 하여, 1960년대에는 NASA에서 우주선 개발 시 각 부품의 오기능을 브레인-스토밍 방법으로 예측하려는 활동에 활용하였으며, 1990년대 이후, ISO 9000, QS 9000, 6시그마 등에서 품질개선 및 신뢰성관리의 필수적 요건으로 간주되고 있는 분석 기법이다.

FMEA는 시스템을 구성하고 있는 부품들의 고장모드가 타 부품과 시스템 및 사용자에게 미치는 영향과 고장의 원인을 bottom-up으로 조사하는 정성적 신뢰성예측기법 또는 고장해석기법으로, 제품 및 공정설계 단계에서 사용되는 도구이다.

(1) FMEA의 목적

① 시스템의 설계와 제조에 있어서 잠재적 고장모드, 원인 및 영향 도출 및 전개
② 잠재적 고장의 발생을 감소시키거나 제거하기 위한 활동방법 제시
③ ①과 ②의 과정을 문서화
④ 고객을 만족시키기 위한 설계 요구조건 및 사양을 확실하게 정의

(2) FMEA의 효과

① 잠재적인 결함과 고장모드를 미리 제거할 수 있는 체계적인 접근을 할 수 있다.
② 신뢰성 시험항목을 결정할 수 있다.
③ trouble shooting 매뉴얼을 개발하는 기초 자료를 제공한다.
④ 고장진단 및 시스템 성능 감시를 위한 기초를 제공한다.
⑤ 유사 시스템을 설계할 때, 고장예방을 위한 know-how를 축적할 수 있다.

(3) FMEA의 실시 시기

일반적으로 FMEA는 제품 및 공정설계 단계에서 적용한다. 그러나 FMEA는 분석 tool이므로, 품질개선 활동, 고장원인분석, 신뢰성 시험항목 결정 등 FMEA가 효과적으로 적용될 수 있는 경우에 실시할 수 있다.

주-FMEA 문서는 일회성이 아닌 제품 life cycle 동안 지속적으로 갱신해야 하는 살아 있는 문서(living document)다.

(4) FMEA의 종류

적용 대상에 따라 다음과 같이 여러 가지 종류의 FMEA가 있다.
① 시스템 FMEA: 개념설계와 예비설계 단계에서 시스템과 서브시스템을 대상으로 적용
② 설계 FMEA: 상세설계 단계에서 부품선정 이후의 분석
③ 공정 FMEA: 제조공정 설계단계의 분석
④ 설비 FMEA: 설비를 대상으로 하며, 주로 설비관리 측면에서 접근
⑤ 기타 소프트웨어를 대상으로 한 S W FMEA, 서비스산업에서의 서비스 FMEA 도 있다.

(5) 설계 FMEA의 실시 절차

① 팀 구성

FMEA는 brain-storming에 기초한 팀 활동이므로, 설계담당자 이외에 QC, 생산기술, 제조, 자재, 서비스, 영업 등 폭넓은 경험을 가진 여러 명의 구성원들로 팀을 구성한다. 이때, 브레인스토밍을 수행함에 있어 구성원들 간의 의견을 존중하고, 많은 아이디어를 도출하는 것이 중요하다.

② 자료 준비

대상 시스템이나 제품에 관한 설계 요구 품질표, 도면, 부품리스트, 실험보고서,

개발이력 등과 유사부품의 클레임 정보, 품질정보 및 고장이력 리스트 등 관련 자료들을 준비한다.

③ 분석범위 결정

설계 FMEA를 실시할 범위를 결정한다. 시스템 전체를 대상으로 하여 분석을 하면 시간이 오래 걸리므로, 중요 아이템이나 설계변경 부분을 분석범위로 선택한다.

④ FMEA 실시

(a) 시스템의 기능정의는 FMEA실시 대상 시스템의 기능을 확인하고 정의한다.
(b) 시스템의 분해수준 결정은 시스템의 분해수준과 범위를 결정한다. 즉, 어디까지를 부품으로 할 것인가를 결정한다. 신뢰성관리 대상은 부품이다. 부품의 선정은 일정한 규칙이 있는 것이 아니므로 관리수준을 고려하여 결정한다. 부품을 단품(part)수준으로 결정하면 신뢰성분석은 용이하지만 내용이 방대해진다. 조립품(assembly)수준으로 결정하면 분석대상은 많지 않으나 고장모드 선정에 어려움이 있다.
(c) 신뢰성 블록다이아그램 작성은 대상 시스템의 부품을 열거하고, 구성요소의 기능 블록다이아그램을 작성하여 각 기능의 연결관계가 전체 시스템에 미치는 영향을 분석하기 쉽도록 한다. 이를 바탕으로 신뢰성 블록다이아그램을 작성한다.
(d) FMEA 양식준비는 FMEA 양식을 준비하고, 그 내용을 기입한다. FMEA 양식에는 시스템명, 부품명, 부품 기능, 고장모드, 고장의 추정원인, 고장의 영향, 및 대책 등을 기입하도록 설계되었다. FMEA 양식은 각 사별 특성에 맞추어 내용을 변경할 수도 있다.
(e) FMEA 양식에 각 부품별로 고장모드, 원인, 영향 등을 기입한다.
(f) 치명도 분석을 실시한다.
(g) 치명도 평점이 높은 고장모드들을 정리하여 critical item list를 만들고, 설계변경 등의 필요성을 검토한다.

4-3. 결함나무분석(FTA)

결함나무분석(FTA: Fault Tree Analysis)은 Bell연구소의 H. A. Watson에 의하여 고안되고, 1965년 Boeing 항공회사의 D. F. Haasl에 의해 보완되어 실용화되기 시작한 기법이다.

FTA는 시스템의 고장을 발생시키는 사상과 그 원인과의 인과관계를 논리기호(AND 또는 OR)를 사용하여 나뭇가지 모양의 그림으로 나타낸 결함나무를 만들고 이에 의거 시스템의 고장 확률을 구함으로써 문제가 되는 부분을 찾아내어 시스템의 신뢰성을 개선하는 계량적 결함해석 및 신뢰성 평가방법이다.

- 결함나무는 결함 사상들 사이의 논리적 관계를 나타내는 도식화된 표현 방법이다. 이 방법은 사전에 정의되거나 바람직하지 못한 안전 사상을 초래할 수 있는 시스템 내부에 있는 결함 사상들의 다양한 조합들을 간결하고 정돈되게 표현할 수 있다.

  이 도식적인 형태는 시스템 안전도를 측정하는 결함 사상들의 영향을 쉽게 식별하고 수학적으로 평가할 수 있도록 하며 게이트 기호를 이용하여 정상 사상을 정상 사상에 기여하는 결함 사상들로 세분화하여 전개한다. 각각의 결함 사상은 더 많은 기본사상을 포함하는 가지를 만든다. 이 결함나무는 모든 사상들이 근원적인 고장의 수준까지 전개되면 완성된다.

(1) 결함나무분석절차

① 결함나무(Fault Tree)를 작성한다.
② 최하위의 고장원인인 기본사상에 대한 고장확률을 추정한다.
③ 기본사상에 중복이 있으면 Boolean 대수공식에 의하여 고장목을 간소화하고, 그렇지 않으면 절차 ④로 간다.
④ 시스템의 고장확률을 계산하고 문제점을 찾는다.
⑤ 문제점의 개선 및 신뢰성 향상책을 강구한다.

○ MAGNET-WIRE 일람표

종류	규격	내열 구분	특징	주의점	비고
유성 ENAMEL 선 E W	JIS C 3208	A	내습성이 강하여 값이 낮 아진다.	기계적으로 약함. 내용제성이 주의	완구용 MOTOR용
포말선 PVF	JIS C 3203	A	내화학적 특성이 좋음. 내마모성이 좋아 자동권 선기에 적용한다.	CRASING의 발생 이 쉽다.	범용 MOTOR 전반
POLYURETHA N UEW	JIS C 3211	E	납착성이 있어 착색이 자 유	내마모성이 떨어 짐	저압 MOTOR
POLYESTER PEW	JIS C 3210	B	내화학적 특성이 좋음. 내 마모성이 좋음	내습성이 아주 난 점이 있음	범용 MOTOR 전반
F종 POLYESTER -I MID F -EIW	JCS 332	F	내열충격성, 내연화성에 우수하다.	피막의 박리에 어 려운 점이	내열범용 MOTOR
H종 POLYESTER -I MID AIW	JCS 333	H		있다.	
POLYIMIDE 선	JCS 334	C	내열성에 대단히 우수하 다. 내화학적으로 특성이 좋음	화학적으로 피막 을 벗기기 어렵다.	특 수 내 열 성 MOTOR
CEMENT 선 A CEMENT 선 B	MAKER 사양 〃	A E	가열융착, 용제융착도 가 능	연화점이 낮고, 내 마모성 겨우 낮다.	각종 MOTOR(소형)
열경화수지성선 A 〃 B	〃 〃	E B	용제융착, 열경화성에 있 어서 내열성은 우수하다.	가열융착이 알맞 지 않다.	내열성 MOTOR 고속 MOTOR
NYLON 가공선	〃	A, E, B	PVF, UEW, PEW에 NALON 가공하는 데 있 어서 고속권선이 적합하 다.	내층의 특성에 주 의	

1. 내열구분: A(105℃) E:(120℃) B:(130℃) F:(155℃) H:(180℃) C:(180이상)
2. CEMENT선 이하의 WIRE는 절연피막상에 2중 처리하는 2중피막선도 있다.

○ 각종 절연등급별 허용최고온도 및 재질

1	2	3	4	5
절연의 종류	주부별	절연재료	절연재료의 제조등급에 사용하는 결합함침도표재료	절연의 처리재료
Y종 허용최고 온도 90℃	주	면, 모 그 밖의 천연직물성 및 동물 성직유 재생셀룰로이즈 아세테이트 POLYIMIDE 섬유 종이 및 지섬유 PRESS -BOAD 강화 FIBER 목재 아니린수지 질소수지	없음	없음
	부	AKALI 산수지 POLYETHYLENE POLYSTHYLENE 염화비닐 가황천연 RUBBER	없음	없음
A종 허용 최고온도 105℃	주	함침 또한 액체유전체에 침투가 되 는 것: 면, 모 기타 천연식물성 및 동물성 섬유 재생셀룰로즈 셀룰로즈아세테이트 POLYIMIDE직유 종이 및 종이제품 PRESS BOAD 강화 FIBER 목재 VANISHGLASS(면, 모 그 밖의 천 연수식물성 및 동물성 직유, 재생셀 룰로즈아테이트 및 POLYAIMIDE 직유기재) VANISHPAPER	유변성의 천연 외의 합성수 지 VANISH	유변성천연수지 세 라믹, 코발트 그 밖의 천연수지 셀룰로즈 유도체 됴로보다 고온의 종류에 사용
		적층목재	페놀수지	
		셀룰로즈아세테이트필름 가교폴리에스텔수지 에나멜선용유성성바니스 에나멜선용폴리아미드수지 에나멜선용폴리비닐	없음	−
	부	폴리크로로프렌고무	없음	

1	2	3	4	5
절연의 종류	주부별	절연재료	절연재료의 제조등급에 사용하는 결합함침도표재료	절연의 처리재료
E종 허용 최고온도 120℃	부	에나멜선용폴리우레탄수지 에나멜선용에폭시수지	없음	유변성아세텔 및 유변성 합성수지니스 가소폴리에스텔수지. 에폭시수지보다 고온의 적용한다.
		셀룰로즈충진성형품 면적층품 종이적층품 가소폴리에스텔수지 셀룰로즈아세텔필름 폴리에나멜텔리프텔필름 폴리에나멜텔리프렐수지	멜라민수지 페놀수지 페놀프레필렌수지	
		바니스폴리에나멜텔리프텔글라스	유변성알겐바니스	
B종 허용 최고온도 130℃	주	유리직유※ 석면	없음	유변성아스팔트 및 유변성 합성수지바니스 가소폴리에스텔수지 에폭시수지 폴리우탈렌수지 (강한 기계적 응력을 받는 장소는 상기의 것이 적합해서 미변성페놀수지가 적합합니다.) 보다 고온의 종류에 적용
		바니스츨라스클로스 바니스아스페스트	유변성합성수지바니스	
		마이카제품(지지재료 있는 것, 없는 것)	셀락 아스팔트 및 역청 컴파운드 유변성합성수지 알키드 수지 가소폴리에스텔수지 에폭시수지	
		글라스적층품 석면적층품 광물질추진성형품	멜라민수지 페놀수지	
	부	에나멜선용게이소수지(2) 에나멜선용폴리에틸렌텔리타레트	없음	상동
		광물질충진성형품	가소폴리에스텔수지	
		폴리불화에틸렌수지(3)	없음	
F종 허용 최고 온도 155℃	부	글라스직유 석면	없음	하기의 수지에서 내열성이 특히 좋은 것 ① 알키드수지 ② 에폭시수지 ③ 가소폴리에스텔 수지 ④ 폴리우레탄수지 실리콘알키드수지 실리콘페놀수지 보다 고온의 종류에 적용
		바니스글라스쿨로스 바니스아스페스트 마이카제품(지지재료 있는 것, 없는 것)	하기의 수지에서 내열성이 특히 좋은 것들: ① 알키드수지 ② 에폭시수지 ③ 가소폴리에스텔수지 ④ 폴리우레탄수지 실리콘 알키드 수지	

1	2	3	4	5
절연의 종류	주부별	절연재료	절연재료의 제조등급에 사용하는 결합함침도표재료	절연의 처리재료
H종 허용 최고온도 180℃	주	글라스직유 석면	없음	
		바니스글라스클로스 바니스아세테스트	–	
		루버글라스클로스	실리콘고무	
		마이카제품(지지재료 있는 것, 없는 것)	–	–
		글라스적층품 석면적층품		
		실리콘고무	없음	
C종 허용 최고온도 180℃ 이상	주	마이카 도자기 글라스 석영 그 밖의 상기 종류 이외의 성질을 가지는 무기질(주의: 허용최고온도는 사용온도에 있어서 재료의 물리적, 화학적 전기적 특성에 따라서 제한한다.)	없음	글라스와 시멘트보다는 무기접점재료.
	부	바니스글라스클로스 바니스아스페스트마이카제품	허용최고온도는 225℃	허용최고온도 225℃
		폴리 4 염화에틸렌수지(허용최고온도 250℃)	없음	

품질기능전개(QFD)

제품설계나 제품계획에서 가장 중요하며 먼저 이루어져야 하는 것은 고객의 요구, 기대사항을 파악하고 구현하는 체계적인 방법을 마련하는 것이다. 이를 위해 먼저 해당제품 또는 서비스의 고객을 정의하고 고객이 원하는 것이 무엇인지를 파악해야 할 것이다. 이렇게 파악된 고객의 요구사항을 충족시킬 수 있는 제품을 설계·생산하는 것이 필요한데 이를 위한 체계적인 방법으로 개발된 것이 품질기능전개(Quality Function Deployment: QFD)이다.

QFD는 제품구상으로부터 설계, 제조, 유통, 사용을 통한 제품의 수명주기를 통해 고객의 요구사항이 구현될 수 있도록 하기 위한 도구로서 다음과 같이 정의된다.

품질기능전개는 제품 구상에서부터 제품의 설계, 개발을 통해 제조, 유통, 초기화, 마케팅, 판매, 서비스에 이르기까지 모든 단계에서의 고객요구를 회사 내에서의 요구로 변환하는 시스템이다.

- QFD는 고객의 요구를 충족시키는 기술이며 제품의 수명주기 즉, 개념설계로부터 부품설계, 공정과 제조, 사용에 이르기까지의 모든 단계를 통해서 고객의 요구사항이 실현, 향상될 수 있도록 체계적이며 지속적인 정보교환을 위한 효과적인 방안이라고 할 수 있다. 이는 제품생산에 제한되지 않으며 서비스품질관리를 위해서도 효과적으로 이용 가능하다.
- QFD는 신뢰성 요구사항을 포함하는 고객의 요구를 기술적 특성으로 변환하는 시스템이므로 내용을 상세히 설명하기는 어렵다. 여기에서는 QFD의 기본적 개념과 신뢰성시험에 응용하는 방법을 중심으로 설명하기로 한다.
- QFD에서는 품질표(품질의 집, House of Quality(HOQ))를 이용한다.

품질표에는 각각 다음과 같은 내용을 입력한다.

요구품질	중요도	③ 기술적 특성 ⑤ 기술적 특성의 상호관계	타사비교
①	②	④ 요구품질과 기술특성의 관계	⑥
기술적 특성 비교		⑦	
기술특성 중요도		⑧	
기술특성 목표값		⑨	

①	요구품질	설문조사, 개별면담, 전시회 참가, 계획된 실험 등 여러 가지 방법을 통해 추출된 고객의 요구사항.
②	중요도	고객의 요구사항의 상대적 중요도
③	기술적 특성	요구사항에 대응하는 제품의 품질특성, 요구품질에 영향을 미치는 정량적으로 측정가능하고, 고객인식에 직접 영향을 미치는 설계 변수
④	요구품질과 기술적 특성의 관계	요구품질과 기술적 특성의 상관관계(양, 음)와 상관강도(강, 중, 약)
⑤	기술 특성의 상호관계	기술적 특성들간의 상관관계
⑥	타사비교	자사제품과 경쟁제품에 대한 요구품질의 고객 인지도 비교
⑦	기술적 특성 비교	자사제품과 경쟁제품의 현재 기술특성 값
⑧	기술특성의 중요도	기술적 특성의 상대적 중요도
⑨	기술특성 목표 값	요구품질과 기술적 특성의 관계와 기술적 특성의 상대적 중요도를 곱하고 이를 종합.

품질표

- QFD를 2단계(two stage)로 적용함으로써 신뢰성시험 항목을 도출할 수 있다. 단계 1에서는 고장모드, 메커니즘과 스트레스의 관계를 평가하고, 단계 2에서는 고장모드-메커니즘과 시험방법을 평가하여 어떤 시험을 해야 신뢰성평가를 효과적으로 할 수 있는 시험방법들을 결정할 수 있다.

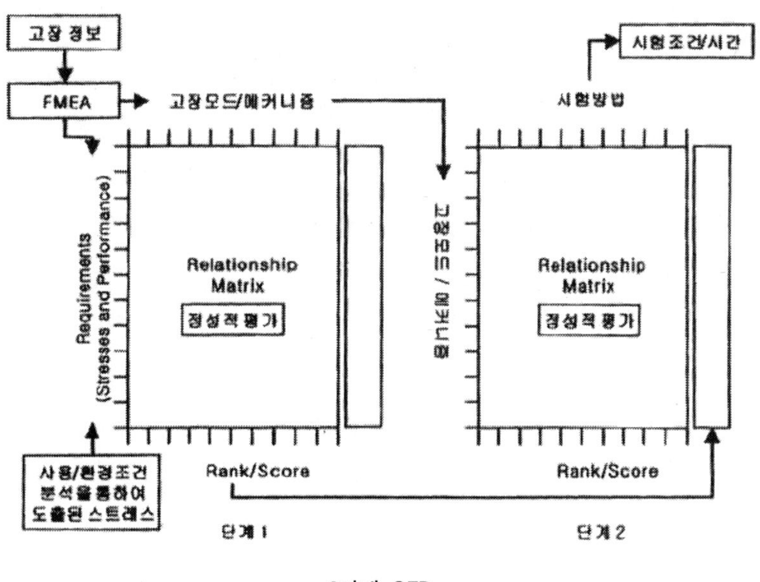

2단계 QFD

부하-강도분석(Stress-Strength analysis)

부하-강도 모형(stress-strength model)은 아이템에 인가된 부하(전압, 전류, 온도, 응력 등의 스트레스)가 제품의 강도를 초과했을 때 고장이 발생한다고 가정하는 모형이다. 일반적으로 설계과정에서 그림 (1)과 같이 부하를 고려하여 설계여유를 두고 강도를 결정한다. 그러나 시간이 지남에 따라 강도는 저하되고, 부하가 강도보다 커지면 고장이 발생한다고 볼 수 있다. 그림 (2)는 시간이 지남에 따라 강도가 저하되어 고장이 발생하는 것을 의미하며, 여기서 부하가 강도보다 커지는 영역의 면적이 고장발생 확률을 나타낸다. 한편, 강도의 저하에 의하여 고장이 발생하는 것을 역으로 부하를 증가시킴으로써 발생하게 할 수 있다. 그림 (3)은 부하증가에 의한 고장발생의 촉진을 보여주고 있다.

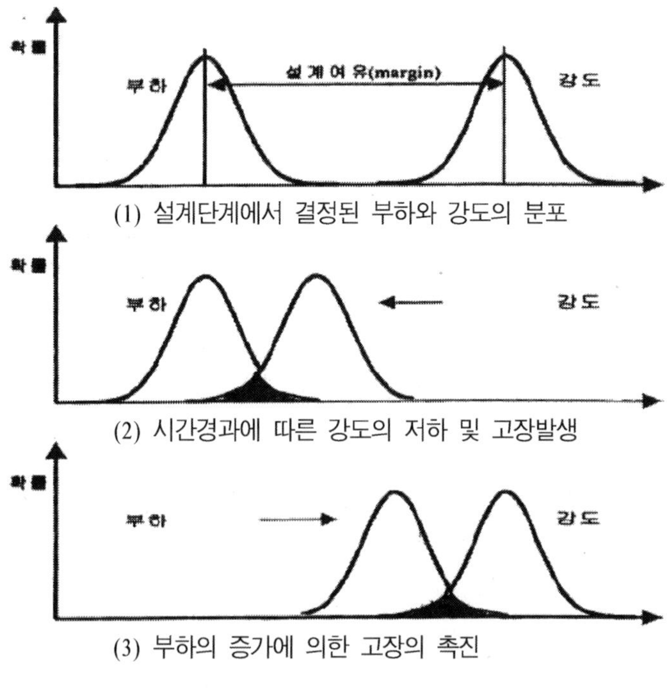

부하-강도 모형과 고장의 가속

부하-강도분석은 부하와 강도의 확률분포로부터 아이템이 고장날 확률(또는 신뢰도)을 추정하는 것으로 다음과 같이 수행된다. 스트레스(Y)와 강도(X)의 확률분포가 각각 $N(\mu_y,\ \sigma_y^2)$와 $N(\mu_x,\ \sigma_x^2)$를 따른다.

이때, 스트레스가 강도를 초과할 확률 P{Y > X}은 다음과 같이 계산할 수 있다.

$$P\{Y > X\} = P\left\{Z > \frac{\mu_x - \mu_y}{\sqrt{\sigma_x^2 + \sigma_y^2}}\right\}$$

부하(Y)의 분포는 $\mu_y = 1,500$, $\sigma_y = 20$인 정규분포를 따르고, 강도(X)의 분포는 $\mu_x = 1,600$, $\sigma_x = 30$인 정규분포를 따른다고 한다. 이때, 제품이 고장 날 확률은

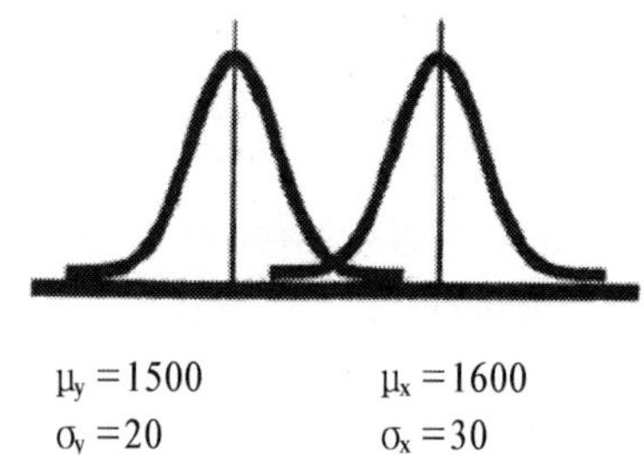

① $P\{Y > X\} = P\{Z > \dfrac{1,600 - 1,500}{\sqrt{30^2 + 20^2}}\} = P\{Z > 2.77\} = 0.28\%$

② 아이템의 신뢰도: $R = 1 - P\{Y > X\} = 99.72\%$

안전계수(safety factor)와 안전여유(margin of safety)

○ 안전계수(SF: Safety Factor): $SF = \dfrac{\mu_x}{\mu_y}$

○ 안전한계(MOS: Margin of Safety): $MOS = \dfrac{\mu_x - \mu_y}{\mu_y}$

따라서 위의 예제에서

$$SF = \dfrac{1,600}{1,500} = 1.067 \text{이고, } MOS = \dfrac{1,600 - 1,500}{1,600} = 0.067 \text{이다.}$$

설계심사(design review)

- 신뢰성, 보전성 및 보전 지원성 요구조건과 용도에 대한 적합성 및 잠재적 개선에 영향을 줄 수 있는 요구조건과 설계에서의 결점들을 찾아 수정하기 위한 기존 또는 제안된 설계에 대한 공식적이고 독립적인 조사를 설계심사(DR: design review)라 한다.
- 신뢰성을 개선하기 위한 디자인 변경을 권유할 목적으로 시스템의 개발과 직접적인 관련이 없는 전문가가 디자인의 전체나 일부를 공식적이고 체계적으로 분석하는 것으로, 이 평가는 계획된 요구사항에 맞게 최대의 신뢰성에 도달하기 위하여 적어도 비용, 보전성, 성능, 생산성, 스케줄, 크기, 무게와 같은 디자인 기준을 검토한다.
- 제품이 사용 중에 그것이 나타내고 함축하고 있는 성능의 요구사항을 만족할 것인지 확신하기 위하여 실시하는 제품 디자인에 대한 계획된 점검이다.
- 계획된 점검을 위한 미팅. 단계 점검(phase review)과 비교하여 설계심사는 발생하는 계획의 단계에 근거하여 수명주기에서 발생순으로 분류되거나 명명된다.
 -개념 또는 준비, 모형, 시제품, 제작품, 완성품

열분석

물질이 물리적인 전이현상을 발생할 때는 반드시 열을 흡수하거나 방출함

열분석은 고분자를 포함한 모든 물질의 온도 변화에 따른 무게, 열 흐름, 기계적 성질 등의 수반되는 변화를 측정하는 기술임

열분석의 종류

약어	Technique	측정변수
DSC	Differential Scanning Calorimetry	에너지 변화, dH / dt
TGA	Thermogravimetry	무게
TMA	Thermomechanical Analysis	치수 / 부피 변화, dL, dV
DM[T]A	Dynamic Mechanical Thermal Analysis	영율[Modulus] / 댐핑[Damping]의 변화, E', E'', tangent delta
DTA	Differential Thermal Analysis	온도 변화, dT

고분자의 T_g

분자량: chain end의 free volume 영향도 고려.

$$T_g = T_g^{\infty} - K / M_n$$

가소제의 영향

Fox equation $1 / T_g = W_1 / T_{g1} + W_2 / T_{g2}$

불규칙 공중합체 / 상용성 고분자 블렌드

가교도: 가교도, T_g

$$T_{g, \, crosslink} - T_g^0 = 3.9 \times 10^4 / M_{crosslink} \text{(가교점 사이의 분자량)}$$

Blends(비상용성): 각각 성분의 shifted T_g가 검출

입체이성체 $T_g(\text{syndiotactic}) > T_g(\text{isotactic})$

$$T_g(\text{trans}) > T_g(\text{cis})$$

* 분자량의 영향에 대한 예

Resin	T_g^{∞}	K
PS	373'K	1.2×105
PMMA	387'K	2.1×105
PAN	367.5'K	2.8×105

* 입체 이성질체

Resin	T_g, syndio	T_g, iso
PMMA	433'K	316'K
PEMA	393'K	281'K
PBMA	361'K	249'K

Resin	T_g, trans	T_g, cis
PBD	255'K	271'K
PI	235'K	200'K

고분자의 분자운동

고분자 물질을 가온할 경우

    사슬(분지사슬, 주사슬) 중의 원자단에 의한 국소적인 운동

    주사슬의 국소적인 운동

    주사슬의 분절운동

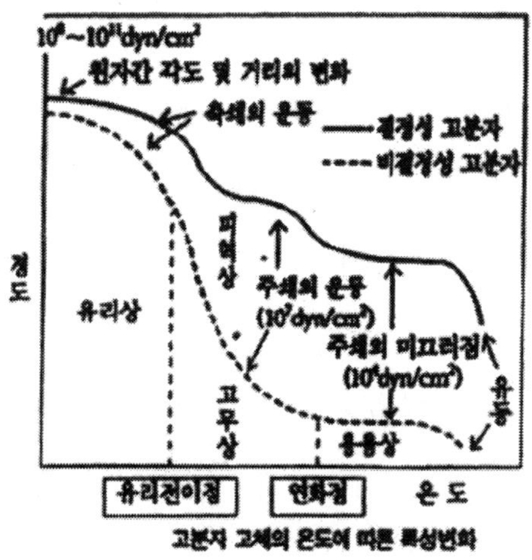

고분자 고체의 온도에 따른 특성변화

응력-변형 곡선

재료에 발생한 응력에 대한 변형률의 관계를 그린 곡선재료의 기계적 성질을 파악하는 데 가장 기본적인 자료

(a) 부드럽고 야함: 고분자 겔이나 치즈상 물질

(b) 딱딱하나 깨지기 쉬움: polystyrene, PMMA

(c) 딱딱하고 강함: 고강도·고탄성률을 갖는 섬유(엔지니어링 플라스틱)

(d) 부드럽고 질김: 고무, 가소성 PVC

(e) 딱딱하고 질김: nylon, PET

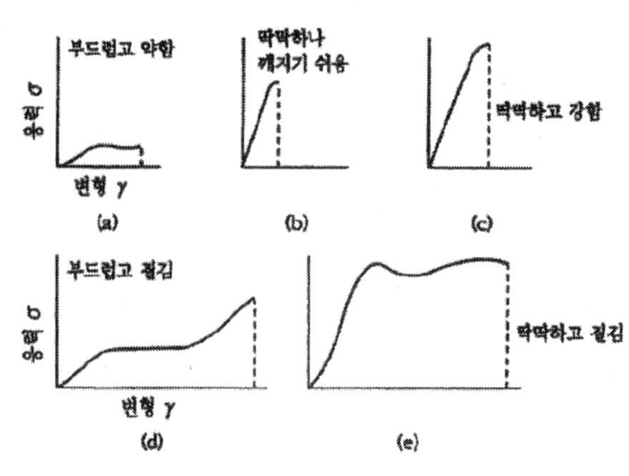

전형적인 응력-변형 곡선

응력-변형시험

만능시험기를 이용하여 측정
일반적으로 고분자에서는 주로 인장강도를 시험
치과용 고분자에서는 주로 굴곡강도를 시험

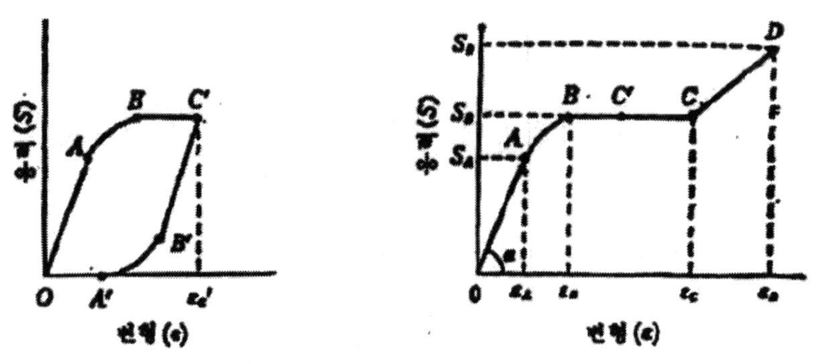

응력-변형 곡선의 모형도

대표적인 고분자의 인장강도와 신도

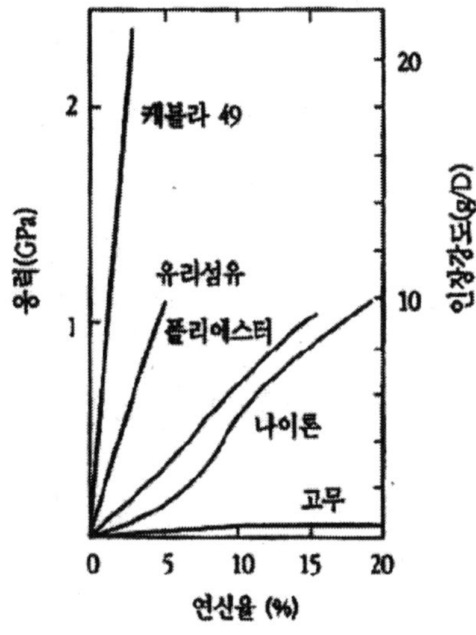

고분자 고체의 응력-변형 곡선의 실례

역학적 성질

고분자의 점탄성을 조사함으로써 고분자의 역학적 성질에 관여하는 분자구조, 분자의 응집상태, 분자의 역학적 성질에 관한 정보가 얻어진다.

통상적으로 가변적인 변형에 대한 응력의 응답 거동을 관찰하기 위하여 동적 점잔성법을 이용한다.

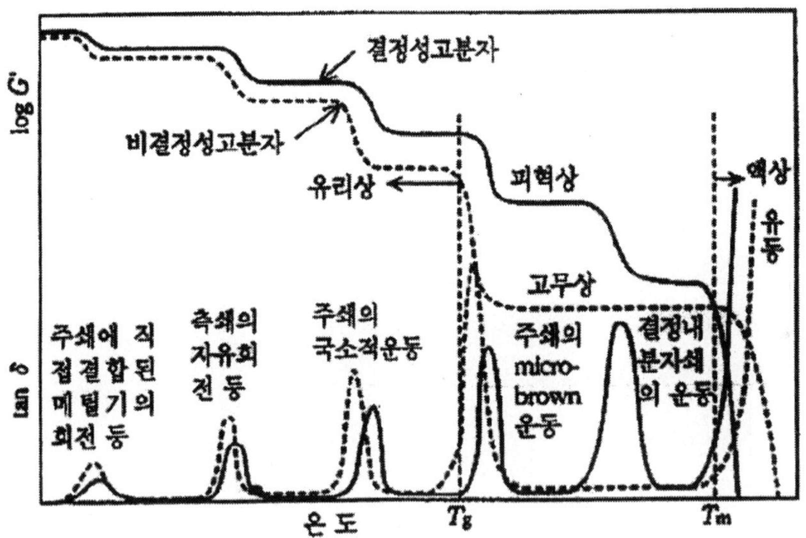

결정성 고분자 및 비결정성 고분자의 전형적인 G' −T곡선 및 tan δ −T 곡선

엔지니어링플라스틱과 강화재료

항목	유리섬유	카본섬유	무기필러
기계적 성질			
인장강도	증가○	대폭증가○	증가○
인장파단신장률	감소×	감소×	감소×
굽힘탄성률	증가○	대폭증가○	증가○
IZOD충격치	증가○	증가○	감소×
테이퍼마모	증가×	증가×	증가×
열적 성질			
열변형온도	상승○	상승○	상승○
선팽창계수	감소○	감소○	감소○
전기적 성질			
체적고유저항	±	감소±	±
절연파괴전압	±	±	±
유전율	±	±	±
기타의 성질			
비중	증가×	증가×	증가×
흡수율	감소○	감소○	감소○
성형수축률	감소○	감소○	감소○
同上의 이방성	증가×	증가×	감소○
코스트	증가×	증가×	±

시험명	시험목적
열 열화시험	장기간 열을 계속적으로 받은 경우의 열화상태 평가
낙구충격시험	저온하에서의 충격에 대한 평가
기타	내세차성시험, 내성시험, 내스탭성시험, 내오염성시험, 내한성시험, 악취성 평가, 내습성시험, 내염화칼슘성 등

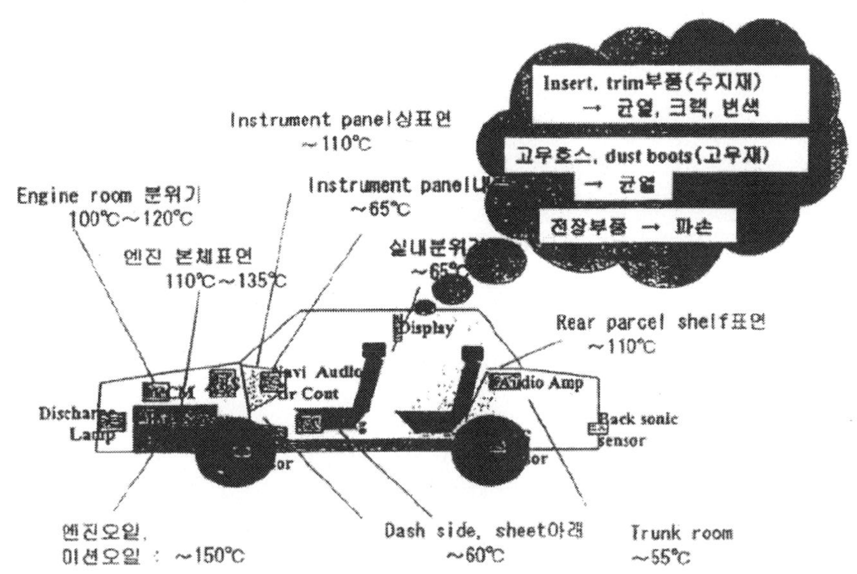

자동차 각 부위의 Max 온도환경 사례

고분자 재료에 관한 항목별 환경조건과 사용조건

조건항목			상세한 항목
환경 조건	자연환경	온도	• 순간적인 온도(고온, 저온)·장기적으로 노출되는 온도(열 피폭) • 온도 cyclic(고온~저온 반복)
		그 외	습도, 강수량, 일사량(실내, 실외), 오존 빛(자외선), 먼지(사무실, 작업장), NOx 가스
	수분		흡수(팽윤·건조), 흡습(가수분해), 뜨거운 물(가수분해)
	약품	연료	가솔린, 알코올, 경유, 등유
		기름	엔진기름, 기어기름, 녹방지기름, 윤활유, 금속가공유, Press기름
		grease	광유(광물성 기름)계열, 하성기름계열, 실리콘오일
		wax	wax, wax 제거제
		도료	도막보호제, undercoat제
		유기약품	부동액, 세제, washer액, 브레이액
		무기약품	산성액, 융설제(염화칼슘), 해수·소금물
		그 외	체액(담), 새의 분비물, 소변

조건항목		상세한 항목
사용되는 법조건	사용조건 / 조작조건	스위치, 레버, 다이얼 사용목적, 사용상황 별에 따른 조적빈도 ※ 자동차 경우: 쇼핑, 통근, 드라이브 등 정체도로, 고속도로의 주행비중
	사용조건	자기발연(엔진 룸 안의 온도, 브레이크 열) 진동, 회전수(회전물의 회전속도, 수송기기의 차속) 바람, 돌(chipping), 융설염, 분진
	수송 시 조건	반송 시(진동, 충격), 반입 전 정검 시에 생기는 조건
	관리기간	정기정검, 차정검, 자주진단

불량, 고장에 대한 신뢰성 평가시험 사례

①	프린트 기판	$-40\,℃\sim+100\,℃$, 200h $-50\,℃\sim+110\,℃$, 1000h
②	IC	$-40\,℃\sim+120\,℃$, 1000h $-50\,℃\sim+150\,℃$, 1000h
③	motor	$-20\,℃\sim+80\,℃$, 1000h $-40\,℃\sim+100\,℃$, 1000h
④	표시관계	$-20\,℃\sim+80\,℃$, 1000h $-50\,℃\sim+110\,℃$, 500h

stress, 고장 mode, 고장 mechanism의 사례

동작 스트레스	환경 스트레스	고장모드	고장메커니즘
기계적 하중 torque 전류부하 전압, 유기전하 복사에너지	온도: 고온, 저온 습도 일사량 가스, 오존 돌, 모래가루, 먼지 충격 진동, 공진	파단, 절손, 균열 변형 어긋남, 느슨함 부착 잡음, 이음 소손 표면 거칠음	피로, 마모 Creep 확산, 흡착 전기분해 화학적 오염 부식 과부하

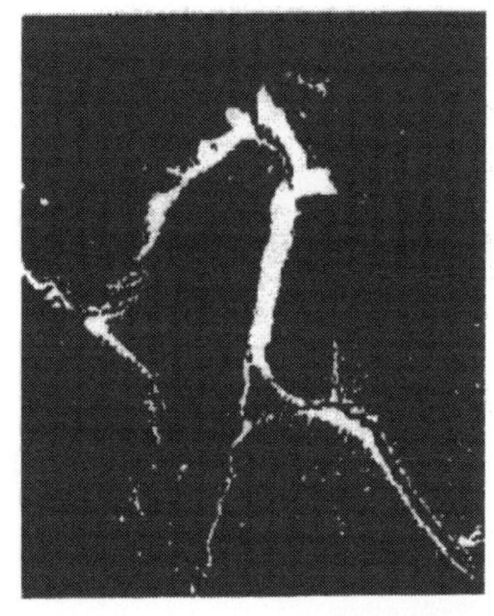

- 나일론의 흡수성
- 부위에 따른 부착량 차이
- 건조되는 온도조건과 시간
- 응력변형 등의 내부응력과 외부응력

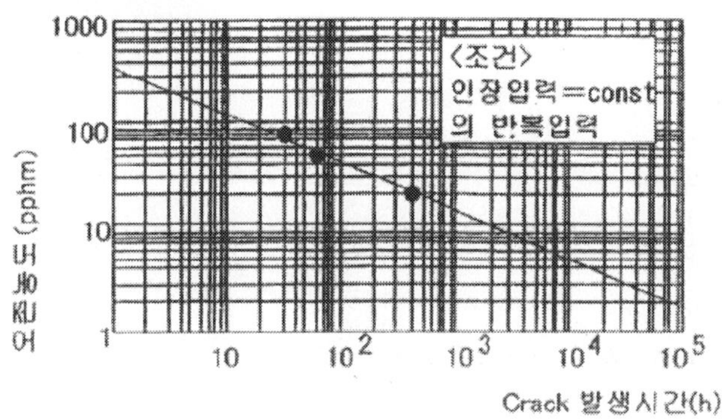

오존(O₃) 영향

적합 신뢰성 평가 방법

전자기기의 경박단소화에 따른 고밀도 실장이 더욱 요구됨에 따라 접합방법이나 접합 신뢰성 평가방법이 더욱 중요해지고 있음

환경 stress		동작 stress		stress 형식
자연	온도 및 그 변화	전자기	전류	시간(횟수)의 길이 (많음)
			전압	
	습도 및 그 변화		serge(부하)	
	일사		방해(자기장)	연속인지, 아닌지
	비, 물		arc	부하와 무부하의 비율
	고온 및 그 변화		tracking	
	전지, 쓰레기, 찌꺼기		잡음	반복속도
			전해부식	
공통	방사선	열	온도상승 (전도, 복사, 대류)	stress의 변화속도
	전자기		국부 발열	stress의 중복
	부식 환경		온도 급변	
인공	폭발	기기	결로, 결빙	stress가 가해지는 순서
	충격		충격	
	진동		진동	
	가속도		가속도	
	하중		반복응력(피로)	
	인장		인장	
	회전		회전	
	굴곡		굴곡응력	

복잡한 고장 pattern

고장 type	특　징	대　책
DFR: Decreasing failure rate 고장률 감소형	설계, 제조상의 결함 등에 의해 초기에 고장률이 높고 시간과 함께 이러한 결함이 제거되어 가는 경우	디버깅, burn in 등 스크리닝을 해서 초기에 높은 고장률의 원인을 제거한다.
CFR: Constant failure rate 고장률 일절형	시간경과와 관계없이, 고장률이 거의 일정하게 장시간에 걸쳐 안정되고, 그 고장은 우발적이며, 수명분포가 지수분포와 같다.	이 기간에서의 고장을 사전에 예측할 수 없다.
IFR: Increasing failure rate 고장률 증가형	마모와 열화 등에 의해서 차례로 수명이 다해가는 기간으로, 고장률이 시간과 함께 상승한다.	마모와 열화를 사전에 예측해서, 고장이 일어나기 전에 예방보전으로서 교환하면 미연에 고장을 방지할 수 있다.

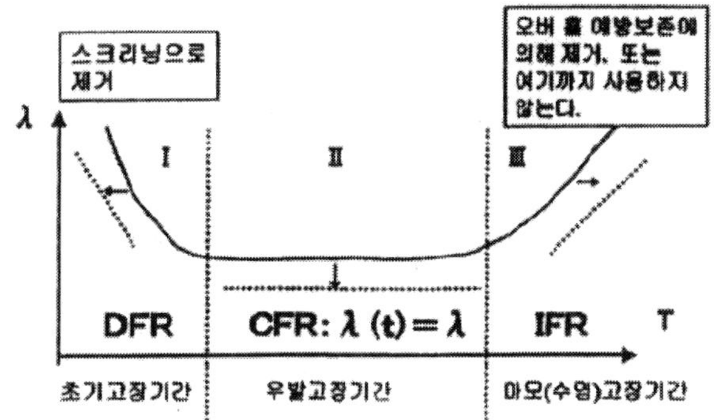

고장률곡선(bath tub curve)

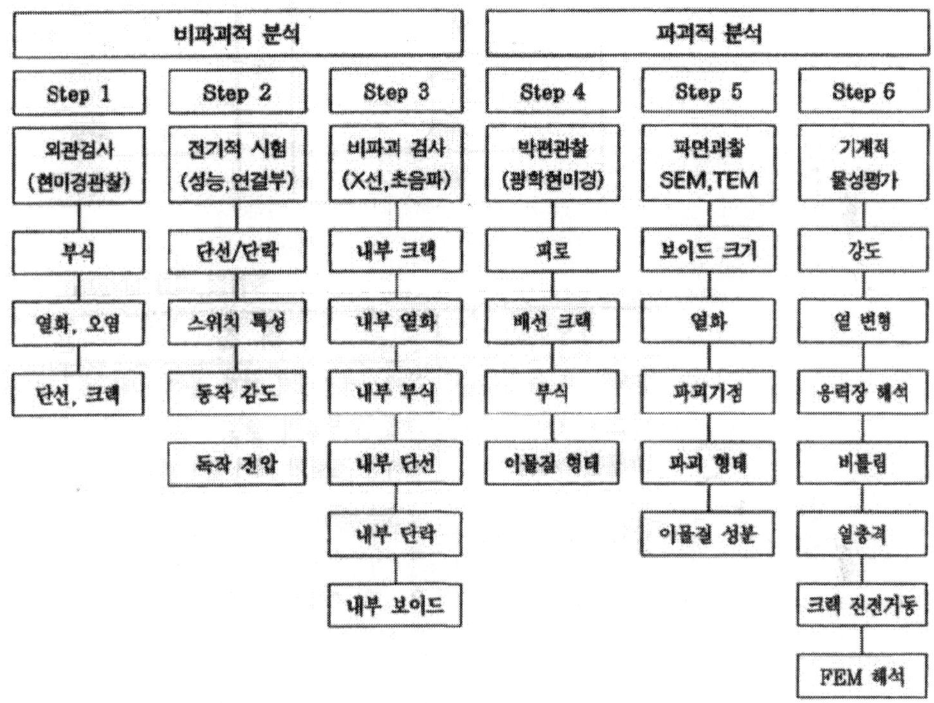

고장분석방법

일반전자부품의 고장률과 수명

기호	구분	내용	구체적인 사례	신뢰성보증시험
a	초기 고장	설계품질이 시장환경과 사용조건에 적합하지 않는 경우와 제조품질의 편차가 큰 경우에 발생, 신제품 완성을 저해하는 최대의 요인	• 그리스 경화에 의한 스위치 동작 불량(실환경 −40℃의 그리스 사용) • ℃금형찌꺼기에 의한 성형품의 균열	• 실용환경시험 • FEMA · FTA • 고장해석 (Characterization)
b	돌발 집중 고장	시간이 경과한 후, 대량으로 발생하는 것으로 모든 알지 못하는 현상의 경우도 있지만 상당 수는 설계상의 과거실패의 반복과 제조상의 돌발사고 원인	• Dendrite에 의한 단락고정 • 그리스 변경에 의한 성형품의 계절균열 • 코일 등의 전식단선	• FMEA · FTA • 각종 체크리스트 • 고장해석 (Characterization)
c	우발 고장	a, b를 제외하고 일정비율로 발생하는 것으로 제품에 의한 레벨차가 있다. 설계요인 및 사용 환경에서 대부분 결정된다.	• 정전파괴에 의한 동작 불량	• 신뢰도 예측 • 고장률시험 • 가속시험
d	마모 고장	일정기간을 거쳐, 즉 수명이 다해 열화해 가는 것으로 제품에 따라 수명이 확실한 것과 그렇지 않은 것이 있다. 설계요인 및 사용 환경에서 대부분 결정된다.	• 알루미늄 전해콘덴서의 Dry −up에 의한 용량제거 • 가변저항기의 습동 수명 • 벨트와 베어링의 마모파손	−

※ 일반전자부품의 신뢰성 기본은 2가지
• 우발고장 영역에서의 고장률
• 마모고장영역이 되는 수명

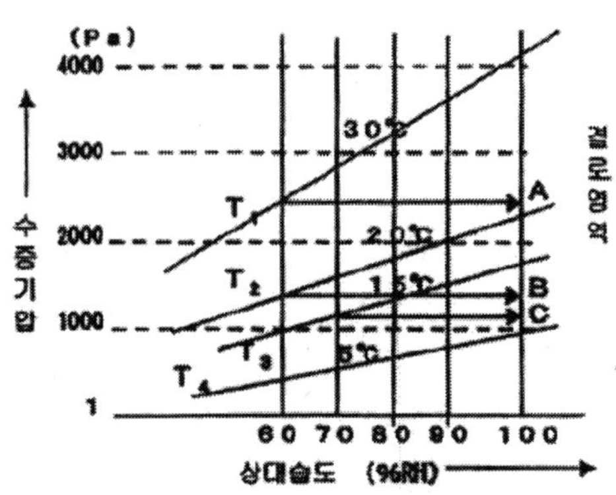

온도와 상대습도와 결로(이슬)

이슬(결로)발생 Mechanism

① 온도＝40℃, 습도＝90%RH는 증기압＝6,646Pa(7,385×0.9)이다. 한편 35℃의 포화 수증기압은 5,630Pa이므로 40℃, 90%RH의 중에 35℃ 이하의 제품을 넣으면 제품표면의 주변이 과포화 상태가 되어 제품의 표면에 결로가 생긴다.

　온도, 상대습도로 T1(30℃, 60%RH)에서 T2(20℃)로 변화하면 포화수증기조건이 되어 이슬이 맺힌다.

　이와 같이, T3(15℃, 70%RH)에서 T4(5℃)로 급변하면 결로가 생긴다. 이러한 것은 실제로 사용 중에 자주 볼 수 있는 것이다.

② 결로사례

　㉮ 샘플의 열시정수(熱時定數)와 비교해서, 주위의 온도변화가 빠를 때에는, 제품 근처의 공기가 냉각되어 수증기의 과포화 상태가 발생하고, 제품의 표면에 결로가 생긴다.

　　－따뜻한 곳에 차가운 것을 넣을 경우

　　예를 들면, 겨울철의 전철에서 안경을 쓰고 있으면, 안경에 서리가 낀다.

　　－따뜻한 분위기에서 차가운 것에 닿는 경우

　　예를 들면, 겨울철의 전철에서 창문이 밖의 차가운 공기와 닿으면 서리가 낀다.

　　－차의 앞 유리에 저녁, 이슬이 맺힌다. 또는 결로된 이슬이 얼어서, 동절기 아침 차 앞 유리에 엷은 얼음의 결정모양이 생긴다.

　㉯ 휴대기기와 같은 핸디 타입은 손의 온도 및 손에서 발산하는 수증기, 땀 등에 의해서 결로 또는 부분적으로 고습도 조건이 될 가능성이 높다.

5-1. 신인성 관계

1. 신인성(dependability)

신인성은 아이템의 가용성과 그에 영향을 미치는 요인들을 설명하기 위해 사용되는 총체적 용어(IEC 60050-191)로 신뢰성, 보전성과 보전지원성을 포함하는 정성적 용어이다.

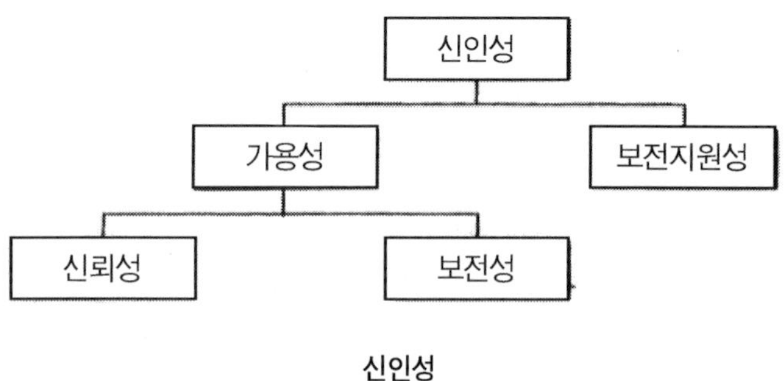

신인성

미 국방규격에서는 신인성에 대한 정의를 다르게 하고 있다: 신인성은 아이템이 임무를 시작할 때, 가용하다는 조건하에서 특정한 임무수행 중에 요구 기능을 수행할 수 있는 능력의 정도를 나타내는 척도이다.

2. 신뢰성(reliability)

아이템이 주어진 기간 동안 주어진 조건에서 요구 기능을 수행할 수 있는 가능성

① 아이템

개별적으로 고려될 수 있는 단품, 부품, 디바이스, 서브시스템, 기능 유닛, 장비 또는 시스템, 아이템은 하드웨어, 소프트웨어 또는 이들 모두로 구성될 수 있고 특별한 경우에는 사람을 포함할 수도 있다. 또한 여러 아이템들이 하나의 아이템으로 간주될 수도 있다.

② 주어진 기간

아이템의 임무수행을 위하여 설정된 목표 시간, 시간은 단순히 시간(time)이라는 척도 이외에 아이템의 특성에 따라 사용횟수, 거리 및 사이클 등이 될 수 있다. 목표 시간이 명시된 건축물, 인공위성 등의 아이템도 있고 일반 소비자를 대상으로 하는 가전제품과 같이 묵시적인 아이템도 있다. 또한 목표 시간이 성능규격으로 명시되기도 한다. 예를 들면 10만 사이클 용 릴레이, 업종의 특성에 따라 관례적인 목표 시간이 있을 수 있다. 가전제품의 경우 10년 보증을 목표로 한다.

③ 주어진 조건

아이템을 사용하기 시작하여 폐기될 때까지 아이템의 기능과 성능에 영향을 줄 수 있는 모든 조건, 환경조건과 사용조건으로 나눌 수 있다. 환경조건은 온도, 습도, 진동 또는 소음 등 외부로부터의 자연적인 조건들이 있으며, 사용조건에는 설치장소, 연속 사용시간과 사용횟수 등이 사용자의 조절이 가능한 조건들이 있다. 부품의 경우에 완제품 제조업체의 제조공정도 포함한다.

④ 요구 기능

특정한 서비스를 제공하기 위해 필요한 아이템의 기능 또는 기능들의 조합, 기능을 수행할 수 없거나 성능이 저하된 상태를 고장이라 한다.

3. 보전성(maintainability)

주어진 조건에서 규정된 절차와 자원을 사용하여 보전이 수행될 때, 요구 기능을 수행할 수 있는 상태로 유지 또는 복원되는 아이템의 능력, 보전도는 보전성의 척도로 사용된다.

4. 보전지원성(maintenance support)

규정된 보전정책과 주어진 조건에서 아이템을 보전하는 데 필요한 자원을 적시에 지원할 수 있는 보전조직의 능력, 주어진 조건은 아이템 자체와 아이템이 사용 및 유지되는 조건에 관련된다.

5. 가용성(availability)

필요한 외부 자원이 제공된다고 가정하였을 때, 어떤 시점 또는 기간에 걸쳐 주어진 조건에서 요구 기능을 수행하는 상태에 있을 아이템의 능력, 가용성은 신뢰성, 보전성, 보전지원성에 영향을 받는다. 보전 자원 이외의 외적 자원들은 아이템의 가용성에 영향을 미치지 않는다.

5-2. 고장 Machanism

1. 고장(failure)

IEC 60050-191은 아이템이 요구 기능을 수행하지 못하게 되는 사건(event)을 '고장'이라고 정의하고 있다. 여기서 요구 기능을 수행하지 못함이란 아이템의 기능 중에서 특정 기능을 수행할 수 없는 경우만을 의미하는 것은 아니며, 아이템이 기능을 수행하지만 성능이 요구수준(보통 설계 엔지니어에 의하여 결정된 성능 규격을 의미함)을 만족하지 못하는 경우도 포함한다. 예를 들어, 전화기는 송신, 수신 및 부가기능을 갖는다. 만일, 전화를 수신할 수 없으면 수신기능을 수행할 수 없는 고장이 발생한 것이다. 그러나 수신을 할 수는 있지만 잡음이 심하여 통화에 지장이 있어도 고장이 발생한 것이다. 한편, 기능을 수행할 수 없는 것은 성능 규격을 벗어난 특별한 경우로 볼 수 있으므로, 고장은 다음과 같이 포괄적으로 정의할 수 있다.

고장은 아이템이 요구 기능을 수행하지 못하게 되거나 요구 성능을 만족하지 못하게 되는 사건이다. 아이템이 요구 기능을 수행하지 못하게 되거나 요구 성능을 만족하지 못하게 되는 사건이 발생할 때까지의 기간을 고장시간(failure time) 또는 수명(life, lifetime)이라 한다. 수리불가능 아이템은 고장시간과 수명이 동일하다. 그러나 수리가능 아이템은(자동차 시스템) 고장시간이 수명이라 할 수 없으며, 더 이상 수리가 불가능한 고장이 발생할 때까지의 기간을 수명이라 할 수 있다. 일반적으로 소비자들이 인식하는 고장시간과 아이템의 실제 고장시간과는 다를 수 있다. 특히, 성능이 저하되어 발생하는 고장은 소비자들이 고장이라고 인식하기 훨씬 이전에 설계 성능 규격을 벗어나는 것이 일반적이며, 이 경우 설계관점에서는 이미 고장난 상태라고 할 수 있다.

2. 욕조곡선(bathtub curve)

욕조곡선은 사용 중에 일반적으로 나타나는 고장률을 시간의 함수로 나타낸 곡선으로 초기고장(early failure), 우발고장(random failure), 마모고장(wearout failure) 기간의 3부분으로 나뉜다. 욕조곡선의 모양은 그림과 같으며, 각 기간에 대한 설명은 다음과 같다.

① 초기고장기간

아이템이 시장에 처음 출하되면 잠재적인 설계나 제조상의 결함으로 인하여 초기 고장률이 높게 된다. 이러한 결함은 출하검사에서는 정상적인 양품으로 판정되지만 저장, 물류, 설치 및 소비자 사용에 이르는 과정에서 스트레스를 받아 결함이 드러나서 고장이 발생한다. 이러한 초기고장은 원인을 조사하여 시정조치(설계 및 제조 변경을 통한 원인제거)를 하며, 결함이 시정된 이후에 출하되는 제품의 고장은 감소하게 된다. 따라서 고장률은 그림 2.1의 $[0, t_1]$구간과 같이 시간에 따라 감소하는 형태로 나타나게 된다.

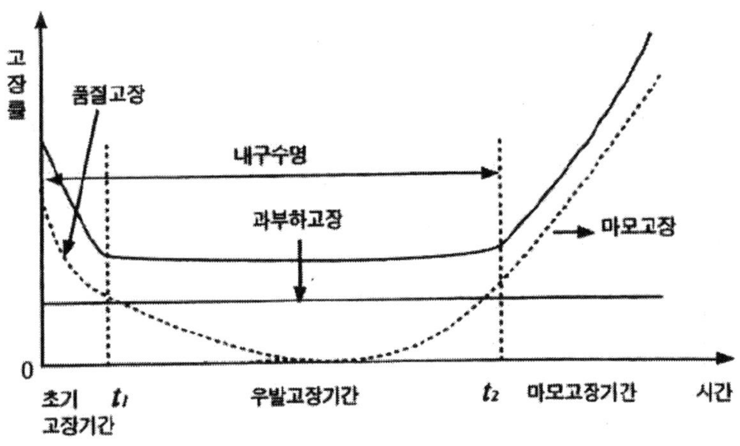

욕조곡선

초기고장의 0원인 및 예방책

고장의 원인	• 표준 이하의 재료 사용 • 불충분한 품질관리 • 표준 이하의 작업자 숙련도 • 불충분한 debugging • 부적절한 제조기술 • 부적절한 가공 및 취급기술 • 조립상의 실수 • 오염 • 부적절한 설치 • 부적절한 시동 • 저장 및 운송 중의 파손 • 부적절한 포장 및 수송 • 제조 능력을 고려치 못한 설계
예방책	• 철저한 품질관리 • aging • 번인 / ESS / HASS

초기고장기간은 감소하는 DFR(Decreasing Failure Rate)기간이다. 초기고장기간에서 발생하는 고장은 제조과정에서 제품에 혼입된 큰 결점(macro defect)이나, 작업자 실수, 설치나 운반 미숙 등에 의하여 발생하는 경우가 많다. 즉, 품질관리 미숙에서 발생하는 고장이 많으므로 품질고장(quality failure)이라고 한다. 초기고장기간을 유

아사망(infant mortality)기간이며 기업에서는 초기유동기간 또는 품질안정화 기간이
라고도 한다.

② 우발고장기간

설계나 제조상의 결함이 제거되어 품질안정화가 이루어지면 고장률은 일정하게
된다. 이 기간을 우발고장 기간이라 하며, 그림의 욕조곡선에서 $[t_1, t_2]$기간이 이에
해당한다. 우발고장기간에는 설계과정에서 예상치 못한 과부하(overstress)와 사용자
의 실수 등의 고장이 우발적으로 발생한다. 즉, 이 기간 동안 고장의 발생은 아무도
미리 예측하기 어렵고 확률적으로만 예측이 가능한 기간이라고 할 수 있으며, 이것
이 우발고장기간의 의미라고 할 수 있다.

고장의 원인	• 낮은 안전계수(예상보다 스트레스가 높거나, 강도가 기대치보다 낮은 경우) • 혹사 / 과용 / 남용 • 사용자의 과오 • 최선의 검사방법으로 탐지되지 않는 결점 • 디버깅 중 발견되지 않은 결함 • 천재지변
예방책	• 사용환경 스트레스를 고려한 설계 • worst case를 고려한 설계 • 사용자의 과오 방지 • 내 스트레스 설계

우발고장기간은 일정한 CFR(Constant Failure Rate)기간이다. 따라서 이 기간의 고
장시간은 지수분포로 모형화될 수 있다. 신뢰성공학에서 신뢰도 예측을 위한 MIL-
HDBK-217과 Telcordia SR-332의 경험적 모델들은 지수분포를 가정하고 있다. 이
는 우발고장기간의 일정 고장률을 예측하기 위한 모델이라고 할 수 있다.

③ 마모고장기간

아이템을 어느 기간 이상 사용하면, 재료나 부품이 열화되어 고장률이 증가하게
된다. 이 기간을 마모고장기간이라고 하며, 그림에서 t_2 이후가 이에 해당한다.

다음의 그림은 고장의 종류와 관계를 나타낸 것이다.

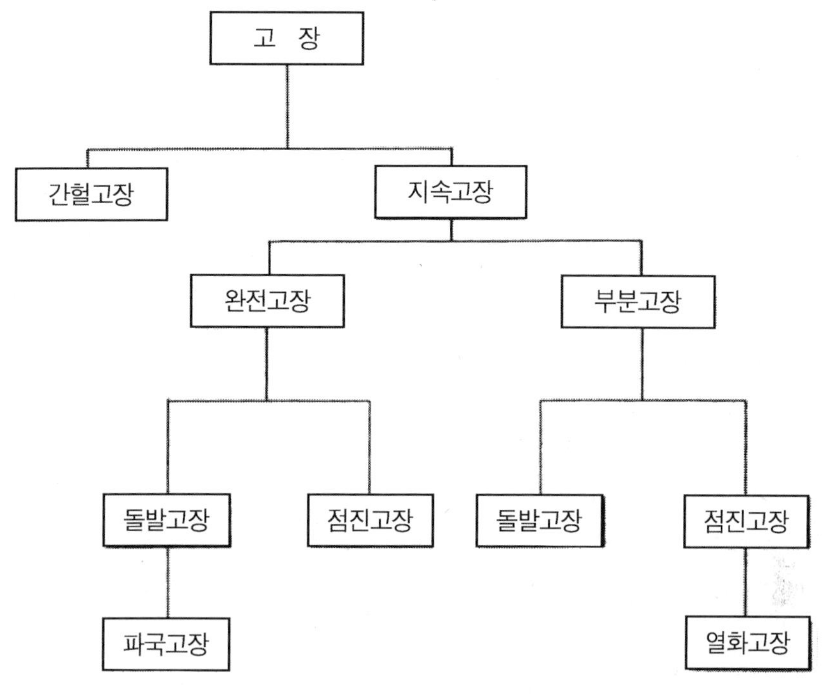

고장의 분류

(5) 결함(fault)

결함은 아이템이(고장이 발생하여) 요구 기능을 수행할 수 없는 상태를 말하며, 여기서 예방보전이나 다른 계획된 활동 또는 외부자원 부족으로 인한 경우는 제외한다. 결함은 아이템 자체 고장의 결과인 경우가 보통이다. 결함을 고장의 원인으로 간주하는 경우도 있다. 예를 들어 설계나 제조 결함(결점이나 불량 포함)이 있으면 고장이 발생하기 쉽다. 기공(void)이 있는 경우 크랙이 성장하는 것이 대표적인 예이다. 그러나 IEC 60050-191에서는 결함을 고장의 결과로서 해석하고 있다. 다음은 IEC 60050-191에서 정의하고 있는 결함의 종류와 정의이다.

① 치명결함(critical fault)은 인체 손상, 물적 손상 또는 다른 받아들일 수 없는 결과

를 초래할 것으로 평가되는 결함

② 비치명결함(non-critical fault)은 인체 손상, 물적 손상 또는 다른 받아들일 수 없는 결과를 초래하지 않을 것으로 평가되는 결함

③ 중결함(major fault)은 중요하다고 여겨지는 기능에 영향을 주는 결함

④ 경결함(minor fault)은 중요하다고 여겨지는 어떤 기능에도 영향을 주지 않는 결함

⑤ 오용결함(misuse fault)은 사용 중 아이템의 규정된 능력을 초과하는 스트레스에 의한 결함

⑥ 취급부주의결함(mishandling fault)은 아이템의 부적절한 취급 또는 부주의에 의한 결함

⑦ 취약결함(weakness fault)은 아이템이 규정된 능력 이내의 스트레스에 놓이더라도 아이템 자체의 취약점에 의한 결함

⑧ 설계결함(design fault)은 아이템의 부적절한 설계에 의한 결함

⑨ 제조결함(manufacturing fault)은 제조과정에서 아이템의 설계 또는 규정된 제조공정과의 불일치에 의한 결함

⑩ 노화결함(ageing fault), 마모결함(wearout fault)은 아이템의 고유한 고장 메커니즘들의 결과로 발생확률이 시간에 따라 증가하는 결함

⑪ 프로그램민감결함(program-sensitive fault)은 어떤 명령들을 특정한 순서로 수행한 결과로서 나타나는 결함

⑫ 데이터민감결함(data-sensitive fault)은 특정한 데이터를 처리한 결과로서 나타나는 결함

⑬ 완전결함(complete fault), 기능방해결함(function preventing fault)은 아이템의 모든 요구 기능을 완전히 수행할 수 없게 하는 결함

⑭ 부분결함(partial fault)은 아이템의 요구 기능 중 일부 기능을 수행할 수 없게 하는 결함

⑮ 지속결함(persistent fault)은 개량 보전 활동이 수행될 때까지 지속되는 아이템의 결함

⑯ 간헐결함(intermittent fault)은 보전 활동이 없이 아이템이 요구 기능을 수행하는 능력을 회복한 후 제한된 기간 동안 지속되는 아이템의 결함

⑰ 확정결함(determinate fault)은 어떤 작용에 대하여 어떤 반응을 하는 아이템에서 모든 작용에 대하여 동일한 반응을 나타내는 결함

⑱ 불확정결함(indeterminate fault)은 어떤 작용에 대하여 어떤 반응을 하는 아이템에
서 반응에 영향을 주는 오차가 적용된 작용에 의존하는 결함
⑲ 잠재결함(latent fault)은 존재하지만 아직 인식되지 않는 결함

5-3. 마모고장(Mechanism)

1. 고장분석(failure analysis)

아이템에 작용하는 부하는 스트레스를 유발시키고, 이 스트레스는 다양한 고장메
커니즘(failure mechanism)을 일으켜 부품의 고장을 발생시킨다.

고장메커니즘을 「물리적, 화학적, 기계적, 전기적, 인간적 원인 등으로 아이템이
고장을 일으키는 것」으로 정의하고 있으며, 즉 설계 및 제조공정에 기인한 대상 아
이템 내부의 소재요인이 외부에서 스트레스 및 사용환경조건의 변화에 따라 물리·
화학적으로 변화해서 고장에 이르는 것을 고장메커니즘이라고 한다.

그림은 고장역학(failure mechanics) 측면에서 고장에 대하여 명명한 것이다. 고장
위치를 고장부위(failure site)라 한다. 결함(defects)은 고장부위와 관련 있지만 항상
그렇지는 않으며, 아이템에는 잠재 고장부위가 많이 있지만 지금까지 규명된 고장
메커니즘의 목록은 유한하다. 하나의 부품에는 서로 다른 고장메커니즘이 작용하는
잠재 고장부위가 하나 혹은 그 이상 있을 수 있다.

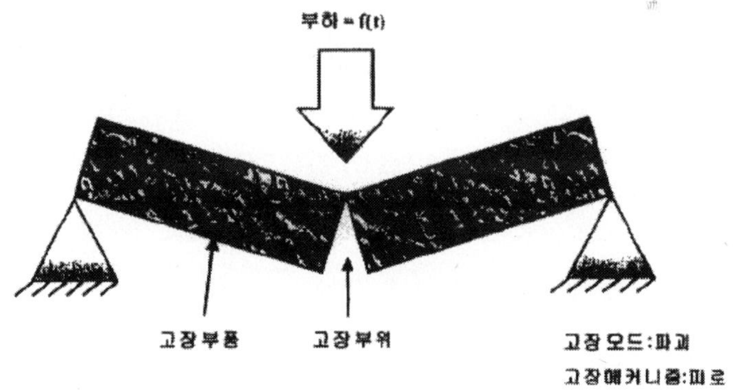

부품고장의 명명

고장모드(failure mode)는 고장 메커니즘과 구별되어야 한다. 고장모드는 메커니즘을 나타내는 방법이며, 징후(symptom)이지 고장의 근본원인(root cause)은 아니다. 고장난 샘플에서 처음에 확인할 수 있는 것은 고장모드이고 고장메커니즘은 근본원인의 고장분석(failure analysis)을 통해서 규명될 수 있다. 설계단계에서 제품에서 일어날 수 있는 고장 메커니즘을 체계적으로 규명함으로써 완벽한 제품을 설계할 수 있다. 즉, 잠재 고장메커니즘을 구체적으로 이해하고 있을 때 개발 및 설계단계에서의 고장을 예방할 수 있으며, 이를 통해 효과적으로 신뢰성 있는 제품을 만들 수 있다. 일반적으로 고장의 근본원인은 시스템 내의 부품에 작용하는 하나 혹은 그 이상의 고장메커니즘으로부터 추정할 수 있다. 따라서 고장메커니즘은 시스템 부품이 고장나기까지 부품에 작용하는 물리적 과정으로서 정의할 수 있으며 단일 부품은 시스템에 인가된 부하로 인하여 하나 혹은 그 이상의 주요 고장메커니즘을 가진다.

고장메커니즘은 고장이 발생하는 유형에 따라 우발고장(overstress failure)과 마모고장(wearout failure)으로 구분할 수 있고, 또한 고장 메커니즘을 유발시키거나 가속하는 부하의 성질에 따라 기계, 열, 전기 및 화학 등으로 분류할 수 있다.

그림은 전자제품에서 발생하는 몇 가지 고장 메커니즘에 대해서 고장을 유발하는 스트레스에 따라 고장 메커니즘을 분류한 것이다. 기본적인 고장 메커니즘 외에도 다양한 종류의 시스템, 반도체 및 부품에서 나타날 수 있는 많은 고장 메커니즘들이 있다.

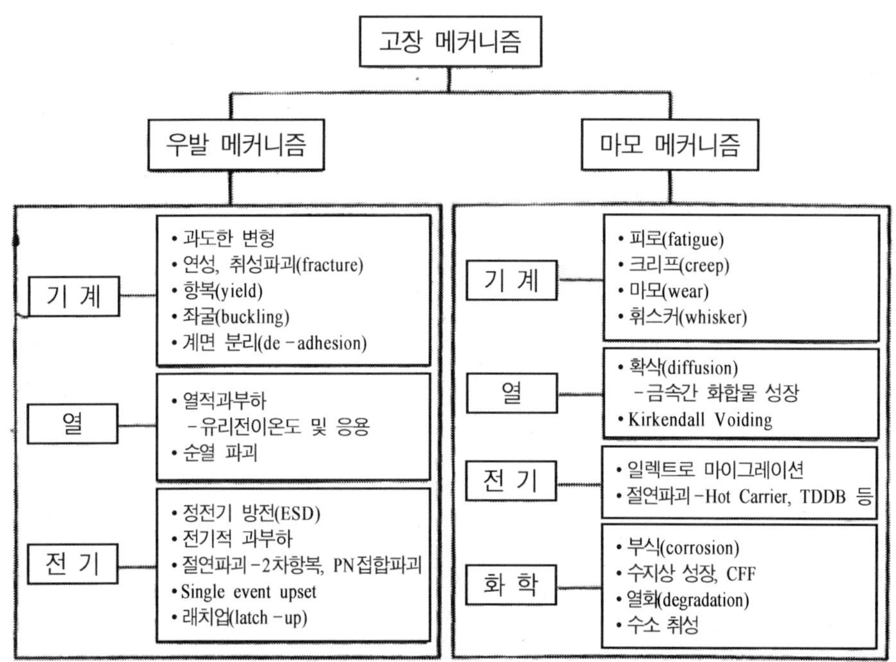

고장메커니즘의 분류

우발 메커니즘은 단일 부하에 의하여 고장이 발생하는 것으로, 재료가 시간에 따른 열화가 없다는 것을 전제로 하고 있다. 과도한 단일 하중에 의한 구조붕괴, 또는 과도전압으로 인한 커패시터유전체 파괴는 우발 메커니즘의 대표적인 예이다.

마모 메커니즘은 시간경과에 따른 부하축적으로 인한 고장을 말한다. 피로파괴와 부식은 전자, 기계부품에서 일어나는 마모 메커니즘의 예이다.

부하의 성질에 따른 고장메커니즘

종류	내용
기계적 고장	○ 탄성 혹은 소성 변형, 좌굴(buckling), 취성 또는 연성 파괴, 계면 들뜸, 피로 균열 생성과 전파, creep 및 크리프 파단(rupture)으로부터 발생할 수 있다. ○ 열적 부하는 열팽창계수 차에 의하여 기계적 고장을 유발할 수 있다.
열적 고장	○ 부품이 유리전이온도(glass transition temperature), 융점(melting point)과 같이 임계온도 이상으로 가열되거나 또는 가혹한 온도변화에 놓여서 열적 성능 규격 이상에서 동작될 때 발생할 수 있다.
전기적 고장	○ 정전기 방전, 절연파괴, 2차 항복 및 마이그레이션으로 인한 것들을 포함하고 있다.
화학 고장	○ 부식, 열화 및 전기화학적 마이그레이션(dendrite) 성장을 가속시키는 환경에서 일어난다. ○ 서로 다른 형태의 부하는 고장을 일으키는 데 상호작용을 할 수 있다. ○ 화학작용을 가속하는 온도, 금속 마이그레이션을 촉진하는 전계강도, 응력 부식 균열 등이 그 예들이다.

2. 피로파괴(fatigue fracture)

ASTM(american society of testing and materials) E-206에서는 피로(fatigue)를 다음과 같이 정의하고 있다. 피로는 재료의 한 부분에 변동 스트레스와 변형을 받아서 충분한 변동 사이클 이후에 균열(crack) 혹은 파괴를 일으키는 조건에 있을 때 재료 내에 일어나는 국부적 영구 구조변화의 진행 과정이다.

또한 피로는 반복응력 또는 반복변형을 받는 부품 또는 이를 이루고 있는 소재에 물리적 손상이 발생하는 과정이다. 이와 같이 작은 스트레스의 반복에 의한 파괴를 피로파괴라 부르며, 이는 제품의 수명설계를 할 때에 중요한 파괴모드이다.

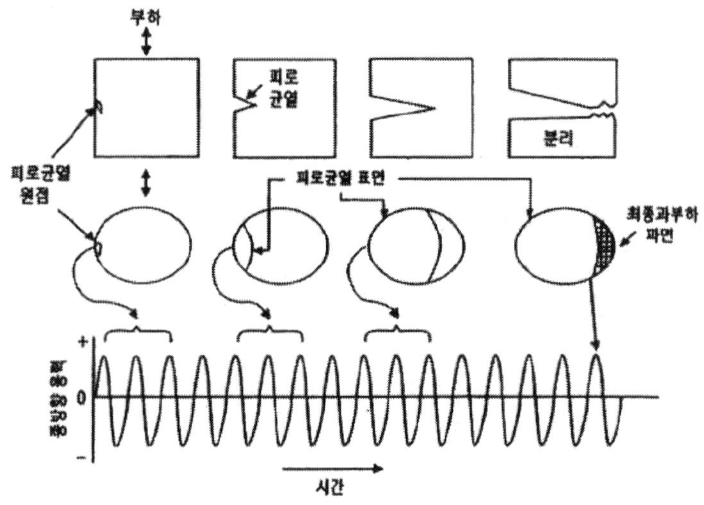

피로균열의 위치와 사이클 수의 관계

ASTM의 정의에서 기술한 피로과정은 균열발생, 성장 및 최종 파괴의 3단계로 구분할 수 있다. 또한 피로는 Ewing과 Humphrey(1903)의 보고에 의해 밝혀졌듯이 파괴까지의 전 과정을 다음 3단계로 분류할 수 있다. ① 마이크로 균열 발생, ② 한계길이(이 이상의 길이로 되면 단번에 파괴되어 버리는 한계의 균열 길이)까지의 균열 성장, ③ 단면의 파단 특히, Forsyth는 피로균열이 전단응력(shear stress) 방향을 따라 재료 내부로 들어가는 과정을 제1단계 그 후 균열이 인장응력에 수직방향으로 진전해서 파괴에 이르기까지의 과정을 제2단계로 정의하고 있다.

피로균열의 발생은 슬립띠(slip band), 개재물(inclusions), 또는 결정립계(grain boundary)에서 보통 일어난다. 결정이 반복 소성변형을 받으면 슬립 면에서 국부적으로 전위밀도가 커지고 표면에 슬립띠 도출부(slip band extrusion)와 슬립띠 골(slip band intrusion)이 생긴다. 이와 같은 장소의 응력집중이 초기균열 발생의 원인이 된다.

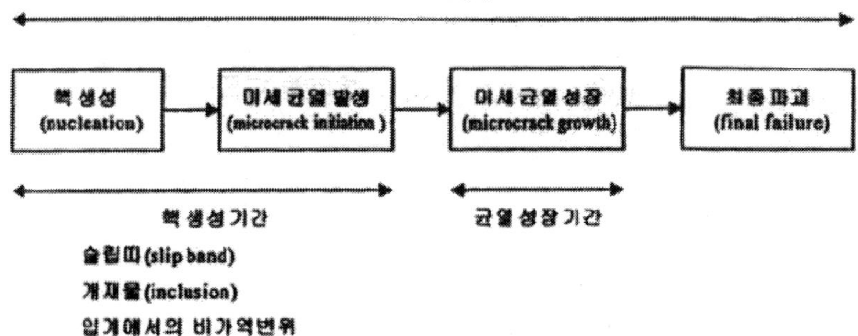

피로균열의 발생과 성장

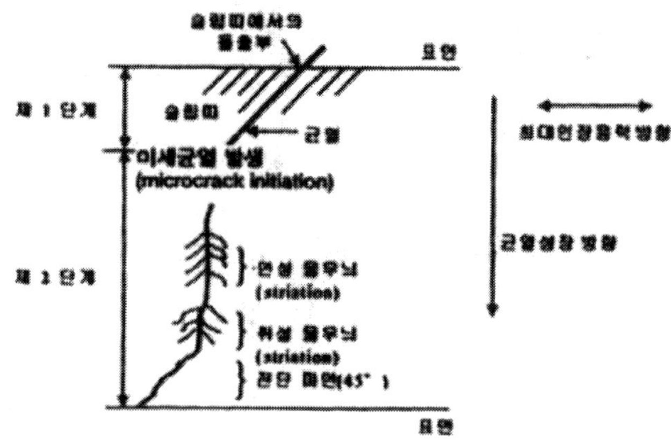

피로균열 메커니즘

피로에서 균열 발생에 대한 연구는 시험을 도중에 중단시키고 시편을 전해 연마하여 변형된 표면을 제거시키면서 행한다. 표면연마 후, 다른 슬립띠들은 없어지는데 비하여 지속적으로 남아 있는 영구 슬립띠(persistent slip band)가 있으며, 이러한 영구 슬립띠가 발달하여 결국은 피로 균열로 발전되고 약간의 인장 변형률만 가해도 균열화되어 벌어지게 된다. 이러한 과정을 거쳐 일단 형성된 피로 균열은 초기에는 슬립 면을 따라 전파하다가 입내파괴(transgranular) 양상을 띤다.

피로균열의 성장과정은 1단계 균열성장과 2단계 균열성장으로 나누는 것이 일반적이다. 1단계 균열성장은 고집성 슬립띠의 발생으로부터 연속적인 모양으로 최대

인장응력과 약 45 기울어진 면을 따라 균열이 성장한다. 이 균열이 인접한 결정립에 이르면 슬립 면이 달라져서 그 성장속도가 감소하고, 다음에 방향이 인장응력과 수직인 방향으로 변하기 시작하는데 이 이후의 과정을 2단계 피로균열성장이라고 한다.

1단계 파괴는 파괴원으로부터 약 2 내지 5 결정립 크기로 성장한 제1단계 균열을 특정한 결정면을 따라 일어난다. 이 면은 취성파면처럼 보이지만 벽개면과 혼동되어서는 안 된다. 1단계 파면에서는 줄무늬가 없는 것이 보통이나 2단계 피로파면은 잔물결 무늬 또는 줄무늬(striation)를 보인다. 2단계의 성장속도는 1단계보다 크다. 성장에 기여하는 능력의 차이에 의하여 1단계를 전단형 균열, 2단계를 인장형 또는 벽개형 균열이라고 한다. 2단계 균열 전파는 소성 둔화(plastic-blunting) 과정을 통해 진행된다. 최종파괴는 단면이 하중을 지탱할 수 없는 마지막 응력 사이클에서 일어나며, 취성파괴(brittle fracture)일 수도 있고 연성파괴(ductile fracture)일 수도 있으며, 이 두 가지 파괴의 혼합형일 수도 있다. 저사이클피로(low cycle fatigue)는 변형진폭이 크기 때문에 10^0에서 10^3 하중 사이클에서 일어나며, 고사이클피로(high cycle fatigue)는 10^3에서 10^6보다 훨씬 큰 하중 사이클에서 일어나는 경우로 상대적으로 낮은 응력 진폭에서 일어나는 고장을 의미한다. 재료의 피로 특성은 재료에 대해서 응력-수명(S-N) 곡선 또는 변형률-수명 곡선으로 표현할 수 있다. 이 곡선은 고장에 이르기까지 역전 응력 사이클 수에 대한 응력 혹은 변형진폭을 도식화한 것이다. 총 변형진폭($\Delta\varepsilon/2$)은 Coffin-Manson 관계식에 의해 경험적으로 고장에 이르는 사이클 수(N_f)와 관련이 있다.

$$\Delta\varepsilon/2 = [(\sigma_f/E)(2N_f)^b + \varepsilon_f((2N_f)^c]$$

두 개의 식 중 첫 번째 항은 탄성변형률의 영향을 나타내고 두 번째 항은 소성변형률의 영향을 나타낸다. 이 관계식을 log 눈금으로 아래 그림에 도식적으로 나타내었다.

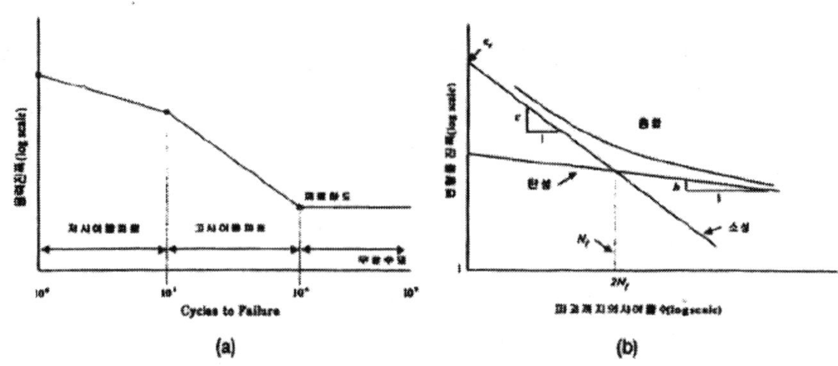

응력-수명(S-N)곡선(a)과 탄성 / 소성 수명방정식을 합하여 얻은 피로변형률 수명(b)

제조공정이나 부품의 구조는 피로수명에 크게 영향을 미친다. 피로수명에 영향을 미치는 요소로는 ① 표면조건, ② 크기, ③ 응력집중, ④ 온도, ⑤ 응력상태, ⑥ 환경 등이 있다. 이러한 요소는 부품의 피로설계에 대한 교정요소로서 내피로 설계 시 반드시 반영되어야만 한다.

● **균열의 성장과정**

균열의 성장과정은 다양한 양상을 따르며 재료의 조직(결정립)에 기인하는 경우가 많이 있다.

예를 들어, 연한 ferrite를 모상으로 하고 제2상으로서 상당히 강한 martensite를 갖는 복합 조직강에 대해서는 페라이트 상에 발생한 마이크로 균열이 마르텐사이트에 부딪혀 성장이 정지하는 경우(A)나 마르텐사이트 상을 우회하여 진전하여 성장하는 경우(B)가 있다.

한편, 페라이트-pearlite 강과 같이 2상간에 경도가 큰 차가 없는 복합 조직강의 경우에는 펄라이트 상에 부딪쳐 정지하는 경우나 펄라이트 상을 우회하여 전진하는 경우도 있다. 또한, 페라이트 상에 발생한 마이크로 균열이 펄라이트 상에 부딪혀 파괴하여 성장하는 경우(C)도 보고되고 있다.

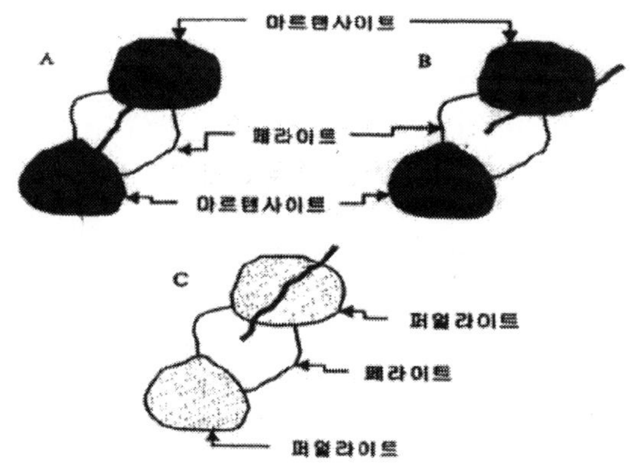

균열성장의 사례

3. 크리프(creep)

일정의 힘이 장시간 작용하고 있는 부위는 정적 강도보다 낮은 응력에서 균열이 발생하고 파괴에 이른다. 즉, 단시간 동안은 견딜 수 있는 외력이지만 장시간 지속해서 가하면 견딜 수 없게 되고 creep 파괴를 일으킨다.

이것은 장시간 응력에 견디는 사이에 결정 간에 신장, 즉 변형이 증가해서 외력을 제거해도 원래의 형태로 되돌아오지 않게 되고 결국에는 파괴된다. 어느 일정의 응력을 근간으로 종축은 변형률, 횡축은 시간을 취해서 양자의 변화를 나타낸 곡선을 크리프 곡선이라고 한다. 큰 응력의 경우, 변형은 시간과 더불어 서서히 증가를 나타내고 결국에는 파괴에 이르지만 어느 값 이하의 응력에서는 변형은 증가하지 않고 거의 종축과 평행하게 된다. 이 한계응력을 크리프 한계라고 부른다.

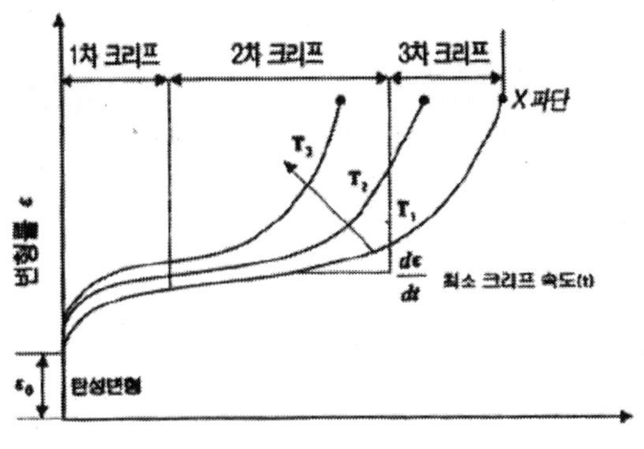

고온에서 재료의 크리프 변형

금속에서 일어나는 크리프의 원인은 금속의 융점온도를 T_m 이라 할 때, $0.5T_m$ 이하 온도에서는 결정중의 전위(dislocation)나 입계 미끄럼(slide)이 지배적이고, $0.5T_m$ 이상의 온도에서는 고체 내의 원자확산이 지배적으로 된다고 알려져 있다.

고온에서 일정 하중이 걸린 재료의 변형이 시간에 따라 변화하는 특성을 나타낸 크리프 곡선이다. 크리프 곡선은 1차에서 3차 크리프의 3단계로 구분된다. 파단 시간, 즉 크리프 수명의 온도 의존성은 유명한 Larson-Miller 공식으로 나타내고 온도가속시험에 의해 수명 추정에 이용할 수 있다. 크리프 현상은 금속의 융점 T_m 에도 영향을 받는다. 특히, 합금은 첨가 용매원자(solvente atoms)와 원래 존재하고 있는 용질원자(solute atoms)와의 직경의 차가 클수록, 또한 용질원자의 융점이 높을수록 크리프 파단 강도가 증가하는 것으로 알려져 있다. 그런데 일반적으로 금속을 가공하면 가공경화(work hardening)가 일어나지만 가공한 금속을 $0.3{\sim}0.5T_m$ 이상의 온도로 가열하면 재결정이 일어나고 현저하게 연화하는 것으로 알려져 있다. 이와 같이 재결정온도 이상으로 가열한 후의 항복강도는 상당히 낮은 값으로 된다. 따라서 가공에 의한 고온의 강도를 높이도록 하는 조작은 바람하지 않다.

고분자의 크리프 고장메커니즘의 특징은 ① 일정하중을 연속해서 가하면 변형이 시간과 더불어 증가해 가고 하중을 제거해도 변형이 원래로 되돌아오지 않는다. ② 일정의 변형을 연속해서 인가하면 반발력이 시간과 더불어 감쇠해 간다. ③ 시간이 더 경과하면 파괴에 이른다. Creep에 의한 파괴시간은 응력이 증가할수록 온도가 높을수록 짧아진다.

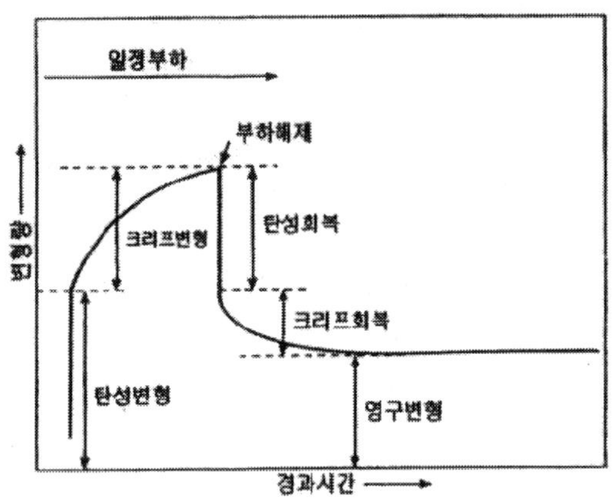

크리프 변형량 곡선의 모델

플라스틱의 Creep도 금속과 유사하다. 즉, 금속과 비슷한 크리프 곡선을 갖으며, 파단시간의 온도 의존성에 대해서 Larson - Miller의 식이 성립한다. 그러나 신뢰성의 관점에서는 금속과 다른 점이 몇 가지 존재하기 때문에 주의가 필요하다. 즉 플라스틱의 경우에는 ① Creep 양이 현저히 크다. ② Creep 양은 온도에 현저하게 민감하다. ③ 지연항복(delayed yield)을 갖는다. ④ 미세균열(craze)이 발생한다. ⑤ 약품, 잔류응력 등에 의하여 크리프 양이 크게 영향을 받는다.

서로 다른 응력-온도 조합에 따른 주요 Creep 변형 메커니즘을 확인하기 위하여 각각의 재료에 대하여 크리프 변형 메커니즘을 그림으로 표시할 수 있다.

응력-온도 공간에서의 단순화된 변형 메커니즘을 나타낸 것으로, 응력은 전단탄성계수(shear modulus)로 표준화되었으며 온도는 동일한 크기로 표준화되었다.

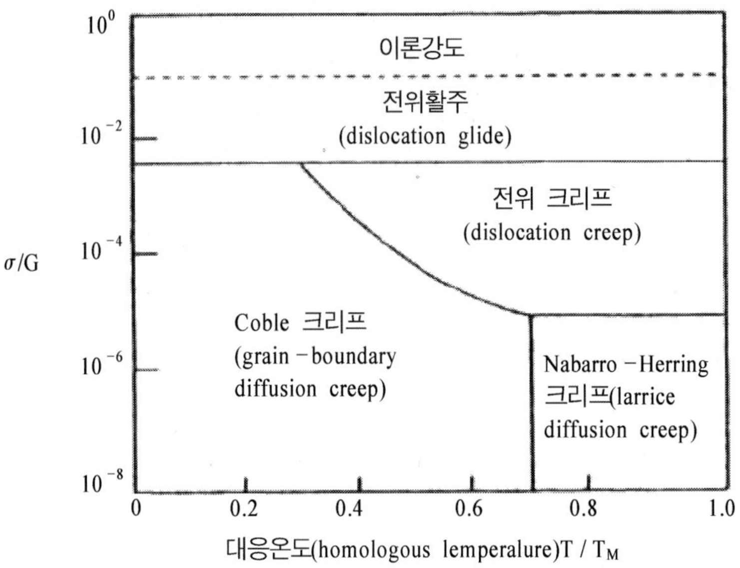

응력-온도 공간에서의 단순화된 크리프 변형 메커니즘 도표

① 전위 활주(dislocation glide)

응력보다 높은 응력하에서 일어난다. 이때의 크리프 속도는 전위들이 석출물(precipitate), 용질원자, 다른 전위들과 같은 장애물(obstacles)에 의해 얼마나 쉽게 저지되느냐에 따라 결정된다.

② 전위 크리프(dislocation creep)

전위 크리프에 대한 최초의 모델은 Weetman에 의한 것인데 이 메커니즘에 의하면 전위 상승이 지배적인 역할을 한다는 것이다. 전위(dislocation)나 석출물(precipitate)과 같은 장애물에 의해서 전위 활주가 멈춰지면 전위상승은 장애물을 넘을 수 있도록 전위를 돕고 그림과 같이 활주를 계속한다. 활주 단계가 변형률의 대부분을 차지하지만, 상승 단계는 크리프속도를 지배한다. 전위상승은 공공(vacancy)이나 침입형 원자(interstitial)들의 확산에 의한 것이기 때문에 속도를 지배하는 단계는 원자의 확산이다. 이와 같이 크리프 변형으로 제어되는 전위 움직임(dislocation motion)은 전위활주와 상승에 의해서 일어난다. 응력범위 $10^{-5} < \sigma < 10^{-3}G$, 온도 $T > 0.5T_m$ 에서 일어나며 높은 응력이 가해질수록 결정질 재료에서 전위의 활주는 활성화된다.

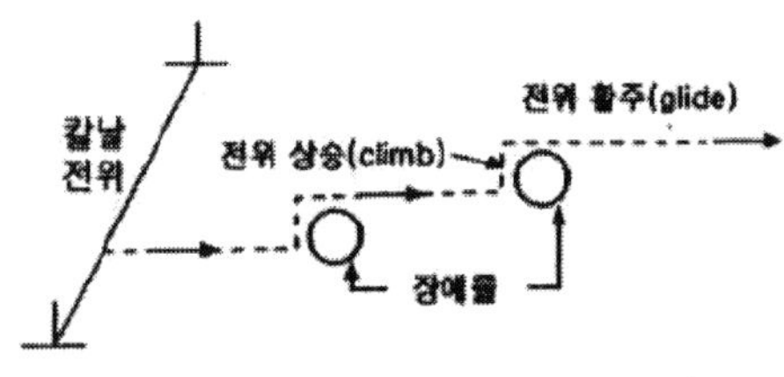

전위활주와 상승

③ 확산 크리프(diffusion creep)

확산 크리프는 낮은 인가 응력하에서 원자나 공공의 확산에 의해 제어되는 크리프 과정을 나타내고 흔히 Nabarro-Herring 크리프라고 부른다. 고온이고 ($T > 0.5 T_m$)이고 비교적 낮은 응력($\sigma < 10^{-5}G$)하에서는 전위가 움직이기에는 충분하지 않지만 원자 확산을 하는 데에는 충분하다. 고온에서 인장 응력을 다결정 물질에 인가할 때 인장 응력을 받는 결정 입계 쪽으로부터 압축 응력을 받는 쪽으로 원자가 확산한다. 동시에 이에 해당하는 공공의 유동이 반대 방향으로 생기게 되어 결정립은 인장 방향으로 연신(elongation)된다.

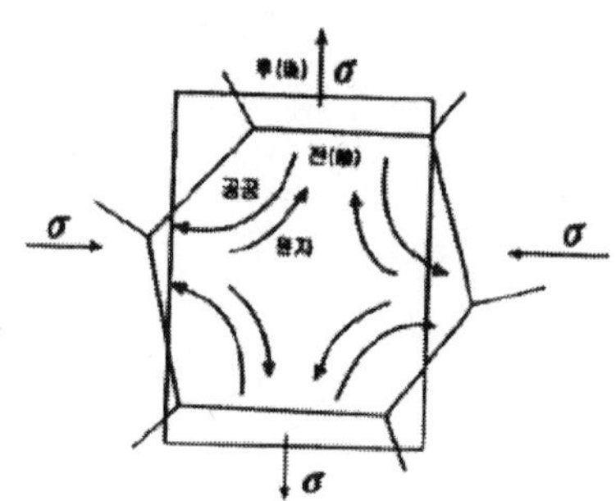

결정립 내를 통과하는 공격자의 이동에 근거한 Nabarro-Herring 크리프

④ Coble 크리프

격자 내에서 원자 확산은 응력($\sigma < 10^{-1}$), 온도($T < 0.5\,T_m$)범위에서 점차적으로 어렵게 된다. 다른 한편, 결정립계에서 원자는 다른 곳에서 보다 가깝게 몰려 있지 않고 공공들이 입계를 따라서 존재하게 된다. 따라서 원자 또는 공공들은 기공성 결정립계에서 인가 응력으로 인한 결정의 변형 상태가 방출되어 쉽게 움직이게 된다. 이것을 Coble 크리프라 한다.

⑤ 결정입계 미끄럼(grain boundary sliding)

결정입계 미끄럼은 $\sigma < 10^{-4}$, $T < 0.5\,T_m$에서 활성화되는 크리프 과정 중의 하나이다. 결정립계 미끄럼은 2차 크리프보다는 주로 1차 크리프에 속한다. 결정립계 미끄럼으로 인한 크리프 변형의 활성화 에너지는 확산 크리프의 활성화 에너지와 아주 잘 일치한다. 따라서 미끄럼은 비록 크리프 변형이 결정립계 미끄럼에 의해 일어나지만 확산 제어과정으로 생각할 수 있다.

4. 마모, 마멸(wear)

두 고체재료가 서로 접촉하여 상대적으로 운동을 할 때 마찰에 의하여 발생하는 열화메커니즘을 마모(멸)(wear)이라 한다. 마모는 화학적 상호작용보다는 기계적인 상호작용의 결과로 재료 표면이 제거되는 현상이라고 정의할 수 있다. 공학적 관점에서 볼 때, 마모는 표면으로부터 제거된 체적을 다루고 접촉은 미끄럼(sliding), 충돌(impacting), 또는 구름(rolling)으로 이루어진다.

실제로 자동차 타이어나 구두 밑면은 마찰이 일어나면 닳게 되고, 기계부품에서는 오랜 사용기간으로 인한 반복마찰에 의하여 부품 표면이 닳게 되어 덜컹거리거나 미동음이 크게 된다. 이와 같이 마찰(friction)이 일어나면 반드시 일어나는 현상이 마모(멸)이다. 마모(멸)는 마찰운동의 종류에 따라 미끄럼(sliding) 마멸과 구름(rolling) 마멸로 분류할 수 있다. 마모 메커니즘으로는 ① 응착마모(adhesive wear) / ② 절삭 혹은 연마마모(abrasive wear) / ③ 표면피로마모(surface fatigue wear) / ④ 부식마모(corrosive wear) / ⑤ 열마모(thermal wear)로 분류되며 이들의 혼합사례가 미동마모부식(fretting corrosion)된 메커니즘 역시 존재한다.

① 응착마모

응착마모는 진실접촉부의 응착에 기인된 파단으로부터 발생되는 마모이다. 두 개의 상대운동을 하는 표면 사이에 존재하는 분자들의 인력은 닿고 있는 돌기들 사이에 응착이 발생한다. 만약 응착 강도가 재료의 내부 결합력보다 크게 되면 몇 번의 접촉 후에 마모입자를 만드는 경향이 있다. Archard의 선형 법칙은 마모되고 있는 몸체에 대해 다음과 같다.

$$W = KPx / 3H$$

x는 미끄러진 길이, P는 수직항력, H는 경도, K는 무차원 마모 상수이며, W는 파편이 만들어지는 접점의 확률을 의미한다. 응착마모는 종종 가해지는 압력의 함수이며, 높은 압력에서는 낮은 압력에 비하여 심한 응착마모가 발생한다. 같은 재료 쌍에 대해 K는 더 커지는 경향이 있으며, 이는 원자나 분자 같은 것들 사이에서 서로 자기들끼리 붙기 쉽기 때문이다. 응착마모의 발생단계는 우선 큰 국부응력에 의하여 접촉점 주위의 재료가 소성 변형되며, 그 결과 접촉 면적이 증가하고 계면에서 원자결합이 일어난다. 미끄럼 운동을 수행하는 힘이 증가하면 결합된 부분의 전단응력은 어느 한 고체의 전단응력을 초과할 때까지 증가한다. 이로 인해 한 고체로부터 다른 고체로 재료의 이동이 일어나고, 결과적으로 접촉부에서 재료의 손실이 발생한다.

② 절삭 혹은 연마마모

절삭마모는 단단한 면의 돌기나 경질입자의 절삭작용에 의해 일어나는 마모이다. 미끄럼이 발생하는 두 표면 사이에 갇혀 있는 분리된 입자와의 상호작용에 의해 재료표면이 손상된다. 일반적으로 응착 메커니즘에서는 입자가 마모재로 작용하지 않는다. 재료의 소실속도는 연마입자와 미끄럼 표면의 상대적 경도에 의존한다. 재료표면이 입자보다 단단할 때에 마모속도는 최소가 된다.

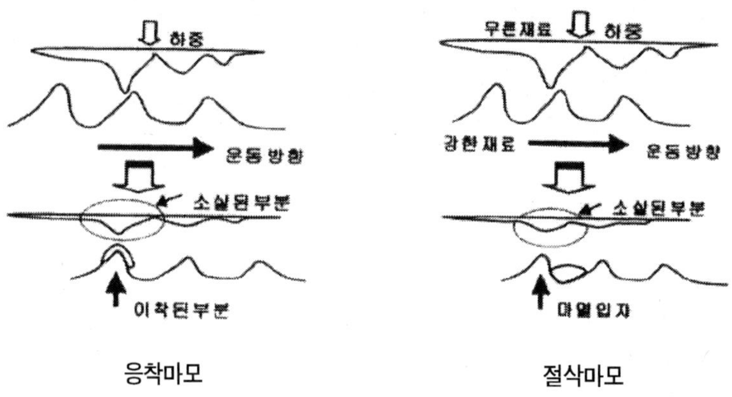

응착마모   절삭마모

③ 표면피로마모 메커니즘

어떤 재료가 다른 재료 위를 회전하는 경우의 마모메커니즘은 흔히 표면피로이다. 접촉하여 회전하는 동안 발생하는 응력변화를 정량적으로 분석하면 최대 전단응력은 표면보다 약간 아래에서 발생한다. 아래 그림과 같이 헤르츠(Hertz) 접촉응력으로 알려진 최대전단응력이 표면 아래의 부분에 균열을 생성하고 이 균열은 표면으로 전파되어 마모 피트를 형성한다. 이것은 철도 바퀴에서 일반적으로 발생하는 메커니즘이다.

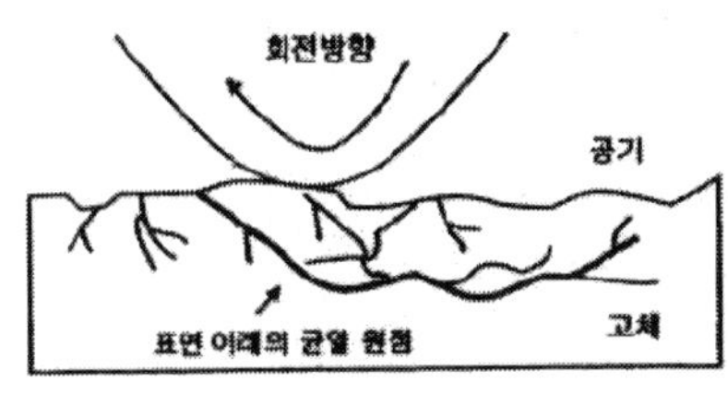

표면피로마모 메커니즘

④ 부식 마모

미끄럼 면들은 화학적 열화나 기계적 열화의 동시작용 효과에 의하여 고체 표면의 재료소실 속도가 증가할 수 있다. 환경과의 반응에 의해 만들어지는 산화층은 주로 $10\mu m$ 두께이며 주기적인 접촉과정에서 두께가 성장하지 않으면 이 산화층은 보호막 역할을 한다. 만약 산화층이 성장하게 되면 취성파괴로 마모 입자들을 만들어내어 파손되기 쉬워진다. 단단하고 깨어진 산화입자들은 절삭인자로 작용하여 마모 수명에 치명적인 영향을 미친다. 하지만 만약 부드럽고 연한 마모입자가 만들어진다면 접촉부에서 보호역할을 할 수 있다.

⑤ 미동마모 부식

미동 마모부식은 접촉하고 있는 두 표면의 작은 주기적인 상대운동에 의한 표면손상으로, 부식피로보다는 마모와 더 밀접한 관계가 있다. 그러나 표면의 상대속도가 마모 현상에서보다 훨씬 느리고 두 표면이 항상 접촉상태로 있어 부식 생성물이 제거될 기회가 없다는 점에서 마모와는 구별된다. 미동마모 부식은 주로 프레스로 붙인 허브나 베어링 등과 접촉하는 샤프트 면에서 발생된다. 표면 피팅과 퇴화가 일어나며 흔히 산화물 부스러기를 수반한다. 피로균열은 주로 손상된 부분에서 시작되지만 보통 표면 산화물 부스러기에 의해 눈에 잘 띄지 않는다. 미동마모 부식은 기계적 요인과 화학적 요인이 결부되어 발생된다. 금속은 연삭 작용이나 돌출부에서의 반복용접 및 탈락에 의해 표면으로부터 제거된다. 이때 탈락된 입자는 산화되어 마모 분말화가 되어 계속적인 마모작용을 일으킨다. 결국 금속표면에 산화가 일어나고 이러한 산화막은 표면의 상대운동에 의해 깨져 나간다. 내부식성이 좋은 금의 표면이 상대 운동할 때 볼 수 있듯이 산화가 미동 마모 부식에 있어서 필수적이지는 않지만 부식이 일어날 수 있는 부위에서는 미동마모부식이 훨씬 심하게 일어난다.

5. 확산(diffusion)

확산은 한 종의 원자가 다른 종의 원자 쪽으로 이동하는 것을 포함한 물질이동 현상을 일컫는다. 가장 간단한 형태의 확산으로는 원자가 한 위치에서 다른 위치로 무질서하게 움직이는 확산을 들 수 있다. 확산현상은 고체, 액체, 기체를 불문하고 하나로 해석할 수 있고 고장물리(physics-of-failure)상 중요한 반응이다. 이 현상은 안정화로 가려는 반응이고 아울러 여러 가지 고장을 일으키고 또한 가속시킨다. 일반적으로 확산속도는 결정구조의 열린 정도에 영향을 받는데 구조가 덜 충진되어 있을수록 확산은 빨리 진행한다. 이러한 이유로 확산은 기체상태에서 가장 빠르고 고체상태에서 가장 느리다. 비록 확산은 고체상태에서 가장 느리게 진행되지만 실제 공업용으로 가장 많이 사용되는 재료의 형태가 고체라는 점에서 매우 중요하다고 할 수 있다. 확산 메커니즘의 형태에 따라서 확산이 일어나기 위해 넘어야 하는 에너지 장벽, 즉 활성화 에너지(activation energy)의 크기가 결정된다. 에너지는 열적으로 공급되므로 온도가 높을수록 에너지 장벽을 뛰어넘을 만큼의 충분한 에너지를 갖는 원자의 수가 확률적으로 증가한다. 따라서 온도가 높을수록 확산은 빨리 진행한다.

Fick의 법칙에서 확산상수는 격자의 기하학과 관련되어 있으므로 격자의 기하학 또한 확산에 영향을 미친다. 이렇게 확산속도에 큰 영향을 미치는 인자는 확산 메커니즘과 결정구조이다. 확산은 여러 가지 짝을 지어 반응이 일어난다. 증기의 고체 안으로의 확산, 이온의 확산, 고체 원자끼리의 확산에 의한 금속 간 화합물(intermetallic compound)의 성장 등이 신뢰성 분야에서 대표적인 것이다.

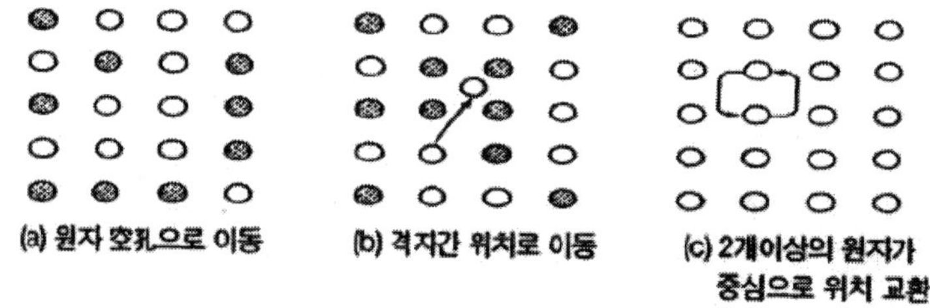

고체 내에서의 원자 확산 메커니즘

열적 원인에 기인하는 고장원인 중에서 중요한 것으로 열 확산과 크리프가 있다. 열에 의한 금속원자의 확산 현상은 금속접합을 고온으로 방치할 때 발생하는 가장 기본적인 물리현상이다. 2개의 금속 A와 B를 접합한 것을 가열, 즉 확산어닐링(diffusion annealing)하면 금속의 접합면에서 금속 A의 원자가 B쪽으로 이동하고 동시에 역으로 금속 B의 원자도 A쪽으로 이동하기 시작해서 최종적으로 A와 B가 균일하게 혼합된 금속이 되는 현상이 일어난다. 일반적으로 동일금속에서도 금속의 내부에서 부분적으로 농도가 달라져 있는 경우에는 농도차가 없도록 원자가 이동하는 현상을 확산현상이라고 하지만 A → B, B → A의 확산이 동시에 일어나는 것을 상호확산(interdiffusion)이라고 부른다.

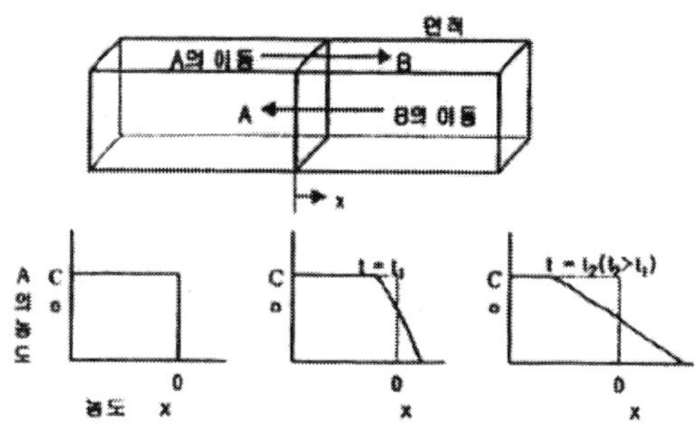

열에 의한 금속원자의 확산 현상

　균일한 물질로 x축 방향만으로 농도분포를 갖는 1차원 물질을 생각해보자. 위치 x에 대해 x축으로 수직한 면의 단위면적을 x축 방향으로 단위시간에 통과하는 원자의 수를 원자유속 J(개 / ㎠ · s)이라 하면, J는 식 (1)과 같이 표현된다.

$$J = -D\frac{\partial N}{\partial x} \qquad -a$$

－N은 위치 x에서의 농도(개 / ㎠), D는 확산계수(diffusion coefficient, ㎠ / s)이다.
－식 a을 Fick의 제1법칙(Fick's first law)이라 부르며, 시간에 따라 농도 기울기가 변하지 않는다는 가정하에서 유도된 확산의 기본적인 식이다. 식 a은 시간과 위치에 따른 농도 변화를 포함한 연속방정식 (b)로 표현된다. 이 식을 Fick의 제2법칙(Fick's second law)이라 부르고 간단히 확산 방정식 혹은 열전달 방정식(heat equation)이라고 부르고 있다.

$$\frac{\partial N}{\partial t} = D\frac{\partial^2 N}{\partial x^2} \qquad -b$$

　Fick의 제2법칙을 풀면, 농도는 위치와 시간의 함수로 표시되며, 그 값은 외부조건(미분방정식의 초기조건과 경계조건)에 따라 달라진다. 또한, 확산계수에 온도 의존성이 존재하고 일반적으로 식 c과 같이 아레니우스 형으로 나타낸다. 여기서, 확산계수는 위치에 따라 변하지 않는다는 가정, 즉 확산계수는 조성에 따라 변하지 않는다고 가정한다.

$$D = D_\sigma \cdot \exp[-\frac{E_a}{k_n T}] \quad -c$$

농도의존성이 있을 때는 식 d를 사용할 필요가 있다. 예로서 표면 Q(개 / ㎠)의 확산 물질이 있을 때에 $x > 0$ 방향으로 확산해 가고 있다고 하면 농도분포는 (e)식으로로 표현된다. 이 식을 보면 정규분포 형태를 나타내고 있다.

$$\frac{\partial N}{\partial t} = \frac{\partial}{\partial x}\left[D \frac{\partial N}{\partial t} \right] \quad -d$$

$$N(x, t) = \frac{Q}{\sqrt{xDt}} \exp\left[-\frac{x^2}{4Dt}\right] -e$$

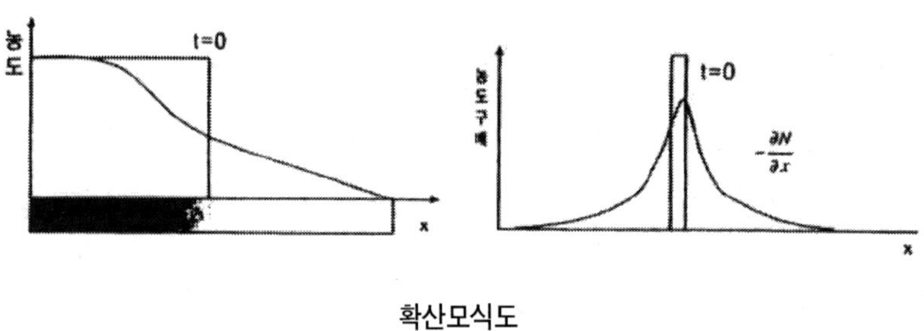

확산모식도

6. 일렉트로마이그레이션(electromigration)

일렉트로마이그레이션은 금속에 전류가 흐를 때 일어나는 금속 이온의 이동현상이다. 금속은 그림과 같이 전자구름 중에 이온이 규칙적으로 배열되어 있다. 알루미늄(Al)의 경우 양이온이 되기 쉽기 때문에 그 양단에 전계가 걸리면 마이너스 쪽으로 끌어당기는 힘 F_E를 받는다. 그러나 이 금속에 전류가 흐르게 되면 금속 중에 흐르는 전자와 충돌하여 운동량 교환의 법칙에 따라 마이너스 쪽으로 밀어내려는 힘 F_e를 받는다. 전자는 정지질량 9.1096×10^{-28}이고 전류밀도가 상온에서 $\times 10^4$ A / cm^2 정도이면 거의 밸런스가 맞아서 문제가 없지만 전류밀도가 $\times 10^5$ A / cm^2 이상이 되면 전자와의 충돌에 의해서 발생된 힘 F_e가 F_E보다 크게 되기 때문에 금속 이온 은 플러스 쪽으로 이동하게 된다.

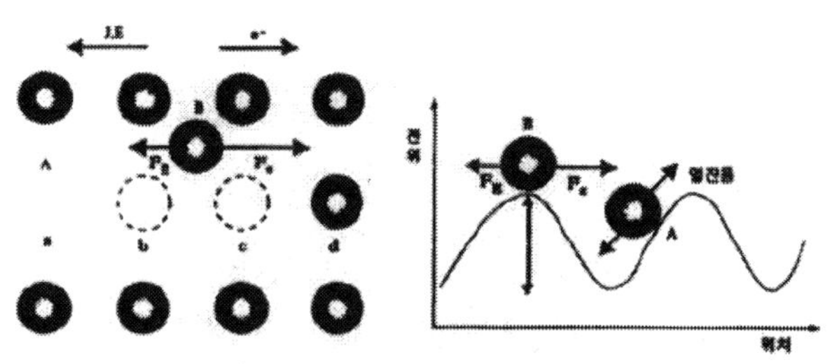

전류에 의해 금속이온이 받는 힘

일렉트로마이그레이션에 의한 고장은 온도에 의하여 가속될 수 있다. 금속 이온 은 그림과 같이 주기적인 열진동을 하고 있으며, 따라서 어느 확률로 전위(potential) 의 산을 넘어가게 된다. 이 확률 값은 온도가 높을수록 크고, 전위 골짜기의 깊이 (활성화 에너지 Ea)가 낮을수록 크게 된다. 그림에서 B는 b, c의 점(격자점)에는 다 른 원자가 없기 때문에 자유로 이동할 수 있지만 격자점 a로는 이동할 수 없다. 앞 서 설명한 F_e와 F_E의 힘이 없으면 이온 B는 격자점 b와 c로 갈 확률은 같다. 그런 데 전류가 흐르면 힘 F_e나 F_E가 작용하여 F_e가 F_E보다 크게 되기 때문에 이온 B 는 격자점 c로 이동할 확률이 증가한다. 계속해서 이온 A가 격자점 b로 이동해서 서서히 이온이 전자가 흐르는 방향, 즉 전류와는 반대 방향으로 이동하게 된다. 이 와 같이 금속 이온은 다른 격자점으로 이동할 확률은 이온의 운동량이 크면 클수록 크고 이것은 온도에 의존한다. 반도체 집적회로의 알루미늄 배선막은 다결정구조를 하고 있기 때문에 알루미늄 배선에서 발생하는 일렉트로마이그레이션 현상은 표면 확산(surface diffusion)과 격자확산(lattice diffusion)에 비해서 입계(grain boundary)를 따라 금속원자가 전자의 이동방향으로 휩쓸려지는 입계확산이 지배적이다. 아래 그 림은 다결정 구조의 알루미늄 배선의 모식도로서 전자는 좌측에서 우측으로 알루미 늄의 입계를 따라 흐르고 있다. 입계가 한 개로 되는 A점에서는 알루미늄 원자가 모여 휘스커(whisker)와 힐록(hillock)이 형성되고 분기점인 B점에서는 알루미늄 원자가 부족하여 공공(void)이 형성된다.

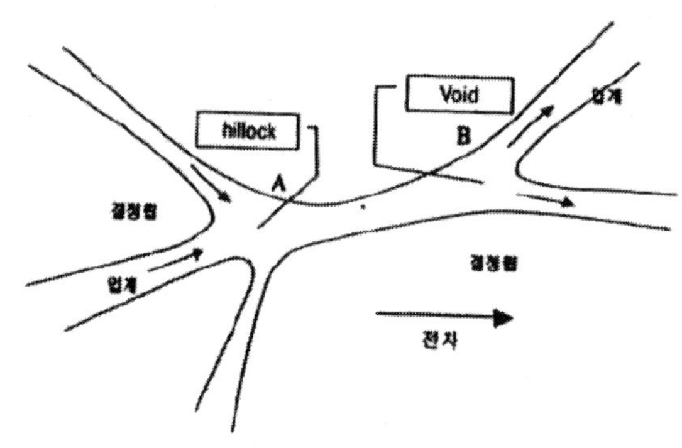

입계에서의 전자의 흐름

7. 절연파괴(dielectric breakdown)

유전체(dielectric)는 전압을 올리면 멱함수 또는 지수함수적으로 전류가 상승한다. 또한 전계를 높이면 어느 전압이상에서는 전류가 비약적으로 급증한다. 이것은 유전체 내에 캐리어(carrier)가 급증하기 때문이며, 이 상태에서는 전기 절연성능을 잃고 전도체로 되며, 이 현상을 절연파괴라 한다. 일반적으로 고체나 액체에서 일단 절연파괴가 발생하면 전압을 내려도 회복되지 않는 경우가 많다. 또한 절연파괴가 발생하기 전에 장시간 전압이 인가되고 있으면 절연성능이 열화되기도 한다. 어떠한 경우도 온도나 유전체 내부에 흐르는 전자나 정공(hole)의 운동에너지에 의해서 유전체 내부의 구조적인 변화가 발생된다. 절연파괴를 분류하면 그림과 같다. 여기서는 전자적 파괴 및 열화를 중심으로 절연파괴에 대하여 설명한다.

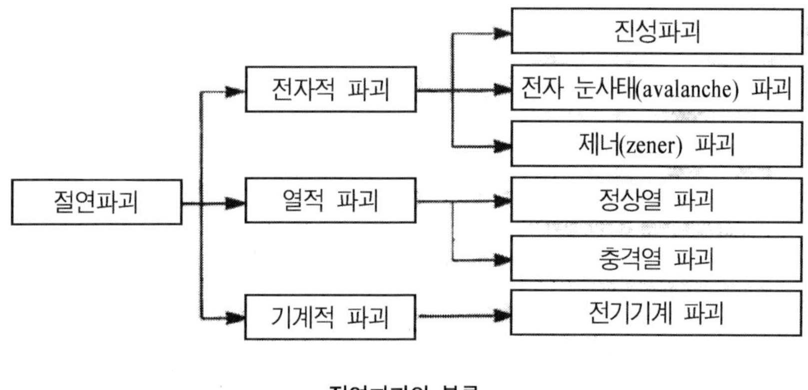

절연파괴의 분류

① 핫 캐리어(hot carrier) 열화

MOS LSI의 고집적화에 따라 MOS FET는 미세화되어 최근에는 Submicron시대가 되고 있다. 그 사이 전원전압은 시스템 측으로부터의 요청으로 5V를 유지해 왔다. 이 때문에 MOS FET의 내부전계가 증대하여 큰 에너지를 갖는 전자나 정공(hot carrier)이 생기게 되었다. 집적화된 MOS 트랜지스터는 채널(channel)을 주행하는 전자가 드렌인(drain) 근방의 고전계로 가속되어서 Si의 격자와 전리충돌을 일으키고 전자-정공쌍을 발생시킨다. 이때 발생한 전자와 정공 중에서 $Si - Sio_2$ 계면 장벽을 타고 올라갈 수 있는 에너지를 갖는 캐리어(정공에 대한 장벽은 전자에 비해서 높기 때문에 전자가 주입됨)가 게이트(gate) 산화막 내부로 주입된다. 이것 때문에 산화막 내부의 고정 전하나 트랩(trap), 계면준위가 발생하고 트랜지스터의 특성이 열화된다. 구체적으로 트랜지스터 레벨에서는 상호컨덕턴스(transconductance)의 저하, 기판(substrate)전류의 상승, 문턱전압(threshold voltage)의 변동 등이 발생한다. 회로 레벨에서는 트랜지스터의 동작속도의 저하가 발생한다.

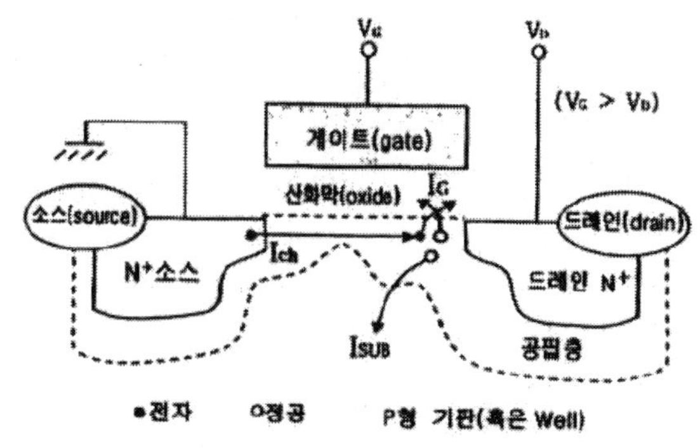

핫 캐리어 열화

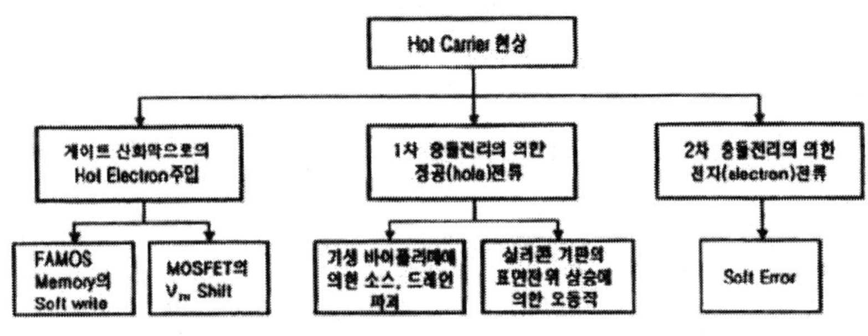

핫 캐리어 현상에 따른 영향

② **경시절연 파괴(TDDB: time dependent dielectric breakdown)**

집적도 향상에 따라서, MOS 게이트 산화막은 한층 얇아지고 전계 강도가 높아짐에 따라 산화막 파괴가 신뢰성에 큰 영향을 주게 되었다. 종래, 산화막 파괴는 절연파괴 전계보다 높은 전계가 인가될 때에 일어난다고 생각되어 왔다. 그러나 최근에는 절연파괴 전계보다 꽤 낮은 전계에서도 스트레스가 장시간 인가되면 산화막의 절연파괴가 일어나는 것이 보고되고 있다. 집적회로의 Si 산화막의 절연파괴 전계는 10MV / cm 이상임에도 불구하고 5~6MV / cm에 대해서 FN(Fowler−Nordheim) 전류가 흐르기 시작해 이 상태를 장시간 유지하면 산화막의 절연파괴가 발생한다. 이 현상을 초기 절연파괴와 구별하여 경시절연파괴(TDDB)라고 부른다. 5nm두께 이상의 산화막(직접 터널 전류를 무시할 수 있는 두께)에 대해서 TDDB의 메커니즘은 이하의 정공 Trap 기원설이 유력하다. 산화막에 고전계가 가해지면 터널(tunnel) 전류 (Fowler-Nordheim 전류)가 흐른다. 음극으로부터 터널 효과에 의해 산화막에 전자가 주입되고 전계에 의해 가속되어 Hot Electron이 되어 결정격자와 충돌을 일으켜서 전자와 정공을 발생시킨다. 이렇게 하여 발생한 정공은 대부분 음극 부근에 모여 공간전하를 형성하고 전자의 주입을 다시 증가시켜 정귀환 현상을 일으킴에 따라 절연파괴에 이른다고 생각할 수 있다.

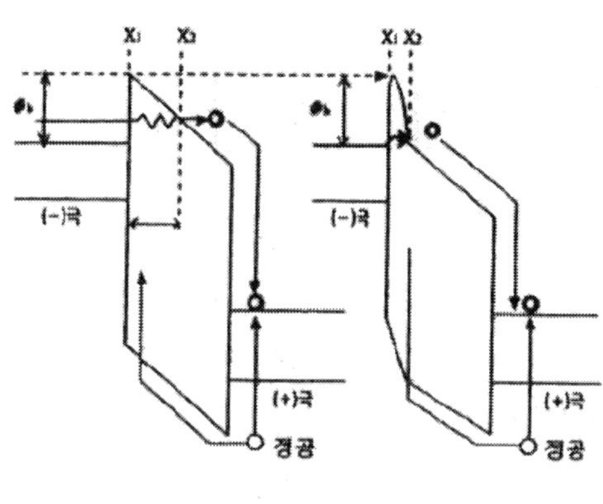

TDDB 모식도

직접 터널 전류가 지배적인 산화막 두께 영역에서는 FN 터널 전류 영역의 TDDB가 어느 시점에서 거의 단락 상태로 되는 반면 박막의 산화막 영역에서는 소프트 파괴(soft breakdown)로 된다. 이 상태에서는 특히 저전압 영역에서의 누설 전류가 크게 되지만 로직(logic)적으로는 정상적으로 동작한다.

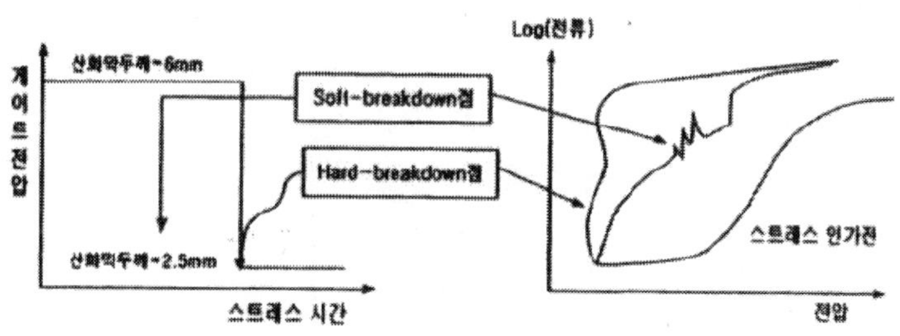

산화막의 soft-breakdown과 hard-breakdown

그러나 플래쉬 메모리(flash memory)와 같은 Non-Volatile-Memory에서는 전하가 줄게 되기 때문에 치명적인 고장으로 된다. 이 소프트 파괴 현상은 아래 그림과 같이 Trap-Assisted-Tunneling 현상에 의한 것으로 생각된다.

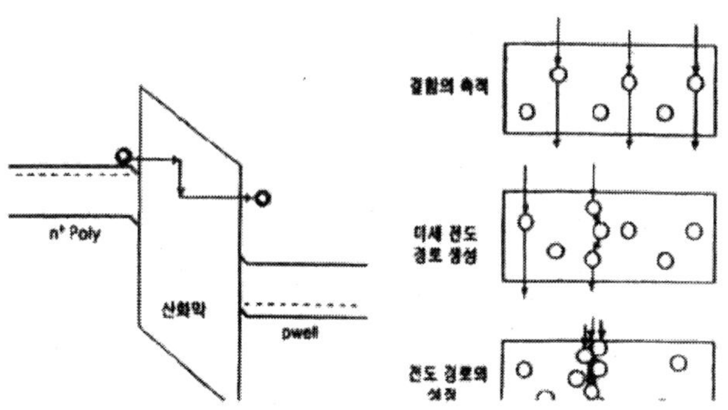

③ 전자(눈사태) avalanche 파괴

전도대에 있는 전자가 인가전압에 의해 가속되고 가전자대에 있는 전자와 충돌할 때에 이것이 전리(이온화)할 만큼의 에너지를 갖고 있을 때에는 충돌전리가 일어난다. 이 에너지를 갖지 않으면 전도는 정지한다. 충돌전리에 의해 발생된 전자가 다시 전계로 가속되고 잇따라 충돌전리가 발생하는 상태를 전자 눈사태라고 부르고, 특히 이 현상은 유전체의 국부 얇은 막이나 음극부의 돌기에 의해 발생하는 경우가 많다. 이 전자 눈사태가 어느 한계에 달하면 격자구조는 파괴된다.

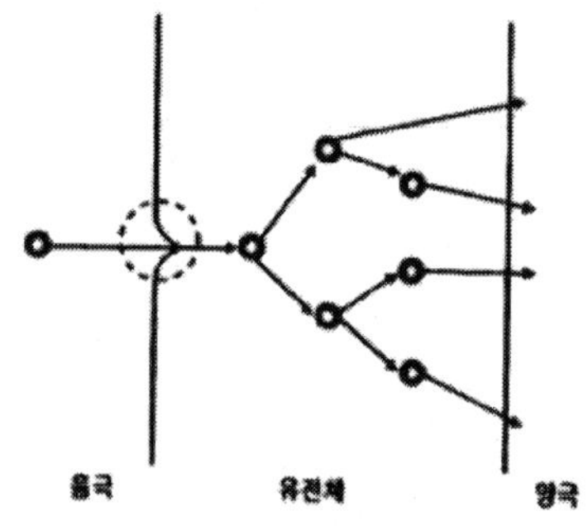

전자 애벌란치 파괴

④ 제너 파괴(zener breakdown)

불순물농도가 대단히 높은 다이오드에서는 공간전하영역이 매우 좁아지므로 작은
역전압을 걸어주더라도 강한 전장(electric field)이 생긴다. 전계강도가 10MV / cm 정
도를 넘으면 전장의 힘에 의하여 원자 결합력이 직접 절단되며, 한 쌍의 정공과 전
자가 생겨 파괴현상을 나타내게 된다. 이러한 메커니즘에 의해서 발생되는 고장을
제너파괴(또는 항복)라고 한다. 제너파괴에서는 캐리어의 전리충돌을 필요로 하지
않는다. 그러므로 제너파괴 전압은 최대전계에만 관계하며 공간전하영역에서의 캐리
어의 자유행정의 길이에는 관련되지 않는다. 제너효과는 전장의 힘에 의해서 자유
캐리어가 생겨나는 것이므로 이것을 내부전계방출(internal field emission)이라고 부
르기도 한다. 제너파괴는 터널효과(tunnel effect)라고 하는 양자역학적 효과에 기인
한다. 불순물 농도를 높이면 공간전하영역의 폭이 좁아지며 작은 역전압으로 능히
터널효과를 나타낼 만한 폭으로 줄어든다. n형 영역의 전도대에는 전자들이 차지할
수 있는 많은 에너지 준위가 비어 있다. 그러므로 p형 영역에 있는 막대한 수효의
가전자들은 터널효과에 의해서 n형 영역에 들어갈 수 있을 것이며 이곳에서 자유전
자로 된다. 온도가 높아지면 금지대폭이 적어지므로 전위장벽의 높이와 폭이 감소
한다. 따라서 제너파괴는 보다 낮은 역전압에서 일어난다. 이 현상이 일어나는 것은
전원회로 등에 사용되는 제너 다이오드이다.

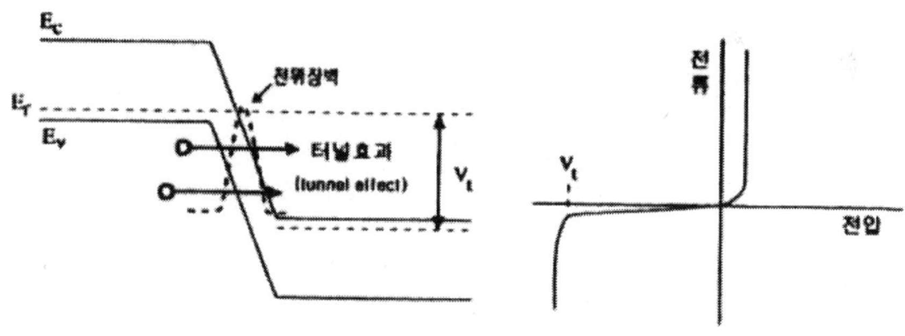

제너전류와 제너다이오드의 특성

8. 부식(corrosion)

부식은 주위 환경과의 전기화학적 또는 화학적 반응에 의하여 금속에 가해지는 파괴적인 공격이라고 할 수 있다. 부식의 가장 중요한 특징은 전기화학적 메커 (electrochemical mechanism)에 의해 발생한다는 것이다. 그림은 부식과정의 전기화학적 성질을 나타낸 것으로, 이러한 전기화학적 과정에서 요구되는 조건은 ① 양극과 음극이 존재하여 전지(cell)를 형성해야 하며, ② 양극과 음극이 전기적으로 접촉해야 하고, ③ 액체가 전해액(electrolyte)으로 작용해야 한다.

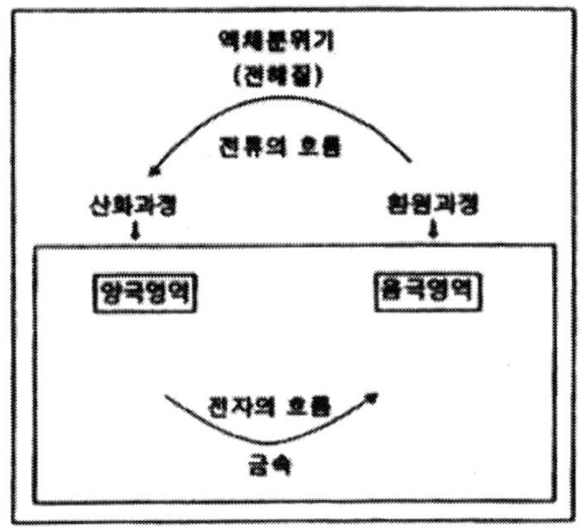

부식과정의 전기화학 모형

어떤 반응이 자발적으로 발생할 수 있는가의 기준은 자유 에너지(free energy)의 변화(ΔG)에 의하여 판단할 수 있다. ΔG가 정($+$)이면 반응이 자발적으로 발생하지 않으며, 외부로부터 계(system)에 에너지가 가해져야 반응이 발생한다. 반면 ΔG가 부($-$)이면 반응은 자발적으로 발생하게 된다. 여기서 ΔG의 절대값이 커질수록 반응이 발생하려는 경향은 커지며, 자유에너지의 변화를 기계적 모델로 생각해 보면 아래 그림과 같다.

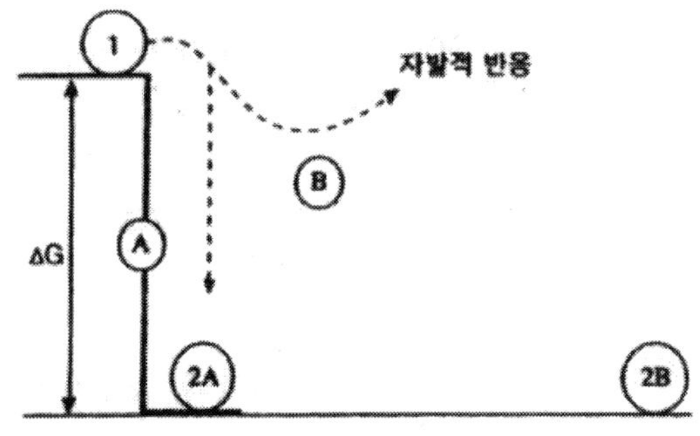

자유에너지 변화의 기계적 모형

위치 1에서 2로 움직이는 데 두 개의 가능한 경로, A와 B가 있다. 어느 경로를 선택하든지 자유에너지 변화 ΔG는 같다. 그러나 경로 B를 따르는 운동은 경로 A를 따르는 운동에 비해 느리다. 여기에서 알 수 있는 것은 자유에너지의 변화 ΔG로 반응속도를 알 수 없으며, ΔG가 크다고 해서 반응속도가 빠르다고도 판단할 수도 없다는 것이다. 단지 자유에너지 변화 ΔG는 그 부호에 의해서 반응의 방향만을 알려준다. 따라서 ΔG로서 부식속도를 예측한다는 것은 불가능하다. 부식과 같은 전기화학적 반응에 대해서는 자유에너지 변화 ΔG가 전극전위 E를 통해서 계산할 수 있다.

$$\Delta G = -nFE$$

여기서 n은 반응에 관여한 전자의 수, F는 패러데이 상수, E는 전지전(cellpotential)이다. 반응이 일어나기 위해서는(ΔG가 −이기 위해서는), 전지전위 E가 +이어야 한다.

부식은 여러 가지 형태로 발생하며, 다음 세 가지 요인에 의해

요 인	분류내용
① 부식용매의 성질	○ 습식부식(wet corrosion)과 건식부식(dry corrosion)으로 분류 ○ 습식부식은 액체 혹은 습기에 의해서 부식 ○ 건식부식은 고온가스와의 반응에 의하여 부식
② 부식메커니즘	○ 전기화학적 반응에 의한 부식과 직접적인 화학반응에 의한 부식으로 분류
③ 부식된 금속의 외양	○ 금속 전 표면에 균일하게 부식되는 균일부식(uniform corrosion)과 금속의 일부분만 부식되는 국부부식(localized corrosion)으로 분류 ○ 국부부식은 거시적 국부부식(macrocpically localized corrosion)과 미시적 국부부식(microscopic local attack)으로 나눌 수 있음.

미시적 국부부식에서는 부식된 금속의 양이 미소하며, 육안으로 볼 수 있게 되기 전에 상당한 파손이 일어날 수 있다. 또 미시적 국부부식은 결정구조상 부식에 약한 부분에서 일어나지만 널리 퍼지는 일은 거의 없다. 이에 반하여 공식(pitting) 같은 거시적 부식들은 구조적 결함에서 부식이 시작되는 것은 같으나 결함이 없는 부분까지 부식상태가 퍼져서 미시적 국부부식과 구별할 수 있다.

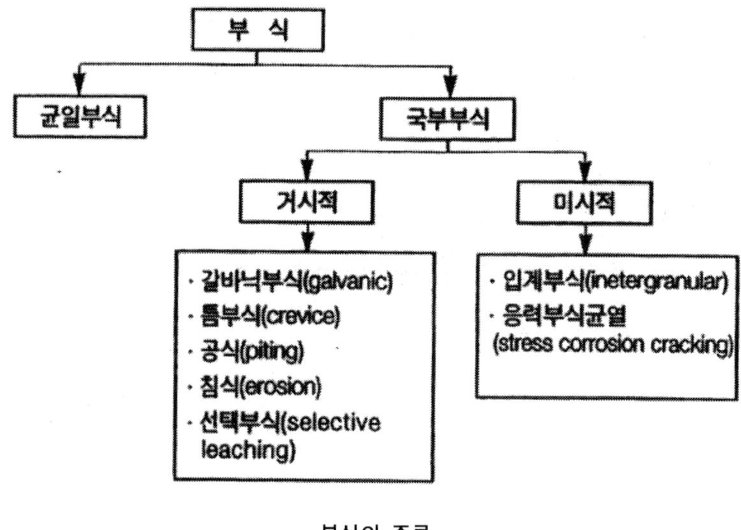

부식의 종류

① 균일부식(uniform corrosion)

금속 표면 전체에 걸쳐 균일하게 발생하는 부식을 균일부식 또는 일반부식(general corrosion)이라 한다. 부식환경에 노출된 부분이 균일하게 부식되는 형태의 부식으로 그 속도가 다른 형태의 부식보다 훨씬 작다. 심각한 형태의 부식은 아니며 철이 전체적으로 표면에 녹(rust)이 생기는 경우가 그 예이다. 금속표면의 미세구조 편차(microstructural variations)에 의해 표면 전체에 무질서하게 양극(anode)과 음극(cathode)이 형성되어 부식이 진행된다.

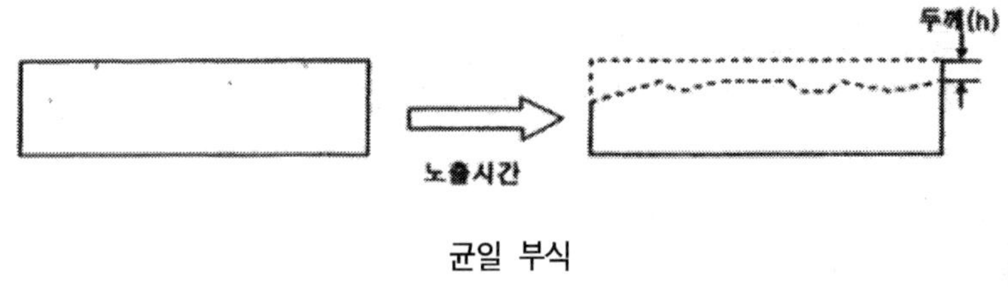

균일 부식

② 갈바닉 부식(galvanic corrosion)

두 이종금속(dissimilar metal)이 부식성 용액이나 전해질 용액에 담겨 있을 때에 두 금속 사이에는 전위차가 존재한다. 만약 이러한 금속이 접촉된 상태(또는 전기도체로 연결된 상태)라면 이러한 전위차는 두 금속 간에 전자의 이동이 일어난다. 전위가 낮은 금속이 양극(anode)이 되어 부식이 되고 이때 생성된 전자(electron)는 전위가 높은 금속 즉 음극(cathode) 쪽으로 이동한다. 따라서 전위가 높은 금속은 양극 쪽에서 전자가 공급되므로 부식반응이 일어나지 않아도 그 표면에서 음극반응을 일으킬 수 있다. 또한, 전위가 높은 음극 쪽은 양극에 의해서 보호될 수 있다. 두 금속 간의 전위차가 크면(보통 0.2V 이상) 클수록 부식이 일어날 가능성은 크고 금속 쌍 중 하나만이 더욱 부식을 당한다는 것이다. 금속 쌍으로 부식용매 내에 존재할 때에 홀로 있을 때보다 더욱 부식을 당하는 금속을 활성(active) 금속이라 하고 자기 혼자 있을 때보다 덜 부식되는 금속을 귀(noble)하다고 한다. 따라서 귀 전위(noble potential)를 가진 금속의 부식속도는 감소되고, 활성전위(active potential)를 가진 금속의 부식속도는 촉진된다. 즉 전자는 음극(cathode)이 되고 후자는 양극

(anode)이 된다. 이러한 형태의 부식을 갈바닉 부식 또는 이종금속접촉부식이라 하고 이 과정은 전기화학적 부식이나 편의상 두 이종금속 간의 부식효과를 갈바닉(galvanic)이라고 한다. 갈바닉 부식의 위험도를 예측하는 데 있어서 갈바닉 계열에서의 상대적인 위치에만 의존하는 것은 옳지 못하다. 즉 갈바닉 계열에서 두 이종금속이 서로 멀리 떨어져 있다고 해서 갈바닉 부식의 위험도가 크다고 확신하는 것은 커다란 오류를 범할 우려가 있다. 따라서 갈바닉 계열은 갈바닉 부식에 대한 일반적인 경향의 지침으로서 유용하기는 하지만 이종금속이 실제로 쌍을 이루었을 때의 갈바닉 부식에 대한 속도를 정확하게 알려주지는 못한다. 갈바닉 부식의 크기는 이종금속의 전위차뿐만 아니라 각 금속의 교환전류밀도 및 타펠기울기(Tafel slope) 같은 속도론적인 인자, 양극과 음극의 면적비 등에도 의존하기 때문이다. 이처럼 갈바닉 쌍에서 환원 및 산화반응이 더욱 복잡한 상호작용을 하기 때문에 여러 인자 중의 하나만에 의해서 갈바닉 부식의 속도를 예측하는 것보다는 갈바닉 부식전류를 직접 측정하는 것이 훨씬 중요하다. 갈바닉 부식의 기본적인 특징은 ① 전위가 낮은 쪽이 양극이 되어 전자를 공급(부식이 됨)하고 ② 귀한 금속의 면적이 활성 금속의 면적보다 상대적으로 크면 클수록 활성 금속의 부식은 촉진된다. 이것을 바람직하지 않은 면적비율(an unfavorable area ratio)이라 부른다. 소양극－대음극(small anode－large cathode)의 위험한 부식형태의 원리는 대부분 위험한 부식형태의 기본적인 모델이 된다. 강(steel)을 보호하기 위하여 강보다 더 높은 전위 쪽에 위치한 주석(Sn)을 도금하였을 경우에는 분명히 도금을 하면 강 자체가 부식분위기에 노출되었을 경우보다 덜 부식될 것이다. 그러나 만약 어떤 기계적인 힘에 의하여 도금층에 긁힘(scratch)이 생기면 상대적으로 주석보다 전위가 낮은 강이 부식속도가 크기 때문에 보호하고자 하였던 강이 부식된다. 즉, 갈바닉 부식이 일어난다. 문제는 이 긁힘이 생긴 부분의 면적이 긁힘이 없는 부분보다 훨씬 작다는 것이다(소음극－대양극이 성립됨). 따라서 노출된 강 부분에서 생긴 전자가 주석층으로 이동하여 환원반응에 의해 소비된다. 만약 부식환경이 산 용액이라면 용액과 접하고 있는 주석층 표면에서는 환원반응으로 수소가 발생하게 된다. 소양극－대음극에 의하여 환원반응이 일어나는 면적이 상대적으로 훨씬 넓어 노출된 강의 부식이 가속화되며, 주석층은 보호되는 것이다. 이는 강을 보호하기 위해 도금한 것이 오히려 강의 부식을 가속화시킨 예이다. 따라서 일반적으로 강을 보호하기 위해서는 강보다 더 전위가 낮은 아연(Zn)을 도금하여 사용하게 된다.

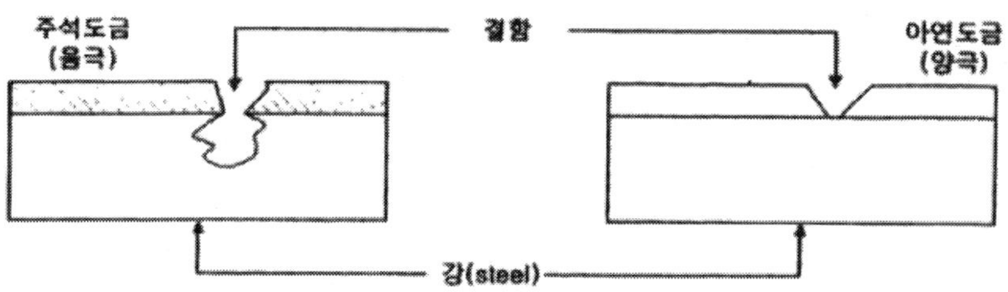

갈바닉 부식(주석도금과 아연도금)

실존 용액 내에서 여러 금속 및 합금이 나타내는 전극전위를 표로 나타낸 것이 갈바닉 계열(galvanic series)이다. 이 갈바닉 계열은 기전력 계열(EMF series)과 혼동해서는 안 된다. 기전력 계열은 모든 금속에 대한 표준산화-환원전위(standard redox potential)를 순서대로 배열한 것이다. 정(+)의 값이 클수록 그 금속은 귀(noble)하다고 말하고, 부(-)의 값이 크면 천(basic)하다, 또는 활성(active)이라고 말한다. 또한 기전력 계열에 표시된 전위는 전해액에서의 그 금속 이온의 농도가 단위(unity) 활동도이고 금속이 그 이온과 평형상태에 있을 때에 평형전위(equilibrium potential)이다. 갈바닉 계열은 어떤 주어진 환경에서 실제 측정된 전위에 따라 금속과 합금을 차례대로 배열한 것이다. 즉 기전력 계열에서는 금속만을 포함했으나 갈바닉 계열에서는 금속뿐만 아니라 합금 및 부동태(passivity) 상태의 금속도 포함하고 있다.

③ 틈 부식, 틈새 부식(crevice corrosion)

• 전해액에 노출된 금속 표면의 틈(crevice), 또는 가려진 부분 내에서 국부적으로 심한 부식이 발생하는 것을 틈 부식이라 한다. 틈 부식은 구멍, 가스켓 표면, 포개어 있는 부분(lap joint), 표면 침전물, 볼트와 리벳 헤드 밑의 틈 등에 정체된 적은 양의 용액과 관련된다. 틈 부식을 때로는 침전부식(deposit corrosion) 또는 가스켓 부식(gasket corrosion)이라 한다. 틈 부식을 생성하는 표면 침전물로는 모래, 때(dirt), 부식생성물 등이 있다. 이 표면 침전물은 덮개작용을 하여 작은 양의 용액을 속에 가두게 된다. 가스켓을 사용하는 경우처럼 금속과 비금속의 접촉사이에서도 틈 부식이 생긴다. 이러한 틈 부식을 생성시킬 수 있는 비금속으로는 나무, 플라스틱, 고무, 유리, 콘크리트, 석면, 왁스 등 금속과 같이 사용되는 모든

물질이다. 스테인리스강은 틈 부식에 특히 민감하다. 틈이 부식영역으로서 작용하기 위해서는 용액이 들어올 수 있을 만큼은 충분히 넓어야 되며 또한 들어온 용액이 갇히어 정체될 수 있도록 충분히 좁아야 한다. 따라서 틈 부식은 그 폭이 수천 분의 1인치($6 \sim 10 \mu m$) 이하인 곳에서 주로 발생한다. 폭이 넓은(예: 1 / 8인치) 홈에서는 틈 부식이 거의 발생하지 않는다. 일반적으로 틈과 그 바깥 사이의 산소농도 차이로 인해 틈 부식이 발생한다고 알려져 왔다. 틈 안의 금속은 양극이 되고, 바깥 부분은 음극이 되는 산소농담전(oxygen concentration cell or differential aeration cell)의 형성이지만 틈 안에서 산의 형성으로 실제상황은 더 복잡하다. 그러나 엄격히 말하면 틈 부식이 발생하는 동안 산소농도의 차이가 존재하기는 하지만 이것이 틈 부식의 근본 원인은 아니다.

④ 공식(pitting)

공식은 국부부식의 대표적인 형태이며 가장 위험한 부식의 형태이다. 핏트(pit)란 그 깊이가 직경과 비슷하거나 더 큰 구멍을 의미한다. 이 핏트는 금속표면에서 취약한 부분(여러 요인에 의해 조성이 다른 부분, 표면 결함 등)에서 발생하며 자기촉매과정 때문에 중력방향으로 성장하여 내부로 들어간다. 따라서 육안상으로는 금속표면에 작은 점이 보일지도 모르지만 그 내부는 상당히 부식이 진행된 상태이다. 아래 그림에 그 전형적인 형태가 있다.

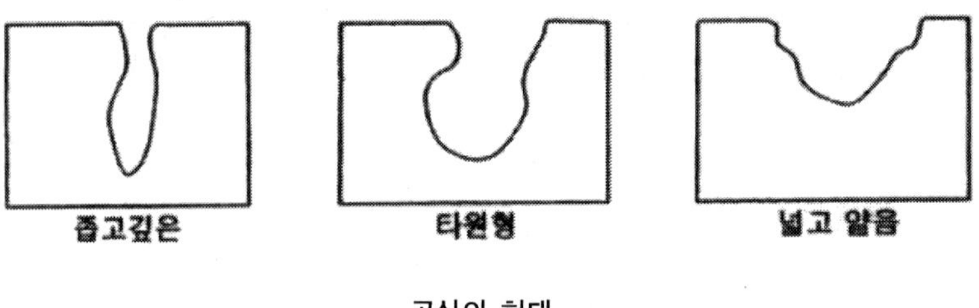

공식의 형태

공식은 다른 금속과의 접촉으로 전위차가 생겨 부식이 되는 경우와는 달리 취약한 부분에서 스스로 핏트가 생겨 부식이 진행된다는 점에서 다른 부식형태와 다르다고 할 수 있다. 공식의 특징은 자기증식(self-propagating), 자동촉매(auto-catalytic)

작용인 것이다. 공식은 특징에 있어서 틈 부식과 매우 유사하지만 따로 분류해서 생각하는 것이 좋다. 즉 공식은 틈 부식의 자기개시형태(self-initiating form)라 할 수 있고 공식 발생은 틈을 필요로 하지 않으며 그 자체가 틈을 만드는 것이다. 핏트의 발생 중에 나타나는 자동촉매 과정이 그림에 나타나 있다. 금속 M이 공기와 접촉하고 있는 NaCl 용액에 의해 핏트를 나타내었다. 핏트 내에서는 급격한 금속용해가 일어나고 핏트의 바깥 인접영역에서는 산소환원 반응이 일어난다. 이 과정은 자기증식이며 자동촉매이다. 핏트 내에서는 급속한 금속용해로 인해서 플러스 전하가 과도하게 많아지게 된다. 따라서 Cl^- 이온이 이 영역으로 이동해 오게 된다. 그리하여 핏트 내에는 MCl의 농도가 높아지게 되고 다시 가수분해로 인하여 H^+ 이온과 Cl^- 이온이 많아지게 된다. H^+ 이온과 Cl^- 이온은 대부분의 금속 및 합금의 용해를 촉진시킨다. 그리하여 시간이 지남에 따라 전체 반응은 계속 가속화된다. 진한 용액에서의 산소의 용해도는 실제로 0에 가까우므로 핏트 내에서는 산소의 환원이 일어나지 않는다. 한편, 핏트 바깥 인접 영역에서는 산소환원반응이 계속 일어나게 되어 음극보호를 받게 된다.

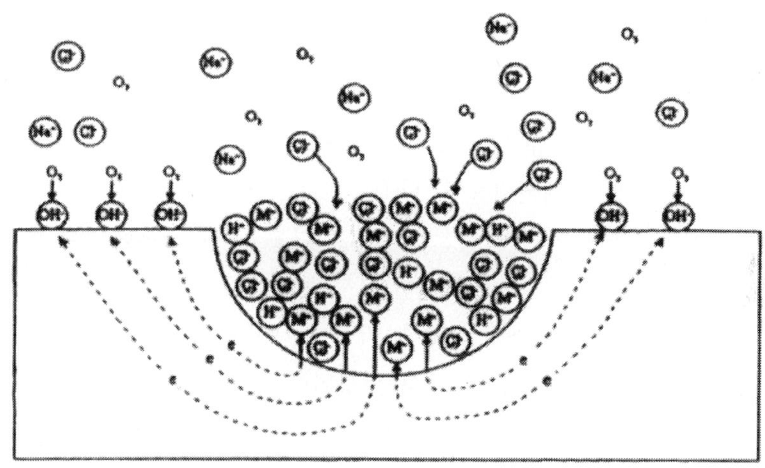

핏트 발생 중에 나타나는 자동촉매 과정

⑤ **침식 부식(erosion corrosion)**

침식부식이란 부식용액과 금속표면 사이의 상대적 운동으로 인하여 금속의 부식 속도가 더욱 촉진 또는 증가되는 현상을 말한다. 일반적으로 용액과 금속 표면 사이의 상대적인 운동은 대단히 빠르며 기계적인 마멸효과(wear effect)도 포함된다. 따라서 침식부식을 마멸부식(wear corrosion)이라 일컫기도 한다. 침식부식은 그 형태에 있어 홈(groove), 도랑(gully), 파도(wave), 둥근 구멍 또는 골짜기의 모양을 하며 방향성을 가진다. 대부분의 금속은 침식부식에 민감하다. 금속이 내식성을 갖는 것은 표면에 보호피막을 형성하기 때문인데 이러한 보호피막이 손상을 받거나 마모된 경우 부식은 매우 빠른 속도로 발생하고 진행될 수 있기 때문이다. 특히, 유체에 노출된 모든 장비는 침식부식을 받는다. 파이프, 밸브, 펌프, 프로펠라, 임펠라, 교반기, 열교환기 등에서 침식은 자주 발생한다.

⑥ **캐비테이션 부식(cavitation corrosion)**

침식부식의 특수한 형태로서 금속표면 가까이에 있는 액체에서 증기포(vapor bubble)가 생성 또는 소멸되는 것과 관련되며 캐비테이션 손상(cavitation damage)이라 일컫기도 한다. 캐비테이션 부식은 수력 터어빈(hydraulic turbine), 선박의 프로펠러, 펌프 임펠러 등과 같은 유속이 크고 또한 압력변화가 큰 곳에서 발생한다. 이런 캐비테이션 부식의 발생 메커니즘의 단계는 ① 보호피막 위에 캐비테이션 기포(bubble)가 생성된다(액체 압력이 충분히 감소된다고 하면 실온에서도 비등하게 된다). ② 기포가 소모되면서 피막을 파괴한다. ③ 새로 노출된 금속 표면이 부식되고 따라서 피막이 다시 생성된다. ④ 똑같은 지점에 새로운 캐비테이션 기포가 생성된다. ⑤ 기포가 파모되면서 피막을 또다시 생성된다. ⑥ 노출면적이 부식되고 피막이 또다시 생성된다. 이러한 과정이 계속 반복되어 표면에 깊은 구멍이 생기면서 손상을 받는다.

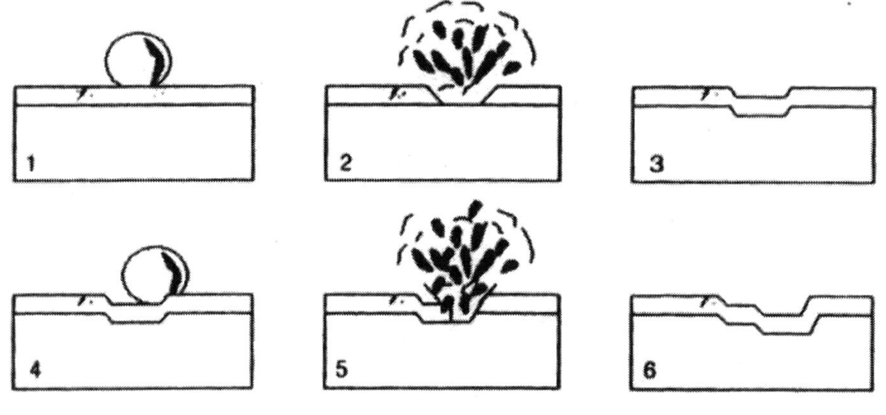

캐비테이션 부식

⑦ 프렛팅 부식(fretting corrosion)

　진동이나 미끄럼(slip) 운동을 하는 부분의 금속 접촉면 사이에서 발생하는 부식을 말한다. 이것은 핏트와 비슷한 형태를 하고 있으며 부식생성물에 둘러싸여 있게 된다. 프렛팅 부식은 일명 마찰산화(friction oxidation) 또는 마모산화(wear oxidation)라 일컫기도 한다. 프렛팅 부식에 의해서 금속성분이 파괴되어 산화물입자가 만들어지기 때문에 대단히 좋지 않다. 더욱이 프렛팅 현상이 발생하면 응력이 커지게 되고 변형(strain)이 증가하여 피로파괴(fatigue fracture)를 일으키게 된다. 프렛팅 부식이 발생하기 위해서는 다음의 조건을 갖추어야 한다. ① 두 접촉금속의 경계면이 하중을 받아야 한다. / ② 두 경계면이 진동 또는 상대운동을 계속 반복해야 한다. / ③ 경계면의 하중과 상대운동은 금속표면에 미끄럼 또는 변형을 일으킬 수 있을 정도로 충분해야 한다. 프렛팅 부식의 두 가지 중요한 발생 메커니즘은 마모산화(wear oxidation)와 산화마모(oxidation wear)이론이다. 압력을 받고 있는 금속 표면 사이의 경계면에서 냉간용접(cold welding)이 발생하게 되고 이러한 접촉점들이 파괴되어 금속입자들이 제거된다는 것이 마모산화 메커니즘의 개념이다. 이러한 금속입자들은 그 직경이 매우 작아서 마찰에서 생기는 열에 의해서 쉽게 산화된다. 따라서 마모산화이론은 마찰에 의한 마모이 금속을 손상시키며 산화는 두 번째 인자가 된다고 하는 개념이다.

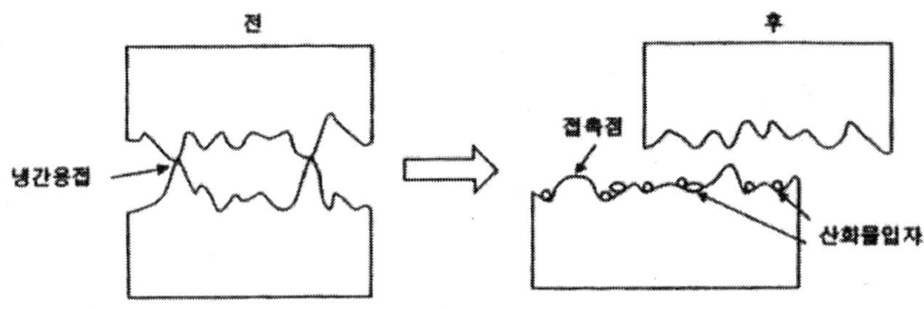

프렛팅 부식의 마모산화 메커니즘 이론의 도식적 설명

모든 금속은 그 표면에 흡착되어 있는 얇은 산화물 층에 의해서 대기 중의 산화로부터 보호된다는 하는 것이 산화마모이론의 개념이다. 금속이 하중을 받으면서 서로 접촉되어 있고 두 경계면이 반복해서 상대적인 운동을 계속하게 되면 아래 그림에서 볼 수 있는 것처럼 산화물 입자가 떨어져 나오게 된다. 노출된 금속표면은 다시 산화되고 과정은 계속 반복된다. 결국, 산화마모이론은 마찰효과에 의해서 산화가 더욱 촉진된다고 하는 개념이다.

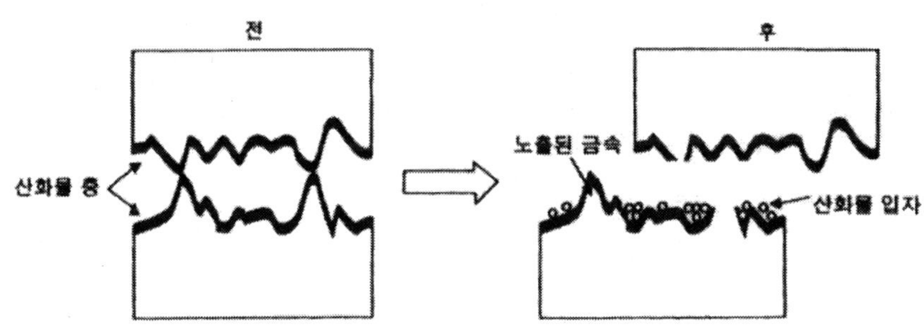

프렛팅 부식의 산화마모 메커니즘 이론의 도식적 설명

⑧ 입계부식(intergranular corrosion)

금속은 대부분의 환경에서 입계(grain boundary)의 영향을 크게 받지 않는다. 즉 결정립계가 결정립에 비하여 반응성이 별로 크지 않기 때문에 부식이 균일하게 발생한다. 그러나 어떤 조건에서는 결정립계가 대단히 큰 방응성을 가지게 되어 입계

파괴를 수소응력균열(hydrogen stress cracking) 또는 수소균열이라 한다. 수소균열은 거의 대부분 입계균열로서 발생 메커니즘은 부식반응이나 음극분극에 의해서 생성된 수소원자가 내부응력이나 잔류응력이 높은 금속 내부에 침투하게 되고, 이것이 금속 내의 void 또는 다른 유리한 영역에 수소분자로 방출하게 됨으로써 내부압력이 형성되기 때문에 균열이 발생하는 것으로 설명된다. 연성이 있는 금속의 경우에는 음극분극되거나 부식용액에 노출되면 수소를 포함하는 가시수포(visible blister)를 생성하고, 연성이 조금 낮은 금속의 경우에는 같은 조건하에서 균열을 일으킨다. 수소균열에 대하여 다른 메커니즘은 수소가 균열의 끝에 있는 결함영역으로 확산해 가서 그곳에 흡착됨으로써 인장하중을 받고 있는 금속의 표면에너지를 감소시킨다는 것이다. 수소균열에 있어서 재미있는 현상은 지연균열(delayed cracking)이다. 지연균열은 응력이 가해진 후에 바로 균열이 발생하지 않고 특정 시간적 지연이 필요하게 되는 현상을 말한다. 이 지연지간은 응력에 거의 관계가 없으며 강 중의 수소농도 증가, 경도 및 인장강도 증가 등에 따라 감소한다. 강 중에 수소농도가 낮은 경우에는 응력이 가해진 후에 며칠이 지난 후에 균열이 발생하게 된다.

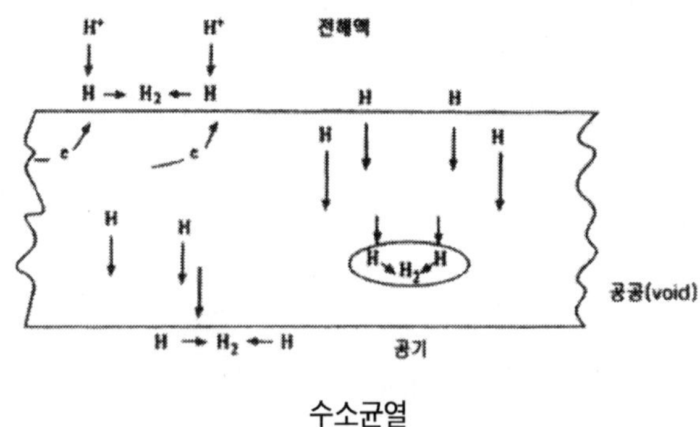

수소균열

10. 전기화학적 마이그레이션(electrochemical migration)

고온·고습 환경에서 전계에 의하여 금속이 수지상(dendrite)으로 성장해서 단락에 이르는 현상을 전기화학적 마이그레이션 또는 이온 마이그레이션(ion migration)이라 부른다. 전기화학적 마이그레이션은 1955년 Bell 연구소의 G. T. Kohman이 전화다이얼의 적층형 접속부에 대한 은(Ag) 마이그레이션을 최초에 확인하였고, 그 이후로 거의 모든 금속 및 합금에서 일어나는 것으로 알려지고 있다. 마이그레이션의 수지상에 의한 단락 현상은 2종류의 패턴이 있다. ① 양극에서 용출된 금속이온이 양극 근방에서 환원 석출되어 음극 측을 향해서 신장해 가는 경우, 양극 근방에서 pH 변화에 의해서 수산화물 혹은 산화물로써 석출하는 경우, ② 양극에서 용출된 금속이온이 음극에 이르고 여기서 전자를 받아서 환원 석출해서 수지상이 양극 쪽으로 신장하는 경우(원인이 분명하지 않으나 전극 간의 절연저항이 높은 경우는 양극 석출, 결로 시나 절연저항이 낮은 경우는 음극 석출이 발견되는 경우가 많다). 마이그레이션은 프린트회로기판의 대표적인 전기적 신뢰성평가 대상 고장메커니즘이다. 그러나 절연 열화된 고장품이 전부 마이그레이션에 의한 것은 아니며, 절연성의 저하와의 상관관계를 찾기 어렵고, 절연성 열화는 마이그레이션 고장으로 취급하는 것은 원인 규명 점에서 상당히 위험하다. glass 섬유를 따라 성장되는 프린트기판 내부 마이그레이션을 특별히 CFF(conductive filament formation)라 부른다. 전기화학 반응인 마이그레이션이 발생하기 쉬운 조건은 전극 금속의 종류에 따라 다르다. 마이그레이션이 일어나기 쉬운 순서는 전기화학 배열에 따르지 않고 몇 가지 시험평가 결과로부터 다음과 같다. Ag>Mo>Pb>Cu>Zn>황동 또는 Ag>>>Cu>>Pb, Sn>Au

이것이 전기화학 배열의 순서와 다른 원인으로서 pH나 반응속도의 크기와 관련이 있다고 생각된다. 발생 과정은 ① 금속용해과정 ② 금속이온 이동 과정 ③ 금속(산화물) 석출과정으로 진행된다.

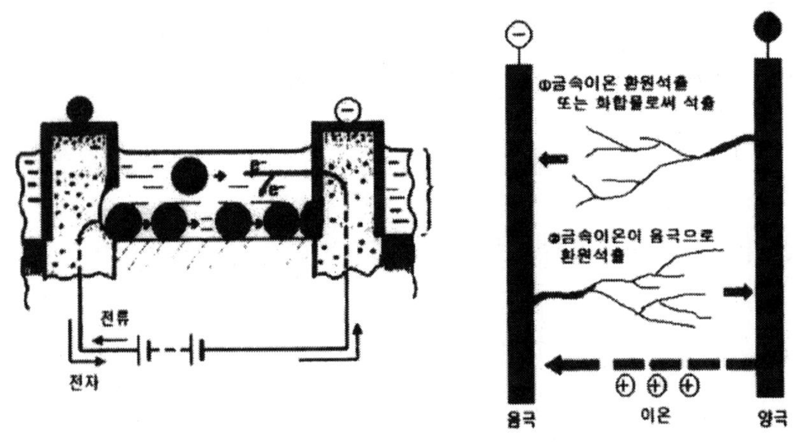

마이그레이션의 수지상에 의한 단락 현상

11. 열화(degradation)

열화는 제조공정, 성형가공, 보관, 운반 및 사용 중에 여러 인자로 인하여 성능이 저하되어 최후에는 파괴에 이르는 현상을 말한다. 실제 환경에서 물, 열, 광, 용제(solvent) 및 금속 등 여러 개의 복합적인 인자가 고무나 플라스틱의 열화를 촉진시킨다. 표는 고분자 재료의 특성에 영향을 주는 인자를 열거한 것으로, 이러한 인자들은 원료단계, 성형가공, 상품의 운반이나 저장 중에 영향을 끼쳐 결국 재료를 열화시킨다.

고분자 재료의 특성에 영향을 주는 인자

• 제조공정(중합)	• 중합촉매의 잔류, 각종 첨가제의 선택잘못
• 성형가공 공정	• 가공온도, 연신, 분위기, 加硫 가교조건
• 충진제, 첨가제의 안정성	• 고분자와의 친화성, 분산성, 흡착성
• 상품의 보관, 운반	• 기간, 온도, 습도, 물리적 기계적 손상
• 사용 중	• 부적절한 온도조건, 사용연수의 과다

① **열산화열화(thermal oxidation degradation)**

열경화성 수지가 열 산화열화를 받으면 망목 구조는 더욱 증가하고 분자 사슬은 빽빽한 상태로 되고 유리전이온도(glass transition temperature)는 상승해서 재료가 취화되어 강도 저하가 생긴다. 가류 고무의 열 열화는 크게 나누어 고무분자가 열에 의해 절단이 계속되어 부드럽게 되는 연화열화와 고무분자끼리 결합한 경화열화의 2가지 패턴이 있다. 열화의 근원은 라디칼(radical)에 기인하며, 라디칼은 전자를 1개만 가진 불안정한 화합물을 말하고 열화반응은 다음과 같이 반응한다.

$$RH \rightarrow R \cdot + H \cdot$$
$$R \cdot + O_2 \sim - > \sim \sim ROO \cdot \ddagger (퍼옥시\sim 라디칼)$$

R · 은 공기 중의 산소에서 공급되어 ROO · 이 된다. ROO · 은 고무분자를 공격하여 고무분자의 ROOH(하이드로 퍼옥시)를 절단시켜 폴리머(polymer) 라디칼로 변

환시킨다. ROOH는 다시 ROOH · 로 되어 고무의 열화를 진행시킨다.

고무나 플라스틱은 입체 규칙성인 커다란 측쇄를 지닌 것을 제외하고, 각 단일 결합이 자유로이 회전하는 자유공간을 갖고 있다. 따라서 열을 가하면 움직임이 아주 동결된 유리(glass) 상태에서 부드러운 고무상태(rubbery state)로 분자 선단부터 조금씩 변화한다. 이때 분자운동은 마이크로 브라운(micro brown)운동을 하고 있다. 열이 더욱 가해지면 분자는 가해진 열에너지를 흡수하여 매크로 브라운 운동을 일으킨다.

이 운동은 분자전체가 진동하거나 이동하거나 하는 움직임에 대응하는 것으로 결정체를 가지는 폴리머는 결정성을 잃어 고분자 용해에 도달한다. 여기에 열을 더 가하면 이 열을 흡수하여 분자운동은 점점 융성해지며, 폴리머를 구성하는 화학결합이 분자운동에 견디지 못했을 때에 분자사슬의 절단이 생기게 되며, 이것을 열 열화 메커니즘이라 한다.

그림은 열 산화에 의한 분자사슬의 절단 모양을 모식도로 나타낸 것이다.

①에는 주쇄의 절단과 측쇄의 이탈이 있다. 주쇄는 임의의 점에서 무질서 절단과 규칙적으로 주쇄의 말단부터 단량체가 이탈하는 단계적인 분해 해중합이 생긴다.

②에 나타난 가교는 일단 측쇄나 주쇄가 절단되어도 다시 재결합하고 최초일 때보다 분자량이 증가하여 보다 튼튼하게 되는 경우도 있지만 물리적으로는 물러지게 된다.

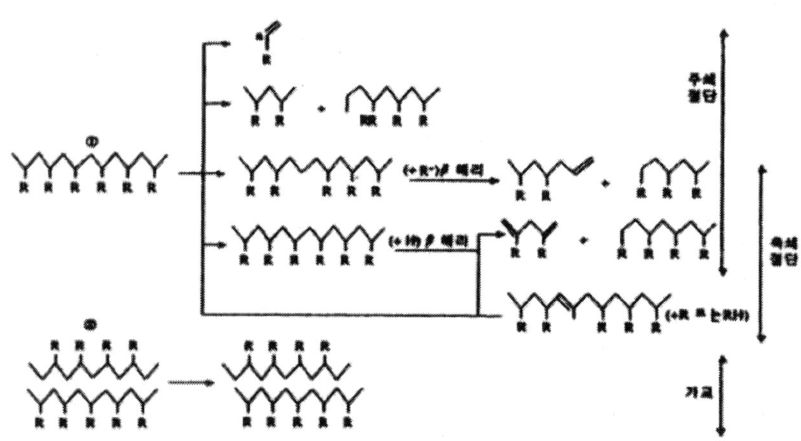

열 산화에 의한 분자사슬의 절단

② 무산소열화(oxidative degradation)

고분자 재료는 산소가 없는 곳에서도 열화가 진행한다. 괴상의 제품 표면 근처에서는 산화열화가 진행되지만 내부로 갈수록 산소는 투과 확산하기 어렵게 되기 때문에 산소의 공급은 단절되어 결국에는 산화가 정지한다. 그러나 이렇게 무 산소의 상태에서도 열 혹은 외부에서 가해지는 전단응력에 의해 라디칼이 생성하고 열화가 진행한다. 폴리머에 열을 가하면 산소가 전혀 없는 상태에서도 열을 흡수하여 분자 운동이 격렬해지게 되고 결국에는 분자 운동만으로 열을 흡수하지 못하므로 분자 사슬이 절단에 이르게 된다. 분자 사슬이 전단력에 대항하지 못하게 되면 절단이 발생하고 이 절단은 결합 해리 에너지가 낮은 부분에서 생긴다. 일반적으로 $C-C$ 결합이 절단하여 라디칼이 생성한다. 이것에 의해 자동산화반응이 일어나고 재료의 연화현상이 나타난다. 분자운동이 일어나기 어려운 결정부분이나 가교밀도가 높은 곳에서 분자 사슬 절단에 도달하여 재료의 파괴를 초래한다.

③ 빛(자외선)열화(light degradation)

고무나 플라스틱은 열에도 약하지만 빛에도 약하다. 태양광선은 여러 가지 파장을 지닌 빛의 다발로 생각해도 좋다. 이 빛의 다발의 극히 일부가 고무나 플라스틱에 대해서 영향을 준다. 빛 열화는 표면 반응이고 어느 특정 파장의 빛만이 폴리머 내에서 흡수하여 생긴다. 일반적으로 파장이 짧을수록 해리 에너지는 강하게 되기 때문에 특히 북반구에서는 4월 말에서 6월 말까지 단파장의 빛 양이 증가하기 때문에 악영향을 미친다.

④ 오존열화(ozone degradation)

지표부근의 태양광은 290㎚ 이상의 파장으로 O_3은 발생하지 않는다. 그런데 고층이 되면 200㎚까지의 파장도 도달하고 있다. 240㎚ 이하의 빛을 받으면 산소분자(O_2)는 활성화 산소(O)로 되어 부근의 O_2와 작용하여 O_3로 된다. 동일한 반응은 인공적으로도 일어나서 240㎚ 이하의 파장의 자외선램프(저압 수은등)를 쪼이면 곧바로 오존냄새가 떠도는 것에서 확인 가능하다.

플라스틱의 오존 열화는 통상의 환경에서 거의 발생하지 않기 때문에 친숙하지 않은 열화 현상이다. 그러나 주쇄에 이중결합을 갖는 고무제품(SBR, NBR, NR 등)에 대해서 문제가 된다.

⑤ 피로열화(fatigue degradation)

고무제품에 진동 비틀림 혹은 진동 응력을 직접적으로 가했을 때에 가류조건이나 배합, 부하조건에 따라 피로과정이 다르지만 일반적으로 다음과 같은 현상이 관찰된다. ① 분자 사슬 내의 불균일 응력 상태의 발생→국부적인 분자 사슬의 절단, ② 미세 공공 발생→마이크로 균열의 발생→매크로 균열의 성장, ③ 부분적인 파단→전체의 파괴, 고무에 다량의 충진제가 첨가되어 있기 때문에 충진제 표면과 고무분자의 응집 결합력이 피로내성에 크게 영향을 준다. 충진제의 보강효과가 강한 것을 사용한 고무일수록 피로를 받으면 연화나 경화현상이 크게 된다. 일반적으로 어느 재료에나 응력집중의 원인이 되는 이물이나 홈 또는 구조결함이 존재하지만 특히 고무에 많이 존재한다. 응력을 받고 있는 플라스틱의 분자구조가 변화하는 것은 드문 일이 아니다. 그 변화는 다음과 같은 과정을 거친다. ① 인장응력을 받고 있으면 그 반응 방향으로 분자 사슬이 배열한다. ② 배열은 분자 간 힘을 떼어 내려고 진행하지만 분자사슬이 얽혀 있기 때문에 배열은 서로 엉켜서 영향을 준다. ③ 분자 사슬의 일부밖에 움직이지 않을 경우(분자사슬의 어긋남)에는 분자사슬은 국부적인 절단이 생긴다. 즉, 분자사슬이 전단력에 대응하지 못하게 되었을 때에 절단된다. ④ 이 절단은 결합 해리 에너지가 낮은 곳에서 발생한다. $C-C$의 결합이 끊어져 라디칼을 생성한다. 이리하여 자동산화반응이 시작되고 플라스틱은 연화하게 된다.

5-4 우발고장(Mechanism)

1. 과도한 탄성변형(large elastic deformation)

약한 구조에서 응력으로 인한 과도한 탄성변형에 의하여 고장이 발생할 수 있다. 이 고장메커니즘은 우주거울과 안테나와 같은 고정밀 구조 또는 과도한 변형이 불안정한 진동모드를 유발시킬 수 있는 우주 안테나, 태양열 패널에서 관심의 대상이 된다. 전자 패키지에서 본드와이어의 과도한 휨에 의한 간헐적 잡음(cross-talk) 및 단락 발생, 회로기판의 과도한 변형으로 인한 납땜부와 부품단자 간에 응력 유발이 과도한 탄성변형의 대표적 예라 할 수 있다. 탄성변형은 가역적이고 재료의 영구적 변화를 일으키지 않는다. 그러나 변형에 의하여 시스템의 성능이 저하되기 때문에 과도한 탄성변형은 고장메커니즘이며, 이를 방지하기 위한 설계지침이 필요하다. 과도한 탄성변형에 의한 고장발생 가능성은 시간에 관련되지 않고 하중에 관련된다. 탄성 변형을 분석하는 모델은 기본적인 고체역학원리를 기초로 하며 변형의 크기에 따라 선형과 비선형으로 생각할 수 있으며, 고장메커니즘 분석은 유한변형(finite-deformation) 탄성론(elasticity)의 비선형 이론 적용이 요구된다.

2. 파괴(fracture)

파괴는 고체가 응력을 받아 두 개 또는 그 이상으로 분리 또는 쪼개지는 것을 말한다. 이 파괴과정은 균열의 생성과 성장의 두 과정으로 생각할 수 있고, 연성파괴(ductile fracture)와 취성파괴(brittle fracture)로 분류할 수 있다. 연성파괴는 균열전파 전이나 도중에 상당량의 소성변형을 초래하여 파면에 많은 변형이 생긴다. 금속의 취성파괴는 전체적인 변형이 없으며 미소 소성 변형이 없는 빠른 균열전파에 의한 파괴를 말한다. 이는 이온결정의 벽개(cleavage)와 유사하다. 취성파괴의 경향은 온도가 낮을수록 변형속도가 클수록, 그리고 3축 응력상태(일반적으로 노치에 의해서)가 조장됨에 따라 커진다. 금속은 하중 속도, 응력 상태, 온도, 재료에 따라 파괴 양상이 매우 다르게 나타난다. 금속에서 일어날 수 있는 인장에 의한 파괴형태는 그림과 같다.

	내 용
(a)	○ 취성파괴는 인장응력에 수직인 면에서 두 쪽으로 분리된다. 취성파괴는 bcc와 hcp 금속에서 발견되어 왔지만 입계취성을 일으키는 요소가 있지 않는 한, fcc 금속에서는 발견되지 않는다.
(b)	○ 연성파괴에서는 몇 가지 형태가 있다. hcp 금속 단결정은 전단응력(shear stress)에 의하여 결정이 분리될 때까지 저면을 따라 슬립이 일어나기도 한다.
(c)	○ 금(Au)이나 납(Pb)과 같이 연성이 매우 큰 금속의 다결정 시편은 파괴가 일어날 때 단면적이 거의 한 점으로 될 때까지 늘어난다.
(d)	○ 어느 정도의 연성을 가진 금속은 인장파괴 시 소성변형이 일어나 국부 수축된 지역을 만들어 낸다. ○ 파괴는 시편의 중심에서 시작되어 그림(d)의 점선을 따라 전단 분리에 의해 전파된다. 이것을 컵-콘형(cup-and-cone) 파괴라 한다.

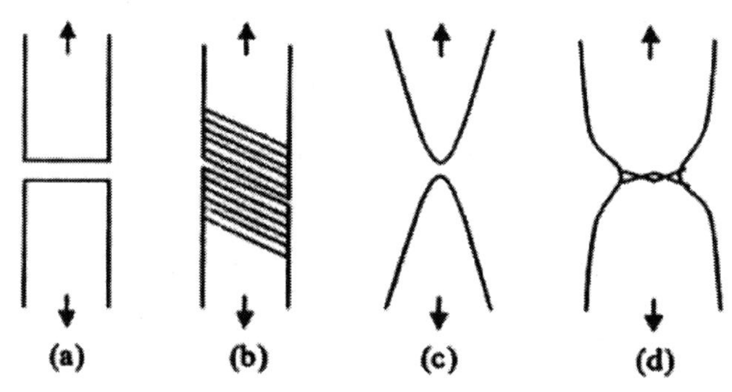

인장시험에 대한 파괴 형태

　전단파괴는 활성 슬립면 위에서 광범위한 슬립의 결과로 일어난다. 이런 형태의 파괴는 전단 응력에 의하여 조장된다. 파괴의 벽개 형태는 결정 벽개면에 수직으로 작용하는 인장 응력에 의해 제어된다. 전단으로 인하여 생긴 파면은 저배율로는 회색으로 보이고 섬유상인 반면, 벽개파면은 편평한 벽개면으로부터의 빛의 반사로 인해 빛나거나 입상으로 나타난다. 일반적인 파면은 입상과 섬유상이 혼합되어 있는 경우가 많으므로 이들이 차지하는 표면적 비율로 연성파괴 또는 취성파괴를 나타내는 것이 보통이다. 금속학적으로 다결정 시편의 파괴는 입내파괴(transgunular; 입자를 통과하는 균열전파) 또는 입계파괴(intergranular; 결정입계를 따른 균열전파)로 분류된다.

은 소재에 항복강도 이상의 부하 응력이 작용하여, 소성변형에 따른 석출물 또는 비금속개재물(inclusions)과 같은 불순물이 핵이 되어 미소한 Void(불순물의 주위는 결합에너지가 작으므로 인장응력 등이 작용하면 이 주변이 공공으로 된다)이 다수 형성되고, 이들이 합체되어 생긴 면이다. 따라서 관찰된 파면은 움푹 파진 웅덩이를 만든 것처럼 특징 있는 모양을 나타내며, 이것을 딤플(dimple, 골프공의 표면 요철이라 생각하면 좋다)이라 부르고 순금속(pure metal)일수록 요철이 적고 불순물이 많은 금속일수록 그 수도 많게 된다. 인가되는 부하 응력의 방향에 따라서 등축(equiaxed) 또는 신장된(elongated) 딤플로 된다. 이 같은 파면 모양은 정적인 인장 파단면이나 피로파면에 대한 최종 파단부 또는 비교적 정적에 가까운 반복응력에 의해서 파괴된 면에서 나타난다. 어느 경우에는 슬립 궤적(slip trace)은 교차슬립(cross slip)과 관련된 파상선(wavy line)으로 나타난다. 이 파면 특징을 사행슬립(serpentine glide)이라고 한다. 만약 슬립면(glide plane)이 첨단(cusp)의 자유표면에 완전히 빗각으로 되어 있다면 슬립 궤적은 넓어서 표면이 아주 매끈하게 보이지만 희미하게 슬립의 벗어난 궤적도 볼 수 있다. 이 특징을 잔물결파(ripples)이라고 부르고 이 메커니즘을 연신(stretching)이라고 부른다. 이 메커니즘은 또한 슬립면 분리(decohesion) 또는 연성벽개(ductile cleavage)로도 불리고 있다. 이와 같이 슬립면 분리로 파괴되는 금속재료는 비교적 순도가 높고 파괴과정에 대해서 딤플로 되는 핵이 작은 것에 많이 형성된다. 취성파괴(균열진전속도가 빠름)에는 벽개파괴(cleavage fracture)와 의벽개파괴(quasi-cleavage fracture, rosettes fracture)의 2가지 파괴형태가 있다. 벽개파괴의 파면은 벽개 facets이라고 부르는 파면단 위에 하천이 중심을 향해서 흘러 들어가는 것과 같은 모양을 나타낸다. 이 메커니즘은 강의 지류(branch)와 비슷한 패턴을 만들기 때문에 강 무늬(river pattern)라고 부르며, 거의 소성변형을 수반하지 않고 벽개면이라 부르는 특정 결정면에서 분리 파괴된다. 또한 벽개파괴보다 약간 균열진전속도가 느리면 의벽개파면이란 모양이 생긴다. 강 무늬나 벽개 혀(舌, tongues)라고 부르는 모양이 벽개파괴와 동일하게 관찰되지만 모양이 가늘어서 벽개인지 아닌지 판단이 곤란하기 때문에 의벽개라고 부르고 있다. 벽개, 의벽개 어느 경우든 균열진전 속도의 차이에 의해서 생긴 파면이고 피로파괴의 경우는 입내에 딤플이 혼재하는 것도 있고 그 혼재비율은 속도가 빠른지 느린지에 따라서 다르다. 피로파괴에 의해 생긴 파면은 매 사이클마다의 반복응력(반복해서 진전한 균열의 길이)에 의해서 형성되며, 줄무늬(striations)라 부르는 모양이 주요 특징이다.

줄무늬에는 연성 줄무늬와 취성 줄무늬 2가지가 있다. 연성줄무늬는 반복부하응력의 인장에 대해서 균열선단(cracktip)이 소성변형에 의해서 날카롭게 되거나 또는 개구(opening)되어서 진전하고 연속해서 압축과정에서 재개구(reopening)에 의해서 생긴다. 따라서 1사이클마다의 간격이 균열진전속도를 나타내기 때문에 부하응력의 크기, 균열진전의 길이, 재료의 강도 등을 추정할 수 있다. 또한 취성 줄무늬는 벽개면을 따라서 형성되고 강한 재료일지라도 부식성 분위기에서의 피로파괴나 균열진전속도가 빠른 경우 또는 부하응력이 클 때의 파면에서 관찰되는 경우가 많다. 이 같은 패턴은 항상 피로파면에 관찰되는 것은 아니고 오히려 관찰되는 쪽이 적다. 또한 복잡한 마이크로 조직을 갖는 재료, 예를 들면 페라이트 중에 카바이드(탄화물)가 미세하게 분산된 뜨임강(tempered steel)에 대해서 줄무늬를 발견하기가 곤란한 경우가 많다. 따라서 줄무늬가 없다고 해서 피로부하에 의한 파괴가 아니라고 말할 수는 없다. 특히 진공 중에서의 피로파괴 파면에는 관찰되지 않는다. 이것은 줄무늬의 생성메커니즘에 공기 중의 산소가 크게 관여하기 때문이다. 줄무늬와 상당히 유사한 것으로 바퀴자국(tire tracks)이라고 부르는 모양이 있다. 이 패턴은 파괴 시에 상대면의 돌기물이나 강한 질화물 등에 의해서 1사이클마다 접촉흔적이 생기기 때문에 줄무늬와 아주 흡사한 모양으로 된다. 피로에 의해서 줄무늬인지 타이어 트랙인지를 분간하기 위해서는 상대 재료에 의해서 문질러진 접촉파면이 관찰되면 타이어 트랙이라고 판단한다. 또한 의벽개파괴파면을 나타내면서 금속조직의존성에 의해서 파괴된 면은 피로파괴에 의한 줄무늬와 유사하지만 펄라이트(pearlite) 조직강이나 수지상결정조직을 갖는 재료에 나타나기 쉽기 때문에 주의를 요한다.

④ **입계파괴**(intergranular fracture)

입계에서의 연성파괴는 미소공공이 입계를 따라 형성되고 이것이 합체되어 파괴에 이르는 것이다. 결정입계의 파면 및 벽개에 딤플이 관찰된다. 이 같은 파면은 비교적 균열의 진전속도가 빠른 경우에 생기는 것이고 피로균열진전의 면적이 작고 정적인 부하응력에 의해 충격으로 파괴된 부분의 파괴에 나타나는 것이 많다. 취성파면은 입계파괴 중 가장 많이 관찰되는 파괴모양으로 균열진전속도가 가장 빠른 파괴파면이다. 이것은 입계를 따라서 분리 파괴되고 사각블럭을 랜덤하게 여러 겹으로 쌓여 선으로 절단한 것과 같은 면을 나타내며, 각 격자면은 평탄하고 특징이 없는 모양이 많다. 균열진전속도가 상당히 빠른 경우의 파면에서 수소취성(hydrogen embrittlement)에 의한 지연파괴파면, 황동 등에서 자주 생기는 응력부식크랙, creep 파괴파면, 뜨임여림(temper brittleness)에 의한 파괴, 열크랙에 의한 파괴, 연마 크랙, 침탄층 내의 피로파괴 등에 많이 관찰된다. 취성파괴에 대한 피로파면의 특징은 피로균열이 입계를 따라 파면이 나타나고 입내파괴와 같이 각상의 파면에 줄무늬 또는 줄무늬와 유사한 모양이 관찰된다. 일반적으로는 비교적 강하고 취성이 있는 재료의 피로 파괴 면에서 자주 관찰된다.

⑤ 고분자 파괴(plastic fracture)

고분자의 파괴는 재료에 따라서 파괴형태가 다르고 여러 형태를 나타낸다. 고분자 재료는 금속재료와 달리 탄성률이 10분의 1 또는 100분의 1 이하이고, 탄성범위가 불명확하고 소성영역에서의 사용은 기본적으로 있을 수 없다. 응력 전달에 대해서 시간적 지연 및 에너지 축적 등 탄성 범위 내에서도 특징적인 거동을 나타낸다. 일반적으로 이 성질을 점탄성(viscoelastic)으로 부르고 있다. 점탄성은 탄성(응력부하 상황에 비례한 변형을 발생)과 점성(유체가 유동할 때의 저항을 나타내고 점성체에서는 응력부하에 대해서는 전단 탄성률이 0이다) 양쪽이 공존하는 역학적 거동을 말한다. 점탄성에는 맥스웰 모델이나 포크트(Voigt) 모델 등의 몇 개의 모델로 설명할 수 있다. A, B의 스프링 부분은 늘어나지만 C, D 부분은 곧바로 움직이지 않는다. 그러나 C, D도 시간 경과에 따라 움직이기 시작한다. 그 속도는 반응의 대소, 온도의 고저 등의 환경인자에 크게 좌우된다. 수지의 크리프 등은 포크트 모델로 표현하면 알기 쉽다. 고분자 재료의 파괴를 물리적으로 생각할 때 특히 열가소성수지의 경우는 분자의 거동이 중요하다. 예를 들면 인장이나 전단 응력이 걸리면 분자는 응력 방향으로 배열되고 이때 분자량이나 결정성 등 여러 인자에 영향을 받는다. 배열된 분자쇄가 국분적으로 절단되기 시작한다. 이것이 일반적인 취성파괴라고 생각되고, 응력방향으로 배열된 분자쇄가 충분히 신장되면 최종적으로 파괴에 이르는 경우 연성파괴라고 생각된다.

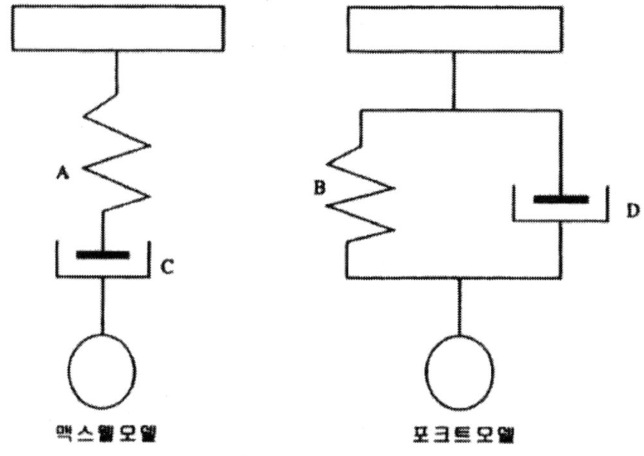

맥스웰 모델과 포크트(Voigt) 모델

⑥ **고분자 연성파괴(ductile fracture of plastic)**

연성파괴는 고분자재료에서는 일반적으로 백화를 동반한 강제 파괴(인장, 굴곡, 충격 등)를 가르친다. 고분자 재료의 경우 특히 열가소성수지의 경우 탄성범위 내에서 사용하는 것이 원칙이지만 인장강도 특성은 금속재료와 같이 응력-변형률 선도로 나타낼 수 있다.

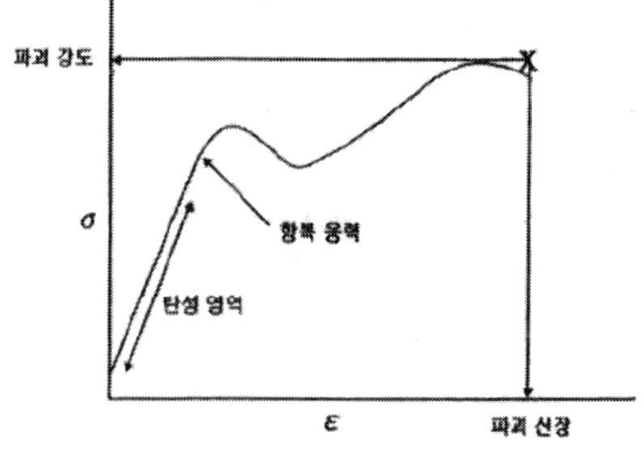

응력-변형률 선도

연성파괴 되는 재료는 파단 신장 값이 큰 것이 특징이며, PE(폴리에틸렌) 등에서는 수백 퍼센트 값을 나타내는 것도 있다. 재료의 카탈로그나 기술자료에 기재되어 있는 인장강도는 그림의 파괴강도를 나타내고 있고 항복강도는 없기 때문에 사용할 때는 고려할 필요가 있다. 수지의 경우는 위 그림의 탄성영역이 기본적으로는 곡선을 나타내고 있고 특징적인 거동을 보인다. 폴리머의 사슬이 길게 연속되어 있고 결정을 구성하고 있기 때문에 그것이 인장에 의해 신장되어 있는 것보다는 느슨한 커브를 나타내고 있다. 실제는 이 곡선에 대해서 직선(1차 근사)으로 생각하고 응력 계산 등에 사용하고 있다.

⑦ 고분자 취성파괴(brittle fracture of plastic)

취성파괴는 연성파괴와는 달리 파괴 속도가 빠르고 예를 들면 충격파괴와 같은 경우를 생각할 수 있다. 열가소성 수지의 경우, 수지 자체는 연성재료이지만 글라스 섬유 등으로 보강할 경우 취성 재료적인 거동을 나타내는 경우가 있다. 응력－변형률 곡선으로 살펴보면 탄성범위 내에서 파괴를 나타내는 것이 거의 전부이고 금속에서 말하는 소성영역은 견디지 못하는 것이 일반적이다. 전형적인 취성파괴로는 스트레스 크랙이 있으며, 이것은 수지 특유의 현상이다. 특히, 용제(solvent) 스트레스 크랙은 열가소성수지 중에 비정질수지에서 많이 볼 수 있다. ABS수지는 강도, 강성, 외관이 뛰어난 재료이지만 응력 존재하에서 약제(기름, 세제, 다른 재료와의 접촉 등)에 의해 크랙을 발생하는 경우가 있다. 이것을 용제 스트레스 크랙이라 부른다. 발생 메커니즘은 그림과 같이 어느 약제에 대한 임계 변형률이 ABS수지 부품의 성형 잔류응력과 조립 변형률 및 환경에 의해 발생하는 변형률의 합이 초과될 경우에 스트레스 크랙을 발생시킨다.

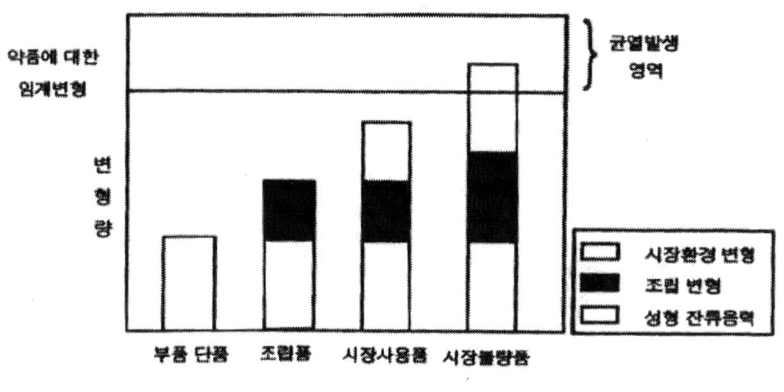

용제 스트레스 크랙

물리적으로는 스트레스 인가에 따라 분자 간에 잡아당기는 약제가 내부로 침투, 확산해서 반데르발스(van der waals) 힘으로 구성되어 있는 부분을 절단하여 파괴에 이른다고 생각된다. 이것은 재료마다(grade에 따라), 재료의 배합에 따라 결정되는 것으로 절대치로써 판단할 수는 없다.

3. 항복(yield)

항복의 정의는 부품 또는 재료에 항복강도를 초과해서 스트레스가 가해지면 비가역적 소성변형, 즉 영구변형을 일으키는 것이다. 재료의 항복강도를 초과하는 기계적 부하에서 미세구조 결함(전위)의 전이(migration)에 의해서 발생하는 소성변형(plastic deformation)은 비가역적(irreversible)이다. 이러한 영구변형은 상황에 따라 고장을 일으키지 않을 수도 있다. 항복 현상은 전형적으로 금속에 적용된다. 어떤 재료는 거의 완벽한 소성변형을 보이는 반면에 어떤 재료는 약간의 가공경화(strain hardening)를 나타낸다. 캠, 샤프트(shaft) 및 기어와 같은 부품들은 소성변형을 방지하기 위해서 항복항도를 높이는 열처리를 한다. 전자 패키지에서의 항복은 열적-기계적 스트레스 때문에 납땜, 본드와이어, 동도금 비아(vias) 및 금속배선과 같은 금속성 부품에서 일어난다.

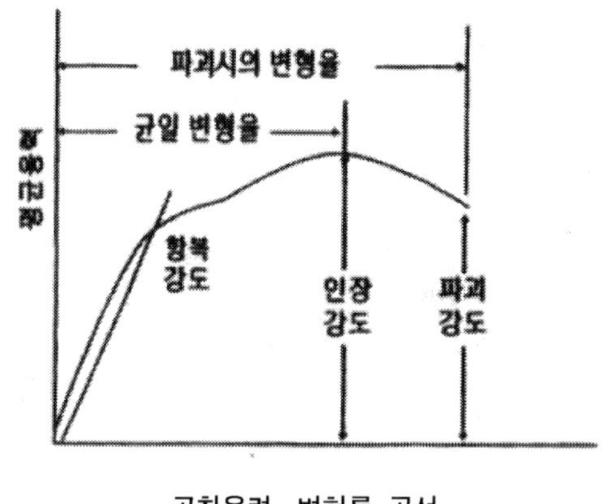

공칭응력-변형률 곡선

4. 좌굴(buckling)

기둥(column)의 길이가 횡단면의 치수에 비례해서 클 경우는 어느 크기의 축 하중에 이르면 횡 변형이 급격히 증가해서 하중을 지탱할 수 없게 된다. 이와 같이 불안한 변형이 생기는 현상을 좌굴이라 한다. 이와 같이 좌굴이 일어난 기둥을 (column) 장기둥(long column)이라 한다. 단기둥의 파괴는 재료의 강도가 문제가 되지만 장기둥의 좌굴은 주의 굽힘 파괴(bending fracture)가 관계된다. 좌굴은 압축 하중하에서 취약 구조에 대한 탄성적 안정성의 갑작스런 파국적 손실에 의해서 발생한다. 임계 좌굴 스트레스는 재료 특성(강성)뿐만 아니라 구조적 파라미터(세장비, slenderness ratio)의 함수이다. 수학적 표현으로 좌굴은 원래변형(압축에 의한 변형)에 수직한 불안정한 경로를 따라 발생하는 변형으로 표현되며 Eigenvalue 이론과 Bifurcation 이론으로 설명 가능하다. 좌굴은 토목공학에서 취급하는 구조나 항공기의 날개 구조 등에서 발생하는 압축하중을 받는 구조에서 공통적으로 나타난다. 전자 패키지에서의 좌굴은 기판과 열팽창계수 차에 의한 얇은 필름의 구겨짐 등이다.

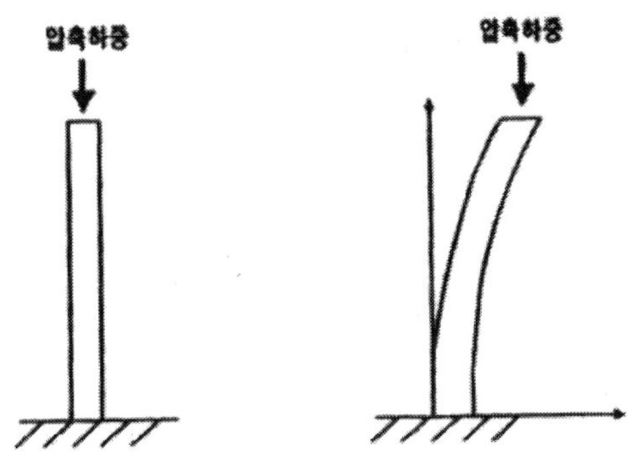

압력하중을 받는 장기둥(long column)

5. 계면분리(interfacial de-adhesion)

계면분리 현상은 두 개의 접착 표면에서 발생한다. 서로 다른 재료 표면의 접착력을 강화시키는 인장 중의 하나는 상호확산(inter diffusion)이며, 표면 접착력은 표면의 기계적, 화학적 특성에 좌우된다. 접착분리가 발생하기 위해서는 일(work)이 있어야 한다. 접착은 분리 전까지 표면 간 전달 가능한 최대의 기계적 일 에너지량의 특성을 가진다. 두 재료 간 표면을 분리시키는 일은 두 고체 상태 물질을 탄성/비탄성적으로 변형시키는 데 필요한 일은 물론 접착시키는 데 필요한 일도 포함한다. 실험적으로 표현하면 상호 접착강도는 흔히 두 재료 간 전자결합(electron binding) 에너지로 표현되며 이것은 해당하는 그 특정한 각 재료 조합에 의해 생기는 결합의 독특한 특성이다. 피착제와 접착제 계면에서의 파괴를 접착파괴(adhesive failure) 또는 계면파괴라 한다. 이때 파괴력은 접착제와 피착제의 계면 결합력, 즉 접착력에 의존한다. 피착제 또는 접착제의 파괴를 응집파괴(cohesive failure)라고 하며 이 경우의 파괴력은 피착제와 접착제의 응집력에 의존한다.

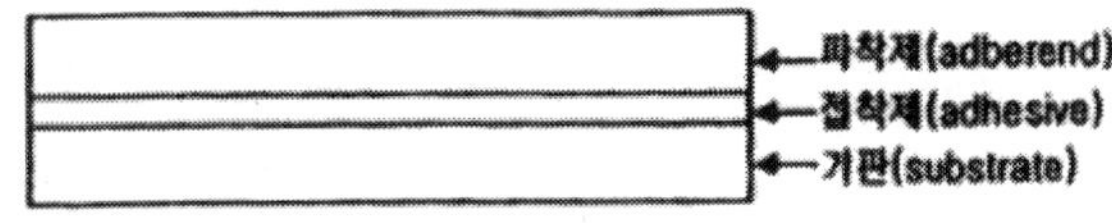

피착제와 접착제

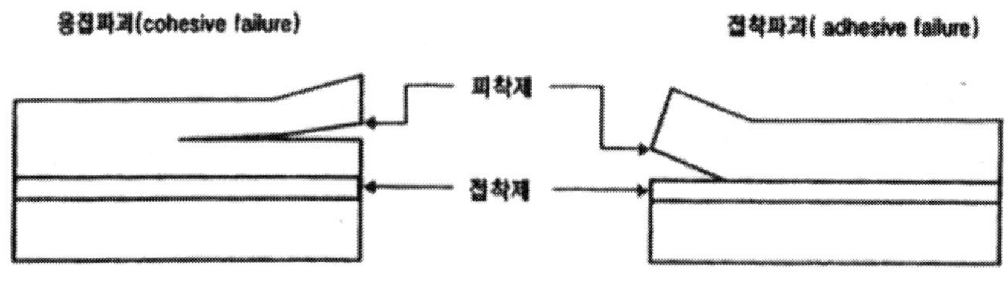

응집파괴와 접착파괴

접착파괴와 응집파괴가 동시에 발생하는 파괴를 혼합파괴라고 한다. 이때 파괴력은 피착제와 접착제의 계면 접착력과 양 재료의 응집력에 의존한다. 일반적으로 매크로 한 의미에서의 계면을 마이크로적으로 보면 여러 접합 형태를 나타내고 있다. 마이크로 앵커 효과로 부르는 물리적 접합, 계면 화합물이나 이물이 존재하는 접합(마이크로적으로 보면 2개의 계면이 존재한다), 더욱이 기포나 유막 등의 석출에 의해 사실상 결합에너지가 0인 장소 등이 뒤섞어 존재해 있다.

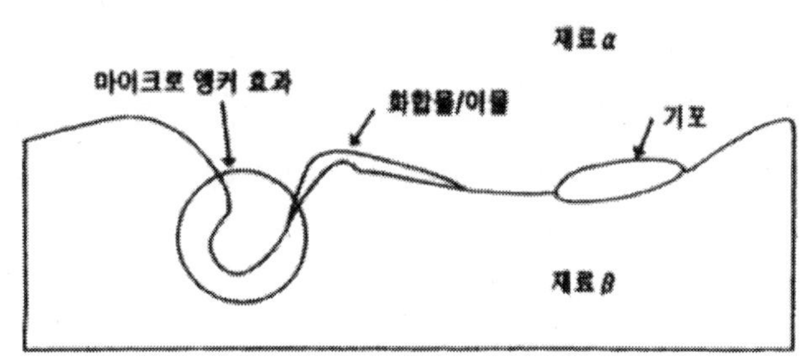

계면의 구조 개략도

① 젖음(wetting)메커니즘

젖음은 접착제가 피착제에 잘 퍼지는 정도를 의미하며, 접착강도를 얻기 위한 중요한 요소이다. 접착을 시키는 데는 피착제의 표면이 젖도록 해야 한다. 폴리에틸렌 필름과 같이 표면의 젖음이 나쁜 것에는 표면처리를 하여 접착을 시키고 있다. 폴리에틸렌 필름 위의 물방울에서 볼 수 있듯이 액체는 스스로 표면적을 가능한 작게 하려는 성질이 있다. 그것은 액체의 표면이 액체 내부로 향하려는 인력, 표면장력이 작용하기 때문이다. 이것이 응집력이다. 이 장력은 고체표면에서도 볼 수 있다. 액체를 고체 표면에 떨어뜨렸을 때, 고체와 액체 사이에는 고체가 액체를 확장시키려는 힘(A)과 액체가 응집하려는 힘(B)이 작용한다. A가 B보다 크면 액체가 잘 퍼져 좋은 젖음 상태가 되고, 반대로 (A)가 (B)보다 작으면 액체는 구형에 가까워진다. 표면장력은 단위길이당 힘(dyne / ㎝)으로 나타낸다.

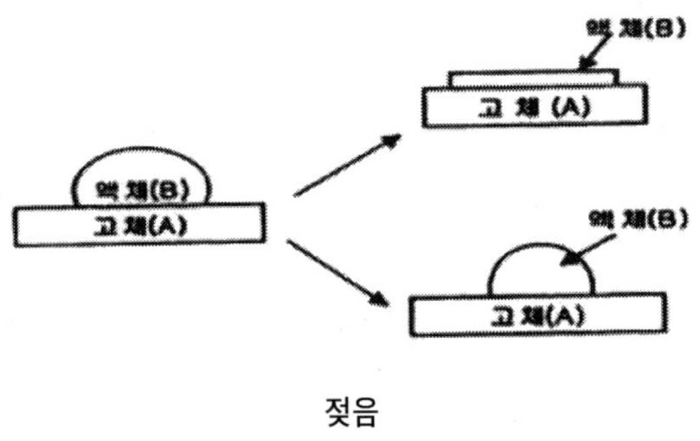

젖음

② 앵커(anchor), 인터락킹(interlocking)메커니즘

접착제가 피착제 표면의 요철공간에 침입, 고화하여 고정하는 역할을 하는 것을 앵커효과라고 한다. 凸부가 상대인 凹부에 탄성적으로 박혀 패스너와 같은 효과를 나타내고 접착효과를 발생하는 경우도 있다.

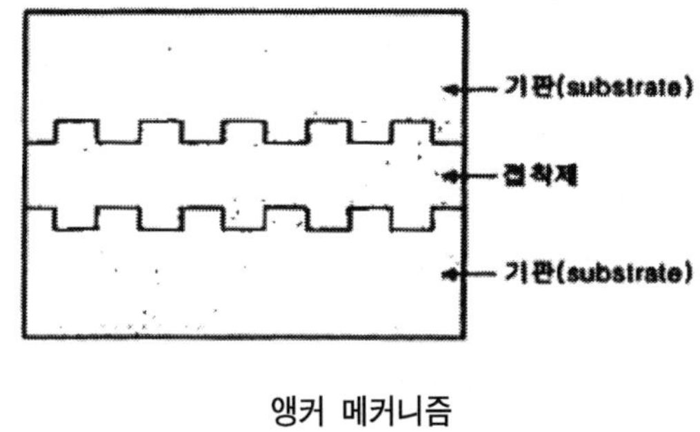

앵커 메커니즘

이와 같은 접착은 종이, 면, 목재 등의 다공성 재료의 접착에서 볼 수 있다. 앵커 접착은 접착제가 재료의 요철내부에 침입 고화하여 발생하는 것이기 때문에 접착강

도는 접착제나 피착제의 재질 강도에 좌우되지만 원래 종이, 면, 목재 등의 재료강
도(응집력)가 작기 때문에 큰 강도는 기대할 수 없다. 이 접착 메커니즘은 요철부로
흘러 들어온 접착제는 구석까지 들어오지 않으면 충분한 효과를 기대할 수 없으므
로 우선 젖음이 중요하다. 젖음이 불충분할 때는 미세한 구멍 내에 기포가 남아 강
도를 기대할 수 없다.

③ 결합(bonding)메커니즘

접착제를 사용하여 얻어지는 접착강도는 접착강도 표면에 근접한 접착제와 피착
제 간에 분자 간의 움직이는 2차 결합력(반데르발스력)이 주체이며, 1차 결합력(화
학결합력)에는 이소시아네이트계(urethane), 에폭시계의 접착제가 한정적으로 인정되
고 있으며 그 밖에 수소결합력이 인정된다. 분자 중에 수산기 등의 수소결합을 만
드는 원자단을 포함하는 접착제 및 피착제의 경우에는 2차 결합력에 의하여 큰 접
착강도가 얻어지고 수지 중에 수산기가 금속표면의 산화물 및 수산화물 간에 수소
결합이 생기게 한다. 원자·분자끼리 서로 가까이 놓이게 될 때 상호 원자 간에 가
해지는 힘에 대해서 생각해보자. 일반적으로 원자 간에 움직이는 힘은 쿨롱의 힘
(coulombic force)이 기본이다. 원자 간 힘을 거리의 함수로 기술하면 그림과 같이 평
균거리 d를 경계로 가까우면 척력(repulsive force), 멀어지면 인력(attractive force)이
작용한다. 이것은 위치 에너지(potential energy)를 사용해서 아래와 같이 표현된다.

$$(\frac{dW}{dr})_{r=d} = 0$$

원자간격 r이 평균점 d보다 작게 되고 2개의 원자의 최외각 전자끼리 겹쳐지는
상태로 되면 강한 반발력이 작용한다. 이 영역을 척력 영역이라 부르고, 동시에
포텐샬 에너지도 상승한다. 이것은 동일 궤도에는 전자가 2쌍 이상 들어갈 수 없
기 때문에(Pauli의 배타 원리) 떨어진 전자는 에너지 준위가 높은 곳으로 천이하게
된다.

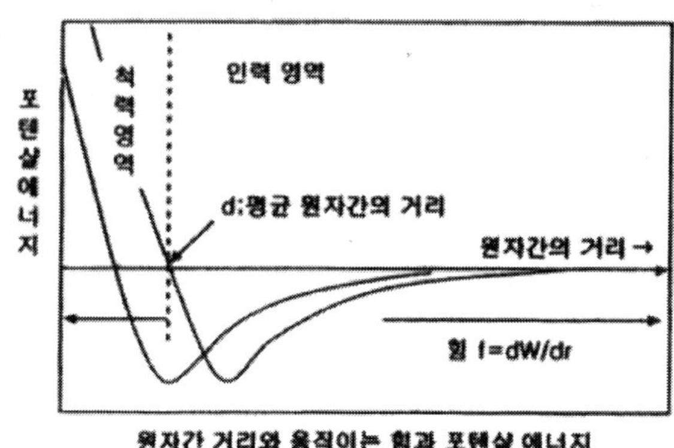

원자 간 거리와 포텐샬 에너지

역으로 거리 d 이상 멀어져 있을 때에는 상호 간에 인력이 작용한다. 인력의 종류에는 이온결합(ionic bond; 쿨롱의 인력), 금속결합(metallic bonds), 공유결합(covalent bonds), 수소결합(hydrogen bond), 반데르발스(vander waals) 등이 존재한다. 각각의 원자 간 거리 d(척력과 인력이 같은 거리)에 대한 결합 에너지 예를 아래 표에 나타내었다.

원자 간 거리에 대한 결합 에너지

결합의 종류	물질 예	결합에너지(eV)
이온결합	NaCl	7.81(180 kcal / mol)
공유결합	다이아몬드	7.38(170 kcal / mol)
금속결합	Fe	4.16(96 kcal / mol)
반데르발스 힘	메탄	0.10(2.4 kcal / mol)

계면 반응에는 표면의 성질이 크게 기여한다. 물질의 표면은 벌크(bulk) 내부와 다르고 원자·분자가 미반응 손(댕글린 결합, dangling bond)을 갖고 있다. 이것은 어떠한 물질과 반응을 일으켜서(고체 표면에는 흡착이 대표적) 준 안정상태로 이행, 위치 에너지가 높게 된다. 이 에너지를 표면에너지라고 부른다. 표면 에너지는 각각의 댕글린 결합 에너지와 단위 면적당 댕글린 결합의 수로 표현된다.

$$U_b = n \cdot U_d$$

U_b: 표면에너지, n: 단위 면적당 결합 수, U_d: 댕글린 결합 에너지 또한 계면의 결합 에너지 U_i는 화학결합 에너지 U_b와 응력에 따른 에너지 저하 U_α로부터 다음 식과 같이 표현된다.

$$U_i = U_b - U_\alpha$$

2개의 재료 α(표면에너지 $U_X\alpha$)와 재료 β(표면에너지 $U_X\beta$)를 접합시킬 때 계면 결합에너지 U_i는 아래 식으로 표현된다. 즉 계면결합에너지는 물질의 표면에너지와 벌크의 변형 등에 의해 발생한 응력에너지와 계면에너지에 의해서 기술된다.

$$U_i = (U_X\alpha + U_X\beta) - U_c - U_\alpha$$

④ **금속−고분자 간 계면파괴(interfacial deadhesion between metal and polymer)**

일반적으로 고분자 재료와 금속의 계면부분은 그림과 같이 각종 결합종류가 존재하게 된다. 고분자 사슬은 공유결합, 금속−유기물 간의 계면은 수소결합, 금속은 금속결합을 하고 있다. 접합강도는 각각의 결합에너지와 결합의 단위 면적당 수의 곱으로 근사할 수 있다. 금속결합의 수(n_{bm} =5만 개 / 단위면적), 접합면의 수소결합의 수(n_{bh} =1만 개 / 단위면적), 탄소 간 공유결합의 수(사슬의 수, n_{bc} =500개 / 단위면적)와 각각의 결합에너지(n_{bm}, n_{bh}, n_{bc}) 간에는 다음과 같은 관계가 있다.

$$\text{유기물: } n_{bm} = 2 \times 5 \times 10^2 = 1000eV \text{ / 단위면적}$$
$$\text{계면: } n_{bh} = 0.2 \times 10^4 = 2000eV \text{ / 단위면적}$$
$$\text{금속: } n_{bc} = 1.5 \times 5 \times 10^4 = 75000eV \text{ / 단위면적}$$

따라서 고분자 재료 내에서의 파괴가 지배적으로 되며, 다시 말해 응집파괴가 발생한다. 이것은 접합의 형태, 응력 에너지, 계면 불순물 등의 영향에 따라 크게 달라지고 계면에서 박리되는 것도 많이 볼 수 있다.

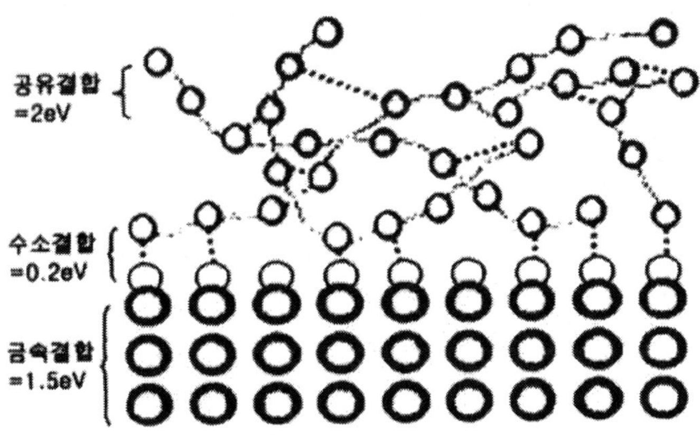

금속과 고분자의 수소결합에 의한 접속

6. 순열파괴(thermal breakdown)

전계(E)에 의하여 고체 내에 주입되는 에너지는 도전율을 σ라 할 때, 단위 체적당 σE^2이다. 이때, 발생하는 열에너지는 가열부분의 온도 T와 주변온도 T_0에 대해서 $T - T_0$에 비례한다. 격자 계에서는 주입 에너지와 열 확산 균형이 잡힐 때까지 온도상승이 일어난다. 그러나 열 확산은 전압의 계수가 아니고 일반적으로 온도상승에 의한 유전체의 도전율(σ)이 내려가기 때문에 정전압 회로에 대해서는 온도상승에 의한 주입 에너지는 상승한다. 이 때문에 어느 전계 이상에 대해서는 열평형이 성립하지 않고 열평형에 도달하지 않으며, 그 결과로서 재료가 용융(melting) 파괴된다. 주입되는 에너지와 방사되는 열에너지의 평형을 나타내는 일반식은 다음과 같다.

$$C_V \frac{dT}{dt} - div(k.grad(T)) = \frac{3}{4}E^2 \div (\frac{3}{4}E) = 0$$

여기서, C_V는 단위 체적당 비열, k는 열전도 계수이다. 파괴전압의 두께 · 온도 효과: A와 n을 재료, 전압 파형 및 두께에 따라서 결정되는 상수로 정의하면, 일반적으로 두께(d)의 파괴전압(V)은 다음과 같이 표현된다:

$V_{BD} = A \cdot d^n (n = 0.3 \sim 1.0)$. 실험적인 n 값에서 파괴의 절연파괴 전계는 $E_{BD} = A \cdot d^n - 1 (n = 0.3 \sim 1.0)$로 표현된다. 경험적으로 $n - 1 < 1$인 관계가 있으며, 두께가 얇을수록 절연파괴 전계가 높게 된다. 또한 절연파괴의 온도 의존성은 그림과 같이 저온에서는 절연파괴 전압이 거의 일정하고, 고온에서는 온도상승과 더불어 절연파괴 전압이 감소하는 형태로 나타난다.

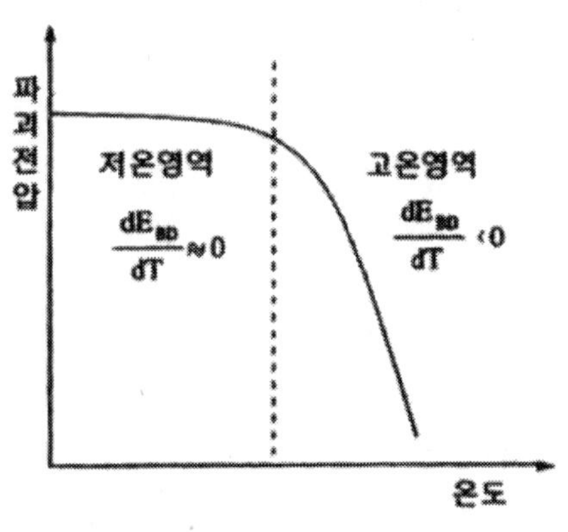

절연파괴 전압의 온도 의존성

7. 유리전이온도 및 용융
(glass transition temperature and melting)

용융(melting)온도 T_m은 결정구조가 존재할 수 있는 최고 온도로서, 이보다 높은 온도에서, 고분자는 분자량과 변형에 관련된 시간의 크기에 따라 점성 또는 점탄성의 액체로 간주될 수 있다. 고체와 액체 간에 확연한 구분이 있는 것은 아니지만 비정질 열가소성 고분자에서 이 두 상태를 구분해 주는 온도를 유리전이온도 T_g (glass transition temperature)라고 한다. 많은 고분자들은 결정질(crystalline)과 비정질 (amorphous) 부위를 함께 갖고 있는 반결정질(semi-crystalline) 재료로서 반결정질 고체는 두 임계온도 T_m과 T_g를 갖는다. 결정질 부위에서는 부피가 T_m에서 불연속적인 변화를 하며, 비정질 부위에 의하여 T_X에서 부피-온도 곡선의 기울기가 변하게 된다. 용융온도와 유리전이온도 사이에는 $T_X / T_m = 2 / 3$와 같은 관계가 관찰된다. 여기서 온도는 절대온도로 표현된 것이다.

$$C_V \frac{T_K}{T_m} = \frac{2}{3}$$

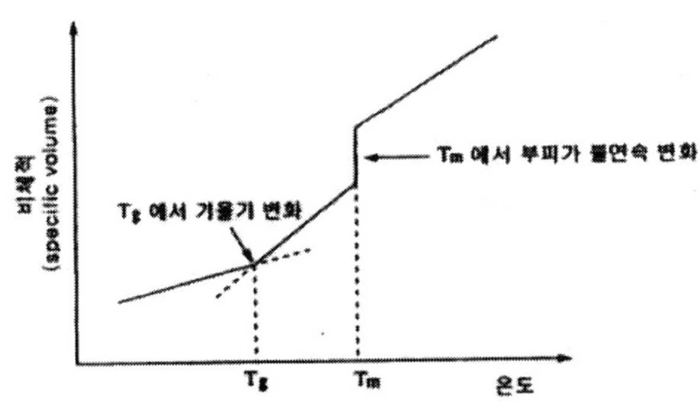

임계온도 T_m, T_q와 부피 변화

8. 정전기 방전(ESD)

정전기 방전(ESD, electrostactic discharge)은 충전된 물체가 접지될 때 발생하는 현상으로, 그 결과 정전기가 방전되어 평형을 이룬다. 이들 ESD 사고는 과도한 전기적 스트레스(흔히 EOS, electrical overstress)로 알려진 순시현상과 부분 집합을 형성하며 여기서 EOS에는 시스템 상에서의 과도전류, 전자 펄스와 낙뢰를 포함한다. 통상 ESD는 IC칩에 위협적이다. ESD는 IC칩이 사람의 손에 의해 접촉되거나, 금속성 집게에 의해 쥐어지거나 또는 접지된 금속물체에 의해 접촉될 때 발생한다. 보통 후자는 소자가 제품시험 환경에서 플라스틱 튜브에서 미끄러져 내려와 IC의 코너 핀이 접지된 금속 레일과 접촉하게 되었을 때 발생할 수 있다. 한편, EOS 발생은 주로 IC 시험조건이나 시스템 보드에서와 같이 IC 취급 시 발생되는 과전압과 스파크가 관련 있다. 통상 마이크로 초 이하의 시간 척도에 있는 것이 ESD이고, 반면 EOS는 주로 마이크로 초(μs)와 밀리 초(ms)의 범위에서의 시간 척도를 포함하는 ESD 이외의 발생을 말한다. 정전기의 대전량은 온도나 습도의 영향을 강하게 받아 일반적으로 온도나 습도 상승에 따라 대전량이 감소한다. 특히 습도의 영향은 커서 상대습도가 40~50% 이하가 되면 정전기 발생이 현저히 커진다. 소자의 정전기 파괴는 주로 접합부나 산화막 파괴이지만 협소한 배선부가 용단하는 경우도 있다. 파괴 발생위치를 찾는 것은 원인추구의 제일 먼저이지만 세심한 주의를 하지 않으면 발견할 수 없는 것이 많다. 발생위치의 확인에는 고장이 아주 일어나기 쉬울 것 같은 부위에서 찾는 것이 중요하고 다음과 같은 장소에서 발생하기 쉽다. ① 정전기 임펄스(impulse)를 직접 받기 쉬운 부위는 입력 및 출력회로, 임피던스(impedance)가 높은 부위, ② 구조상 약한 부위는 열용량이 작은 부위의 칩 면적이 작은 부위(소신호, 고주파용 트랜지스터 및 IC의 가는 배선막), 얕은 접합(베이스·에미터 접합), 내압불량의 얇은 산화막(FET의 게이트, 바이폴라 N+산화막) ③ 전계가 집중하는 부위는 모서리(edge)부위에 확산 모서리, 금속 모서리 등 정전기에 의한 소자 파괴는 접합(junction), 배선막(metallization), 산화막(oxide) 파괴로 구분된다. 각 파괴 메커니즘이 다소 다르지만 일반적으로 열적 파괴라고 생각하여도 큰 차이는 없다. 정전기 펄스에 의한 접합파괴 모델은 Wunsch와 Bell이 가장 정평을 받고 있으며, 접합에 가해진 열 펄스에 의하여 접합 전체 또는 일부가 녹아 채널을 형성하여 접합이 파괴되는 것이라고 생각하고 있다. 한편 산화막의 파괴는 고전계에서 누설전류가 전계에 의해서 지수적으로 증가해서 주울(Joule) 열에 의해 열적 파괴가 일어난다고 생각된다. 그러나 전류의 증가가 전계에 의하여 눈사태(avalanche) 현상으로 된다면 전자적 파괴라고 생각되기 때문에 사실은 그렇게 단순하지 않다. 그림은 정전기에 의한 소자 파괴를 분류한 것이다.

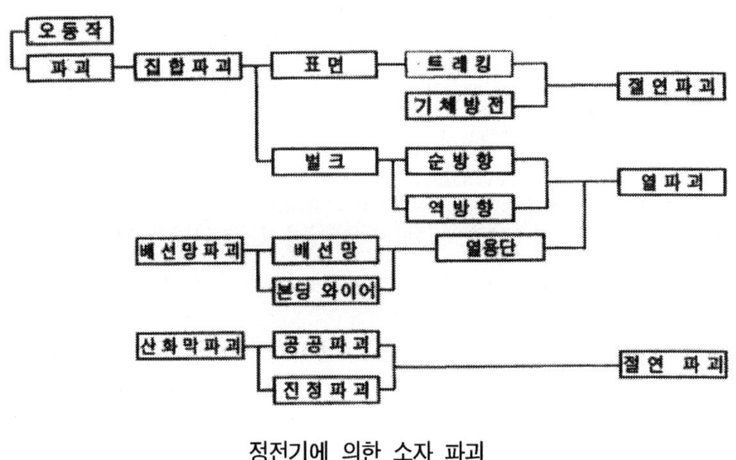

정전기에 의한 소자 파괴

① **접합파괴(junction breakdown)**

실온 부근에서 실리콘(Si) 소자에 통전하면 소자온도는 상승하지만 실리콘의 저항치는 그림과 같이 증가하기 때문에 입력전류를 제한하는 형태가 되고 열적으로 안정화된다. 그런데 그림의 저항치 곡선의 피크 값을 넘는 온도(진성 온도)까지 통전전류에 의해 발열되면 저항치가 부(-)로 떨어지기 때문에 입력전류가 증가해서 온도가 상승하고 더욱이 저항치가 내려가 열 폭주(thermal runaway)가 일어난다. 이 현상은 소자의 열적 파괴현상의 가장 기본적인 것으로 접합의 존재에는 관계없고 정전기에 의한 순방향의 파괴는 이러한 메커니즘이라고 생각된다.

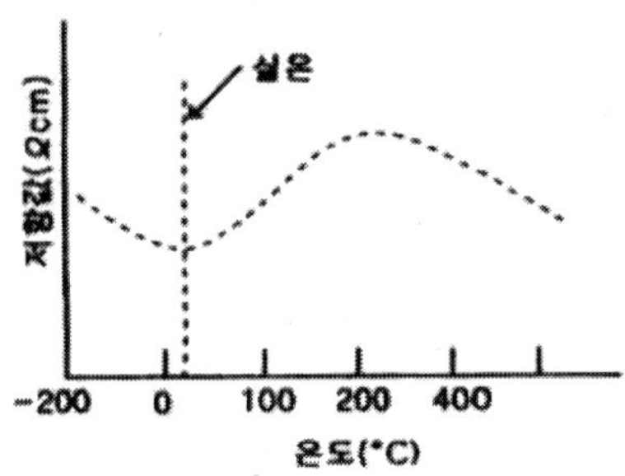

실리콘(Si) 소자의 온도와 저항값의 관계

한편 접합을 고전압으로 역 바이어스(reversebias)를 걸어주면, 접합면에 대부분의 전압이 걸리기 때문에, 접합에서의 열 손실도 크고 불균일한 접합의 일부(전계의 국부집중을 포함) 온도가 열 폭주에 의해 급상승하여(hot spot 현상) 파괴에 이르는 것을 2차 항복(secondary breakdown) 현상으로 잘 알려져 있다. 정전기 파괴의 경우도 PN 접합이 부분적으로 용해되고 파괴 내량이 트랜지스터의 2차 항복과 동일한 경향을 갖는 등 유사점도 많고 원리적으로 전류를 제한하는 저항이 없는 한 열 폭주는 일어나기 때문에 이것이 접합의 한 원인이라고 불린다. 접합의 파괴전력 펄스 폭 의존성 곡선은 그림과 같이 a, b, c, 3가지의 꺾인 선으로 근사된다.

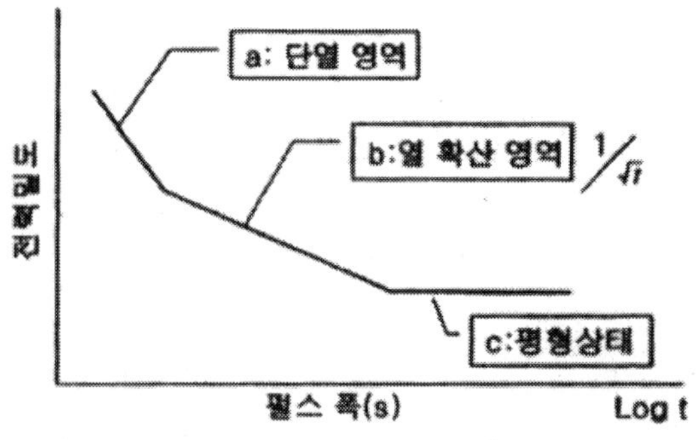

Wunsch—Bell Plot

그림에서 a부분은 펄스폭이 상당히 짧고 전류의 큰 펄스에 의하기 때문에 단열적 (adiabatic regime)으로 가열되고 일정의 에너지에 달하면 파괴된다고 생각된다. 인가하는 에너지는 펄스폭을 t로 하면 $i^{2R}t$이기 때문에 위의 가정에서 단위 면적당의 파괴 전력을 P / A로서 P / A = $k_1 t^{-1}$(k_1은 상수)이 성립한다. 또 c의 부분은 열적 평형에 근사한 상태로 일정의 파괴전력에 이르면 파괴된다고 생각되고 P / A = const 식이 성립한다. 다음으로 중간 부분은 Wunch와 Bell의 모델이 실험결과와 비교적 잘 맞기 때문에 이것에 대해 다이오드에 역 방향으로 전압을 인가해서 전압을 점차 증가시켜 눈사태(avalanche) 파괴가 일어나려는 상태를 고려하면 거의 전압이 접합부에 걸리고 벌크(bulk) 실리콘에서의 전압 강하는 수 퍼센트의 밖에 걸리지 않는다. 여기서 접합 중심부에 불균일한 부위에 열 펄스에 의해서 흐르는 전류는 1차원의 열전도방정식을 이용해서 근사적으로 다음과 같은 식으로 표현된다.

$$\frac{\partial}{\partial x}(k\frac{\partial T}{\partial x}) \cdot \rho \cdot C_p\frac{\partial T}{\partial t} = 0$$

$$\frac{P}{A} = \sqrt{\pi K\rho C_P}(T_m - T_i) \cdot t^{-112}$$

여기서 P / A: 인가전력밀도(W / ㎠), K: 열전도율(W / cmK), C_p: 비열(J / gK), ρ: 밀도(g / ㎤) T_m: 파괴온도(℃), T_i: 초기온도(℃), t: ESD 펄스폭이다. 이것을 변형하면 다음과 같은 식으로 된다.

$$\frac{P}{A} = K_1 r^1 + K_2 t^{-112} + K_3$$

여기서 t: 시간, K_1, K_2, K_3: Wunsch—Bell 비례상수이다.

제1항은 단열적인 파괴, 제3항은 열 평형상태에 의한 파괴, 제2항은 그 중간영역을 표시하고 있다. 이것을 정전기 파괴 실험결과의 해석에 응용하면 MM(machine model)과 HBM(human body model)에서 영역이 다르다.

정전기 방전에 의한 반도체 소자는 특성 열화(누설전류 증가, 내압의 열화, hFE 변동 및 개방, 단락 상태)를 가져오는데 이 열화현상을 일으키는 정전기의 발생원인으로 다음 3가지 모델이 가장 흔히 이용되고 있다. ① 인체 모델(HBM, Human Body Model)은 ESD 보호에 대한 기본적인 모델은 HBM으로 사람이 IC를 취급시할 때 발생되는 ESD를 나타내는 것이다. 이 모델은 손가락이 소자 핀에 닿을 때 인체에 형성된 정전용량(약 100pF)의 방전을 나타낸다. 초기에 인체에 축적된 전하가 1,000V 또는 그 이상이 되면, 그때 인체저항(약 1500Ω)에 의하여 제한된 스트레스 전류는 핀에 연결된 소자를 파괴하기에 충분하다. HBM—ESD는 칩의 보호회로의 ESD 성능의 적합성을 평가하는 데 가장 광범위하게 이용되는 방법이고, 표준화되어 있다. HBM 발생은 시장에서 2kV ~ 4 kV에서 발생되므로 이 범위의 보호수준이 필요하다. ② 기계적 모델(MM, Machine Model)은 사람의 취급 외의 기계와의 접촉 또한 ESD 유형의 스트레스이다. 여기서 인체저항은 관련되 있지 않기 때문에 그 스트레스는 상대적으로 더 높은 전류레벨로 가혹하다. HBM—ESD 시험방법과 비교하여 MM에 대한 특별한 정의는 없다. MM규격은 일본과 필립스 연구실에서 유래되었다. ③ 소자 대전 모델(CDM: Charge Device model)은 CDM—ESD는 패키징된 IC의 방전현상을 모델링하려고 만들어진 것으로, 소자에 정전기가 조립공정 중에 또는 적재 튜브 상에서 IC에 충전될 수 있다. CDM—ESD시험기는 전기적으로 시험대상 부품을 충전시키고 그것을 접지에 방전시켜서 고전류 단시간(≒5ns) 펄스를 시험대상 부품에 공급한다. MM—ESD와 마찬가지로 CDM—ESD 규격에 대한 산업적 논의는 없다. 잘 알려진 CDM—ESD 규격 중의 하나가 AT & T 마이크로 전자로부터 나온 것이 있다.

② 금원현상(graphization)

목재의 표면을 따라 전기 불꽃, 스파크(spark)가 발생하면 접촉부분은 탄화하며, 스파크에 접촉되는 횟수가 점점 증가함에 따라 미세한 탄소결정 집단, 그라파이트(grphite)를 형성한다. 그라파이트의 전기저항은 $10^{-3}\,\Omega\,\mathrm{cm}$ 정도로 니크롬선의 10배 정도이므로 부도체인 목재가 스파크에 의하여 도체로 변화된다. 이 탄화된 목재가 전압이 인가되고 있는 전극판 사이에 위치하면 도체화된 부분을 통과하는 전류에 의해 주울 열이 발생하여 인접한 부분의 목재를 가열하고, 가열된 인접 부분은 새로이 그라파이트가 되어 전류가 흐를 수 있게 된다. 이 과정이 차례로 이어져 결국에 넓은 부분의 목재가 발열하여 발화하게 되며, 이 현상을 금원현상이라고 한다. 금원현상은 최초로 목재의 누전화재에서 발견한 것으로 그의 이름을 따서 부르고 있다. 이 현상은 전선피복 재료 등의 유기 절연체에도 같은 현상이 발생하는 것으로 알려짐으로서 전자기기의 설계, 특히 전원계 등의 설계 시 유의할 필요가 있다.

③ 트래킹(tracking)

절연물 표면이 염분, 분진, 수분, 화학약품 분위기 등에 의해 오염·손상을 입은 상태에서 전압이 인가되면 연면 전류가 흘러서 미세한 발광, 다시 말해 섬광(scintillation)을 일으키고 표면에 탄화도전경로, 즉 트래킹이 형성되며, 이 현상을 트래킹(tracking)이라 한다. 트래킹 현상은 표면 현상으로, 탄화 도전 경로를 형성한다. 금원현상은 반드시 표면 현상은 아니며, 아크(arc) 방전 등에 의해 산소부족의 상태에서 고온의 열을 받으면 도전성 탄소(graphite)가 생겨, 이것이 차례차례로 유기 고분자 재료를 그라파이트화 하는 것이다. 따라서 트래킹 현상과 금원현상의 차이점은 발생 부위의 깊이에 있고 표면의 경우 트래킹 현상, 배부의 경우가 금원현상으로 구별되고 있다. 그러나 일반적으로 트래킹 현상은 금원현상의 초기 단계로 생각되는 경우가 많다.

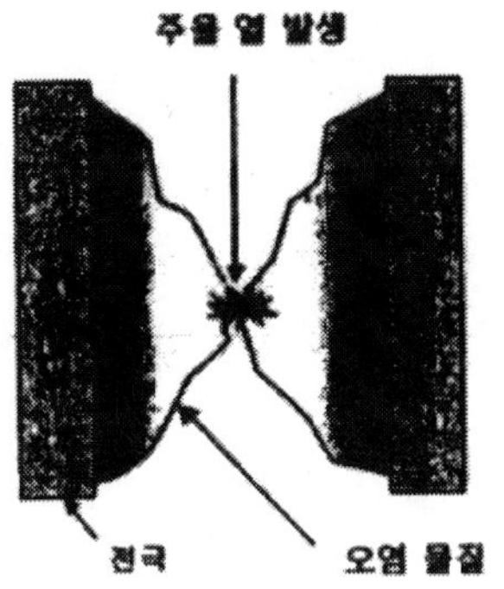

트래킹 현상

④ **기체 방전(electrical discharge in gas)**

대기는 통상의 조건에서는 전기적으로 절연체라고 생각해도 좋다. 그러나 어느 조건하에서는 기체도 도전성을 갖게 된다. 기체가 도전성을 갖는 상태로 될 때 발생하는 현상이 글로우 방전(glow discharge)이나 아크 방전(arc discharge)이라 부르는 기체방전이다. 평행평판 전극에 전압을 인가하면 기체 중에 흐르는 전류는 다음과 같은 특성을 나타낸다.

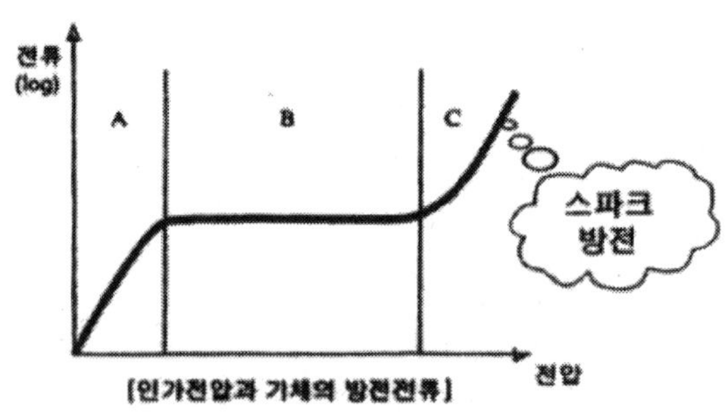

인가전압과 기체의 방전전류

① A 영역에서는 전압과 전류가 거의 비례한다. ② B 영역에서는 전압에 의하지 않고 전류 값은 거의 일정하다. ③ C 영역에서는 전압 증가에 따라 지수 함수적으로 전류 값이 증가하며, C 영역 이상으로 전압을 올리면 불꽃방전이 개시된다. 이

특성의 이유는 다음과 같이 생각된다. 기체는 통상의 조건하에서도 우주선이나 지상에 존재하는 극히 작은 방사선에 의해서 일부의 분자는 전리된다. A의 영역에서는 기체 중의 이온밀도에 비교해서 전류로서 전극에 도달하는 이온이 적기 때문에 거의 전압에 비례한 특성(저항이 캐리어 밀도에 비례하고 있다)으로 된다. B영역에서는 전극에 도달하는 이온이 많고 그 이온이 외부에서 공급(전극 간 외부에서 이온의 확산)과 맞지 않기 때문에 전압을 증가시켜도 전류는 증가하지 않는다. 다시 말해서 외부에서의 이온 공급이 율속으로 되어 있기 때문이다. C의 영역에서는 전압이 높기 때문에 전자가 전계로 가속되는 과정에 있어서 기체를 전리할 확률이 증가한다. 즉 전자의 충돌전리작용이 일어나기 때문에 전류의 증가가 현저하게 된다. 이러한 현상을 절연파괴(breakdown)이라고도 한다. 이때의 전압을 절연파괴 전압이라고 한다.

스위치나 커넥터, 인쇄회로 기판에서 불꽃방전이 발생하여 고장으로 되는 것은 흔히 볼 수 있다. 이 불꽃 발생을 설명하는 법칙으로 파셴(Paschen)의 법칙이 있다. 불꽃전압 V_s는 다음 식으로 나타낸다.

$$V_s = B \frac{p \cdot d}{\ln\left[\dfrac{A \cdot p \cdot d}{\ln\left[1 + \dfrac{1}{2}\right]}\right]} = B \frac{p \cdot d}{C + \ln(p \cdot d)}$$

여기서 A, B, C는 정수, p는 기체의 압력, d는 갭의 길이, γ는 음극에 충돌한 (+) 이온에 의해 발생한 전자의 수이다. 여기서 p·d와 불꽃전압의 관계는 다음과 같은 그림과 같이 최소전압 V_{amin}을 갖는다.

$$V_{smin} = 2.718 \frac{B}{A} \in \left[1 + \frac{1}{2}\right]$$

스위치 등의 가동 중에 방전이 일어나는 것을 생각하면 어느 거리 이하로 가까워질 때에 방전이 가장 일어나기 쉽게 되는 것을 의미한다.

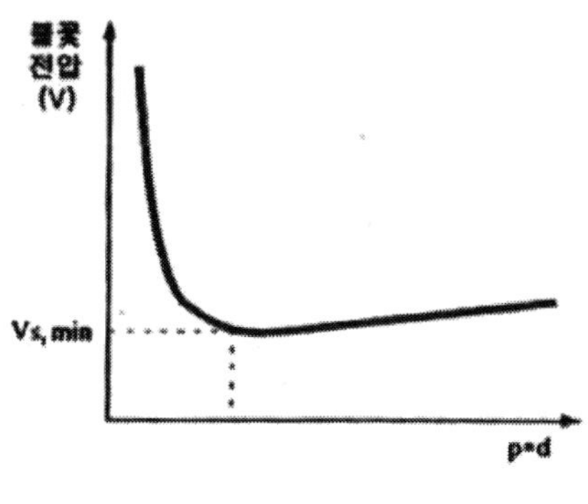

파센(Paschen)의 법칙

⑤ 2차 항복(secondary breakdown)

전력용 트랜지스터(power transisor)의 스위칭 동작 시 정격전압, 정격전류 및 허용 손실 내에 있는데도 순간적으로 콜렉터-에미터(CE) 사이가 단락되어 회복되지 않는 고장이 일어나는 경우가 있다. 이 현상을 2차 항복에 의한 파괴라고 말한다. 2차 항복에는 활성영역(베이스가 순 바이어스)에서 사용될 때 보여지는 순 바이어스 2차 항복(forward secondary breakdown)과 트랜지스터가 turn off 할 때, 나타나는 역 바이어스 2차 항복(reverse secondary breakdown)이 있다. 이 파괴 항복치는 데이터북 (databook)에서 순 SOA(안전동작영역, safe operating area) 곡선 및 역 SOA 곡선으로서 보증되고 있다. 일반적으로 트랜지스터를 유도부하에서 스위칭 동작시킨 경우에는 그림에서와 같이 차단영역 A와 포화영역 B 사이를 턴 온(turn on) 시에는 A →B, 또 턴 오프 시에는 B→A로 각각의 동작 궤도를 그리며 능동영역을 이동한다. 여기서 안전동작을 하고 있는지의 여부는 턴 온 시, 턴 오프 시의 동작 궤적이 각각 순 바이어스 안전동작영역, 역 바이어스 안전동작영역으로 규정된 영역 내에 있는지를 확인하여 적당히 부하경감(derating)함으로써 판단이 가능하다. 순 바이어스 2차 항복 시의 고장현상은 베이스(base) 전류는 베이스 전극에서 에미터(emit ter) 방향으로 흘러 들어간다. 이때 에미터 주변부에 전류 집중이 생기는 효과가 일어난다. 전류집중이 발생하면 국부적인 온도상승이 시작되어 해당 장소는 정귀환 작용에 의해 저항이 저하되며 또한 전류가 흘러 들어가 실리콘 자체의 용융이 일어나 hot spot, 파괴가 된다. 역 바이어스 2차 항복 시의 고장 현상은 트랜지스터를 유도

부하로 고속동작 시킬 때에 역 바이어스 2차 항복이 일어난다. 턴 오프 시에 순 바이어스 상태로 남게 되기 때문에 중앙 부분에만 전류 유로가 남게 되는 효과가 발생한다. 이 남아 있는 유로에 전류가 집중되므로 파괴에 이른다. 순 바이어스 2차 항복 내량은 접합온도를 올리면 낮아지는 데 반하여 역 바이어스 2차 항복은 반대로 향상시킨다. 이것은 역 바이어스 2차 항복 현상이 열적 불안정에 의해 발생하지 않고 전기적 불안정(불균일)에 의해 발생함을 나타내고 있다.

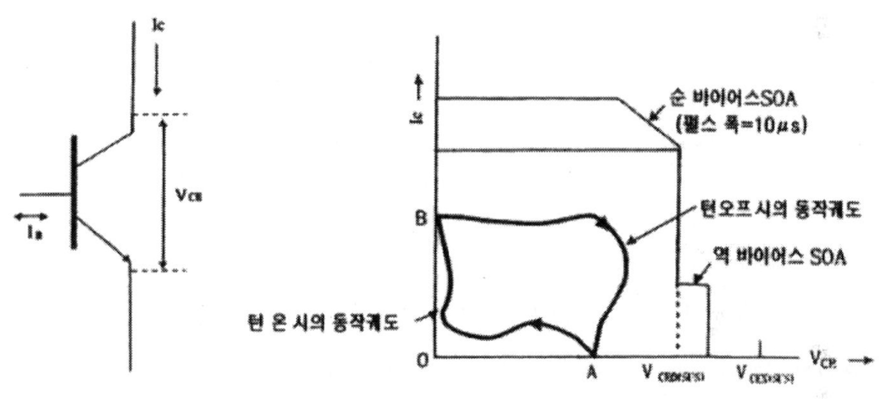

스위칭 동작 시의 안전동작 영역

⑥ PN 접합파괴(PN junction breakdown)

반도체 디바이스(device)의 기본 구조는 PN 접합이라 불리는 소자이다. 이것은 P형 반도체와 N형 반도체를 접촉시킨 구조를 갖고, 정류작용(회로적으로 다이오드가 된다)을 갖는다. 그림은 PN 접합에 순 바이어스 및 역 바이어스를 인가할 때의 상태를 나타낸다.

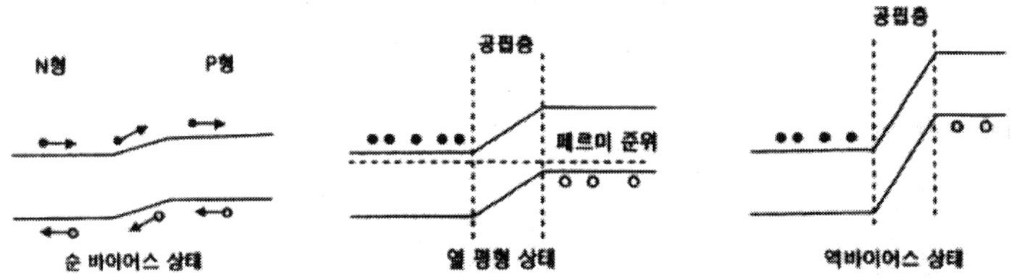

각 바이어스 인가상태에 대한 PN접합의 밴드

    P형 영역과 N형 영역 사이에는 공핍층(depletion region)이라고 부르는 캐리어가 존재하지 않는 층이 형성된다. 이 공핍층은 계단 접합 근사적으로는 외부인가 전압의 0.5승에 비례한다. 그 때문에 전압을 인가함으로써 공핍층이 넓어지기 때문에 칩 커패시터 등으로 대표되는 유전체 막에 비해서 surge 전압에는 비교적으로 강하다. 그러나 다른 한편으로 유전체와는 달리 밴드 갭이 좁기 때문에 소수 캐리어(P형 반도체에 대해서는 전자, N형 반도체에 대해서는 정공)가 존재한다. 전계 강도가 높게 되면 그림과 같이 전자가 공핍층 내에서 전자-정공 쌍을 발생시키고 발생한 전자가 다시 전계로 가속되어 눈사태 항복이 일어난다. 또한 계속해서 전류를 정류시키면 온도가 상승하고 반도체의 저항이 내려가고 전류가 집중되는 정귀환이 걸리기 때문에 접합이 용융에 이른다.

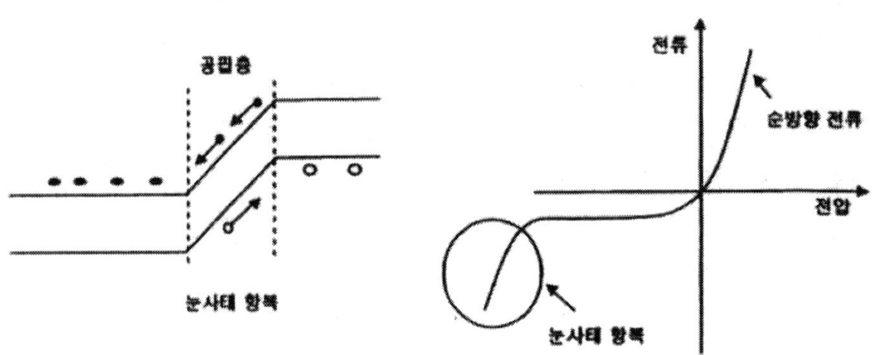

PN 접합과 파괴

일반적으로 PN 접합의 정류전압 특성에는 아래 식에 나타난 것과 같이 온도특성을 갖고 있고 실제의 IC 칩의 온도를 측정하는 데 사용되고 있다.

$$I = I_S(\exp(\frac{qV}{K_S Ts}) - 1)$$

여기서 V는 전압, q는 전자의 전하, k_B는 볼츠만 정수, T는 절대온도, I_s는 정수이다.

⑦ 배선막 파괴(metallization fracture)

알루미늄(Al)의 정전기 파괴는 방전에 의한 것인지, 통전 전류에 의한 것인지, 접합 온도의 영향을 받은 것인지의 차이는 있어도 결국 열적 원인으로 Al 선이 녹아서 개방되기도 하고 또는 녹은 Al로 인해서 단락되기도 한다. 통전 전류에 의한 용단에 대해서는 전력에 따라 인가 펄스폭을 변화시켜 곡선을 그리면 접합 파괴와 유사 관계를 얻을 수 있다. 정전기 파괴에 대한 펄스폭은 열의 전도 형태와 밀도에 관계하기 때문에 펄스폭에 의해서 배선막 부분에서의 파괴 위치가 다르다. Al 배선 용단은 과전류에 의한 주울 열 발생에 의한 것으로 대략 10^7A / ㎠ 이상에서 발생한다. 일반적으로 Al 배선 용단은 전압보다는 전류가 주된 인자여서 전류에 의한 파괴로 생각해도 좋다.

9. 산화막 파괴(oxide breakdown)

산화막 파괴는 전압에 의한 산화막의 절연파괴로 전형적인 전압 파괴이다. 이것은 보통 10^7V / cm 이상의 전계 강도에서 발생하는 반면 실리콘의 표면 산화막의 내압은 대략 10^7V / cm 이하이다. 통상의 보호막(field oxide)은 10^{-1} Å(1㎛) 정도이지만 MOS IC의 게이트 산화막과 같이 얇은 것[1000(0.1)~1200 Å(0.12㎛)]에서는 100V 이하에서 절연파괴를 일으킨다. 게이트 산화막 이외에도 MOS 커패시터에서는 산화막의 파괴가 발견된다. 실리콘 산화막(SiO_2)에는 단일 홀형 파괴(single hole breakdown), 전파형 파괴(propagation breakdown), 자기회복형 파괴(self-healing breakdown)의 3가지 형태가 있다.

10. 전기적 과부하(EOS)

전기적 과부하(EOS, electrical overstress) 시험은 IC가 수명주기에 받을 수 있는 스트레스 발생의 전기적 특성의 광범위한 분포 범위 때문에 아주 복잡하다. 정량적 또는 정성적인 EOS 표준이나 설계 목표도 없어서 설계자의 주의가 EOS 문제를 제한 및 지연시킨다. 일정한 전원 펄스는 주로 EOS 시험을 위해 사용된다. 이러한 EOS 스트레스는 일관되게 발생시키기 쉽고 단순한 분석을 하기 쉽다. 열적으로 유기된 고장에 대해서 임의의 스트레스 파형에 대한 고장 발단은 원칙적으로 펄스-스트레스 조건하에서 유도된 고장으로부터 얻을 수 있고 고장시간(time-to-failure) 대 고장 전력(power to failure)의 관계의 견지에서 알 수 있다. 이것은 Duhamel 공식으로 알려진 파형 변환 기술(waveform conversion technique)에 근거를 두고 있다. 이 공식은 시간 의존성 열 확산 방정식을 풀고 임계 고장 온도를 확정함으로써 유도될 수 있다. 이런 이유로 스퀘어 펄스(square pulse) 시험이 대부분의 EOS 관련 발표된 논문에 사용되어 왔다. 또한 100ns~200ns을 유지하는 일정한 전류 펄스는 EOS 관련 파라미터를 도출하기 위한 소자 특성에 이용되고 있다. 고 전력 펄스 발생기는 1μs보다 길게 지속하는 스트레스를 위한 EOS 스트레스 소스로서 사용할 수 있다.

11. (기계적) 유전체 파괴(mechanical dielectric breakdown)

전극에 인가된 전압에 의해 전극 간에 쿨롱 인력이 발생하여 유전체에 기계적 압력을 가하게 된다. 이 기계적 압력 또는 반복적인 힘에 의하여 유전체 재료가 기계적으로 파괴되는 메커니즘을 유전체 파괴라 한다. 실제는 전극에 돌기가 존재하면 그림과 같이 균열 진전이 발생하고 결국 절연 내압도 감소한다.

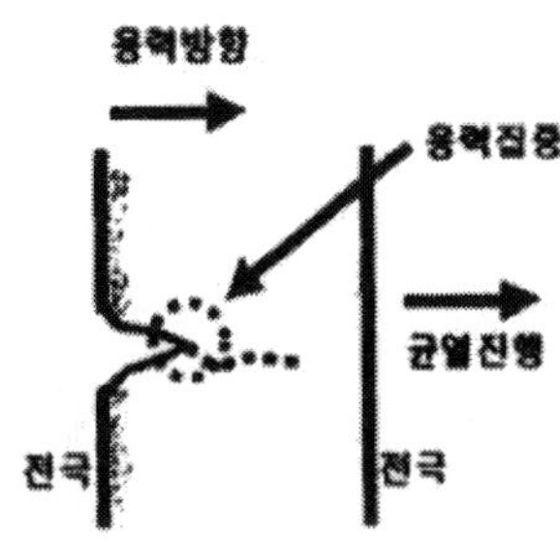

전기기계적 유전체 파괴

12. 래치업(latch-up)

    CMOS IC는 저소비전력, 광범위한 동작전원, 동작온도 및 큰 잡음여유도 등 많은 이점을 갖고 있기 때문에 산업용, 디지털 기기에 광범위하게 사용되고 있다. 또한 CMOS는 미세화 기술을 구사한 집적도가 높은 대용량 메모리나 게이트 어레이 등에도 널리 사용되며, CMOS의 장점을 살린 고성능 LSI가 만들어지고 있다. 그러나 CMOS IC는 구조적으로 IC 내부에 바이폴라형 기생 트랜지스터 회로가 구성되어 thyristor와 같은 구성이 되기 때문에, 외부에서 들어오는 서지 등으로 트리거되면 이 사이리스터가 turn-on되어 과다한 전류가 계속 흐르는 래치업 현상이 발생한다. 미세화 구조를 갖는 최근의 IC는 기생소자의 영향을 받기 쉽게 되어 래치업 현상은 CMOS IC를 설계할 때 고려하지 않으면 안 될 중요한 항목의 하나가 되었다.

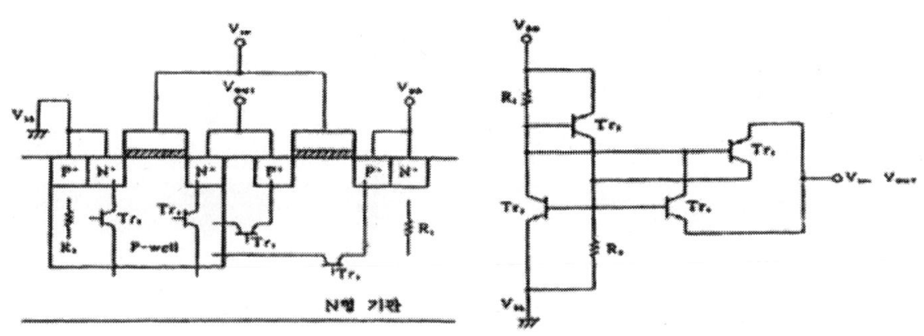

CMOS 구조 및 등가회로

그림에 나타난 CMOS 구조에 Tr_1부터 Tr_4의 기생 트랜지스터가 존재하여 우측 그림과 같은 회로를 형성한다. Tr_2와 Tr_3는 PNPN의 사이리스터를 형성하여 Tr_2와 Tr_3의 h_{FE} 곱이 1 이상일 때 Tr_2와 Tr_3의 어느 한쪽 베이스가 트리거 되면 래치업이 일어난다. 예를 들어 출력단자에 외부로부터 정(+) 서지가 트리거 되면 다음과 같이 래치업이 발생한다. ① Tr_1 베이스 에미터 사이가 순 바이어스 되어 R_1을 통해 V_{DD}에 전류가 흐른다. ② Tr_1이 On 상태가 되어 Tr_1의 컬렉터 전류가 R_2를 통해 V_{SS}에 흐른다. ③ R_2에 의해 전압강하가 일어나 Tr_2의 베이스에 바이어스가 걸리면 Tr_2가 On 상태가 된다. ④ Tr_2의 컬렉터 전류는 Tr_3의 베이스 전위를 떨어뜨리기 때문에 Tr_3는 On 상태가 된다. ⑤ Tr_2, Tr_3에 의해 사이리스터 현상이 생긴다. 즉 래치업이 발생한다. 동작상태에 있는 CMOS 회로에 외부로부터 어떤 원인으로 교란이 가해지면 기생 바이폴라트랜지스터의 컬렉터 전류가 증가한다. 이에 따라 전류 증폭률도 증가하기 때문에 래치업 발생조건을 만족하게 된다. 여기서 래치업을 트리거하는 교란에는 다음과 같은 것이 있다. ① LSI 입출력 단자에 외부 노이즈나 서지가 인가된 경우, ② 전원전압이 급격히 변화해 변위 전류가 흐르게 된 경우, ③ α선 등의 방사선이 조사되어 기판, 우물(well) 등에 이상전류가 흐르는 경우, ④ 그림의 J_2(P-우물, n형 기판)가 과다한 역 바이어스에 의해서 파괴된 경우, 래치업 발생원인들 중에 실사용 중에는 ①이 일어나기 쉬운 원인이다.

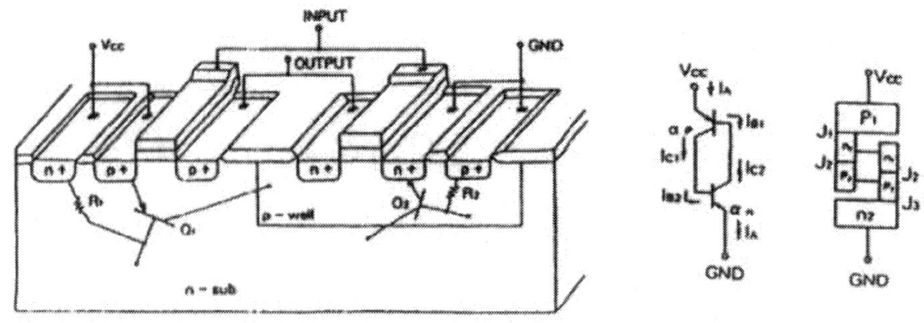

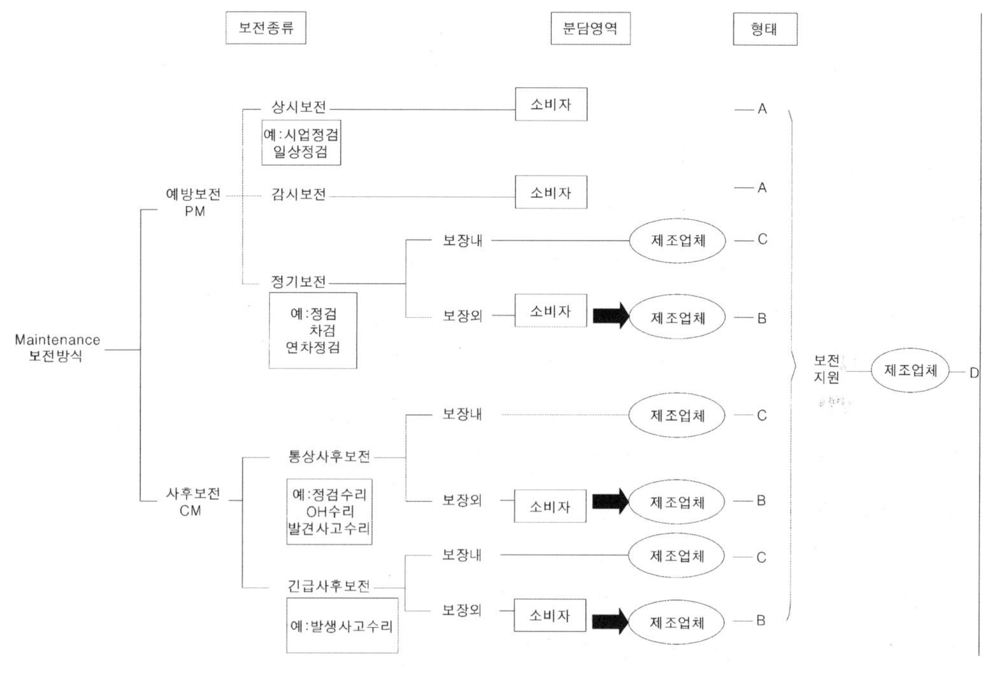

보전의 분담

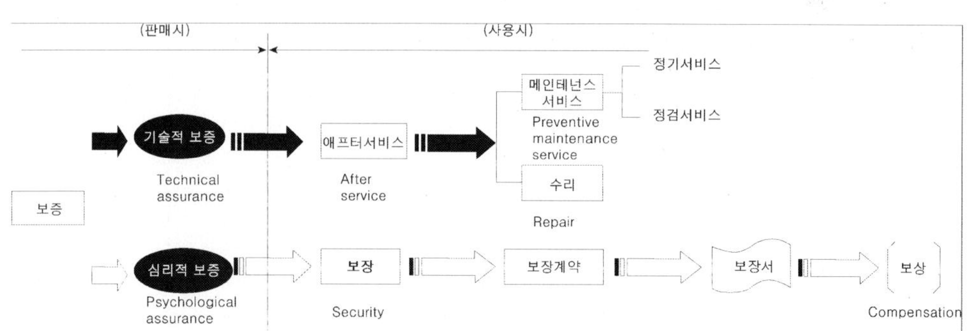

● 판매, 보증과 애프터서비스

4. 기계부품별 고장메커니즘에 대한 분포사례

부품	고장모드 / 메커니즘	분포사례
Gear Box (Summary)	Binding / Sticking	60.0%
	Leaking	13.3%
	Loss of Lubrication	13.3%
	Seal Failure	6.7%
	Worn	6.7%
Valve, Hydraulic (Summary)	Leaking	66.3%
	Stuck Closed	11.3%
	Stuck Open	10.2%
	Out of Specification	4.7%
	Cracked / Fractured	4.4%
	No Operation	3.0%
Valve, Oil	Leaking	28.6%
	False Operation	14.3%
	Seal / Gasket Failure	14.3%
	Induced	28.6%
	Unknown	14.3%
Clutch, Mechanical	Binding	27.8%
	Binding / Sticking	27.8%
	Slip	22.2%
	Slipping	22.2%
Pump	Leaking	35.3%
	Worn	21.3%
	Out of Adjustment	16.8%
	No Operation	3.4%
	Shorted	0.5%
	Leakage	0.3%
	Seal / Gasket Failure	0.4%
	Unknown	20.6%
	Induced	0.1%
	Other	1.4%
Motor	Broken Wire	14.3%
	Electrical Overstress	14.3%
	Transistor Failure	14.3%
	Unknown	57.1%
	Other	0.0%

부품	고장모드 / 메커니즘	분포사례
Motor Generator Set	Mechanical Failure	36.4%
	Electrical Failure	27.3%
	Unknown	36.4%
Clutch	No Movement	35.7%
	Worn	28.6%
	Out of Adjustment	14.3%
	Degraded Operation	7.1%
	Displaced	7.1%
	Jammed / Stuck	7.1%
	Other	0.1%
Clutch Assembly	Noisy	75.0%
	Broken	25.0%

5. 전자부품별 고장메커니즘에 대한 분포사례

부품	고장모드 / 메커니즘	분포사례
Resistor, Film	Open	59.0%
	Parameter Change	36.0%
	Short	5.0%
Resistor, Variable	Open	53.0%
	Erratic Output	40.0%
	Short	7.0%
Transformer	Open	42.0%
	Short	42.0%
	Parameter Change	16.0%
Transducer	Out of Tolerance	68.0%
	False Response	15.0%
	Open	12.0%
	Short	5%

부품	고장모드 / 메커니즘	분포사례
Seal	Cut / Scarred / Punctured	40.1%
	Aged / Deteriorated	23.2%
	Leaking	5.3%
	Cracked / Fractured	4.2%
	Worn	2.8%
	Loose	1.4%
	Induced	10.6%
	Unknown	7.6%
	Other	4.8%
Seal O – Ring	Aged / Deteriorated	16.1%
	Leakage	10.7%
	Liquid Leakage	10.7%
	Worn	8.9%
	Broken	7.1%
	Workmanship	39.3%
	Induced	1.8%
	Unknown	1.8%
	Other	3.6%
Seal	Leakage	72.0%
Microcircuit, Memory, MOS	Data Bit Loss	34.0%
	Short	26.0%
	Open	23.0%
	Slow Transfer of Data	17.0%
Microcircuit, Memory, Bipolar	Slow Transfer of Data	79.0%
	Data Bit Loss	21.0%
Microwave Oscillator	No Output	80.0%
	Untuned Frequency	10.0%
	Reduced Power	10.0%
Microwave VCO	No Output	80.0%
	Untuned Frequency	15.0%
	Reduced Power	5.0%
Power Supply	No Output	52.0%
	Incorrect Output	48.0%
Capacitor, Aluminum, Electrolytic	Short	53.0%
	Open	35.0%
	Electrolyte Leak	10.0%
	Decrease in Capacitance	2%

부품	고장모드 / 메커니즘	분포사례
Capacitor, Ceramic	Short	49.0%
	Change in Value	29.0%
	Open	22.0%
Capacitor, Tantalum	Short	57.0%
	Open	32.0%
	Change in Value	11.0%
Diode, General	Short	49.0%
	Open	36.0%
	Parameter Change	15.0%

6. 자동차소음

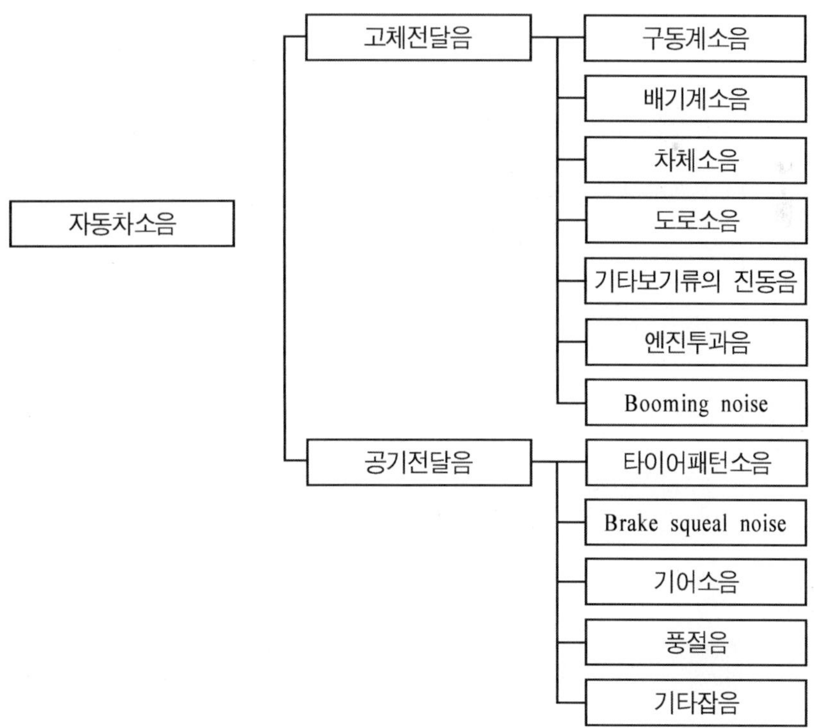

자동차소음의 분류

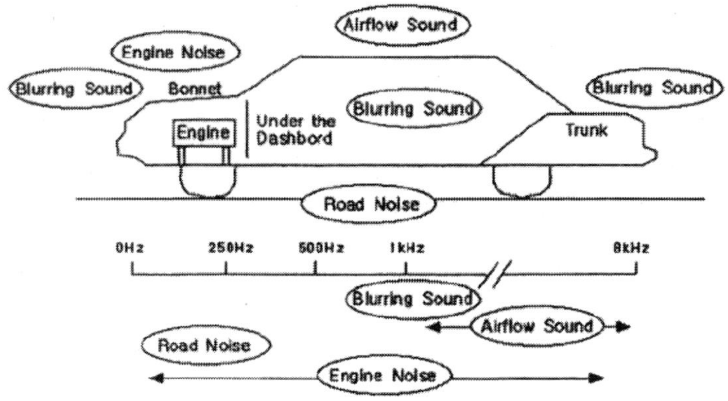

자동차의 소음 원인별 주파수영역

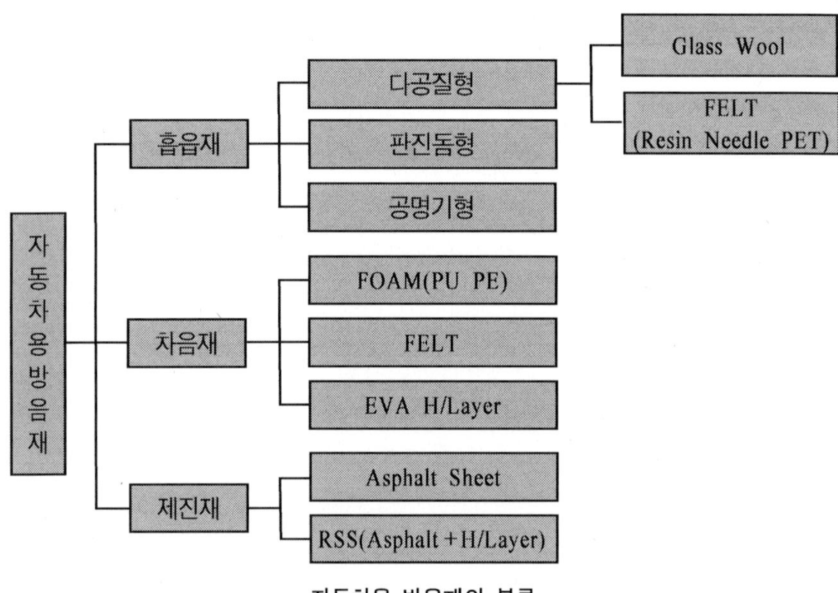

자동차용 방음재의 분류

소음저감재료의 사용부위

사용부위	소음의 종류	소음저감 방법	재료의 종류
Bonnet	엔진소음	소리흡수	PU Foam, Glass wool
Under Dashboard	엔진소음	소리 격리 소리 흡수 진동의 감폭	PVC, Olefin resin PU Foam, Resin felt
Floor	Road 소음	소리 격리 진동의 감폭	Asphalt compound, PET 섬유 PU Foam, Resin felt
Roof	공기흐름소리	진동의 감폭 소리 흡수	PU Foam Honeycomb compound
Trunk	Blurring 소리	소리 격리 진동의 감폭	Resin felt PU Foam

7. 자동차 커넥터

① 조인트커넥터의 복합환경의 시험방법

복합환경시험은 자동차용 Connector가 실제 주위온도와 습도, 진동 및 통전 전류를 고려하여 시험조건이 발생한다. 열화판정은 전원을 접속한 샘플의 전압강하에서 리드선의 저항분을 제외한 수치를 계측한다. 종래 사용되고 있는 접속단자를 기준하여 커넥터의 복합환경시험을 한다. 복합환경시험을 하기 전에 유한요소법에 의한 열응력의 계산결과와 선형누적손상법칙을 이용하여 커넥터의 수명예측을 한다.

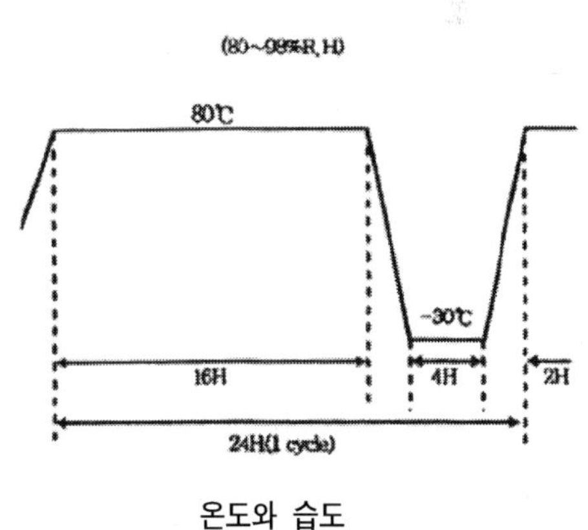

온도와 습도

① 진동은 주파수 11.7~200㎐, 복귀 201분 / cycle, 가속도 21.6m / sec^2, ② 통전은 연속 50㎃, ③ 측정은 전압강하.

② 소형 방수 커넥터의 복합환경시험

통전온도 상승시험방법은 하우징 단가를 전극에 장착하여 모든 단자에 직렬통전할 때의 포화온도 상승치를 나타낸다. 커넥터를 사용상태에 고정하여 간결통전을 하면서 온도, 습도 및 진동의 부하를 가하여 가속 열화시험을 한다. ① 시험시간은 300hr, ② 통전 cycle은 45분 전류 / 15분 정지, ③ 통전전류량은 11.25A(0.85㎟), ④ 진동은 주파수 11.7~200㎐, 복귀 20min / cycle, 가속도 2.2G.

8. 내구수명시험

실제 차량 환경 조건에서의 내구수명시험으로 시험조건 사례로서 온도는 −40℃~+130℃, 습도는 max 80℃, 95%RH, 진동은 Rnadom 진동 4.3Grms로 한다.

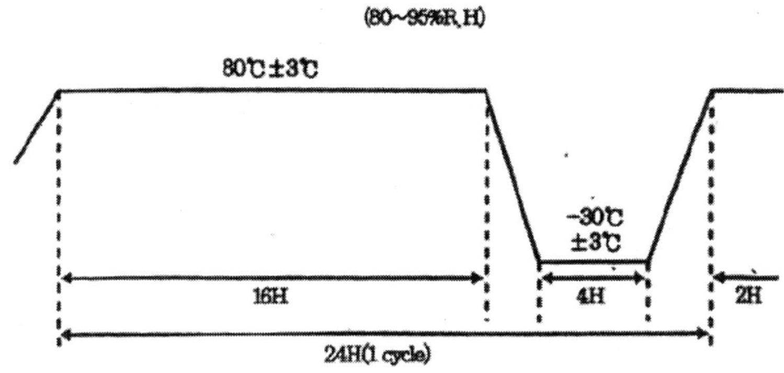

9. hybrid IC 통신용 PCB의 신뢰성 시험

Hybrid IC가 장착된 통신용 PCB의 온습도 Cycle을 하여, Condensor, 저항, 전자부품 등의 pattern의 복합환경 시험을 한다. 특히 전기적 특성을 check해야 한다.

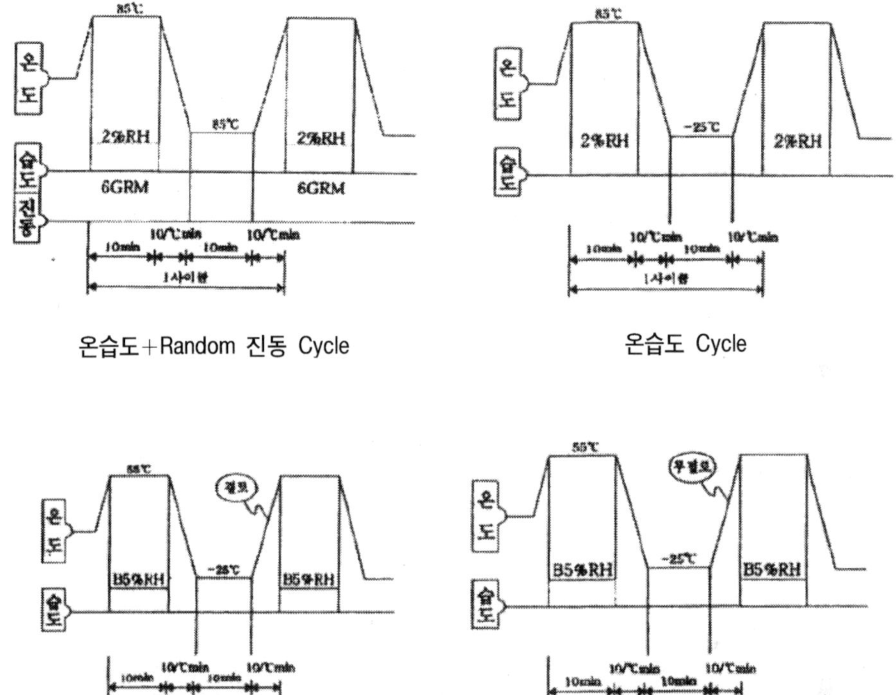

온습도+Random 진동 Cycle 온습도 Cycle

고습-온습도 Cycle 저습-온습도 Cycle

열분석 기술

열분석 기법	기기명	약어	측정되는 특성
Differential Thermal Analysis	시차열 분석기	DTA	온도차(Temperature diffrenece)
Differential Scanning Calorimetry	시차주사열계	DSC	열유속(Heat flux)
Thermogravimetric Analysis	열중량 분석기	TGA	질량변화(Mass change)
Thermomechanical Analysis	열기계 분석기	TMA	크기변형(Deformation)
Dynamic Mechanical Analysis	동작기계분석기	DMA	점탄성 변화(Modulus)

기타: Temperature Modulated DSC(TMDSC; 온도변조시차주사열량계), High pressure DSC (HPDSC; 고압 DSC). Photo DSC(UV-DSC; 자외선 조사 DSC), Maximum resolution TGA 또는 High resolution TGA(MaxRes TGA 또는 HighRes TGA: 고분해능 TGA), Reactor TGA, Dynamic Load TMA(DLTMA), EGA(Evolved Gas Analysis 또는 Coupling techniques; TGA-MS / TGA-FTIR)

접속 · 결합의 고장원인

접속 · 결합	고장원인
금속용융에 의한 전기접속	Soldering · Bonding · 용접
접융압에 의한 전기접속	스위치접속 · 커넥터 · 고정 · 전지단자 등
와이어리스 접속	전파 · 빛 · 음파
접촉압에 의한 운동전달	고무벨트 · 조작레버 · 릴 등
기계적 고정결합	압축고정 · 나사 조임 · 용접 · 접착제
그 외 가스나 물의샘 방지	씨일, 접합부분

10. 차량 장착용 Audio 기기의 복합평가시험

설치환경에서의 기능특성시험으로 온도, 습도, 진동으로 시험조건 사례로서 온도는 -40℃~+115℃, 습도는 max 60℃, 95% RH, 진동은 3방향 실제파형 동시재현 0.5~250㎐, 1.5G~15G, 시간은 30cycle으로 하는 기능시험은 소리끊김과 모드전환 시에 안전성, 회전기능부터의 안전성, 전기적 특성, 오작동 등을 check한다.

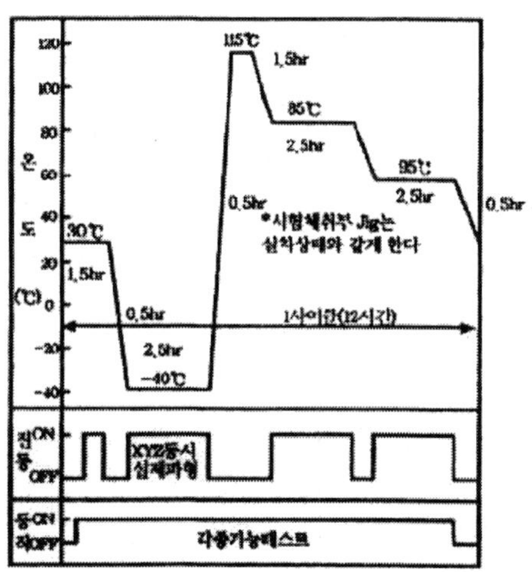

o Wiring Harness 경시적 특성 평가: 예상 열화 현상

대상	열화현상	평가방법
커넥터	접촉저항 증가	열충격시험, 열사이클 시험, 전도 저항측정, X -Ray CT, SEM -EDS, 광학현미경
	단락	
	단선	
압착단자부	접촉저항증가	열충격시험, 열사이클 시험, 전도저항측정, X -Ray CT, SEM -EDS, 광학현미경
	단선	
케이블	절연성 저하	열충격시험, 열사이클 시험 전도 저항측정, X -Ray CT, SEM -EDS, 광학현미경
	단락	
	단선	

○ Wiring Harness 각 부위의 신뢰성 평가항목

	평가항목	평가방법
▶ 커넥터	사양, 밀폐구조, 접속방법, 고정방법, 도금, 표면부식, 접촉면적, 접촉압력, 단자 재질 및 물성 하우징 재질 및 물성 접촉저항, 누전, 단락, 단선	X -Ray CT, SEM -EDS Hi -Scope, 광학현미경 미소저항측정기 Microhardness FT -IR, TGA
▶ 케이블	절연체 외부 Greep 발생여부 절연체물성(내열성, 저온성) 도전율, 절연저항, 단락, 단선	X -Ray CT, Hi -Scope, 광학현미경 미소저항측정기 Microhardness FT -IR, TGA
▶ 압착단자	내부 압착상태, 저항	X -Ray CT 광학현미경 미소저항측정기

○ Wiring Harness 잠재 열화현상

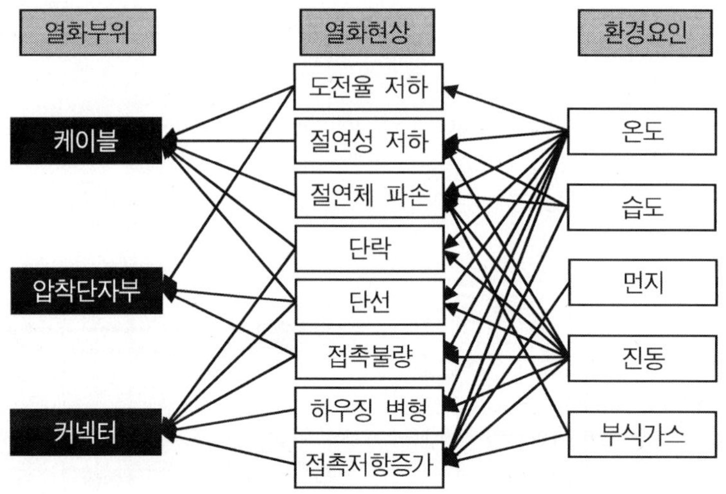

○ 작동환경

사용처	최저온도 (℃)	최고온도 (℃)	사용 연수
Consumer	0	+80	10
Comonters	+15	+60	5
Telecom	−40	+85	7〜20
Commerolai Air Graft	−55	+95	20
Automotive	−55	+95	10
Military Crouo	−55	+95	5
Sbaceshio	−40	+85	5〜20
Military Azionics	−55	+95	10

Advantage and disadvantage of high temperature preheat profile

High temperature and long time preheat profile makes the PCB temperature uniformly.

The uniform temperature can lower the maximum temperature of reflow process.

On the other hand, exposing the solder paste in high temperature condition for long time causes a wetting defect due to the evaporation of active ingredients, oxidation of solder powder and others.

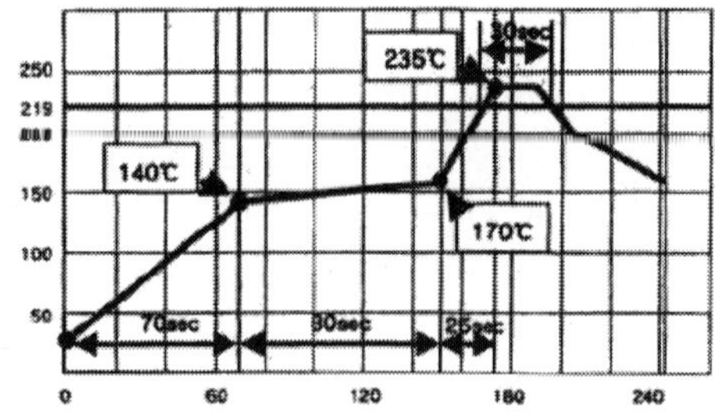

Reflow profile for normal preheat condition

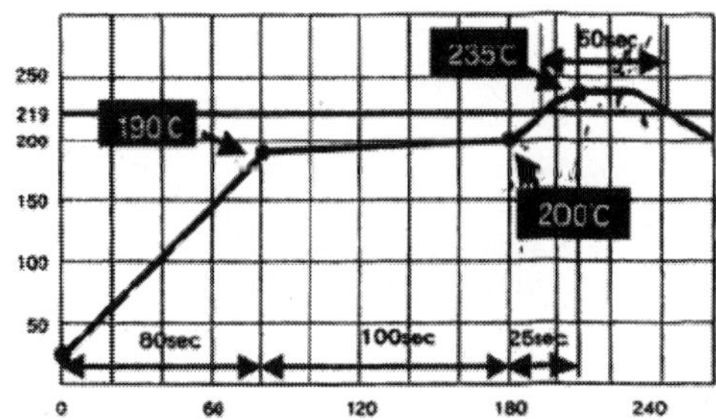

Reflow profile for higher temp. preheat condition

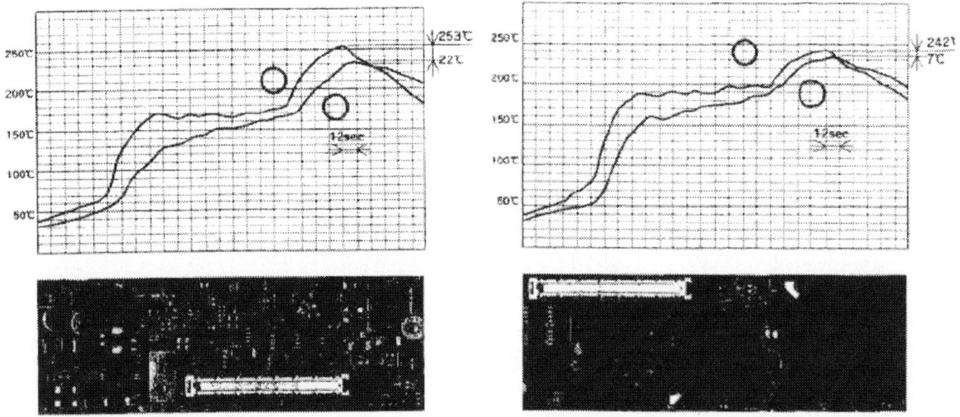

Result(Final temp. of pre—heat zone＝170℃)　　　Result(Final temp. of pre—heat zone＝200℃)

Items	Representative Values	Test Methods, Remarks
Metal Number	PS31BR −600A −PWS1	
Metal Type	Sn −3.0Ag −0.5Cu	
Liquidus Temp.	219℃	
Solidus Temp.	216℃	DSC Method
Density	7.4	
Intensity	3.6 kgf / ㎟	
Elongation	38%	
Viscosity	170 Pa · s	Malcome Viscometer PCU −2 Type
Thixo Tropic Index	0.65	
Flux Content	11.0%	JIS Z 3197
Halogen Content	0.50%	JIS Z 3197
Corrosiveness (Copper Board)	Accepted	JIS Z 3197
Migration Test	$1\times10^8 \Omega$ · cm or more	JIS Z 3197
Powder Size	20〜38 ㎛	

Recommend Profile

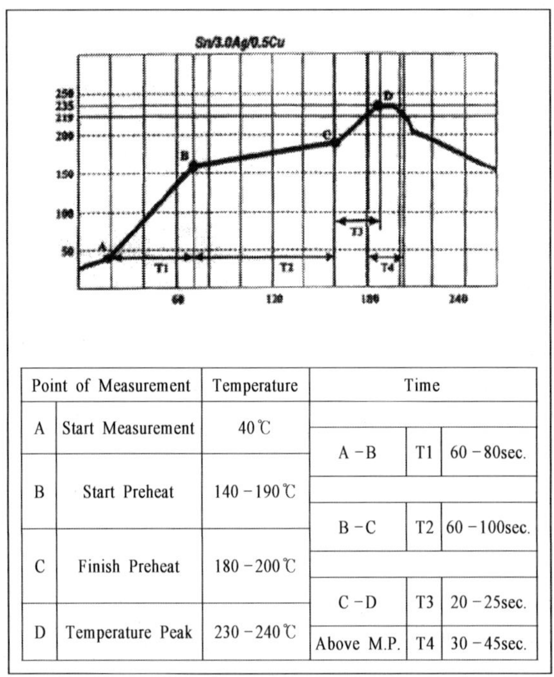

Point of Measurement		Temperature	Time		
A	Start Measurement	40℃			
			A – B	T1	60 – 80sec.
B	Start Preheat	140 – 190℃			
			B – C	T2	60 – 100sec.
C	Finish Preheat	180 – 200℃			
			C – D	T3	20 – 25sec.
D	Temperature Peak	230 – 240℃	Above M.P.	T4	30 – 45sec.

Notice for profile setting

1. To prevent the solder balls and voids in solder, desirable ramp up time to the start temperature of the preheat is around 70 seconds.

2. Preheat condition(B ~C) shall be 160~190℃ and 80 seconds in order to vaporize the flux solvent and also prevent the re—oxidization of solder particles.

3. Recommend conditions of solder melting are as follows:

    Peak temperature: 235℃

    Time above 219℃(M.P. of the solder)

    : around 25sec

However, if the heat sensitive parts are mounted, pay attention not to exceed the durable temperature of the parts. Even in such case, peak temperature should be 230℃ minimum and time above 219℃ should be 25 seconds minimum.

6-1. 신뢰성 분류 및 신뢰성 시험

1. 신뢰성 시험

신뢰성 시험이란 제품의 라이프 사이클, 즉 ① 구상단계(실현의 가능성 검토, 제품계획의 준비 등), ② 정의단계(계획 입안 등) ③ 실현단계(설계, 개발, 제조 등) ④ 운용단계(실사용, 보전 등)의 각 단계에서 제품의 신뢰성 향상을 위한 선택, 개선 또는 신뢰성의 확인·실증을 위하여 실시하는 모든 시험을 말한다. 따라서 신뢰성 시험은 그 목적에 따라 종류와 방법도 다양한 것이다. 예를 들면 ③ 실현단계에서 설계, 개발 단계에서는 신뢰도 예측이나 신뢰도 성장의 의미가 강한 시험을 행하게 되며 크리티컬한 재료, 부품 등이 시험의 주 대상이 된다. 또한 제조단계에서는 시작품 신뢰성의 확인, 구입부품의 인증시험 등 전형적인 품질관리차원의 시험이 주로 행해진다. 또한 출하 단계에서는 고객과의 계약에 의하거나 자주적으로 신뢰성·데몬스트레이션 또는 신뢰성 보증을 위한 승인시험 등, 품질보증 차원의 시험이 행해진다.

그리고 어떤 신뢰성 시험에 있어서도 그 대상에 작용하는 조건 내지는 인자로서 환경 스트레스(단일요인, 복합요인)와 시간(단시간, 장시간)을 생각할 수 있다. 또한 신뢰성 시험결과의 데이터 해석에 있어서 통계적, 수치적 해석과 물리 화학적인 물성해석의 두 가지 점을 병용하여 행하지 않으면 안 된다. 그림에 신뢰성 시험의 일반적인 순서를 제시한다.

순 서
방 법

A 시험조건
신뢰성요구
신뢰도목표치
사용조건파악(종래방법)
환경조건파악(종래방법)

B 시험계획
시험방식결정
신뢰성측정치
샘플 수
시험시간
시험정도
계획일반(종래방법)

C 신뢰성시험
신뢰도시험
가속시험
강제열화시험
한계시험
스텝·스트레스시험
환경시험
Screening시험
내구수명시험(종래방법)
실용시험(종래방법)
시장실적(종래방법)

D 평가·해석
신뢰성데이터
신뢰성해석
고장해석(종래방법)
신뢰성평가

E 신뢰성 있는 제품

피 드 백

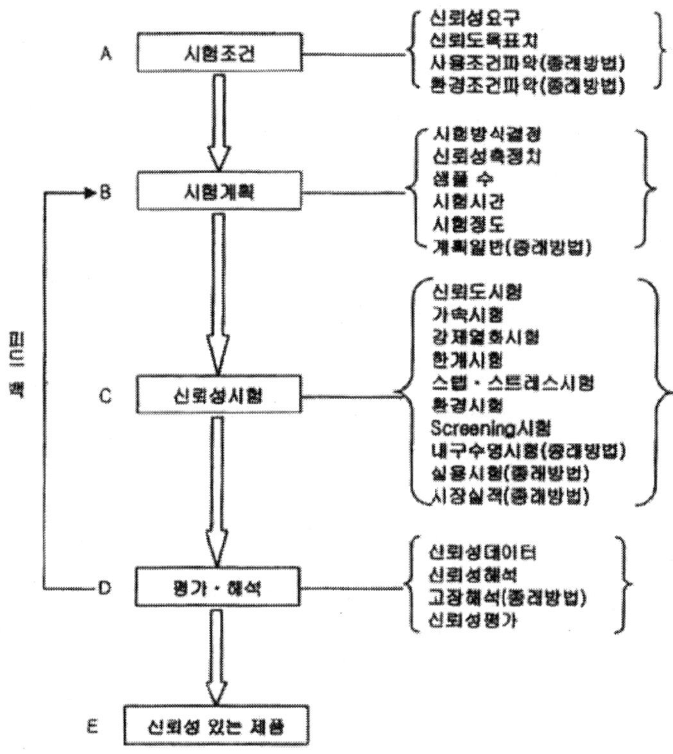

신뢰성시험 패턴

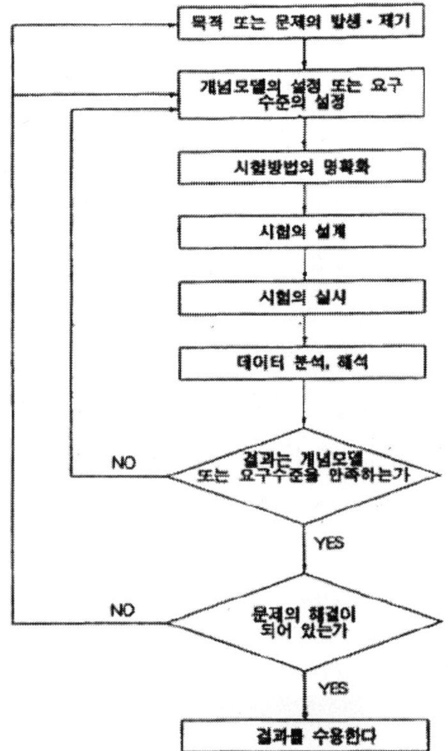

신뢰성 시험의 일반적 순서

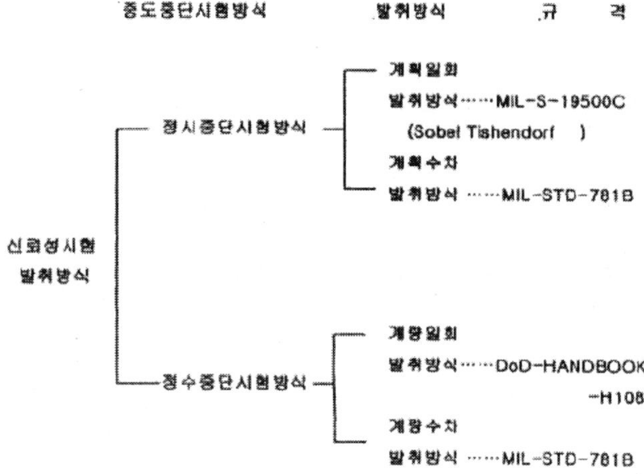

신뢰성시험발취방식의 분류와 규격

2. 신뢰성 시험의 분류

신뢰성 시험의 방법과 규모는 그 요구목적이나 대상 제품의 성격에 따라 크게 달라진다. 보통 거론되고 있는 시험의 목적을 ① 제품의 신뢰성 보증(제품의 인정, 로트의 합부판정 등) ② 신설계, 신부품, 신프로세스, 신재료의 평가(안전여유도, 내환경성, 내재적 약점 등) ③ 시험방법의 검토(가속수명시험의 방법과 그 가속률, 스트레스의 종류와 그 수준, 시료수, 시험시간, 시료발췌 방법의 선정 등) ④ 안전상의 문제점 발견 ⑤ 사고대책(사고의 재현, 고장해석, 대책의 효과확인 등) ⑥ 고장분포의 결정(신뢰성 예측, 설계, 시험의 기초자료) ⑦ 신뢰성 데이터의 모집(비교, 관리방법의 선택 등) 신뢰성 시험은 그 대상, 실시장소, 가하는 스트레스의 강도와 시간 등에 의하여 여러 가지로 분류될 수 있다.

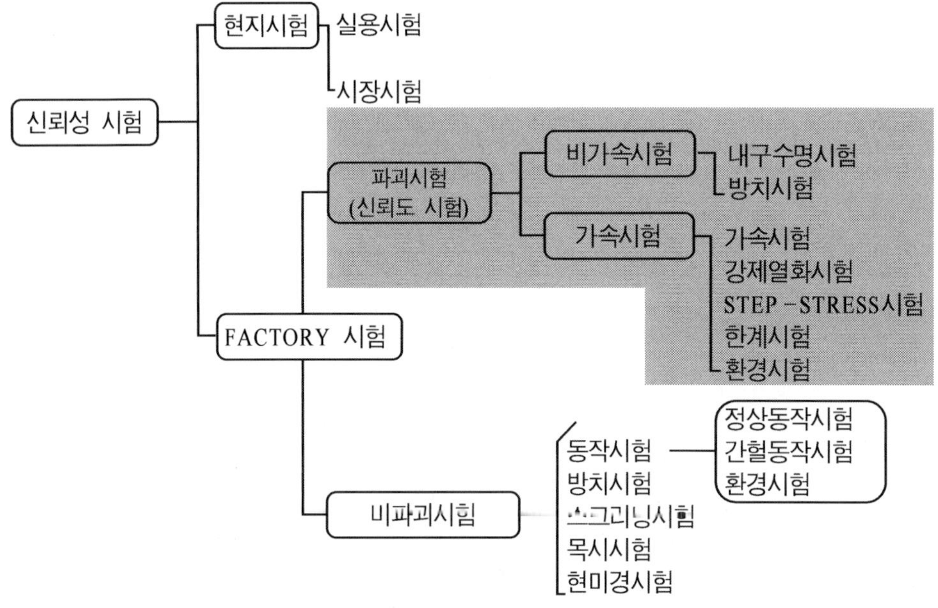

신뢰성시험의 분류

신뢰성시험은 대상, 실시장소, 파괴별, 스트레스별 등에 의해 분류된다.

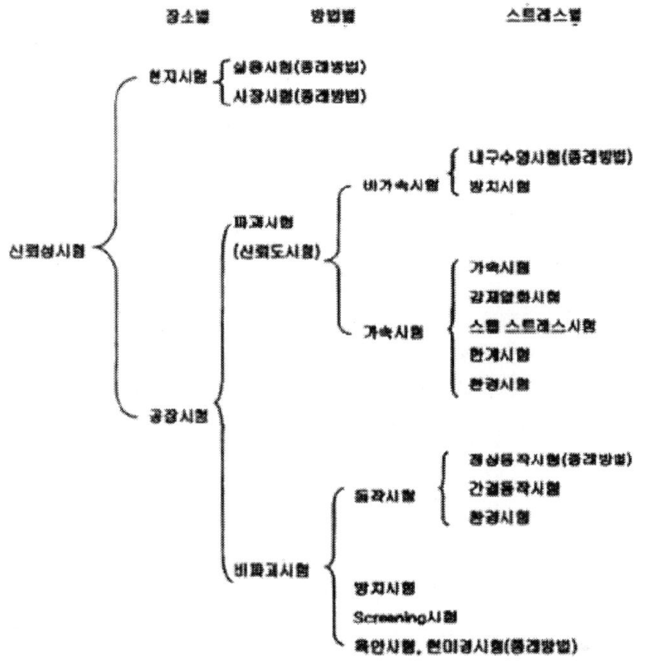

환경에 의한 주요부품의 영향

사용환경	중요영향	중요			
		공통	저항기	전해콘덴서	탄탈콘덴서
온도	노화 및 산화 구조 변화 화학반응 점성 저하 증발 팽창 결빙 퇴화 수축	절연파괴 전기재료의 변질 구조의 고장 윤활재료의 손실 기계적응력 증가 가동부 마모 증가 기계적 강도의 저하 크랙파괴	저항치 증가 개방 단락	전해역 효율 수명 저하 누설전류증가 직렬저항증가	음량 변동 저항 변동 누설전류증가
습도	흡착 화학반응 부식 전해	용기의 팽창 파괴 전력손실 절연 재료 변질 기계적 강도 강화 기능저하전기　재료 변질	저항의 증가 개방 단락	절연저항열화 전해역 누설 부식 단락	절연저항열화 유전체 파괴 단락
태양복사	화학전의 화학적. 물리학적인 반응	표면열화 전기 재료 변질 재료의 별진 오손발	저항 변동 도로 열화	튜브 변색 용량 변동	용량 변동

사용환경	중요영향	중요			
		공통	저항기	전해콘덴서	탄탈콘덴서
강유	기계적 음력 물의 흡수와 침입 침투 부식	구조의 파괴 전기적 고장 구조가 약하게 된다 기능의 저하 전기특성의 변화 보호피막벗겨짐 표면의 열화 화학반응의 가속	저항치 증가 개방 리드의 부식	절연저항열화 전해의 누설 리드의 부식	절연저항열화 리드의 부식 단락
부식성 분위기 및 열해 가스	화학반응 부식 전해	마모의 증가 기계적 강도의 저하 전기재료변질 기능 저하 표면 열화 도전율의 증화	저항치 변동 리드의 부식	리드게이스부식 단락	리드의 부식 단락
오존	화학반응 터짐. 크력 공기절연내력저하	급격한 산화 전기 재료 변질 절연파괴와 아크	–	실링고무변색 튜브 변색	–
먼지	마찰흡 모임 단열	마모의 증가 전기 재료 변질 과열과 발화	–	–	–
진동 충격	기계적 응력	기능 저하 기계적 강도저하 마모의 증가 구조의 파괴	리드 단신 크랙 개방	리드 단선 SURGE전류 씰 파손	리드 단선 SURGE전류

고장현황

자기콘덴서	트랜스	코 일	스위치	콘넥터	절연품
용량 변동 절연저항열화	절연내력열화 단락 개방	부식 불안정 유도특성변화	접점산화	단락 유전체 파괴	크랙 휠라이트분리
절연저항열화 단락	절연저항열화 단락 부식 곰팡이 개방 바니스변질	전해 부식	접촉저항증가 부식	단락 터짐 접점 부식 절연저항열화	절연저항열화
용량 변동	–	–	–	–	변질
절연저항열화 리드의 부식 단락	부식 다락 개방 바니스 변질	전해 부식	접촉저항증가 부식 동작 불량	단락 접점 부식 절연저항열화	절연저항열화
리드의 부식 단락	부식 단락 개방	전해 부식	부식 산화 접점 구성	부식 절연저항열화	절연저항열화
–	바니스 변질	–	–	–	변질
–	–	–	–	오염 접촉저항증가 부식	오염
리드 단선 피에조 효과 소자의 파손	단락 개방 전력 변동	리드 단선 동조 틀어짐 감도 저하	콘텍딩 접점 개방 동작불량	PLUG 옆부분 분리 접점 개방	크랙 신장 변형

각종 OC곡선

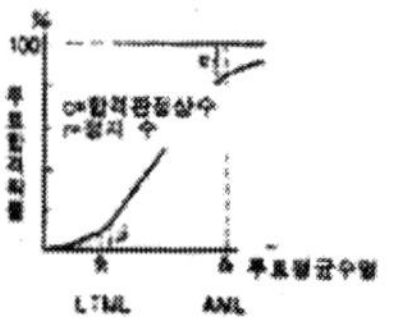

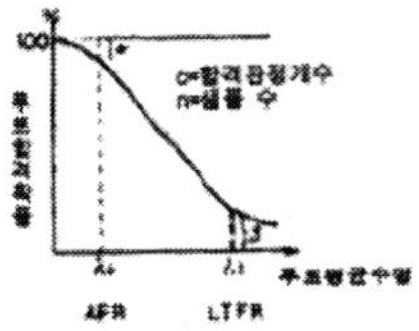

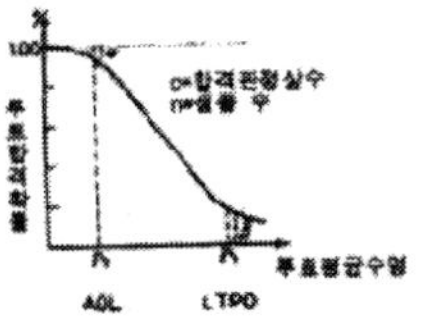

OC곡선종류		평균수명 OC곡선(ROC곡선)	고장률 OC곡선(ROC곡선)	불량률 OC곡선(ROC곡선)
기호	α관계	α(producer's risk)생산자위험		
		θ_0 또는 AML (acceptable mean life) 합격평균수명 (합격신뢰성수준)	λ_0 또는 AFR (acceptable failure rate) 합격고장률 (합격신뢰성수준)	P_0 또는 AQL (acceptable quality level) 합격품질표준
	β관계	β(comsumer's risk)소비자위험, $1-\beta$(confidence level)신뢰수준 C, L		
		θ_1 또는 LTML (lot tolerance mean life) 루트허용평균수명 (불합격평균수명)	λ_1 또는 LTFR (lot tolerance failure rate) 루트허용고장률 (불합격고장률)	P_1 또는 LTPD (lot tolerance percent defective) 루트허용고장률 (불합격불량률)
발취	분류	신뢰성발취	신뢰성발취	품질관리발취
	정지방식	정수정지시험방식	정수정지시험방식	–
	발취방식	계량발취방식	계수발취방식	계량발취방식 또는 계수발취방식

6-2. 단속시험의 필요성 및 방법

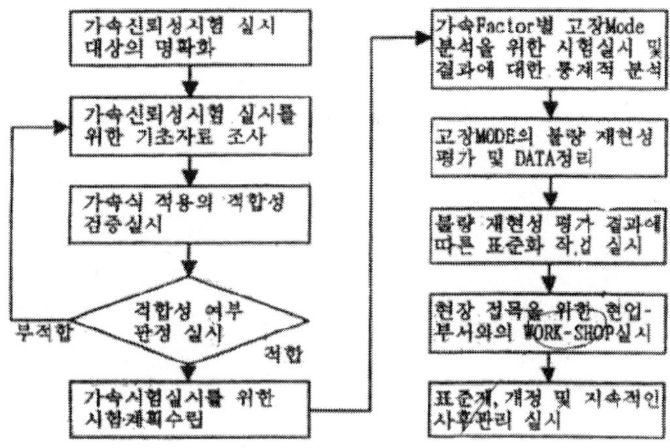

가속신뢰성시험 절차

환경요소와 가혹도 — IEC Pub. 721 —

Section	IEC Pub.	Contents
①	721 − 3 − 1	Storage
②	721 − 3 − 2	Transportation
③	721 − 3 − 3	Stationary use at weather protected locations
④	721 − 3 − 4	Stationary use at non −weather protected locations
⑤	721 − 3 − 5	Ground vehicle installations
⑥	721 − 3 − 6	Ship environment
⑦	721 − 3 − 7	Portable and non −stationary use

기호	분류기준	세부 환경인자	비 고
K	기후조건	온도, 상대습도, 온도변화, 압력, 일사, 열방사, 공기의 이동, 응축, 비 또는 눈, 비 이외의 소스로부터 나온 물, 얼음 형성	climatic conditions
Z	특수 기후조건	온도, 압력, 열방사, 공기 이동, 비 이외의 소스로부터 나온 물	special climatic cond.
B	생물학 조건	곰팡이, 균, 설치류 또는 그 외 제품에 해로운 동물의 존재	biological conditions
C	화학적 능동 물질	염분, 이산화황, 황화수소, 염소, 염화수소, 불화수소, 암모니아, 오존, 질산화물	chemically active subst.
S	기계적 능동 물질	모래, 먼지	mechanically active subst.
M	기계적 조건	일정한 진동, 충격을 포함한 일정하지 않은 진동	mechanical conditions

가속시험의 기본이론

1. ARRHENIUS EQUATION에 의한 가속 FACTOR산출

$$AF(\text{Acceleration Factor}) = \exp\{(-E/K) \times (1 / T_{1-1} / T_2)\}$$

  여기서 E = Activation Energy: 0.6eV

    K = 블쯔만 상수: 8.617×10^{-5}

    T = 절대온도: 273

나. 수식을 기준으로 45℃와 65℃의 가속성 비교를 실시하면 다음과 같다.

① 45℃를 기준으로 AF를 산출하면 $AF_{45} = \exp\{(-E/K) \times (1/T)\} = \exp[(-0.6\text{eV}/$ $8.617 \times 10)^{-5} \times \{1/(273+45)\}] = \exp\{(-6962.98) \times (3.1446 \times 10^{-3})\} = \exp(-21.8957)$ $= 3.096 \times 10^{-10}$

② 65℃를 기준으로 AF를 산출하면 $AF_{65} = \exp\{(-E/K) \times (1/T)\} = \exp[(-0.6\text{eV}/$ $8.617 \times 10)^{-5} \times \{1/(273+65)\}] = \exp\{(-6962.98) \times (2.9585 \times 10^{-3})\} = \exp(-20.599)$ $= 1.1323 \times 10^{-9}$

③ 계산결과 ①, ②로부터 AF를 산출하면

$$AF_{65} \,/\, AF_{45} = 1.1323 \times 10^{-9} \,/\, 3.09612 \times 10^{-10} = 3.657$$

㉰, ㉴항의 가속성을 근거로 2개 그룹의 시험군을 형성한 뒤 온도(고온) TEST를 실시한 결과, 아래와 같은 불량이 발생하였다.
"25℃"의 불량률을 추정하라.

55℃에서 SAMPLE 수＝200SET, 시험기간 2,450시간, 고장수: 12SET

40℃에서 SAMPLE 수＝300SET, 시험기간 1,800시간, 고장수: 6SET의 불량현상이 각각 발생하였다면 이때 25℃, 250시간에 대한 불량률을 추정하면 다음과 같다.

신뢰도 함수 $F = 1 - e^{-\lambda t}$

그러므로 $\lambda = \{-\ln(1-F)\} \,/\, T$

$$\lambda_{55} = [-\ln\{1-(12\,/\,200)\}] \,/\, 2450$$
$$= 25.26\text{ppm} \,/\, HR$$
$$\lambda_{45} = [-\ln\{1-(6\,/\,300)\}] \,/\, 1800$$
$$= 11.22\text{ppm} \,/\, HR$$

실험DATA에 의한 가속계수 산출

상기 DATA를 기준으로 AF를 산출하면 다음과 같다.

AF＝25.26 / 11.22 그러므로 가속계수는 2.25배이며, 40도에 비해 55도일 때가 2.25배의 가속성이 있다고 평가한다.

이러한 결론으로부터 Activation energy "E"값을 구하게 되는데

$$AF(\text{Acceleration Factor}) = \exp\{(-E\,/\,K) \times (1\,/\,T_{1-1}\,/\,T_2)\}$$
$$2.25 = \exp\{(-E\,/\,8.617 \times 10)^{-5 \times [(1/273+55)-1/273+25)]}\}$$

여기서 E＝0.478eV가 산출된다.

그러므로 AF＝55 / 25,

$$AF = \exp\{(-0.478/8.617 \times 10)^{5 \times [(1/273+55)\pm 1/273+25)]}\}$$

$$= 5.485$$

그러므로 $\lambda_{25} = \lambda_{55} / AF_{(55/25)}$

$$= 4.60ppm / HR$$

위 결과로부터 25℃ 250시간의 불량률 F를 추정하면 다음과 같다.

$$F(250) = 1 - \lambda_{25 \times t}$$

ARRHENIUS EQUATION에 의한 수명예측

$$K = \frac{L_1}{L_2} = \frac{\exp(Ea/RTo)}{\exp(Ea/RTa)}$$

$$= \exp\{(Ea / R) \times (1 / To - 1 / Ta)\}$$

여기서 To: 기준온도, Ta: 시험온도

$$K = \exp\{1.16 \times 10^4 \times Ea \times [\{1 / (273+To)\} - \{1 / (273+Ta)\}]\}$$

$$1 / R = 1 / (8.6159 \times 10)^{-5 (K/eV)}$$

HAST온도조건 및 Activation Energy(Ea(eV))에 의한 가속계수

온도 ＼ Ea(eV)	0.6	0.8	1.0	1.2	1.5
110℃	3.56	5.43	8.29	12.7	23.9
120℃	5.65	10.1	17.9	31.9	75.8
130℃	8.77	18.1	37.3	76.8	228
140℃	13.3	31.6	74.8	177	647

를 달성할 수 있도록 성장률을 통제하는 활동을 신뢰성성장관리(reliability growth management)라고 한다.

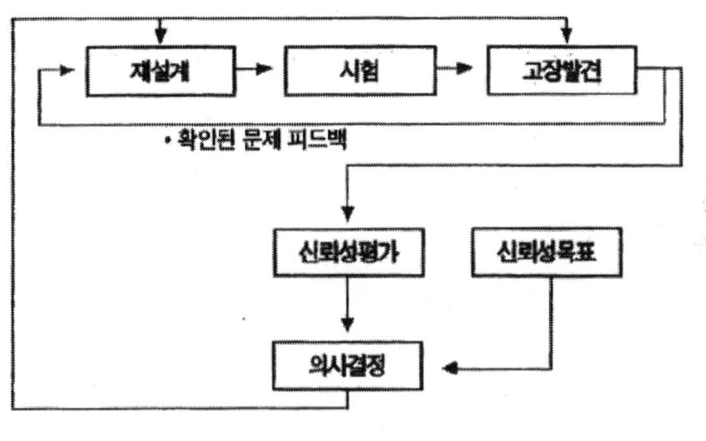

신뢰성성장관리 모형

TAAF(Test, Analyze and Fix) 프로그램

TAAF는 단어의 의미 그대로 시험을 하고 고장이 나면 고장의 원인을 분석하고, 그 원인을 제거하기 위한 시정조치(설계변경 등)를 취하는 활동을 말한다. TAAF에 서는 다음과 같은 활동이 중요하다. ① 모든 고장을 충분히 분석하여, 동일한 고장 이 재발하지 않도록 설계와 생산에서 조치가 취해져야 한다. 어떤 고장이 사용 중 에 발생할 수 없음을 보일 수 없다면, 그 고장을 우연히 또는 부적절하게 발생한 것으로 처리해서는 안 된다. ② 개발 중에 있는 모든 제품에 대하여 가능한 빨리 시정조치가 취해져야 한다. 이는 도면의 잦은 변경과 개발일정의 지연을 초래할 수 있다. 결함이 시정되지 않으면 신뢰성성장이 지연되며, 다른 취약한 잠재적인 고장 모드가 부각되지 않을 수 있으며, 시정조치의 효과를 충분히 확인할 수 없다. RGT 는 신제품의 신뢰성문제 예방과 신뢰성이 떨어지는 기존 제품개선을 위해 사용될 수 있으며, 따라서 소비자에게 불만족스러운 제품이 전달되는 것을 예방하여 수리/ 교체 비용과 소비자 불만을 줄일 수 있다. 적용 시기는 RGT수행을 위한 시제품 샘 플과 시험결과에 따라 설계변경을 공식적으로 할 수 있는 시간이 필요하다. 따라서

RGT는 프로토타입이 가용한 개발 후반부에 고려되어야 하며, 신뢰성성장 프로그램이 만족스러웠음을 보이기 위해 수행되는 어떤 검증시험보다도 선행되어야 한다. 적용 지침은 RGT는 기술적 또는 실패 위험이 높은 아이템의 개발성과 평가도구로 사용되어야 한다. 신뢰성 목표를 달성하기 위하여 필요한 성장시험 기간은 신뢰성 성장이론에 의하여 구할 수 있으며, 가장 널리 사용되는 방법은 Duane방법과 AMSAA (U.S. Army Material Systems Analysis Activity) 성장모형 등이 있다.

Duane 모델은 James T. Duane에 의하여 개발된 신뢰성성장 모니터링을 위한 수학적 모델로서, 개발시험 중에 측정된 제품의 누적고장률(cumulative failure rates) λ_{cum}가 다음과 같은 식으로 표현된다.

$$\lambda_{cum} = K T^{-\alpha}$$

여기서, α: 성장률, K: 초기고장률, T: 총 시험시간이다.

한편, 현재 성장시험을 중단하고 시장에 제품을 출시했을 때 예측되는 고장률을 순간고장률(instantaneous failure rates) λ_{inst}이라 하며, λ_{inst}는 λ_{cum}와 다음과 같은 관계가 있음을 보일 수 있다.

$$\lambda_{inst} = K(1-\alpha)T^{-\alpha} = (1-\alpha)\lambda_{cum}$$

Duane 모델은 그림과 같이 누적고장률과 총 시험시간이 $\log-\log$ 용지에서 직선으로 표시된다. 또한, 누적고장률과 순간고장률은 서로 평행하다. 목표 고장률(또는 MTBF)을 달성하기 위하여 필요한 성장시험 기간을 예측하기 위해서는 순간고장률 직선과 요구되는 고장률이 만나는 X축의 누적 시험시간으로부터 구할 수 있다. 시험 데이터가 측정되기 이전에 성장시험 기간을 계획하기 위해서는 K와 α값을 추정해야 한다. 가장 좋은 방법은 과거 성장 프로그램의 경험으로부터 얻는 것이다. 경험적으로 α의 값은 대략 0.3으로부터 0.6(이상적인 최대의 성장이 예상되었을 때의 추정치)까지 변한다. 그리고 K값은 예상되는 신뢰도의 10%까지 낮은 경우도 있다. 고장률 대신에 MTBF를 사용하여 Duane plot을 이용할 수도 있다. MTBF는 1 / (고장률)이므로 Y축에 고장률의 역수에 대수를 취한 값을 사용하며, 이때 직선은 시간에 따라 커지는 양의 기울기를 갖는다.

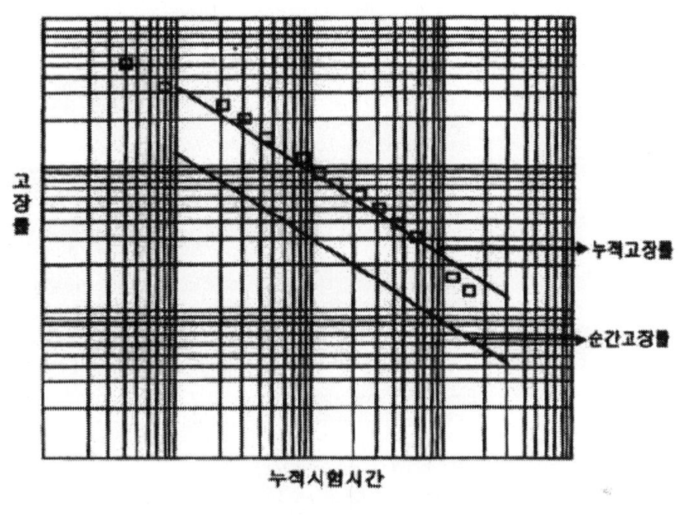

Duane 모델

신뢰성보증시험(Reliability qualification test)

신뢰성보증시험(Reliability Qualification Test, RQT)은 계약 또는 설계 초기단계에서 설정된 신뢰성목표를 달성하였는지를 평가하기 위해 수행되는 시험이다. 즉, RQT에 합격되었다는 것은 소비자가 아이템을 사용하도록 생산자가 제품을 출하할 수 있음을 의미한다. RQT는 신뢰성 문제에 대한 정보를 제공하여, 시험에서 불합격된 아이템의 시정과 합격된 제품의 향상에 도움을 준다. 신뢰성보증시험은 특성(계량, 계수), 샘플링방법(고정, 축차), 수명분포(정규, 지수, 와이블)에 따라 그림 5.4와 같이 여러 가지 종류가 있다. 일반적으로 계수형 신뢰성보증시험은 일회용 제품(one -shot device)과 같이 신뢰성에 시간을 고려할 필요가 없는 아이템의 경우에 적용하며, 실질적으로는 품질관리의 샘플링 검사와 동일하다.

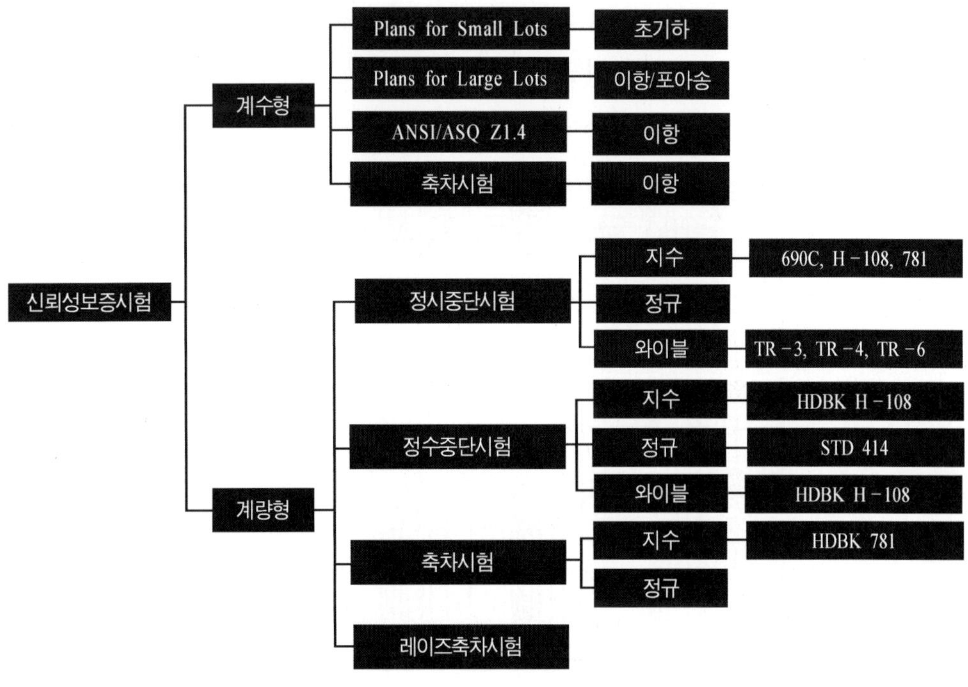

신뢰성보증시험의 종류

계량형시험은 평균수명(또는 고장률)을 보증하기 위한 시험으로 정시중단, 정수중단, 축차시험 등이 주로 지수분포를 중심으로 MIL-STD 690C와 MIL-STD 781, MIL-HDBK 781에 표준화되어 있다.

적용 시기는 개발된 최종 사양의 하드웨어 및 소프트웨어가 가용하고, 아직 양산이 시작되지 않아 문제를 시정할 시간이 있을 때에 생산/제조 단계 직전에 시제품에 대하여 적용한다.

신뢰성보증시험의 설계는 MIL-STD 690C 고장률보증을 위한 신뢰성보증시험을 제외한 모든 신뢰성보증시험은 생산자와 소비자를 동시에 보호하는 방식으로 설계되어 있다. 즉, 만족스러운 수준의 MTBF를 θ_0(설계 MTBF라고 함), 가능하면 불합격시키고 싶은 불만족스러운 수준의 MTBF를 θ_1(MTBF의 하한이라고 함)이라 하면, θ_0보다 더 높은 신뢰성을 갖는 제품이 불합격될 확률을 α(생산자 위험, producer's risk이라고 함)이하로 하고, θ_1보다 신뢰성이 낮은 제품이 합격될 확률은 β(소비자위험, consumer's risk이라고 함) 이하가 되도록 시험방법을 결정할 수 있다. 여기서,

시험방법 결정은 시험시간과 샘플의 크기를 결정함을 의미한다.

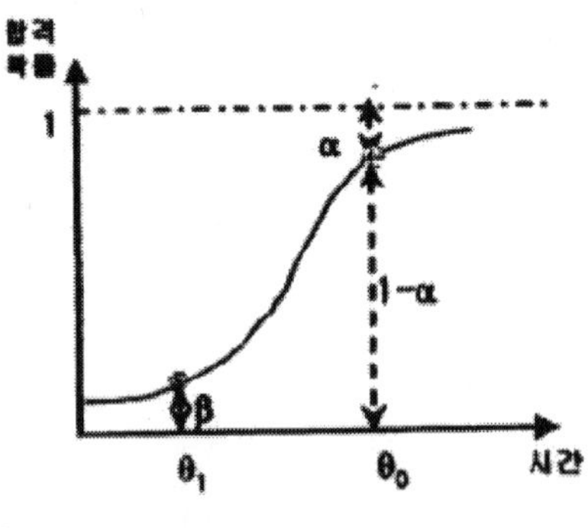

생산자위험과 소비자위험

MIL-STD 690C에서는 θ_1에서 소비자위험(β)만을 보증하는 방식으로 시험시간과 샘플의 크기를 결정한다.

일정기간시험(Fixed-length test)

일정한 기간 동안 시험하고, 측정된 고장개수를 이용하여 합격 / 불합격 판정을 내리는 시험을 일정기간시험이라 한다. 직관적으로 보더라도, 일정기간 동안 고장이 많이 나면 신뢰성이 떨어지고, 고장이 적게 발생하면 신뢰성이 높다고 볼 수 있다. 이 시험은 제품의 수명이 지수분포를 따라 고장률이 일정하다고 가정하여 결정되었으며, 표와 같이 판정위험과 판별비의 여러 값에 대한 시험방법이 표준에 정리되어 있다.

일정기간시험 계획

판정위험		판별비 $d = \theta_0 / \theta_1$	시험기간 (θ_1의 배수)	합격 – 불합격 고장	
생산자위험	소비자위험			불합격(이상)	합격(이하)
10%	10%	1.5	45.0	37	36
10%	20%	1.5	29.9	26	25
20%	20%	1.5	21.5	18	17
10%	10%	2.0	18.8	14	13
10%	20%	2.0	12.4	10	9
20%	20%	2.0	7.8	6	5
10%	10%	3.0	9.3	6	5
10%	20%	3.0	5.4	4	3
20%	20%	3.0	4.3	3	2
30%	30%	1.5	8.0	7	6
30%	30%	2.0	3.7	3	2
30%	30%	3.0	1.1	1	0

$d = \theta_0 / \theta_1$를 판별비(discrimination ratio)라고 부른다.

축차시험(Sequential test)

일정기간시험에서 판정위험 또는 판별비의 값이 작으면, 시험기간이 매우 길어진다. 시험기간을 줄이기 위해서는 더 많은 시료를 시험하거나 가속수명시험을 할 수 있지만, 축차시험을 적용할 수도 있다. 축차시험은 합격 / 불합격 판정을 내리기 위해 일정 개수의 고장이 발생할 때까지, 또는 정해진 시험기간까지 시험할 필요가 없다. 시험 중에 연속적으로 총 시험시간 대비 고장 발생 개수를 평가하여 만족스러운 신뢰성 수준인 설계 MTBF일 가능성이 높으면(합격영역에 들어가면) 합격시키고, 불만족스러운 MTBF 하한일 가능성이 높으면(불합격영역에 들어가면) 불합격, 그리고 합격 – 불합격 판정을 내리기 어려우면(시험계속영역에 있으면) 시험계속의 결정을 내린다. 즉, 축차시험은 시험종료 시점이 미리 정해져 있지 않은 시험이다.

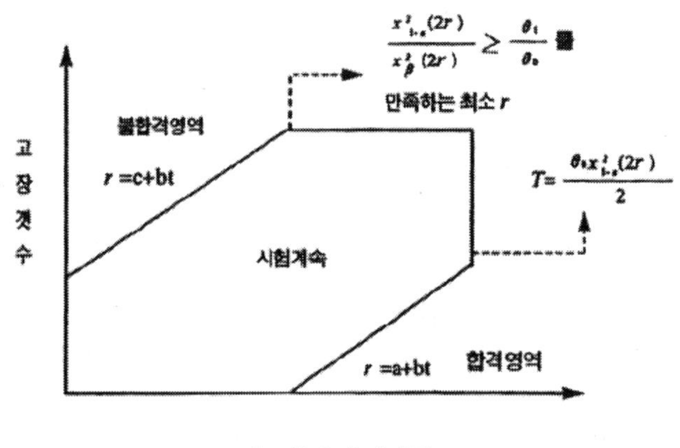

대표적인 축차시험

축차시험도 생산자위험과 소비자위험을 보증하는 방식으로 설계되어 있다. 축차시험은 동일한 생산자위험과 소비자위험을 갖는 정시중단, 정수중단 시험보다 시험기간을 단축할 수 있음을 수학적으로 보일 수 있다. 축차시험에서 합격-불합격 판정에 빨리 도달하지 않고 시험이 계속될 수도 있다. 따라서 동일한 위험과 판별비를 갖는 일정기간시험보다 시험기간이 오래되지 않도록 보장하기 위하여 절단점(truncation point)을 설정하여 시험을 한다.

축차시험의 합격판정선과 불합격판정선, 시험중도 절단점은 다음과 같이 계산한다.

주어진 θ_0, θ_1, α, β, 에 대하여

$$d = \frac{\theta_0}{\theta_1'},\ A = \frac{(d+1)(1-\beta)}{2d\alpha'},\ B = \frac{\beta}{(1-\alpha)}\ a = \frac{\ln(B)}{\ln(d)'},$$

$$b = \frac{[(1/\theta_1)-(1/\theta_0)]}{\ln(d)'},\ c = \frac{\ln(A)}{\ln(d)}$$

합격판정선은 r=a+bt

불합격판정선은 r=c+bt

정수중단 개수는 $\dfrac{x^2_{1-a}(2r)}{x^2_{\beta}(2r)} \geq \dfrac{\theta_1}{\theta_2}$ 를 만족하는

최소의 r 정시중단 시점은 $T = \dfrac{\theta_0\chi^2_{1-a}(2r)}{2}$

다음은 $\theta_0 = 300$, $\theta_1 = 100$, $\alpha = 0.05$, $\beta = 0.10$인 축차시험의 합격판정선과 불합격판정선을 구하면 다음과 같다.

$$d = \frac{\theta_0}{\theta_1} = \frac{300}{100} = 3$$

$$A = \frac{(d+1)(1-\beta)}{2d\alpha} = \frac{(3+1)(1-0.1)}{2(3)(0.05)} = 12$$

$$B = \frac{\beta}{1-\alpha} = \frac{0.10}{(1-0.05)} = 0.105$$

$$a = \frac{\ln(B)}{\ln(d)} = \frac{\ln(0.105)}{\ln(3)} = -2.049$$

$$b = \frac{[(1/\theta_1)-(1/\theta_0)]}{\ln(d)} = \frac{[(1/100)-(1/300)]}{\ln(3)} = 0.006$$

$$d = \frac{\ln(A)}{\ln(d)} = \frac{\ln(12)}{\ln(3)} = 2.262$$

따라서 합격판정선은 $r = a + bt = -2.049 + 0.006t$이고,
불합격판정선은 $r = c + bt = -2.262 + 0.006t$이다.

신뢰성수락시험(production reliability acceptance test)

신뢰성수락시험(Production Reliability Acceptance Test, PRAT)은 설계단계에서 결정된 제품의 신뢰성이 양산과정에서 저하되지 않고 유지됨을 보증 또는 제품이 소비자의 신뢰성 요구 및 기대를 충족함을 보장하기 위하여 수행된다. 시장에 출하된 제품에 신뢰성 문제가 있고 이를 해결하는 데 오랜 시간이 걸리면, 그에 비례하여 소비자들의 불만은 증가한다. 이는 보통 많은 비용과 심각한 결과를 낳을 수도 있으며, 즉 소비자가 제품을 사용하는 중에 발견된 심각한(발견되지 않고 해결되지 않은) 신뢰성 문제는 기업에 막대한 피해를 줄 수 있다. PRAT는 적시에 신뢰성 문제에 대한 경고와 시정조치에 필요한 데이터를 제공하여 생산과정에서 발생할 수 있는 신뢰성 문제의 영향을 최소화하기 위하여 계획된다.

적용시기는 PRAT는 양산단계에서 실시한다. 사용방법에 따라서 생산기간 동안 주기적 또는 연속적으로 수행할 수 있고, 대량생산 제품의 경우 샘플에 대해, 소량

의 복잡하고 비싼 제품에 대해서는 100% 제품에 대하여 수행될 수 있다. 적용지침은 가장 간단한 PRAT는 RQT가 수행되어 왔다고 가정하고 생산기간 중에 RQT를 일정 간격을 두고 반복하는 것이다. RQT의 방법으로는 표준 PRST와 표준 일정기간시험이 있다. 생산되는 모든 장비를 일정 시간 동안 시험하며, 이때 총 시험시간과 고장개수를 가지고 출하 제품의 불합격 또는 합격을 결정한다. 합격-불합격 판정기준은 RQT에서 설명된 축차시험방법을 변형하여 사용한다. 이를 전장비 PRAT(The All-Equipment prat)라 한다.

ESS(Environmental Stress Screening)

ESS는 잠재적인 결함이 있는 제품이 출하되어 시장에서 초기불량으로 나타나는 것을 예방하기 위한 시험으로, 고장을 촉진할 수 있는 온도사이클, 고온, 임의진동(random vibration) 등 스트레스를 인가하여 고장을 촉진시키는 시험이다.

기본 원칙은 ① ESS는 양산되는 모든 제품에 대하여 100% 적용된다. ② ESS는 결함이 없는 제품에 영향을 주지 않고, 즉 성능열화 또는 파괴를 시키지 않으면서 제품의 설계결함과 작업자 및 공정에서 유발된 결함을 찾아내야 한다. ③ ESS는 선별력(screening strength)을 최대화할 수 있도록 설계되고 최적화되어야 한다. 여기서, 선별력은 잠재적인 결함이 존재할 때, 스크리닝 시험을 통하여 잠재적인 결함을 탐지할 확률로 정의된다.

적용 시기는 양산단계에서 수행되며 최종 제품의 제조 및 출하뿐만 아니라 공급자로부터 수입되어 조립되는 부품에도 적용할 수 있다. 장점은 ESS는 양산과정에서 설계단계에서 구현된 제품의 고유 신뢰도를 보증하기 위한 시험이다. FRACAS(Failure Reporting, Analysis, and Corrective Action System), 실험계획(DOE) 및 통계적 공정관리(SPC)와 같은 방법들은 결함의 근본원인(root-causes)들을 찾아 제거하여 제품의 결함발생을 예방하기 위해 계획된다. 근본원인이 제거될 때까지 결함이 없는 제품이 출하되기 위해서는 효과적인 ESS 프로그램이 중요하다. 스크리닝 환경과 고장 메커니즘은 온도사이클링(temperature cycling), 임의진동(random vibration), 전력변화(power cycling), 압력변화(pressure cycling), 소음(acoustic noise) 등 많은 환경 스트레스들이 ESS를 위하여 사용될 수 있다. 이 중에서 임의진동과 온도사이클은 가장 효과적인 스트레스로 알려져 있으며, 표는 이들 스트레스에 의하여 확인될 수 있는 일반적인 형태의 고장모드를 요약한 것이다.

스크리닝 환경과 고장모드

	스크리닝 환경		
	온도사이클	임의진동	온도 사이클 또는 임의진동
고장의 형태	부품 파라미터 변화 PWA open / short 부적절하게 설치된 부품 불량 부품 밀폐 실(seal) 고장 화학적 오염 접착 불량 미세 크랙 허용차를 벗어난 부품	입자 오염 벗겨짐, 끊어진 와이어 결함 수정(crystals) 인접 보드와의 마찰 두 부품 단락 느슨한 와이어 부품 접착불량 부적절하게 고정된 부품 기계적 결함 등	납땜 불량 느슨한 하드웨어 불량 부품 파손 부품 표면실장 결함 부적합 에칭 PWA 등

적용 지침은 부품공급자, 프린트기판 조립업체, 서브어셈블리 생산자 및 / 또는 최종 조립업체에 의하여 수행되었을 때 유리하다. 제품 개발수준이 복잡하지 않을수록 고장났을 때 수리가 용이하고 비용이 적게 든다. 즉, 부품수준 시험에서 발생한 고장이 가장 비용이 적게 든다. 따라서 부품 또는 하위어셈블리 수준에서의 ESS가 바람직하며, 이때 다른 부품들과 결합된 어셈블리 수준에서 허용할 수 있는 스트레스보다 가혹한 조건에서 부품을 시험하는 것이 가능하다. ESS는 상위 수준의 어셈블리에서도 바람직하다. 각 어셈블리는 납땜불량, 조립불량 및 불충분한 공차 등의 결함이 있을 수 있고, 이들은 제품 출하 전에 발견되어 수정되어야 한다. IEC에서는 ESS를 RSS(Reliability Stress Screening)라고도 부른다.

번인(burn-in)

번인의 사전적 의미는 전처리(preconditioning)로 정의하고 있다. 즉, 아이템의 특성을 안정시키기 위해 스트레스를 인가하여 동작시키는 것을 말한다. 일반적인 번인은 사용조건보다 고온에서 일정 기간 동안 전원을 인가하여 동작시키거나 또는 무부하

상태로 방치한다. 번인이 특성을 안정시키기 위한 시험이지만 번인시험과정에서 결함이 있는 제품을 선별(screening)할 수 있다. 따라서 대부분의 기업에서는 번인을 ESS와 마찬가지로 결함이 있는 제품을 선별하는 시험으로 생각하고 있다. 이러한 관점에서 번인은 ESS에서 고온을 스트레스로 적용한 특별한 경우라고 볼 수도 있다.

고장률보증시험(failure rate qualification test)

고장률보증시험은 신뢰성보증시험 중 하나이지만, 다른 시험과는 다른 설계기준을 사용하고 있어 따로 설명하기로 한다. 이 시험은 MIL-STD 690C(Failure Rate Sampling Plans and Procedures)에 제시되어 있다. 고장률보증시험은 지수분포를 가정하고 설계되었으며, 고장률을 인증하는 절차와 설정된 신뢰수준에서 고장률 수준을 결정하고 유지하기 위한 샘플링 방법을 제시하고 있다. 여기서는 샘플링 방법(샘플의 크기와 시험기간)을 결정하는 방법을 소개한다.

(1) 시험설계 방법

수명이 지수분포를 따르는 n개의 아이템을 정해진 기간 t_0까지 시험하였을 때, 고장률의 $100(1-\alpha)\%$ 신뢰상한은

$$\lambda_n = X^{\,2(2r+2)2T} \tag{1}$$

으로 구할 수 있다. 만일 보증하려는 고장률 수준 λ_0가 λ_n보다 작으면, 즉

$$\lambda_n = X_\alpha^{2(2r+2)} / 2T \leq \lambda_0 \tag{2}$$

이면 신뢰수준 $100(1-\alpha)\%$로 λ_0를 보증할 수 있다. 여기서, r은 고장개수, $X_\alpha^{2(2r+2)}$은 자유도 $2r+2$인 카이제곱분포의 백분위수, T는 총 시험시간으로 $T = \Sigma t_i + (n-r) t_0$이다. 한편, 시료의 수(또는 시험기간)를 결정하기 위해 정해진 기간 t_0까지 고장이 하나도 발생하지 않았다고 가정하면(이때, 시료의 수 또는 시험기간이 가장 작

고, 가장 경제적인 시험을 할 수 있음), $T = n t_0$로 쓸 수 있다. 따라서 식 (2)로부터

$$T = n t_0 \geq \frac{x^2(2r+2)}{2\lambda_0} \qquad (3)$$

을 얻을 수 있다. 따라서 시험기간(t_0)이 주어지면 샘플의 크기(n)를 결정할 수 있고, 역으로 n이 주어지면 t_0를 구할 수 있다.

(2) 와이블분포의 β_X 수명보증시험 설계

수명이 와이블분포를 따를 때도 앞에서 설명한 고장률보증시험을 설계할 수 있으며, 단 와이블분포의 형상모수 β를 알고 있어야 한다. 아이템의 수명(T)이 형상모수 β, 척도모수 η를 갖는 와이블분포를 따르면, T^β은 평균수명이 η^β인 지수분포를 따른다는 것을 보일 수 있다. 따라서 β를 알고 있으면, 지수분포에서 유도된 (1)에서 (3)의 식을 이용할 수 있다.

여기서는 n개의 아이템을 정해진 기간 t_0까지 시험하였을 때, 와이블분포의 B_X 수명이 t^*이상임을 신뢰수준 $100(1-\alpha)\%$로 보증할 수 있는 샘플의 크기를 구하는 공식만을 제시한다.

- B_x수명의 $100(1-\alpha)\%$ 신뢰하한

$$B_x \geq [\frac{2T}{x_\alpha^2(2r+2)} \times \ln(1-x)^{-1}]^{1/\beta}$$

B_x수명이 t^*이상임을 신뢰수준 $100(1-\alpha)\%$로 보증할 수 있는 샘플의 크기

$$n \geq (\frac{t^*}{to})^\beta \times \frac{\chi^2{}_\alpha(2r+2)}{2} \times \frac{1}{\ln(1-\chi)^{-1}} \qquad (4)$$

예제: Al 전해 커패시터의 신뢰성은 고장률($\% / 10^{3h}$)로 나타낸다. 커패시터 사용

정격 온도와 전압에서 2,000시간 시험하여 M수준($1\% / 10^{3h}$)을 보증하기 위한 시료의 수 ?단, 신뢰수준은 60%이고, 고장발생은 없다고 가정한다.

목표 고장률은 $\lambda_0 = 1.0 \times 10^{-5}$이고, $x_{0.4}^{2(2)} = 1.8326$이므로, 식 (3)에서

$$T = nt_0 \frac{\chi_\alpha^2(2r+2)}{2\lambda_0} = 0.092 \times 10^6 \text{이다. } t_0 = 2{,}000 \text{이므로, } n \geq 46 \text{이다.}$$

고장률보증시험의 문제점은 고장률보증시험은 총 시험시간($= n \times t_0$)이 같으면 동일한 고장률을 보증할 수 있다. 총 시험기간이 92,000이라면, 아래의 표와 같이 100시간 동안 920개의 샘플로 시험할 수 있고, 9,200시간 동안 10개의 샘플로 시험할 수도 있다. 분명한 것은 적정 개수 이상의 샘플로 상당히 오래 시험하는 것이 바람직하다는 것은 직관적으로 알 수 있다. 따라서 아래의 표에 있는 n과 t_0가 통계적으로는 동일한 고장률을 보증하지만, 공학적 측면에서는 다르다고 할 수 있다. 한 사람이 5일 해야 할 일을 5명이 하면 1일에 끝낼 수 있다. 그러나 자동차로 5일 걸리는 거리를 자동차 5대로 하루에 갈 수 있는가?

T	t_0	n
92,000	100	920
92,000	500	184
92,000	1,000	92
92,000	2,000	46
92,000	4,000	23
92,000	9,200	10

신뢰수준(Confidence Level)은 10번에 9번은 거짓말을 정확히 탐지할 수 있고, 1번은 탐지하지 못하는 거짓말 탐지기가 있다. 이 거짓말 탐지기를 90% 신뢰할 수 있으며, 이와 같이 "신뢰할 수 있는 확률"을 신뢰수준(confidence level)이라 한다. 즉, 거짓말 탐지기를 지속적으로 사용하였을 때, 전체 결과의 90%는 참이며, 거짓말 탐지기의 신뢰수준은 90%이다. 통계학에서 모수의 참값을 포함하는 구간(이를 신뢰구간이라 부른다)을 추정할 때, 이 신뢰구간에 모수가 포함될 확률을 신뢰수준이라

한다. 즉, 90% 신뢰구간이라 함은 모수가 포함될 확률이 90%인 구간을 의미한다.

신뢰수준은 $100(1-\alpha)\%$로 표시하며, 일반적으로는 90%, 95%, 99%와 같은 값이 널리 사용되나 신뢰성 추정 또는 시험 설계에서는 시료의 수와 시험기간 등의 제약으로 인하여 60%와 80%가 사용되기도 한다.

MIL-STD 690C 고장률보증시험은 MIL-STD 690C에는 고장률보증시험의 샘플 크기와 시험기간을 결정할 수 있는 아래와 같은 두 종류의 Table을 제공하고 있다. 신뢰수준은 60%와 90%를 고려하고 있다. r개의 고장까지 허용하면서 특정 수준(예: M)의 고장률을 보증할 수 있는 총 시험시간($=n \times t_0$)들이 Table에 정리되어 있다. M 수준에서 r=0일 때, $0.092(\times 10^6)$ 값은 이미 예제에서 구한 값임을 주목하라.

고장률 보증시험 Table(신뢰수준 = 60% 단위: 10^6시간)

	r	0	1	2	3	4	5	6	7
M	1	0.092	0.202	0.311	0.418	0.524	0.629	0.734	0.839
P	0.1	0.916	2.022	3.105	4.175	5.237	6.292	7.343	8.390
R	0.01	9.163	20.223	31.504	41.753	52.336	62.919	73.426	83.898
S	0.001	91.629	202.231	310.538	417.526	523.662	629.192	734.265	838.977

$= n \times t_0$

고장률 보증시험 Table(신뢰수준 = 90% 단위: 10^6시간)

	r	0	1	2	3	4	5	6	7
M	1	0.230	0.389	0.532	0.668	0.799	0.927	1.053	1.177
P	0.1	2.303	3.890	5.322	6.681	7.994	9.275	10.532	11.771
R	0.01	23.026	38.897	53.223	66.808	79.936	92.747	105.321	117.709
S	0.001	230.259	388.972	532.232	668.078	799.359	927.467	1053.21	1177.09

U. S. Military 부품 Specifications은 (미)군용규격에서는 전기·전자부품의 신뢰성을 여러 수준으로 구분하고 있다. 신뢰성이 확보된 전기부품을 ER(Established Reliability) 부품이라 부르며, ER 전기부품(Electrical Components)들을 고장률에 따라 L, M, P, R, S, T 수준으로 다음과 같이 구분한다.

수 준	L	M	P	R	S	T
고장률	2×10^{-5}	1×10^{-5}	1×10^{-6}	1×10^{-7}	1×10^{-8}	1×10^{-9}

한편, 반도체도 등급을 다음과 같이 구분하고 있다. 여기서, 고장률은 같지만, 신뢰성을 보증하기 위한 활동을 얼마나 철저히 하는가를 평가한다.

○ JAN

○ JANTX: JAN+extra testing(special process & power conditioning on a 100% basis)

○ JANTXV: JANTX+internal, visual precap inspection+LTPD sampling acceptance

가속시험(accelerated test)

시간을 단축시킬 목적으로 사용조건보다 가혹한 조건에서 수행하는 시험을 총칭하여 가속시험이라 한다. 가속시험은 가속수명시험(Accelerated Life Test)과 가속스트레스시험(Accelerated Stress Test)으로 구분할 수 있다. 가속수명시험은 부품 또는 간단한 어셈블리를 대상으로 하며 사용조건보다 가혹한 일정 스트레스 조건에서의 시험데이터들을 분석하여 수명-스트레스 관계식을 추정하고, 이로부터 사용조건의 수명을 추정하기 위한 시험, 가속스트레스시험은 PBA(Printed Board Assembly) 또는 어셈블리를 대상으로 계단형 스트레스와 복합 스트레스를 적용하여 설계상의 약점을 발견하여 개선함으로써 신뢰성을 향상시키기 위한 시험이다.

가속수명시험과 가속스트레스시험의 비교

종 류	목 적	대 상	방 법
가속수명시험	사용조건에서의 수명 추정	부품 또는 간단한 어셈블리	일정스트레스 적용 수명-스트레스 관계식 이용
가속스트레스 시험	설계약점 발견 및 신뢰성 향상	PBA 또는 어셈블리	계단형 스트레스와 복합스트레스를 적용

(1) 가속시험의 효과는 ① 개발 및 양산 검증 시간을 단축시켜 개발기간을 단축

할 수 있고(최초 가속시험을 개발할 때는 비용이 들지만) 궁극적으로는 개발비용을 줄일 수 있다. ② 설계 평가를 위한 아이템의 성능정보와 잠재적 고장모드, 설계 취약점, 중요부품의 확인 등 신뢰성에 관한 많은 정보를 빨리 수집할 수 있다. ③ 가속수명시험의 경우, 사용조건에서의 수명을 빨리 추정하여 신뢰성을 보증할 수 있다.

(2) 한계 및 주의점은 ① 부적절한 가속수명시험 모델은 잘못된 결론을 초래할 수 있다. 따라서 가속수명시험 모델은 스트레스 적용범위 내에서 검증되어야 한다. ② 시험기간을 필요수준으로 단축하되, 스트레스 수준은 가능한 아이템의 동작 범위에 가깝게 선정해야 한다. 높은 스트레스 수준이 작동한계(Operating Limit)를 초과하면 안 되며, 낮은 스트레스 수준을 동작한계에 가깝게, 중복되게 정함으로써 정확한 가속수명시험모형을 개발할 수 있고, 경험적 스트레스 모형(아레니우스, 역승)을 사용하여 시험결과를 사용조건으로 외삽(Extrapolation)할 수 있다. ③ 시험 중에 가능한 측정과 모니터링을 많이 해야 한다. 더 좋은 모델을 수립할 수 있는 정보를 얻을 수 있다. ④ 가속조건에서 소비자 사용조건에서 나타나지 않는 고장모드가 나타나지 않음을 보증해야 한다. 즉, 사용조건과 가속조건의 고장모드와 메커니즘은 동일해야 하며, 가속조건에서 고장메커니즘의 변화(shift)가 있으면 안 된다. ⑤ 가속인자를 제외한 다른 인자들의 영향은 일정하게 유지되어야 하며, 시험제품은 최종개발 또는 양산 제품과 동일해야 한다.

가속스트레스시험(accelerated stress test)

가속스트레스시험은 아이템[PBA(printed board assembly), 어셈블리, 유닛 등에 결점을 가속할 수 있는 스트레스를 인가하여 설계상의 약점과 설계여유를 확인하고 강건설계(design ruggedization)를 하기 위한 시험으로 HALT(Highly Accelerated Life Test)라고 부른다. HALT에서는 스트레스 범위를 작동한계(operating limit)와 파괴한계(destruct limit)로 구분한다.

<h2 align="center">동작한계와 파괴한계</h2>

스트레스 범위	정 의
작동한계	○어떤 스트레스(온도, 진동) 수준에서 아이템이 기능을 수행하지 못하거나 성능이 규격(specification)을 벗어나지만 스트레스가 줄어들거나 제거되면 아이템이 정상으로 회복되는 스트레스 수준, 작동한계하한(lower operating limit, LOL)과 작동한계상한(upper operating limit, UOL)으로 구분
작동여유 (operating margin)	○작동한계의 평균과 제품규격한계와의 차
파괴한계	○어떤 스트레스 수준에서 제품이 기능을 수행하지 못하거나 성능특성이 규격을 벗어나며, 스트레스가 줄어들거나 제거되더라도 제품이 정상으로 회복되지 않는 스트레스 수준, 파괴한계하한(lower destruct limit, DLL)과 파괴한계상한(upper destruct limit, UDL)으로 구분
파괴여유 (destruct margin)	○파괴한계의 평균과 제품규격의 차이

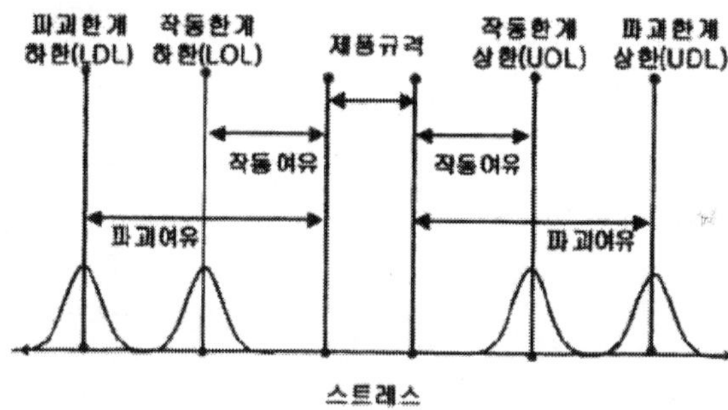

제품규격과 동작한계 및 파괴한계

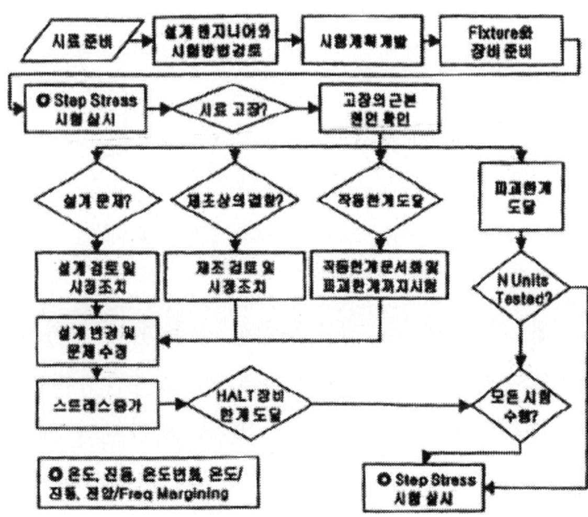

HALT의 일반적 적용절차

LOL을 확인하기 위한 cold step stress

UOL을 확인하기 위한 hot step stress

빠른 온도변화(rapid temperature transition)

진동 계단형 스트레스

온도 · 진동 복합시험

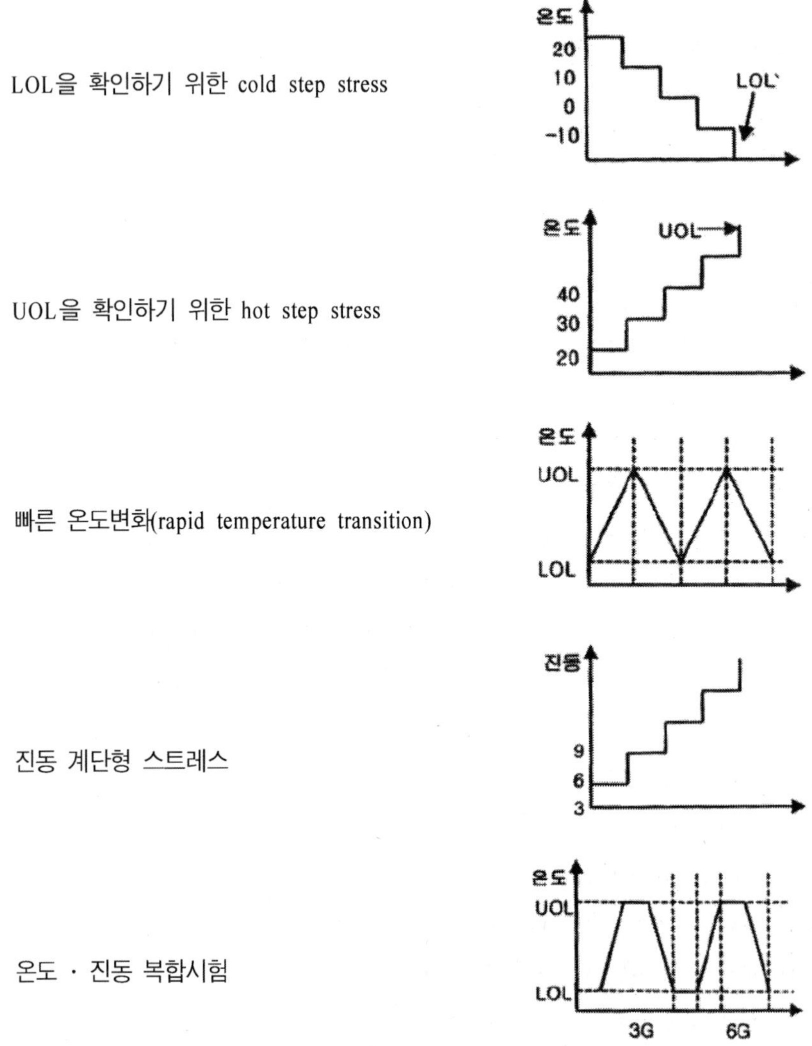

계단형 스트레스(step stress)시험 적용절차

  (1) 사전준비는 설계 엔지니어와 제품특성을 충분히 논의하여 인가 스트레스와 가용한 시료 수를 결정하고, 측정항목, 파라미터 및 고장판정기준을 결정한다.

  (2) 고정장치(fixture)와 장비 준비는 시험 제품에 에너지의 전달을 확실하게 하기 위한 진동 고정장치와 최대로 온도를 변화시키기 위한 air ducting을 설계. 시험 제품에 맞도록 챔버를 조율하고, 열전대를 부착하며, 모든 시험 장비와 케이블을 준비

한다.

(3) 계단형 스트레스시험 실시는 온도의 임의진동(random vibration) 스트레스를 계단형으로 인가하여 작동한계와 파괴한계를 찾기 위한 계단형 스트레스 시험을 실시한다. 일반적으로 시험은 그림과 같은 순서를 따라 진행한다. 온도 계단형 스트레스 시험은 cold step과 hot step으로 구분된다. cold step stress 시험은 온도를 계단형으로 낮추어가며 시험하고, hot step stress 시험은 온도를 계단형으로 올려가며 시험한다. 일반적으로 온도 계단형 스트레스 시험은 cold step을 먼저 실시하고 이후에 hot step을 실시한다. 한편 고장을 가속할 수 있는 제품 스트레스(product stress)인 전원, cold step 중 power cycling, 입력 전압, 부하, 주파수 변동 등도 함께 인가한다. 시험은 상온(20℃)에서 시작하여 온도를 10℃씩 계단형으로 감소(증가)하고 동작한계 또는 파괴한계에 가까워지면 온도를 5℃간격으로 감소(증가)하며, 기본기술한계(Fundamental Limit of Technology, FLT)에 도달할 때까지 시험을 한다. 여기서 FLT는 현 기술수준의 한계로 시정조치가 이루어질 수 없고 기술혁신이 되어야 확장될 수 있는 작동 또는 파괴한계를 의미한다. 만일 FLT가 만족스럽지 않으면 기술변경이 요구될 수도 있다. 각 온도수준에서 유지시간은 10분 이상이며, 기능의 수행여부를 확인하기 위한 측정을 한다.

② 빠른 온도변화 시험(fast thermal transitions)은 온도 계단형 스트레스 시험에서 확인된 동작한계의 5℃ 이내에서 온도범위를 설정하고, 가능한 빨리 온도를 변화시킨다. 이때, 온도 계단형 스트레스 시험과 마찬가지로 제품 스트레스도 함께 인가한다. 온도변화는 적어도 10분 동안 계속하며, 최대 온도변화를 제품이 견디지 못하면 작동한계를 찾을 때까지 분당 10℃씩 온도변화율을 감소시킨다. ③ 진동 계단형 스트레스 시험은 온도 계단형 스트레스 시험의 hot step과 유사한 방법으로 진행한다. 즉, 진동을 계단형으로 올려가며 시험하며, 제품 스트레스도 함께 인가한다. 시험은 3~5grms에서 시작하여 계단형으로 3~5grms씩 증가시키며, FLT에 도달할 때까지 시험을 수행한다. 각 진동수준에서 제품의 유지시간은 최소 10분 이상이며, 기능의 수행여부를 확인하기 위한 측정을 한다. ④ 온도·진동 복합시험은 온도 계단형 스트레스와 빠른 온도변화 시험에서 결정된 온도의 동작한계와 유지시간 및 온도변화율을 사용하여 온도 profile을 개발한다. 이때, 전압 cycling과 같은 제품 스트레스도 합병하여 프로파일을 개발한다. 대략 5grms의 진동수준에서 온도 프로파일에 따라 시험을 진행한다. 그리고 진동 계단형 스트레스 시험 중에 결정된 진동 증분에 따

라 계단형으로 진동을 올리면서 온도 프로파일을 적용하여 시험을 한다.

(4) 시험 후 처리 및 관리

HALT에서 발생한 모든 고장은 근본원인(root cause)을 확인해야 하며, 설계 엔지니어와 HALT와 근본원인분석의 결과를 논의해야 한다. 그리고 필요한 시정조치를 결정하고 시행하며, 문제가 시정되고 새로운 문제가 도입되지 않았음을 확인하기 위한 HALT를 수행한다. 그리고 설계변경이 이루어지면 주기적으로 제품을 평가한다.

가속수명시험(accelerated life test)

가속수명시험은 제품의 실사용조건보다 가혹한 조건(가속조건)에서 시험하여 고장을 촉진시키고, 가속조건에서 관측된 데이터로부터 수명-스트레스 관계를 추정하고, 이를 사용조건으로 외삽(extra polation)하여 사용조건에서의 수명을 빨리 추정하기 위한 시험이다.

가속수명시험에서 고장을 가속하기 위한 방법으로 ① 사용률을 높이거나, ② 과부하를 인가할 수 있다. 사용률을 높여 가속을 시키는 예로, 베어링을 실제 사용속도보다 빠르게 시험하거나, 절연 내구시험에 사용하는 교류전압을 60㎐ 대신 412㎐에서 시험하는 경우, 냉장고 문의 내구 개폐시험, TV의 on-off 스위치시험 등, 많은 경우가 있다. 과부하를 인가하여 고장을 가속시키는 경우는 온도, 전압, 습도, 진동, 부하 등, 고장(메커니즘)을 가속시킬 수 있는 스트레스를 사용조건보다 가혹하게 설정하고 시험하면 제품의 고장을 가속할 수 있다. 일반적으로 온도를 높이면 화학반응속도가 빨라져 재료의 열화와 고장이 가속되는 것이 그 예이다.

> 사례: 사용률 가속은 가정에서 하루 2회 세탁기를 사용하여 빨래를 하고, 한번 세탁에 1시간이 소요된다. 1년에 평균 300일 세탁을 하면 10년 동안 세탁기를 사용하는 총 시간은 2(회 / 일)1(시간 / 회)300(일 / 년)10년＝6,000(시간)이다. 만일 하루에 20시간씩 시험을 하면 6,000 / 20＝300(일)이 소요되며, 즉 10년 사용시간을 300일로 가속한 것과 같다.

가속수명시험에서 시험제품에 스트레스를 인가하는 일반적 방법

종 류	내 용	스트레스 프로파일
일정 스트레스 (constant stress)	스트레스를 일정하게 유지	스트레스 / 시간
계단형 스트레스 (step stress)	스트레스를 계단형으로 증가	스트레스 / 시간
점진적 스트레스 (progressive stress)	스트레스를 선형으로 증가	스트레스 / 시간
주기적 스트레스 (cyclic stress)	스트레스를 주기적으로 변화	스트레스 / 시간
임의 스트레스 (random stress)	스트레스를 임의로 변화	스트레스 / 시간

가속계수(acceleration factor)

가속계수는 사용조건에서의 수명과 가속조건에서의 수명의 비(ratio)로 정의된다. 즉, t_d를 사용조건에서의 수명, t_a를 가속조건에서의 수명이라고 하면, 가속계수 AF는 다음과 같다:

$$AF = \frac{t_a}{t_d}$$

사례: 사용조건 85에서 1,600시간 동안 사용하면 고장나는 아이템이 있다. 이 아이템을 125에서 사용하면 100시간 만에 고장이 난다면, 이때 가속계수는 AF = 1,600 / 100 = 16이 된다. 즉, 사용조건 85에서의 수명이 125에서 16배 가속된다고 할 수 있다.

사용조건에서의 수명과 가속조건에서의 수명의 비가 가속계수의 수학적 정의이지만 실제로 가속계수를 추정할 때는 신뢰성 척도 관점에서 산출한다. 수명은 일정한 상수 값이 아닌 확률변수이므로 수명분포의 모수 또는 대표 값(평균수명, 고장률, 중앙 값 또는 백분위 수)을 비교하여 가속계수를 구할 수 있으며, 단 주의해야 할 점은 동일한 기준을 적용해야 한다는 것이다. 가속계수를 표현할 수 있는 방법을 지수분포를 중심으로 예시하면 다음과 같다.

① 평균수명 $AF = \dfrac{\theta_d}{\theta_a}$, ② 고장률 $AF = \dfrac{\lambda_a}{\lambda_d}$, ③ B_{10}수명 $AF = \dfrac{B_{10(d)}}{B_{10(a)}}$

$B_{10(d)}$ 사용조건에서의 B_{10}수명, $B_{10(a)}$ 가속조건에서의 B_{10}수명

④ 중앙(B_{50})수명은 $AF = \dfrac{B_{50(d)}}{B_{50(a)}}$

$B_{50(d)}$ 사용조건에서의 중앙수명, $B_{50(a)}$ 가속조건에서의 중앙수명

일반적으로 가속계수를 ① 지수분포의 경우에는 평균수명 또는 고장률로, ② 와이블 분포는 척도모수로, ③ 대수정규분포는 중앙수명으로 표현한다. 그러나 B_{10} 또는 B_5 수명과 같이 특정 백분위수 값을 기준으로 가속계수를 산출해도 무방하다. 수명 – 스트레스 관계식은 수명분포의 모수와 스트레스의 관계를 나타내는 모델이므로, 가속계수를 수명 – 스트레스 관계식으로부터 산출할 수 있다. 특정 수명 – 스트레스 관계식과 관련된 가속계수는 해당 모델에서 설명하기로 한다. 가속계수는 사용조건과 특정 가속조건 간의 수명의 비를 나타내므로, 가속시험조건이 달라지면 가속계수도 바뀌게 된다. 그러나 고장 메커니즘이 변하지 않으면서 이전 (가속)시험조건보다 더 가혹한 조건을 설정하면 가속계수의 값이 이전보다 커질 것이라는 것은 쉽게 예상할 수 있다.

가속계수의 산포

기업체를 대상으로 한 가속수명시험 교육에서 어떤 교육생이 다음과 같은 질문을 한 적이 있다. 동일한 아이템인데 왜 가속계수 값이 다른 자료들이 있는가? 그 당시에는 매우 당황하여 질문에 제대로 답을 하지 못했던 것으로 기억된다. 동일한 아이템에 대하여 서로 다른 가속계수 값이 제시되는 이유는 무엇인가? 아이템의 사용·적용조건이 동일하더라도 다음과 같은 이유로 ① 가속계수는 가속시험 조건에 의하여 결정된다. 시험조건이 다르면 가속계수는 달라지므로, 어떤 시험조건에서 추정된 가속계수인지를 확인해야 한다. 즉 30℃에서 100℃로 가속할 때와 30℃에서 120℃로 가속할 때 가속계수는 다르다. ② 가속계수를 표현하는 척도에 따라, 평균수명을 비교하여 산출된 가속계수와 B_{10}수명을 비교하여 산출된 가속계수 값은 분포에 따라 달라질 수 있다. ③ 아이템의 신뢰성은 제조업체의 기술수준에 따라서 다르다. 따라서 시험에 사용한 아이템, 즉 어느 업체의 시료를 사용하였느냐에 따라 가속계수 추정 결과는 달라질 수 있다. ④ 동일한 로트에서 추출한 샘플이라도 품질변동이 존재한다. 따라서 가속수명시험에 사용한 시료의 산포에 따라 가속계수가 달라질 수 있다. ⑤ 기타 시험환경(장비, 측정, 관리)에 따라 결과가 달라질 수 있다.

가속수명시험 모형(accelerated life test model)

가속수명시험을 통하여 사용조건에서의 수명을 추정하기 위해서는 모형이 필요하다. 이 모형은 (1) 가속수명시험조건에서의 데이터를 분석하기 위한 수명분포와 (2) 가속조건에서의 신뢰성정보를 사용조건으로 외삽하기 위한 수명-스트레스 관계로 구성된다. 그림은 가속수명시험 모형의 구성요소를 나타낸 것으로 수명분포와 수명-스트레스 관계의 조합에 따라 여러 가지 모델이 있을 수 있다. 예를 들면, 지수-아레니우스 모형, 와이블-역승 모형 등이 있다.

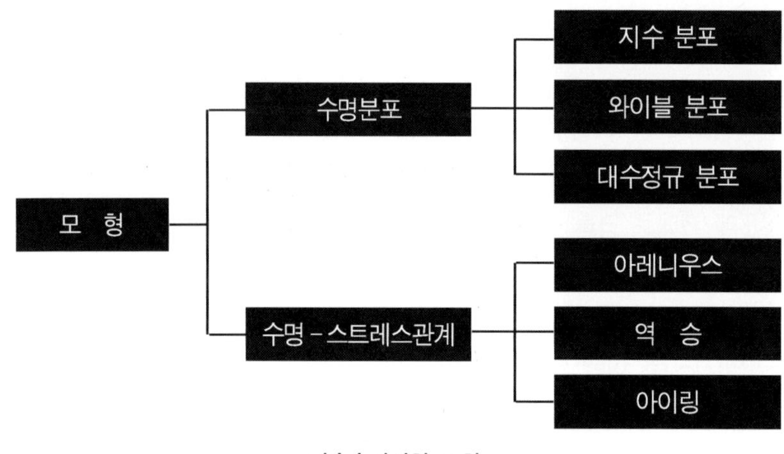

가속수명시험 모형

(1) 아레니우스 모형(Arrhenius model)

아레니우스 모형은 온도에 의한 가속수명시험에서 가장 널리 사용되는 수명－스트레스 관계이다. 스웨덴의 화학자 Svante August Arrhenius(1859～1927)는 액체, 기체, 또는 고체가 화학반응을 할 때 발생되는 활성화 에너지와 온도의 반응률에 대한 연구를 통하여 다음과 같은 아레니우스 방정식을 발표하였다.

$$(화학반응률) = A' \exp[-E / (kT)]$$

E: 활성화 에너지(activation energy)(단위: eV)

k: 기체 상수(8.6173×10^{-5} eV / ℃)

T: 절대온도(섭씨온도＋273.16)

A′: 재료와 시험조건에 따른 상수

활성화 에너지는 반응에 고유한 상수이며 정상상태에서 열화상태로 이행에 요구되는 에너지의 크기를 나타낸다.

아레니우스 모형은 아레니우스 방정식을 가속수명시험에 응용한 것으로, 화학반응이 임계량(critical amount)에 도달하면 고장이 발생한다고 가정한다. 즉,

$$(\text{임계량}) = (\text{반응률}) \times (\text{고장시간})$$
$$(\text{고장시간}) = (\text{임계량}) / (\text{반응률})$$

따라서 아레니우스 모형은 고장시간( )이 반응률에 반비례하는 다음과 같은 형태로 표현된다:

$$\tau(T) = A \ \exp[E / (kT)].$$

아레니우스 모형을 로그 변환하면 다음과 같이 선형식으로 표현이 된다.

$$\ln[\tau(T)] = \ln(A) + (E / k) \cdot (1 / T)$$

따라서 아레니우스 모형은 $\ln[\tau(T)]$와 $(1 / T)$이 선형으로 표현되는 대수선형(log$-$linear) 관계식이다.

아레니우스 모형에서 가속계수는 다음과 같다.

$$AF = \frac{\tau(T_d)}{\tau(T_a)} = \exp[(\frac{E}{K})] \cdot (\frac{1}{T_d} - \frac{1}{T_a})]$$

사례: 정격온도 85℃에서 사용하는 Transistor를 125℃에서 시험하였다. 활성화 에너지가 0.7eV이면, 가속계수 $T_d = 273 + 85 = 358$(℃), $T_a = 273 + 125 = 398$(℃), E = 0.7eV이므로 AF$= \exp[(0.7 / 8.61 \times 10^{-6})[1 / 358 - 1 / 398] \fallingdotseq 10$. 따라서 Transistor의 수명이 125℃에서 85℃보다 약 10배 가속된다고 할 수 있다. 따라서 85℃에서 1000시간 동안 시험하는 것과 125℃에서 100시간 시험하는 것이 동일한 효과를 갖는다고 볼 수 있다.

(2) 역승 모형(inverse power model)

역승 모형은 전압, 부하 등 온도 이외의 스트레스를 이용하여 절연체, 베어링, 백열전구 등 가속수명시험에 널리 사용되는 수명－스트레스 모형으로, 고장시간(τ)과 스트레스(V)의 관계를 다음과 같이 가정한다.

$$\tau(V) = \frac{A}{V^{r}}$$

V: 스트레스

A, γ: 재료, 제품의 구조 및 시험방법 등에 따른 상수

역승 모형을 로그 변환하면 다음과 같이 선형식으로 표현이 된다.

$$\ln[\tau(V)] = \ln(A) - \gamma \cdot \ln(V)$$

따라서 역승 모형은 $\ln[\tau(V)]$와 $\ln(V)$가 선형식으로 표현되는 대수선형(log－linear) 관계식이다. 역승 모형에서 가속계수는 다음과 같다.

$$AF = \frac{\tau(V_d)}{\tau(V_a)} = \left(\frac{V_a}{V_d}\right)^{\gamma}$$

역승 모형의 특별한 형태는 ⓐ 코핀－맨슨 식(Coffin－Manson equation)에서 온도 사이클에 의한 금속의 저주기 피로 고장메커니즘을 모형화할 때에 사용된다. 온도 사이클의 온도범위 ΔT의 함수로서 고장에 이르기까지의 주기 N은 다음과 같이 표현된다.

$$N = \frac{A}{(\Delta T)}$$

여기서, A와 B는 재료, 시험방법 등에 따라 결정되는 상수이다. 전자분야에서는 납땜부위의 피로수명을 모형화하는 데 적용, 금속에서는 피로수명을 대수정규분포로 모형화하였으며, B값은 대략 2 정도로 알려져 있고, 마이크로일렉트로닉스 박막의 B값은 대략 5가 된다.

ⓑ 팜그린 식(palmgren's equation)에서 롤러 또는 볼 베어링의 수명시험은 기계적 응력을 높여 시행하며, 스트레스의 함수로 표현되는 수명(회전수, 단위: 10^{-6})은 수명분포의 10번째 백분위수 B_{10}으로 다음과 같이 표시한다.

$$B_m = (\frac{C}{P})^P$$

여기서, C는 베어링상수, P는 응력(단위: 파운드), p는 지수이다. 일반적으로 베어링 수명은 와이블 분포로 모형화할 수 있으며, 역승 모형과 결합되어 사용한다. 롤러베어링의 경우, 와이블 형상모수 β는 실제 사용에서는 1.1~1.3, 실험실에서는 1.3~1.5의 범위의 값을 갖는다. 볼베어링의 경우, β=3, 롤러베어링에는 β=10/3이 사용된다.

(c) 테일러의 식(Taylor's equation)에서
절삭공구의 중위수명에 대해 Boothroyd가 제시한 모형으로, 중앙수명은 다음과 같다.

$$B_{50} = \frac{A}{V^m}$$

여기서, V는 절단속도(feet / sec), A와 m은 공구의 자재, 기하학적 형상 등에 의해 결정되는 상수이다. 높은 stress 강철에 대해서는 $m \approx 8$, 탄화물에 대해서는 $m \approx 4$, 세라믹에 대해서는 $m \approx 2$ 정도가 된다.

(3) 아이링 모형(Eyring model)

아이링(Eyring) 모형은 아레니우스 모형과 함께 온도에 의한 가속수명시험에 사용되는 수명－스트레스 관계식으로, 전기장에 의한 가속, 화학적 열화 반응에 적용할 수 있는 모형이다. 고장시간(τ)과 스트레스(V)의 관계를 다음과 같이 가정한다.

$$\tau = \frac{A}{T} \exp\left[\frac{B}{kT}\right]$$

τ: 평균수명

T: 절대온도

A, B: 재료, 제품의 구조 및 시험방법 등에 따른 상수

(4) 일반화된 아이링 모형(generalized Eyring model)

일반화된 아이링 모형(Generalized Eyring Model)은 온도와 온도 외의 전압, 전류 등의 다른 스트레스를 복합적으로 인가하는 가속수명시험에서 사용되는 수명-스트레스 관계식이다.

일반적인 형태는 다음과 같다.

$$\tau = \left(\frac{A}{T}\right) \cdot \exp\left[\frac{B}{KT}\right] \cdot \exp\left[V[C + \frac{D}{KT})]\right]$$

τ: 평균수명

T: 절대온도, V: 온도 이외의 스트레스

A, B, C, D: 재료, 제품의 구조 및 시험방법 등에 따른 상수

ⓐ 일렉트로마이그레이션 모형

일렉트로마이그레이션은 금속에 전류가 흐를 때 일어나는 금속 이온의 이동현상으로, 온도 T와 전류밀도 J에 의하여 가속된다고 알려져 있다.

$$\tau = AJ^{-m} \exp[E / (kT)]$$

여기서, τ는 중앙수명, T는 절대온도, J는 전류밀도이다.

ⓑ 온·습도모형

전자부품, 특히 PEM(Plastic Encapsulated Microcircuits)에 대하여 적용하는 85 /

85%RH 시험은 대표적인 고온·고습에 의한 가속수명시험의 예라고 할 수 있다. Peck(1986)은 고온·고습에 의한 가속수명시험 모형으로 다음과 같은 관계식을 제안하였다.

$$\tau = A\,(RH)^{-m}\exp[E/(kT)]$$

이 모형은 아레니우스 모형과 (역승 형태의)습도모형이 곱해진 형태이며, Peck의 모형이라 부른다. Intel(1988)는 Peck의 모형과 다른 다음과 같은 관계를 사용한다:

$$\tau = A\,\exp(-B\cdot RH)\,\exp[E/(kT)]$$

6-4. 부품의 고장해석 기법

(1) 불량 분석 절차

① FAILURE ANALYSIS LAYOUT

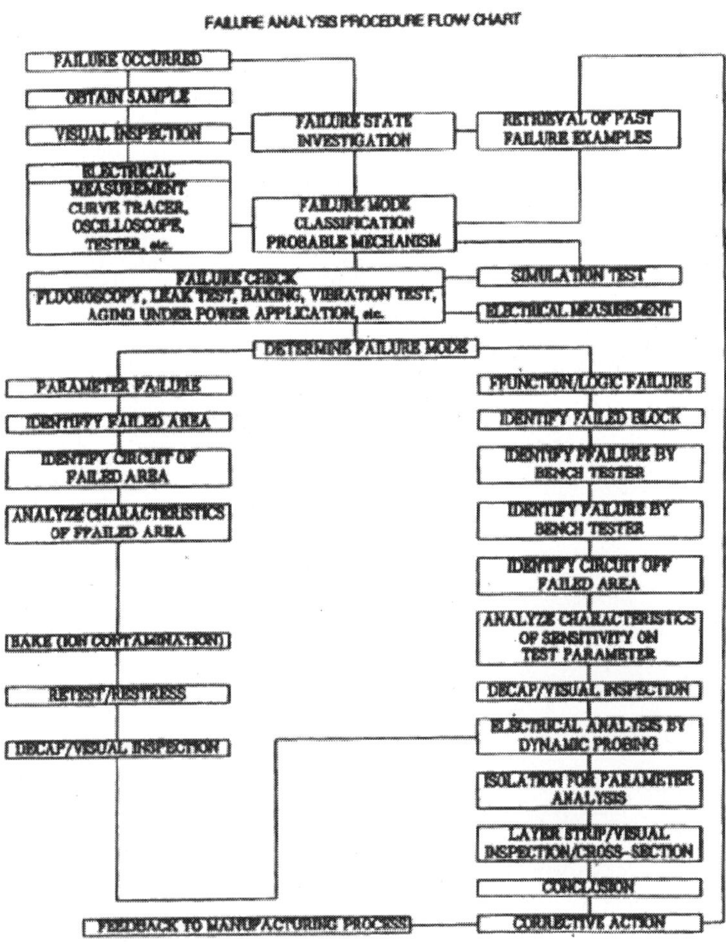

(2) 불량분석 방법

불량분석의 방법론

불량시료에 대한 불량모드와 MECHANISM을 증명하기 위한 개괄적인 방법론이다.

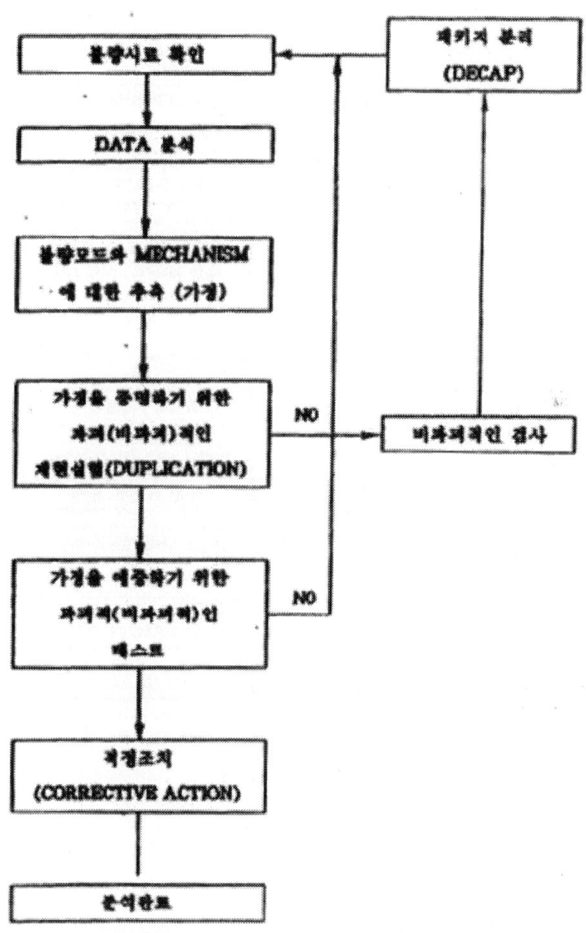

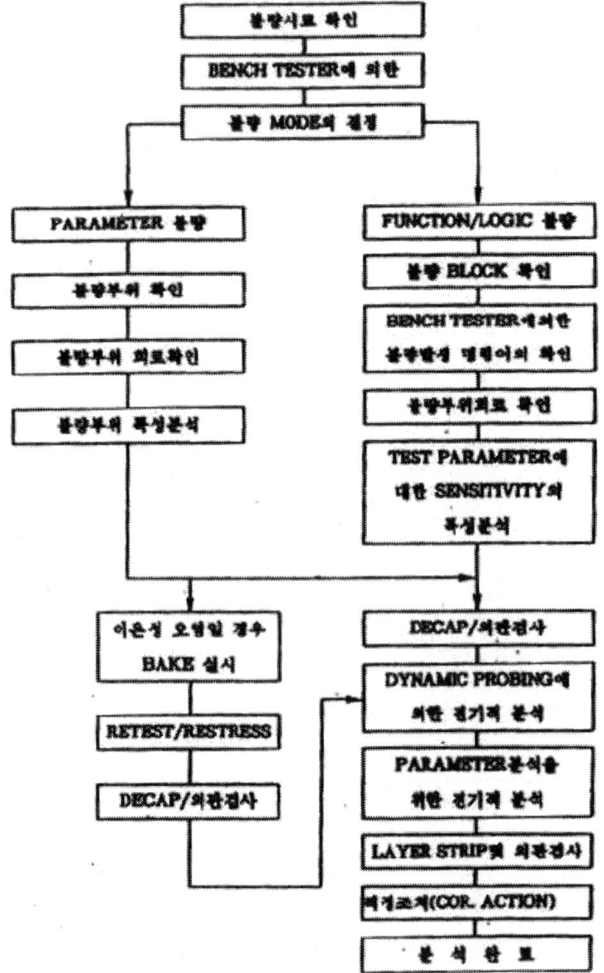

불량분석 공정 흐름도 및 절차

(3) FAILURE MODE AND MECHANISMS

LTEM	TTPE OF FAILURE	FAILURE MODE	CAUSE
WIRE BONDING	WIRE DISCONNECTION	OPEN	INCOMPLETE MANUFACTURE OR MISUSE INCOMPLETE MANUFACTURE
	WIRE SHORT	SHORT	
	PURPLE PLAGUE	OPEN, HIGH RESISTANCE	
	BOND DETACHING	OPEN, HIGH RESISTANCE	
	MISPLACED BONDING, LOOSE CONTACT	OPEN, HIGH RESISTANCE SHORT	
	IMPROPER BOND SHAPE ERRCNEOUS BONDING	OPEN, HIGH RESISTANCE OPEN, HIGH RESISTANCE	
JUNCTION REGION	DESTRUCTION BY SURGE	LOW BREAKDOWN VOLTAGE, SHORT, OPEN	INCOMPLETE MANUFACTURE OR MISUSE
	HOT SPOT		
CASE	LEAD DISCONNECTION	OPEN, HIGH RESISTANCE	SAME AS ABOVE
	LEAD SHORT	SHORT, HIGH LEAKAGE	
SEAL	INCOMEPLETE SEAL		SAME AS ABOVE
	ENCLOSED HIGH HUMIDITY GAS	BREAKDOWN VOLTAGE DETERIORATION, HIGH	
	CONTAMINATION OF SURFACE	LEAKAGE SHORT, LOW BREAKDOWN VOLTAGE LARGE LEAKAGE	
	DUST AND DIRT		
NETALLIZATION	HIGH CURRENT DENSITY	OPEN, SHORT	MISUSE INCOMPLETE MANUFACTURE INCOMPLETE MANUFACTURE OR MISUSE
	ELECTROMIGRATION	OPEN, HIGH RESISTANCE	
	SCRATCH	OPEN, SHORT	
	INSUFFICIENT THICKNESS EXCESSIVE ETCHING	OPEN, HIGH RESISTANCE OPEN, HIGH RESISTANCE	
	CONTAMINATION, DUST AND DOLT		
	POOR WIRING AND ELEMENT CONNECTION		
CHIP MOUNTING	CHIP CRACK	OPEN, SHORT	SAME AS ABOVE
	CHIP DETACHING	OPEN, SHORT, HIGH THERMAL, RESISTANCE	
OXIDEZED FILM	PINHOLE, CRACK	LOW BREAKDOWN VOLTAGE, SHORT	INCOMPLETE MANUFACTURE
	INSUFFICIENTLY OXIDZED FILM THICKNESS	LOW BREAKDOWN VOLTAGE	
SURFACE TREATMENT	CHANNEL FORMATION	LOW BREAKDOWN VOLTAGE	SAME AS ABOVE
	CONTAMINATION	HIGH LEAKAGE	
MASK	INSUFFICIENT PHOTORESIST	LOW BREAKDOWN VOLTAGE	SAM AS ABOVE
	MASK MISALIGNMENT	SHORT, OPEN, HIGH LEAKAGE	
MATERIAL AND DIFFUSION	IMPROPER IMPURITY DENSITY	SAME AS ABOVE	SAME AS ABOVE
PACKAGE	PACKAGE CRACK	OPEN	IMPROPER OLDERING CONDITION
	WTRE DISCONNECTION		

(4) 일반전자부품의 고장률과 수명

기 호	구 분	요인 내용	사 례	신뢰성보증
ⓐ	초기 고장	설계품질이 시장 환경과 사용 조건에 적합하지 않는 경우와 제조품질의 편차가 큰 경우에 발생. 신제품 완성을 저해하는 최대의 요인	• 그리스 경화에 의한 스위치 동작불량(실환경 − 40℃의 그리스사용) • 금형찌꺼기에 의한 성형품의 균열	• 실용환경시험 • FMEA · FTA • 고장해석 (Characterization)
ⓑ	돌발집 중고장	시간이 경과한 후 대량으로 발생하는 것으로 모든 미지현상의 경우도 있지만 상당수는 설계상의 과거실패의 반복과 제조상의 돌발트러불이 원인	• Dendrite에 의한 단락 고장 • 그리스 변경에 의한 성형품의 계절균열 • 코일 등의 전식단선	• FMEA · FTA • 각종 체크리스트 • 고장해석 (Characterization)
ⓒ	우발 고장	일정비율로 발생하는 것으로 제품에 의한 레벨차가 있다. 설계요인 및 사용 환경에서 대부분 결정된다.	• 정전파괴에 의한 동작불량	• 신뢰도예측 • 고장률시험 • 가속시험
ⓓ	마모 고장	일정기간을 거쳐, 즉 수명이 다해 열화해가는 것으로 제품에 따라 수명이 확실한 것과 그렇지 않은 것이 있다. 설계요인 및 사용 환경에서 대부분 결정된다.	• 알루미늄 전해콘덴서의 Dry −up에 의한 용량제거 • 가변저항기의 습동 수명 • 벨트와 베어링의 마모파손	−

일반전자부품의 신뢰성 기본

① 우발고장 영역에서의 고장률, ② 마모고장영역이 되는 수명

부품의 고장률과 수명

fit: 1만 개의 전자부품을 약 12년 사용하여 경과한 1개의 고장비율

대구분	소구분	제품명	표준고장률(fit)
저항기	고정저항기	탄소피막저항기	1
		금속피막저항기	1
		산화금속피막저항기	1
		권선저항기	15
		솔리드저항기	15
		각판형 칩 저항기	0.5
	가변저항기	탄소피막저항기	20
		Cermet 저항기	20
		권선저항기	20
	반고정저항기	탄소피막저항기	20
		Cermet 저항기	20
	저항네트워크	1소자당 1fit으로 계산	–
콘덴서	고정콘덴서	알루미늄 전해콘덴서	20
		탄탈 전해콘덴서 (Hermetic 타입, DIP는 ×2)	10
		자기콘덴서	3
		적층 칩 콘덴서	(5)
		필름콘덴서	10
	가변콘덴서	Trimmer 콘덴서	10
		동조용 콘덴서	10

부품의 고장률과 수명　　　　fit: 1만 개의 전자부품을 약 12년 사용하여 경과한 1개의 고장비율

대구분	소구분 제품명(및 특징)	표준고장률(fit)
스위치	누름스위치	20×(5 전원용은)
	로터리스위치	40×(5 전원용은)
	슬라이드스위치	40×(5 전원용은)
	Toggle 스위치	40×(5 전원용은)
커넥터	인쇄기판용(1pin당)	0.5
	기타(각종 타입이 있고 일률적이지 않음)	1~10
세라믹소자	배리스터	2
	서미스터	20
	필터	10
표시소자	LED	100
	램프	(1200)
변성기	전원트랜스	50
	결합트랜스	5
	코일	10
기 타	수정진동자	200
	릴레이	50
	솔더링 접속(1점당)	0.5
	스피커	(200)

환경부하와 영향

환 경	영 향
저 온	크랙, 수축, 윤활저하, 빙결
고 온	팽창, 크랙, 변형(연화), 산화, 증발, 점도저하, 확산
열	크랙, 팽창, 연화, 산화, 증발, 점도저하, 확산
열충격, 열주기	박리, 피로, 크랙
고 온	부식, 전해, 누설전류 증대, 팽윤, 크랙, 결로
진동, 충격	크랙, 단락, 피로, 공진, 느슨해짐, 파손, 폐해
gas	부식, 산화, 황화
모래, 먼지	접촉불량, 쇼트, 마모
하중압력	변형, 갈라짐, 접힘
공기압, 수압	변형(팽창, 수축)
방사선, 일사	열화, 퇴색, 취약화
noise	오동작, 파괴

(5) stress와 고장발생 Mechanism

고장분석(Failure Analysis)

고장 분석은 개발 단계시의 사전 분석에서 고장 발생 후의 사후분석까지 물리·화학·재료·전기적 분석기술에 의하여 아이템의 잠재적 혹은 나타난 고장을 확인하고 고장 근본원인·고장 메커니즘·고장발생률·고장의 결과 및 영향을 검토하여 시정조치 하기 위한 계통적 조사 연구입니다.

스트레스와 고장 발생

외적 요인	대상 제품 내부	결과(고장모드)
● 응력(stress) ● 사용 환경 조건의 변화 　-온도, 습도 　-전압, 전류	● 소재 요인 　-이물, 결함 　-열화, 마모 ● 내부 요인 　-화학반응 　-팽창, 수축 　-물리적 변화	● 기계적 특성 변화 　-수명 　-강도 ● 전기적 특성 변화 　-단락 　-개방 　-특성 변화

고장모드, 고장메커니즘의 대표사례

동작스트레스	환경스트레스	고장모드	고장메커니즘
기계적 하중	온도 고온, 저온	파단, 절손 균열	피로, 마모
Torque	습도	변형	Creep
전류부하	일사량	어긋남, 느슨함	확산, 흡착
전압	가스, 오존	부착	전기분해
유기전하	돌, 모래가루 먼지	잡음, 이음	화학적 오염
복사 에너지	충격	소손	부식
	진동, 공진	표면거칠기	과부하

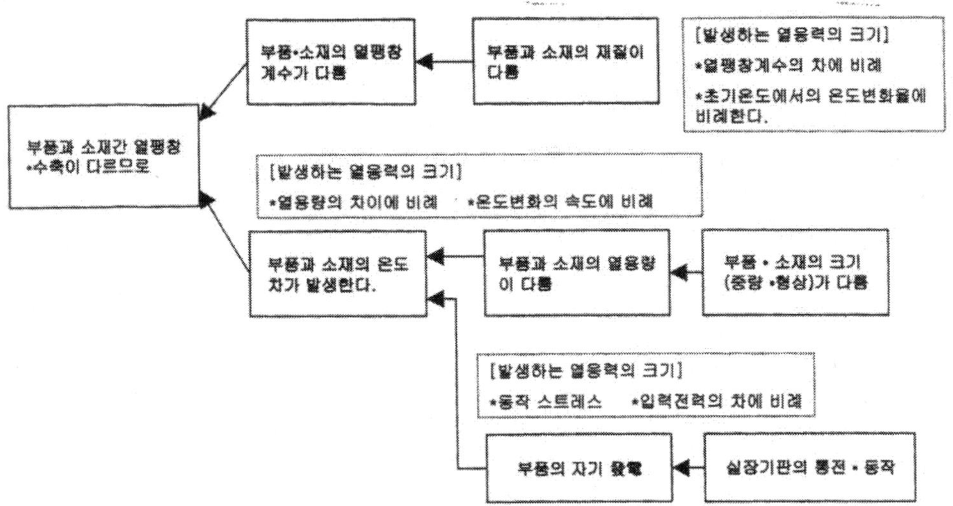

온도변화에 의한 열응력의 발생메커니즘

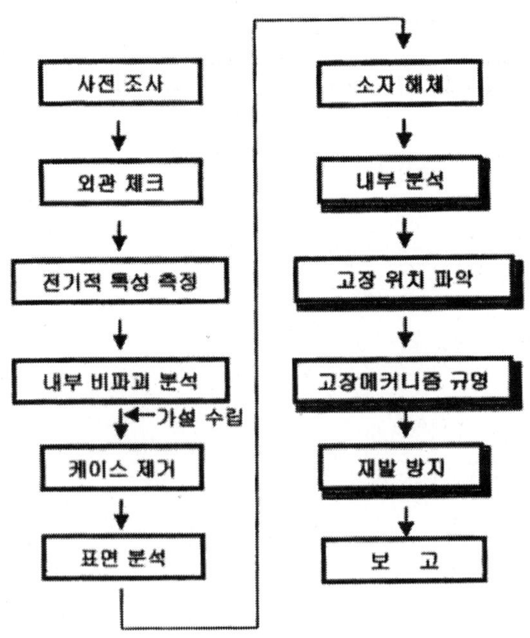

전자부품의 고장 분석 절차

고장분석 절차 및 내용

절 차	고장 내용
① 사전 조사	제품의 사용환경(온도, 습도), 발생상태(수량, 발생시기, 로트 의존성), 고장재현성의 확인(불안전한 경우는 신중히)
② 외관 검사	실장상태(납땜, 역실장 유무), 단자부(오염, 플럭스 부착, 휘스커), 부품, 실장면 표면상태 확인
③ 전기적 특성 측정	실사용 전압이하에서 측정(전압인가에 의한 회복방지), 재현되지 않는 경우에는 온도를 변화시키면서 확인
④ 비파괴해석	이 단계에서 가능한 많은 정보를 수집, 고장내용에 맞는 각종 검사장비의 활용, 양품과 비교
⑤ 케이스 제거	소자의 영향을 최소한으로 하는 용해약품의 종류, 시간 등, 케이스 제거 후의 불량 확인
⑥ 표면 분석	매크로(macro) 분석에서 마이크로(micro) 분석, 고장 내용에 맞는 각종 장비 활용
⑦ 소자 해체	부품구조, 재료의 사전 이해, 해체작업에 의한 소자 파괴 방지 (국부해체, 단면해체)
⑧ 내부 분석	매크로 분석에서 마이크로 분석, 유효한 분석기기의 조사 및 활용, 양품과 비교
⑨ 고장 위치 파악	양품과 다른 점 명확화(비교조사), 특정 개소를 제거하면 회복되는지, 과거 사례와 비교해서 동일한지 비교분석
⑩ 고장메커니즘 규명	과거 고장분석사례 조회, 고장모델에 따른 고장메커니즘의 측정과 적합성평가, 재현 시험의 실시
⑪ 재발 방지	재발방지 대책의 명확화, 고장원인으로 된 부문에 피드백

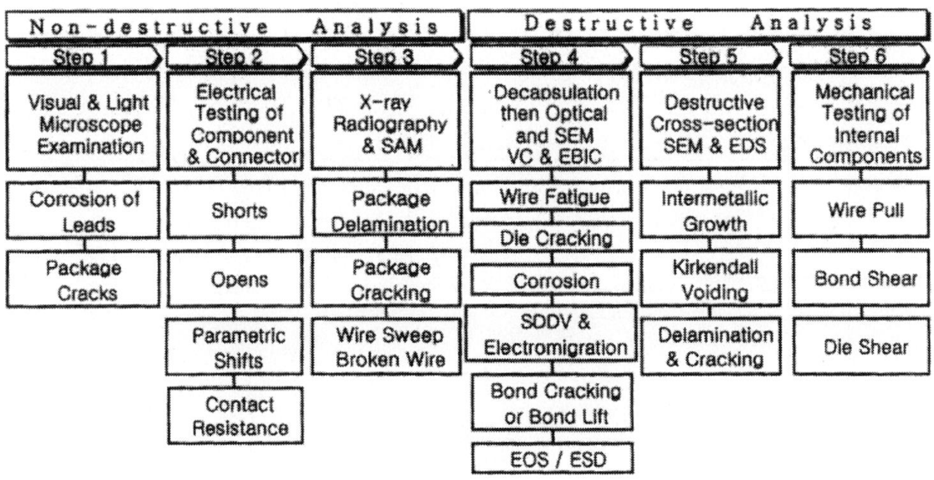

반도체 전자부품(IC)의 고장분석 과정

솔더 접합부 신뢰성에서의 물리, 화학적 인자와 평가식

대분류	항 목	평가(수명)식
열 기 계 적 신 뢰 성	(1) 정적파괴	$\sigma = E_\varepsilon^n$ ·····(8.4.1) σ: 응력, E: Young율 ε: 변형, n: 가공경화계수
	(2) 열 피로파괴	Manson Corfin(맨슨코핑)보정식 $N_f = C \cdot f^m (\triangle \varepsilon p)^{-n} \exp(\dfrac{Q}{kT_{max}}))$ ·····(8.4.2) N_f: 수명, C: 재료상수, m, n: 지수 f: 반복주파수, $\triangle \varepsilon p$: 소성변형진폭, Q: 활성화 에너지, k: 볼츠만 상수, T_{max}: 사용최고온도
	(3) Creep파괴	$T(\ln t_R + A) = B - C_{\tau c}$ ·····(8.4.3) (Larson Mirror 식) T: 사용온도, t_R: 파단까지의 시간 A, B, C: 재료상수, τc: Creep강도 $\dot{\varepsilon} = B \cdot (\sigma / E)^n Do \exp(Q_{SD} / kT)$ ·····(8.4.3) $\dot{\varepsilon}$: Creep 변형속도, B: 상수, Do: 빈도인자, σ: 부하응력, E: Young율, T: 절대온도, n: 지수, Q_{SD}: 자기확산 활성화 에너지, k: 볼츠만 상수
	(4) 진동파괴	$f = \dfrac{1}{2\pi} \sqrt{\dfrac{k}{m}}$ ·····(8.4.4) f: 고유진동수, k: 스프링 상수, m: 중량
전 기 · 화 학 적 신 뢰 성	(1) 부식	
	(2) 마이그레이션	$N_m = C \cdot E^{-m} \cdot H^{-n} \exp\left[\dfrac{Q}{kT}\right]$ ···(8.4.5) N_m: 마이그레이션 수명, C: 상수, E: 전계강도, H: 절대습도, m, n: 지수, k: 볼츠만 상수, T: 온도, Q: 활성화 에너지
	(3) 일렉트론 마이그레이션	$N_{em} = A \cdot J^{-n} \cdot \exp(Q / kT)$ ·····(8.4.6) N_{em}: 단선수명, A: 상수, J: 전류밀도 k: 볼츠만 상수, T: 절대온도, Q: 활성화 에너지
기 타	(1) 부식, 피로복합파괴	
	(2) 금속간화합물성장	방물선 법칙 $x = \sqrt{2D \cdot t}$, $D = Do \exp\left[\dfrac{-Q}{kT}\right]$ ·····(8.4.7) x: 화합물의 두께, D: 확산상수, t: 시간, Do: 빈도인자, Q: 활성화 에너지, k: 볼트만 상수, T: 온도

IEC 6005-3 시리즈 기기 신뢰성규격의 개요

IEC 규격	적응성		시험 사이클			
	장치 타입	사례 장치명 (사용조건)	기후조건	기후조건	기계적 조건	사이클의 다이어그램
60605-3-1 실내휴대형기기(낮은 정도 시뮬레이션)	정지위치만으로 사용되는 이동 가능한 기기	• 소형사무용기기(사무실) • 계측기기등(실험실, 작업실) • 소형가정용 기기 (거실)	1) 기능모드 • on / off 사이클 • 동작 / 대기 사이클 2) 공급전원 • 주전원 - 전압변동 • 전지전압 유지	1) 온도 19~27℃로 유지 2) 습도 25~65% 유지	- 충격 • 5 kg 이하 100 mm에서 3회 낙하 / 사이클 • 5 kg 이상 50 mm에서 1회 낙하 / 사이클	왼쪽 기술의 조합조건 있음.
60605-3-5 차량탑재용기기(낮은 정도 시뮬레이션)	운송 중에 동작하는 기기 또는 유닛	• 지질 / 환경조사장치 (트랙 등) • 도로상태측정기기 (트랙 등) • 지질 / 환경조사장치 (트랙 등) • 농업 / 건축기계의 감시 / 통신기기(제초기 등) • 통신 / 데이터처리기기	1) 기능모드 • 동작 / 대기 / off 사이클 2) 공급전원 • 주전원 - 전압변동 • 전지전압 유지 • 전자간섭	1) 온습도사이클 • 온도 (차외) -40. 25, 40, 55℃ (차내) - 40. 25, 30, 55℃ • 습도 80~85% 제어 없음	- 진동 정현파진동(IEC 68-2-6) 또는 random 진동(IEC 68-2-64)	왼쪽 기술의 조합조건 있음.
60605-3-4 휴대용 및 비교정용기기 (낮은 정도 시뮬레이션)	고정 없이 사용되는 휴대장치의 중량은 10 kg 미만	• 필드서비스 기계 • 전문가 휴대용 트랜시버 • 휴대전기 메가톤 • 크렌의 리모콘	1) 기능모드 • on / off 사이클 • 동작 / 대기 사이클 2) 공급전원 • 주전원 - 전압유지 • 전지전압 유지	1) 온습도사이클 • 온도 -10, 25, 40, 55℃ • 습도 90~100% 제어 없음	- 충격 • 5 kg 이하 100 mm에서 21회 낙하 / 사이클 • 5 kg 이상 50 mm에서 7회 낙하 / 사이클	왼쪽 기술의 조합조건 있음.

IEC 규격	적응성		시험 사이클			
	장치 타입	사례 장치명 (사용조건)	기후조건	기후조건	기계적 조건	사이클의 다이어그램
606058 -3 -2 기후보호 장소에서의 고정 사용기기 (높은 정도 시뮬레이션)	고정하여 사용되는 기기 또는 유닛	• 전지통신장치(전화국) • 전신 타자기(사무실) • 주변장치 부착 미니 또는 마이크로컴퓨터(사무실, 일반가정) • 제조 및 기기제어장치(공장, 제어실)	1) 기기모드 • on / off 사이클 또는 연속동작 2) 공급전원 • 주전원 – 전압변동 • 과도전압	1) 온습도사이클 • 온도 5, 12, 30, 40℃ • 습도 15〜19% 19〜30% 30〜50% 60〜75% 제어 없음	– 진동 정현파진동 (IEC 68 -2 -6)	왼쪽 기술의 조합조건 이음.
60605 -3 -3 부분적 기후보호 장소에서의 고정 사용기기(낮은 정도 시뮬레이션)	부분적으로 기후에 보호된 위치에서의 고정 사용되는 기기	• 공적 사용을 의도하지 않고 보호된 원방통신 기기(쉘터, 부스) • 보안시스템(건물의 입구, 외벽)	1) 기능모드 • on / off 사이클 • 동작, 대기 사이클 2) 공급전원 • 주전원 – 전압변동 • 과도전압	1) 온습도사이클 • 온도 –10, 25, 30, 40℃ • 습도 80〜90%, 제어 없음	– 진동 정현파진동(IEC 69 -2 -6)	왼쪽 기술의 조합조건 있음.
60605 -3 -6 옥외운반 가능기기(낮은 정도 시뮬레이션)	고정하여 사용되는 운반 가능 장치의 중량은 20 0〜100 kg	• 도로운반 감시기기 • 케이블시험용기기 • 운반 가능한 관측기기 (도로 근처에서 일을 하는 장소)	1) 기능모드 • on / off 사이클 • 동작 / 대기 사이클 2) 공급전원 • 주전원 – 전압변동 • 전지전압 유지 • 과도전압	1) 온습도사이클 • 온도 –10, 25, 40, 55℃ • 습도 90〜100% 제어 없음	– 충격 50 mm 에서 1회 낙하/사이클 – 진동 정현파진동(IEC 68 -2 -6) 또는 random 진동(IEC 68 - 2 - 64)	왼쪽 기술의 조합조건 있음.

7-1. 신뢰성 설계(design for reliability)

신뢰성 설계는 개발된 시스템의 신뢰도가 사용자가 요구하거나 또는 사전에 규정된 신뢰성 목표를 만족할 수 있도록 수행하는 제반활동을 의미한다.

일반적으로 신뢰성 설계는 다음과 같은 절차를 따라 실시한다.

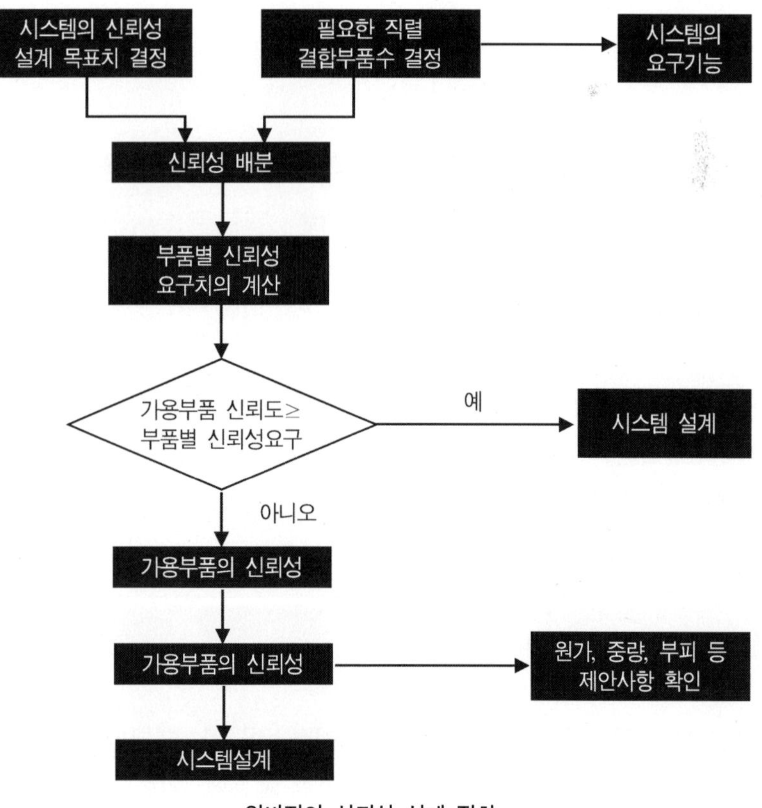

일반적인 신뢰성 설계 절차

신뢰도 목표값

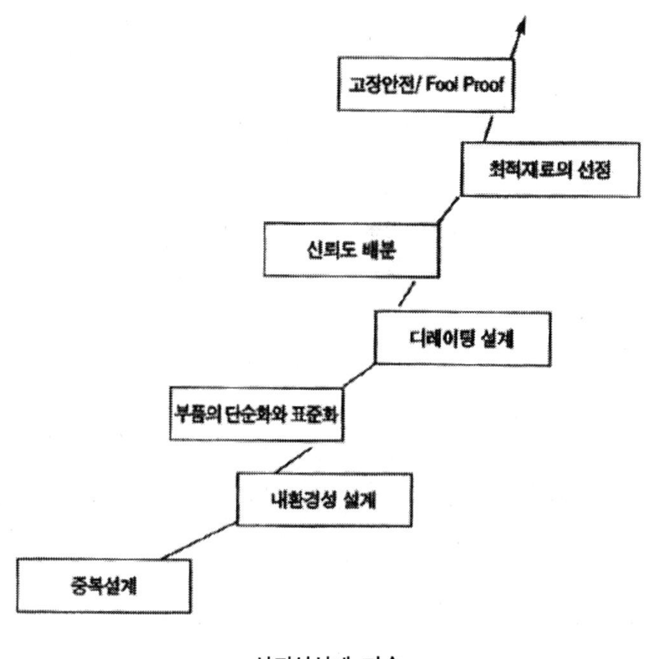

신뢰성설계 기술

(1) 부품선택설계

기기의 설계에서 구성될 필요한 부품을 선택하고 비용·구조·성능을 비교, 검토한다. 부품 신뢰성관리의 기본적인 순서는 다음과 같다.

- 부품 시방·신뢰성시방의 요구
- 부품 시방서의 승인
- 부품 신뢰성 테스트로 부품인정
- 부품 메이커의 공장심사

부품 시방서를 채워가는 단계에서 부품의 적합성이 체크되지만, 설계기술자가 모든 부품에 관한 지식을 갖는다는 것은 무리이기 때문에, 일반적으로 부품확정시험 센터 등에서 부품 신뢰성기술자를 양성하여, 부품의 사용법에 대해서도 설계기술자에게 어드바이스 하는 것이 유효하다. 또, 복잡한 부품이나 전용부품(unit)에 대해서는 부품 메이커와 공동으로 설계하여, 기기에서의 사용법이나 조건을 제시한 다음, 공동으로 설계심사나 신뢰성 평가를 실시한다.

부품의 신뢰성관리

		관리항목
사전	요구 시방서 발행	요구 시방의 결정
		요구 신뢰도 목표설정
	조달 전의 선정	조달 전 고장심사
	승인도 발생	부품 시방서 승인
	부품 인정	부품 인정 시험
		법 규제 대응(TSCA 외)
		인정
		대상 외 부품의 신뢰성 관리
	계약의 체결	기본 거래 계약서
		품질 보증 협약서

(2) 신뢰성 설계의 사고방식

　신뢰성에서 설계가 중시되는 것은 품질보증을 진행할 때, 사고나 고장이 발생한 후에는 너무 늦기 때문이다. 시간적 품질로서의 신뢰성은 제품이나 시스템 기획, 개발, 설계와 같이 제조에 앞선 단계에서 확실히 평가, 해석해 두지 않으면 때를 놓치게 된다. 따라서 사전에 신뢰도를 계획적으로, 각 부분으로 나누어 일정에 맞게 정해진 기한까지 요구되는 신뢰도에 도달하도록 계획하고 또한 시작에서 양산까지 해석, 평가를 반복하여 실시해야 한다. 설계에서 사전 신뢰성예측이나 시험이 중시되는 것도 당연한 일로서 제품이 시장에 출하된 후, 손해를 받는 것보다 사전설계에 투자하는 쪽이 현명하다고 생각하기 때문이다. 특히 급속한 기술적 변화가 일어나고 있으며 또한 제품개발 기간이 정해져 있는 기술 분야에서 신뢰성 설계가 중요시되고 있다. 신뢰성 설계는 다음과 같은 제반적인 관점에 유의하여 실시할 필요가 있다.

① 설계자는 신뢰성, 보전성뿐만 아니라 모든 품질특성을 고려한다. 예를 들면 중

량, 용적, 요구 성능 등, Trad-off를 실시하여 비용의 유효성을 높인다.

② 제품이나 시스템 자체의 신뢰성 목표를 명확히 하고 이를 만족하기 위한 내환경성, 시간적 품질유지를 위한 설계가 중시된다.

③ 설계된 신뢰도는 고유 신뢰도 값이 된다.

④ 고유 신뢰도는 제조, 취급, 보관, 사용법 등에 의해서 저하되는 경향에 있으므로 설계 시에 이와 같은 점을 고려해 두지 않으면 안 된다.

⑤ 설계가 고유 신뢰도를 달성하는 능력이 부족한 경우는 사용 시, 불신뢰 비용증대를 고려해 두어야 한다.

⑥ 시간제약과 비용제약을 받는다. 특히 신뢰도 평가에 시간과 비용이 든다.

⑦ 간과하거나 미평가 등을 피하기 위해 설계의 각 단계에서 시험과 심사를 한다.

⑧ 신뢰성 설계에 필요한 기초데이터는 바로 쌓이는 것이 아니라 계획적으로 축적해야 하는 것이다.

(3) 신뢰성 설계의 5원칙

최근 신뢰성 설계에 대해서 여러 가지로 어려운 언어, 방법이 사용되고 있는데 종래부터 설계의 지혜로서 다음과 같은 경험법칙이 있다.

① 과거 경험을 살린다.

과거의 실패를 경험삼아 과거 실적이 있는 구조설계, 부품선정을 실시한다.

② 부품 종류수를 적게 하다.

직렬계의 부품점수가 증가하면 그것만으로 신뢰성이 저하한다.

③ 표준부품을 사용한다.

표준부품은 사용실적도 있어 신뢰성이 높은 것이 보통이다. 또한 표준품을 사용하면 출하 후 보수성이 높아져 보전성 설계로서도 유효하다.

④ 점검, 조정, 교환 작업을 쉽게 한다.

보전설계 중 하나로서 보전시간 단축에 의해 Availability가 향상된다.

⑤ 부품에 호환성을 준다.

이것이 보전설계 중 하나로 표준화, 모듈화를 실시해 둔다. 기기상호 간의 호환성이나 기기의 각 부품 간의 호환성을 주면 보수용 부품 종류수를 적게 하거나 고장발생 시에 처리가 빨라진다.

(12) 설계신뢰성 체크리스트

신뢰성은 설계시점에서 대부분 결정되기 때문에 FMEA와 신뢰도 예측 등 신뢰성 기술의 대부분은 설계에 대해 적용된다. 물건의 본질을 간파하는 능력을 가진 우수한 설계기술자는 FMEA와 FTA를 실시하지 않아도 신뢰도가 높은 제품을 설계할 수 있지만 역시 인간이기에 실수나 간과하는 경우도 있다. 이를 방지하기 위해서는 서식화된 체크리스트를 사용하는 것이 유효하다. 신뢰성이 높은 체크리스트를 작성하는 것도 대단한 일이지만 문제점이 있으면 그때마다 수정하고 성장시켜 가는 것이 중요하다.

설계신뢰성 체크리스트
① 부품에 대한 신뢰성의 요구는 있는가.
② 부품에 대한 신뢰성의 판정기준은 있는가.
③ 보전과 보전성의 목표는
④ 수입, 인정의 발취신뢰성 보증시험은 확률이 있는가.
⑤ 고신뢰부품의 표준화는 할 수 있는가.
⑥ 어느 것이 불신뢰부품인지 확실히 하고 있는가.
⑦ 각 부품이나 부품등급의 고장률은 확실히 하고 있는가.
⑧ 선택된 부품은 신뢰성요구를 만족하고 있는가.
⑨ 기술수준 이하의 부품이나 문제점은 무엇인가.
⑩ 부품의 보관수명은
⑪ 유한수명 부품은 알려져 있는데 검사와 교환방식은 규정되어 있는가.
⑫ 중요한 부품은 무엇인가.
⑬ 부하경감 계수는
⑭ 안전계수는
⑮ 구조(회로)의 안전여유는 충분한가.
⑯ 표준 혹은 이미 경험이 있는 구조(회로)가 알려져 있는가.
⑰ 호환성을 위한 부품선별이 있는가.
⑱ 구조(회로)는 부품의 특성치 변동과 열화를 고려하고 있는가.
⑲ 조정은 최소로 끝나는가.

⑳ 모든 조정은 공장, 조정단계, 조작 어느 단계에서 하는지 확실히 하고 있는가.

㉑ 조정에 관한 구조(회로)나 부품의 안정성 요구는 확실히 하고 있는가.

㉒ 각 조정에 대한 순서와 그 한계, 예를 들면 무조정, 중심치로 설정, 한계 이상은
고장으로 보는 등 확실히 하고 있는가.

㉓ 규정의 장치성능(일정 출력)을 얻기 위해 피드백이 필요한가.

㉔ 인간공학적으로 사용하기 쉬운가.

㉕ 소켓이 이상한 경우에 커넥터와 플라그는 보호되어 있는가.

㉖ 소형고신뢰부품이 사용되고 있는가.

㉗ 이상 지시장치는 있는가.

㉘ 자기모니터, 자기교정 장치는 있는가.

㉙ 기계적 구조는 적절한가.

㉚ 열, 방산은 어떠한가.

㉛ 개발모델은 가능한 생산모델에 가깝게 고려되어 있는가.

㉜ 대진동, 대충격으로의 고려는

㉝ 시간계는 붙어 있는가.

㉞ 곰팡이나 부식에 대한 처리는

㉟ 포장과 기계적 레이아웃은 보전으로 적절한가.

㊱ 이론신뢰도 혹은 부품의 MTTF는 결정되어 있는가. 목표치는 어떠한가. 설계조
정 항목은.

㊲ 중요부품에 대한 환경의 악영향 감소를 고려하고 있는가.

㊳ 한계시험을 포함한 고장률 예측시험은 정해져 있는가.

㊴ 서비스성의 목표를 달성하고 있는가.

㊵ 시험에서 발견된 설계상의 부적절은 제거되어 있는가.

㊶ 고장모드와 그 정도 불량부품은 인지되어 있는가.

㊷ 부품의 고장률을 신뢰도예측 방정식에 사용하는 경우 다음과 같은 점이 고려되
어 있는가.

   ⓐ 전 장치에 대한 외부효과는

   ⓑ 부품에 대한 내부효과는

   ⓒ 부품 간 혹은 공통 효과 특히 기계적, 전기 기계적 간섭효과는

㊸ 용장은 신뢰성 목표를 달성하고 있는가.

중복(redundancy)

아이템의 구성품 일부가 고장 나더라도 요구 기능을 수행할 수 있도록 두 개 이상의 구성품으로 요구 기능을 수행하도록 하는 신뢰성설계 방법을 중복이라 한다.

중복을 위한 구성품은 반드시 동일할 필요는 없으며, 주로 안전이 중요한 항공, 원자력 발전소, 철도와 통신시스템의 신뢰성향상을 위하여 사용된다.

예: 프로펠러를 동작시키기 위해서는 엔진에서 동력이 전달되어야 한다. 엔진은 주 엔진과 보조엔진으로 구성되어 있으며, 두 엔진은 프로펠러를 동작시키기에 충분한 동력을 출력시킬 수 있다. 따라서 엔진부분을 구성하고 있는 주 엔진 또는 보조엔진 중 어느 하나만 동작하면 엔진부분의 요구 기능을 수행할 수 있다. 이러한 구조가 중복구조이다.

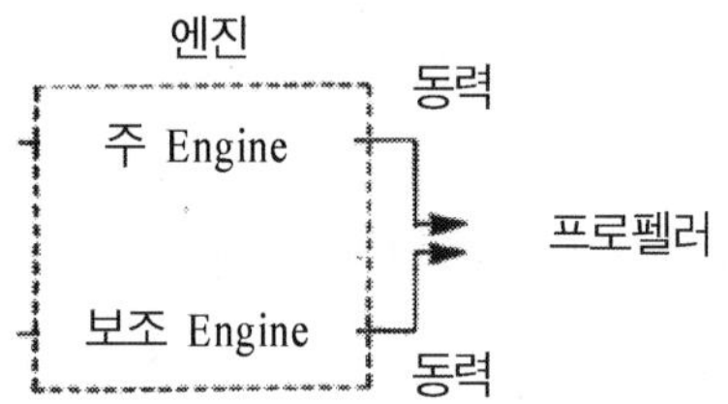

* 중복은 외적 구성품이 존재하느냐 또는 존재하지 않느냐에 따라 활성중복(active redundancy)과 대기중복(standby redundancy)으로 구분하며, 활성중복은 그 방식에 따라 병렬구조와 majority vote로 구분한다.

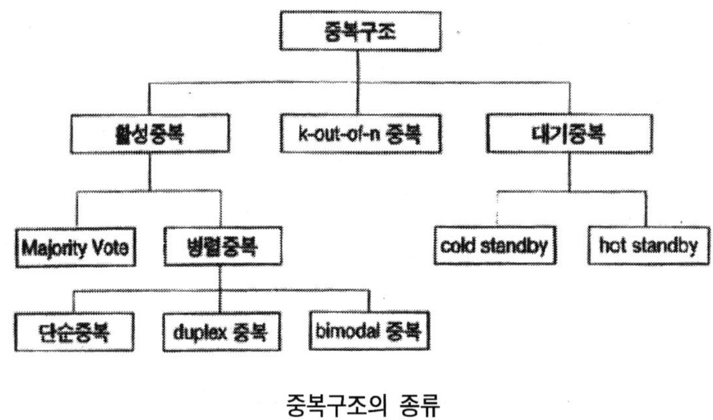

중복구조의 종류

(1) 활성중복(active redundancy)

여분의 구성품이 주 구성품과 함께 동작하는 중복. 활성중복에서는 시스템이나 주 구성품의 고장이나 경로상의 고장 또는 주 구성품이 고장날 때, 여분의 구성품으로 절체(switching)시키는 것을 결정하기 위한 외적 구성품들이 필요하지 않다.
활성중복은 병렬중복과 majority vote구조로 나뉜다.

- 병렬중복(parallel redundancy): 설비를 설계하는 데 이용 가능한 중복의 형태에서 가장 일반적으로 이용되는 중복구조로서 세부적으로 단순중복, duplex중복, bimodal 중복이 있다.
- majority voter: 기본적인 병렬중복구조에서 각 구성품으로부터 나온 신호를 voter 에 입력하고 각각의 신호를 나머지 신호들과 비교하여 결정하도록 하는 중복구조. 이 중복구조는 연속적으로 동작하거나 간헐적으로 동작하는 Logic회로에 사용되며 약간 변형된 형태의 중복구조는 케이트 커넥터 로직에 사용된다.

(2) n 중 k 중복(k-out of-n redundancy)

n개의 구성품으로 구성되어 있는 시스템이 동작하기 위해서는 최소한 k개의 구성품이 동작하여야 하는 중복구조.
- 고속전철의 모터블럭은 8개의 모터 중 6개 이상이 정상적으로 기능을 수행하면

되는 8 중 6 시스템이다.

- 항공 통제시스템에서는 n개의 디스플레이 중에서 반드시 k개 이상이 작동해야 시스템의 신뢰도를 만족시킬 수 있다.
- 일반적으로 시스템의 신뢰도를 향상시키기 위해 중복구조를 이용하고 있다. 그러나 중복 설계를 하는 경우에 비용, 크기, 무게, 복잡도와 같은 사항을 고려하여야 한다. 백업 시스템이나 낮은 수준의 아이템들을 여분으로 추가하는 것은 하드웨어의 무게와 비용을 증가시킨다. 따라서 이러한 무게와 비용은 중복을 더 낮은 수준의 아이템(예를 들어 어셈블리보다 부품으로)에 적용시킴으로써 낮출 수 있다. 중복구조의 큰 문제점은 추가되는 아이템과 구조로 인해 발생하는 복잡도의 증가이다. 이러한 복잡도의 증가는 시스템의 신뢰도 향상에 부정적인 영향을 줄 수 있다.

중복의 효과

중복은 시스템의 신뢰도를 향상시키기 위한 신뢰성설계의 한 방법이다. 평균수명이 $1/\lambda$ 인 구성품 두 개로 구성된 중복구조의 MTBF와 단일 구성품의 MTBF를 비교하면 다음과 같이 중복구조의 평균수명이 증가함을 알 수 있다.

구분	MTBF
단일 구성품	$1/\lambda$
활성중복구조	$3/(2\lambda)$
대기중복구조	$2/\lambda$

또한 단일 구성품과 대기중복구조의 신뢰도를 시간이 경과함에 따라 비교하면 다음의 그림과 신뢰도에 차이가 많이 난다.

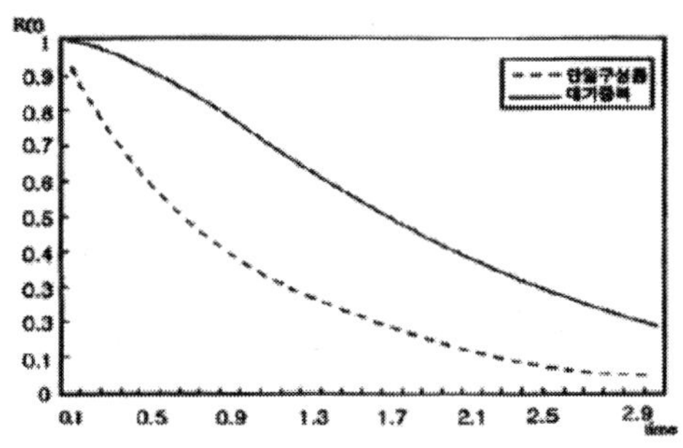

단일 구성품과 대기중복구조의 신뢰도 비교

부하경감(derating)

통상규격의 표준부품을 제품의 구성부품으로 사용할 경우, 고장률을 대폭적으로 저하시키기 위해서는 부하를 정격 값의 몇 분의 1로 줄이는 것이 좋다. 이와 같이 구성부품에 걸리는 부하의 정격 값에 여유를 두고 설계하는 방법을 부하경감 (derating)이라고 한다.

- 부하경감의 효과: 부하의 정격 값에 조금만 여유를 두어도 고장률은 현저하게 감소하는 경우도 있다.

부하경감 효과 사례

부품	규정최대		규정용량이하		고장률 감소
	작동조건	고장률 / hr	작동조건	고장률 / hr	
트랜지스터	전력	2×10^{-6}	50% 전력	0.55×10^{-6}	3.6:1
탄소저항	전력	6×10^{-6}	50% 전력	1×10^{-6}	6:1
변압기	내부온도 110℃	1.1×10^{-5}	내부온도 60℃	0.05×10^{-5}	22:1
모터 bearing	100,000rpm	3.2×10^{-5}	5,000rpm	0.8×10^{-5}	4:1

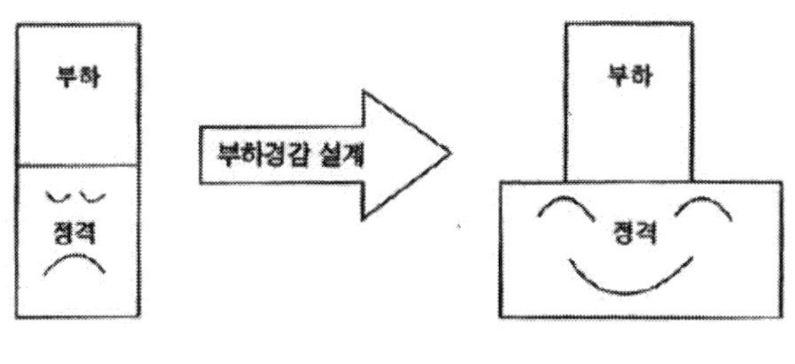

부하경감

신뢰도 배분(reliability apportionment)

전체 시스템에 요구되는 신뢰도 목표 값을 서브시스템이나 더 낮은 수준의 아이템의 신뢰도 목표 값으로 배정하는 과정이다. 이렇게 배정된 신뢰도 목표 값은 시스템을 설계하는 과정에서 부품의 선택, 서브시스템이나 더 낮은 수준의 아이템의 구조 등을 결정하는 근거자료가 된다.

- 신뢰도 배분방법으로 ① 균등 배분, ② AGREE 배분, ③ ARINC 배분, ④ Feasibility-of-objective 배분, ⑤ 동적 프로그래밍 배분 등이 있다.

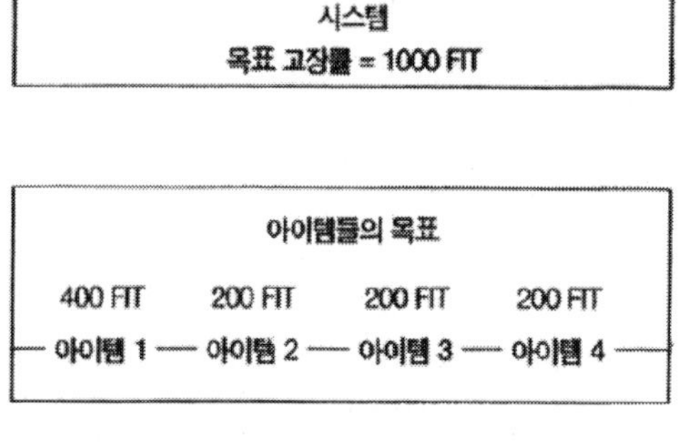

신뢰도 배분

결함마스킹(fault masking)과 결함허용(fault tolerance)

- 결함마스킹

서브아이템에 결함이 있더라도 아이템의 구조적 특성이나 그 서브아이템의 다른 종류의 결함 또는 다른 아이템의 결함으로 인하여 해당 서브아이템의 결함을 발견할 수 없는 상태를 결함마스킹이라 한다.

- 결함허용

결함허용은 하나 이상의 결함이 아이템 내에 존재함에도 불구하고 사용자에게 요구기능이나 서비스를 지속적으로 제공하는 아이템의 특성. fail safe fool-proof.

- 고장안전

조작상의 과오로 기기의 일부에 고장이 발생하는 경우, 이 부분의 고장으로 하여 다른 부분의 고장이 발생하는 것을 방지한다든지 또는 어떠한 사고가 발생하는 것을 사전에 방지하고 안전 측으로 이행하여 작동할 수 있도록 설계하는 방법을 고장안전이라 한다.

- fool-proof

사용자가 잘못된 조작을 하여도 이로 인하여 전체고장이 발생하지 않도록 하는 방법이다. 예를 들어 카메라에서 셔터와 필름 돌림대가 연동됨으로써 이중으로 촬영되는 것을 방지하도록 만든 것이다.

사례는 어떤 과오로 인하여 시스템에 과도전류가 입력되더라도 퓨즈에 의하여 과도전류가 시스템에 전달되는 것을 차단되도록 설계된 것이다.

신뢰도 예측(reliability prediction)

신뢰도 예측은 아이템(부품 또는 시스템)의 운용 및 사용조건을 고려하여 고장률 또는 MTTF와 같은 신뢰성 척도의 값을 예측하는 과정이다.

신뢰도 예측은 크게 시스템 신뢰도 예측과 부품 신뢰도 예측으로 크게 나눌 수 있다.

(1) 신뢰도 예측의 목적

① 초기 설계규격, 계획서 및 제안서를 요청하기 위한 신뢰성 요구조건을 수립하기 위하여
② 신뢰성 요구조건에 대한 설계 적합성과 실현 가능성 평가를 위하여
③ 설계 대안들의 비교 및 절충안 제시를 위하여
④ 잠재적인 신뢰성 문제를 확인하고 우선순위를 매기기 위하여
⑤ 시스템의 신뢰도 목표 값을 서브시스템이나 하위수준 아이템으로 배분하기 위하여
⑥ 보전, 군수지원전략 및 시험평가를 위한 입력 자료를 제공하기 위하여
⑦ 보증계획수립, 예비부품 수요예측, 예산배분 등과 같은 경영의사결정을 위한 정보를 제공.

(2) 전자부품의 신뢰도 예측

1956년 11월 미국의 RADC(Rome Air Development Center)에 의해 출간된 RAC release TR-1100은 전자부품의 신뢰도 예측을 위한 최초 규격으로, 전자부품의 고장률 예측방법으로 널리 이용되는 MIL-HDBK-217F로 발전하였다.

최근, MIL-HDBK-217은 예측의 부정확성으로 인해 폐기되었으며, IEEE에서는 MIL-HDBK-217을 대체할 새로운 예측방법인 IEEE Reliability Prediction Standard 1413을 제안하고 있다. 한편, BT, NTT, RAC, Bell, SAE의 연구소에서는 부품 고장률 예측을 위한 모델들을 개발하고 사용하고 신뢰도예측 방법을 요약하면 다음과 같다.

부품 고장률 예측방법

예측방법	내　용
IEEE Standard 1413	○ 1998년 IEEE Reliability Society에 의하여 제정. 이해하기 쉽고 신뢰할 수 있는 신뢰도 예측을 위한 핵심 요구사항을 식별하고, 사용자가 예측방법을 선택하는 데 충분한 정보를 제공하며, 예측 결과를 효과적으로 사용할 수 있도록 하기 위하여 개발되었음.
MIL‒HDBK‒217F (Part Stress Analysis)	○ 국제적으로 민간과 군수에서 공통적으로 적용되는 미국방성이 제정한 전기전자 디바이스 표준.
MIL‒HDBK‒217F (Part Count Analysis)	○ MIL‒HDBK‒217 예측방법의 하나로, 시스템설계 전 예측과 개략설계 시 Part Count Analysis를 사용한다. Part Stress보다 예측방법이 단순하고 간단함.
Telcordia SR‒332	○ 기업, 통신업체에서 많이 사용되는 전기전자통신부품 신뢰도 예측표준으로, MIL‒HDBK‒217를 기초로 하여 미국 Telcordia Technologies에서 제정하였다. MIL‒HDBK‒217에서 제공하는 계산식의 적용과 함께 산업현장 경험치와 필드데이터를 반영하였음. 통신 및 가전분야에서 활용성이 증가되고 있음. 십억 시간 단위로 MTBF를 예측함.
NSWC(Naval Surface Warfare Center) 규격	○ 스프링, 베어링, 씰, 모터, 브레이크 등의 기계적인 디바이스 및 시스템에 대한 예측 표준을 제공하며 NSWC‒98 / LE1버전을 제공
NPRD95 Database	○ 1970년부터 필드테스트를 거친 부품 및 어셈블리의 데이터베이스. 군수 및 상용부품 및 어셈블리 라이브러리를 23,000여 개를 보유하고 있다.
RDF 2000 / China 299B	○ 유럽과 중국에서 사용되는 통신부품, 시스템 신뢰도예측규격을 제공한다. MIL‒HDBK‒217에서 유래되었으며, MIL‒HDBK‒217보다 간단한 예측방식을 적용.
MIL‒STD‒756B Reliability Modeling and Prediction	○ 전자, 전기, 전자기계, 기계, 무기 시스템이나 기기의 신뢰도를 예측하기 위한 일정한 절차와 기본원칙을 제공하고 있다. 수명주기 결정, RBD 생성, 아이템 신뢰도를 계산하기 위한 수리적 모형 등에 대해 설명하고 있다.

(3) 시스템의 신뢰도 예측

신뢰도 예측은 규정된 운용 및 사용조건에서 서브아이템의 신뢰도(고장률, MTBF)를 고려하여 아이템의 MTBF, 고장률, 가용도와 같은 신뢰성 척도들을 예측하는 과정이다. 예측방법으로는 분석적 방법과 수리적 모형을 이용하는 방법 등이 있다.

시스템의 신뢰도를 예측하는 절차는 시스템의 고장을 정의하고 유니트들의 고장과의 관련성을 분석하여 신뢰성 블록도를 생성하고 유니트들의 고장률과 상태공간 기법을 이용하여 요구조건분석에서 설정하였던 신뢰도를 예측한다.

```
┌─────────────────────┐    • 신뢰성 척도 설정
│  신뢰성 요구조건 분석  │    • 신뢰성 목표 설정
└─────────────────────┘

┌─────────────────────┐    • 시스템 고장 정의
│     신뢰성 모델링     │    • 고장모드 및 영향분석
└─────────────────────┘    • 신뢰성 블록다이어그램 작성

┌─────────────────────┐    • 시스템 구성부품, 유니트의 고장률 계산
│      고장률 계산      │      -MIL -HDBK -217, BELL -TR332, IEEE 1413
└─────────────────────┘

┌─────────────────────┐    • 선택된 신뢰성 척도에 대한 예측값 계산
│   시스템 신뢰도 예측  │    • 모델에 필요한 모수값 결정
└─────────────────────┘    • 상태공간기법

┌─────────────────────┐
│   결과분석 및 피드백   │
└─────────────────────┘
```

시스템의 신뢰도 예측 절차

신뢰성 관리(reliability management)

(1) 신뢰성·보전성 관리(reliability and maintainability management)

- 신뢰성·보전성 관리는 주어진 자원(인력, 예산, 시간 등) 제약하에서 사용자의 요구를 만족시킬 수 있는 성능과 신뢰성과 보전성 및 가용성이 높은 제품을 만들어내기 위해 제품의 개발로부터 설계, 제조 및 사용에 이르기까지 제품의 전 수명주기(life cycle)에 걸쳐 신뢰성과 보전성을 확보하고 유지하기 위한 종합적인 관리활동이다.
- 신뢰성·보전성 관리를 효율적으로 하기 위해서는 신뢰성·보전성 목표를 설정하고, 이를 달성하기 위한 체계적인 절차, 방법 및 산출물들을 규정한 신뢰성·보전성 프로그램에 따라 목표를 달성하도록 조직적인 노력을 하여야 한다.

(2) 신뢰성·보전성 보증(reliability and maintainability assurance)

- 신뢰성·보전성 보증은 '아이템이 규정된 신뢰성 및 보전성 요구조건들을 만족시킬 것이라는 신뢰를 주기 위해 필요한 충분히 계획된 체계적 활동들의 수행'으로

정의된다.

- 신뢰성·보전성 보증은 요구 목표를 달성했다는 확신을 줄 수 있어야 한다. 이 과정에는 적합성과 효과에 대한 지속적인 평가와 그에 따른 시의 적절한 시정 조치를 포함하여야 한다. 신뢰성·보전성을 보증하기 위하여 프로세스를 검토, 감사, 평가하기 위한 계획과 활동이 수반되어야 한다.
- 신뢰성 보증과 관련된 규격으로는 MIL-STD-790E, Reliability Assurance Program for Electronic Parts Specificaions가 있다.

(3) 신뢰성·보전성 통제(reliability and maint ainability control)

- 신뢰성·보전성 통제의 정의는 다음과 같다.
  ① 아이템의 규정된 신뢰성 및 보전성 요구조건들을 만족하기 위해 수행되는 운용기법 및 활동들.
  ② 과학적인 계획을 통하여 기술적인 시스템 신뢰성 활동들을 조정하고 지도하는 것.

- 신뢰성 통제는 다음과 같은 관점에서 전통적인 방법과 다르다.
  ① 고장자료를 통계적으로 분석한다.
  ② 전체적인 시스템 계획이 강조된다.
  ③ 설계, 개발, 생산 및 운용단계에서 적절한 운용자료가 요구된다.
  ④ 신뢰성 성취가 통제이다.
  ⑤ 전체적인 수명주기 동안 피드백에 대한 지속적인 감시를 한다.

(4) 신뢰성·보전성 프로그램(reliability and maintainability programm)

- 신뢰성·보전성 프로그램은 어떤 계약이나 프로젝트와 관련하여 규정된 신뢰성·보전성 요구조건을 만족시킨다는 것을 보증하기 위한 조직, 책임, 절차, 활동, 능력 및 자원지원에 하는 문서화된 계획된 활동, 자원 및 사건들로 정의된다.
- 신뢰성·보전성 프로그램의 목적은 다음과 같다.
  ① 주요 최종 아이템, 목적 달성 및 운영상의 준비성을 개선
  ② 전체적인 프로그램 비용과 일정에 대한 부정적인 영향을 최소화한다.

③ 중요한 관리 정보를 제공한다.

④ 군수지원, 보전 인력의 수요를 감소시킨다.

- 신뢰성·보전성 프로그램의 활동에는 다음과 같은 것들이 포함된다.
  - 시험자료를 줄이고 분석하며 고장 난 파트와 고장보고서를 분석한다.
  - 신뢰성 배분
  - 품질관리를 조정한다.
  - 주요 파트와 환경 요구조건을 결정한다.
  - 프로그램 자료를 평가한다.
  - 고장자료시스템과 통계적 검정을 계획한다.
  - 시스템 신뢰도를 예측한다.
  - 설계와 규격을 검토한다.
  - 시스템의 복잡도 연구
  - 부품 파트 시험, 환경시험에서 공학모형 시험, 필드 시험, 제품 유니트 시험, 원형 시험, 고장 시험
  - 신뢰성 훈련

- 신뢰성 프로그램과 관련된 MIL 규격
  - MIL-STD-785B(Reliability Program for Systems and Equipment, Development and Production)
  - MIL-STD-1543B(Reliability Program Requirements for Space and Missile Systems)

(5) 신뢰성·보전성 계획(reliability and maintainability plan)

- 아이템이 어떤 계약이나 프로젝트에 관련된 규정된 신뢰성·보전성 요구조건들을 만족시킴을 보증하기 위해 필요한 특정한 방침, 자원 및 활동들을 표현한 문서

(6) 신뢰성 · 보전성 감사(reliability and maint ainability audit)

- 신뢰성 · 보전성 활동 및 결과들이 계획에 따라 수행되었는지, 그리고 이 계획이 효과적으로 수행되고 신뢰성 및 보전성 목적을 달성하는 데 적합한 것인지 여부를 확인하기 위한 체계적이고 독립적인 조사

(7) 신뢰성 · 보전성 감시(reliability and maintainability surveillance)

- 신뢰성 · 보전성 요구조건들이 충족될 것임을 보증하기 위한 절차, 방법, 조건, 제품, 공정 및 서비스 상태의 지속적 관찰 및 기록의 분석
신뢰성 · 보전성 감시는 계약 요구사항들이 충족됨을 보증하기 위하여 종종 소비자 또는 제3자에 의하여 수행된다.

보전(maintenance)

보전은 아이템이 요구 기능을 수행할 수 있는 상태로 유지하거나 회복시키기 위한 관리활동을 포함한 모든 기술적 · 행정적 활동의 조합으로 정의된다. 보전은 다음의 표와 같이 분류할 수 있다.

보전의 분류

기준	종류	정의
결함발생 시점	○ 개량보전 (사후보전)	결함 인식 후에 아이템이 요구 기능을 수행할 수 있는 상태가 되도록 하기 위해 수행되는 보전
	○ 예방보전	아이템의 고장 확률 또는 기능 열화를 줄이기 위해 미리 정해진 간격 또는 규정된 기준에 따라 수행되는 보전
	○ 지연보전	결함 인식 후 즉시 보전이 이루어지지 않고 규정된 보전 규칙에 따라 시기를 지연하여 수행되는 개량 보전
보전일정의 예측가능성	○ 계획보전	정해된 일정에 따라 수행되는 예방 보전
	○ 비계획보전	정해된 일정에 따르지 않고 아이템의 상태에 대한 징후를 인식한 후 수행되는 보전
보전실시 장소	○ 현장보전	아이템이 사용되는 위치에서 수행되는 보전
	○ 현장 외 보전	아이템이 사용되는 곳과 다른 위치에서 수행되는 보전

주 – 표에 있는 보전 이외에도 보전원의 신체적 접촉 없이 보전이 이루어지는 원격보전, 자동보전, 그리고 보전 시 아이템의 기능이 중단되거나 저하되는 기능 – 영향보전 등도 있다.

● 예방보전은 다음과 같이 구분할 수 있다.
　① 정기보전: 일정한 시간 간격을 두고 실시하는 보전
　② 경시보전: 아이템이 예정된 누적동작시간에 도달했을 때 실시하는 보전
　③ 상태감시보전: 아이템의 동작상태 및 열화경향의 감시에 따른 보전
　　－상태감시는 아이템의 사용 및 사용 중 동작상태 확인, 열화경향의 검출, 고
　　　장이나 결점의 위치확인, 고장에 이르는 경과의 기록 및 추적 등의 목적을
　　　위해 어떤 시점에 있어서의 동작치 및 그 경향을 감시하는 것이다.

● 일반적으로 보전을 실시하는 순서와 내용은 다음과 같다.

순서	내용	정의
①	결함인식	결함을 인식하는 사건
②	결함위치결정	적절한 아이템 분해 수준에서 결함이 있는 서브아이템 또는 서브아이템들을 확인하기 위한 활동
③	원인확인	결함의 근본원인 분석
④	결함시정	기능을 수행하도록 결함이 있는 아이템의 능력을 회복시키기 위하여 결함 위치결정 후에 취해지는 활동
⑤	기능점검	결함 시정 후에 아이템이 요구 기능을 수행할 수 있는 능력을 회복하였음을 확인하기 위하여 취해지는 활동

　－①에서 ③까지를 결함진단이라고 한다.

2. 고장 mode와 고장 Mechanism

(1) Failure mode & mechanism

Failure Mode	<ul><li>the effect by which a failure is observed</li><li>failure modes of electronic components −short / open / degraded performance / functional failure</li></ul>
Failure Mechanism	<ul><li>the chemical, physical, thermal, or metallurgical process which lead to component failure −material or structural defects −damage induced during manufacture and assembly −conditions during storage and field use</li></ul>
Causes of Failure	<ul><li>ignorance and / or indifference about user needs</li><li>inattentive management; inadequate design</li><li>poor selection of materials or combinations of materials</li><li>inappropriate manufacturing and assembly processes</li><li>lack of adequate technology; improper treatments by users</li><li>poor control of quality</li></ul>
Stress	<ul><li>conditions that affect the state of an item −mechanical stress and strain; electrical current and voltage −temperature, humidity, chemical environment, radiation etc.</li></ul>

(2) Micro electronic package의 고장 mechanism

Overstress Failures	Wear-out Failures
• Brittle Fracture	• Wear
• Ductile Fracture	• Corrosion
• Yield	• Dendritic Growth
• Buckling	• Inter-diffusion
• Large Elastic Deformation	• Fatigue Crack Propagation
• Interfacial De-adhesion	• Diffusion
	• Radiation
	• Fatigue Crack Initiation
	• Creep

wafer level의 failure mechanism은 제외

(1) 부품선택설계

　설계자는 기기의 설계에 관계하여 우선 구성될 필요한 부품을 선택하고 비용, 구조, 성능을 비교, 검토한다. 이때에 부품 신뢰성관리의 기본적인 순서는 다음과 같다. ① 부품, 시방, 신뢰성시방의 요구, ② 부품 시방서의 승인, ③ 부품 신뢰성 테스트(부품인정), ④ 부품 메이커의 공장심사. 부품 시방서를 작성하는 단계에서 부품의 적합성이 체크되지만, 설계기술자가 모든 부품에 관한 지식을 갖는다는 것은 무리이기 때문에 일반적으로 부품확정시험센터 등에서 부품 신뢰성기술자를 양성하여 부품의 사용법 등을 설계기술자에게 어드바이스 하는 것이 효과적이다. 또한 복잡한 부품이나 전용부품(unit)에 대해서는 부품 메이커와 공동으로 설계하여 기기에서의 사용법이나 조건을 제시한 다음, 공동으로 설계심사나 신뢰성평가를 실시한다. 특히, 신뢰도설계로써 부품 전체의 신뢰성을 확보하기 위해 다음의 신뢰성 확보순서가 실시된다. ① 과거 사용실적(메이커, 부품종류 등)의 체크, ② 전자회로에 대해서의 고장률 예측과 목표고장률과의 조합, ③ 필요한 디레이팅의 실시. 특히, 온도 스트레스, 전기적 스트레스에 대한 마진을 취한다.

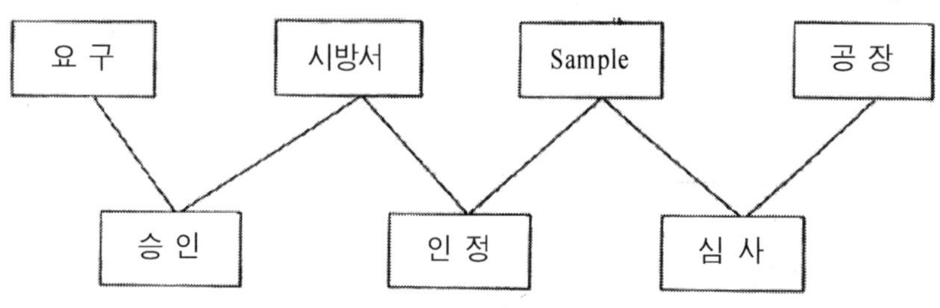

부품의 시방인증과 부품인정의 관계

　즉, 기기설계 기술자의 요구를 우선 시방레벨에 표현하고 그 요구와 완성된 시방서가 일치하는지, 확인하는 것을 승인이라 하고, 시방서와 sample의 부품이 진정 요구되는 특성이나 신뢰도를 가지고 있는지, 확인하는 순서를 인정이라고 한다. 또한 인정을 얻은 부품이 그 공장에서 대량생산해도 문제가 일어나지 않을 품질보증체제가 있는가의 여부를 실제 공장에 가서 확인하는 순서가 공장심사이다. 따라서 승인, 인정, 심사, 이 세 가지가 갖추어져야 절차상의 첫 거래가 가능하게 된다.

부품의 신뢰성관리

	관리항목	
사전	요구 시방서 발행	요구 시방의 결정
		요구 신뢰도 목표설정
	조달 전의 선정	조달 전 고장심사
	승인도 발행	부품시방서 승인
	부품인정	부품 인정 시험
		법 규제 대응
		인정
		대상 외 부품의 신뢰성 관리
	계약의 체결	기본 거래 계약서
		품질 보증 협약서
중간	납입품의 관리	초기 로트 초기 확인 초기 로트 확인 검사 출하검사 데이터 확인 중요보안부품 입수검수
	대량생산품의 관리	납입부품 평가 · 등급결정(grading) 변경관리 조달 전 공장 감사 · 지도 공정 데이터 감시
사후	시장 관리	불량부품 회수 · 해석 시장품질 데이터 분석 서비스 부품의 공정 파트별 출고 상황 감사 메이커에게 개선 요구

(2) 접합 · 결합 설계

부품 신뢰성이나 부품의 사용법이 적절해도 기기나 제품은 고장이 난다. 그것은 전기 전자 부품이든, 기계부품이든 단독으로 존재하는 것이 아니라 반드시 전기에너지나 정보 혹은 역학적 에너지나 운동에너지의 전위수단으로써 전기적, 기계적으로 접속, 결합되어 있기 때문이다. 이 접속, 결합이 무언가의 원인으로 부적합을 일으키면 기기도 고장이 나기 마련이다.

① 접속, 결합부품의 부적합원인

기기 내의 접속, 결합의 개소는 부품점수의 2배 정도에 이른다. 예를 들면, 기판에 삽입되거나 납땜(solder)처리된 부품은 적어도 2극단자를 갖고 있고 그 납땜접속의 개소는 부품의 2배 이상이 된다(커넥터 등, 1개의 부품도 수십 개소의 납땜처리 더욱이 접속 포인트나 결합 포인트는 이종 재료의 경계면에 있어서 온도계수의 차이, 질량의 차이, 경도의 차이, 화학적인 산화의 차이 등, 반드시 접합면은 물리적, 화학적인 특성의 차이에서 스트레스의 차이나 내구성의 차이로 인해 비틀림이나 열화 또는 부식이 잘 생기게 되어, 그것이 열화형 고장의 원인이 된다. 예를 들어 IC 등의 디바이스 고장에서 Bonding접속의 부적합이나 수지밀봉과 단자와의 결합부 부적합이 IC고장의 원인이 되고 있다.

② 설계상의 고려사항

필드불량의 데이터를 보면 접속이나 결합으로 인한 고장이 상대적으로 많다. 특히 기기의 소형화와 비용감소추구를 위해 도입된 새로운 접속방법이나 결합방법이 예상외의 고장원인이 되는 경우가 있다.

접속, 결합의 고장원인

① 금속 용융에 의한 전기접속 　　Soldering, Bonding, 용접
② 접융압에 의한 전기접속 　　스위치접속, 커넥터, 고정, 전지단자 등
③ 와이어리스 접속 　　전파, 빛, 음파
④ 접촉압에 의한 운동전달 　　고무벨트, 조작레버, 릴 등
⑤ 기계적 고정결합 　　압축고정, 나사 조임, 용접, 접착제
⑥ 가스나 물의 샘 방지 seal, 접합부분

이러한 접속, 결합의 고장을 줄이는 좋은 방법은 접속이나 결합을 하지 않는 것이지만, 비용이나 구조적인 측면에서 현실적으로 없애는 것은 불가능하기 때문에 신뢰성입장에서 다음과 같은 점을 고려해두는 것이 중요하다. ① 보다 신뢰성이 높고 보다 실적 있는 접속, 결합방식을 적용한다. ② 실적 없는 새로운 접속, 결합방식은 그 부분을 인정대상으로 하여 미리 충분한 시간에 걸친 신뢰성평가를 실시하

는 승인절차를 명확한다. ③ 기계적 스트레스나 온도스트레스가 큰 개소(온도상승이 큰 곳)에는 접속부나 결합부를 갖지 않는 것을 원칙으로 한다. ④ 큰 전류가 흘러 안전성에 영향을 미치는 개소, 수리가 용이하지 않은 경우는 100% 열화하는 것이므로 충분한 FMEA(FTA) 해석을 행하여 설계한다. ⑤ 신뢰성시험을 통해 사전에 확인하는 경우, 구성 재료를 사전에 노화시키거나 부식시키고 나서 조립된 유니트나 샘플을 이용하여 시험한다. ⑥ 전기접속과 물리적인 고정결함을 하나의 접속, 결합으로 겸한 설계는 하지 않는다. 예를 들어 무거운 부품을 납땜(soldering)으로 접속하고 고정도 겸하면 진동이나 충격에 납이 열화한다.

③ 불완전한 접속, 결합

접속, 결합의 방법은 납땜처리나 와이어접속 또는 나사결합, 용접 등의 어떠한 경우에든 거의가 수작업이고 반자동인 것이 많아 생산상의 편차는 크다. 이 때문에 평상시에 고장의 원인을 만들고 있다고 생각해둘 필요가 있다. 또 접합이나 결합 기능은 항상 에너지나 정보를 전달하고 힘이나 운동에너지를 전달하는 것만으로는 그 자신으로써의 기능을 갖지 않는 능동부품도 수동부품도 아니기 때문에 접속이나 결합의 물리적, 화학적인 편차가 있어도 초기 특성상에는 나타나지 않는다. 완전히 접속이나 결합의 역할을 다하지 않는 불량의 경우는 초기특성에서 판단할 수 있으나, 중도에 마무리되지 않은 접속이나 결합(생산편차가 큰 경우)은 생산 시에는 구별할 수 없기 때문에 그대로 출하되어 실사용 후에 물리적 또는 화학적 스트레스로 인해 가속도적으로 열화, 변질하여 신뢰성문제를 일으킨다. 따라서 주의 사항으로 공정QC의 철저, 즉 조건관리에 의해 생산편차를 없애는 것과 그 완성강도를 어떠한 형태로 측정하는가가 중요하다. 생산 point로서 ① 설비, 치구, 공구의 조건관리, ② 작업자, 검사원에 대한 작업, 훈련, ③ 작업자의 기능 인정 제도, ④ 특수 공정관리의 지정 및 완성 강도의 측정(Cp 관리, 관리도 등), ⑤ 정기 신뢰성시험(온도시험, 파괴시험, 비파괴시험, 절단시험 등)

(3) 기능안정화 설계

기기는 무엇인가의 원인으로 고장이 나고 기능이상을 초래한다. 그 원인은 일반적으로 부품의 고장이나 접속, 결합의 이상에 의해 발생한다. 그러나 역으로 기기를 구성하는 부품이 고장이나 열화를 일으키면 반드시 기기가 고장나거나 기능불량을 일으킨다고는 할 수 없다. 그렇게까지 되지 않도록 하는 것이 신뢰성설계의 역할이다. 부품이나 접속에 이상이 있어도 기기로써 필요한 기능을 안정적으로 확보할 수 있는 설계를 안정화 설계 또는 Robust 설계라고 한다.

① 안전성 설계(Sasty design)

부품에 이상이 일어날 때에 기능이상이 발생해도 인적, 물적 손해로 연결되는 안전사고에는 이어지지 않도록 하는 설계를 안전성 설계라고 한다. 예를 들면 내부부품이 short 되고 이상발열, 발화해도 외곽이 불연성이라면 기기는 화재가 일어나지 않는다. 이 안전성설계는 이중안전설계나 Fail safe설계 사고방식으로 설계함과 동시에, 안전성에 관한 공적인 규격이나 자주기준에 입각한 설계를 철저히 하는 것이 필요하다. 특히 PL법 대응을 위해서 PLP로 안전성을 중요시한 설계가 최우선되어야만 한다.

② 용장설계(－Redundancy design－)

일부 부품이나 부분에 이상이 있어도 병렬구조나 대기구조로 설계하여 기기전체로써는 기능불량을 일으키지 않도록 하는 설계를 용장설계라 하며 신뢰성향상이나 안전성강화를 위해 실시된다. 예를 들면, 전자수첩의 전지접속에서 전지교환 시 메모리 소실사고가 일어나지 않도록 back up 전지를 내장하고 있는 것 등이 여기에 속한다.

③ 파라미터(Parameter)설계(Robust 설계)

이 설계의 기본적인 사고방식은 제품의 목적인 기능에 착안, 우선 그 기능을 입력신호와 출력특성으로 표시한다. 즉, 입출력 관계가 부품편차나 경시열화, 환경변화(오차인자) 등이 있어도 편차가 나지 않는 듯한 설계조건(설계 파라미터, 제거인자)을 실험적으로 구해 설계하는 방식이다. 예를 들면, 사진기 급지 롤러의 기능안정화 설계에서 고무롤러의 장기사용에 의한 열화나 온도, 온도의 영향, 종이의 두께나 단단함의 편차 등을 포함해 확실히 매회 1매씩의 종이를 배출시키는 구조(롤러의 압력, 재질, 사이즈 등)를 정하는 것에 이용된다.

④ **기타**

사용 중인 것, 시간이 지남에 따라 부품이나 부분은 마모 또는 열화한다. 그러나 그 영향을 간단, 용이하게 제거 또는 수리할 수 있는 구조로 설계해 두는 것이 비용 기술적으로 유리한 경우도 있다. ⓐ 자체 수리 구조(접점을 항상 Cleaning하는 스위치), ⓑ 사용자 보전 구조(주유구 부착, 미조정 노프 부착 등), ⓒ 소모품교환 용이 구조(영사기의 램프, 면도기의 날 등)

(4) 사용자(USER) 사용설계

부품의 고장, 기계로써의 고장은 큰 폭으로 저하되어 가고 있지만, 기기를 점유하고 있는 사용자의 취급에 관계된 고장은 아니지만 사용자 입장에서 사용불능에 이르는 확률은 매년 늘어가고 있다. 그 원인의 한 가지는 기기의 취급방법이 복잡하게 되어 있기 때문이기도 하다. 사용설명서를 봐도 사용법을 모르겠다는 경우도 많다. 예를 들면, 종래에 지극히 간단한 도구나 전화 같은 경우에 전자화에 의해 기능이 늘고 사용 실수에 의한 고장, 불량도 많다. 이러한 것에 관하여 취급설명서 표시방법의 개선에 사용하기 쉬운 설계나 사용신뢰성에 대한 연구가 신뢰성향상의 테마이기도 하다.

(5) 수리, 보전(maintenance)설계

기기의 서비스성, 유지, 보존성의 시점에서 보전설계가 행해지지만, 신제품에 대해서 서비스의 방침, 서비스 방법, 서비스 기간, 무상기간, 부품공급기간 등, 기본적인 것을 설계초기에 정하는 것이 필요하다. 예를 들면, 기기의 수명과 수명이 짧은 소모품(램프)을 무리하게 기기 수명에 맞추는 것이 아니라, 정기적으로 사용자가 교환하도록 하는 시스템을 채택하는 것이 종합적으로 합리적인 것이다. 어느 쪽이든 수리나 보전방법에 대해서 설계과정에서부터 서비스부문이나 판매점의 계획참여를 얻어 충분히 의견을 수렴, 설계에 반영하는 시스템을 확립해 둘 필요가 있다.

(5) Concurrent Engineering과 신뢰성관리

　일반적으로 제품의 신뢰성, 안전성은 제품 설계의 좋고 나쁨에 의존하며, 신제품 개발과정에서 정해진다. 한편, 신제품 개발, 설계부문은 품질, 성능, 신뢰성뿐만 아니라 비용과 납기부문도 포함되어 종합적인 관리(management)가 요구된다. 고객의 요구와 회사의 의견을 모두 수렴하면서 Q, C, D의 조건을 적합시켜 가는 것이 쉬운 일만은 아니다.

　설계에 신뢰성기술을 살리기 위해서는 신제품개발의 프로세스에 대하여 제고할 필요가 있고, 그 방법으로 Concurrent Engineering(CE)의 도입이 효과적이다. 이 CE를 활용함으로써 신뢰성설계, 설계심사 등의 활동을 보다 효과적으로 실시할 수 있게 된다. 종래의 신제품 개발은 기획에서 출하에 이르는 모든 제품화 프로세스에 각 부분이 시리즈(직렬)로 관여하고, 각 프로세스 종료단계마다 업무이관을 하는 스타일로 행해져 왔다. 이것에 비해 동시개발설계 Concurrent Engineering은 기획, 구상단계부터 기술, 생산, 품질부문, 서비스부문 및 협력회사 등이 제품개발에 동시참여하여 기획하고, 동시에 신뢰성 활동도 그중에 넣어 전개하는 것이다.

① 시리즈 제품 개발 방식

기 획 → 기 술 → 생 산 → 협력회사 → Q A → 서비스

② 동시 제품 개발 방식

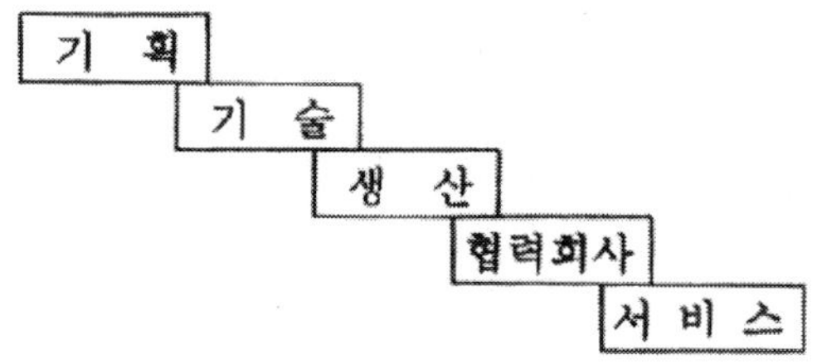

　　개발 네트워크는 신규 중점 상품의 개발을 위해서 고도의 기술적인 장애물 (Hurdle)을 제거해야 한다. 그러기 위해서 회사나 사업부의 틀을 초월한 협업에 의한 사람, 물건, 자금, 정보를 수집하여 명확한 target(break해야만 하는 기술적 목표 및 개발기간)을 설정, 집중적으로 개발하는 구조장치(개발 Concurrent)가 필요. 이것에 비해, 사업부의 기술부를 중심으로 생산부, 협력회사, 신뢰성관리부문 등이 기획 단계에서 제품개발에 참여하는 네트워크가 겹쳐져 아래와 같은 가로와 세로, 2가지의 Concurrent 시스템이 완성, 효과적인 개발과 신뢰성관리, 비용관리, 일정관리를 행한다.

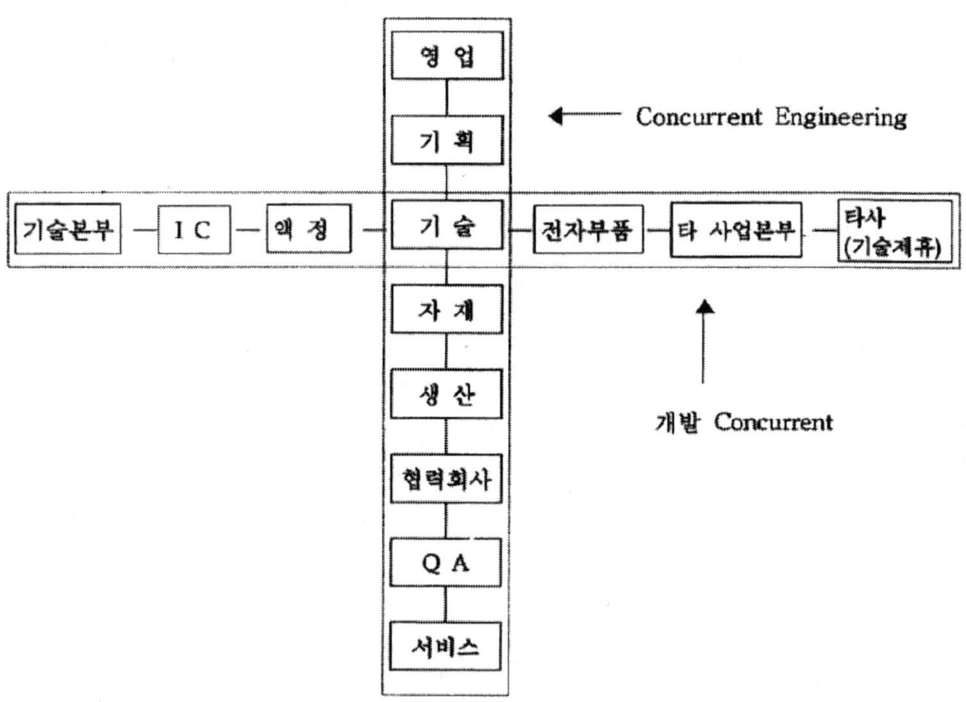

5-3. Rolling diaphragm - Bellofram Corporation

(1) 롤링 다이어프램 작동 이론

Bellofram 롤링 다이어프램은 변화할 수 있는 체적과 유연한 이동 측벽을 갖는 압력 용기이다. 다른 압력 용기와 마찬가지로, 강도는 안전율에 대응하여 고려해야 한다. 일반적으로 큰 안전율을 갖도록 설계되어야 한다. 이것은 최대 안전 작업 압력은 측벽의 파손을 일으키는 압력과의 비율을 의미한다.

그림에 BRD의 압력 작용을 나타내었다. 거의 전체적인 압력 부하가 피스톤 헤드에 걸리는 것을 볼 수 있다. 오직 작은 양의 액체 혹은 기체 압력만이 롤링 다이어프램의 좁은 접힘부에 걸리고 있다.

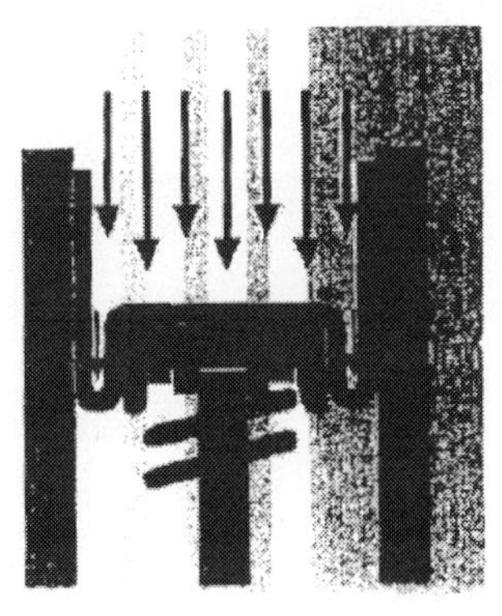
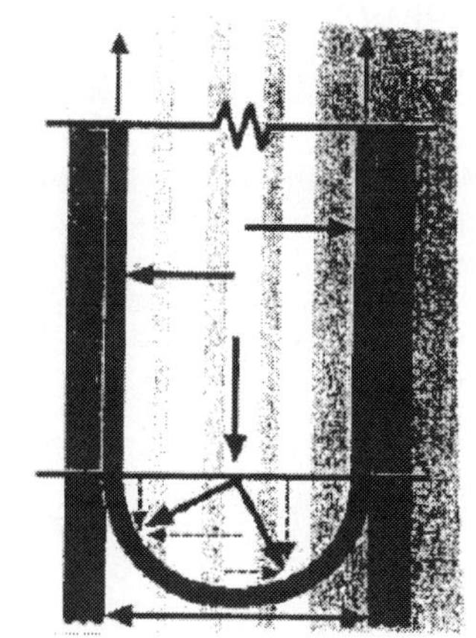

그림에서는 실린더와 피스톤 벽면과 직접 접촉하는 수면에서 접힘부의 일부를 나타내었는데, (반드시 표면과 수직해야 하기 때문에 수평면에 작용하는) 단위 압력선이 피스톤과 실린더 측면에 대항하여 다이어프램에 힘을 가하고 있다는 것을 주의해야 한다. 실린더와 피스톤 벽면(접힘부의 반원형 부분)과 직접 접촉하지 않는 다이어프램의 일부에 작용하는 압력선을 그림에 나타내었다. 단위 압력의 각 선들은 반원형 부분에 수직한 방향으로 작용한다. 따라서 모든 압력선은 수평과 수직 성분으로 대체될 수 있고 수직 성분의 합은 반원형 부분에 작용하는 전체 힘이 된다.

(2) 롤링 다이어프램 명명법

"C"형

사전 접힘형 다이어프램. 접힘은 "장착된" 형태로 성형된다.

CLASS

다이어프램과 그 플랜지가 성형된 사양의 표시

접힘 폭 C

하드웨어의 실린더 벽면과 피스톤 벽면 사이의 반지름 방향 틈새

실린더 내면, Dc

다이어프램이 고정되어 기능을 수행할 실린더의 내경

주의: 이것은 하드웨어에 속하지 다이어프램에 속하지 않는다.

유효 면적, AE

시스템의 유효 압력 면적은 하드웨어 실린더 내면과 피스톤 직경 사이의 중간 직경으로 정의된다.

$$AE = .7854(Dc - (Dc - Dp)/2)^2$$

유효 면적은 다이어프램이 180° 접힘을 유지하고 있는 한, 행정 위치가 변화하더라도 변하지 않는다.

플랜지

다이어프램이 유지되는 외부 부분으로 하드웨어에 의해 지지되거나 물려져 고정된다.

플랜지 코너 반지름

다이어프램의 측벽과 플랜지 사이의 혼합 반지름

플래시(FLASH)

다이어프램의 가장자리에서 튀어나온 미세선으로 금형의 파팅 라인 또는 다른 열림에 의해 만들어진다. 이것은 트리밍에 의해 완벽히 제거될 수 없다.

헤드

피스톤 헤드에 의해 유지되는 다이어프램의 영역

헤드 코너 반지름

다이어프램의 헤드와 측벽 사이의 혼합 반지름

높이, H와 K

다이어프램의 높이("모자"형의 H 또는 "C"형의 K)는 플랜지의 바닥에서부터 헤드의 상면(또는 "C"형에서의 접힘부)까지로 측정한다. 다이어프램 Class 1A & 1B형의 높이는 비드의 상면에서부터 헤드의 상면까지 측정한다.

높이 / 행정 한계

정밀한 행정을 얻기 위하여 필요한 다이어프램의 높이. 이 관계식은 다음과 같다.

"모자"형 다이어프램에서 필요한 높이

$$H = S_M + 2R_P + 1.56C + W_F + Z$$

"C"형 다이어프램에서는

요구높이: $K = \frac{1}{2}(S_M + C + 2R_P + 2W_F)$

$K -$ "C"형 BRD의 높이

$S_M -$ 최대 반행정: S_A 상부 행정: S_B 하부 행정

$Z -$ 안전지수

W_F - 플랜지 두께

H - "모자"형 BRD의 높이

C - 접힘부 폭

R_P - 피스톤 코너 반지름

R_L - 실린더 코너 반지름

실린더

내면	.33 / .99	1.00 / 2.50	2.51 / 4.00	4.01 / 8.00
Z	.060	.100	.120	.140

식별법

다이어프램은 Bellofram의 ABC(유사 Bellofram 코드: Approximate Bellofram Code) 부품 번호에 의해 식별된다.

예:

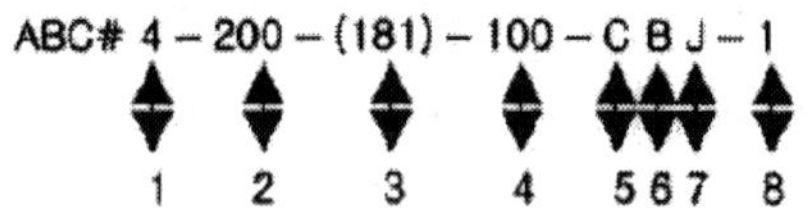

1. 다이어프램 Class
2. 실린더 내면(Dc) = 2.00 dia
3. 피스톤 직경(D_P) = 1.812 ″ dia
   (오직 비규격 DP가 필요한 경우에만 사용하고, 항상 괄호 속에서만 사용)
4. 높이, H(또는 "C"형에서는 K) 1.00 ″
5. 측면 두께에 대한 Bellofram의 표시
6. 섬유에 대한 Bellofram의 표시
   (아마도 그룹 번호이거나 또는 섬유가 없는 경우 괄호 안에 대시를 사용함)
7. 고무류에 대한 Bellofram의 표시
8. −1은 이 다이어프램이 특수한 트림을 갖고 있다는 것을 나타냄

피스톤 직경 D_P

피스톤 헤드를 가로질러 직경으로 측정한 피스톤의 직경

다이어프램을 지나는 압력 강하

BRD 제품은 고무 면에서 더 높은 압력 작용이 작용하도록 설계되어 있는데, 섬

유 면에 작용하는 압력은 항상 전체 운전 조건에서 보다 작아야만 한다.

측벽 두께, Wsw

측벽의 두께: 헤드와 플랜지 사이 또는 헤드와 비드가 만들어진 면적 사이의 다이어프램 부분

행정

- 중립 평면 위치-다이어프램의 행정 능력은 항상 "중립 위치"(중립 평면)를 기반으로 사용하여 계산되거나 사용하여 규정된다. 행정 중의 그 점에서 피스톤 헤드가 실린더의 클램핑 플랜지와 같은 평면에 있다고 정의된다.
- 반행정-많은 설계에서 중립 평면에서부터 오직 한 방향으로 피스톤과 다이어프램 행정을 포함하고 있다. "반행정"은 이 조건하에 있는 다이어프램의 행정 능력을 나타내는 데 사용하고 있는 항목이다. 반행정은 그 행정이 중립 평면 아래에 있는 경우 S_B로 나타내진다.

  만약 Bonnet이 사용된다면, 피스톤과 다이어프램은 중립 평면 위에서 행정할 수 있다. 다이어프램 행정 능력의 부분은 중립 평면 위에서 S_A로 나타내어진다.

- 전 행정(전체 행정)-다이어프램의 전 행정 능력은 반행정들의 합(SA +SB =ST)이다. S_T는 전체 행정을 나타낸다.

모자형

하드웨어 속으로 조립될 때 롤링 접힘부 안으로 성형되는 "모자"형과 유사하게 성형된 다이어프램

트림

헤드와 플랜지 외곽의 윤곽과 관통부로 고객의 설계 요구 또는 고객이 지정하지 않는 경우에는 Bellofram 규격에 따라 만들어진다.

(3) 롤링 다이어프램 설계

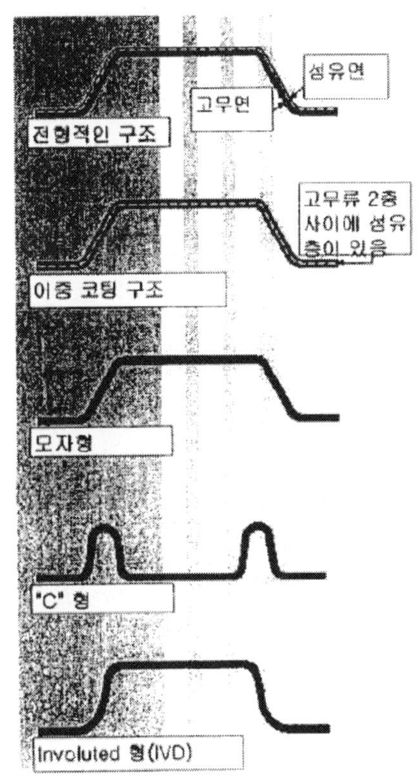

이 설계 매뉴얼의 목적은 적용 가능한 하드웨어 설계 기준을 나타내는 것뿐만 아니라 독자로 하여금 적용에 필요한 적절한 Bellofram 롤링 다이어프램을 선택하게 하는 것이다. 다이어프램을 선정하고 하드웨어를 효율적으로 설계하기 위하여 논리적인 결과에 의해 판단할 것을 권장한다.

1. 다이어프램 선정(형태의 선정)

"모자"형 – 긴 행정을 사용할 때 적용한다. 조립 시에 롤링 접힘부 안으로 성형되어 들어간다.

"C"형 – 제한된 행정에 적용하기 위한 사전 접힘 사양으로 성형된다.

Involuted(IVD) – 최소한의 하드웨어 덮개를 요구하는 특수한 적용 분야에서 "모자"형과 "C"형의 장점을 조합하였다.

2. 다이어프램

다이어프램은 하드웨어 고정 방법을 결정하는 다이어프램의 플랜지 그리고 / 또는 비드 설계에 적용한다.

Class 4 – 평면 가스켓 형 플랜지로, 높은 압력 실링과 경제적인 하드웨어 설계용

Class 3 – "D"형 비드가 작은 플랜지 확장 면에 성형된 것으로, 낮은 압력에서 능동적인 실링과 조립을 쉽게 하기 위하여 사용

Class 1A – 실린더 직경의 축소를 위하여 "O"링형 비드가 다이어프램 외부 원주에 접하여 성형된다.

Class 1B – 최소의 실린더 직경을 제공하기 위하여 비드가 다이어프램의 내부 원주

에 성형된다.

3. 행정 능력

"모자"형 BRD에 대해서, 높이는 행정의 한쪽 끝에서 다른 쪽까지 180° 접힘이 되는 1 / 2 행정 능력에 대해 계산한다.

"C"형 BRD는 원하는 1 / 2 행정을 제공하는 데 충분한 접힘 높이(K)를 갖도록 계산된다. Involuted 다이어프램은 그 높이와 같은 1 / 2 행정 능력을 제공한다.

4. 고무 선정

고무는 적용하려는 온도 범위에서 적용하는 액체나 기체에 적합한 것을 선택해야 한다.

5. 섬유 선정

섬유의 형태가 다이어프램의 작업 압력을 결정하는데, 이것은 강도 인자, 접힘 폭과 온도를 기반으로 하여 선정한다.

6. 하드웨어 설계

다이어프램 플랜지 지지−다이어프램 플랜지(어떤 Class가 선정되었는지)의 지지 방법이 반드시 선정되어야 한다.

실린더 설계−실린더의 내경은 Dc(실린더 내면 직경)으로 표시되는 다이어프램 직경에 맞춰서 설계되어야 한다. 실린더 길이는 반드시 피스톤 스커트를 조절하는 데 충분한 길이를 따라 S_B 방향으로 반−행정을 제공할 수 있을 만큼 충분히 길어야 한다.

Bonnet 설계−Bonnet 직경은 피스톤과 다이어프램 측벽 두께에 대해 충분한 틈새를 주어야 한다. 길이는 SA 방향으로 반행정 이상이 되어야 한다.

피스톤 설계−피스톤 직경은 다이어프램이 설계된 피스톤 직경에 맞도록 설계되어야 한다. 길이는 행정의 한쪽 끝에서 반대편까지 롤링 접힘을 지지할 만큼 충분히 길어야 한다.

지지부 설계−다이어프램은 평면 또는 굴곡진 가장자리 지지구 또는 접착제를 사용하여 피스톤 헤드에 고정되어야 한다.

(4) 실린더 내의 다이어프램 행정

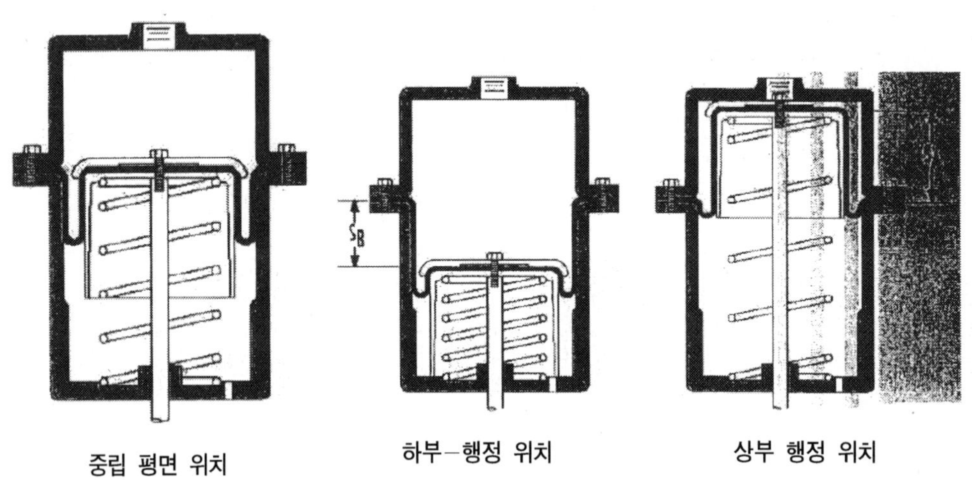

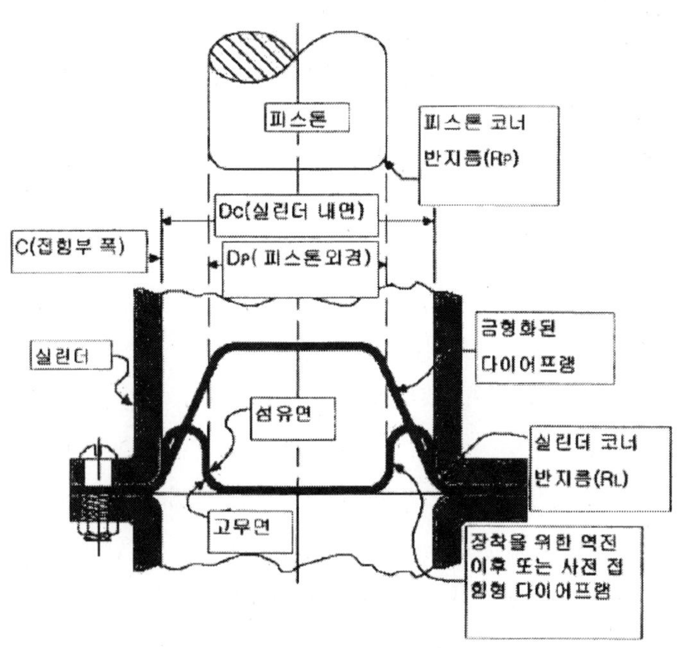

다이어프램 / 실린더의 치수 관계

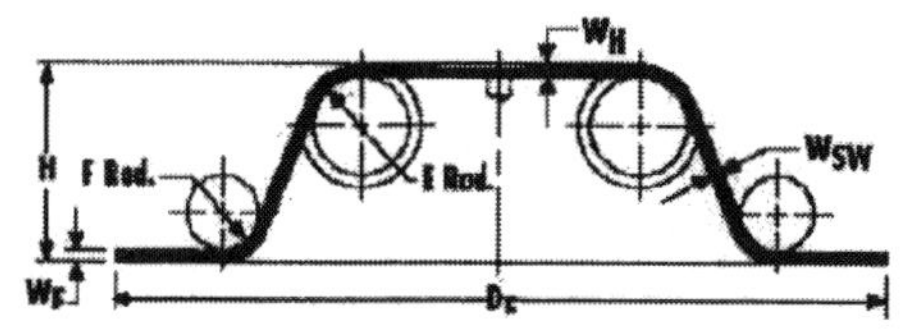

모자형 다이어프램

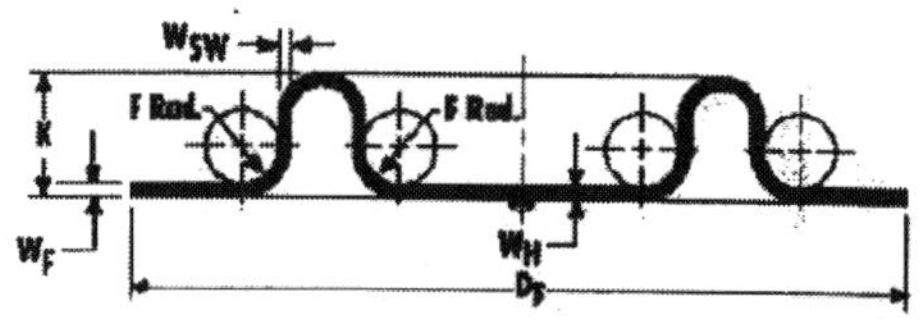

사전 접힘형 다이어프램

E-헤드 코너 반지름

F-플랜지 코너 반지름

H-플랜지 두께를 포함한 모자의 높이

K-플랜지 두께를 포함한 사전 접힘형의 높이

D_F-플랜지 직경

W_F-플랜지 두께

W_H-헤드 두께

W_{SW}-측벽 두께

(5) CLASS 4 다이어프램

시방

Class 4 다이어프램은 가장 일반적인 설계로 경제적인 하드웨어 설계를 제공하고 있다. 이것은 실린더와 그것의 캡 또는 Bonnet 사이에 평평한 상대 표면을 갖는 메커니즘에 장착하기 위하여 개발되었다. 이 경우 다이어프램의 플랜지가 이 분리된 면에서의 누설을 방지하기 위한 가스켓의 역할을 한다. 이 플랜지는 제조자가 볼트로 고정하기 위하여 관통부를 만들 수 있다. 마찬가지로 플랜지 둘레는 상대 부품의 사양에 맞추기 위하여 잘라낼 수 있다.

섬유 덧댐부가 고정 금속 표면과 긴밀한 접촉을 하기 때문에 큰 실링 표면을 따라서 확고하게 지지될 수 있으므로, Class 4 다이어프램은 높은 압력에서 실링을 유지하는 데 사용될 수 있다. 플랜지 이음매에 작용하는 힘은 복잡하고 가변적이다. 일반적으로 플랜지 압력 부하는 다음과 같은 것에 의해 결정된다: 내부 압력, 작동 온도와 환경 액체와 기체, 적절한 실링 효과를 제공하기 위해 필요한 실제 플랜지 부하 압력은 일반적으로 플랜지의 실링 면적을 따라 1000psi의 크기를 갖는다. 만약 이 압력을 심하게 초과하면 결과적으로 초과된 고무류가 롤링 다이어프램에 손상을 일으키게 된다. 고정 플랜지 표면은 그 접촉면에서 반드시 평평해야 하고 적용된 볼트 하중 하에서 비틀려서는 안 된다. 플랜지 고정 면에 거친 기계 가공된 하드웨어 마무리와 고무 표면을 자르기 용이하게 하여 날카로운 모서리를 갖지 않게 하는 것으로 플랜지의 지지 상태를 개선할 수 있다. 극단적으로 높은 압력하에서 또는 플랜지를 잡아당기는 힘이 큰 곳에서의 극히 넓은 접힘을 갖는 적용분야에서 사용하기 위하여, 깊이 0.006″ 떨어진 곳에서 약 1 / 32″ 간격의 동심의 "V" 홈의 열이 지지를 위하여 제안되고 있다. Class 4 설계에 있어서 접힘은 장착 시에 상단 헤드 코너 반지름을 뒤집어서 성형한다. 피스톤 코너 반지름이 운전 중에 다시-뒤집어지는 것을 방지하기 위하여 굴곡진 가장자리 지지판의 사용이 권장된다.

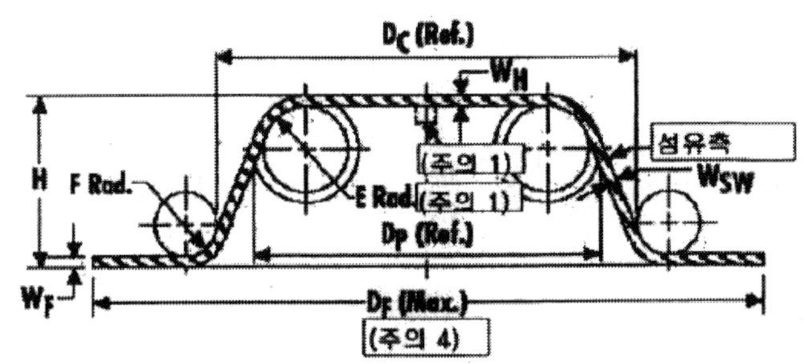

Dc	.25～.99	1.00～2.50	2.51～4.00	4.01～8.00	8.01 and up
H	설계 행정을 만족할 만큼(표준 크기표 & 주의 3을 참조)				
Dc D_P	Dc와 D_P의 공차는 직경 1인치당±.010 ″ 이지만, 이 공차는 ±.010 ″ 보다 크고 ±.060 ″ 이하여야 한다.				
W_H & W_F	.020±.005	.020±.005	.030±.005	.035±.005	.045±.007
W_{SW}	.015±.003 (Code"B")	.017±.003 (Code"C")	.024±.004 (Code"D")	.035±.005 (Code"F")	.045±.007 (Code"H")
E	3 / 32 R.	1 / 8 R	5 / 32 R	1 / 4 R	1 / 4 R
F	1 / 32 R	1 / 16 R	3 / 32 R	1 / 8 R	1 / 8 R
D_F	Dc +3 / 4 ″ See Note 4	Dc +1 ″ See Note 4	Dc+1½ ″ See Note 4	Dc+2 ″ See Note 4	Dc+2 ″ See Note 4

주의:
1. 재고 공급하는 다이어프램은 내면의 크기 1 ″ 이상에 1 / 8 ″ 직경 ×3 / 32 ″ 높이의 압력 측 버튼을 가진 상태로 공급된다.
2. 헤드 코너가 조립 시 뒤집어지기 때문에, 이 반지름은 피스톤 반지름이 아니다.
3. 높이는 내면(DC)을 초과하면 안 된다. 높이의 공차는 ±.015 ″ 이상 또는 높이 1인치당 ±.015 ″ 이상이어야 한다.
4. 트림 공차

구멍의 직경 OD 트림

직경	공차
0～1.00 ″	±.010 ″
1.01～3.01 ″	±.015 ″
3.01 이상	±.020 ″

5. 치수와 공차들은 Bellofram 롤링 다이어프램이 제조 시의 공차로 상대편 부품의 치수와 공차가 아니다.

주의:

1. 헤드 코너가 조립 시 뒤집어지기 때문에, 이 반지름은 피스톤 반지름이 아니다.
2. 높이는 내면(DC)을 초과하면 안 된다. 높이의 공차는 ±.015 ″ 이상 또는 높이 1인치당 ±.015 ″ 이상이어야 한다.
3. 이 "V"형 리브는 다이어프램 공정만을 위한 것이므로 모든 다이어프램에 안 나타날 수도 있다. 이것은 기능적인 것이 아니고 완전하게 채워질 필요가 없다. 리브는 일반적으로 다이어프램의 고무 측에 만든다.
4. "V"형 리브의 수, 크기, 공간과 위치는 규정된 비드에 맞추어 수정되거나 남겨둘 수 있다.
5. 트림 공차

구멍의 직경 OD 트림

직경	공차
0~1.00 ″	±.010 ″
1.01~3.01 ″	±.015 ″
3.01 이상	±.020 ″

6. 치수와 공차들은 Bellofram 롤링 다이어프램이 제조 시의 공차로 상대편 부품의 치수와 공차가 아니다.

CLASS 1A−표준 크기

실린더 내면	피스톤 직경	높이	측벽 두께	유효 압력	접힘	최대 반행정
DC	DP	H	WSW	면적 $Ae(in)^2$	C	SA / SB
1.00	.81	.62	C	.64	.094	.24
1.68	1.50	.75	C	1.00	.093	.38
1.75	1.53	.44	.017	2.11	.110 ″	.01
2.00	1.01	1.03	C	2.05	.094	.53
3.51	3.05	3.51	.025	0.44	.230 ″	2.07
3.75	3.43	2.25	D	10.14	.154	1.69
4.50	4.00	5.25	.034	14.10	.250	4.22
5.25	4.75	3.18	.034	19.63	.250	3.34
5.50	5.00	5.50	F	21.64	.250	4.47
6.25	5.75	5.25	F	28.27	.250	4.22

* 특수한 접힘 폭

측벽 두께

B = 약 0.015

C = 약 0.017

F = 약 0.035

(8) CLASS 1B 다이어프램

시방

Class 1B 설계는 고정 모서리의 원주를 둘러서 사각형 비드를 사용하여 플랜지 비드가 실린더 내면 안으로 고정되도록 한다. 이 설계는 다이어프램 실린더 내면보다 약간 큰 최소한의 외부 하우징 직경을 제공한다.

일부 경우에 이 설계는 플랜지 볼트나 플랜지 스터드가 필요 없게 해 준다. 이것은 다이어프램의 플랜지에 볼트 구멍 또는 관통부를 만들 필요가 없다.

접혀기기 위해서는 피스톤 코너 반지름의 뒤집기가 필요하다. 피스톤 코너 반지름을 지지하고 이것이 "성형된" 형태로 돌아가는 것을 막기 위해서 굴곡진 가장자리 지지 수단을 권장한다.

Class 1B 설계는 플랜지 비드를 실린더 내면에 고정할 수 있도록 하기 때문에, 행정 능력은 일반적으로 S_B 방향으로만 반-행정으로 제한된다.

비드를 지지하기 위한 홈의 단면적은 Bellofram 비드 자체의 단면적과 같아야 한다. 이 홈의 코너는 최소한의 필렛을 갖는 사각형 기계 가공이 되어야 한다. 이러한 관례는 비드를 최적으로 지지하기 위하여 권장되고 있다. 고무는 압축되지 않으므로, 만약 홈의 면적이 너무 작으면 롤링 다이어프램을 확실하게 손상된다. 이 설계는 압력차가 150psi를 초과하지 않는 부위에 사용하는 것을 권장한다.

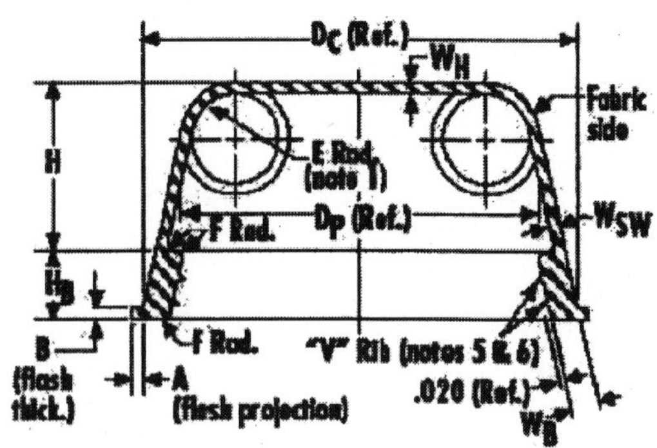

치수와 공차

Dc	1.00 to 2.50	2.51 to 4.00	4.01 to 8.00	8.01 and up
H	설계 행정을 만족할 만큼(표준 크기표 & 주의 2를 참조)			
Dc D_P	Dc와 D_P의 공차는 직경 1인치당 ±.010 ″ 이지만, 이 공차는 ±.010 ″ 보다 크고 ±.060 ″ 이하여야 한다.			
W_H	.020±.005	.030±.005	.035±.005	.045±.007
W_{SW}	.017±.003 (Code"C")	.024±.004 (Code"D")	.035±.005 (Code"F")	.045±.007 (Code"H")
A	.025 Max.	.035 Max.	.040 Max.	.056 Max.
B	.025 Max.	.035 Max.	.040 Max.	.056 Max.
E	1 / 16 R.	3 / 32 R.	1 / 8 R.	1 / 8 R.
F	1 / 32 R.	3 / 64 R.	1 / 16 R.	1 / 16 R.
W_B	.080±.003	.100±.003 See note #3	.120±.003 See note #3	.160±.003 See note #3
H_B	.150±.005	.200±.005	.260±.005	.300±.005

주의:

1. 헤드 코너가 조립 시 뒤집어지기 때문에, 이 반지름은 피스톤 반지름이 아니다.
2. 높이는 내면(DC)을 초과하면 안 된다. 높이의 공차는 ±.015 ″ 이상 또는 높이 1인치당 ±.015 ″ 이상이어야 한다.
3. 이 공차는 측벽의 변화를 포함하지 않는다.
4. 트림 공차

구멍의 직경 OD 트림

직경	공차
0∼1.00 ″	±.010 ″
1.01∼3.01 ″	±.015 ″
3.01 이상	±.020 ″

5. 이 "V"형 리브는 다이어프램 공정만을 위한 것이므로 모든 다이어프램에 안 나타날 수도 있다. 이것은 기능적인 것이 아니고 완전하게 채워질 필요가 없다. 리브는 일반적으로 다이어프램의 고무 측에 만든다.
6. "V"형 리브의 수, 크기, 공간과 위치는 규정된 비드에 맞추어 수정되거나 남겨둘 수 있다.
7. 치수와 공차들은 Bellofram 롤링 다이어프램이 제조 시의 공차로 상대편 부품의 치수와 공차가 아니다.

CLASS 1B-표준 크기

실린더 내면	피스톤 직경	높이	측벽 두께	유효 압력	접힘	최대 반행정
DC	DP	H	WSW	면적Ae$(in)^2$	C	SA / SB
3.00	2.68	1.19	0	6.35	.154	.63
3.06	2.57	3.37	.035	6.22	.245 ″	2.34
3.62	3.12	3.31	.035	8.94	.250 ″	2.33
3.62	3.12	3.87	.035	8.94	.250 ″	2.88
4.15	3.65	1.95	.035	11.94	.250	.95
4.15	3.65	3.19	.035	11.94	.250	2.19

＊ 특수한 접힘 폭

실린더 내면	피스톤 직경	높이	측벽 두께	유효 압력	접힘	최대 반행정
DC	DP	H	WSW	면적 $Ae(in)^2$	C	SA / SB
4.75	4.25	3.68	.035	15.98	.250	2.55
4.75	4.25	5.21	.035	15.98	.250	4.98
6.50	6.00	4.34	.040	30.67	.250	3.01
.6.50	6.00	7.35	.040	30.67	.250	6.02
7.00	6.50	4.81	.040	35.70	.250	3.40
7.98	6.54	7.36	.040	35.70	.250	6.05

측벽 두께
D = 약 0.024
F = 약 0.035

(9) Involuted 다이어프램

Involuted 다이어프램은 설계 인자에 따라 만들어진다.

시방

특허를 받은 Bellofram Involuted 다이어프램 (IVD)은 롤링 다이어프램 설계에 새로운 개념을 나타내고 있다. 처음에는 저가의 하드웨어, 작은 포장 크기와 더 낮은 조립 비용을 위한 자동차 산업에서의 필요를 만족하기 위하여 개발되었지만, 이 설계는 많은 적용에 있어서 접힘 다이어프램에 좋은 이점을 제공하고 있다.

Involuted 다이어프램은 전통적인 설계에 비해 사양과 운전 모두가 다르다. IVD 다이어프램의 측벽은 작은(피스톤) 직경으로부터 거의 직선적으로 아래로 내려와서, 크고 휘어진 코너 반지름의 플랜지로 이어진다. 이것은 더 큰 기울기와 빡빡한 반지름을 갖는 표준형의 BRD와 비교된다.

운전 시에 180° 접힘 특성은 행정의 상부와 하부

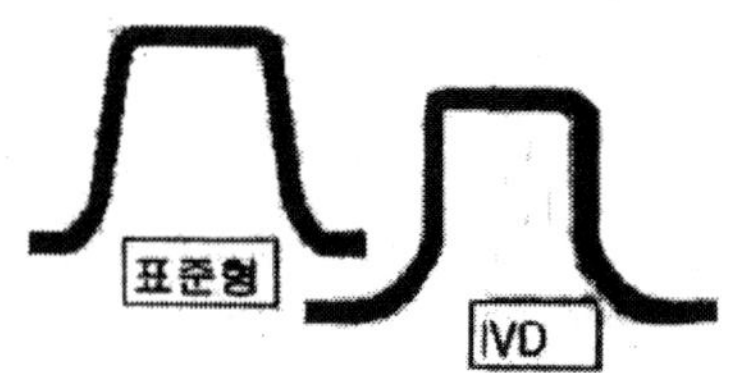

롤링 다이어프램의 비교

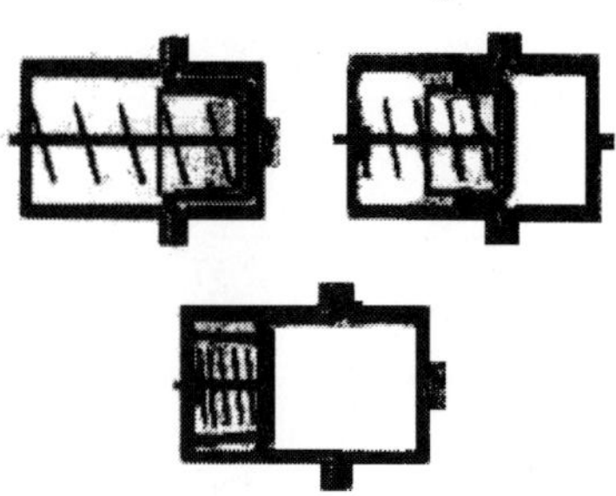

표준형 롤링 다이어프램 사이클 접힘이
항상 발생한다.

에서는 나타나지 않고 오직 피스톤 이동 시에만 나타난다. 전체 반-행정 길이는 다이어프램의 성형 높이 전체와 같다.

이 설계는 본질적인 이점, 특히 관련된 하드웨어와 조립 비용의 설계와 구성에 경제적인 이점을 제공하고 있다.

IVD 다이어프램은 장착되기 전에 접힘을 만들 필요가 없기 때문에 장착이 빠르고 쉽다. 또한 항상 지지판이 제거될 수 있고, 간혹 다이어프램을 피스톤 면에 부착할 필요도 없어진다.

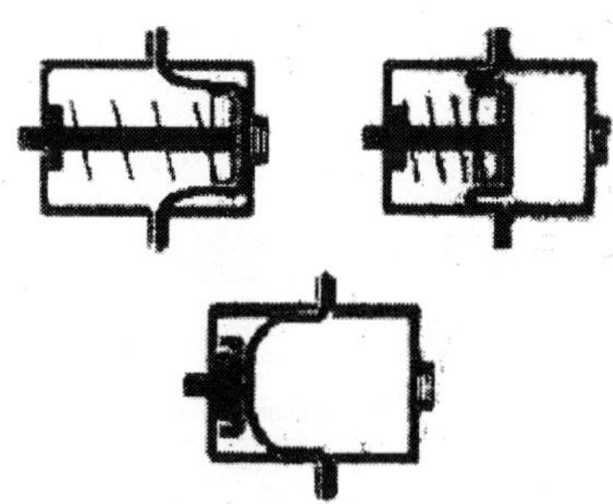

Involuted 다이어프램 사이클 행정 한계점에서 접힘이 필요 없다.

Involuted 다이어프램의 특징과 장점

롤링 다이어프램의 특징-일반적으로 Bellofram 롤링 다이어프램과 관련된 것과 같은 특징과 장점을 제공한다.

축소된 하드웨어 크기-긴 피스톤 스커트가 없어도 되므로, 전체 실린더 조립에서 본질적으로 전체적인 크기와 무게를 줄일 수 있다.

지지판 고정구-대부분의 적용 시 지지판은 필요하지 않고, 간혹 다이어프램을 피스톤에 부착할 필요도 없다.

축소된 다이어프램 크기-이것의 전체 길이가 1/2 행정 길이와 같을 수 있기 때문에, Involuted 다이어프램은 전통적인 다이어프램에 비해 더 짧아질 수 있다.

쉽고 저렴한 장착-이것은 접힘을 만들지 않고 장착되기 때문에 작업 시간을 줄이고 특수한 도구의 사용을 줄인다.

하드웨어 비용의 저감-일반적으로 공차와 마무리 요구사항을 여유 있게 할 수 있어 다이캐스팅, 스탬핑과 사출된 플라스틱 부품과 같이 상대적으로 저렴한 하드웨어를 사용할 수 있다.

최소 압력 역전 문제-Involuted 다이어프램 작동기는 다이어프램의 손상 없이 약간 높은 압력 역전을 허용해주는 "자체-정리(self-clean)" 기능을 갖고 있다.

주의: IVD는 SA & SB 끝단에서 정지할 수 없기 때문에, 체적 공간은 적용 압력이 조정됨에 따라 변할 것이다.

Involuted 다이어프램 섬유 데이터

IVD의 유효 압력 영역은 다이어프램이 완전히 180° 접혀 있는 한 일정하다. 그러나 이것은 각 행정의 끝단에서 다이어프램이 180° 접힌 상태에서 벗어날 때 변한다.

IVD가 180° 접힘 상태에서 벗어날 때 작업 압력 능력은 감소한다.

행정 내에서의 여러 위치에서 압력 등급 인자에 대한 작동 압력 테이블을 참조할 것

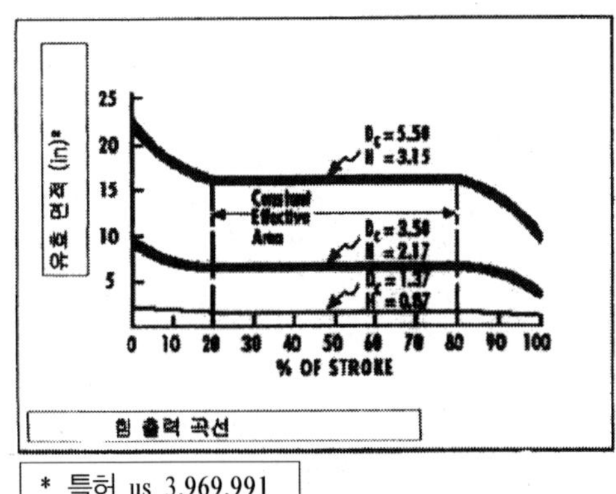

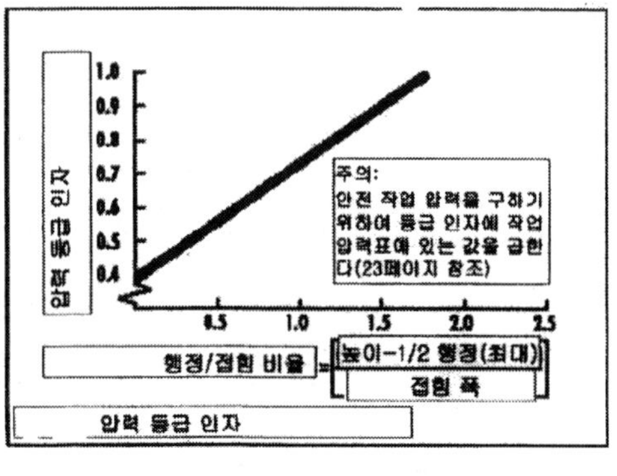

* 특허 us 3,969,991

(10) 고무 데이터

다이어프램은 광범위한 고무를 사용할 수 있다. 물질의 선택은 다이어프램이 동작하는 특수한 환경에 의존한다. 아래의 표는 고무의 선택에 필요한 데이터의 대부분을 제공하고 있다. 그러나 일반적으로 Bellofram의 엔지니어들은 견적을 제시할 때 특정한 고무의 사용을 권장하고 있다. 아래에 기재된 온도는 정적인 온도로 사이클 온도가 아니다.

Cylinder Bora Dc	Convolution Width C	Piston Skirt Length	Cop* Length	R_p	**R_F
0.37~0.99	.0625	$\dfrac{H+S_A}{2}$	Stroke in S_A Direction	.0312	.0312
1.00~2.50	.0937	$\dfrac{H+S_A}{2}$	Stroke in S_A Direction	.0625	.0625
2.51~4.00	.1562	$\dfrac{H+S_A}{2}$	Stroke in S_A Direction	.0937	.0937
4.01~8.00	.250	$\dfrac{H+S_A}{2}$	Stroke in S_A Direction	.125	.125

구부러진 지지판의 부족으로 인한
다이어프램의 뒤집힘

하드웨어 마무리

Bellofram 롤링 다이어프램을 사용할 때의 장점은 하드웨어 표면 거칠기가 핵심적이지 않기 때문에 값비싼 정교한 기계 가공된 표면을 요구하지 않는다. 63 마이크로 인치의 표면 마무리면 대부분의 적용에 충분하다.

굴곡진 가장자리 지지판

다이어프램의 일부 Class의 헤드 코너는 접힘을 만들기 위하여 조립 시 뒤집어야 한다. 따라서 어떤 설치 및 작업 환경 조건하에서 다이어프램은 원래의 "성형된" 위치로 다시 뒤집어지려고 할 것이고, 이에 따라 측벽에 문지름을 야기할 가능성이 있다. 이 조건을 그림에 나타내었다. 이러한 효과를 없애기 위해서 피스톤 헤드 코너와 긴밀히 접촉하고 있는 BRD의 역전된 헤드 코너를 잡기 위하여 굴곡진 가장자리 지지판을 권장한다. 원래 피스톤 조립에서 지지판의 사용을 강력히 권장하는데, 이것이 롤링 다이어프램의 잘못되어 재조립될 수 있는 가능성을 현저히 줄여주기 때문이다. 권장하는 굴곡진 가장자리 지지판 설계를 아래 나타내었다.

Cylinder Bora Dc	A	B	C	D	E	F	G. Rod
0.37~0.99	D_P +2 W_{SW}	Not required	.015	1 / 16	1 / 8	Not required	.025
1.00~2.50	D_P +2 W_{SW}	.7 D_P	.025	3 / 32	3 / 16	.010	.030
2.51~4.00	D_P +2 W_{SW}	.7 D_P	.030	7 / 64	7 / 32	.015	.040
4.01~8.00	D_P +2 W_{SW}	. 7 D_P	.030	1 / 8	1 / 4	.015	.060

주의:

D_P =피스톤 스커트의 외경

W_{SW} =BRD의 최대 측벽 두께

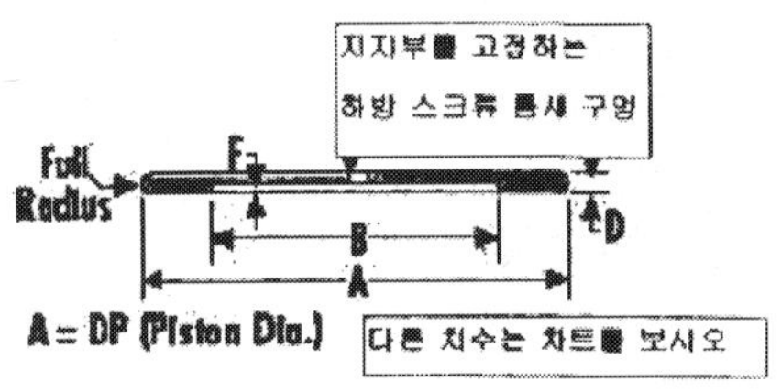

| Class 3C와 4C를 위한 평면 와셔형 지지구(사전 접힌 다이어프램) | Class 3, 4, 1A와 1B("모자"형 다이어프램)를 위한 굴곡진 가장자리 지지구 |

(13) 하드웨어 설계－CLASS 4 & 4C 다이어프램

다이어프램 플랜지 지지방법

Crimp 링－이 형태의 플랜지 지지 방식은 적절하게 설계된 Crimp 도구를 갖는 작동기에 조립되는 분리된 금속 crimp 링을 사용하여 저가로 대량 제조할 수 있게 해준다. Crimp 링은 Lip(가장자리 돌출부)를 만드는 데 필요한 힘이 다이어프램 플랜지에 과도한 응력을 주지 않도록 얇고 유연한 물질로 만들어진다.

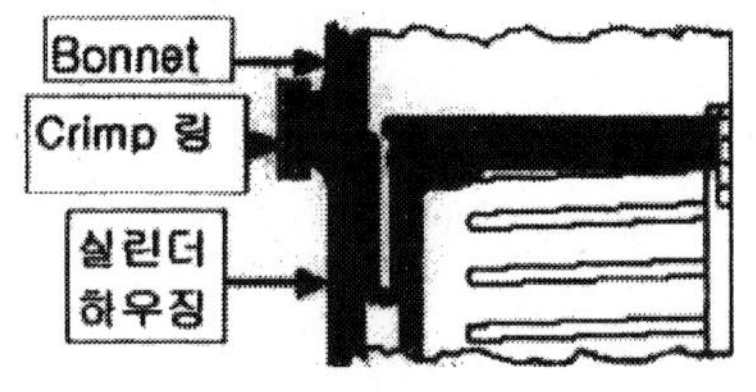

Crimp 링 설계

Swadged(구부러진) Lip-crimp 링과 유사하지만 지지하는 Lip이 bonnet 또는 실린더의 복합 부분으로 되어 있다는 것이 다르다. Crimp Lip은 적절한 플랜지 조립과 지지를 위해서 반드시 얇고 유연해야 하지만, Swadged Lip은 평면 플랜지에 대해서 최소의 외경을 제공하고, 아직까지도 저가로 대량 제조할 수 있게 해준다.

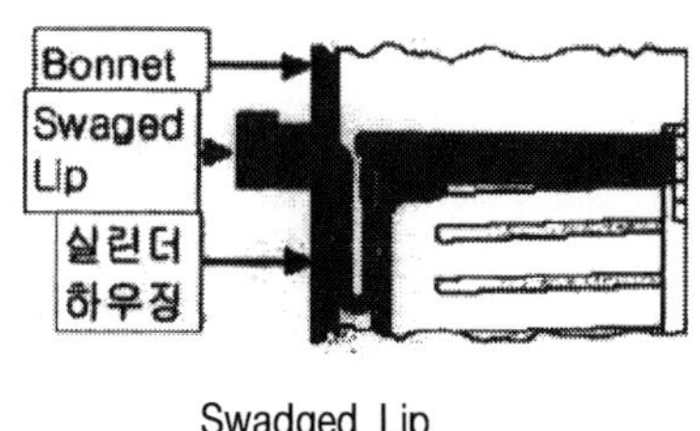

Swadged Lip

볼트 플랜지-플랜지 지지 중 가장 일반적인 방법이 볼트 플랜지 설계이다. 관통부는 플랜지 볼트 또는 스터드보다 최소한 15% 이상 되어야 한다. 심각한 변형 또는 플랜지 볼트 사이의 휘어짐을 없애기 위해서 충분한 볼트 또는 스터드 수가 필요하다. 이 방식은 플랜지 볼트 사이로 다이어프램이 빠져나오는 것을 방지하는 압력용 실링을 제공한다.

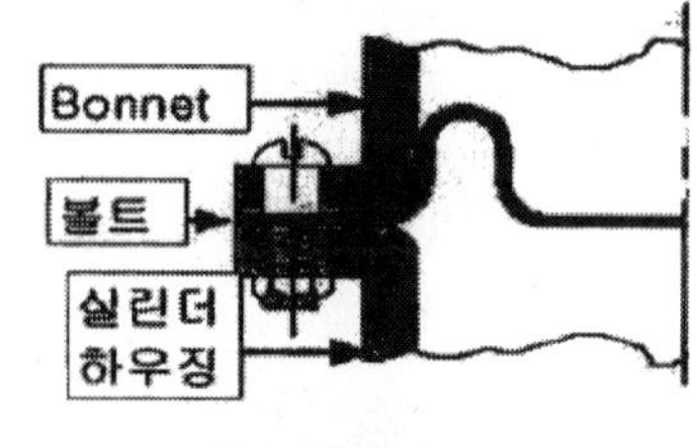

볼트 플랜지

하드웨어 설계-CLASS 3 & 3C

아래 목록에 나온 치수는 다이어프램 비드에 더 적절한 고정 압력을 제시하고 있다. 이 사양과 다이어프램 비드와 하드웨어 비드 홈의 치수는 하드웨어에 다이어프램을 고정하는 편리한 수단을 제공하고 있다. 다이어프램 비드가 압축 상태에서 변형되는 것을 위한 공간을 제공하기 위하여 비드 홈의 폭이 증가시킨다.

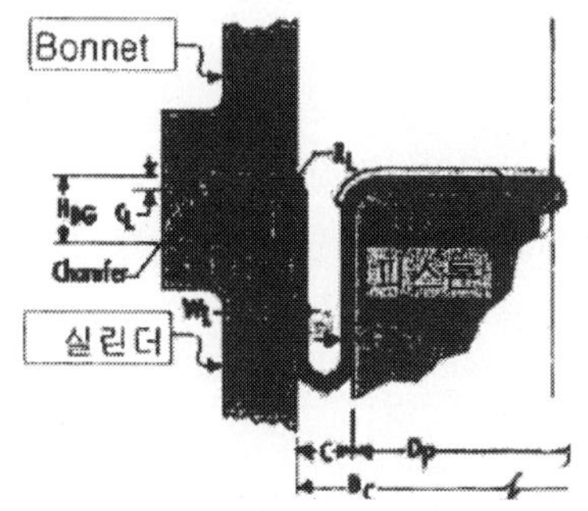

Class 3과 3C 하드웨어 치수

이 사양들은 12%(8~18%로 공차에 따라 다름)의 공칭 비드 압축을 나타내는데, 정적 "O"링의 적용 사양과 유사하다. 이 관계는 비-규격 "D"비드에도 또한 적용할 수 있다.

실린저 내면 직경 Dc	비드 홈 폭	비드 홈 높이	플랜지 & 피스톤 코너 반지름	Lip 반지름	Lip 높이
(Ret.) Diameter	$W_{BG} \pm .003$	$H_{BG} \pm .002$	R_L & R_P	$W_L \pm .003$	$C_L \pm .003$
.37~.99	.109	.082	1 / 32	.062	.021
1.00~2.50	.141	.118	1 / 16	.125	.021
2.51~4.00	.219	.178	3 / 32	.187	.031
4.01~8.00	.281	.238	1 / 8	.250	.036
8.01~up	.281	.238	1 / 8	.250	.048

주의:
위의 치수들은 실질적으로 모든 적용 시 적절한 실링과 지지 방법을 제공할 것이다. 일부 특이하거나 특별한 경우에는 약간의 변경이 필요할 것이다.

(14) 다이어프램 플랜지 고정 방법

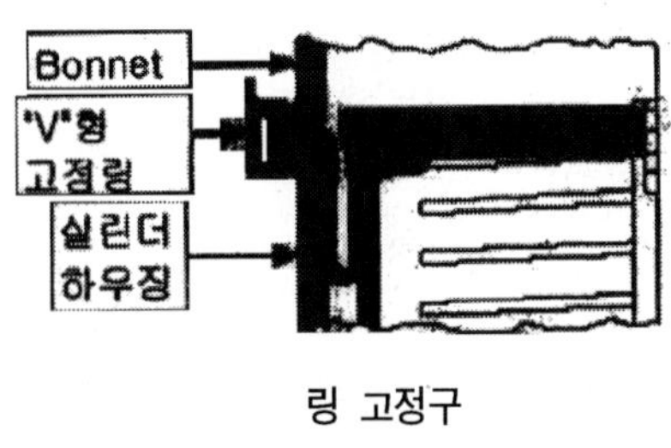

링 고정구

링 고정 - 빠른 분리를 위하여 "V"형 고정링이 종종 사용된다. 이 형태의 링은 분리를 위해 토글 고정 레버를 제거하면 빨리 해체할 수 있다. 지지판은 "고정 구멍(keyhole slot)"과 함께 제공되고 지지 스크류는 지지판의 상부 표면을 잡아주는 2개의 날개(wing)와 함께 제공된다. 지지판은 날개 위치에서 90° 돌려 볼트를 고정 구멍 속으로 떨어뜨리는 것에 의해 빠르게 제거할 수 있다. 일반적으로 이 설계는 낮은 압력하에서 사용을 위한 것이다.

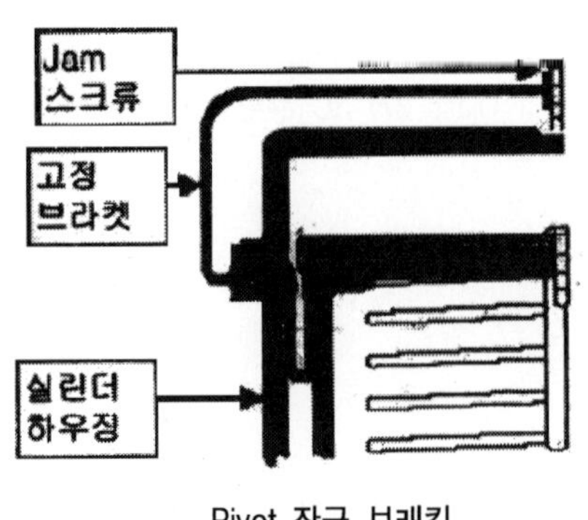

Pivot 잠금 브래킷

Pivot 잠금 브래킷 - 이것도 또한 빠른 조립과 분리의 이점을 갖는 또 다른 저가의 설계 방법이다. Pivot 잠금 브래킷은 하우징 플랜지에 부착된다. 중앙의 고정 스크류는 해당되는 플랜지 영역에 Bonnet을 영구적으로 고정한다. 이 유닛은 스크류를 풀고 Bonnet 조립과 BRD을 풀기 위하여 브래킷을 돌리는 것에 의해 빠르게 분리할 수 있다. 일반적으로 이 설계도 또한 낮은 압력하에서 사용하기 위한 것이다.

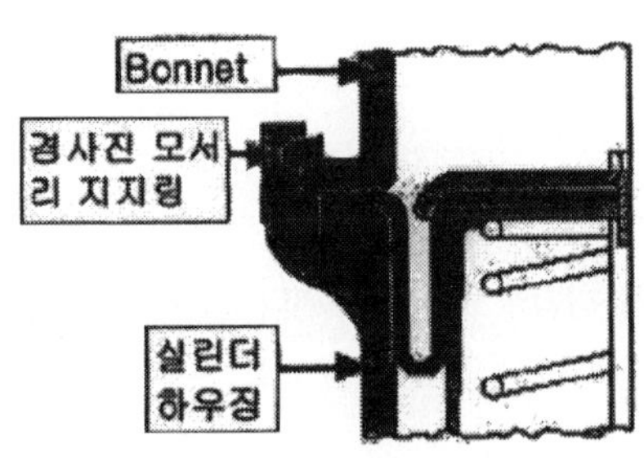

경사진 모서리 지지판

경사진 모서리 지지판－경사진 모서리 지지링의 사용에 의해 플랜지 볼트가 없어질 수 있다. 홈은 실린더 하우징 플랜지의 확장부 내에 만들어지고, 조립 시에는 Bonnet이 상대편 비드와 조립되도록 이 홈 속으로 경사진 모서리 링이 끼워져 지지한다. 일반적으로 이 형태의 설계에서 만들어진 고정력은 아주 낮기 때문에 이 방식은 낮은 압력하에서 사용하는 것으로 제한해야 한다.

하드웨어 설계－Class 1A

Class 1A 비드는 기계 가공된 비드 홈 속으로 장착된다. 이것은 비드를 반지름 방향으로 비드 홈 폭 허용치를 갖는 더 작은 높이(일반적으로 약 12% 압축)의 비드 홈 속으로 축방향 압축하는 것에 의해 실링이 이루어진다.

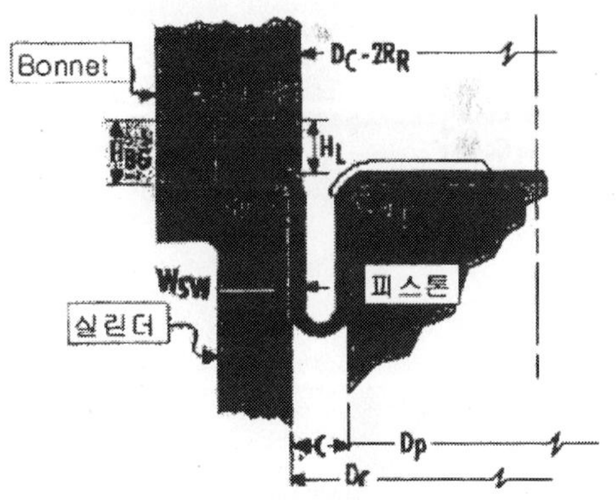

Class 1A 하드웨어 치수

실린저 내면 직경 Dc	비드 홈 폭	비드 홈 높이	플랜지 & 피스톤 코너 반지름	Lip 반지름	Lip 높이
(Ret.)	$W_{BG} \pm .002$	$H_{BG} \pm .002$	R_L & R_P	$R_R \pm .005$	$R_L \pm .005$
1.00~2.50	.125	.096	1 / 16	.025	.100
2.51~4.00	.156	.122	3 / 32	.032	.130
4.01~8.00	.250	.196	1 / 8	.045	.204
8.01~up	.250	.196	1 / 8	.045	.190

주의:
위의 치수들은 실질적으로 모든 적용 시 적절한 실링과 지지 방법을 제공할 것이다. 일부 특이하거나 특별한 경우에는 약간의 변경이 필요할 것이다.

다이어프램 비드 지지 방법

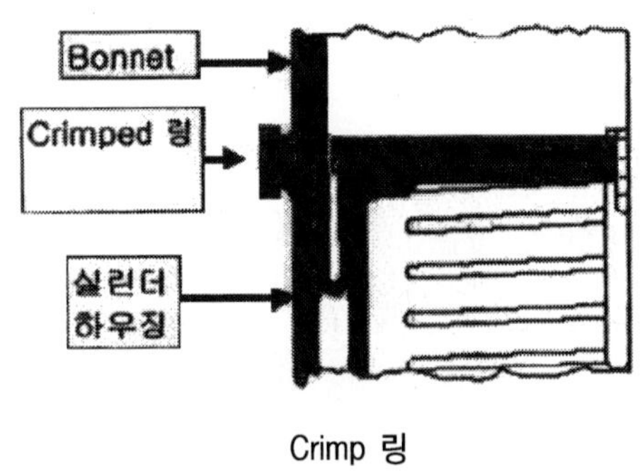

Crimp 링

Crimp링 - 다이어프램을 지지하기 위한 Crimp 링의 사용은 다이캐스팅된 Bonnet과 함께해야 하고 실린더는 낮은 비용의 하드웨어 설계와 대량 생산을 제공하고 있다. 이 독특한 설계는 볼트 형 구조의 필요성뿐 아니라 전통적인 플랜지 구조도 또한 없앴다.

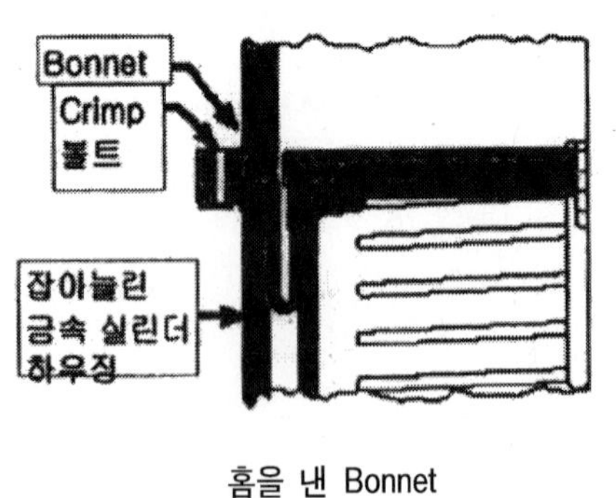

홈을 낸 Bonnet

홈을 낸 Bonnet - 일부 장착 시에 금형 제작 또는 다이캐스팅 된 Bonnet을 갖는 잡아 늘린 금속 실린더 하우징을 사용하는 것을 요구하고 있다. 이것의 장착 시 이 금형 제작 또는 주조된 Bonnet 내에 비드 홈을 위한 수단을 만들어 주는 것이 권장된다. 플랜지 볼트 사이에서의 변형을 방지하기 위하여 이 하우징은 반드시 충분한 수의 원주 고정 볼트로 지지되어야 한다.

Bezel 링 또는 홈을 만든 Bonnet - 많은 적용 시 비드 지지면 안에 있는 하우징이

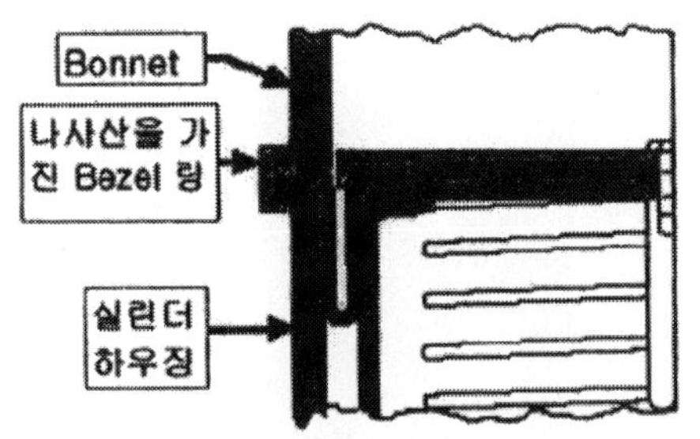

Bbezel 링 또는 홈을 낸 Bonnet

최소의 외경을 갖도록 절대적으로 요구하고 있다. Bonnet을 실린더 하우징에 부착하는 가장 일반적인 방법이(동시에 적절한 지지방법을 제공하는 것이) 아래 그림과 같이 나사산을 가진 Bezel 링을 사용하는 것이다.

수나사산은 저가의 금속판으로 된 실린더 하우징을 사용할 수 있도록 하기 위하여 주조된 Bonnet을 기계 가공하여 만든다.

하드웨어 설계 – CLASS 1B

Class 1B는 지지하는 하드웨어가 완전하게 공간을 채우도록 되어 있다. 적절한 실링을 제공하기 위하여 비드의 반지름 방향 압축은 필수불가결한 것이 아니다. 압력차가 있는 곳에서 비드는 아래로 끌어내려지고 지지판에 의해서 빡빡하게 실링을 유지한다.

실린저 내면 직경 Dc	비드 홈 폭	비드 홈 높이	플랜지 & 피스톤 코너 반지름	Lip 반지름	Lip 높이
(Ret.)	$W_{BG} \pm .002$	$H_{BG} \pm .002$	$R_R \pm .005$	R_P	$C_L \pm .003$
1.00～2.50	.080	.150	.030	1 / 16	.023
2.51～4.00	.100	.200	.040	3 / 32	.032
4.01～8.00	.120	.260	.050	1 / 8	.043
8.01～up	.160	.300	.060	3 / 16	.059

주의:
1. 대체 구조는 적절한 공차가 사용 가능한 곳, 또는 축소된 반-행정이 사용 가능한 곳에 사용한다.
2. 반지름 방향 압축 사양을 위해 하드웨어를 .005 줄인다.
3. 위의 치수들은 실질적으로 모든 적용에 대한 적절한 실링과 지지 방법을 제공할 것이다. 일부 비정상적인 경우는 약간의 수정을 필요로 할 것이다.

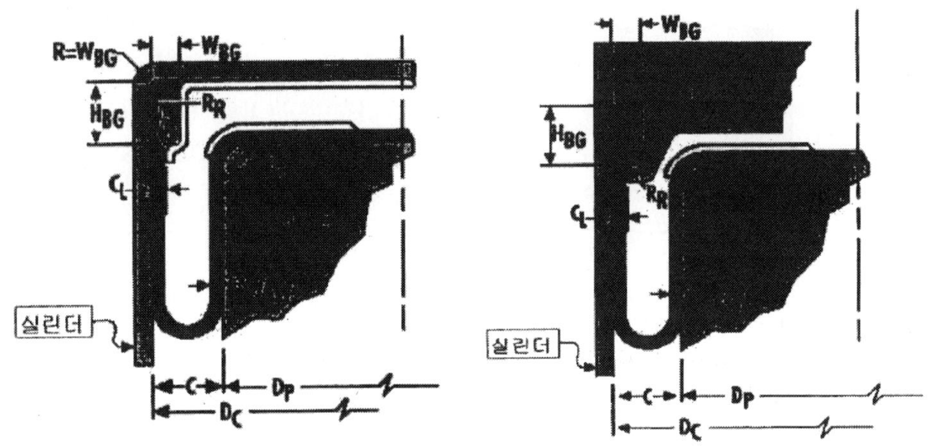

Stamped 지지판을 갖는 축방향 압축   주조 기계 가공된 지지판을 갖는 반지름 방향 압축

(15) 다이어프램 플랜지 지지 방법

스템핑된 지지판-그림과 같이 압인된 지지판이 사용될 수 있는데 이것은 비드 위로 잡아당겨져 실린더 내면의 실링을 유지한다. 이것은 저비용 하드웨어를 사용하고 조립이 쉬운 매우 경제적인 설계이다. 피스톤 다이어프램 지지구는 실린더 Shell 내부로 미끄러져 올라가 조립되는데, 이 지지구는 실링 너트를 사용하여 Shell 의 상면에 부착된다.

주조 또는 기계 가공된 지지판-그림으로 나타낸 대체 설계방법이 실린더 Shell의 열린 끝단에 비드를 지지하기 위한 기계가공, 주조, 또는 선단 지지판을 만드는 것이다. 다이어프램 비드와 지지구 비드 홈은 치수적으로 앞서 논의했던 방법과 동일하다.

Class 1B 비드 지지 방법들 모두가 단일 또는 이중으로 작용하는 Bellofram에서 제조된 다이어프램 공기 실린더를 채용하고 있다.

(16) 적용 데이터

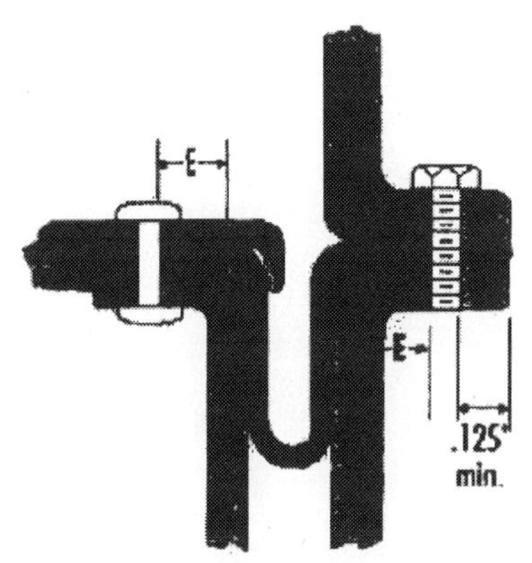

Max. Working Pressure(PSI)	0~50	51~150	151~300	301~500
"E" Minimum(in.)	.100	.150	.200	.250

구멍 거리 치수들

다이어프램 트림 & 관통부의 설계

일부 BRD는 플랜지 또는 헤드에 고정할 수단을 만들기 위해 플랜지 또는 헤드를 관통할 필요가 있다. 이것은 헤드 구멍, 플랜지 구멍용의 펀칭 작업이나 플랜지 외곽에 관통부를 트리밍하여 롤링 다이어프램이 피스톤, Bonnet 또는 실린더 하우징의 사양과 맞추어지도록 한다.

모든 관통부 또는 플랜지 트림을 선적하기 전에 우리 회사에서 작업하도록 권장하고 있다. 가격 견적과 함께 또는 주문서에 원하는 관통부 또는 트림의 스케치를 보내주기를 원한다. 트림이나 관통부에 대한 좋은 설계 진행은 아래와 같다.

구멍 형태의 관계-헤드와 플랜지에 있는 구멍들이 있는 한 항상 헤드 내에 있는 구멍의 형태와 플랜지 내에 있는 구멍의 형태들은 반드시 명확한 각도 관계를 갖고 트리밍되어야 한다는 것을 나타낸다. 이 고정된 각도 작업을 유지하도록 하는 트림 도구의 제조는 부수적인 비용을 포함한다.

구멍 공간-헤드 또는 플랜지를 관통하는 관통부는 구멍의 모서리들 사이에 반드시 최소 0.100인치의 여유가 있도록 위치하여야 한다. 또한 구멍들은 반드시 구멍 모서리와 트림 관통부 사이에 최소 0.125인치의 거리를 두고 위치하도록 해야 한다. 만약 볼트 구멍이 이 거리보다 적다면, 이 구멍은 그림의 사진과 같이 "Notch"되어야 한다. 또한 구멍 형태를 정렬하여 구멍의 모서리부터 반지름 방향 거리가 피스톤 헤드 또는 실린더 고정 플랜지에서 혼합 반지름의 시작점으로부터 최소 "E"인치 이상이 되도록 해야 한다는 것을 주의해야 한다. 이 조건은 그림에 나타내었는데, "E" 치수는 여러 가지 작업 압력에 의해 주어진다.

구멍 치수-관통부는 일반적으로 지름 0.093인치 또는 그 이상으로 0.015인치 간격으로 증가하는 지름을 갖도록 설계되어야 한다. 모든 관통부의 직경은 볼트의 최대 직경과 볼트 직경의 최소 15% 크기의 관통 구멍 사이에 반지름 방향의 틈새를 주어야 한다. 이 설계 관행은 스크류의 삽입 등에 의한 조립 시 관통부의 모서리가 너덜거릴 가능성을 없애기 위하여 가장 중요하다.

Notch 된 다이어프램

헤드 관통부-측벽을 지지하는 나사에 작용하는 부하와 접힘 압력 부하가 실질적으로 관통부에 의해 걸리게 되므로 헤드 안에 있는 관통부의 크기와 수는 반드시 최소를 유지하여야 한다. 비드 내의 볼트 구멍들이 필요할 때는 항상 가능한 헤드의 중심과 가까운 곳에 위치하여야 하고, 구멍의 직경은 최소를 유지해야 한다.

트림과 관통부 사양의 도면화-필요한 관통부와 트림을 나타내기 위하여 스케치나 도면이 필요하다. 스케치는 이러한 권장 사항에 부합하여 만들어야 한다. 구멍의 펀칭, 관통부, 플랜지트리밍은 Bellofram사에서 별도의 비용을 받지 않는다. 그러나 특수한 트림이나 관통 도구의 설계와 제조에 대한 비용은 받는다.

조립 시 접힘부의 성형

다이어프램의 접힘부의 성형은 조립 작업 중에 행한다. Class 4, 3, 1A & 1B("모자형") 설계는 BRD의 헤드 코너가 "성형된" 상태로부터 "장착된" 사양으로 뒤집어지도록 요구하고 있다. Class 3C와 4C의 사전-접힘형 설계는 Convoluted 사양으로 성형되었기 때문에 뒤집을 필요가 없다.

다이어프램을 피스톤에 부착하는 대체 방법

다이어프램의 헤드를 관통하는 구멍이 있어야 하는 리벳, 스크류 등의 수단을 사용하여 다이어프램을 피스톤 헤드에 부착하는 것이 바람직하지 않은 경우, 아래와 같은 몇 가지 방법을 사용하여 부착할 수 있다.

1. 양면 압력 감지 테이프: 접착되는 한쪽 면에 적용하고 상대편 위로 누른다. 모든 표면의 피막을 제거하기 위하여 퍼클로로에틸렌과 아세톤을 사용하여 접착할 모든 표면을 깨끗이 닦아낸다. 더 개선된 접착 상태를 얻기 위해서 세척보다는 표면을 문지를 필요도 있을 것이다.

테이프는 헤드 코너 반지름 위로 성형되어 내려갈 때 디스크가 충분한 여유를 갖

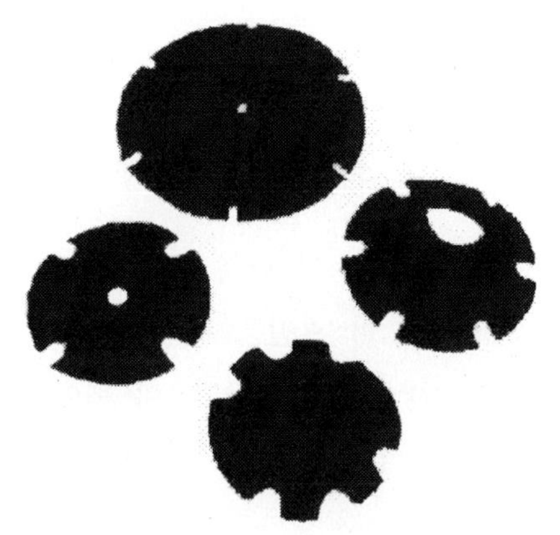

도록 피스톤 헤드의 직경과 동일한 직경을 갖는 원판의 형태로 절단하여야 한다. 헤드 코너 반지름 영역에서 주름이 접히는 것을 방지하기 위하여 헤드 디스크는 반드시 여러 개의 Notch를 갖고 절단해야 한다.

위의 과정 작업들은 대부분의 고무에 대해서는 잘 되리라 보여지지만 실리콘을 금속 피스톤 헤드에 부착하는 경우에는 다음과 같다.

2. 액체 시멘트: 다이어프램을 피스톤 헤드에 부착하기 위하여 액체 시멘트 또는 반-액체 시멘트를 사용하는데, 이 시멘트는 반드시 부착할 부위에만 사용하여야 한다. 이 접착제는 헤드 코너를 포함하는 피스톤의 상부 표면에 적용하는데 다이어프램의 "섬유면"과 짝이 되어야 한다. 부주의하게 작업하여 다이어프램 피스톤의 측벽에 묻은 경우(헤드 코너 반지름에 묻은 경우는 제외) 반드시 제거하고 나서 작업해야 한다. 모든 표면은 반드시 사전에 깨끗이 작업하여야 한다.

압력 역전의 효과

일시적인 압력 역전이 일어날 수 있는 조건에서 그림에서 나타내는 것과 같이 측벽의 변형과 과응력, 문질러지는 작용을 일으킬 수 있다. 일반적으로 압력역전으로 인한 여러 겹의 주름은 고압 측에 압력을 적용함으로써 교정될 수 있다. 주름을 가진 상태로의 운전은 다이어프램을 빨리 파손되게 한다.

표면 코팅

특히 강한 고정력으로 조인 상태에 있는 경우에서와

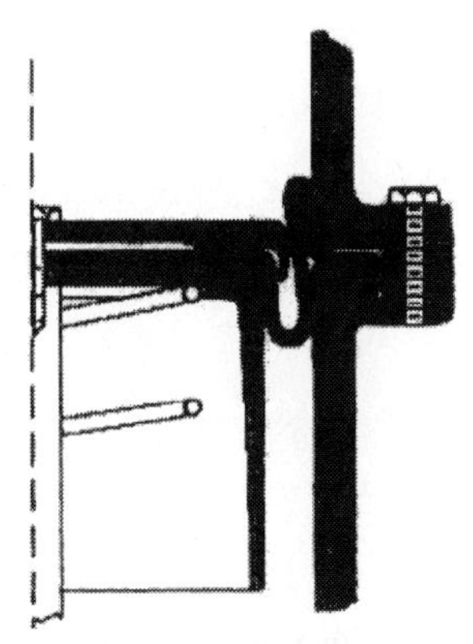

그림 38. 다이어프램의 압력 역전

같이 다이어프램의 고무류 물질이 상대편 물질 표면에 접착할 가능성을 방지하기 위하여 표면 이완제를 금속 표면을 갖는 접촉면에 사용한다. 이 이완제는 종종 검사 목적으로 장치를 분해할 때면 언제나 각별하게 주의해야 한다. 2개의 일반적으로 사용되는 이완제가 실리콘 오일로 적합한 BRD 표면을 닦아내는 것과 Molykote

이다. 이 이완제들은 장착하기 전에 반드시 섬유 측과 고무 측의 표면을 철저하게 준비작업해야 한다.

피스톤 편심

전체 원주에 균일한 접힘 폭을 제공하기 위해서 정상적인 운전 행정 중에서 경험하는 피스톤－실린더 편심을 최소화해야 한다. 일반적으로 이 편심은 운전 접힘 폭의 10% 이상을 초과하면 안 된다. 만약 피스톤 축 베어링이 제공된다면, 이 베어링 장착은 실린더에 대한 피스톤의 전체 편심이 이 메커니즘의 전체 운전 행정에 걸쳐 이 범위 내에 있도록 설계되어야 한다.

많은 적용에 있어서 축 베어링은 축 그 자체가 다른 관계된 메커니즘에 의해 안내되기 때문에 필요하지 않다. 적용된 축방향 힘이 피스톤 축과 평행하지 않은 경우에는 항상 정렬 베어링을 사용하는 것이 좋다. 만약 피스톤이 상부 행정 위치로 돌아가기 위하여 스프링을 사용하는 경우에는 행정 중에 피스톤의 동심 운동을 위한 수단이 반드시 제공되어야 한다. 일반적으로 압축 스프링은 스프링 축과 평행하게 운동하지 않기 때문에 피스톤의 헤드에 굽힘 모멘트가 작용한다.

축 토크

만약 조립 시 또는 운전 중에 피스톤 축이 비틀리거나 다른 토크가 가해진다면, BRD로 토크가 전달되는 것을 방지하기 위하여 회전하는 미끄럼 조인트를 권장한다. 그림에 토크의 전달을 방지하기 위해 미끄럼 조인트를 갖는 전형적인 축 조립 상태를 나타내었다. 압축 스프링을 사용하는 설계에 압축될 때 토크도 또한 마찬가지로 피스톤에 전달되므로 회전 변위를 통해 비틀리게 된다. 만약 이 비틀림 효과가 1.5도보다 크다면 스프링의 한쪽 끝은 반드시 볼 베어링의 축방향 판으로 지지해야 한다.

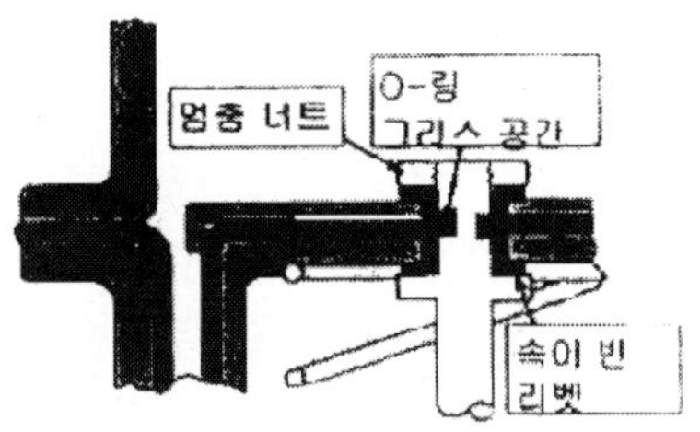

그림 39. 미끄럼 조인트 축 조립

상단-멈춤과 하단 멈춤

과도한 행정을 방지하기 위하여, 모든 메커니즘 안에 상단-멈춤과 하단-멈춤이 제공된다. 이 멈춤들 또는 완충부들은 BRD가 값을 초과하는 과도한 이동으로 인해 손상되는 것을 방지해 준다.

(17) 다이어프램의 수명을 연장시키는 설계

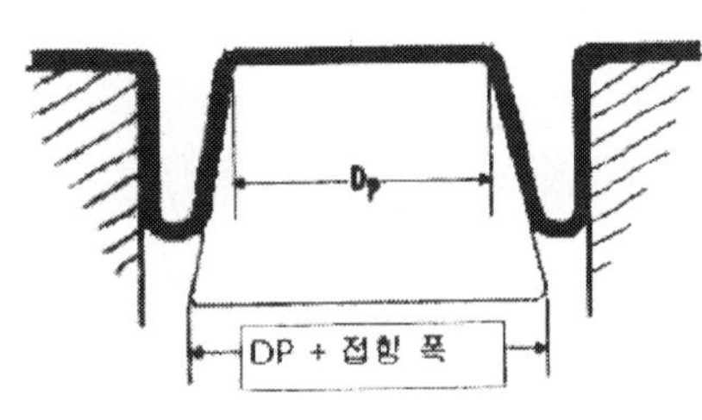

피스톤에 테이퍼를 줌

Bellofram 롤링 다이어프램의 내구성에 기여하는 많은 인자들이 있다. 통상 운전 조건하에서 다이어프램은 수백만 사이클을 견디지만, 특수한 상황하에서는 부가적인 고려가 필요하다.

피스톤 사양-롤링 다이어프램은 피스톤으로부터 실린더 벽까지 뒤로 말렸다가 앞으로 진행하면서 반드시 원주방향으로 늘어났다가 압축된다. 피스톤에 Taper를 주는 것(그림)이 뒤로 말렸다가 앞으로 진행할 때 다이어프램에 필요한 원주 방향의 변화량을 줄임으로써 사이클 수명을 개선하는 데 기여할 것이다. 이 테이퍼진 사양은 다이어프램이 축방향 주름을 일으킬 조건을 완화해주고 있다. 이 피스톤 스커트 바닥면의 기울기는 반드시 스커트의 바닥에서 접힘이 표준 폭(피스톤 스커트의 바닥 직경은 D_p+접힘 폭)의 반이 되도록 되어야 한다. 피스톤 스커트 길이를 규정해야 한다는 것에 주의해야 한다.

이 사항은 실린더 내면이 직경 1.00인치 미만인 경우는 권장하지 않는다.

행정의 축소-행정을 줄이는 것은 다이어프램의 인장과 다이어프램에서 필요한 원주 방향의 감소를 최소화한다.

사이클 하부(S_B)로만-다이어프램이 S_A방향으로 이동할 때 피스톤을 따라가기 위하여 원주방향으로 축소된다. 이 원주 방향 압축 응력은 긴 행정을 갖는 다이어프램에 있어서 축방향 주름의 주원인이 된다.

S_B 방향으로 사이클링 함으로 인해 다이어프램은 압축 응력을 피하면서 원주 방향으로 늘어난다.

5.

   최소 ___________________

   통상 ___________________

   최대 ___________________

   역전 ___________________

6. 온도

   최소 ___________________

   통상 ___________________

   최대 ___________________

7. 고온에서 시간 간격

8. BRD와 접촉하는 매체

   저압 측 ________________

   고압 측 ________________

9. 평가된 예상 사이클의 수 ___

   유사한 사이클 비율(속도) ___

10. 시제품(수량) _____________

    생산품(수량) _____________

11. 요구 납기 _______________

압력 제어-압력은 다이어프램이 움직일 때, 반드시 항상 유지되어야 한다. 섬유의 응력을 최소화하기 위하여 권장하는 운전 압력을 초과하면 안 된다.

마찬가지로 다이어프램이 하드웨어에 적합하도록 하기 위하여 충분한 압력차를 유지하여야 한다. 이것은 간섭이나 측벽 문지름을 배제하게 해줄 것이다.

사이클 비율(사이클 속도)의 감소-**빠른** 사이클 속도는 공동화(cavitation) 또는 부압을 야기하여 다이어프램을 이중으로 접히게 할 수 있다. 이중-접힘은 다이어프램이 빨리 손상되게 한다.

일반적인 기준으로 일 초당 사이클의 최대 사이클 비가 권장되고 있다.

하드웨어 매끄러움의 증대-높은 사이클 속도를 갖는 분야에 적용할 때 다이어프램 측벽과 상대편 하드웨어 표면 사이에 약간의 상대적인 움직임이 존재한다. 마열은 운전 기간을 연장에 영향을 주고 있다. 하드웨어 표면을 32마이크로 인치로 매끄럽게 하는 것은 이 조건을 개선하는 데 도움을 주고 있다.

점 파손의 경우 피스톤/실린더 편심뿐만 아니라 연소(burn) 여부도 확인해야 한다. 가능하다면 하드웨어를 테프론 코팅하거나 하드웨어 구조물에 사출된 플라스틱을 사용하는 것이 긴 수명을 위한 매끈한 표면을 제공할 수 있다.

윤활-롤링 다이어프램에서는 미끄럼마찰이 없기 때문에 주기적인 윤활은 불필요하다. 그러나 조립하기 전에 다이어프램의 섬유 측 또는 고무 측에 가벼운 이황화몰리브덴(Molykote) 코팅을 하는 것으로 문질러짐 가능성을 줄여준다.

일부 가혹한 상태에서 다이어프램의 섬유 측은 내마열 우레탄 스프레이로 코팅할 수 있다.

섬유의 선정-섬유는 반드시 최적의 작업 압력 능력을 제공할 수 있도록 선정되어야 한다. 압력 요구 조건에 만족할 만큼 강해야 하고 강력한 접착력으로 섬유/고무 침투할 수 있을 만큼 충분히 생겨야 한다.

이중-테이퍼된 다이어프램-원주 방향 압축의 영향을 줄이기 위하여 하드웨어 피스톤에 기울기를 주는 것도 또한 행정의 한쪽 끝에서 다른 쪽으로까지 유효 면적을 변화시킬 수 있다는 것을 의미한다.

원주 방향 압축 응력을 줄이는 대체 수단으로 이중-테이퍼 된 다이어프램이 있다. 이 다이어프램은 곧은 피스톤 스커트를 사용하고 있어 유효 면적에 변화가 없다. 이 측벽의 각도는 피스톤 스커트에 맞추기 위하여 반드시 압축되어야 할 양을 줄이기 위해 피스톤 직경에 가깝게 맞춰 설계되어 있다.

(18) 적용 데이터 설계 인자 양식

Bellofram 엔지니어링 부서는 귀하께 Bellofram 롤링 다이어프램의 적절한 선정과 정확한 적용을 도와드리는 것을 기쁘게 생각한다. 귀하의 적용 사양에 대해 만족할 만한 수준으로 분석할 수 있도록 아래와 같은 질문에 답변을 하여주기 바란다.
제안된 장착 사양을 나타내는 스케치나 레이아웃을 보내주시면 더욱 도움이 된다.

이름______________________ 직책______________________ 날짜______________________
회사명______________________ Fax______________________ 전화______________________
주소______________________ E-Mail______________________
도시______________________ 주______________________ 우편번호______________________

아래의 항목을 보시기 전에 Bellofram 설계 매뉴얼을 참조하기 바란다.

1. 실린더 내면 직경 ____

   또는 유효 압력 면적 ____

2. 피스톤 직경 ____

3. 높이 ____

4. 상부 행정 ____

   하부 행정 ____

5. 압력: ____

   최소 ____

   통상 ____

   최대 ____

   역전 ____

6. 온도 ____

   최소 ____

   통상 ____

   최대 ____

7. 고온에서 시간 간격 ____

8. BRD와 접촉하는 매체 ____

   저압 측 ____

   고압 측 ____

9. 평가된 예상 사이클의 수 ______________________________________

   유사한 사이클 비율(속도) ______________________________________

10. 시제품(수량) ____

   생산품(수량) ____

11. 요구 납기 ____

7-4 Liquid silicone rubber-Dow corning

(1) *Silastic* LSR의 기술적 장점

부가적인 경화의 주요 장점

- 과산화물과 같은 경화 부산물이 없다. 상온에서 긴 potlife를 갖고, 150℃ 이상
  에서 매우 빠르게 벌카나이즈된다(표준 *Silastic* LSR).

기술적인 장점

- *Silastic* HCR 속성 경화품에 비해 쉬운 혼합과 진행 / 완전히 조제됨, 즉시 작업
  이 가능 / 쉽게 착색됨, 최종품에 융통성을 부여 / 열가소성 수지의 사출 성형과
  유사하게 자동화된 사출 성형 / 좋은 hot tear를 갖는 손쉬운 이형 / 매우 짧고 높
  은 생산성을 갖는 사이클 타임 / 빈틈이 없는 부품 크기 공차 조절로 플래시가
  없는 금형작업 / 간혹 후경화가 필요 없음 / 특수한 삽입 부품과의 좋은 결합 / 낮
  은 냄새와 천연의 맛뿐만 아니라 뛰어난 투명도 / $-60℃$에서 $+180℃$까지의 광
  범위한 온도 범위에서 사용가능 / 좋은 탄성 / 대기 중 노화 안정성뿐만 아니라
  매우 훌륭한 UV와 오존에 대한 저항성 / 낮은 수분에 대한 pick-up과 많은 용
  제에 대한 저항성 / 특수 *Silastic*-형의 좋은 내유성 / 넓은 온도 범위에서의 좋
  은 양극성 특징

(2) 적 용

Silastic LSR의 적용: 사출 성형, 섬유 코팅, 침적과 압출 코팅 공정에 광범위하게
사용된다. 적용 분야는 자동차, 항공우주, 기기, 사용용 기계, 전기와 소비재 산업
등, 광범위하다.

Silastic LSR과의 식품 접촉: 일부 *Silastic* LSR 등급은 엄격하게 작업을 진행하는
경우, FDA 식품 규제 21 CFR 177.2600과 Bg(BGA) XV에 적합하다.

압출과 평면 직물 코팅: 액체 실리콘 고무는 다음과 같은 이유로 이 공정에 매우
적당하다.

- 낮고 여러 점도를 갖는 무용해성 / 쉬운 혼합과 착색 / 용제 분산에 비해 빠른 작
  업이 되고, 항상 한 번의 공정통과로 완전한 코팅이 가능함 / 유리와 일부 다른
  물질에 초벌 접착이 없음. 미터 혼합된 *Silastic* LSR은 깊게 코팅되거나 또는
  지지된 압출 코팅을 위한 crosshead까지 이송될 수 있다. 표준 기법이 평면 직
  물 코팅을 위해 사용된다.

Silastic LSR의 착색: *Silastic* LPX 결합 안료 마스터배치를 사용할 때 최적이 된

다. 세부 내용은 Dow Corning 사로부터 얻을 수 있다.

(3) *Silastic* LSR의 특성과 사출 성형

Silastic LSR의 점성은 많은 폴리머와 마찬가지로 *Silastic* LSR은 전단 변형에 의해 얇아지는 물질이다. 이것은 이것의 점성이 전단율에 높게 의존적이므로, 전단율이 커지면 점성이 낮아진다는 것을 의미한다. 이 효과는 사출 성형 과정에서 흥미로운 것으로, 심지어 매우 높은 L / D 비율을 갖는 상품이 낮은 사출 압력에서도 채워질 수 있다.

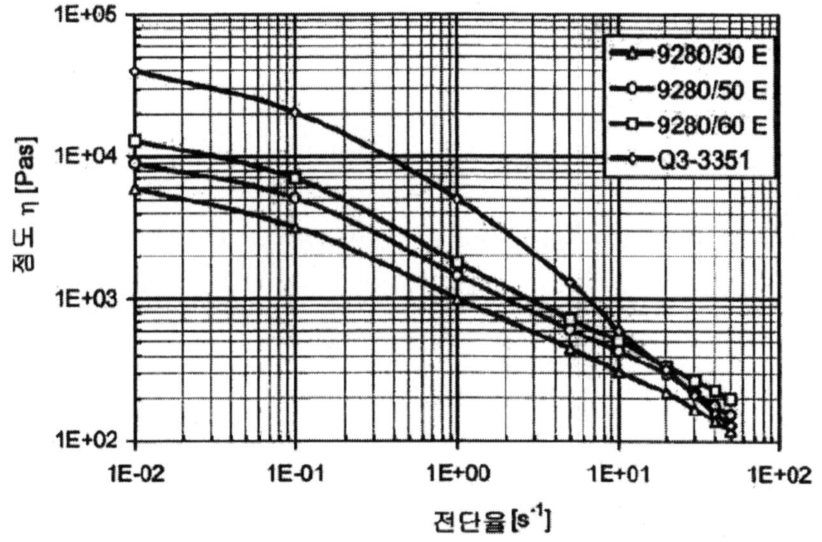

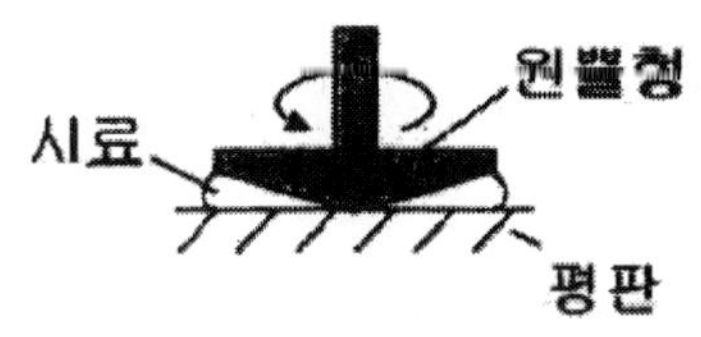

위의 도표는 임의의 *Silastic 액체 실리콘 고무*의 전형적인 점성 대비 전단율 관계를 나타낸 것이다. 이 값들은 25℃에서 원뿔 / 평면 점도측정기로 측정하였다.

전기적으로 도체인 *Silastic* LSR Q3 – 3351은 표준 *Silastic* LSR에 비해 낮은 전단율에서 높은 점도를 갖는다. 그러나 사출 성형 공정 중에서 발생하는 전단율에서의 점도는 다른 것보다 낮다.

따라서 낮은 전단에서의 점도로부터 사출 과정 시 나타나는 실제 점도까지 외삽

(extrapolate)할 필요가 없다. 비록 이 물질이 높은 에너지 소모를 갖고 계량될 수밖에 없지만, 사출 압력은 flash를 피하기 위하여 상당히 낮게 유지하여야만 한다.

공정 중에 발생되는 전단율을 아래 그림에 나타내었다.

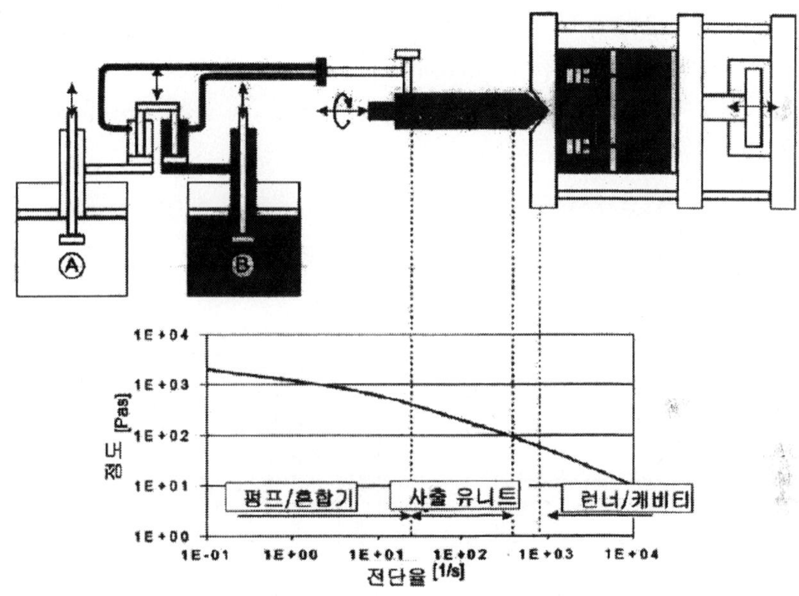

전단율은 게이트에서 그리고 캐비티 내에서 가장 높은데, $1 \times 10^{-4} 1/s$ 이상의 값을 갖는다. 여기에서의 점도는 때때로 펌프 내에서의 값에 비해 10에서 100배가 된다.

극단적으로 낮은 점도는 *Silastic* LSR이 사출 공정 중에 심지어 최소의 틈새에까지도 도달할 수 있도록 하여준다. 따라서 이 금형의 구조가 이러한 특징에 따라 설계되어야 한다는 것은 특히 중요하다. $5 \sim 7.5 \mu m$ 이상의 모든 venting 채널 또는 틈새는 제품에 플래시를 만든다.

사출은 사출 압력은 주로 런너의 형상에 의존한다. 일반적인 범위는 100에서 1000bar이다.

$0.5 \sim 3$초의 충진 시간이 *Silastic* LSR에 대한 근사값으로 얻어진다.

물질이 눌어붙는 것을 피하기 위하여 액체 실리콘 고무가 캐비티가 채워지기 전에 벌카나이즈 되지 않도록 사출 공정의 시작 시에 체적 유동이 충분히 높아지도록 사출 속도 프로파일이 프로그램되어야 한다.

보압(Holding Pressure)은 보압의 절환은 거리 또는 체적에 따라 최적으로 조정한다.

열가소성 플라스틱의 사출 성형과 비교할 때 *Silastic* LSR 사출성형에서의 보압은 캐비티 내의 용융 물질이 냉각됨으로 인해 발생되는 수축을 억제하는 기능을 하지 못한다. 하지만 이것은 *Silastic* LSR이 상승되는 온도에 따라 팽창하면서 캐비티의 외부로 밀려나가는 것을 피하기 위한 역압(counter pressure)을 제공하는 기능을 하고 있다.

일반적으로 이 실리콘이 게이트에서 경화되어 flow back이 생기지 않는 시간은 1~4초면 충분하다.

물질의 쿠션은 과부하를 피하기 위해, 물질 쿠션이 Zero가 되도록 유도하는 것이 권장할 만하다.

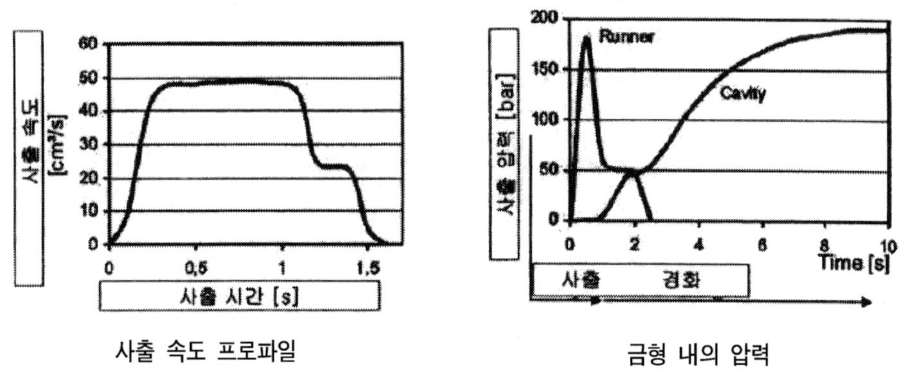

사출 속도 프로파일　　　　　　　금형 내의 압력

캐비티 내의 압력은 캐비티 압력은 사출된 실리콘이 온도가 상승됨에 따라 팽창하면서 점진적으로 증가한다.

이 열 팽창에 의하여 상승된 압력은 vulcanisation보다 앞서 일어난다. 이 효과로 인해서 이것이 외부층 내에서 충분히 벌카나이즈 되지 못하면, 비록 충진 공정 후의 짧은 시간일지라도 물질은 작은 틈새 속으로 밀려들어 갈 수 있다. 만약 이 캐비티가 98~99% 체적으로 정확하게 충진된다면 이 캐비티의 남은 충진은 이 뜨거운 금형 내에 있는 물질의 팽창으로 인해 이루어지게 된다. 이 캐비티 압력은 캐비티가 열팽창하기 전 100% 채워질 때의 압력에 비해 그다지 높지 않기 때문에 플래시는 억제된다.

이 정밀한 충진은 사출성형 기계의 완벽한 조작을 요구한다. 완벽한 기계의 움직임은 반드시 높은 정밀도를 갖고 동일하게 반복되어야만 한다. 캐비티 압력은 일반적으로 300bar 이상으로 측정된다.

물질의 공급은 수압 또는 공압으로 작동되는 왕복동식 펌프에 의해 연질관을 통해 200리터 드럼 또는 20리터 통으로부터 정지 혼합기까지 2개의 *Silastic* LSR 성분이 1대 1의 비율로 공급된다.

Silastic LSR 내의 압력은 150~220bar로 측정된다. 또한 0.5~6% 색상 첨가제가 첨가될 수 있다.

만약 하나 이상의 색상이 같은 기계에서 사용되거나 하나 이상의 사출 유니트가 같은 펌프로부터 공급되는 경우, 또 하나의 추가 펌프를 연결할 수 있다.

혼합 2개의 주성분과 아마도 첨가제가 정지 혼합기로 공급되는데, 이 정지 혼합기는 내측에 엇갈린 혼합 vain을 갖는 파이프로 이것에 의해 거의 균일하게 혼합된다.

투입 펌프를 통해 공급되는 물질의 압력은 이것이 특별히 *액체 실리콘 고무* 사출성형을 위해 개발된 사출 유니트에 도달하기 전에 30~70bar로 감소한다.

이 사출 유니트는 때때로 *Silastic* LSR 공정을 위한 하나의 이송 스크류만을 갖는다. 이것은 압축 비율이 1:1이라는 것을 의미한다. 이 물질의 최적 혼합을 위해서 때때로 metering zone에 부가적인 혼합 유니트를 갖는 이송 스크류가 사용된다. 일부 특수한 기계들은 그 물질을 1회분 공급하기 위한 사출 피스톤을 갖는 동적 혼합기를 사용하고 있다.

역류방지 밸브는 특별한 주의를 기울여야 한다. 이것은 누설 흐름에 의해 야기되는 최종 체적의 변화를 피하기 위하여 반드시 정확하고 재현 가능한 밀폐 시스템을 갖고 장착되어야 한다. 열가소성 플라스틱 용융체와 비교할 때에 낮은 점도로 인해 표준 역류방지 밸브는 종종 너무 둔해져서 스크류가 사출 공정을 시작할 때 항상 즉각적으로 밀폐하지 못한다. 스프링에 의해 부하가 걸리는 링(ring)이나 또는 특별한 적용 분야에 대해 매우 작은 밀폐 거리를 갖는 역류방지 밸브를 가지면 좋은 결과를 얻을 수 있을 것이다. 공급 속도는 아래와 같은 방식으로 선정해야 한다. ⓐ 사이클 시간을 연장시키지 않는다. ⓑ *Silastic* LSR의 온도를 올리지 않아 부분적인 경화를 방지한다.

배압은 규정된 배압은 5~30bar에 맞추어져야 한다.

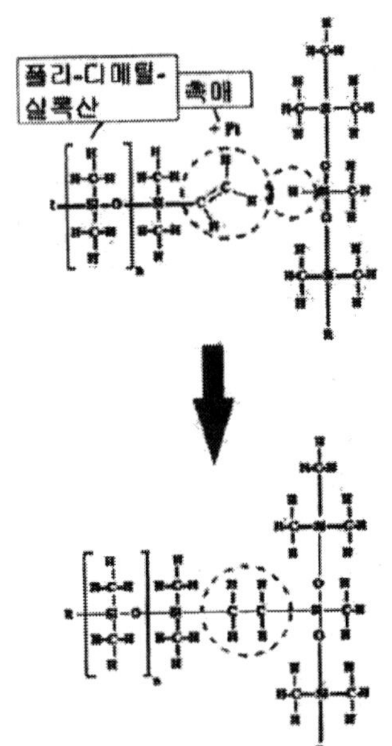

실리콘LSR의 경화 거동은 비닐과 수소 기능 폴리실록산(polysiloxane)은 백금 촉매를 사용하여 경화시킨다. 이 반응은 실온에서 진행하지만 온도를 올리면 빠르게 가속화된다. 혼합된 *Silastic* LSR은 실온에서 저장하는 경우에 최소한 3일의 취급 기간(potlife)을 가져야 한다.

*액체 실리콘 고무*의 경화를 전류계로 측정하는 경우에 시험 시간의 함수로 토크를 얻을 수 있다.

그림은 여러 가지 경화 단계를 나타내고 있다. 시작할 때에 시료는 주로 플라스틱이고 시험 장비에 의해 야기된 변형에 대해 매우 작은 저항을 갖는다는 것을 보여주고 있다. *액체 실리콘 고무*가 챔버의 열을 받아들이기 시작할 때, 토크는 벌카니제이션의 시작으로 인해 상승되기 시작한다.

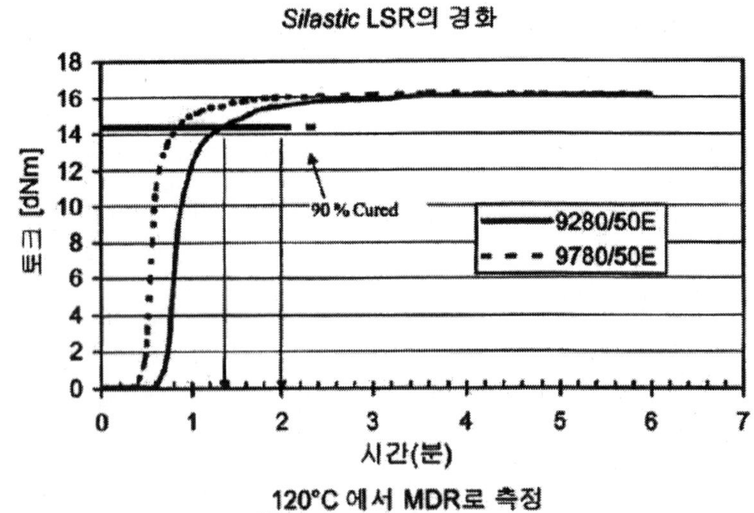

TC 2라는 명칭은 시험 기간 중에 최대 토크의 2%에 도달한 시간을 나타낸다. 이

TC 2 값은 경화가 시작될 때를 나타내고 있다. TC 90 값은 중요하다. 여기서, 최대 토크의 90%가 도달하는데 경화가 너무나 진행되어 사출 성형 공정의 과정 중에서 이형이 가능하다.

이 반응은 25℃에서 물질이 완전하게 벌카나이즈 되는 데까지 수 주일이 걸리지만, 120℃ 이상에서는 오직 수 초만이 소요된다.

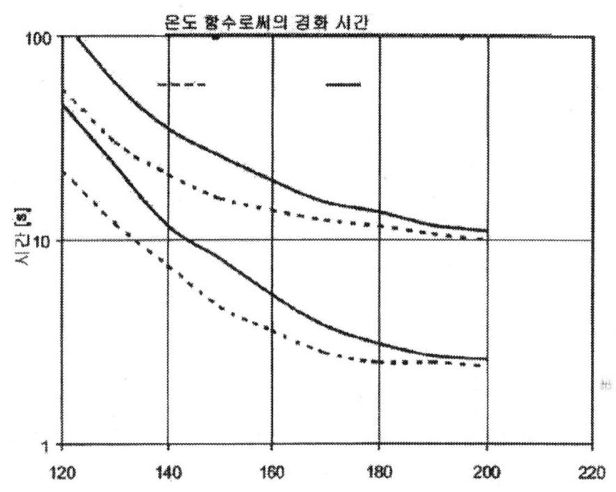

170에서 210℃ 사이의 성형 온도에서 *액체 실리콘 고무*는 매우 빠른 속도로 경화되어 높은 생산성을 갖는 공정이 된다. *Silastic* LSR의 벌카니제이션 속도는 4가지 인자에 의존한다. ⓐ 금형의 온도, 가능한 삽입부의 온도 ⓑ 캐비티에 도달하는 *Silastic* LSR의 온도 ⓒ 상품의 형상, 표면적과 체적의 관계 ⓓ 일반적인 벌카니제이션 거동과 경화의 화학 작용

사출 성형 사이클의 생산성을 올리고 사이클 타임을 줄이기 위하여 다음과 같은 가능성들을 따져봐야 한다. ① 금형 온도의 상승 ② 온도 조절기를 사용하여 사출 배럴(barrel)과 콜드 런너를 40~80℃로 예열.

Silastic 9780 / xx E와 같은 접착 물질을 사용, 사출될 실리콘의 예열은 작은 표면 ─체적 비를 갖는 큰 부품이 생산되고 있는 기간 중에 오직 완전 자동화된 공정에 대해서만 적용하도록 권장된다.

만약 기계가 사이클에 간섭을 받는다면, 그 즉시 냉각 시스템은 물질의 경화를

방지하기 위하여 반드시 활성화되어야 한다.

여기서 벌카니제이션 시간은 종종 사이클 타임에 대한 결정적 인자가 아니라는 것을 주의해야 한다.

이 제품의 이형 또는 일부 등급에 있어서 사출 barrel 내에서의 *액체 실리콘 고무*의 투입이 훨씬 큰 시간 인자이다. 만약에 많은 수의 캐비티를 갖는 금형이 가동 중인 경우, 이것이 오직 짧은 벌카니제이션 시간만 필요한 단일부품이라면 투입 유니트가 shot의 필요한 체적을 충분히 빠르게 채울 수 없는 경우가 일어날 수 있다. 따라서 투입 시간은 사이클을 길어지게 한다.

최고의 생산성을 달성하기 위하여 전체 기계는 매우 정교하게 조정되어야 한다. 그러나 부품의 공기 배출을 사용하는 공정에 대한 시간은 그렇게 짧을 수 없으므로, 모든 부분이 취출되지 않았기 때문에 기계는 매우 적은 사이클 후에 이미 금형 protection을 작동시킨다.

부품의 경화 시간 계획 단계에서의 예비 결정 시, 많은 경우에 전체 벌카니제이션 시간을 4~6초 / ㎜로 계산하고 있다.

이 인자는 부분의 두께가 증가할수록 커지게 된다. 컴퓨터 소프트웨어 시뮬레이션의 도움을 받아 더 정밀한 계산을 진행할 수 있다.

후 경화는 완성된 부품이 반드시 BgVV 또는 FDA와 같은 어떤 가이드라인을 만족해야 한다면, 후경화가 절대적으로 필수적이다.
여기에서 사출 성형된 부품으로부터 휘발성 물질이 빠져나간다. 종종, 실리콘 고무에 특별히 높은 기계적 특성이 요구되는데, 이것의 일부가 후경화에 의해 개선될 수 있다.

실리콘 상품의 중량당 신선 공기 공급량≈80~110리터 / 분은 전형적인 후경화 공정은 200℃에서 4시간 이상 신선한 공기가 공급되는 오븐 내에서 진행된다. 요구되는 완성 부품 물성에 따라 후경화 시간과 온도가 줄어들 수 있다. 휘발성 물질의 농도에 대한 BgVV의 요구조건을 만족하기 위하여, 후경화는 반드시 실험적인 시도에 의하여 결정되어야 한다.

(4) *SILASTIC* LSR에 대한 금형 설계 원칙

*액체 실리콘 고무*에 대한 사출 금형의 설계는 일반적으로 열가소성 플라스틱에

금형의 교체 없이 하나의 부품이 교체될 수 있도록 설계되어야 한다.

- 지지판은 비합금 공구강으로 제조된다.

Steel−No: 1.1730

DIN−Code: C 45W

- 170에서 210℃ 사이의 온도에 노출된 금형판(Moulding platen)은 사전에 템퍼 열처리된 강(steel)을 사용한다.

Steel−No: 1.2312

DIN−Code: 40 CrMnMoS 8 6

- 캐비티를 갖고 있는 금형판(mould platen)은 열간 가공된 강으로 만들어지는데 나중에 템퍼 열처리와 질화처리도 한다.

Steel−No: 1.2343

DIN−Code: X 38 CrMoV 5 1

- 내유 등급과 같이 많이 채워지는 *Silastic* LSR에 대해, 특별히 이런 적용을 위하여 개발된 플래시 크론, 도금강 또는 분말 야금강과 같은 단단한 재질의 사용을 권장하고 있다.

Steel−No.: 1.2379

DIN−Code: X 155 CrVMo 12 1

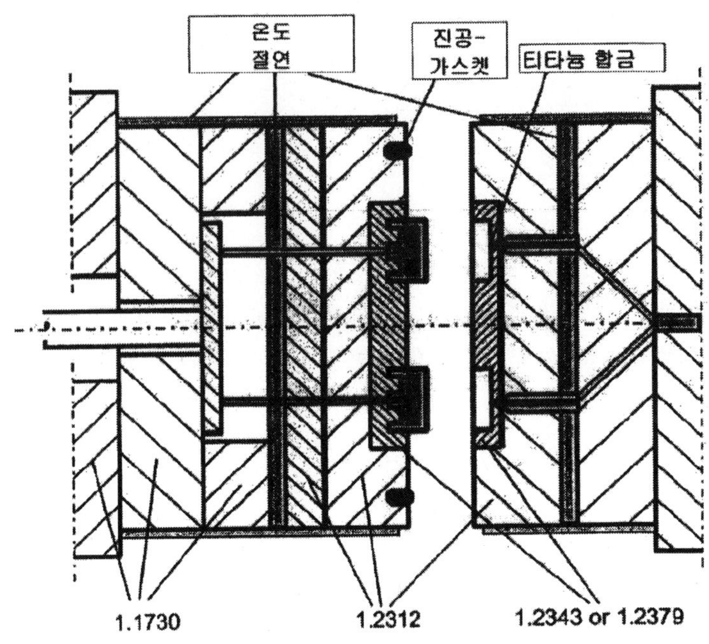

Silastic LSR에 대한 콜드 런너 금형의 개략도

표면 거칠기:

스파크(spark) 부식:

0.5~3.5μRa

그라인드, 광택:

0.05~1μRa

캐비티 표면 마무리는 캐비티의 표면은 여러 가지 방법으로 공정에 영향을 주고 있다.

ⓐ 사출된 상품은 정확하게 강의 표면을 그대로 복제하고 있기 때문에 여러 가지 광학적 요구사항을 만족하고 있다. 투명한 상품의 생산을 위해서는 광택을 낸 강이 사용되어야 한다.

ⓑ 부식된 표면은 광택을 낸 표면에 비교할 때 일반적으로 *Silastic* LSR과 금형 사이에 낮은 접착력을 주기 때문에 이형이 특별하게 설계되어야 한다.

ⓒ 티타늄, 니켈 표면 처리된 강은 매우 높은 마모 강도를 갖는다.

PTFF / 니켈로 발라진 것이 부품의 이형을 더 쉽게 하여준다.

내유 등급과 같이 많이 충진되는 *Silastic* LSR에 대해서는 특수하게 이 용도로 인해 개발된 플래시 크롬 도금강 또는 분말 야금강과 같이 더 단단한 물질을 사용하는 것이 권장된다.

온도 제어에서 사출 금형은 카트리지 히터, 스트림 히터 또는 열판을 사용하여 전기적으로 가열된다. 모든 영역에서 액체 실리콘 고무가 균일한 조건을 유지하도록 균일한 온도분포가 요구된다.

요구되는 열량≈50W / kg 큰 금형에서 최고의 비용 저감 효과를 보는 적절한 온도를 얻기 위해서 기름 온도로 제어되는 히터의 사용을 권장하고 있다. 또한 열 손실을 줄이기 위하여 단열판 내에 금형을 두는 경우도 권할 만하다.

가열되지 않은 코어는 연장된 휴지 시간(break time) 또는 블로우-오프 공기로 인해 온도가 크게 변할 수가 있다. 이 점에서 온도가 너무 많이 떨어지면 물질의 경화가 현저하게 낮아져서 끈적한 *Silastic* LSR로 인해 이형에 어려움을 야기할 수 있다.

가열 카트리지와 파팅 라인 사이의 거리는 충분히 두어서 판(plate)이 구부러지거나 변형되지 않도록 하여야 한다.

만약에 금형이 콜드 런너 시스템을 장착하였다면 뜨겁고 차가운 금형 사이를 정확하게 분리하여 주어야 한다. 다른 형의 강에 비교할 때, 매우 낮은 열전도도를 갖는 3.7165(Ti Al 6 V4)와 같은 특수 티타늄 합금이 사용될 수 있다.

완전히 가열되는 금형에 대한 열 손실을 최소화하기 위하여 금형과 금형판 사이에 단열판이 있어야 한다.

(5) 기계의 선정

고정력(Clamping force)은 기계의 선정에 요구되는 고정력이 반드시 결정되어야 한다. 뜨거운 금형 내에서 실리콘 고무의 팽창은 캐비티 압력을 400bar 이상으로 올리게 한다. 금형을 고정하는 데 필요한 힘은 투영된 부품의 전 표면적에 캐비티의 압력을 곱하는 것으로 계산될 수 있다.

$$Acircle = D^2 2\pi / 4$$

예제: 6개 캐비티 baby nipple 금형

Nipple 지름=39㎜

투영된 표면적 A=6×$(39/2)^2$×π=7167.54㎟

캐비티 압력≤400bar

400bar=40N / ㎟

F=p×A=40N / ㎟×7167.54㎟

F=286702N 고정력이 필요하다.

이것은 공칭 고정력>290kN 또는 약 30ton인 사출 성형 기계에 부합된다.

사출 유니트에서 사출 스크류의 지름은 스크류 행정이 1~5 D 사이의 범위에 있도록 선정하여야 한다. 이것은 사출 유니트에 대해 안정적인 운전 공정을 보장한다. l D보다 작은 행정을 가질 때는 스크류의 혼합이 필요한 것만큼 좋지 않게 되고 기계 운전 시, 이동제어의 정밀도가 떨어지게 된다.

미터(Meter) 혼합기는 미터 혼합 유니트에는 여러 가지 형태가 있다. 수력학과 공학적인 작동 실린더는 큰 차이가 있다. 이 미터 혼합 유니트는 20리터 통 또는 200리터 드럼으로부터 물질을 펌핑할 수 있다.

(8) *Silastic* LSR의 사출 성형에 대한 문제 해결

① 상품이 미충진될 때

☞ 부품이 작아짐

☞ 균일하지 않은 표면

☞ 중량 미달인 부품

원 인	대 책
ⓐ 사출 속도 또는 압력이 최적이 아님	• 사출 속도와 가능하면 사출 압력을 높임
ⓑ 투입량이 충분치 않음	• 투입 체적을 증가시킴
ⓒ 미흡한 venting	• ③의 기포 / 탄화를 참조
ⓓ 공구 온도가 너무 높음	• 공구 온도를 낮춤
ⓔ 전환과 보압이 적절치 않음	• 전환 시점을 늦춤 • 보압을 증가시킴
ⓕ 기계 잘못	• 레이디얼 스크류의 틈새와 역류방지 밸브를 확인
ⓖ 콜드 런너 또는 스푸루 치수가 부적절함	• 스푸루 시스템이 더럽혀졌거나 사전 경화된 영역을 확인 • 스푸루의 치수를 확인하고 가능하면 키움
ⓗ 균일하지 않은 캐비티 충진	• 런너와 게이트를 조정
ⓘ 사출 유니트 또는 공급 라인 내에서의 사전 경화	• 시스템을 청소

② 금형의 플래싱

☞ 파팅라인에서 실리콘 필름

원 인	대 책
ⓐ 쇼트 크기가 너무 큼	• 투입 체적을 줄임 • 투입 체적을 확인
ⓑ 사출 속도 또는 압력이 최적이 아님	• 사출 속도와 가능하면 사출 압력을 줄임
ⓒ 전환과 보압이 적절치 않음	• 전환 시점을 앞당기고 보압을 줄임
ⓓ venting 채널이 너무 큼	• vent 크기를 줄임
ⓔ 공구 온도가 너무 낮음	• 온도를 높이고 금형 온도를 확인 • 히터와 서모커플을 확인
ⓕ 공구가 손상되거나 더러운 것이 묻음	• 파팅 라인과 움직이는 부품에서 마모와 수리 또는 재작업 시 확인 • 파팅 라인을 청소
ⓖ 고정력이 너무 낮음	• 고정력을 올리거나 필요시 더 큰 기계로 바꿈

③ 기포 / 탄화

☞ 최종품에 부풀음이 보임

☞ 하얀 모서리

원 인	대 책
ⓐ 사출 속도 또는 압력이 너무 높음	• 사출 속도와 가능하면 압력을 줄임
ⓑ 공구의 온도가 너무 높음	• 공구 온도를 낮춤
ⓒ venting 채널이 더러워지거나 치수가 적절하지 않음	• 금형 청소 • vent를 더 깊게 • 고정력을 줄임
ⓓ 진공이 충분치 않음	• 진공 펌프를 확인 • 결점이 있는 부분의 가스켓을 확인 • 진공 시간을 연장
ⓔ 미터 혼합기 안에 공기	• 공기 제거 • 가스켓 확인
ⓕ 고르지 않은 충진	• 런너와 게이트 조정

④ 실리콘이 경화되지 않음

☞ 상품이 캐비티 안에 붙음

☞ 상품이 끈적한 감을 가짐

원 인	대 책
ⓐ 벌카니제이션 시간이 너무 짧음	• 벌카니제이션 시간을 연장
ⓑ 공구 온도가 너무 낮음	• 온도를 높임 • 히터와 서모커플을 확인 • 온도가 고른지 확인 • 휴지 시간(break time)을 줄임
ⓒ 혼합비율이 1:1이 아님	• 미터 혼합기에 압력 변동이 있는지 확인 • 공급 라인과 혼합기에 있는 사전 경화된 입자와 영역을 청소
ⓓ 경화가 저지됨	• 황 또는 주석 성분이 *Silastic* LSR 유니트를 오염시켰는지를 확인(이것은 *Silastic* LSR과 비슷한 유기성분 고무가 제조될 때에 발생한다.)

⑤ 눌 음

사출 공정 중에 물질의 사정 경화

☞ 부품에 줄이 보임

☞ 흐름선이 강하게 드러남

☞ 오렌지색 표면(orange skin)

원 인	대 책
ⓐ 사출 속도가 너무 낮음	● 사출 속도와 가능하면 압력을 높임
ⓑ 공구 온도가 너무 높음	● 금형 온도와 가능하면 콜드 런너 온도를 낮춤

⑥ 최종품에 사전 경화된 입자

☞ 부품에 경화된 입자가 보임

☞ 상품에 경화된 스푸루가 보임

원 인	대 책
ⓐ 사출점에서 콜드 런너 온도가 충분히 낮지 않음	● 콜드 런너의 냉각을 조절하거나 개선함 ● 게이트에서의 공구 온도를 낮춤
ⓑ 사출점으로부터 물질의 누설	● 개방형 시스템을 갖는 콜드 런너 내의 물질 갑압이 부족함 ● 차단 needle의 틈새가 너무 큼
ⓒ 사출 유니트 또는 혼합기로부터 사전 경화된 입자가 딸려나옴	● 혼합된 물질 유도부를 청소

⑦ 이형시 문제

☞ 상품이 캐비티로부터 나오지 못함

☞ 런너가 부품에서 분리되지 않음

원 인	대 책
ⓐ 공구 온도가 너무 높음	● 금형 온도를 낮춤
ⓑ 보압이 너무 길거나 너무 높음	● 유지 안력 또는 시간을 낮춤
ⓒ 경화 시간이 너무 길음	● 벌카니제이션 시간을 짧게 함
ⓓ 공구의 구조가 완벽하지 않음	● 언더컷을 최적화 ● 금형 표면처리 또는 거칠기를 조절 ● 공기 이젝트 그리고 / 또는 롤러 sweep로 이젝터-핀, -브러시, -판을 조합

⑧ 부품의 치수 부정확

☞ 상품이 이형 후에 변형됨

☞ 부품 치수가 범위를 벗어남

원 인	대 책
ⓐ 경화가 불충분함	• 벌카니제이션 시간을 연장 • 금형의 온도를 조절하고 최적화함
ⓑ 수축 변화됨	• 공구 온도가 고르게 나오는지 확인 • 원하는 캐비티 압력을 얻도록 사출 인자를 조정

⑨ 불규칙한 사이클 타임

☞ 생산 중에 사이클 타임이 변함

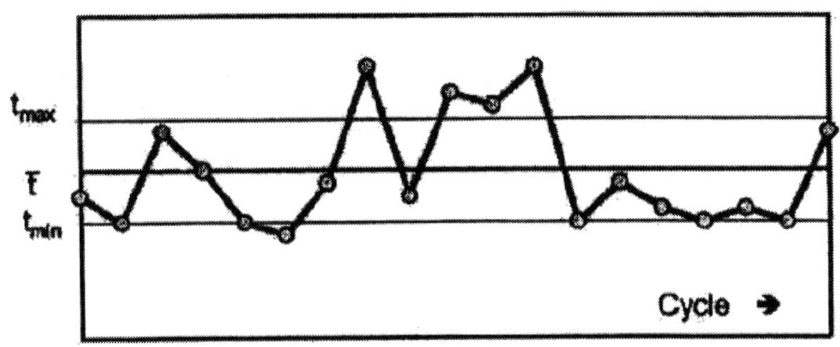

원 인	대 책
ⓐ 투입 시간이 변하고 이것이 때 때로 경화 시간보다 길어짐	• 펌핑 유니트가 균일하게 되도록 압력을 조정 • 혼합기로부터 사전 경화된 물질을 제거 • 투입 속도를 증가시킴 • 배압(back pressure)을 최적화 • 기계의 수력 시스템을 조절
ⓑ 사출 시간 불규칙함	• 사출 인자를 조절 • 콜드 런너의 온도를 낮춤 • 균일한 투입 체적이 되도록 조절 • 역류방지 밸브를 확인

⑩ potlife

사출 유니트 내에서 물질의 경화

☞ 더 길어진 생산 휴지기 이후에 시작하기 어려움

☞ 생산 시작 시 사출 시간과 투입 시간이 길어짐

원　인	대　책
ⓐ 혼합기와 사출 유니트 내의 물질이 경화되기 시작함	• 사출 유니트의 냉각을 확인 • 3일 이상, 멈추기 전에 A-성분을 갖는 유니트를 빼냄 • 짧은 휴지기라도 이 기간 중에 사출 유니트를 뜨거운 금형으로부터 분리시킴 • 공구의 가열을 전환한 이후에 콜드 런너의 냉각을 유지시킴

7-5 고무재료의 선정(parameter)

(1) 고무 사출성형기

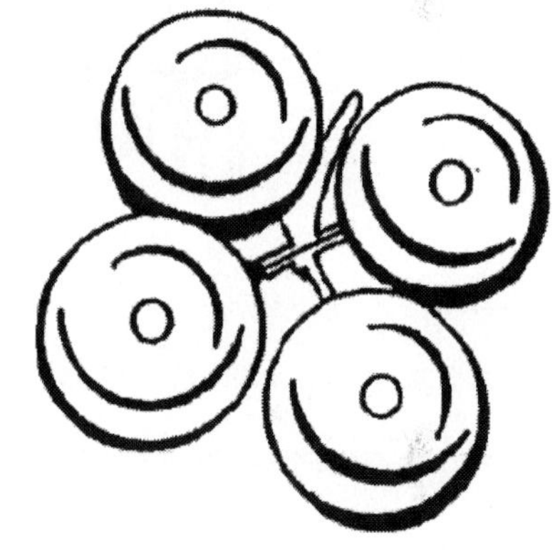

횡형 고무용 사출성형

특징

㉮ 고정도의 성형품과 불량률의 저감

㉯ 양산 요구에 speedy 대응

㉰ 전자동화에 대응하는 유리한 설계

㉱ 재료 loss 저감

㉲ optimum 설계 및 중량

성형기 방식

㉮ core 인발 방식

고무원통 bush 성형품의 취출을 인발 방식으로 제품을 취출

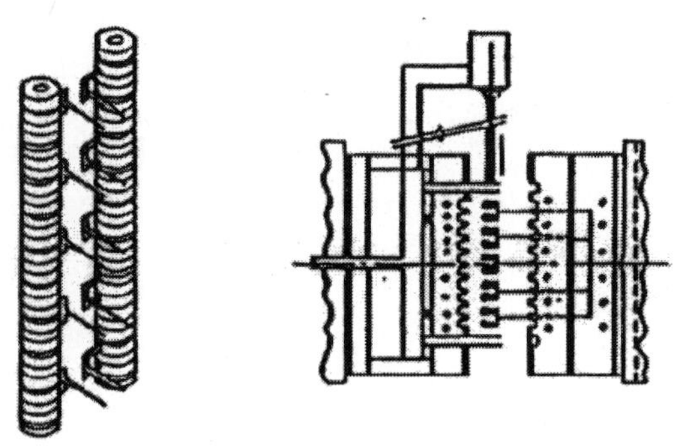

㈏ ejector plate 삽입 방식

제품 외주의 undercut가 있는 성형품의 성형 방법

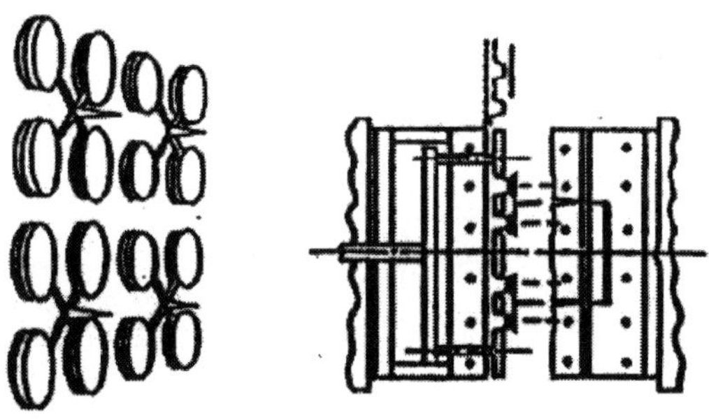

㈐ 유압 ejector 방식

방진고무 등 두꺼운 제품에 이용되고 가동측 금형에 깊게 유압된 제품을 직접 형으로부터 밀어내어 이형하는 방법

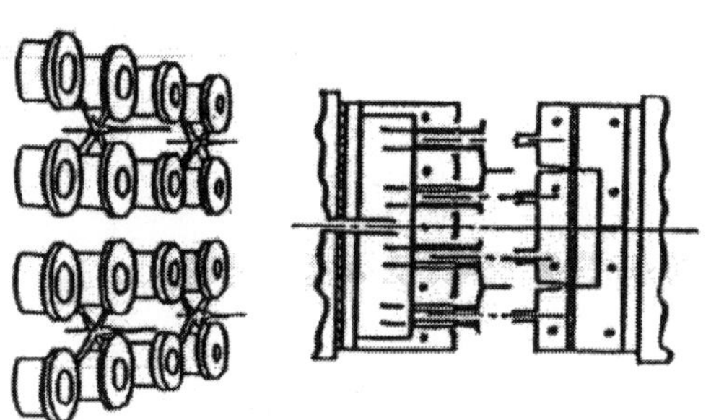

㉘ air ejector 방식

주름살 hose 등 undercut가 있는 원통, 원뿔 모양의 성형품을 core 인발에 의한 취출 방식

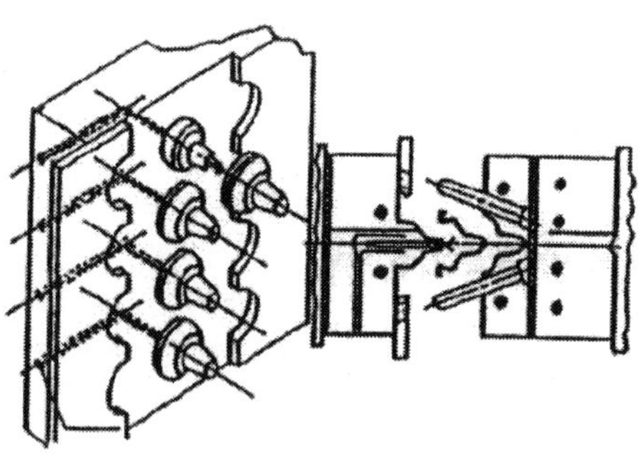

㉙ 제품취출기 이용 방식

diaphragm 등 비교적 간이한 제품 형상, 가동축 금형에 부착하는 제품 취출에 이용하는 방식

(2) 고분자 재료

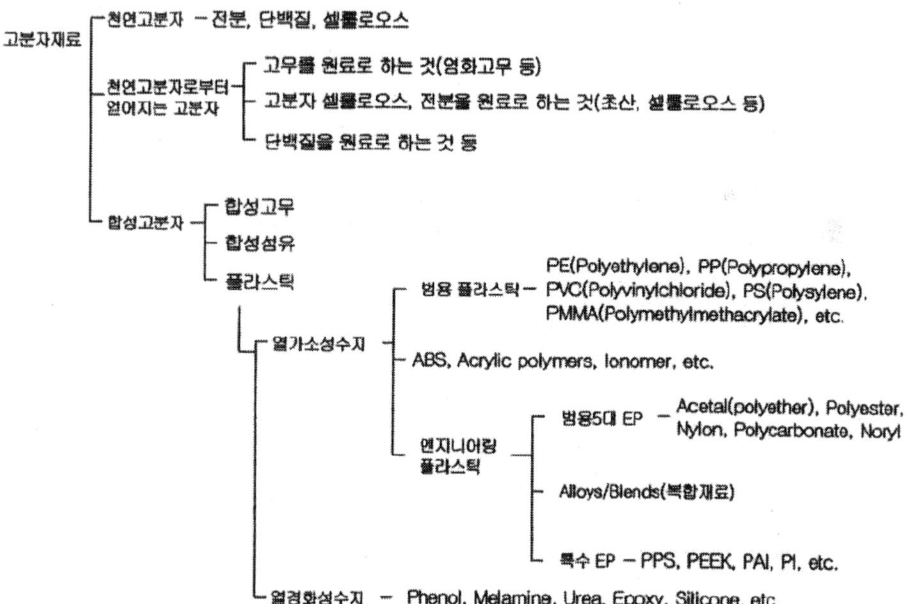

(3) 응력변형곡선의 특징

곡선유형	응력변형곡선의 특징			
	탄성률	항복응력	인장강도	신율(파단점)
A형	낮음	낮음	낮음	보통
B형	높음	높음	높음	낮음
C형	낮음	낮음	낮음	높음
D형	높음	높음	높음	보통
E형	높음	높음	높음	높음

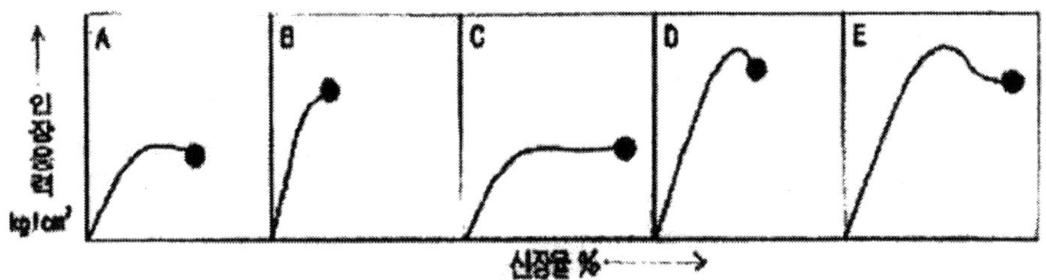

A형: 유연하고 깨지기 쉬움(고분자 Gal)
B형: 단단하고 깨지기 쉬움(PS, 아클릴 수지)
C형: 유연하고 강함(ABS, 테프론, PP, HDFE)
D형: 단단하고 강함(R-PVC, AS, FPP)
E형: 단단하고 질김(POM, PA, PC, HIPS)

S-S 곡선의 종류와 수지의 성질

(4) 탄성 중합체의 특성

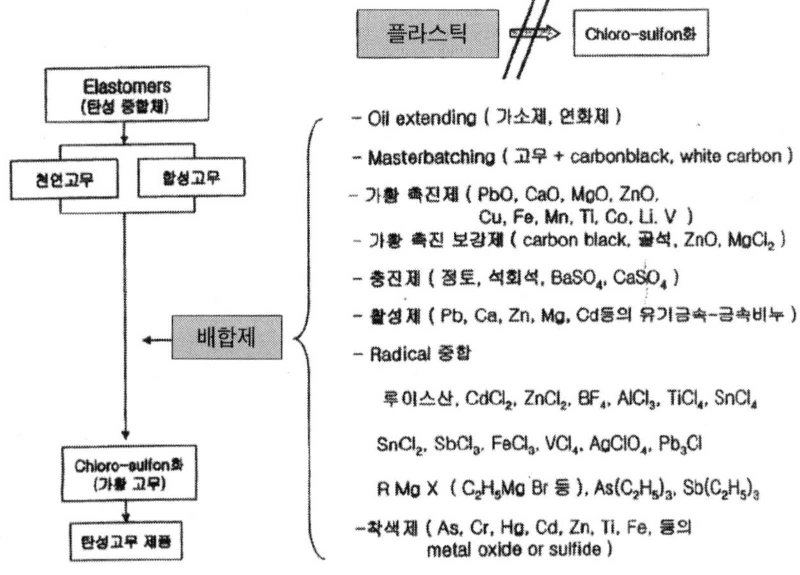

천연고무 : 여러 형태의 nonpolymer materials, 지방산, 무가물, 단백질을 가지고 있음

(5) 우수성 고온 및 저온에서의 탁월한 압축영구줄음률(compression set)

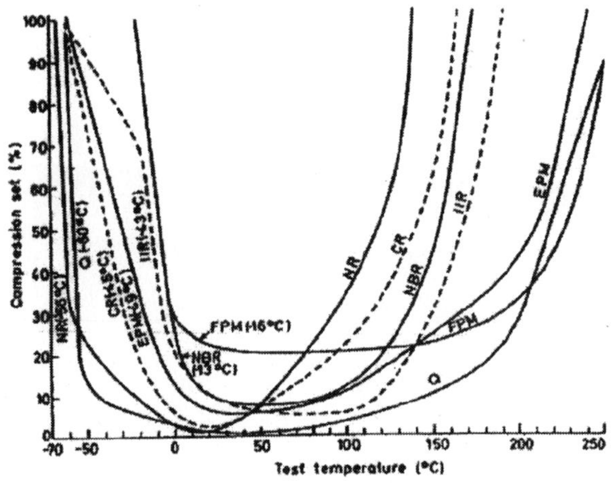

Blow(1964), Bunhill Publications

CR =Chloro rubber; EPM =Ethylene Propylene rubber; FPM =Flourocarbon rubber; IIR =
Butyl rubber; NBR =Nitrile rubber; NR =Natural rubber; Q =silicone

(6) 일관성 다양한 온도 범위에서도 일관된 특성

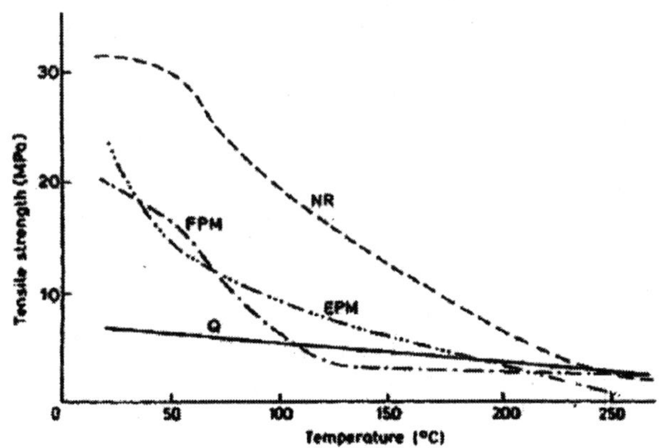

Blow(1964), Bunhill Publications
EPM =Ethylene Propylene rubber; FPM =Flourocarbon rubber; NR =Natural
rubber; Q =silicone

2. plastic의 변화인자

① 플라스틱 및 금속재료의 비중비교

수지명	비중
PC	1.20
Nylon 6	1.13
PET	1.31
HDPE	0.96
PP	0.90
POM	1.42
변성 POM	1.06
PS	1.05
PMMA	1.18
PVC	1.35
ABS	1.05
Steel	7.4
Al	2.7
Zn	6.6

② 대표적인 플라스틱의 마모량

수지명	마모량 (mg / 1,000 cycle)
PC	13
Nylon 6	7
PBT	8
HDPE	3
PP	14
변성 POM	14
PPO	20
PS	20
PMMA	15
PVC	14
ABS	19

③ PP의 결정화도와 밀도와의 관계

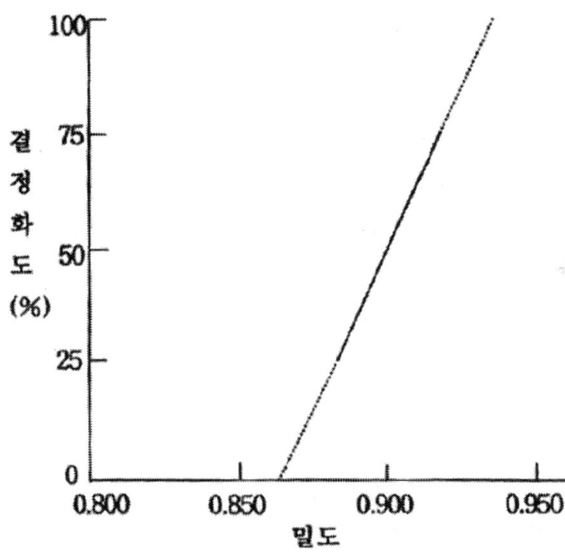

④ PP의 Creep 변형곡선(실온)

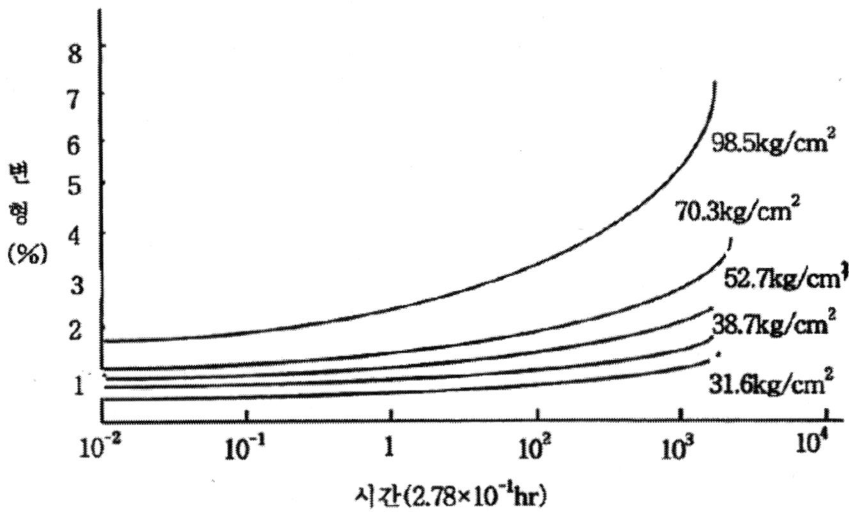

⑤ 플라스틱의 S-S 곡선(20℃)

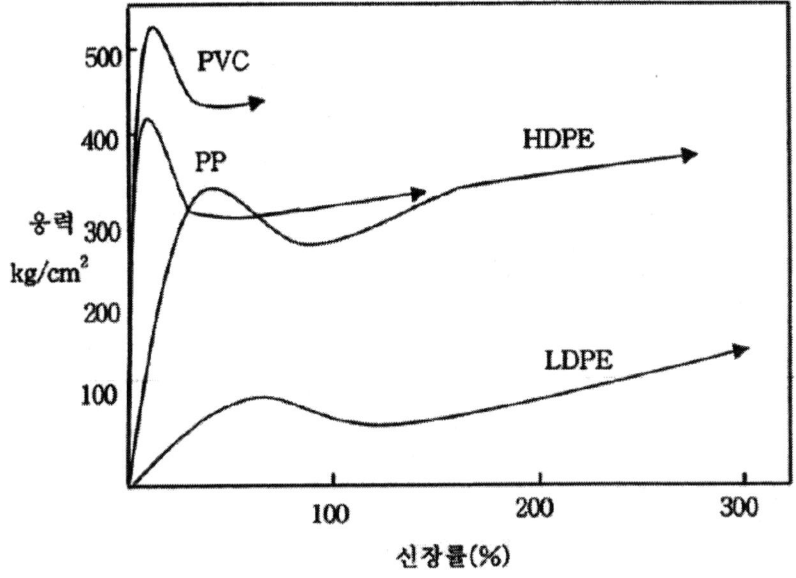

⑥ 플라스틱의 인장강도와 온도와의 관계(변형속도: 0.03 / sec)

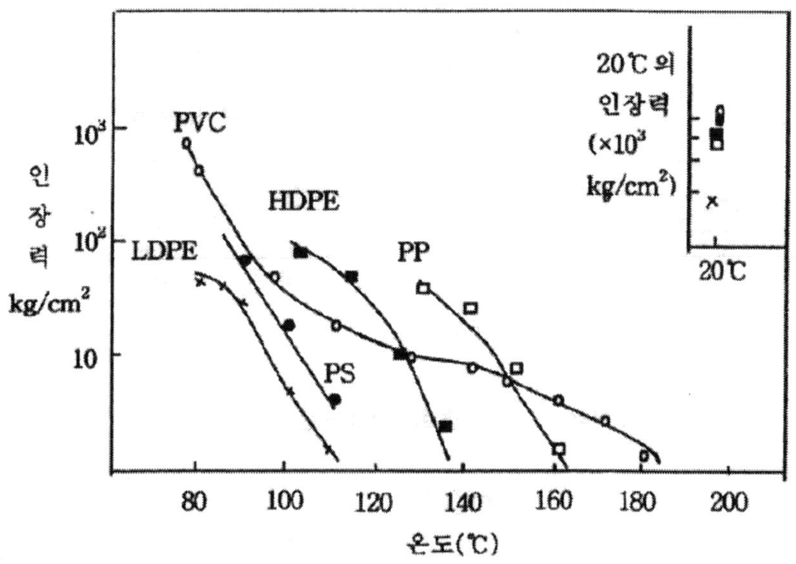

⑦ 피착재·접착제의 조합

	피혁	포(직물)	나무	발포 스티렌	발포 우레탄	스티렌	아크릴	연질 염화비닐	경질 염화비닐	멜라민 수지	고무	석재· 콘크리트	유리· 도자기	금속
금속	7,8	7,8	18,21	18	7	7	7	8	7,8	5,7,18	7,19	18	5,18	18,20,21
유리· 도자기	1,7	1,2,7	2,18	18	1,2,18	5,7	5,6	8	5,7,8	5,18	5,7	18	5,18	
석재· 콘크리트	1,2	1,2	1,2,18	18	1,2,18	7	6,7	8	7,8	18	7,19	18		
고무	7	7	7	—	7	5,7	5,7	8	5,7	5,7	5,7,10			
멜라민 수지	7	7	2,14	18	7	5,7	5,7	8	5,7	5,18				
경질 염화비닐	7	7	7,8	—	7	5,7	5,7	8	13					
연질 염화비닐	8	8	8	—	8	8	8	8						
아크릴	7	7	7,13	—	7	5,13	5,13							
스티렌	7	7	7,13	—	7	5,13								
발포 우레탄	7	7	2,7	—	7									
발포 스티렌	1,2	1,2	1,2	18										
나무	2,7	2,7	2,14,15, 16,17											
직물	1,2,7,8	4,7,8												
피혁	7,8,19													

1 폴리초산비닐용액형
2 폴리초산비닐유화액형
3 폴리비닐알코올
4 아크릴유화액계
5 시아노아크릴레이트계
6 폴리에스테로아크릴레이트계
7 클로로프렌고무계
8 니트릴고무계
9 SBR계
10 천연고무계
11 실리콘RTV
12 폴리염화비닐계
13 피착재용액
14 유리아수지계
15 멜라민수지계
16 페놀수지계
17 레졸시놀수지계
18 에폭시수지계
19 폴리우레탄계
20 니트릴·페놀릭
21 비닐·페놀릭

⑧ 접착강도의 특징(상온)

	접착제		전단	박리
열경화계	페놀수지		◎	×
	레졸신수지		◎	×
	유리아수지		○	×
	멜라민수지		○	×
	에폭시수지		◎	×
	변성에폭시		○	○
	폴리우레탄		△	○
열가소계	폴리초산비닐(부가소)		◎	×
	폴리초산비닐(가소화)		△	△
	염초비닐공중합수지		△	△
	에틸렌 · 초산비닐공중합수지		△	△
	폴리메틸메타크릴레이트		○	△
	폴리아크릴산 · 폴리메타크릴산에스테르		×	△
	시아노아크릴레이트		○	×
	시아크릴레이트계		○	△
	폴리비닐포르멀		○	◎
	폴리비닐부티럴		△	◎
	폴리비닐에테르		×	△
	나일론		◎	◎
	폴리아미드		△	○
고　무	천연고무 · 합성고무		×	△
복합계	페놀 + 에폭시	나일론 포르멀 피치럴 니트릴고무 실리콘	◎	◎

⑨ 접착제의 내열성

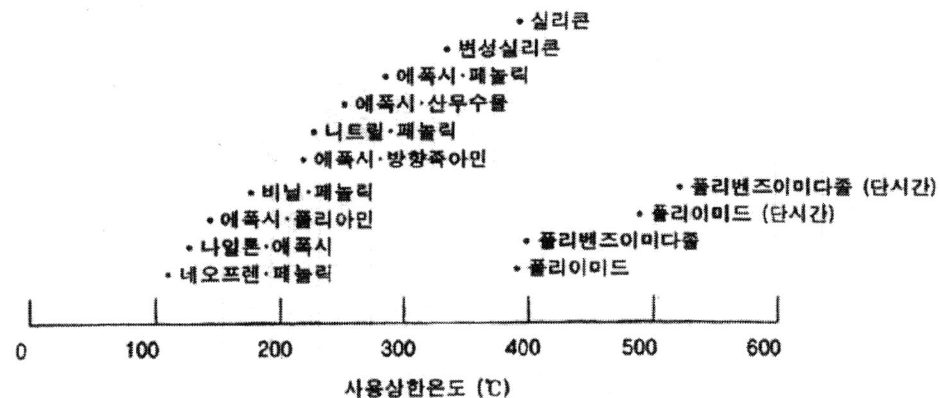

⑩ 접착제의 특성

No.	접착제(주성분)	접착제 타입	내수성	내약품성	내한성	내열성	내충격성	내후성
1	초산비닐수지	A · B	× − △	△	△	△	○ − ◎	△
2	아크릴수지	A · B	△	△	△ − ○	△	○ − ◎	○
3	초산비닐 · 아크릴수지	A · B	× − △	△	△	△	○	△ − ○
4	초산비닐 · 염화비닐수지	A · B	△	△	△	△	○	△ − ○
5	에틸렌 · 초산비닐수지	A · B · D	△	△	△	△	○	△ − ○
6	에틸렌 · 아크릴수지	C · D	△ − ○	△	△ − ○	△ − ○	○	△ − ○
7	폴리아미드	B · C · D	○	○	○	○	○	△ − ○
8	폴리비닐아세탈	B · D	○	○	○	○	○ − ◎	○
9	폴리비닐알코올	A · D	× − △	△	△ − ○	△ − ○	○	△ − ○
10	폴리에스테르	B · C · D · E	△ − ○	○	△ − ○	△ − ○	○	○
11	폴리우레탄	A · B · D · E	○	○	○	○	○	△ − ○
12	유리아수지	A · (E)	△	△	△	△	× − △	△
13	멜라민수지	A · (E)	○	△ − ○	△ − ○	△ − ○	△	△ − ○
14	페놀수지	A · B · (E)	○	○	△ − ○	○	△	○
15	레졸시놀수지	A · B · (E)	○	○	○	○	△	○
16	에폭시수지	A · B · D · E	○	○ − ◎	○	○	△ − ○	○
17	폴리이미드	B · D	○	○ − ◎	○	◎	○	○
18	천연고무	A · B	△	△ − ○	△ − ○	△	○ − ◎	△ − ○
19	클로로프렌고무	A · B	△ − ○	△ − ○	△ − ○	△ − ○	○ − ◎	△ − ○
20	니트릴고무	A · B	△ − ○	○	△ − ○	○	○ − ◎	○

No.	접착제(주성분)	접착제 타입	내수성	내약품성	내한성	내열성	내충격성	내후성
21	우레탄고무	B · E	△ - ○	○	△ - ○	○	○	△ - ○
22	SBR	A · B	△	△	△	△	○	△
23	재생고무	B	△	△	△	△	○	△ - ○
24	부틸고무	A · B	△	△	△	△	○	○
25	SBS, SIS	B · C	○	△	○	△	○ - ◎	△
26	수성비닐우레탄	E	○	△	○	△ - ○	○	△ - ○
27	α - 올레핀	E	○	△	△ - ○	△ - ○	○	△ - ○
28	시아노아크릴레이트	E	△	△ - ○	△ - ○	△	△ - ○	△
29	변성아크릴수지(SGA)	E	△ - ○	△ - ○	△ - ○	△	○	△
30	SGA(마이크로캅셀)	E	○	△ - ○	○	△ - ○	○	△ - ○
31	SGA(염기성)	E	○	△ - ○	○	△	△ - ○	○
32	SGA(습기경화형)	E	○	△ - ○	○	△ - ○	△ - ○	△ - ○
33	SGA(UV경화형)	E	○	△ - ○	○	△ - ○	△ - ○	△ - ○
34	에폭시 · 페놀	B · D · (E)	○	○ - ◎	○	○ - ◎	△ - ○	○
35	푸티럴 · 페놀	B · D · (E)	○	○ - ◎	○	○ - ◎	○	○
36	니트릴 · 페놀	B · D · (E)	○	○ - ◎	○	○ - ◎	○	○

접착제 타입……A: emulsion, 라텍스, 수성 B: 용제형 C: hot melt형 D: 필름형태 E: 반응형
접착제 성질……◎: 우수 ○: 양호 △: 좋음 ×: 불가

⑪ 내후성 인자에 따른 플라스틱의 변화인자

내후성인자	플라스틱의 변화인자	비고(지역적 특성)
자외선	- 열가소성 플라스틱(폴리카보네이트 포함)의 변색요인이 됨. 이는 태양 이외의 다른 광원에 의해서도 발생이 가능함 - 유리를 통한 자외선보다 통하지 않는 직사광선이 변색성이 강함 - 자외선에 의한 손상은 제품의 최상부층(두께 $25\,\mu m$)만 영향을 끼침(고온에 대한 변색은 두께 전체에 대하여 영향을 줌)	- 열대지방의 경우에 강렬한 자외선의 문제가 더욱 심각함
온도	- 온도가 높을수록 신속하게 변색이 진행됨 - 고온은 두께방향으로 변색을 초래함	- 열대지방의 경우에 높은 온도로 인한 문제 심각함
수분	- 열화과정을 촉진시킴 - 열과 복합적으로 작용하여 내충격성을 저하시킴 - 광택도에도 영향을 미침	- 플로리다와 같은 지역은 높은 습도가 문제가 될 수 있음
공기오염	- 미세먼지나 흙 때문에 광택도의 저하 발생 - 산성비나 여러 종류의 배출가스에 의한 열화가 촉진됨	- 공업화 지역에서는 공기오염의 영향이 심각함

⑫ 일반 플라스틱류의 옥외 폭로시험과 촉진 내후성 시험의 비교

플라스틱 재료	옥외폭로 (Yr)	촉진폭로	평가에 사용한 특성값	옥외폭로 1년에 상당하는 촉진폭로계수치(hr)
경질염화비닐파이프	5	자외선 카본 1,000시간	인장강도, 신장률, 파괴강도	1년＝자외선카본 400－1,000
경질 염화 착색품의 기타	2	자외선 카본	강신도, 충격강도, 광택도	1년＝자외선카본 800－1,200
폴리스틸렌, 고충격폴리스틸렌, ABS수지, AS수지, 메타크릴 수지, 고저압 폴리에틸렌, 폴리아세탈, 폴리프로필렌, 나일론6, 폴리카보네이트, 염화비닐	2	자외선 카본 1,600시간	강신도, 인장강도, 광택도	1년＝자외선카본 800－1,200
메타크릴	2	썬샤인 카본 1,200시간	강신도	1년＝썬샤인카본 500－600
고충격 ABS	1	썬샤인 카본 800시간	에너지 유지율	1년＝썬샤인카본 500－600
ABS	1	자외선 카본	각종특성	1년＝자외선카본 50－250
나일론6	2	썬샤인 카본 1,000시간	인장강도	1년＝썬샤인카본 500－6,000
Glass 섬유강화 나일론6	1	썬샤인 카본 100시간	인장강도	1년＝썬샤인 카본 1000
필라멘트 와인딩 강화 폴리에스테르수지 파이프	1	자외선 카본 600시간	물성	1년＝자외선 카본 600
0.03㎜ 폴리프로필렌착색 필름	0.5	자외선 카본 500시간	신장률	하계3개월＝자외선 카본 300
0.03㎜ 폴리에틸렌 테레프탈레이트 이축연신 필름	0.25	자외선 카본 500시간	물성	하계 1개월＝자외선 카본 300－400

⑬ 플라스틱의 열화요인

재료인자		에너지인자		환경인자
성형가공 조건	폴리머 첨가제 열안정제, 가소제, 착색제, 가공조제, 산화방지제, 광안정제, 자외선흡수제 잔류모노머	작용조건	광(파장, 강도) 방사선 열 힘	지역차

위 표에서 환경인자 항목: 산소 오존, SO_2, NO_x, H_2S 물 산, 알칼리, 기름, 세제 미생물 염분

⑭ 열노화에 따른 PP의 신장률 변화

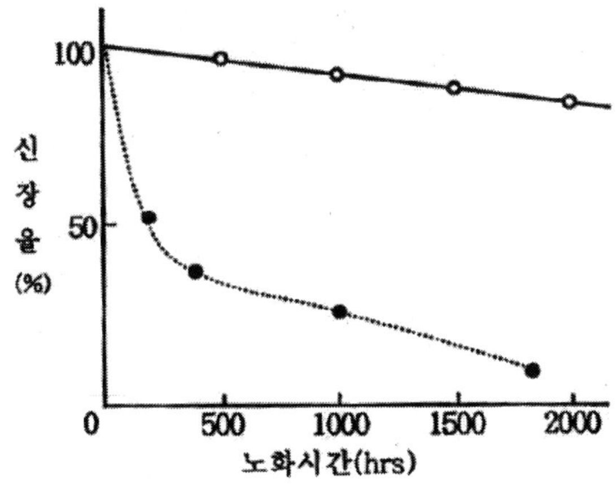

⑮ 일정환경하에서의 열화 패턴

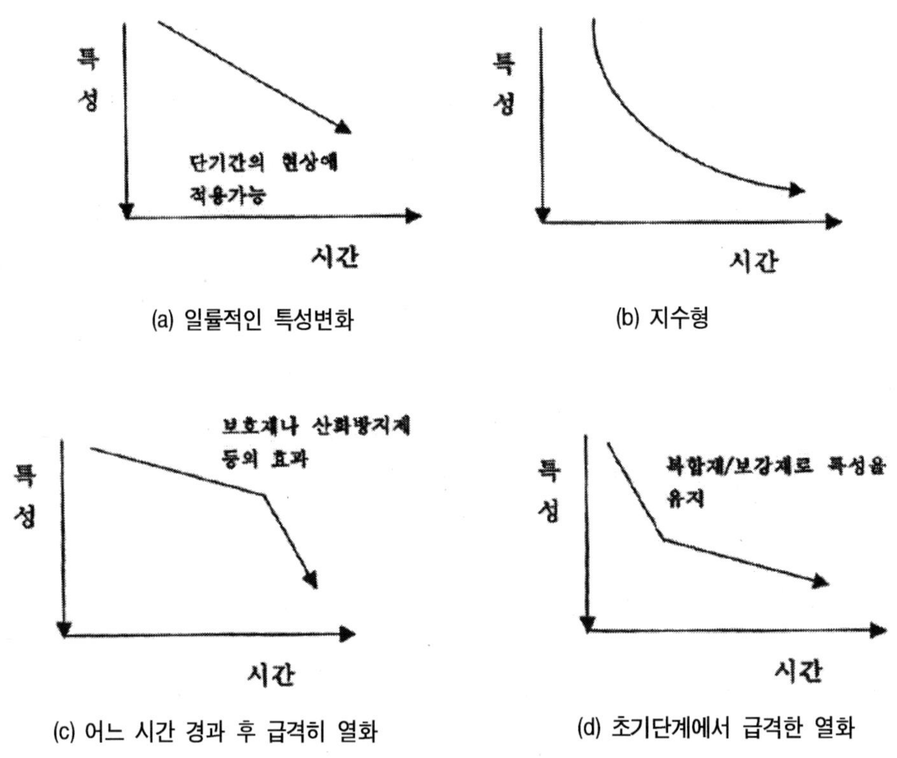

⑯ PP촉진내후시험 시간에 따른 물성변화

촉진내후 시간		인장강도(MPa)	신장률(%)	Izod 충격강도 (J / m)
0시간	1	29	154	83.3
	2	29	148	83.5
	3	28	146	79.8
	4	28	153	60.9
	5	29	143	81.2
	평균	29	149	77.7
500시간	1	27	37	58.8
	2	28	28	49.5
	3	27	28	56.5
	4	27	28	36.5
	5	27	29	35.5
	평균(%)	27(6.9)	30(79.9)	47.4(39.0)
1,000시간	1	27	21	41.7
	2	27	20	38.2
	3	27	22	40.1
	4	27	25	36.1
	5	27	22	47.2
	평균(%)	27(6.9)	22(85.2)	40.7(47.6)
1,500시간	1	25	21	46.0
	2	24	21	35.7
	3	24	26	40.3
	4	25	30	44.2
	5	25	27	48.5
	평균(%)	25(13.8)	25(83.2)	42.9(44.8)
2,000시간	1	24	38	53.6
	2	23	36	56.3
	3	24	29	49.9
	4	24	30	51.7
	5	24	34	49.5
	평균(%)	24(17.2)	33(77.8)	52.2(32.8)

※ ( )는 변화율을 나타낸 것임. PP수지.

⑰ 일반플라스틱의 Tg 및 열변형온도 비교

수지명	Tg(℃)	열변형 온도(℃)	
		하중 4.6 kgf / ㎠	하중 18.6 kgf / ㎠
PC	153~156	145~148	134~138
Nylon 6	30~49	158	68
PBT	20~25	150~160	60
HDPE	(−)21~(−)24	60~82	43~52
PP	(−)10~(−)35	99~110	60~70
POM	10~20	158	120
변성 PPO	140~150	133	114
PS	80~100	69~97	66~91
PMMA	60~105	74~99	70~91
PVC	70~80	82	54~74
ABS	70~105	88~113	74~107

⑱ Glass transition temperatures of some semicrystalline thermoplastics

Resin	T_g(℃)
Polyethylene	−20
Polybutylene	−20
Acetal	−13
Polypropylene	0
PBT	22~43
Nylon 6	50
PCTFE	52
TPX	55
Nylon 66	60
PET	67
PPS	85~150
PTFE	115
PEEK	145

⑲ Failure Modes / Mechanisms and Test Methods Matrix

Failure Modes / Mechanisms \ Test Methods	Weathering Test	Thermal Shock Test	Thermal Aging Test	Impact Test	Ozone Test	Salt Spray Test
Crack Failure	◎	○	◎	○	○	○
Rupture Deformation	−	◇	○	◎	○	−
Degradation	◎	◎	○	◇	○	○
Distortion Deformation	○	◇	−	◇	−	○
Adhesion Failure	−	○	−	◎	○	○

* 신뢰성에 관련된 중요도에 따라 표시: ◎ 가장 중요 ○ 중요 ◇ 보통
* Failure Mode / Mechanism은 해당 부품 · 소재에서 발생할 수 있는 모든 고장 형태를 나타냄
* Test Methods는 해당 발생고장을 일으킬 수 있는 시험방법을 나타냄

⑳ Requirements(Stresses and Performance) and Failure Modes / Mechanisms Matrix

Requirements (Stresses and Performance) \ Failure Modes / Mechanisms	Crack Failure	Rupture Failure	Degradation Failure	Distortion Failure	Adhesion Failure
UV Aging	◎	○	◎	○	◇
Impact	−	◎	−	−	◎
Thermal Aging	○	◇	○	○	−
Thermal Shock	○	◇	○	○	○
Moisture	○	◇	−	−	○
Ozone & Oxygen	◎	○	○	○	○
Erosion	○	−	◇	◇	◎
Salt Effect	○	−	○	◇	○

Materials	MCUT (℃)	Material	MCUT (℃)
PE Foam	50	PPO	80
PEEK	250	PPO / PA Alloy	80
PEI	170	PPS(40% gfr)	200
PES	180	PPVC($<$100% elongation at break)	50
PET(amorphous)	60	PS	50
PET(crystalline)	115	PTFE	180
PET(mineral filled)	140	PU(hard cast elast)	80
PET(35% gfr; supertough)	140	PU(soft microcell elast)	70
PF(foam)	120	PU(structural foam)	80
PF(gfr; high impact)	160	PU TPE 70A	70
PF(mica & glass fib fill; electr)	180	PVC(crosslinked)	95
PF(mica fill; electrical)	170	PVC(structural foam)	50
PF(mineral fill; high heat)	185	PVDF	150
PF(hat fibr fill; gen purpose)	150	PVF	150
PF(wood fill; gen purpose)	150	SAN	55
PF laminate(cotton fab)	105	SBS TPE 35A	50
PF laminate(glass fabric)	150	SEBS TPE 45A	85
PF laminate(paper)	90	Silicone	240
PFA	170	SMA(copolymer)	75
Polyarylamide(30%gfr)	125	SMA(terpolymer)	75
Polyarylate	130	Styrene−butadiene(K resin)	55
Polybutylene	90	TPX	75
Polyester DMC	130	UF(cellulose filled)	75
Polyimide	260	UHMWPE	55
Polysulphone	150	UPVC	50
PP(copolymer)	90	Vinyl ester	140
PP(homopolymer)	100	XLPE	90
ABS(medium impact)	70	Ethyl. Propyl. Copolymer	60
ABS / PSul alloy	125	EVA(25% VA)	50
ABS / PVC alloy	60	FEP	150
Acetal(homopolymer; 30%gfr)	85	Furane	150
Acetal(copolymer; 30%gfr)	100	HDPE	55
Acetal(copolymer)	90	HIPS	50
Acetal(homopolymer)	85	Ionomer	50
Acetal(homopolym; PTFE lub.)	90	LDPE	50

Materials	MCUT (℃)	Material	MCUT (℃)
Acrylic(general purpose)	50	MF(cellulose filled)	100
Alkyd(mineral filled)	130	OL TPE	85
ASA	60	PA(RIM)	70
Bisphenol polyester laminate(glass fill)	140	PA(transparent)	90
CA	60	PA 11	70
CAB	60	PA 12	70
CEE TPE	85	PA 4 / 6	100
Chlorinated PVC	90	PA 6	80
CP	60	PA 6 / 10	70
CPE	60	PA 6 / 12	70
CTFE	150	PA 6 / 6	80
DAIP(mineral filled)	180	PA 6 / 6 −6	80
DAP(mineral filled)	160	PA 6 / 9	80
ECTFE	130	PA / ABS alloy	70
EEA TPE	65	PAI	210
Epoxy resin(gp)	130	PBT	120
Epoxy resin(high heat)	170	PC	115
ETFE	160	PC / PBT Alloy	115

㉒ 고분자의 유리전이온도 및 응용온도

고분자	약 어	Tg(℃)	Tf(℃)
Polyacrylonltrrlle	PAN	100	320
Polyamide 6 (Nylon 6)	PA 6	40	220
Polyamide 6, 6	PA 6, 6	50	255
Polyamide 6, 10	PA 6, 10	48	228
Polycarbonate	PC	155	235
Polyethylene, high density	HDPE	−70	135
Polyethylene, low density	LDPE	−100	120
Polyethylene, terephtalate	PET	69	265
Polymethyl methacrylate	PMMA	105	−
Polypropylene	PP	−30	165
Polystyrene	PS	90~100	
Polytetrafluorethylene	PTFE	−20	327
Polyvinyl chloride	PVC	85	190

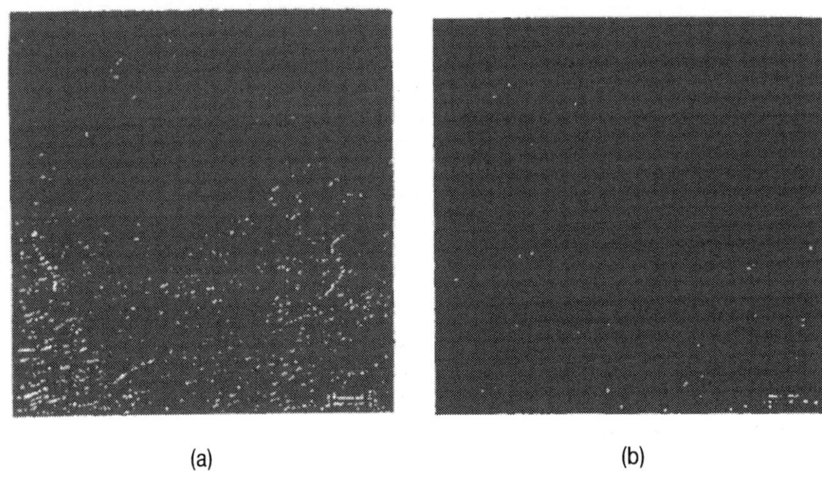

(a) Lamellar structure on surface of unaged injection molded polypropylene. Bar represents 0.25㎛, arrow indicates melt flow direction. (b) Ridge structures on surface of unaged injection－molded polypropylene.

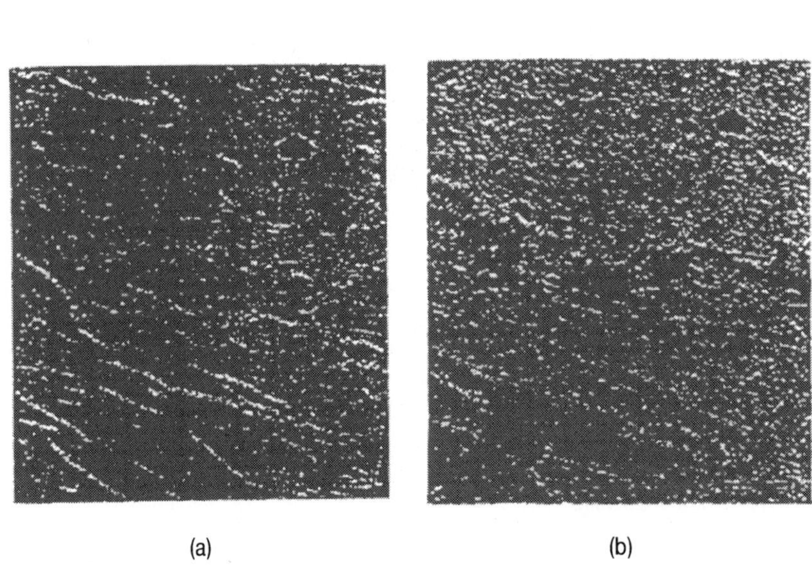

(a) Surface of injection－molded polypropylene after aging at 90℃ for 400hr. Bar represents 0.25㎛. (b) Same as (a) but higher magnification. Arrow indicates melt flow direction.

㉰

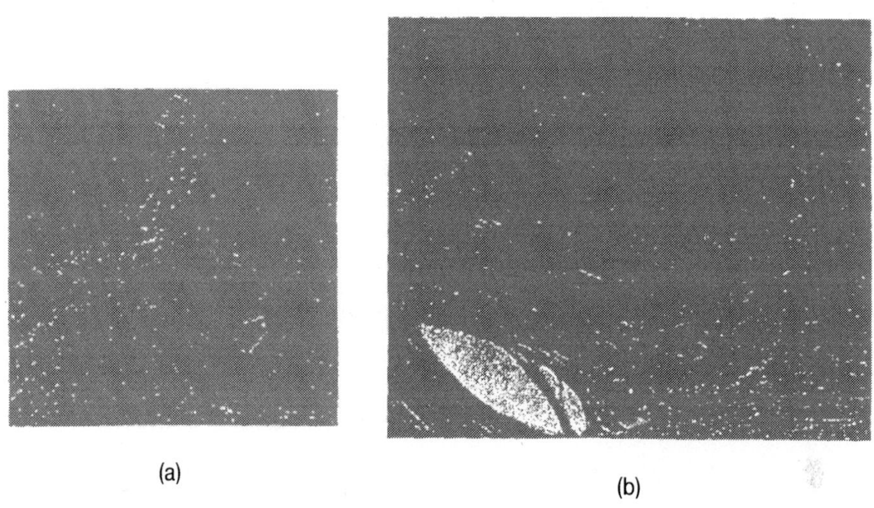

(a)

(b)

Crazes in injection－molded polypropylene aged at 90℃ for 400hr. (a) Craze－matrix interface; (b) peeled craze structure. Arrows indicate melt flow direction, bars represent 0.25㎛.

㉔ Melting endotherms of injection molded polypropylene before (—) and after (······) aging 600hr at 90℃.

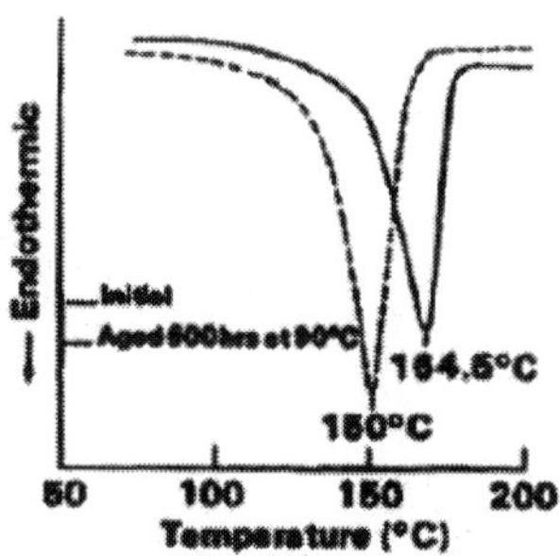

㉕ Melting point decrease vs. aging time at 90℃ for injection—molded polypropylene. T_J is induction time for loss of tensile elongation.

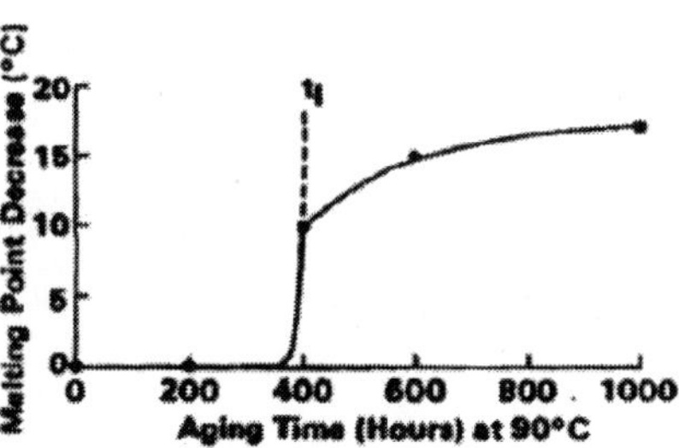

㉖ Melting endotherms of toluene dissolved surface material from polypropylene aged 336hr at 90℃. Initial heating (—) and reheating after cooling at 5℃ / min (……).

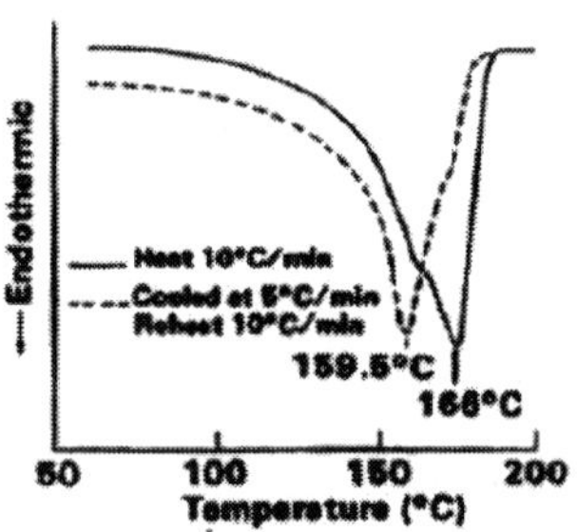

㉗ Effect of cooling rate on melting endotherms of polypropylene aged 503hr at 90℃.

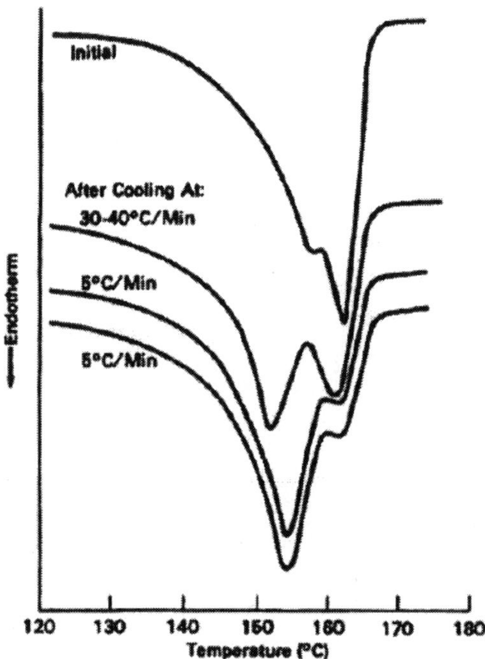

㉘ Changes in melting point of dissolved surface layer of polypropylene as function of aging time at 90℃. T_I is induction time for loss of tensile elongation.

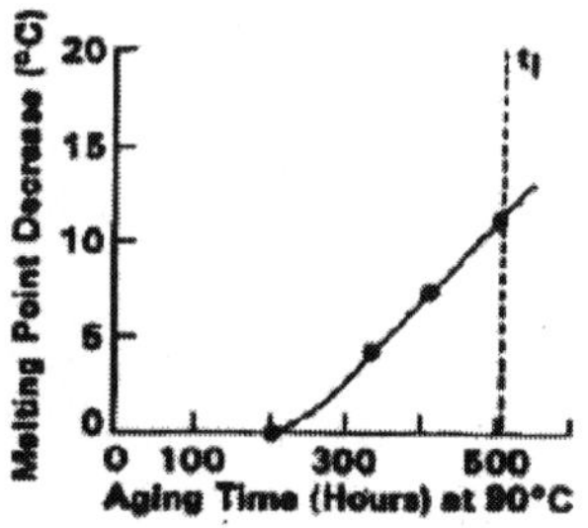

㉙ Effect of heating rate on melting endotherms of polypropylene aged 570hr at 90℃.

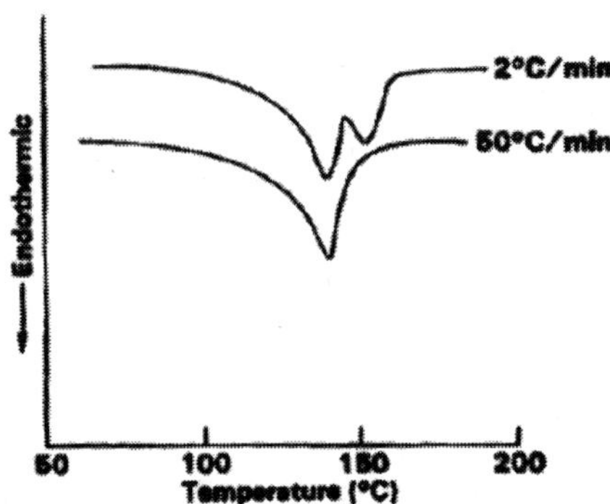

㉚ Increase in infrared absorbance at 1708_{cm}^{-1} as function of oven aging time at 90℃. t_I is infuction time for loss of tensile elongation.

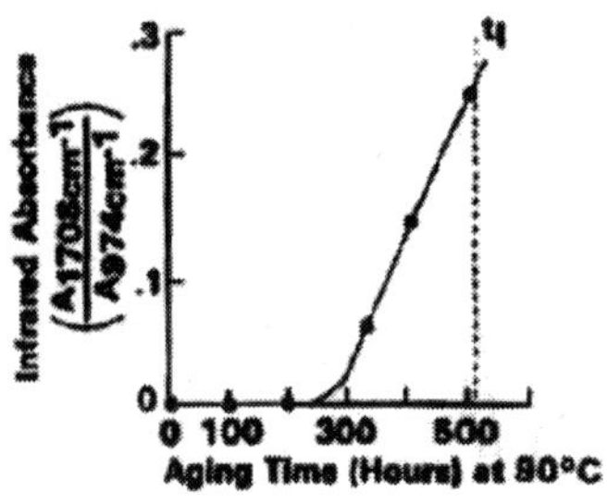

㉛ Infrared crystallinity index as function of aging time for polypropylene before and after surface dissolution. ■, reflectance IR, as aged; ●, transmission IR, dissolved surface layer.

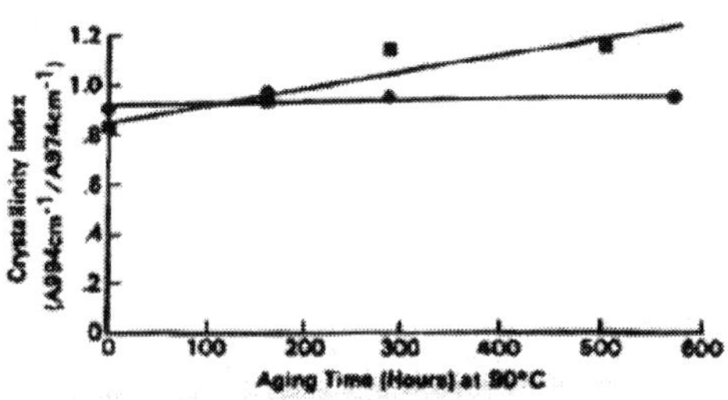

㉜ (a) Transmission IR spectra of successive layers removed from injection—molded polypropylene aged at 90℃ for 503hr. (b) Melting endotherms of layers.

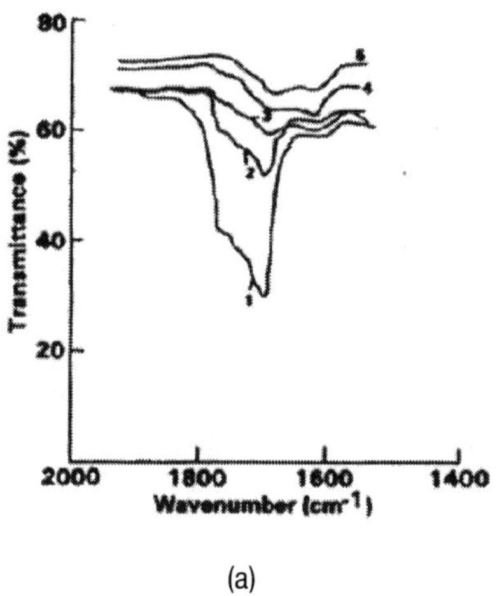

(a)

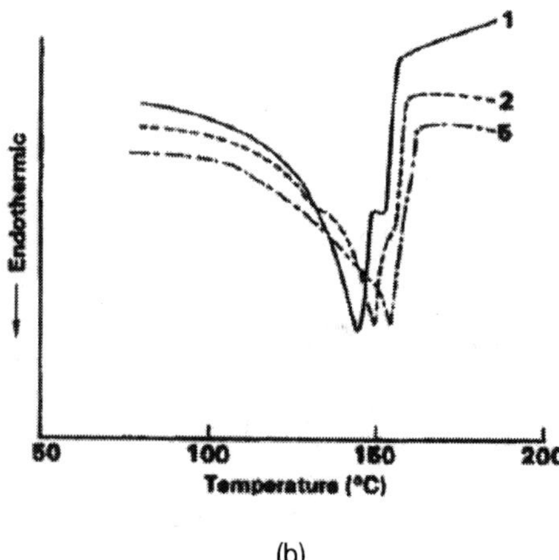

(b)

㉝ Gel permeation chromatographs of polypropylene.

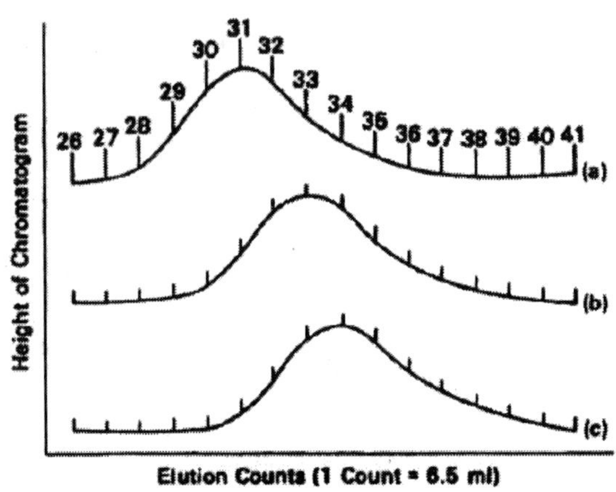

(a) molding powder; (b) surface layer from unaged injection−molded tensile bar; (c) surface layer from injection−molded tensile bar aged 164hr at 90℃.

㉞ Molecular Weight of Polypropylene 6501

Sample	Molecular wt.		
	number aver.	weight aver.	dispersity
PP6501 "as received"	48,900	340,000	7.0
Tensile bar surface at 90℃			
Unaged	9,200	601,200	65.3
Aged 164hr	4,700	31,700	6.7
Aged 288hr	2,100	11,200	5.3
Aged 570hr	1,300	3,700	2.8

㉟ Comparison of changes

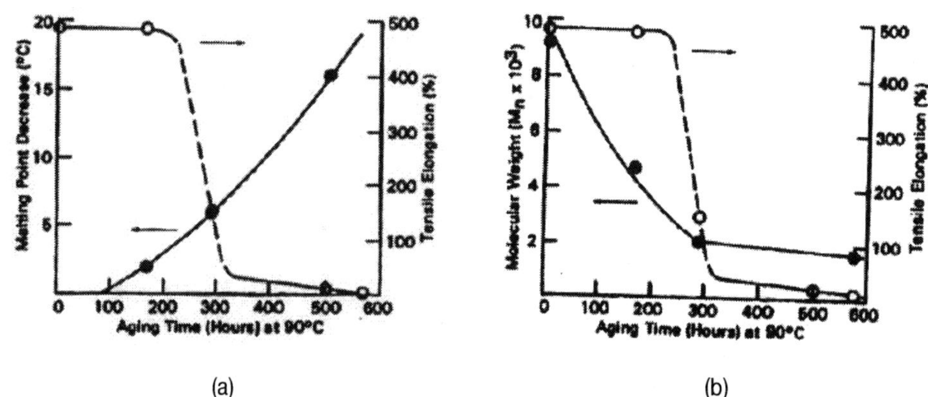

(a)　　　　　　　　　　　　　(b)

(a) tensile elongation and melting point, (b) tensile elongation and number‒average molecular weight of polypropylene as function of aging time at 90℃.

㊱ Molecular weight dispersity($\overline{M}_w : \overline{M}_n$) of unstabilized polypropylene vs. aging time at

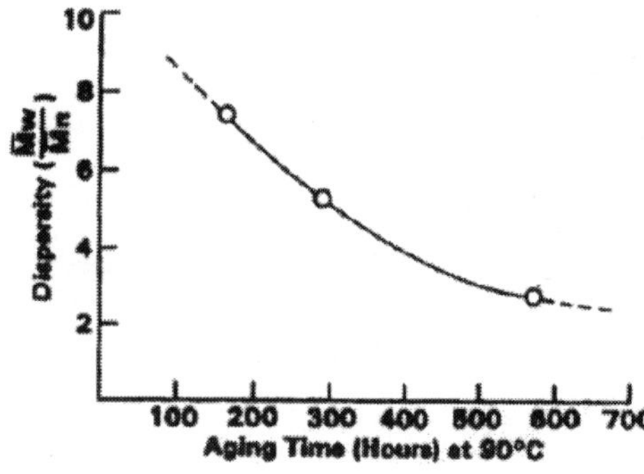

㊲ Melting point, glass transition temperature and heat of fusion of polymers as determined by modulated differential scanning calorimetry conducted in nitrogen

Polymer type	Melting point(℃)	Glass transition temperature(℃)	Heat of Fusion (J / g of sample)
Polypropylene Pro-faxSB 786	122, 160, 164	-3	36, 92
Polypropylene Pro-fax8523	118, 166	2	8, 68
Polypropylene 151(FR)	128, 160	-8	14, 58
Polypropylene 156(FR)	124, 166	-4	7, 50
Nylon 66 Ultramid A3K	262	64	113
Nylon 66 Ultramid A3X2G5(FR)	262	52	86
Nylon 66 200H(FR)	260	46	73
Nylon 66 299X	260	58	79
Nylon 6 Standard	219	59	129
Nylon 6 Nano-composite	216	-1	103

㊳ Modulated differential scanning calorimetry for polypropylene SB 786

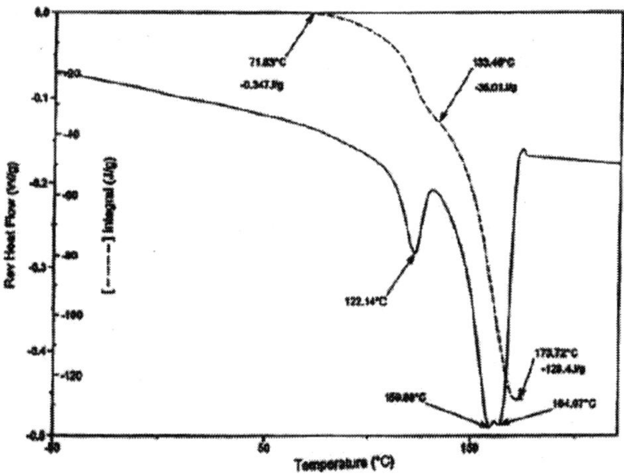

㊴ Types of polypropylene and nylon polymers investigated and their properties

Typical resin property	ASTM Test method	Polypropylene Pro-fax SB-786 (Montell)[a]	Polypropylene Pro-fax 8523 (Montell)	Polypropylene 151(F.R.) (RTP)[a]	Polypropylene 156(F.R.) (RTP)[a]	Nylon 66 Ultramid (BASF)[a]	Nylon 66 Ultramid (BASF)[a]	Nylon 66 200H(F.R.) (RTP)[a]	Nylon 6 299X (RTP)[a]	Nylon 6 Base polymer (NIST)[a]	Nylon 6 Nano-composite (NIST)[a]
Density (g/cm³)	D792	0.9	0.9	1.05	1.21	1.13	1.33	1.27	1.18	1.11	1.12
Tensile Strength at Yield (MPa)	D638	26	21	23	17	85	140	43	72	42	15
Tensile Elongation at yield (%)	D638	8	8	10	10	–	–	40	10	46	2.5
Tensile Modulus (MPa)	D638	–	–	2480	1447	3197	8337	2076	3652	486	923
Flexural Modulus 1% Secant (MPa)	D790A	1200	1000	2412	1309	–	–	1585	3445	–	–
Heat Deflection Temperature (℃)(at 455 KPa)	D648	87	81	110	104	〉199	250	199	188	–	–
Notched Izod Impact Strength at 23℃ (J/m)	D256A	90	No Break	53	214	53	–	187	40	337	328

F.R =Fire Retardant; Name of the Supplier

㊵ Heat capacities of selected polymers as determined by modulated differential scanning calorimetry conducted in nitrogen

Polymer type	Heat capacity J/(g-℃) at temperature										
	−50 (℃)	−40 (℃)	−20 (℃)	0 (℃)	20 (℃)	40 (℃)	60 (℃)	80 (℃)	100 (℃)	200 (℃)	300 (℃)
Polypropylene Pro-faxSB786	1.010	1.031	1.121	1.233	1.357	1.473	1.600	1.750	1.937	2.155	2.413
Polypropylene Profax8523	1.337	1.404	1.501	1.628	1.737	1.894	1.968	2.140	2.382	2.442	2.740
Polypropylene 151 (FR)	0.846	0.854	0.879	0.952	1.018	1.084	1.491	1.225	1.307	1.537	1.789
Polypropylene 156 (FR)	1.293	1.320	1.416	1.568	1.658	1.760	1.873	2.051	2.157	2.322	2.506
Nylon 66 Ultramid A3K	1.446	1.451	1.536	1.651	1.748	1.838	1.997	2.191	2.343	2.652	2.979
Nylon 66 Ultramid A3X2G5 (FR)	1.164	1.167	1.229	1.312	1.378	1.441	1.562	1.659	1.754	2.122	2.038
Nylon 66 200H (FR)	1.050	1.071	1.142	1.222	1.303	1.413	1.529	1.571	1.639	2.017	1.991

Polymer type	Heat capacity J / (g − ℃) at temperature										
	−50 (℃)	−40 (℃)	−20 (℃)	0 (℃)	20 (℃)	40 (℃)	60 (℃)	80 (℃)	100 (℃)	200 (℃)	300 (℃)
Nylon 66 299X	1.187	1.225	1.265	1.367	1.461	1.557	1.812	1.895	2.014	2.770	2.736
Nylon 6 Standard	1.048	1.081	1.149	1.229	1.317	1.421	1.558	1.732	1.847	3.982	2.487
Nylon 6, Nano −composite	1.198	1.188	1.257	1.404	1.547	1.656	1.804	1.953	2.069	4.191	2.729

㊶ Thermal conductivity of polymers as determined by modulated differential scanning calorimetry conducvted in nitrogen at 30℃

Polymer type	Thermal conductivity(W / m − ℃)
Polypropylene Profax SB 786	0.12
Polypropylene Profax 8523	0.12
Polypropylene 151 (FR)	0.17
Polypropylene 156 (FR)	0.16
Nylon 66 Ultramid A3K	0.18
Nylon 66 Ultramid A3X2G5	0.21
Nylon 66 200H (FR)	0.15
Nylon 66 299X	0.15
Nylon 6 Standard	0.14
Nylon 6 Nano −composite	0.16

㊷ Thermal gravimetric analysis of polymers in nitrogen

Polymer type	Initial weight loss			Major weight loss			Secondary weight loss			Residue (%)
	Temp (℃)	wt loss (%)	wt loss (%) / ℃	Temp (℃)	wt loss (%)	wt loss (%) / ℃	Temp (℃)	wt loss (%)	wt loss (%) / ℃	
Polypropylene Pro−faxSB786	426	99.92	9.98	426	99.92	9.98	−	−	−	0.07
Polypropylene Pro −fax8523	429	99.92	13.13	429	99.92	13.13	−	−	−	0.06
Polypropylene 151 (FR)	238	5.82	0.35	434	79.53	4.84	−	−	−	7.61
Polypropylene 156 (FR)	328	54.69	5.49	328	54.69	5.49	398	24.81	0.58	3.76
Nylon 66 Ultramid A3K	409	16.90	0.95	427	58.06	3.69	585	18.03	0.18	6.69
Nylon 66 Ultramid A3X2G5 (FR)	383	44.60	1.10	383	44.60	1.10	450	25.44	0.58	33.65
Nylon 66 200H (FR)	374	63.25	10.16	374	63.25	10.16	468	20.16	0.94	4.79
Nylon 66 299X	338	15.27	0.86	413	71.64	1.47	585	12.46	0.16	0.42
Nylon 6 Standard	417	98.25	6.41	417	98.52	6.41	−	−	−	0.53
Nylon 6 Nano −composite	398	20.05	1.71	419	70.80	3.69	−	−	−	6.25

㊸ Thermal gravimetric analysis of polymers in air

Polymer type	Initial weight loss			Major weight loss			Secondary weight loss			Resi-due (%)
	Temp (℃)	wt loss (%)	wt loss (%) / ℃	Temp (℃)	wt loss(%)	wt loss (%) / ℃	Temp (℃)	wt loss (%)	wt loss (%) / ℃	
Polypropylene Pro-faxSB786	309	84.85	6.56	309	84.85	6.56	–	–	–	0.00
Polypropylene Pro-fax8523	312	89.58	11.41	312	89.58	11.41	429	5.59	0.21	0.26
Polypropylene 151 (FR)	239	4.67	0.27	330	21.58	1.14	621	14.70	0.16	2.23
Polypropylene 156 (FR)	328	42.42	3.65	328	42.42	3.65	517	10.61	0.19	2.89
Nylon 66 Ultramid A3K	403	15.54	0.75	424	58.93	4.61	526	19.68	0.4	0.00
Nylon 66 Ultramid A3X2G5 (FR)	370	2.77	0.16	417	30.11	1.53	461	9.98	0.28	31.18
Nylon 66 200H (FR)	368	52.90	8.80	368	52.90	8.80	534	24.62	1.98	0.28
Nylon 66 299X	327	13.65	0.78	431	40.91	2.26	421	21.35	2.49	0.24
Nylon 6 Standard	403	29.97	3.07	415	53.31	2.35	578	12.32	0.14	0.10
Nylon 6 Nano-composite	411	90.66	4.88	411	90.66	4.88	–	–	–	3.58

㊹ Thermal gravimetric analysis of polypropylene Pro-fax 8523 conducted in nitrogen

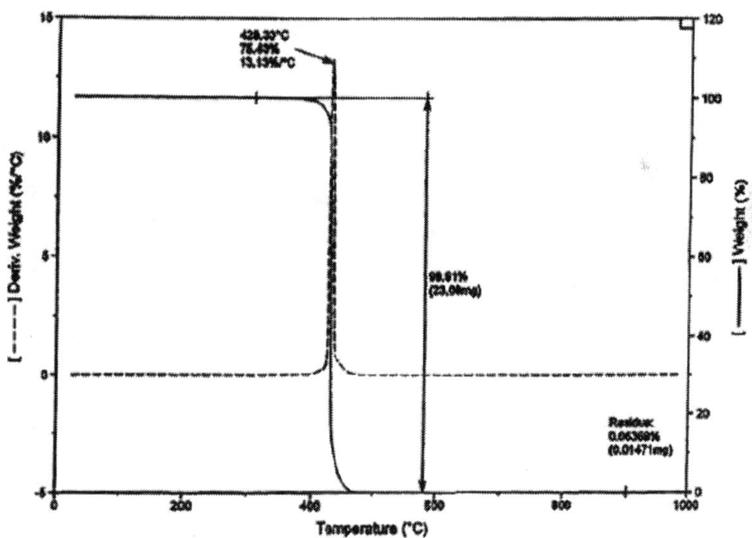

㊺ Thermal gravimetric analysis of polypropylene Pro−fax 8523 conducted in air

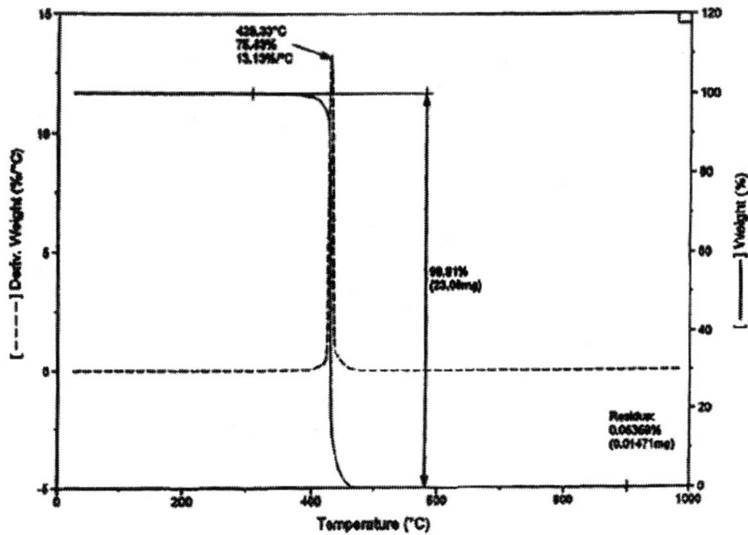

㊻ Thermal gravimetric analysis of polypropylene RTP 151 conducted in air

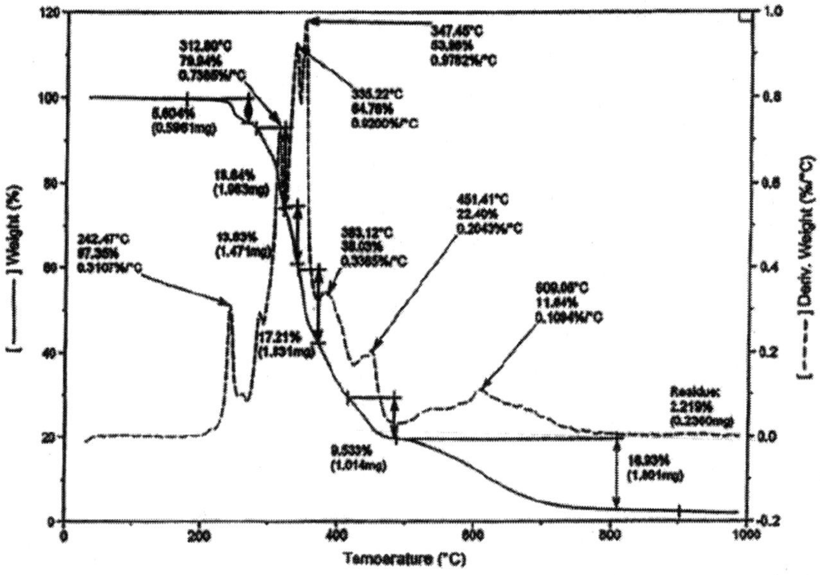

㊼ Cumulative weight loss(%) due to combustion versus time(min) for polypropylene
Profax 8523

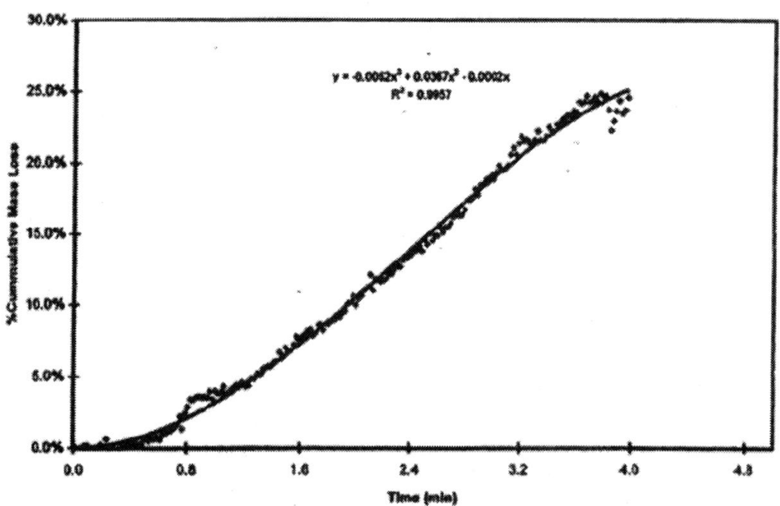

㊽ Flammability properties of polymers using Meeker type high temperature burner

Polymer type	Average rate of flame travel (in / min)	Number of ignitions	%Drip	%Mass lost	Flame travel(in)	Observations
Polypropylene Pro-faxSB786	2.20	1	11.00	16.20	8.30	Flammable, Dripping with flammability
Polypropylene Pro-fax 8523	5.85	1	27.50	29.90	11.00	Flammable, Dripping with flammability
Polypropylene 151 (FR)	0.18	5	0.67	1.39	1.50	Flaming for 5 seconds without dripping
Polypropylene 156 (FR)	0.28	5	1.15	3.16	2.50	Dripping after 35 seconds
Nylon 66 Ultramid A3K	1.73	1	7.72	9.00	2.50	Flammable, Dripping with flammability
Nylon 66 Ultramid A3X2G5 (FR)	0.00	8	0.00	2.88	0.50	Non-flammable, No dripping
Nylon 66 200H (FR)	0.00	9	0.00	2.47	0.50	Non-flammable, No dripping

Polymer type	Average rate of flame travel (in / min)	Number of ignitions	%Drip	%Mass lost	Flame travel(in)	Observations
Nylon 66 299X	0.09	8	0.45	3.26	1.00	Flaming while lighting, No dripping
Nylon 6 Standard	0.09	4	0.46	3.94	1.50	8 drops at second ignition
Nylon 6 Nano − composite	0.40	2	2.00	8.95	4.00	Flammable, with few drops

㊾ Examples of potential in−vehicle temperatures

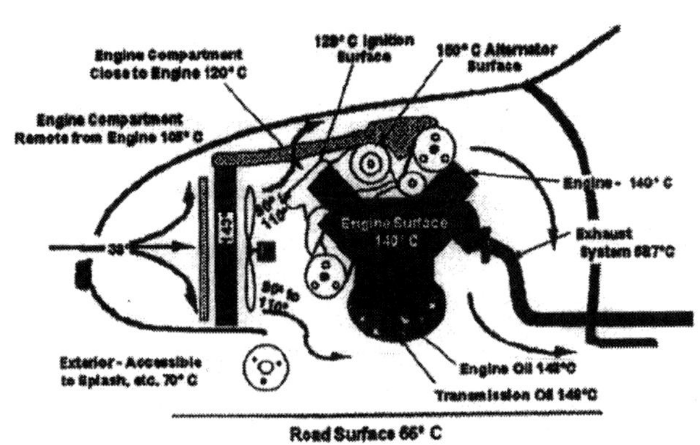

㊿ Typical Environmental Requirements

Location	Typical Continuous Max Temperature	Vibration Level	Fluid Exposure
On Engine On Transmission	140 ℃	Up to 10 Grms	Harsh
At the Engine (Intake Manifold)	125 ℃	Up to 10 Grms	Harsh
Underhood Near Engine	120 ℃	3 − 5 Grms	Harsh
Underhood Remote Location	105 ℃	3 − 5 Grms	Harsh
Extenor	70 ℃	3 − 5 Grms	Harsh
Passenger Compartment	70 − 80 ℃	3 − 5 Grms	Benign

(51) Solid insulating materials for electrotechnology and their applications.

Type	Material	Power application
Polymers		
Thermoplastics	PE PET PPS	Cables Transformers
Elastomers	Silicone EPR EPDM	Polymer insulators Shed materials
Thermosets	Epoxy impregnant	Rotating machines
Composites		
Composite	Epoxy / glass FRP Epoxy / Si, Al_2O_3 Cast materials Epoxy / mica tape, laminate	GIS Polymer insulators Core materials Rotating machines

(52) Strategy Comparison

	centralized control	distributed control	integrated distributed control
facilitation of sub-system pre-assembly and test	low	high	high
degree of functional partitioning	low	high	high
degree of physical integration	low	medium	high
mechanical interface requirements complexity	low	low	high
wire harness optimization	low	high	high
environmental requirements	standard underhood	standard underhood	severe
product development process complexity	low	medium	high

(53) Generic maximum continuous use temperatures for rubbers

Material	Designation	MCUT(℃)
Bromobutyl	BIIR	120
Butadiene	–	60
Butyl	IIR	100
Butyl(resin cured)	IIR	130
Chlorinated PE	CPE	120
Chlorobutyl	CIIR	120
Chloroprene	CR	90
Chlorosulphonyl	CSM	120
Ebonite	–	80
Epichlorohydrin	CO	130
EPDM(sulphur cured)	EPDM	120
EPDM(resin cured)	EPDM	150
Ethylene vinyl acetate	EVM	110
Ethyl acrylate	ACM	150
Fluoroelastomer	FPM	210
Fluorosilicone	FVMQ	200
Isoprene	IR	60
Natural rubber	NR	60
Nitrile(〈20% ACN)	NBR	110
Nitrile(〉20% ACN)	NBR	120
Nitrile / PVC polyblend	PNBR	90
Nitrile(carboxylated)	XNBR	110
Nitrile(hydrogenated)	HNBR	150
Perfluoroelastomer	FFKM	260
Styrene – butadiene	SBR	70
Urethane(ester)	AU	75
Urethane(ether)	EU	75

(54) A comparison of carbon black and HALS stabilised PP under natural weathering conditions in Jedda

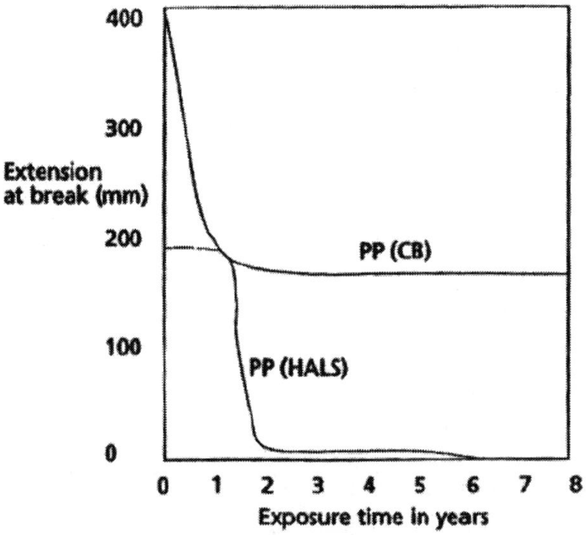

(55) The effect of various metal stearates(0.5% by weight) on the OIT of polypropylene as measured at 125℃

Metal stearate	Oxygen induction time in min
Cobalt	5
Chromium	8
Manganese	8
Copper	10
Iron	12
Vanadium	15
Nickel	18
Titanium	28
Zinc	40
Cadmium	50
None	125

(56) The weight average molecular weight of PP film prior to and after lamination

Sample	M_W
Good film	242,000
Superior laminate	238,000
Suspect film	241,000
Inferior laminate	21,500

(57) UV absorbance of various plastics(black) compared with the intensity of natural sunlight(red)

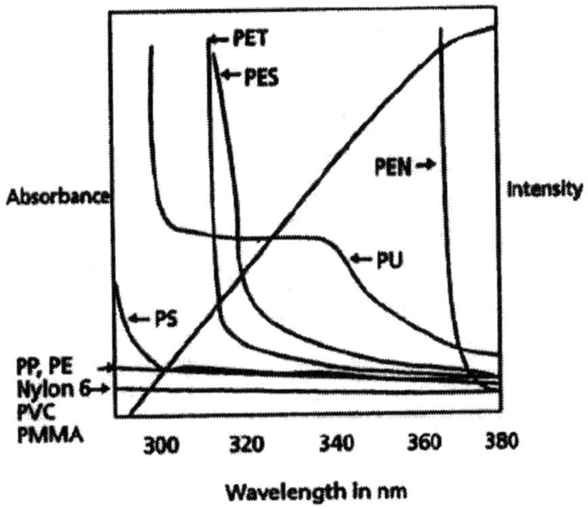

(58) The resistance of 'engineering plastics' to natural weathering in Japan

Resin	Months of exposure to reduce strain at break by 50%
PPO(polyphenylene oxide) - unstabilised	11.5
PPO - with stabilising absorber	13.1
PPS(polyphenylene sulphide)	108
PPS - with glass fibre	93.8
Nylon 6	17.2
Nylon 6 - with glass fibre	332
PEI(polyetherimide)	1.8
PEI - with carbon fibre	84.1

(59) PET Creep strain(%)

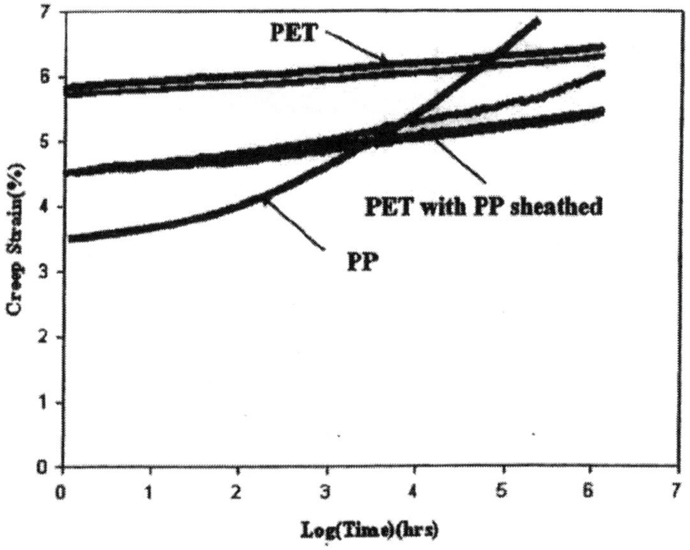

(60) PET Creep at 20%, 60% load

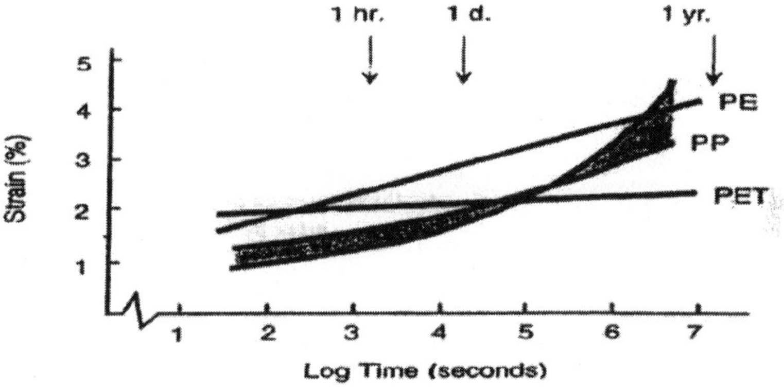

(a) Creep at 20% load

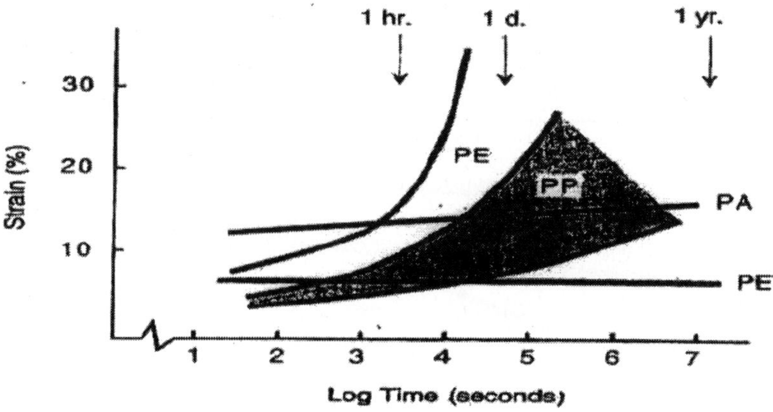

(b) Creep at 60% load

(61) 가속시험에 의한 방법 GM(General Motors) 규격에 의하면 자동차 외장재의 경우, 미국 마이애미, 아리조나에서 2년 동안 옥외폭로시험 결과와 Weather－O－Meter를 사용하여 2500kJ / ㎡의 방사에너지로 시험한 결과를 동일하게 취급하고 있으므로 이들 관계로부터 다음과 같이 가속계수와 시료 수를 계산하였다.

Irradiance×Time＝Radiant Exposure

W / ㎡×Time＝J / ㎡

J / ㎡÷W / ㎡＝Time

2500kJ / ㎡÷0.55W / ㎡＝4545454.545초

4545454.545초÷3600초 / 1시간＝1262.6시간

1262.6시간÷24시간 / 1일＝52.6일

이 된다.

여기서 2년에 해당하는 시간이 52.6일이 된다.

가속계수는 $A=\dfrac{T_n}{T_a}$ 이다.

여기서 A는 가속계수, T_n는 사용조건에서의 수명, T_a는 가속 조건에서의 수명이다. 따라서 가속계수는 (365×2)÷52.6일=13.8이 된다.

이를 근거로 하여 B_{10} 수명 3년을 보증하는 경우, 가속시험에 의한 시료수를 계산하면 아래와 같다.

$\beta=4.01$, $B_{10}=0.2174$년(실제 사용조건 3년), $CL=80\%$일 때,
합격 기준은 시료수 n과 무고장 시험시간 t_n으로 주어진다.

$$R(t_n)=e^{-(\frac{t_n}{\theta_q})^\beta}=(1-CL)^{\frac{1}{n}} \text{ 에서부터}$$

$$t_n=\theta_q\left(\frac{-\ln(1-CL)}{n}\right)^{\frac{1}{\beta}}=\frac{B_P}{n^{1/\beta}}=\left[\frac{\ln(1-CL)}{\ln(1-p)}\right]^{1/\beta}$$

앞의 식에서 보증수명 B_p, 신뢰수준 CL이 주어졌을 때, 시료수 n과 시험기간 t_n의 관계는 다음과 같다.

$$t_n n^{1/\beta}=B_p\left[\frac{\ln(1-CL)}{\ln(1-p)}\right]^{1/\beta}$$

$$t_n n^{1/\beta}=0.2174\left[\frac{\ln(1-0.8)}{\ln(1-0.1)}\right]^{1/4.01}=0.4291$$

$t_n=0.1742$년(1,500시간)일 때, $n=40$개이다.

합격판정기준 본 평가에서는 부식방지용 플라스틱 볼트캡 시험편 40개를 1,500시간(62.5일) 시험하여 고장이 없는 경우, 신뢰수준 80%에서 B_{10} 수명 3년을 보증하는 것으로 판정한다.

(62) 고분자의 DSC Curve

보통 DSC는 선형온도 프로그램을 이용하게 되는데 시료와 기준물질(또는 불활성 pan)을 일정한 속도로 승온/냉각(dynamic)하거나 어떤 온도를 유지시키는 등온(isothermal)시키는 시험이 이루어진다. 여러 온도로 구성된 온도프로그램이나 온도 세그먼트(temperature segment)가 서로 연결되어 완전한 온도프로그램을 이룬다.

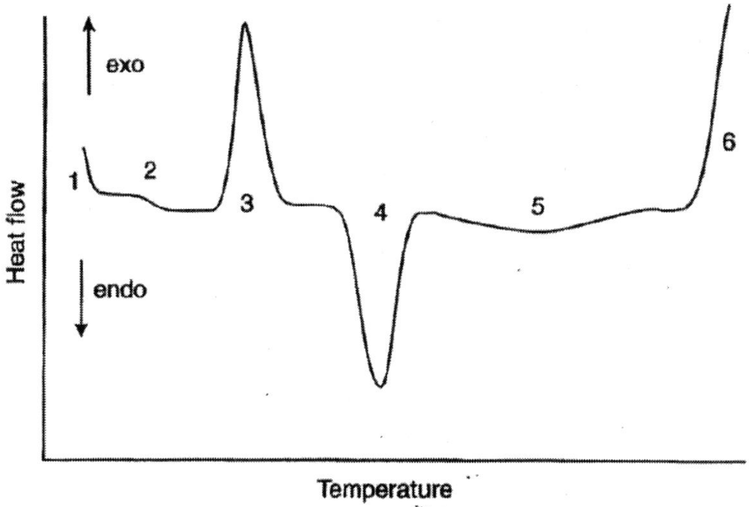

고분자의 DSC curve: 1. initial startup deflection, 2. glass transition, 3. crystallization, 4. melting, 5. vaporization, 6. decomposition

고분자의 DSC curve

실험의 시작과 함께 curve는 deflection(1)을 보인다. 이 영역에서 가열 조건이 standby의 등온상태(isothermal)에서 선형승온모드로 급격히 바뀌면서 과도전류(transient)에 의해 startup deflection이 발생되는 것이다. Startup deflection 이후에 시료는 설정된 속도로 가열된다. Startup deflection은 시료의 열용량(heat capacity)과 사용된 승온속도에 따라 다르기 때문에 중요하다. 유리전이 시에 시료의 비열(heat capacity)이 증가하고 endothermic step(baseline shift)(2)이 관찰된다. 결정화 과정(3)은 exothermic으로 향하며 peak의 면적은 결정화 엔탈피에 해당된다. 결정의 용융은 endothermic peak으로 나타난다.

화학반응(chemical reaction)은 관계된 반응형태에 따라 exothermic 또는 endothermic peak으로 나타나게 되어 있다. 용매와 같은 휘발성 물질이 시료에 존재하는 경우, 용매의 증발에 의해 endothermic peak(5)이 관찰된다. 결과적으로 시료의 질량은 적어지게 된다. 이러한 peak으로써 시험 전후의 시료 무게를 측정하거나 다른 종류의 pan을 이용해 더욱 많은 정보를 얻을 수 있다. Open pan과는 반대로 완전 밀폐된 pan(hermetically sealed pan)을 사용하면 시료의 증발이 억제된다. 따라서 재료는 고온에서 분해(decomposition)된다. 참고로 시험에 사용된 purge gas type은 관계된 반응에 중요한 영향을 미친다. 시험은 다른 환경에서 수행될 수도 있고 불활성 분위기(inert; N2, Ar, He)이나 산화환경(air, O2)이 사용된다. 어떤 경우에는 시험 도중에 하나의 환경에서 다른 환경으로 gas를 바꿔 주기도 한다.

전이(transition)와 반응(reaction)은 시료를 가열 – 냉각 후, 동일한 시료를 재차 시험함으로써 구별이 가능하다. 경화(curing)와 같은 화학반응은 비가역적이며 결정의 용융은 가역적이라 할 수 있다. 따라서 thermoplastic의 열이력(thermal history)과 완화현상(enthalpy relaxation)은 반복 시험을 통해 제거되며 본래의 결정 peak을 얻을 수 있게 되는 것이다.

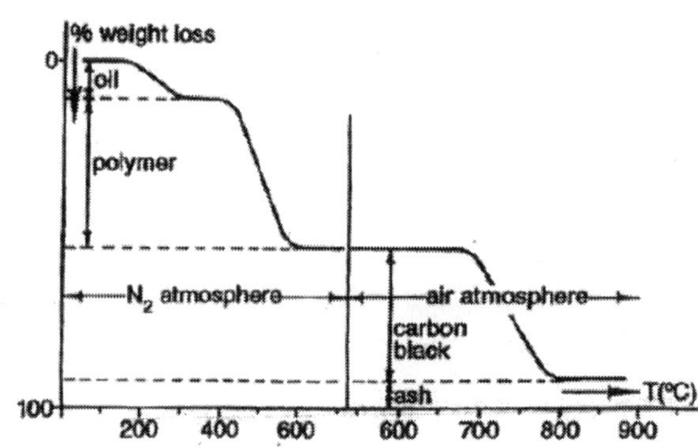

(63) TGA를 이용한 고무의 정량분석

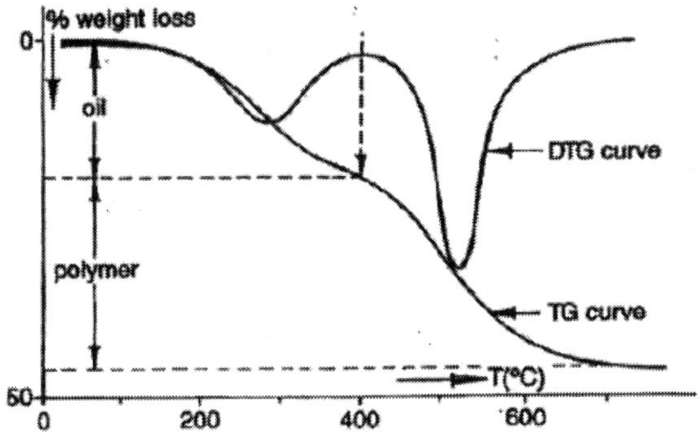

고무의 카본블랙 함량 측정 시, TGA는 빠르고 간편하지만, 질량손실 step이 완전히 분리되지 않은 경우 DTG(TG curve의 이분-Derivative TG)를 이용하면 TG step의 분리점 설정이 용이하다.

(64) TGA에 의한 고무블렌드의 조성분석

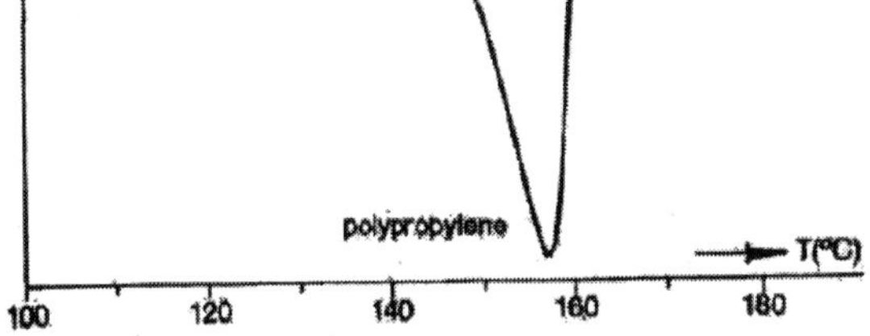

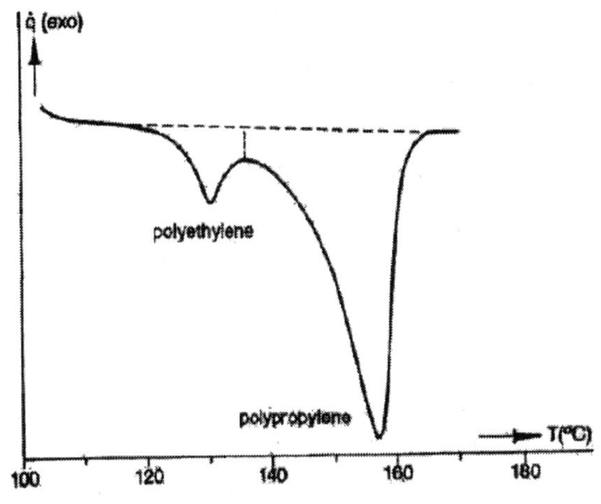

PE / PP 고분자 블렌드의 DSC 측정 커브: PE(polyethylene)는 PP(polypropylene)보다 낮은 온도에서 녹는다. 따라서 상대적인 peak 영역은 블렌드 중 PE의 함량

(percentage)을 검출하는 데 사용된다. Melting point가 다른 모든 고분자 블렌드는 이러한 방법으로 분석되며 DSC 기술의 대단한 특징이다.

뿐만 아니라 TMA(Thermomechanical Analysis: 열기계분석기)를 이용하면 더욱 훌륭한 결과를 얻을 수 있다. 다음 그림은 PE 코팅지의 분석을 보여 준다. 용융 후 즉시, 코팅은 HDPE임을 알려 주는 것이다. 이 과정으로부터 코팅 두께를 직접 계산할 수 있다.

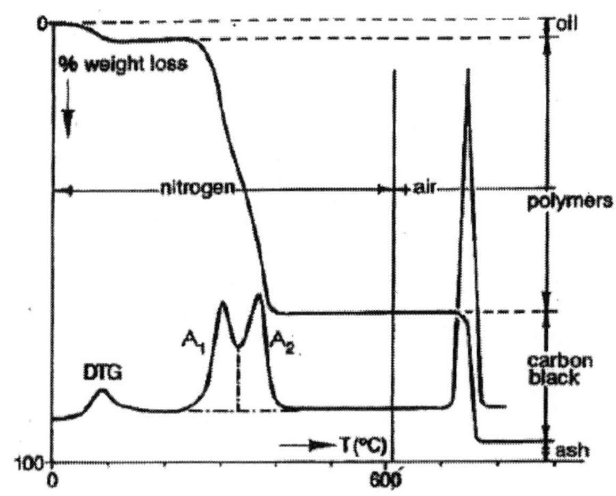

고무에 NR(natural rubber)와 SBR(styrene butadiene rubber)의 고분자 블렌드가 함유된 경우, TGA는 각각의 질량을 분석하는 데 효과적이다. 위의 TGA 측정 그림의 DTG(Derivative TG) peak area A1과 A2는 고무의 NR과 SBR 함량을 측정한 것이다.

⑥⑤ DSC에 의한 고무의 특성분석

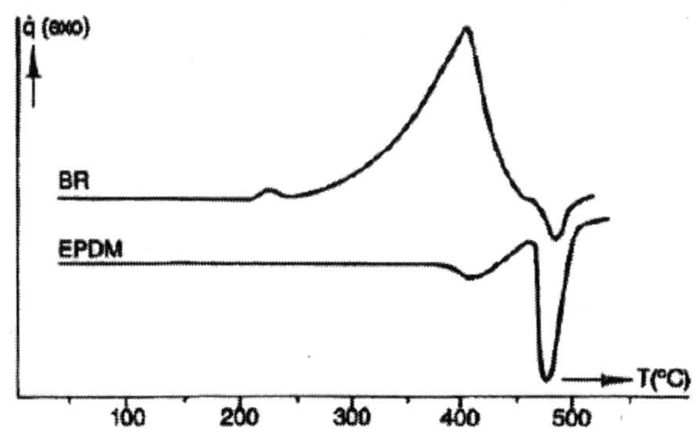

　고무의 조성분석에 유용한 TGA(Thermogravimetric analysis) 외에도 DSC(Differential Scanning Calorimetry) 역시 고무의 특성을 분석하는 데 쓰이는 기술이다. 위의 그림은 BR(butadiene rubber)과 EPDM(ethylene propylene diene rubber)의 DSC 측정 커브이다.

⑥⑥ DSC에 의한 고무의 vulcanization과 curing에 관한 특성 분석.

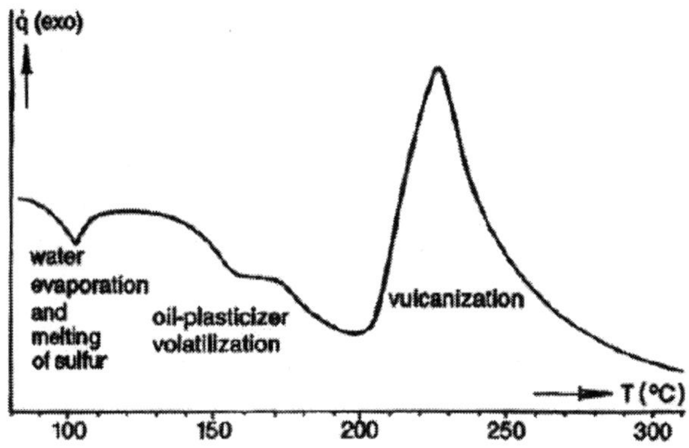

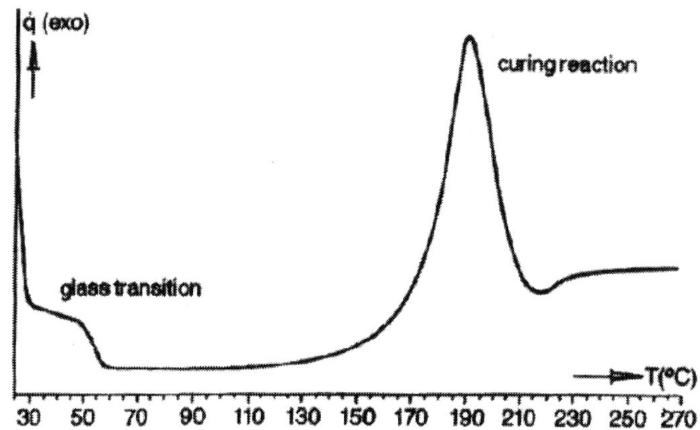

Thermoset의 rubber vulcanization과 curing의 측정, 가교 반응 후 DSC로 경화도 (degree of cure)와 특성 변화 측정함.

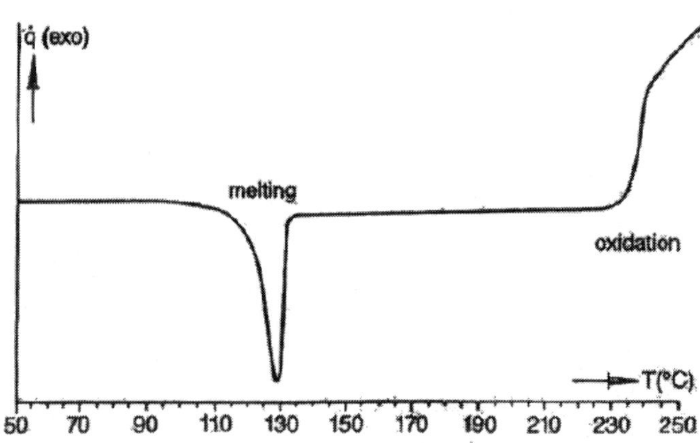

승온(dynamic heating) 시에 폴리에틸렌(PE, Polyethylene)의 산화안정성(oxidative stability) 측정

⑥⑨ 150℃에서 경화시간의 함수로써 post curing 측정

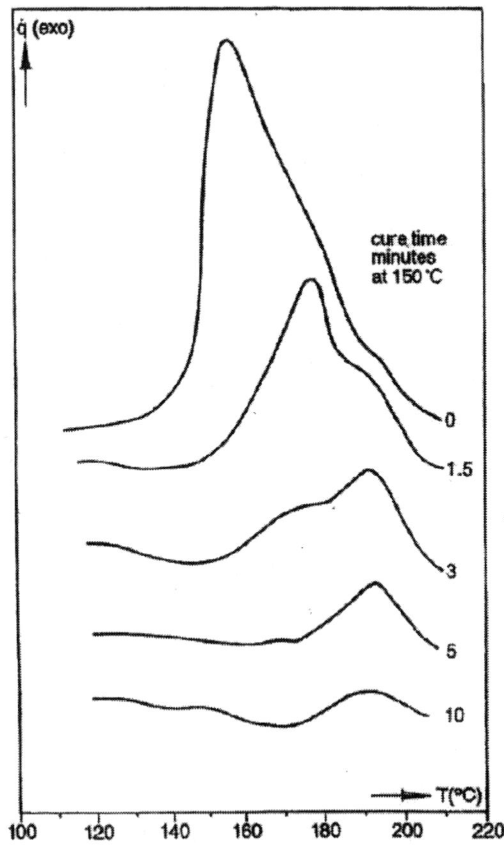

⑦⓪

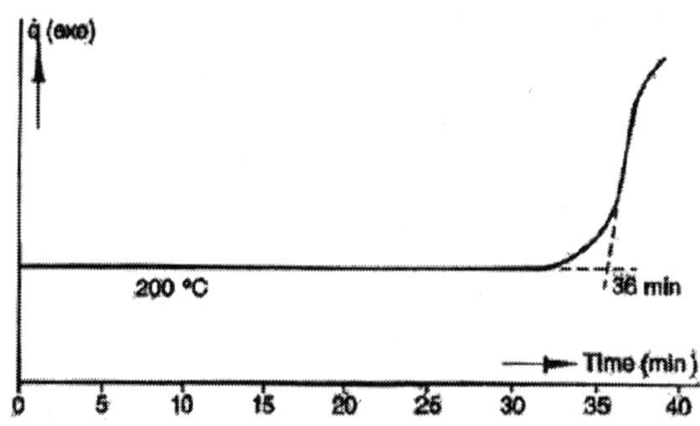

등온(isothermal heating) 시, PE의 산화안정성 측정, 시료를 200℃로 유지시켰을 때, 시간에 따른 산화과정이 측정된다.

㉖

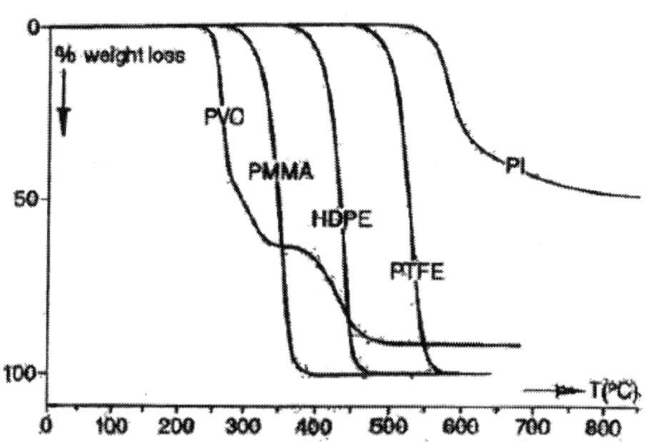

TGA를 이용한 열안정성(thermal stability 또는 thermal degradation) 측정. PVC, polyvinyl chloride, PMMA, polymethyle methacrylate, HDPE, high density polyethylene, PTFE, polytetrafluorethylene, PI, polylmide

㉗

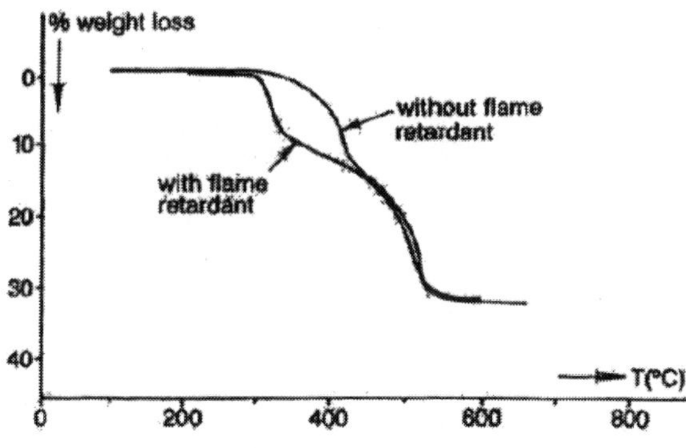

공기 분위기에서 TGA에 의한 고분자의 안정제 영향 측정(열안정성 또, 난연성 측정)

⑦

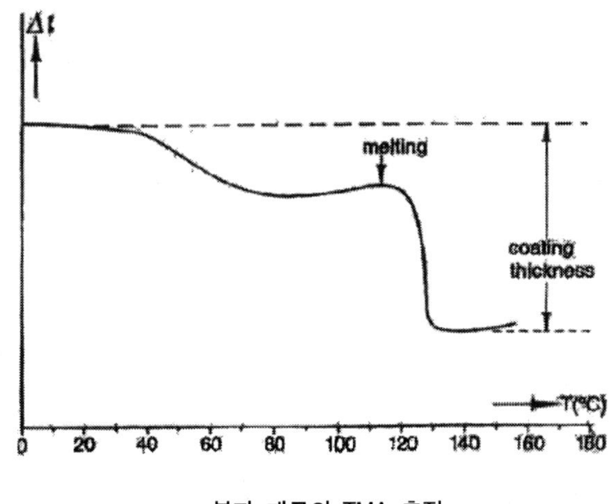

고분자 재료의 TMA 측정

플라스틱 재활용 산업에서 application은 DSC를 이용한 고분자 식별(identification)
이다. 특히 확연한 준결정성고분자(semicrystalline polymer)에 유용하다. 유리전이 온
도 역시 고분자 식별에 시용된다.

⑦

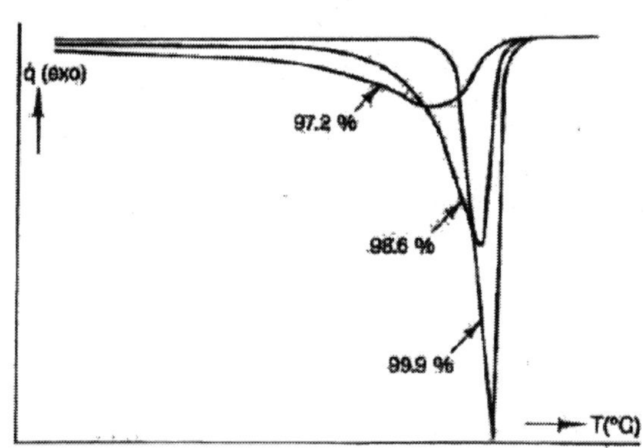

DSC에 의한 순도분석(purity determination)

DSC의 또 다른 application은 재료의 순도분석이다. Clapeyron의 열역학적 기본
법칙으로 직접 유도된 Van't Hoff 식은 순도(purity)와 평형 용융온도(equilibrium
melting temperature)의 관계를 표현한 것이다. DSC로써 재료의 완전한 용융과정이

한 번의 실험으로 기록되어 재료의 순도가 직접 계산된다.

⑦⑤

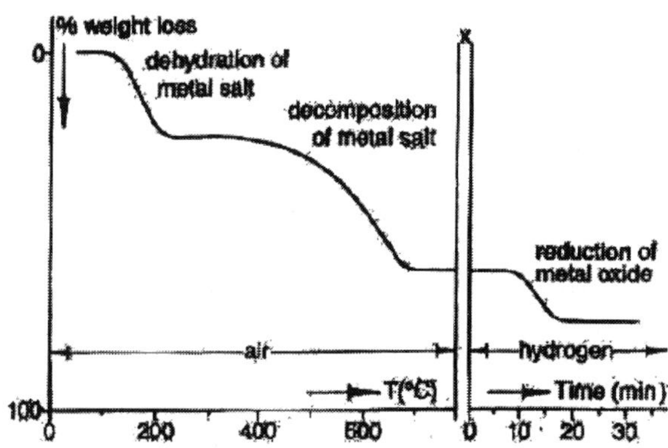

촉매반응물, 산화수소 가스의 형성을 피해 수소가 가해지기 전에 공기 분위기를 질소환경으로 전환

열분석이 유용하게 적용되는 다른 한 분야는 촉매반응(catalysis)이다.

알루미나에 NI 촉매제의 영향을 TGA로 분석한 예이다. 이는 물질에 $NI(NO_3)_2 \cdot H_2O$ 를 가하여 가열함으로써 얻어진 것이다. 처음엔 결정수(water of crystallization)의 손실이 발생되고 NI nitrate는 NI oxide로 분해된다. 이어서 환원성 분위기에서 이 산화물은 금속으로 전환된다.

⑯

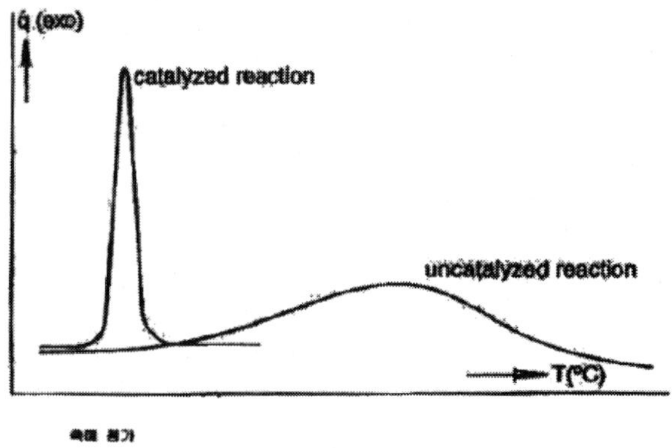

반응 시에 촉매제의 영향은 DSC나 DTA를 이용해 쉽게

⑰

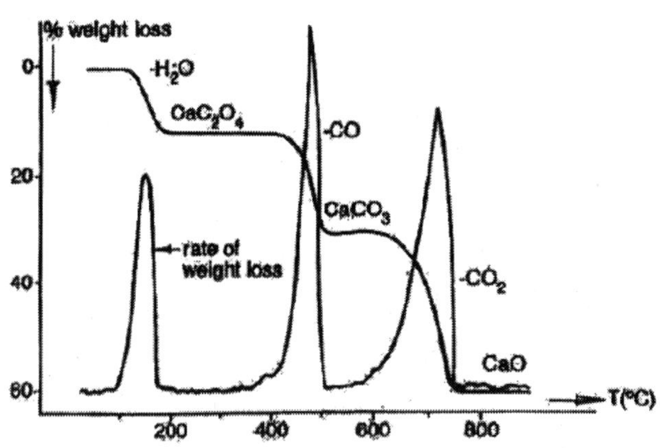

Calclum oxalate hydrate($CaC_2O_4 \cdot H_2O$)의 분해

유기화학에서는 TGA에 의해 재료의 분해가 용이하게 측정된다.

⑱

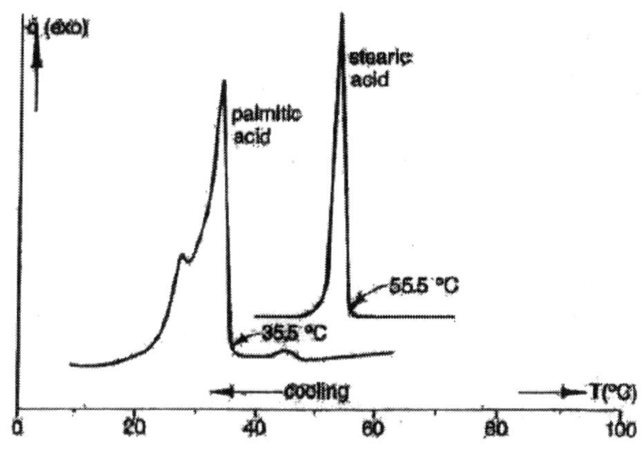

냉각 시에 DSC에 의한 cloud point의 측정

세제와 화장품 산업에서 열분석은 자주 이용된다. cloud point 검출을 보여주는 예이다. Cloud point는 냉각 중에 비이온성의 상분리가 일어나는 온도를 가리키며 스티어산(stearic)과 팔미트산(palmitic)의 비교이다.

⑲

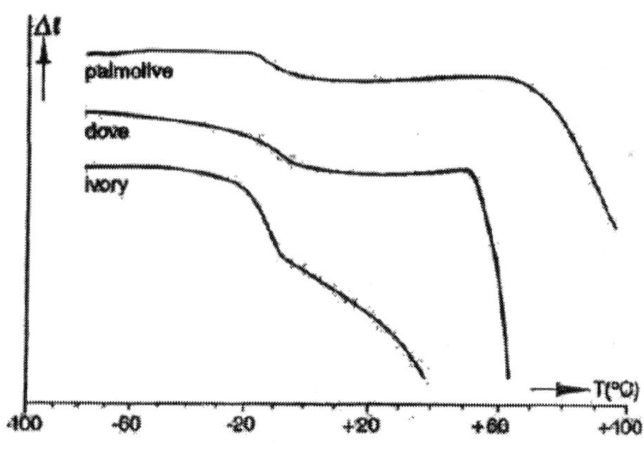

Softening of soaps

산업에서 TMA를 이용한 예이다. 여러 가지 연화온도(softening temperature)를 측정한 것이다.

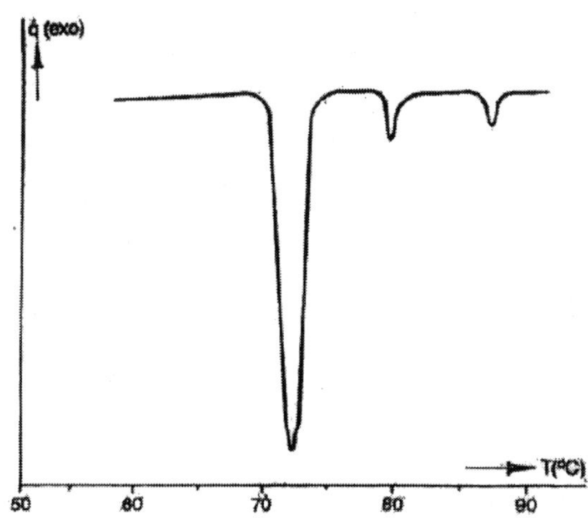

액정의 전이, 69℃에서 액정물질은 smectic 상으로 향해 녹아, 79℃에서 cholesteric 상으로 전이한다. 86℃에서 Isotropic liquid로 전이한다.

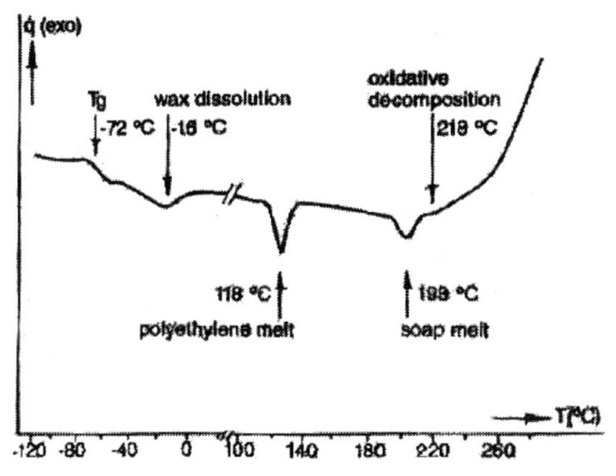

상용 자동차 그리스유의 DSC curve

상용 자동차 Greaseoil DSC curve이다. 이 커브는 부품에 대한 "fingerprint"이다.

⑧

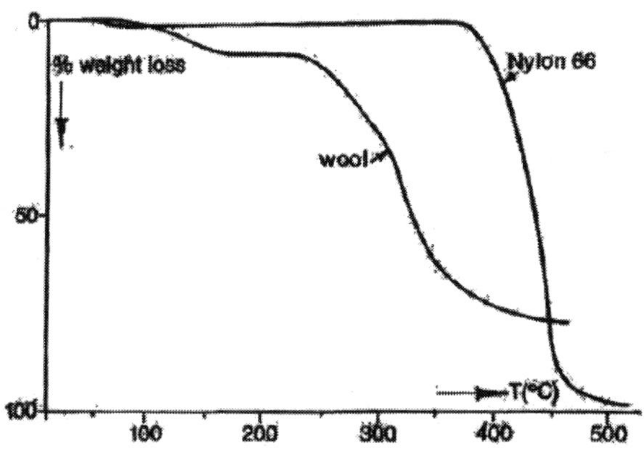

공기 중에서 TGA에 의한 Nylon 66와 물의 측정

⑧

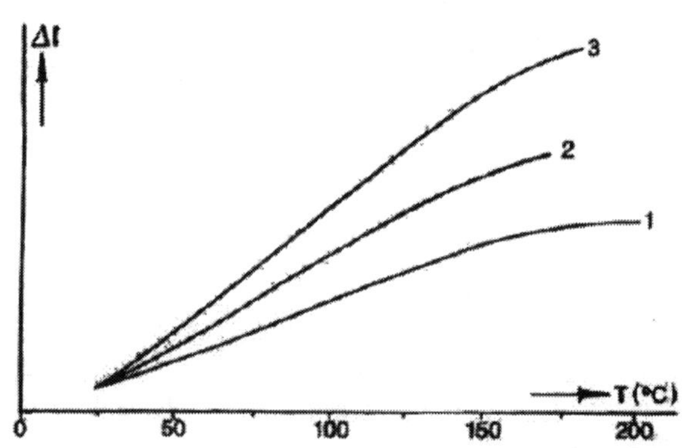

3가지 다른 자동차용 v−belt의 열팽창(thermal expansion)

TMA에 의한 자동차의 v−belt에 대한 열팽창을 3번은 과다 팽창에 의해 본 예로써 적당하지는 않다.

㉘ 신뢰성 관리 체계

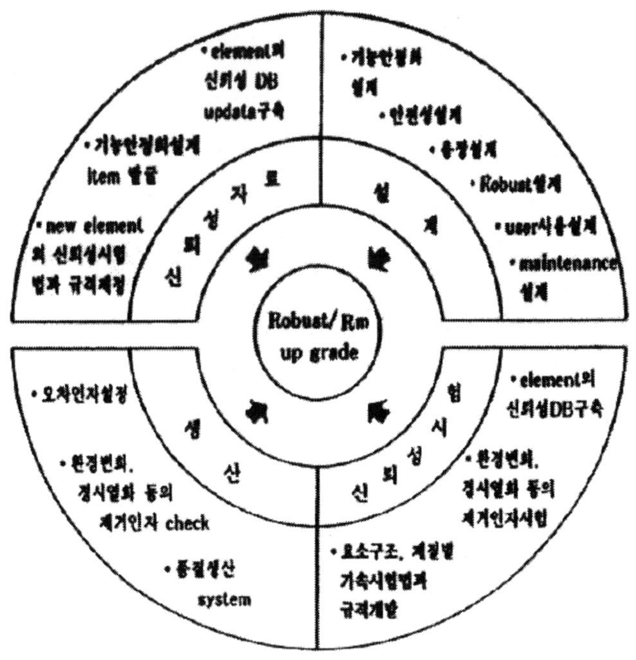

㉙ 신뢰성 보증 활동

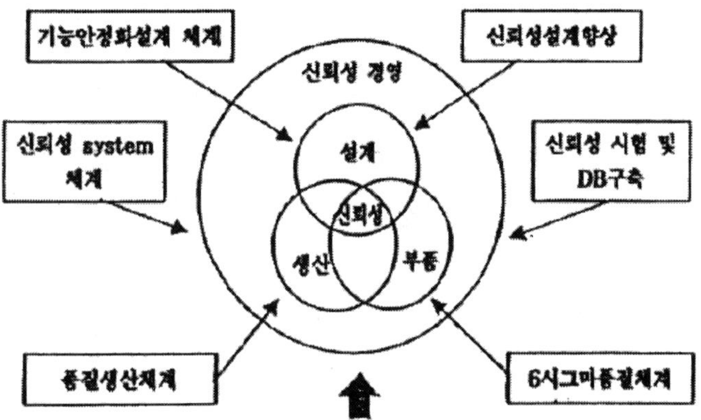

㉘ 신뢰성 보증 step

추진단계		제1단계	제2단계	제3단계
보증목표		재질별 보증체계 확립	요소구조별 보증체계 확립	부품별 보증체계 확립
추진과제	체계구축	• 국제규격 기본골격구축 • 국내규격 기본골격구축	• 설계해석 tool 체계구축 확립 • 해석에 필요한 제원구축 확립	• 신뢰성관리체계 확립 • 신뢰성 system체계
	신뢰성시험법 확립	• 재질별 신뢰성시험법과 규격제정	• 요소구조별 신뢰성시험법과 규격제정	• 부품별 시험평가법 구축 확립
	신뢰성설계 기술 확립	• 안전성설계 체계구축	• 용장설계체계 확립	• Robust 설계체계 확립
	신뢰성DB 구축	• 재질별 Database체계 구축 확립	• 요소별 Database체계 확립	• 축적 Database 설계 응용활용체계 확립

7-10 신뢰성(Margin)

1. 신뢰성, margin

○ 신뢰성 설계순서

부품을 설계하는 데 있어서 일정한 순서가 있다.

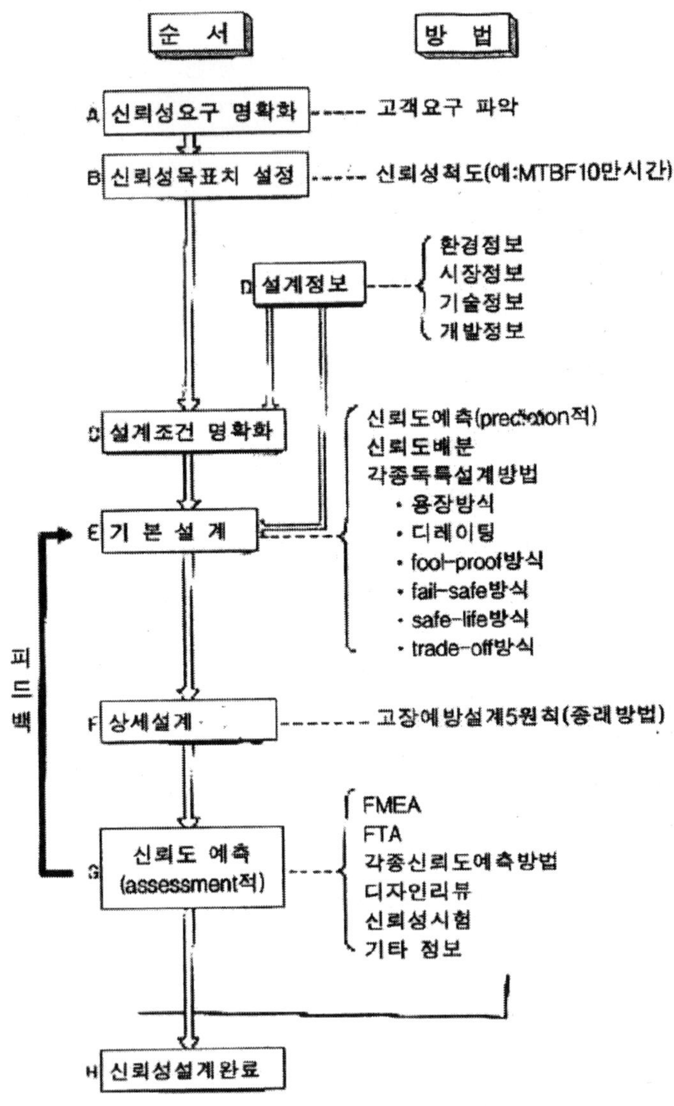

○ 신뢰도 배분

신뢰도 배분이란 부품의 신뢰도 목표치를 구성하는 unit, part에 대해서 신뢰도의 형태로 배분하는 것이다.

배분은 일반적으로 중요한 곳, 고신뢰도 요소 등에 높은 값을 배분하고 신뢰도가

Copper Through Hole Paste

	Items	Representative Values	Remarks
Characteristics before curing	Viscosity	2~4Pa · s	Malcom ViscoMeter PM −2B 10rpm
	Solvent contents	About 20%(W / W)	−
	Filler	Electrolysis copper powder	−
	Storage	6 month under 10℃ after delivery	−
	Curing profile	60℃×2hr + 150℃×1hr	−
Characteristics after curing	Initial resistance	25 MΩ / TH	CEM −3 Φ0.4 ㎜ 1.6t
		18 MΩ / TH	CEM −3, FR −1 Φ0.5 ㎜ 1.6t
	High temperature shelf	Less than 50 MΩ / TH	100℃ / 2000hr
	Low temperature shelf	Less than 50 MΩ / TH	−55℃ / 2000hr
	P. C. T.	Less than 50 MΩ / TH	121℃ / 98RH% / 196kPa / 16hr
	Hot oil	Less than 50 MΩ / TH	260℃ / 10sec + 20℃ / 10sec, × 200
	Thermal shock	Less than 50 MΩ / TH	−65℃ / 30min + 125℃ / 30min, × 200
	Reflow heat resistance	Less than 50 MΩ / TH	260℃ / 5sec×5
	Solder heat resistance	Less than 50 MΩ / TH	240℃×6

○ 환경 관련 PCB 원자재와 생산업체

Item	Makers
FR −4 & High Tg FR −4	Doosan, LG 화학, Matsushita, Neko
Halogen Free FR −4	Hitachi, Matsushita, Doosan
Getek or Equivalent	GE(Getek), Matsushita(Megtron), Nelco(N4000 −13)
Low DK Material	Rogers, Taconic, Arlon
Teflon	Taconic, Arlon, Rogers

○ 다층 PCB제조 공정

내층배선 형성
(Process for Inner Layers)

적층 (Lamination)

드릴 (Drilling)

도금 (Cu Plating)

외층배선 형성
(Process for Outer Layers)

솔더 마스크 인쇄
(Solder Mask Printing)

마킹(Marking)

표면처리
(Surface Treatment)

외형가공 (Routing)

최종검사
(Final Inspection)

- 경면처리(Scrubbing)
- D/F 적층 (D/F Lamination)
- 노광 (Exposure)
- 현상 (Developing)
- 부식 (Etching)
- D/F 박리 (D/F Stripping)

- 산화처리 (Oxidation)
- 1차 적층 (1st Lay-up)
- 2차 적층 (2nd Lay-up)
- 프레스 가공 (Hot Press)
- 가이드 홀 가공
   (Guide Hole Drilling)
- 트리밍 (Trimming)

패널도금법
홀메립법(Hole Filling Method)
텐팅법(Tenting Method)

패턴도금법
(Pattern Plating Method)

① 비아홀 메립 및 건조
   (Via Filling & Dry)
② PSR도포 (PSR Coating)
③ 노광 및 현상
④ 경화 (Curing)

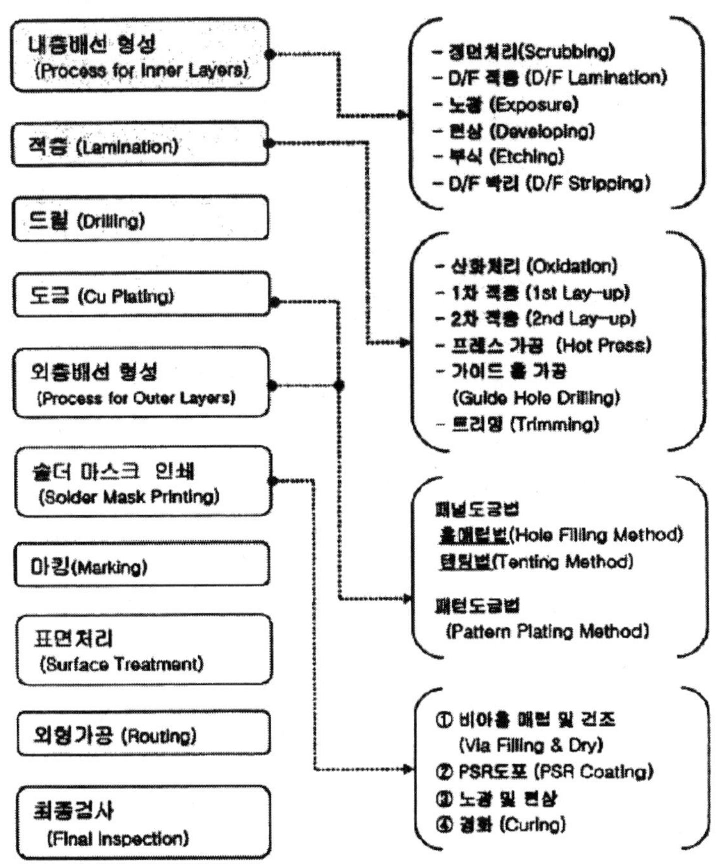

○ 대기폭로시험의 납땜표면 SEM

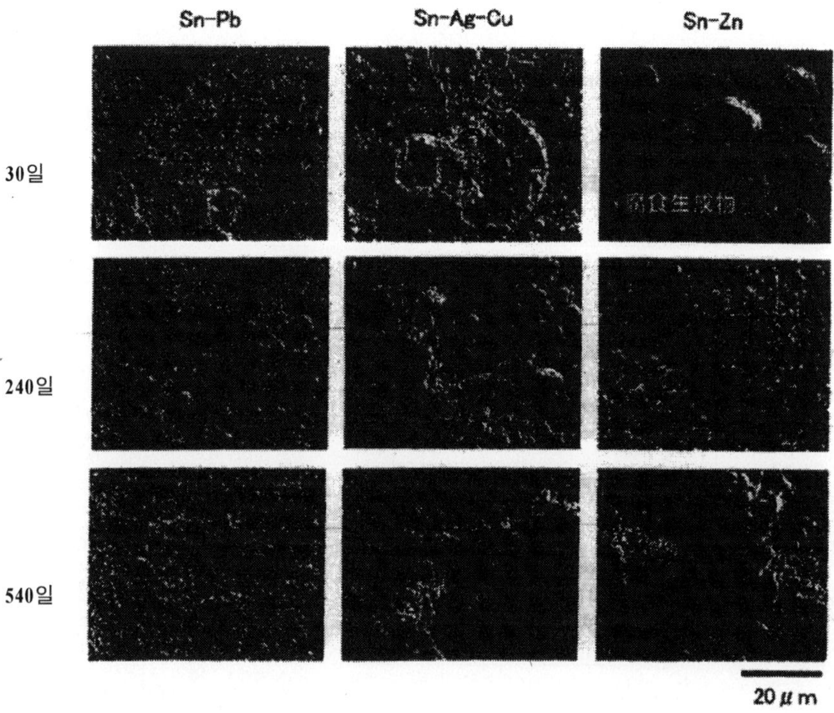

○ Evolution of Electronics

	2000	2001	2002	2003	2004	2005	2006	2007	2008
Note PC	Internet PC Period			TV in PC Period			Home　　　Gateway　　　PC Period		
DVC DSC	High Resolution Movie(30〜Mega-pixel)			Movie & Picture Complex Higher Resolution Picture Memory			3D Memory & Playback Hybrid Camera		
	High Resolution Picture(200〜400Mega-pixel)								
Cellular Phone	Voice Communication		Data Communication (JAVA)	Movie Communication (Built-in Camera)			Mobile Ubiquitous (WLAN, 3.5G)		
Movie Recorder	VHS HDD(20GB〜)			HDD(160〜600GB)-DVD			HD-DVD / Blue Ray		
Television	Flat-surface CRT-TV(〜36″)						SED		
				LCD-TV(〜65″)			PDP-TV(〜80″)		

	2000	2001	2002	2003	2004	2005	2006	2007	2008
Car Electronics	Engine Control Electronics			Grown‑up of Hybrid‑car			Dawn of Fuel‑cell Car		
	ECU, ABS, Air Bag Motor Control, Charge & Discharge Control System								
		Pursuit of Convenience		Pursuit of Safety Auxiliary Function			Pursuit of Auto‑drive Auxiliary Function		
	Keyless Entry ETC, Car Navigation, VICS, Radar Blind Spot Monitor, Drive Lane Monitor								
CPU / MCU	Clock Frequency 1GH∼4㎓∼7㎓								
	Bit‑rate 16 / 32bit 64bit 128bit								
					Multi CPU				
IC Memory	Dynamic Memory SDRAM, DDR								
	Static Memory SRAM, Flash, FcRAM						MRAM, PSRAM		
Data Storage	CD DVD						HD‑DVD / BlueRay		
	HDD(3.5″, 2.5″, 1.8″)				⟨1″ HDD vs Card Memory				
Display Device	CRT			LCD					
							OELD Flexible Display		
Security Technology	Personal Identification Number			Fingerprint Identification			Iris ID Voiceprint ID		
Battery	Alkali / Lithium Battery			Lithium‑ion Battery, Polymer Battery					
				Dawn of Fuel‑cell			Growth Period of Fuel‑cell		

○ Solder paste

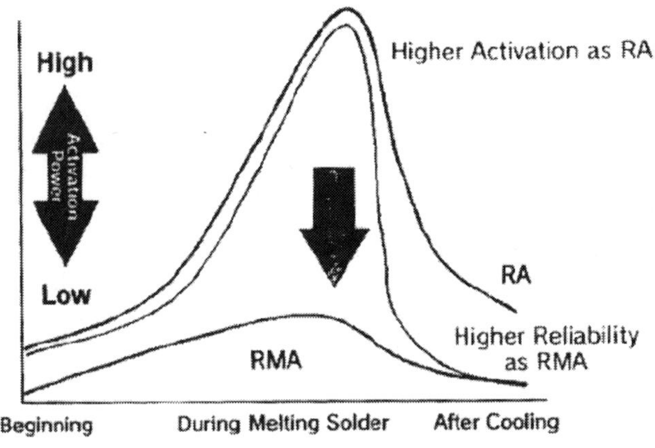

Feature of deactivation Solder Pacto

○ Motorcycle engine management system

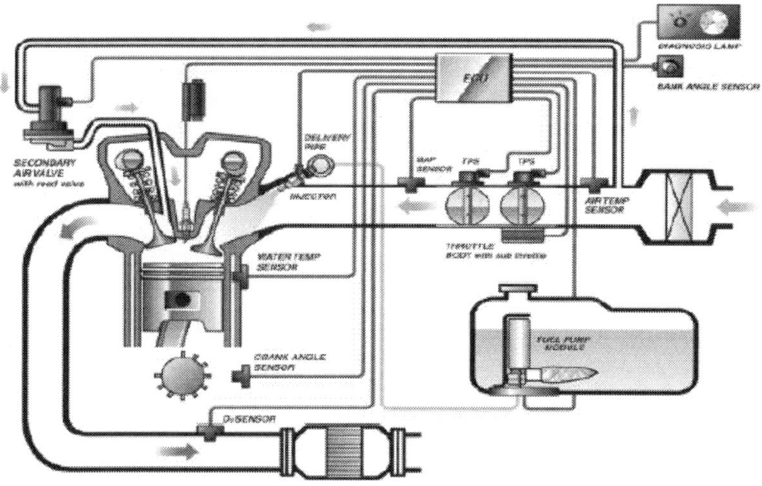

○ Trend of micro controller for motorcycle

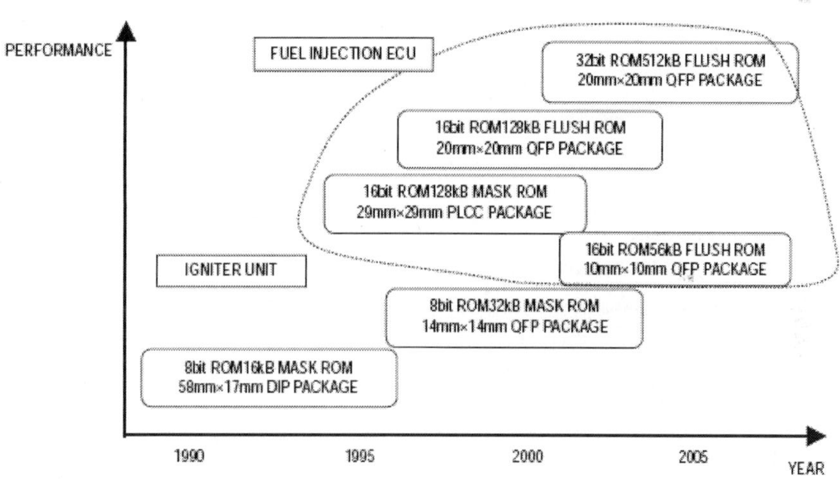

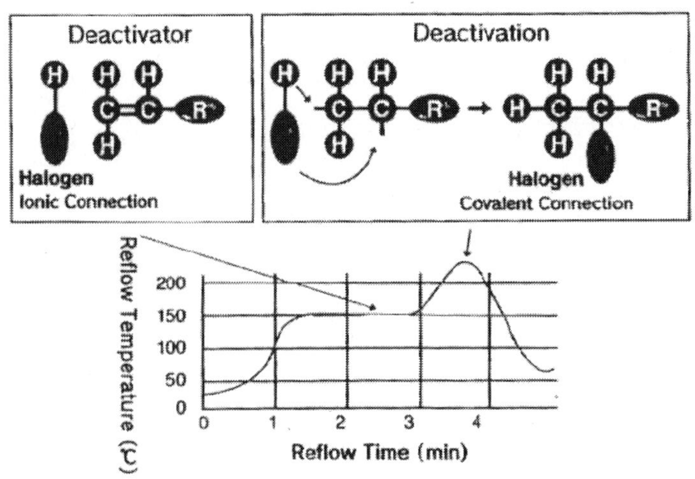

실장방법	구 조	접합 pitch	적용 panel size	응용기기
Chip On Board 방식		500〜200 μm	소형 character 5 ″ 이하	전장 시계 Audio 통신기기
Chip On Film 방식		200〜100 μm	소형 character	휴대전화 통신기기
Tape Automated Bonding 방식		200〜70 μm	소형 character 10.4 ″〜12.1 ″ 이하	전자수첩 PDA Note PC 화상모니터
Chip On Glass 방식		200〜60 μm	소형 character 6 ″ 이하	FAX 휴대전화 화상모니터 Audio
Circuit In Glass 방식		20 μm 이하	0.7〜2.5 ″ 이하	View finder Project

무연솔더의 종류 및 특성

합금계	조성(wt%)	용융온도구간	젖음성	강도 / 열피로	비고 (실용화)
기존Sn계	Sn−5Sb(공정)	최고온계(고상선 227℃ 이상)	불량	고강도, 저연신 / 우수	
	Sn−0.7Cu(공정)		보통	양호 / 보통	Northern Telecom, NEDO−2
Sn−Ag−Cu계	Sn−3.5Ag(공정)	고온계(고상선 217℃ 이상)	보통	양호, 고영신 / 우수	NCMS, ITRI, NEDO
	Sn−3.5Ag−0.7Cu		보통	양호 / 우수	ITRI, NEDO
Sn−Ag−Bi계	Sn−3Ag−(2−3)Bi	중온계(액상선 217℃ 이하)	양호	고강도, 저영신 / 우수	ITRI, NEDO
	Sn−3.4Ag−4.8Bi			고강도, 극저연신 / 좋지 않음	NCMS, ITRI, NEDO
Sn−Ag−Bi−In계	Sn−3Ag−(0.5−3)Bi−(3−1)In		보통	양호(Bi에 의존) / 양호	NCMS, ITRI, NEDO
Sn−Bi계	Sn−5.8Bi(공정)	저온계(고상선 약 139℃)	보통	저연성 / 좋지 않음	NEDO
	Sn−5.8Bi−1Ag			Sn58Bi보다 양호	NCMS
Sn−Zn계	Sn−8Zn−3Bi	Sb−37Pb와 유사	매우 불량	매우 불량	실용화에 문제 있음
Sn−Pb계	Sn−37, 40Pb(공정)	고상선183℃	매우 양호	매우 양호	−

(4) 미세부하용 접점

−relay와 switch에 사용되고 있는 금속접점은 arc발생 영역에서 주로 은(Ag)계 접점, 미세부하 영역에서는 금, 금합금, 백금 등이 적용되고 있다. 또한 arc가 발생하지 않는 미세부하 영역에서는 ingot 외에 도금접점이 많이 사용되고 있다. switch와 relay를 선택할 때는 사용부하에 적합한 접점 재질, 형상에 대해 충분히 배려해야 한다. switch선택 시의 은(Ag)계 접점을 적용하여 은의 유화에 의한 접촉trouble 발생을 많이 볼 수 있다. 미세부하 영역에서 은(Ag)계 접점의 switch를 적용하는 경우에 제조업체의 공장data를 단순히 평가하는 것이 아니라 은의 물성을 고려, 은의 주위환경과 사용조건에 따라 유화한다는 점을 전제로 하여 선택하여 한다. 은접점의

유화를 방지하는 방법으로는 50% 이상의 Pd을 첨가하면 효과는 있지만 가격이 높기 때문에 방재기기 등의 특수한 용도에만 사용되고 있다.

-relay와 micro switch를 사용한 상품에서 발생한 실제의 field trouble에서 사용상의 문제에 기인하는 것을 분석하면 접촉 불량이 50% 이상을 차지하고 있다. 그 원인의 대부분은 미세부하, 먼지의 부착, 산화·유화 등의 부식의 조합으로 발생하고 있다. 주된 원인은 ① 은, 은합금 접점의 유화, ② 금, 금합금, 은합금, 동니켈 등의 2층 또는 3층 접점에서의 Ag creeping, ③ 접점표면에 먼지, 이물의 부착 ④ 접점표면에 silicone화합물이 부착, ⑤ solder flux의 부착

접점의 특징

접점 재료	Ag (은)	도전율·열전도율은 금속 중 최대. 낮은 접촉저항을 보이며 가격이 저렴하다. 유화물 분위기에서 유화피막이 생성하기 쉽다는 결점이 있다. 저전압·미세 전류level에서는 주의가 필요하다.
	AgCdo (은산화카드뮴)	Ag가 갖는 도전성과 낮은 접촉저항을 보이며 내용착성을 갖고 있다. Ag와 같이 유화물 분위기에서 유화피막이 생성하기 쉽다.
	AgW (은텅스텐)	경도·융점이 높고 내arc성에 뛰어나며 전이·용착에 강하지만 접점 접촉력이 높은 것이 요구된다. 또한 접촉저항도 비교적 높고 내환경성에 취약하다. 가공, 접촉spring에 대한 체결에 제약이 있다.
	AgNi (은니켈)	전기전도도에 대해서 Ag에 상당하고 내arc성이 뛰어나다.
	AgPd (은팔라듐)	상온에서 내식성이 좋고 내유화성도 좋지만 미세부하에서 유기gas를 흡착하여 polymer를 생성하기 쉽기 때문에 금도금 등을 실시해 polymer를 방지, 가격이 높다.
	P.G.S 합금 (백금·금·은)	내식성은 매우 뛰어나며 미세전류 회로용으로 사용된다. (Au:Ag:Pt =69:25:6)
표면 처리	Rh 도금 (로듐)	완전한 내식성과 높은 경도를 갖추고 있다. 도금접점으로서 경부하의 경우에 사용된다. 유기gas 분위기에서 폴리머를 생성하여 주의가 필요하다. 이 때문에 밀폐형(leader, relay 등)으로 사용되나 가격이 높다.
	Au 피막 (금피막)	내식성에 뛰어난 Au를 모재(base)에 압착시킨 것으로 두께의 균일성과 pin hole이 없는 것이 특징이다. 사용 분위기 조건이 좋지 않은 경우, 특히 미세부하에 대한 효과가 크다. 기존 표준부품의 피막화에서 설계, 설비측면에서 어려운 경우가 많다.
	Au 도금 (금도금)	Au피막과 같은 효과가 있다. 도금처리에 따라 pin hole과 균열의 우려가 있으므로 관리가 중요하다. 기존 표준부품의 금도금화에서 용이하다.
	Au flash (금박도금) 0.1~0.5μ	switch 혹은 switch를 조립한 set보관에서 접점모재의 보호가 목적이지만 부하개폐에 접촉안정성을 얻을 수 있다.

ㅇ micro switch의 field에서의 접촉 장해사례

−micro switch에 대한 접촉 불량에 대한 내용으로 실제의 field trouble에서 접촉 불량이 field trouble의 약 50%를 차지하고 있으며 그 원인의 대부분이 저전압, 저전류 부하의 경우에 발생하고 있다.

field에서 발생하는 micro switch의 주된 접촉 장해사례

순	현 상		원 인	대 책	비 고
1	접점표면에 플럭스가 부착		◎ switch내부에 • flux가 직접 유입한다. • flux성분이 증발, gas상태가 되어 침입, • flux가 분말상태가 되어 침입한다. 접촉 장해가 발생한다.	• 밀봉 switch를 사용한다. • 동시성형 단자구조의 switch를 사용한다. • soldering방법, 특히 압입단자 구조의 switch는 단자를 수직으로 세우지 말고 가로방향으로 놓아 빠르게 작업을 완료한다	• 석유stove의 악취제거회로 pcb 실장에서 flux의 유입에 의해 접촉 불량 발생. (DC 9V 1mA 저항부하)
2	접점표면에 실리콘화합물이 부착		◎ 증발한 디매틸폴리시로키산이 접점표면에 부착하여 부하의 개폐시에 발생하는 아크열과 줄열(Joule's heat)에 의해 반응, 이산화실리콘이 되어 접촉 장해가 발생한다.	• 스위치근방에 실리콘계 화합물을 사용하지 말 것. • 밀봉스위치를 사용한다.	• 복사기의 leader switch가 작동하지 않음. DC 24V 880mA−solenoide, relay DC 24V 420mA−clutch
3	접점표면에 유화피막이 생성		◎ 은합금계 접점을 유화분위기에서 사용하는 경우, 유화은피막을 생성하여 접촉장해가 발생한다. ◎ 접촉재가 금 또는 금합금계 접점이라도 제2층을 형성하며 귀금속이 은합금계 접점의 경우, creeping에 의한 접촉장해가 발생한다.	• 유화분위기에서의 사용을 피한다. • 금 또는 금합금계 접점을 사용한다. • 백금족계의 크리핑이 잘 발생하지 않는 접점을 사용한다 (AgPd, AuPd, PGS 접점 등).	• 전화기의 음성회로에서 통화단절, noise발생(DC 5V 0.5mA 저항부하). • gas기기의 점화회로에서 점화불량이 발생(DC 1.5V 충전전류의 peak치 2~3A 콘덴서 부하).
4	접점표면에 흑화물이 생성		◎ 직류relay, motor, solenoide 등의 유도성 부하에서 전류가 1A 이하의 비교적 적은 부하를 개폐하는 경우, arc방전에 의해 기체에 포함되어 있는 유기성분을 분해하여 접점에 흑색의 이물(산화물, 탄화물)을 생성시켜 접촉 장해가 발생한다.	• 불꽃소거 회로로 접점을 보호한다.	−
5	스위치내부에 먼지가 침입		◎ micro switch는 case에 쌓여 있는 것이 개방형이다. 누름 습동부 및 body · cap 체결부의 틈새로 먼지가 침입하여 접촉 장해가 발생한다.	• 밀봉switch를 사용한다.	• 옥외 설치 급탕기에 먼지가 침입하여 접촉불량이 발생(DC 1.5V 충전전류의 peak치 2~3A condensor부하).
6	기타	• 오일, 그리스 유입	◎ switch 근방에 도포한 oil · grease가 내부로 유입하여 접촉 장해가 발생한다.	• switch본체에 oil, grease가 부착하지 않도록 한다.	• food process의 기구부에 사용하는 oil, grease가 접점부로 침입하여 소손 사고 발생(AC 125V 정격 4.6A, 돌입 2.8A motor 부하).
		• 접착제 유입	◎ 사용접착제에서 발생하는 유기가스가 접점표면에 부착하여 접촉 장해가 발생한다.	• 순간접착제, silicone계 접착제 및 열경화형과 광경화형의 접착제의 사용을 피한다. • switch를 접착제만으로 고정하지 않는다.	−

4. 접촉부품의 요소기술

(1) 접촉부품 관계

사례명	제품명	이상변화 내용
미진동 마모(찰과부식)에 의한 connecter의 접촉 불량	카세트	앰프기판과 볼륨기판을 접속하는 connector접점에 스피커의 음압에 의한 진동이 가해져 접점이 서로 닳아 미진동 마모현상을 일으켜 표면에 산화피막이 생성하여 접촉저항이 증가, 음량볼륨이 이상변화.
압력스위치의 접점이 도통불량을 일으켜 세탁 시에 급수가 멈추지 않음	전자동세탁기	수위검지용 압력스위치의 조립가공 시의 초음파 용착가공의 미진동으로 접점(SUS +금도금 0.1μ)의 금도금이 박리되어 녹이 발생, 접촉 불량을 일으켜 정상적으로 물이 멈춰지지 않음.
음성 일시정지 불량	컬러텔레비전	이어폰 잭의 가동 접편과 고정 접편은 Ag도금 후에 황화 방지를 위해 변색방지제 처리(유황을 주성분으로 유기수지 피막)가 되어 서서히 유황주성분의 절연물이 쌓여 접촉 불량으로 인하여 음성의 일시정지가 발생.
미습동 부식에 의한 전압강하	소형수신기	수신기에는 경보음을 발하는 기능이 있는데 전지 – 단자(스프링접점, 피아노선 +Ni 도금)의 최단
		돌기부분에서 전지 – 면(Sn도금)의 조직파괴를 일으켜 접촉저항이 증가했기 때문에 저전압 경보회로의 신호전압이 저하하여 경보음을 발생.
건반(금속접점)의 접촉불량	전자오르간	금속접점(AgPd –NiCr)이 장기간의 사용으로 흑화 및 니켈편석에 의한 접촉 불량이 발생, 금속접점재료로 가동측은 Au, Ag 합금 / 고정측은 NiCr +Au 도금으로 변경하여 해결.
Hook switch에 발생한 whisker로 오작동	전화기	훅과 연동하는 접점 단자판에서 whisker가 발생하여 인접한 단자판과 short되어 혼선을 일으킴. base도금으로 Cu도금(3 ㎛)을 추가하고, Sn도금은 3 ㎛→5 ㎛로 변경하여 열처리(150 ℃, 1H)를 실시.

◦ **저전압 저전류용 스위치, connecter의 접촉 불량과 그 대책**

항 목	접촉불량 원인	대상제품	대책방법	관리방법, 신뢰성시험법
접촉불량 접촉불안정 단선불량	◦ 접점부 오염물 부착(성형부스러기, Pcb분말, 먼지)	Push On Sw	① 개구부를 되도록 작게, 방진구조 ② 다접점화 ③ 조립품 개개의 세정철저	설계 체크리스트, 접점구조 체크
	◦ solder flux의 유입	Push On. Sw 슬라이드, Sw connector	① 단자압입, 결합치수의 관리 ② 접착제 및 도포방법의 관리 ③ 인서트 성형화, plastic welding ④ 인서트 성형품은 단자~접점 간의 거리를 길게 잡음 ⑤ 플럭스 유입 방지부 또는 잠입부를 설치한다. ⑥ 계면활성제의 도포	인쇄회로기판 실장에 의한 딥솔더 테스트(플럭스의 레벨파악)
	◦ 환경에 의한 접점부열화 유화가스 미습동 마모	미전류용 Sw, 커넥터	① 접점의 와이핑동작 ② 다접점화 ③ 접점 접촉력(극압) ④ 접점재료, 도금처리 ⑤ 접점오일(grease)도포 ※ 수지와의 조합에 주의 (solvent cracking)	설계 체크리스트 (접점구조 체크) 복합특성시험 (수명특성 또는 가진＋환경테스트)
	◦ 접점의 변형 마모 파손	미전류용 Sw	① 재료선택(스프링재료) ② 스프링재료에 대한 배려 ③ 스프링한계치 ④ 접점재료 조립방법의 배려(ring방식 공급, 조립 직전 가공)	설계 체크리스트 (접점 접촉력의 적성화) 복합특성시험 (수명특성 또는 가진＋환경테스트)

○ **접촉부품의 불량추이**

분 류	No.	부품명	현 상	원 인	대 책	비 고
부품의 설계불량에 기인	1	diaphragn sw	접점 이물부착 (금도금접점)	base도금의 은(Ag)노출과 유화	은도금 접점으로의 변경	부품제조업체의 무지
	2	slide sw	접점 그리스 고화	접점grease의 내열성 부족	불소수지계 그리스로 변경	85℃, 450H에서 재현한다.
	3	relay	기계 화학반응	접촉력 부족	릴레이의 구조변경 (밀폐형)	저레벨의 사용 시에만 발생한다.
	4	주석도금 connector	마찰부식	접촉력 부족	다른 제조업체의 제품으로 교체	온도사이클 테스트로 재현
	5	receiver	피막의 성장	이종금속(황동 / 알루미늄)접촉	용접구조로 변경	이종금속의 접촉은 불가
	6	slide sw	접점플럭스 부착	실장공정에서의 flux 침입	–	플럭스가 들어오는 구조의 기구부품은 적용불가
	7	silicone rubber접점	접점 간 이물	고무sheet에 개구부 많음	개구부를 막음	설계노하우 부족
	8	silicone rubber접점	접점 간 액상이물	만질 때, 사람의 유분이 고무에 침투	수지키톱 구조로 변경	실리콘고무 접점 특유의 현상
	9	diaphragn sw	조립부분 기판랜드의 솔더균열	solder로 기계적 강도 유지	추가 soldering(임시)	실사용의 터치강도는 예상 외로 크다.
	10	moduler connector	조립부분 기판랜드의 솔더균열	solder로 기계적 강도 유지	추가 soldering(임시)	설계노하우 부족
	11	key board sw	key stem 부러짐	stem의 강도부족	완충고무 추가	실사용의 touch 강도는 예상 외로 크다.
	12	key board sw	키톱 인쇄박리	인쇄강도 부족	도료변경	평가기준의 변경
사용법에 기인	13	leaf sw	접점이물	순간접착제에서의 증기부착	접착제의 경화촉진제 사용	–
	14	slide sw	접점이물	기판상 잔류flux의 승화물 부착	포스트 플럭스변경	합성플럭스의 원인
	15	slide sw	접점유화	상품을 가류고무와 같이 포장하여 보관	포장형태의 변경	–
	16	plug jack	피막성장	부품을 본래의 용도 이외로 사용	플러그 잭 삭제	디지털회로의 정기점검 시에 단자로서 사용

(2) 미세 전류용 Switch의 확인과 시험방법

ㅇ switch와 connecter 등을 신규로 적용할 때는 접촉부(접점과 spring재)의 재질과 조정부의 구조를 조사하여 기본적인 조건을 만족여부를 확인할 필요가 있다. 또한 각종 내구시험과 환경시험의 성능을 판정하는 시험을 실시, 문제점을 확인해야 한다. 시험항목은 접촉부품이 조립된 제품이 사용되는 환경을 조사하여 선택한다. 또한 시험조건과 판정기준도 접촉부품이 놓인 환경과 사용빈도에 따라 변하기 때문에 접촉부품마다 판정할 필요가 있다.

① 내구시험

ㅇ 단자강도시험

시험조건	하기의 조건에서 시험을 실시, 시험 후 확인, 측정한다. 1. 정하중 1kgf 2. 시간 1분간 3. 방향 임의의 1방향 4. 회수 1단자 1회
판정기준	1. 단자의 파손, 느슨함이 없을 것. 　단, 굴곡에는 견디지 못하는 것으로 한다. 2. 접촉저항 3. 동작타이밍 　2, 3항은 규격치 이내

ㅇ 조정부 강도시험

시험조건	정규 부착방법에 의해 부착, 조정부에 규정된 외력을 가해 1분간 유지한다.
판정기준	1. 조작부의 변형이 없을 것. 2. 동작타이밍 　변동＝초기치의 10% 이내

○ **stopper 강도시험**

시험조건	정규 부착방법에 의해 부착, 조정부에 규정된 외력을 가해 1분간 유지한다.
판정기준	① stopper 기구에 이상이 없을 것. ② 동작timing 　변동＝초기치의 10% 이내

○ **체결부 강도**

시험조건	규정된 설치부품을 사용하고, 정규 부착방법으로 규정된 torque로 조인다.
판정기준	① switch본체, 동작에 이상이 없을 것. ② 동작timing 　변동＝초기치의 10% 이내

○ **내진시험**

시험조건	하기의 조건에서 시험을 실시, 시험 후에 확인, 측정한다. ① 정하중 1 kgf ② 가속도 진폭1.5㎜ 또는 98m / S^2(10G)의 작은 어느 쪽 ③ 주기 15분 / 사이클 ④ 방향 XYZ방향 ⑤ 시험시간 각 2시간, 계 6시간 ⑥ 소인 대수 또는 획일 ⑦ 공진점 공진점에서 다시 2시간
판정기준	① 시험 중의 chattering ② 조정부, 가동편, switch본체에 이상이 없을 것. ③ 접촉저항 ④ 동작timing ＊ ③④항의 변동은 초기치의 10% 이내

○ 충격강도시험

시험조건	하기의 조건에서 시험을 실시, 시험 후 확인, 측정한다. ① 가속도 50G 11mS 　　100G 5mS ② 방향 6면 ③ 회수 임의의 1방향 ④ 충격파형 정현반파 또는 톱파
판정기준	① 조정부, 가동편, switch본체에 이상이 없을 것. ② 접촉저항 ③ 동작timing ④ 동작력 ②③④항의 변동은 초기치의 10% 이내

○ 무부하 동작수명시험

시험조건	조건에서 시험을 실시, 시험 후에 확인, 측정한다. ① stroke 정격 stroke ② 동작회수 500, 2000, 5000, 10000, 20000, 30000, 50000, 　　100000회(한계) ③ 동작속도 10～30회 / 분(micro switch 60～300회 / 분)
판정기준	① stopper 기구, 조정부, 가동편, switch본체에 이상이 없을 것. ② 접촉저항 ③ 동작timing ④ 동작력 * ②항의 변동은 초기치의 100% 이내 * ③④항의 변동은 초기치의 30% 이내

◦ 부하 동작수명시험

시험조건	조건에서 시험을 실시, 시험 후에 확인, 측정한다. ① stroke 정격 stroke ② 부하 저항부하 　　정격전압, 전규 ③ 동작회수 500, 2000, 5000, 10000, 20000, 30000, 　　50000, 100000회 ④ 동작속도 10～30회 / 분(micro switch 20회 / 분)
판정기준	① stopper 기구, 조정부, 가동편, switch본체에 이상이 　　없을 것. ② 접촉저항 ③ 동작timing ④ 동작력 * ②항의 값은 아래의 주기를 참고할 것. * ③④항의 변동은 초기치의 30% 이내

◦ 간헐 동작수명시험

시험조건	하기의 조건에서 시험을 실시, 시험 후 확인, 측정한다. ① stroke 정격 stroke ② 부하 저항부하 　　정격전압, 전규 ③ 동작회수 500, 2000, 5000, 10000, 20000, 30000, 　　50000, 100000회 ④ 동작속도 10～30회 / 분(micro switch 20회 / 분) ⑤ 정지 3항의 각 간격 12시간 정지한 후 측정한다.
판정기준	① stopper 기구, 조정부, 가동편, switch본체에 이상이 　　없을 것. ② 접촉저항 ③ 동작timing ④ 동작력 * ②항의 값은 아래의 주기를 참고할 것. * ③④항의 변동은 초기치의 30% 이내

(주기) 부하 동작수명시험 및 간헐 동작수명시험은 되도록 실사용의 전압 및 전류에서 시험하는 것이 바람직하다.

환경시험

○ soldering성 시험

시험조건	조건에서 시험을 실시, 시험 후에 확인한다. ① solder JIS Z3282(solder)의 H60A 또는 H63A ② flux rosin의 메탄을 (JIS K1501) 용액으로 하고 농도는 중량비의 25%, 침적은 5~10Sec ③ soldering230℃, 침적은 2±5Sec, 단자 끝에서 1.6mm까지 침적
판정기준	① 단자표면의 95% 이상이 solder에 젖을 것. ② 10배 이상의 현미경으로 관찰할 것.

○ 솔더 내열시험

시험조건	하기의 조건에서 시험을 실시, 시험 후 확인, 판정한다. ① solder JIS Z3282의 H60A 또는 H63A ② flux rosin의 메탄을 용액으로 하고 농도는 중량비의 25%, 침적은 5~10Sec ③ soldering260℃ 10±0.5Sec, 350℃ 3±0.5Sec, 단자 끝에서 1.6mm까지 침적
판정기준	① 단자의 덜거덕거림, switch본체의 이상이 없을 것. ② 접촉저항 ③ 동작timing ④ 동작력 ⑤ 절연저항 ②③④⑤항의 변동은 초기치의 10% 이내

○ **내한시험**

시험조건	조건에서 시험을 실시, 시험 후에 확인, 측정한다. ① 온도 −40℃ ② 시간 500Hr
판정기준	① switch본체 외관, 동작에 이상이 없을 것. ② 접촉저항 ③ 동작timing ④ 동작력 ⑤ 절연저항 * ②항은 규격치의 150% 이내 * ③④⑤항의 변동은 초기치의 30% 이내

○ **내열시험**

시험조건	조건에서 시험을 실시, 시험 후에 확인, 측정한다. ① 온도 −40℃ ② 시간 500Hr
판정기준	① switch본체 외관, 동작에 이상이 없을 것. ② 접촉저항 ③ 동작timing ④ 동작력 ⑤ 절연저항 ②항은 규격치의 150% 이내 ③④⑤항의 변동은 초기치의 30% 이내

○ 온도 사이클(열충격)시험

시험조건	조건에서 시험을 실시, 시험 후에 확인, 측정한다. ① 온도 −40℃, +80℃ ② 시간 각 30분 ③ cycle수 200cycle 500cycle
판정기준	① switch본체 외관, 동작에 이상이 없을 것. ② 접촉저항 ③ 동작timing ④ 동작력 ⑤ 절연저항 ⑥ 내전압 ②항은 규격치의 150% 이내 ③④⑤⑥항의 변동은 초기치의 30% 이내

○ 내습시험

시험조건	조건에서 시험을 실시, 시험 후에 확인, 측정한다. ① 온도 +60℃ ② 습도 90~95% RH ③ 시간 300시간, 500시간, 1000시간
판정기준	① switch본체 외관, 동작에 이상이 없을 것. ② 접촉저항 ③ 동작timing ④ 동작력 ⑤ 절연저항 ②항은 규격치의 150% 이내 ③④⑤⑥항의 변동은 초기치의 30% 이내

○ 온습도 사이클 시험

<table>
<tr><td>시험조건</td><td>조건에서 시험을 실시, 시험 후에 확인, 측정한다.
① 부하 저항부하
　　정격전압, 전류
② 온도profile
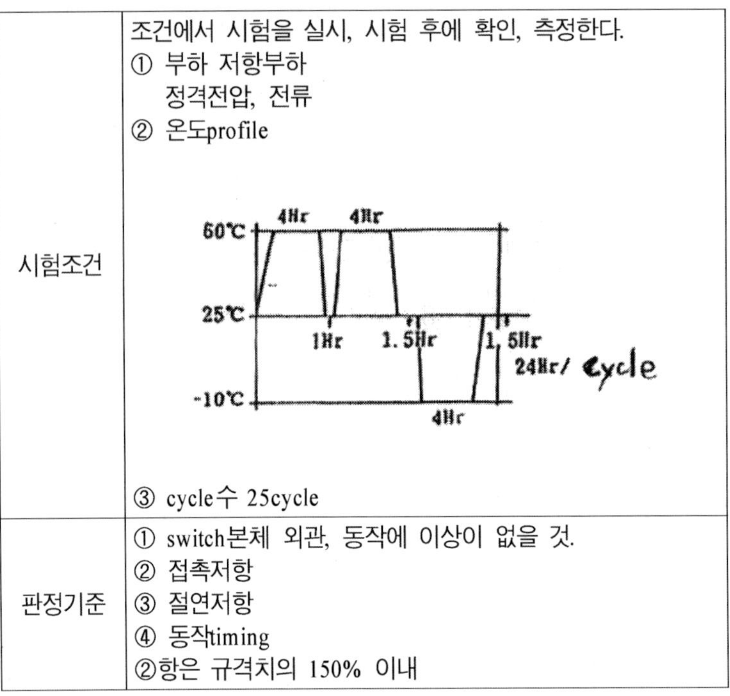
③ cycle수 25cycle</td></tr>
<tr><td>판정기준</td><td>① switch본체 외관, 동작에 이상이 없을 것.
② 접촉저항
③ 절연저항
④ 동작timing
②항은 규격치의 150% 이내</td></tr>
</table>

○ **염수분부시험**

<table>
<tr><td>시험조건</td><td>조건에서 시험을 실시, 시험 후에 확인, 측정한다.
① 온도 +35℃
② 농도 중량비 5%
③ 시간 48Hr
종료 시에는 물세척할 것.</td></tr>
<tr><td>판정기준</td><td>① 동작에 이상이 없을 것.
② 접촉저항
③ 동작력
②항은 규격치의 150% 이내
②③항의 변동은 초기치의 30% 이내</td></tr>
</table>

○ 유화수소가스(H_2S)시험

시험조건	조건에서 시험을 실시, 시험 후에 확인, 측정한다. ① 온도 +40℃ ② 습도 고습 ③ 농도 2~4PPM ④ 시간 96Hr 접촉부의 표면재질이 Ag인 것에 적용한다. 30회 동작 후에 시험한다.
판정기준	① 접촉저항 규격치의 150% 이내

○ 아류산가스(SO_2)시험

시험조건	조건에서 시험을 실시, 시험 후에 확인, 측정한다. ① 온도 +25℃ ② 습도 75%RH ③ 농도 25PPM ④ 시간 500Hr 접촉부의 표면재질이 Ag 이외의 것에 적용한다. 30회 동작 후에 시험한다. (+40℃, 10PPM에서 시험하는 일이 많다.)
판정기준	① 접촉저항
	규격치의 150% 이내

○ Ion migration시험

시험조건	조건에서 시험을 실시, 시험 후에 확인, 측정 ① 온도 +60℃ ② 습도 90%RH ③ 시간 1000Hr ④ 전압 최대 정격전압
판정기준	① 절연저항 $10^7 \Omega$ 이상

· 저자 ·

임무생
林茂生
Moo – Seang
Lim,

·약 력·
과학기술 진흥과 산업발전 유공자 석탑산업훈장 수상
수출진흥 발전과 수출시장 개척유공자 대통령표창장 수상
공기방울제어장치기술 과학기술처장관상장 수상
Low noise and less vibration vacuum cleaner.
U. S. A. patent 5,293,664
가열초음파 가습기기술 과학기술처장관상장 수상
한양대학교 공과대학 기계공학과 공학사
서울대학교 공과대학 최고산업 전략과정 수료
한양대학교 RARC 고장분석 및 신뢰성과정 이수
한양대학교 신뢰성분석연구센터 연구 부교수
상공자원부 산학연 기술교류회. 위원
산업자원부 기술개발 기획평가단. 위원
대우전자(주) 가전연구소장, 생활가전사업부장
테크라프주식회사 대표이사
Youngjin electric co., ltd. Quality control director
Daehannakagawa ind co., ltd. Engineering consultants

·주요논저·

「연구논문」
유도전동기를 적용한 인버트 세탁기 개발, 대한전기학회, Vol.48B
No.10(1999. 07), pp: 2556~2558. /
충격에 의한 tv pcb의 동적거동 해석, 대한기계학회, Vol.5, No.19(1990. 06), pp: 320~324. /
공기방울이 세탁에 미치는 효과에 대하여, 대한기계학회, Vol.32. No.1(1992. 01), pp: 57~65. /
흡음방이 취부된 경우의 진공청소기의 소음분석 방법, 대한기계학회, Vol.33, No.1(1993. 01),
    pp: 14~21. /
세탁기용 강제현가시스템의 동특성 해석을 위한 전산시뮬레이션, 한국소음진동공학회, Vol.3,
    No.1(1993. 03), pp: 65~75. /
가전기기의 저소음 기술, 대한전자공학회, Vol.22, No.1(1995. 01), pp: 124~130. /
절연재료의 표면개질을 위한 코로나 발생기의 특성에 관한 연구, 한국전기전자재료공학회,
    Vol.8, No.4(1995. 07), pp: 504~508. /
가전기기의 저진동, 저소음 기술, 대한전기학회, Vol.44 No.44(1995. 10), pp: 137~141. /
유도전동기의 동력전달 매체로 사용되는 벨트장력보상 알고리즘에 관한 연구, 대한전기학회,
    Vol.48A No.9(1999. 09), pp: 1125~1130. /
회전체를 갖는 강제 현가시스템의 동특성해석을 위한 전산시뮬레이션, 한국소음진동공학회,
    Vol.1 No.1(1992. 02. 13.), pp: 63~69. /
Nonlinear behavior on an electrochemical system, JSME–KSME,(1992. 10), pp: 2-205~2-208 /
스핀업시 내부유체의 공명현상에 관한 연구, 대한기계학회,(1994. 09), pp: 11~14. /
High efficiency valve design by robust design of experiments, The 1998 international compressor
    engineering conference at perdure, C-3: Valve mechanics and design, page:23 High efficiency
    valve design by robust design of experiments, 1998. 09. 14. /

『저서』
Design of plastic parts
(Plastic 제품설계)
Injection moulding processing and injection mold
(사출가공과 금형)
Knowhow about engineering plastic high quality

(엔지니어링 플라스틱 고품질 노-하우)
Cad & Cam & Cae
Design of press parts(Press 부품설계)
Marketing knowhow of successful enterprise
(성공기업의 마케팅 노하우)
The Korean wisdom wins the world
(한국적 슬기가 세계를 이긴다)
Optimum design of plastics
(플라스틱 최적설계)
Robust Design Technology For Plastic Parts Reliability
(고분자 부품의 신뢰성 Robust 설계기술)
Venture business & Management of technology
(VB & MOT, 벤처기업과 기술경영)
Redundancy Design Technology For Precision Press Parts
Reliability(정밀 Press 부품의 신뢰성 용장설계 기술)
Reliability Engineering for Plastic Element Design
(요소설계 신뢰성공학)
Reliability engineering of an information system
(정보 system의 신뢰성공학)

정보System
신뢰성 공학

- 초판 인쇄   2008년 8월 20일
- 초판 발행   2008년 8월 20일

- 지 은 이   임무생
- 펴 낸 이   채종준
- 펴 낸 곳   한국학술정보㈜
             경기도 파주시 교하읍 문발리 513-5
             파주출판문화정보산업단지
             전화   031)908-3181(대표) · 팩스   031)908-3189
             홈페이지 http://www.kstudy.com
             e-mail(출판사업부) publish@kstudy.com
- 등   록   제일산 115호(2000.6.19)
- 가   격   47,000원

ISBN   978-89-534-9876-1 93550 (Paper Book)
       978-89-534-9877-8 98550 (e-Book)